Karl Graf Finck von Finckenstein, Jürgen Lehn,
Helmut Schellhaas, Helmut Wegmann

# Arbeitsbuch Mathematik für Ingenieure

Karl Graf Finck von Finckenstein, Jürgen Lehn,
Helmut Schellhaas, Helmut Wegmann

# Arbeitsbuch Mathematik für Ingenieure

## Band I Analysis und Lineare Algebra

2., durchgesehene und erweiterte Auflage

Teubner

B. G. Teubner Stuttgart · Leipzig · Wiesbaden

Bibliografische Information Der Deutschen Bibliothek
Die Deutsche Bibliothek verzeichnet diese Publikation in der Deutschen Nationalbibliografie; detaillierte bibliografische Daten sind im Internet über <http://dnb.ddb.de> abrufbar.

**Prof. Dr. rer. nat. Karl Graf Finck von Finckenstein**

Geboren 1933 in Semlow/Vorpommern. Von 1952 bis 1959 Tätigkeit in der landwirtschaftlichen Praxis. Von 1959 bis 1965 Studium der Mathematik und Physik an der Universität Göttingen. 1965 Diplom in Mathematik, 1966 Promotion. Von 1967 bis 1974 wiss. Mitarbeiter am Max-Planck-Institut für Plasmaphysik in Garching bei München. Seit 1974 Professor für Mathematik an der Technischen Universität Darmstadt.

**Prof. Dr. rer. nat. Jürgen Lehn**

Geboren 1941 in Karlsruhe. Studium der Mathematik an den Universitäten Freiburg und Karlsruhe. Wiss. Assistent an den Universitäten Karlsruhe und Regensburg. 1968 Diplom in Karlsruhe, 1972 Promotion in Regensburg, 1978 Habilitation in Karlsruhe. 1978 Professor für Mathematik an der Universität Marburg, seit 1979 an der Technischen Universität Darmstadt.

**Prof. Dr. rer. nat. Helmut Schellhaas**

Geboren 1936 in Zwingenberg/Bergstraße. Studium der Mathematik und Physik an der Technischen Universität Darmstadt. Wiss. Mitarbeiter und wiss. Assistent an der Technischen Universität Darmstadt und der Universität Mainz. 1961 Diplom in Mathematik, 1966 Promotion, 1971 Habilitation in Darmstadt. Von 1972 bis zu seinem Tode im Jahr 2000 Professor für Mathematik an der Technischen Universität Darmstadt.

**Prof. Dr. rer. nat. Helmut Wegmann**

Geboren 1938 in Worms. Studium der Mathematik und Physik an den Universitäten Mainz und Tübingen. Wiss. Assistent an den Universitäten Mainz und Stuttgart. 1962 Staatsexamen in Mainz, 1964 Promotion in Mainz, 1969 Habilitation in Stuttgart. Seit 1970 Professor für Mathematik an der Technischen Universität Darmstadt.



1. Auflage 2000
2., durchgesehene und erweiterte Auflage November 2002



Der Verlag Teubner ist ein Unternehmen der Fachverlagsgruppe BertelsmannSpringer.
www.teubner.de



Umschlaggestaltung: Ulrike Weigel, www.CorporateDesignGroup.de
Druck und buchbinderische Verarbeitung: Präzis-Druck GmbH, Karlsruhe
Gedruckt auf säurefreiem und chlorfrei gebleichtem Papier.
Printed in Germany

ISBN 3-519-12966-3

# Vorwort zur ersten Auflage

Das Arbeitsbuch Mathematik für Ingenieure richtet sich an Studierende der ingenieurwissenschaftlichen Fachrichtungen an Universitäten. Die Stoffauswahl ist an den Bedürfnissen der Grundausbildung in Mathematik orientiert, wie sie üblicherweise in einer viersemestrigen Vorlesungsreihe erfolgt. Der erste Band behandelt die Differential- und Integralrechnung einer und mehrerer reeller Veränderlicher. Lineare Algebra, Funktionentheorie, gewöhnliche und partielle Differentialgleichungen, Laplace-Transformation, numerische Mathematik und Stochastik sind der Inhalt des zweiten Bandes.

Das Arbeitsbuch ist so gestaltet, dass zunächst die Fakten, also Definitionen, Sätze usw. dargestellt werden. Diese werden auch drucktechnisch durch Kästen hervorgehoben. Die Fakten werden sodann durch zahlreiche Bemerkungen und Ergänzungen aufbereitet und erläutert. Das Verständnis wird gefördert durch eine große Zahl von Beispielen, die überwiegend vollständig durchgerechnet werden. Am Ende eines jeden Kapitels finden sich Tests und Übungsaufgaben. Die Tests dienen dem Leser zur Überprüfung seines Verständnisses für Definitionen und Aussagen. Sie sind als Multiple-Choice-Aufgaben formuliert. Anhand der Übungsaufgaben kann sich der Leser mit dem Stoff auseinandersetzen. Die Lösungen zu den Tests und Übungsaufgaben finden sich in Kurzform am Ende des Buches. Beweise zu mathematischen Sätzen sind in der Regel im Arbeitsbuch nicht enthalten. Sollte es als Textbuch für eine Vorlesung benutzt werden, so wären diese Beweise (teilweise) in der Vorlesung zu ergänzen. Beweistechniken werden vielfach auch sichtbar an den durchgerechneten Beispielen.

Das Buch entstand aus einem Vorlesungsskriptum zu den Grundvorlesungen für Studierende der Elektrotechnik, des Wirtschaftsingenieurwesens Fachrichtung Elektrotechnik und der Sportinformatik. Die freundliche Aufnahme des Skriptums durch die Studierenden wie auch durch Kollegen, die es mehrfach ihren Veranstaltungen zugrundelegten, ermunterten die Autoren, das Skriptum aufzuarbeiten und als Arbeitsbuch mit dem geschilderten Konzept zu publizieren.

Bei Stoffauswahl und Stoffabfolge sind Bedürfnisse berücksichtigt, die von den ingenieurwissenschaftlichen Fächern kommen. Dies bewirkt gelegentlich, von bewährten, innermathematisch bedingten Vorgehen abzuweichen. Beispielsweise müssen die Studierenden im Fach Grundlagen der Elektrotechnik frühzeitig mit komplexen Zahlen, Eulerscher Formel usw. umgehen können. Dieser Stoff wurde daher vorgezogen. Andere Abweichungen von der üblichen Stoffabfolge werden vorgenommen, um die Studierenden nicht zu überfordern. Beispielsweise wird das Lernen dadurch erleichtert, dass die Gebiete Folgen und Reihen, die erfahrungsgemäß von den Studierenden als schwer empfunden werden, nicht wie üblich unmittelbar nacheinander behandelt werden. Statt dessen werden Aussagen über Grenzwert, Stetigkeit und Differentiation reeller Funktionen dazwischengeschoben. Dadurch wird den Lernenden eine „Verschnaufpause“ gegönnt.

Ich möchte all denen danken, die mich bei der Anfertigung dieses ersten Bandes unterstützt haben. Frau Magdalene Tabbert und Frau Gudrun Schumm haben mit viel Engagement und Sachkenntnis aus meinem Manuskript den vorliegenden TEX-Text hergestellt. Die aufwendige redaktionelle Schlussarbeit hat Frau Schumm mit viel Einfühlungsvermögen übernommen. Frau Dr. Claudia Werthenbach hat mit Zeichnungen zum besseren Verständnis des Textes beigetragen. Mit großer Sorgfalt und kritischem Urteilsvermögen hat mich Frau Dipl.-Math. Sibylle Strandt beim Lesen der Korrekturen unterstützt. Ihnen allen sage ich meinen herzlichen Dank. Schließlich danke ich dem Teubner-Verlag und insbesondere Herrn Dr. Peter Spuhler für die gute Zusammenarbeit. Ohne sein geduldiges Verständnis für zwingende Verzögerungen wäre dieser Band nicht zustande gekommen.

Darmstadt, im März 2000 — Helmut Schellhaas

# Vorwort zur zweiten Auflage

Die erste Auflage dieses Bandes wurde von Helmut Schellhaas verfasst. Er konnte aus gesundheitlichen Gründen die Lineare Algebra nicht mehr integrieren. In dieser zweiten Auflage wurde dies nachgeholt und die Kapitel 7 bis 13 über Lineare Algebra ergänzt. Außerdem wurden Korrekturen und Verbesserungen vorgenommen. Hinweise und Änderungsvorschläge erhielten wir von Studierenden, Mitarbeitern und Kollegen. Ihnen allen und insbesondere Frau Dr. Wanda Morariu (Universitatea Politehnica Bukarest) sowie Herrn Prof. Dr. Peter Burmeister (Technische Universität Darmstadt) danken wir sehr herzlich.

Darmstadt, im Oktober 2002
Karl Graf Finck von Finckenstein, Jürgen Lehn, Helmut Wegmann

# Inhaltsverzeichnis

# 1 Über reelle Zahlen

Am Anfang des mathematischen Denkens stehen die **natürlichen Zahlen**

$$1, 2, 3, 4, \ldots .$$

Für die **Menge der natürlichen Zahlen** ist die Bezeichnung

$$\mathbb{N} = \{1, 2, 3, \ldots\}$$

üblich. Dabei versteht man unter einer Menge allgemein eine Zusammenfassung von einzelnen Objekten zu einer Gesamtheit, wobei die Objekte dann Elemente der Menge heißen. Im obigen Beispiel, der Menge der natürlichen Zahlen, wird die Menge beschrieben durch die Aufzählung ihrer Elemente in geschweiften Klammern. Eine andere Darstellung einer Menge kann durch Angabe einer charakterisierenden Eigenschaft $E$ der Elemente erfolgen. Man schreibt dann $\{x : x \text{ hat Eigenschaft } E\}$ für die Menge aller Elemente $x$, die die Eigenschaft $E$ besitzen. Ist ein Objekt $x$ Element einer Menge $M$, so schreibt man $x \in M$. Weitere Grundtatsachen über Mengen werden in Kapitel 3 angegeben.

Die Addition und die Multiplikation zweier natürlicher Zahlen führen wieder zu einer natürlichen Zahl, mit $a \in \mathbb{N}$ und $b \in \mathbb{N}$ gilt stets $a + b \in \mathbb{N}$ und $a \cdot b \in \mathbb{N}$. Man sagt: $\mathbb{N}$ ist abgeschlossen gegenüber der Addition und der Multiplikation. Für $a \in \mathbb{N}$, $b \in \mathbb{N}$ muss jedoch die Gleichung

$$a + x = b \qquad (*)$$

nicht unbedingt eine Lösung $x \in \mathbb{N}$ haben. Erweitert man $\mathbb{N}$ jedoch zur **Menge der ganzen Zahlen**

$$\mathbb{Z} = \{\ldots, -2, -1, 0, 1, 2, \ldots\},$$

so hat die Gleichung $(*)$ für $a \in \mathbb{Z}$, $b \in \mathbb{Z}$ stets eine Lösung $x \in \mathbb{Z}$.

Andererseits muss für $a \in \mathbb{Z}$, $b \in \mathbb{Z}$ die Gleichung

$$a \cdot y = b \qquad (**)$$

nicht unbedingt eine Lösung $y \in \mathbb{Z}$ haben. Erweitert man $\mathbb{Z}$ jedoch zur **Menge der rationalen Zahlen**

$$\mathbb{Q} = \{x : x = \frac{b}{a}, a \in \mathbb{Z}, b \in \mathbb{Z}, a \neq 0\},$$

so haben $(*)$ und im Fall $a \neq 0$ auch $(**)$ für $a \in \mathbb{Q}$, $b \in \mathbb{Q}$ stets eine Lösung $x \in \mathbb{Q}$ bzw. $y \in \mathbb{Q}$.

Die Darstellung einer rationalen Zahl $x$ in der Form eines Quotienten aus ganzen Zahlen ist nicht eindeutig. Dies zeigt das bekannte Kürzen und Erweitern von Brüchen. Eine eindeutige **Darstellung als Bruch** lässt sich für $x \neq 0$ erreichen durch die Forderung, dass Zähler und Nenner teilerfremd sind und der Nenner eine natürliche Zahl ist, d.h. $x = \frac{b}{a}$ mit $b \in \mathbb{Z}$ , $a \in \mathbb{N}$, $a$ und $b$ teilerfremd. Andererseits führt das übliche Divisionsverfahren auf die **Darstellung** einer rationalen Zahl **als Dezimalbruch**. So ergeben

$\frac{7}{4} = 1.75$ einen abbrechenden Dezimalbruch und

$\frac{2}{70} = 0.0285714285\ldots = 0.0\overline{285714}$ einen periodischen Dezimalbruch.

Die Periode wird dabei durch Überstreichen der Ziffernfolge, die sich periodisch wiederholt, gekennzeichnet. Bei der Durchführung des Divisionsverfahrens für eine rationale Zahl $\frac{b}{a}$ mit $b \in \mathbb{Z}$ , $a \in \mathbb{N}$ kann als Rest jeweils nur eine der Zahlen $0, 1, \ldots, a-1$ auftreten. Tritt der Rest null auf, so bricht der Dezimalbruch ab. Andernfalls gibt es höchstens $a-1$ verschiedene Reste und spätestens nach der Berechnung von $a-1$ Ziffern des Dezimalbruches (von voranstehenden Nullen abgesehen) muss einer der Reste erneut auftreten, so dass der Dezimalbruch periodisch wird. Demnach gilt:

> Jede rationale Zahl lässt sich durch einen abbrechenden oder periodischen Dezimalbruch darstellen.

Umgekehrt lässt sich jeder abbrechende oder periodische Dezimalbruch als Bruch $\frac{b}{a}$ mit $b \in \mathbb{Z}$, $a \in \mathbb{N}$ darstellen. Die Grundidee der **Umwandlung periodischer Dezimalbrüche in Brüche** zeigt das folgende Beispiel: Ist $x = 0.\overline{d_1 \ldots d_k}$ mit den Ziffern $d_i \in \{0, 1, \ldots, 9\}$ für $i = 1, \ldots, k$ der Dezimalbruch, so gilt mit der Potenz $10^k = 10 \cdot 10 \cdot \ldots \cdot 10$ ($k$ Faktoren)

$$10^k x = d_1 \ldots d_k + 0.\overline{d_1 \ldots d_k} = d_1 \ldots d_k + x\,,$$

also

$$x = \frac{d_1 \ldots d_k}{10^k - 1}\,.$$

Die Umwandlung eines beliebigen periodischen Dezimalbruchs lässt sich darauf zurückführen.

**Beispiele:**

(1) $0.478 = \frac{478}{1000}$

(2) $0.\overline{478} = \frac{478}{999}$

(3) $53.23\overline{478} = \frac{1}{100}(5323 + 0.\overline{478}) = \frac{1}{100}\left(5323 + \frac{478}{999}\right) = \frac{5318155}{99900}$ .

**Bemerkungen und Ergänzungen:**

(4) Eine rationale Zahl $\frac{m}{n}$ (bzw. $-\frac{m}{n}$ ) mit $m, n \in \mathbb{N}$ lässt sich auf der **Zahlengeraden** wie folgt veranschaulichen: Man trägt eine Strecke der Länge $\frac{m}{n}$ , die man durch Unterteilung einer Strecke der Länge $m$ in $n$ gleiche Teile erhält, vom Nullpunkt ausgehend auf der Zahlengeraden nach rechts (bzw. links) ab.

(5) Mit $a \in \mathbb{Q}$, $b \in \mathbb{Q}$ liegt die rationale Zahl $c = \frac{a+b}{2}$ zwischen $a$ und $b$. Führt man diese Überlegung sukzessive fort (für $a, c$ usw.), so sieht man: Zwischen zwei rationalen Zahlen liegen unendlich viele rationale Zahlen.

Durch rationale Zahlen lassen sich nicht alle Punkte der Zahlengeraden erfassen. Dies zeigt schon folgendes Beispiel: Es ist 0.10 100 1000 10000 1... ein Dezimalbruch, der weder abbricht noch periodisch ist. Er kann nach obiger Überlegung keine rationale Zahl darstellen. Die Existenz von "Lücken" zwischen den rationalen Zahlen auf der Zahlengeraden zeigt auch folgende Aussage, deren Beweis wir in Kapitel 2 führen: Es gibt keine rationale Zahl, die mit sich selbst multipliziert die Zahl 2 ergibt. Die Gleichung $x^2 = 2$ besitzt also keine Lösung $x \in \mathbb{Q}$. Dies legt nahe, neben den rationalen Zahlen noch weitere Zahlen zu betrachten. Eine geeignete Erweiterung von $\mathbb{Q}$ führt zur **Menge der reellen Zahlen $\mathbb{R}$.** Reelle Zahlen, die nicht rational sind, heißen **irrational.** Hilfreich ist die Vorstellung, dass die irrationalen Zahlen darstellbar sind als nichtperiodische Dezimalbrüche, wobei abbrechende Dezimalbrüche als periodisch mit der Periode null angesehen werden.

Die reellen Zahlen lassen sich durch die im folgenden angegebenen Axiome (A1) bis (A15) einführen. Die Axiome beschreiben den Bereich der reellen Zahlen, die nichts anderes als die uns vertrauten Dezimalzahlen sind, in eindeutiger Weise. Wer sich für eine ausführliche Darstellung dieser hier nicht beabsichtigten axiomatischen Einführung der reellen Zahlen interessiert, sei auf Endl/Luh [4] oder Heuser [6] verwiesen. Wir geben die Axiome an und leiten beispielhaft einige Folgerungen daraus ab. Andere Folgerungen teilen wir nur mit, um dem Leser ein Gefühl dafür zu vermitteln, wie eine solche axiomatische Einführung der reellen Zahlen erfolgen kann.

Auf der Menge $\mathbb{R}$ ist eine Addition + und eine Multiplikation $\cdot$ erklärt, so dass für $a \in \mathbb{R}$, $b \in \mathbb{R}$ auch $a + b \in \mathbb{R}$ und $a \cdot b \in \mathbb{R}$, wobei mit $c \in \mathbb{R}$ folgende Axiome (A1) bis (A9) als Rechengesetze gelten.

**Körperaxiome**

| | | |
|---|---|---|
| (A1) | $a + b = b + a$ | **Kommutativgesetz** |
| (A2) | $a + (b+c) = (a+b) + c$ | **Assoziativgesetz** |
| (A3) | Es gibt ein Element $0 \in \mathbb{R}$, das **Nullelement**, mit $a + 0 = a$ für alle $a \in \mathbb{R}$. | |
| (A4) | Zu jedem Element $a \in \mathbb{R}$ gibt es ein Element $(-a) \in \mathbb{R}$ mit $a + (-a) = 0$. | |
| (A5) | $a \cdot b = b \cdot a$ | **Kommutativgesetz** |
| (A6) | $a \cdot (b \cdot c) = (a \cdot b) \cdot c$ | **Assoziativgesetz** |
| (A7) | Es gibt ein vom Nullelement verschiedenes Element $1 \in \mathbb{R}$, das **Einselement**, mit $a \cdot 1 = a$ für alle $a \in \mathbb{R}$. | |
| (A8) | Zu jedem Element $a \in \mathbb{R}$ mit $a \neq 0$ gibt es ein Element $a^{-1} \in \mathbb{R}$ mit $a \cdot a^{-1} = 1$. | |
| (A9) | $a \cdot (b+c) = a \cdot b + a \cdot c$ | **Distributivgesetz** |

Durch Folgerungen aus den Axiomen lassen sich weitere Rechenregeln für reelle Zahlen herleiten. Das grundsätzliche formale Vorgehen zeigt Beispiel (6). Die restlichen Resultate (7) bis (9) lassen sich analog gewinnen.

**Bemerkungen und Ergänzungen:**

(6) Wir zeigen die Anwendung der Axiome bei der Untersuchung der Gleichung

$$a + x = b, \qquad x \in \mathbb{R} \tag{$*$}$$

mit $a, b \in \mathbb{R}$ im Hinblick auf ihre Lösbarkeit.
Nach (A4) existiert $(-a)$ und für $x = b + (-a)$ ist

$$\begin{aligned}
a + x &= a + \big(b + (-a)\big) \\
&= a + \big((-a) + b\big) && \text{(A1)} \\
&= \big(a + (-a)\big) + b && \text{(A2)} \\
&= 0 + b && \text{(A4)} \\
&= b + 0 && \text{(A1)} \\
&= b\,. && \text{(A3)}
\end{aligned}$$

Demnach ist $x = b + (-a)$ eine Lösung von $(*)$. Gibt es weitere Lösungen? Sei $\hat{x}$ eine beliebige Lösung von $(*)$, gelte also $a + \hat{x} = b$. Dann ist

$$\begin{aligned} \hat{x} &= \hat{x} + 0 && \text{(A3)} \\ &= \hat{x} + \big(a + (-a)\big) && \text{(A4)} \\ &= (\hat{x} + a) + (-a) && \text{(A2)} \\ &= (a + \hat{x}) + (-a) && \text{(A1)} \\ &= b + (-a) && (*) \\ \hat{x} &= x\,. \end{aligned}$$

Demnach gibt es neben $x = b + (-a)$ keine weiteren Lösungen, und es ist gezeigt:

> Die Gleichung
>
> $$a + x = b\,, \qquad x \in \mathbb{R}$$
>
> mit $a, b \in \mathbb{R}$ hat genau eine Lösung, nämlich
>
> $$x = b + (-a)\,.$$

Man schreibt auch $b + (-a) = b - a$. Dies erklärt die **Subtraktion.**

(7) Analog zu (6) zeigt man:

> Die Gleichung
>
> $$a \cdot x = b\,, \qquad x \in \mathbb{R}$$
>
> mit $a, b \in \mathbb{R}$, $a \neq 0$, hat genau eine Lösung, nämlich
>
> $$x = a^{-1} \cdot b\,.$$

Man schreibt auch $a^{-1} \cdot b = \frac{b}{a}$. Dies erklärt die **Division**.

(8) Es gelten folgende Rechenregeln:

$$\begin{aligned} &(-a) \cdot b = a \cdot (-b) \;=\; -(a \cdot b) \\ &(-a) \cdot (-b) = a \cdot b \\ &-0 = 0 \\ &a \cdot 0 = 0 \\ &(-1) \cdot a = -a. \end{aligned}$$

(9) Aus $a \cdot b = 0$ folgt $a = 0$ oder $b = 0$ (oder beide 0).
Aus $a + b = a + c$ folgt $b = c$.
Aus $a \cdot b = a \cdot c$ und $a \neq 0$ folgt $b = c$.

(10) Das Einselelement gemäß Körperaxiom (A7) (reelle Zahl) ist auch eine natürliche Zahl. Ist $n$ eine natürliche Zahl, so ist $n + 1$ ebenfalls eine natürliche Zahl. Jede natürliche Zahl ist auch eine reelle Zahl.

Neben der Addition und der Multiplikation zweier Elemente ist auf $\mathbb{R}$ eine Ordnungsstruktur gegeben. Es ist eine Beziehung $<$ (verbal: kleiner als) definiert, so dass für $a \in \mathbb{R}$, $b \in \mathbb{R}$, $c \in \mathbb{R}$ folgende Axiome (A10) bis (A13) gelten.

**Ordnungsaxiome**

(A10) Es gilt genau eine der drei Beziehungen $a < b$, $a = b$, $b < a$.

(A11) Aus $a < b$ und $b < c$ folgt $a < c$.

(A12) Aus $a < b$ folgt $a+c < b+c$ für alle $c$.

(A13) Aus $a < b$ und $0 < c$ folgt $a \cdot c < b \cdot c$.

Bequem sind folgende **Bezeichnungen**:

$a > b$ (verbal: $a$ ist größer als $b$) ist gleichbedeutend mit $b < a$.

$a \leq b$ (verbal: $a$ ist kleiner als $b$ oder gleich $b$) bedeutet, dass $a < b$ oder $a = b$ ist.

$a \geq b$ (verbal: $a$ ist größer als $b$ oder gleich $b$) ist gleichbedeutend mit $b \leq a$.

$a$ heißt positiv, falls $a > 0$,
$a$ heißt negativ, falls $a < 0$,
$a$ heißt nichtnegativ, falls $a \geq 0$,
$a$ heißt nichtpositiv, falls $a \leq 0$.

**Bemerkungen und Ergänzungen:**

(11) Gilt $a < b$, so gilt insbesondere auch die schwächere Aussage $a \leq b$, aber nicht umgekehrt.

(12) Bei $a < b$ spricht man auch von einer **Ungleichung**. In (14) bis (18) stellen wir wichtige Regeln für das Rechnen mit Ungleichungen zusammen. Diese Regeln ergeben sich als Folgerungen aus den Axiomen.

(13) Zwei Ungleichungen $a < b$ und $b < c$ kann man in der Ungleichungskette $a < b < c$ zusammenfassen.

(14) Aus $a < b$ folgt

$$a \cdot c < b \cdot c, \quad \text{falls } c > 0,$$
$$a \cdot c > b \cdot c, \quad \text{falls } c < 0.$$

Verbal: Die Ungleichung bleibt erhalten, wenn man beide Seiten mit einer positiven Zahl multipliziert, sie kehrt ihre Richtung um, wenn man beide Seiten mit einer negativen Zahl multipliziert.

Speziell: Aus $a < b$ folgt $-a > -b$,
aus $b > 0$ folgt $-b < 0$.

(15) Aus $a < b$ und $c < d$ folgt $a + c < b + d$.
Verbal: Werden sowohl linke als auch rechte Seiten von gleichsinnigen Ungleichungen addiert, so gilt die Ungleichung im gleichen Sinne für die Summen.

(16) Aus $0 < a < b$ und $0 < c < d$ folgt $a \cdot c < b \cdot d$.
Verbal: Werden sowohl linke als auch rechte Seiten von gleichsinnigen Ungleichungen multipliziert, so gilt die Ungleichung in gleichem Sinne für das Produkt, falls alle Zahlen positiv sind.

(17) Ist $0 < a < b$, so ist $\frac{1}{a} > \frac{1}{b}$.

(18) Aus $a \cdot b > 0$ folgt: Entweder gilt $a > 0$ und $b > 0$
oder es gilt $a < 0$ und $b < 0$.

Neben den Körperaxiomen und den bereits angegebenen Ordnungsaxiomen gilt in $\mathbb{R}$ noch das Axiom (A14)

**Archimedisches Axiom**

(A14) Zu $x \in \mathbb{R}$, $y \in \mathbb{R}$ mit $0 < x$, $0 < y$ existiert ein $n \in \mathbb{N}$ mit $n \cdot x > y$.

**Bemerkungen und Ergänzungen:**

(19) Aus dem archimedischen Axiom folgt: Zu $a \in \mathbb{R}$ existiert ein $n \in \mathbb{N}$ mit $n > a$.

(20) Zu $\varepsilon \in \mathbb{R}$, $\varepsilon > 0$, existiert ein $n \in \mathbb{N}$ mit $\frac{1}{n} < \varepsilon$. Mit einem solchen $n$ gilt $\frac{1}{m} < \varepsilon$ für **alle** $m \in \mathbb{N}$ mit $m > n$. Diese Aussagen haben beispielsweise wichtige Anwendungen bei der Untersuchung der Konvergenz vom Folgen (vgl. Kapitel 14).

(21) In der Mathematik bedeutet "existiert ein $n \in \mathbb{N}$ mit ...", dass es **mindestens** ein $n \in \mathbb{N}$ mit ... gibt, oder aber auch mehrere. Falls es nur eines gibt, sagt man, "es existiert genau ein $n \in \mathbb{N}$ mit ..." (Eindeutigkeit). Analog bedeutet "es existiert eine Lösung", dass mindestens eine Lösung existiert. Falls es nur eine Lösung gibt, sagt man "es existiert genau eine Lösung" oder "es existiert eine eindeutige Lösung".
Oft sind zwei Fragen zu beantworten: Die Frage nach der **Existenz** einer Lösung und die Frage nach der **Eindeutigkeit** der Lösung.

(22) ARCHIMEDES von Syrakus (287-212 v. Chr.) verfasste grundlegende Arbeiten zur Geometrie und Mechanik, insbesondere zur Statik und Hydrostatik (Archimedisches Prinzip). Daneben sind zahlreiche praktische Erfindungen von ihm bekannt (Flaschenzug).

Ist $M$ eine Menge reeller Zahlen und gilt für jedes Element $a \in M$ die Beziehung $a \leq k$ für ein $k \in \mathbb{R}$, so heißt $M$ **nach oben beschränkt**, und $k$ heißt **obere Schranke** von $M$. Gibt es neben einem solchen $k$ keine kleinere obere Schranke von $M$, d.h. kein $\ell \in \mathbb{R}$ mit $\ell < k$, so dass auch $a \leq \ell$ gilt für jedes Element $a \in M$, so heißt $k$ **kleinste obere Schranke** von $M$ oder **Supremum** von $M$. Mit dieser Bezeichnung lässt sich das Axiom (A15) formulieren.

**Vollständigkeitsaxiom**

(A15) Zu jeder nach oben beschränkten Menge reeller Zahlen, die mindestens ein Element enthält, existiert ein Supremum in $\mathbb{R}$.

Ist $k$ das Supremum von $M$, so schreibt man $k = \sup M$. Analog sind für eine Menge $M$ reeller Zahlen die Bezeichnungen **nach unten beschränkt**, **untere Schranke**, **größte untere Schranke** definiert. Die größte untere Schranke von $M$ heißt auch **Infimum** von $M$ und wird mit $\inf M$ bezeichnet. Eine Menge reeller Zahlen heißt **beschränkt**, wenn sie nach unten **und** nach oben beschränkt ist.

**Beispiele:**

(23) Für $M = \{x : x \in \mathbb{R}, x \leq 2\}$ ist $k = 3$ eine obere Schranke, die kleinste obere Schranke ist jedoch $\sup M = 2$.

(24) Für $M = \{x : x \in \mathbb{R}, x < 2\}$ ist $\sup M = 2$ wie in (23). Denn zu jeder Zahl $a < 2$ gibt es ein $x \in M$ mit $a < x < 2$, beispielsweise $x = \frac{a+2}{2}$, so dass $a$ nicht obere Schranke von $M$ sein kann.

(25) Jede Menge reeller Zahlen, die nur endlich viele Elemente enthält, ist beschränkt.

(26) Es ist $\mathbb{N}$ nach unten beschränkt, nicht jedoch nach oben beschränkt. Es gilt hier $\inf \mathbb{N} = 1$.

**Bemerkungen und Ergänzungen:**

(27) Die Körper- und Ordnungsaxiome (A1) bis (A13) können als Rechengesetze aufgefasst werden, aus denen sich die Regeln für das Rechnen mit reellen Zahlen ableiten lassen. Es sei nochmals darauf hingewiesen, dass sie zusammen mit dem Vollständigkeitsaxiom (A15) und dem archimedischen Axiom (A14) den Bereich der reellen Zahlen in eindeutiger Weise beschreiben.

(28) Für die rationalen Zahlen gelten die Körperaxiome, die Ordnungsaxiome und das Archimedische Axiom. Ein zu (A15) analoges Vollständigkeitsaxiom, nach dem das Supremum einer Menge rationaler Zahlen stets wieder eine rationale Zahl sein müsste, gilt jedoch nicht. Die Erweiterung von $\mathbb{Q}$ zu $\mathbb{R}$ basiert also maßgeblich auf (A15). So besitzt die Menge der rationalen Zahlen, deren Quadrat kleiner als 2 ist, kein Supremum in $\mathbb{Q}$, obwohl die Menge nach oben beschränkt ist.

(29) Allgemein heißt eine Menge von Elementen, in der zwei Verknüpfungen zweier Elemente erklärt sind, so dass die Körperaxiome (A1) bis (A9) gelten, ein **Körper**. Ist zusätzlich eine Ordnungsstruktur gegeben, so dass die Ordnungsaxiome (A10) bis (A13) gelten, so spricht man von einem **geordneten Körper**. Für die in Kapitel 5 einzuführenden **komplexen Zahlen** gelten die Körperaxiome, doch lässt sich keine Ordnungsrelation finden, die den Ordnungsaxiomen (A10) bis (A13) genügt. Die komplexen Zahlen bilden demnach einen Körper, jedoch keinen geordneten Körper.

(30) Wenn auch für eine nach oben beschränkte Menge $M$ reeller Zahlen $\sup M$ stets existiert, so muss es nicht zu $M$ gehören. Es kann wie in (23) $\sup M \in M$ gelten. Dass dies nicht immer gelten muss, zeigt Beispiel (24).

Aufgrund der Assoziativgesetze (A2) und (A6) lassen sich Summen und Produkte von drei reellen Zahlen $a_i \in \mathbb{R}$ für $i = 1, 2, 3$ ohne Klammern schreiben

$$a_1 + a_2 + a_3 = a_1 + (a_2 + a_3) = (a_1 + a_2) + a_3,$$
$$a_1 \cdot a_2 \cdot a_3 = a_1 \cdot (a_2 \cdot a_3) = (a_1 \cdot a_2) \cdot a_3.$$

Rekursiv sind dann für $k = 4, 5, 6, \ldots$ und $a_i \in \mathbb{R}$ für $i = 1, \ldots, k$ die Summe und das Produkt von $k$ reellen Zahlen erklärt

$$a_1 + a_2 + \ldots + a_{k-1} + a_k = (a_1 + a_2 + \ldots + a_{k-1}) + a_k,$$
$$a_1 \cdot a_2 \cdot \ \ldots \ \cdot a_{k-1} \cdot a_k = (a_1 \cdot \ \ldots \ \cdot a_{k-1}) \cdot a_k.$$

Der Punkt für die Multiplikation wird oft, falls keine Missverständnisse entstehen, unterdrückt.

Man schreibt für $m, n \in \mathbb{N}$, $m < n$

$$\sum_{i=m}^{n} a_i = a_m + a_{m+1} + \ldots + a_n \,, \qquad \prod_{i=m}^{n} a_i = a_m \cdot a_{m+1} \cdot \ \ldots \ \cdot a_n$$

und für $m = n$

$$\sum_{i=m}^{m} a_i = a_m \,, \qquad \prod_{i=m}^{m} a_i = a_m \,.$$

Für $m > n$ treffen wir die Vereinbarung

$$\sum_{i=m}^{n} a_i = 0 \,, \qquad \prod_{i=m}^{n} a_i = 1 \,.$$

Im Sonderfall $a_i = a$ für $i = 1, 2, \ldots, n$ mit $n \in \mathbb{N}$ ist

$$\sum_{i=1}^{n} a_i = \sum_{i=1}^{n} a = n \cdot a,$$

speziell ist für $a = 1$

$$\sum_{i=1}^{n} 1 = n.$$

Für $a_i = a$, $i = 1, \ldots, n$, wird durch

$$\prod_{i=1}^{n} a_i = \prod_{i=1}^{n} a = a^n$$

die $n$-te Potenz $a^n$ von $a$ definiert. Weiter setzt man

$$a^0 = 1 \qquad \text{für } a \in \mathbb{R},$$
$$a^{-n} = \frac{1}{a^n} \qquad \text{für } a \in \mathbb{R},\ a \neq 0,\ n \in \mathbb{N}.$$

**Beispiele:**

(31) Es ist insbesondere $0^0 = 1$.

(32) Sei $a_i = i$ für $i = 3, 4, \ldots, 7, 8$. Dann ist

$$\sum_{i=3}^{8} a_i = \sum_{i=3}^{8} i = (3+4+5+6+7+8) = 33,$$
$$\prod_{i=3}^{8} a_i = \prod_{i=3}^{8} i = 3 \cdot 4 \cdot 5 \cdot 6 \cdot 7 \cdot 8 = 20160.$$

**Bemerkungen und Ergänzungen:**

(33) Welcher Buchstabe für den Summationsindex (Multiplikationsindex) gewählt wird, ist irrelevant. So ist für $m \leq n$

$$\sum_{i=m}^{n} a_i = \sum_{k=m}^{n} a_k, \qquad \prod_{i=m}^{n} a_i = \prod_{k=m}^{n} a_k.$$

(34) Bei Indextransformation sind auch die Summationsgrenzen (Multiplikationsgrenzen) zu transformieren. So gilt bei der Transformation $i = k + 1$

$$\sum_{i=1}^{n} a_i = \sum_{k=0}^{n-1} a_{k+1}, \qquad \prod_{i=1}^{n} a_i = \prod_{k=0}^{n-1} a_{k+1}$$

und bei der Transformation $i = k + 2$ für $m \leq n$

$$\sum_{i=m}^{n} a_i = \sum_{k=m-2}^{n-2} a_{k+2}, \qquad \prod_{i=m}^{n} a_i = \prod_{k=m-2}^{n-2} a_{k+2}.$$

(35) In (34) laufen der alte und neue Summationsindex gleichsinnig. Laufen beide gegensinnig, so sind die Summationsgrenzen (Multiplikationsgrenzen) bei der Transformation zu vertauschen. So ist für $i = n - k$

$$\sum_{i=1}^{n} a_{n-i} = \sum_{k=0}^{n-1} a_k, \qquad \prod_{i=1}^{n} a_{n-i} = \prod_{k=0}^{n-1} a_k.$$

(36) Seien $a_{ik}$, $b_i$, $c_k$ für $i = 1, 2, \ldots, m$ und $k = 1, 2, \ldots, n$ reelle Zahlen. Dann schreibt man

$$\sum_{i=1}^{m} \sum_{k=1}^{n} a_{ik} = \sum_{i=1}^{m} \left( \sum_{k=1}^{n} a_{ik} \right).$$

Es ist

$$\sum_{i=1}^{m}\sum_{k=1}^{n} a_{ik} = \sum_{k=1}^{n}\sum_{i=1}^{m} a_{ik}\,,$$
$$\left(\sum_{i=1}^{m} b_i\right)\left(\sum_{k=1}^{n} c_k\right) = \sum_{i=1}^{m}\sum_{k=1}^{n} b_i c_k\,.$$

(37) Für das Rechnen mit Potenzen gelten folgende Regeln. Seien $m, n \in \mathbb{N}$ und $a, b \in \mathbb{R}$. Dann gilt

$$a^m \cdot a^n = a^{m+n}$$
$$\left(a^m\right)^n = a^{m\cdot n}$$
$$a^m \cdot b^m = \left(a \cdot b\right)^m.$$

(38) Für $m \in \mathbb{N}$ und $a, b \in \mathbb{R}$ mit $0 \le a < b$ ist

$$0 \le a^m < b^m\,.$$

(39) Eine reelle Zahl $x$, die einer Gleichung der Form

$$a_0 + a_1 x + \ldots + a_n x^n = 0\,, \quad a_i \in \mathbb{Z} \text{ für } i = 0, \ldots, n \text{ mit } n \in \mathbb{N}$$

genügt, heißt **algebraische Zahl**. Nicht algebraische reelle Zahlen heißen **transzendent.** Jede rationale Zahl ist algebraisch. $\sqrt{2} = 1.41421356\ldots$ ist beispielsweise algebraisch (siehe Kapitel 4), aber nicht rational, es sind $\pi = 3.14159265\ldots$ (siehe Kapitel 4) und $e = 2.71828182\ldots$ (siehe Kapitel 14) transzendent.

## TESTS

**T1.1:** Sei $x = 3.5\overline{17}$. Dann gilt

( ) $x = \frac{3517}{999}$

( ) $x = \frac{35\cdot 99+17}{990} = \frac{3482}{990}$

( ) $x = \frac{35\cdot 99+17}{999} = \frac{3482}{999}$.

**T1.2:** Sei $x = \frac{7}{17}$. Dann gilt

( ) $x = 0.4\overline{1}$

( ) $x = 0.411\overline{764}$

( ) $x = 0.411764705\overline{8}$

( ) $x = 0.\overline{4117647058823529}$.

**T1.3:** Seien $a, b \in \mathbb{R}$ mit $a < b$. Dann gilt

( ) $\frac{1}{a} < \frac{1}{b}$

( ) $\frac{1}{a} > \frac{1}{b}$

( ) $\frac{1}{a} > \frac{1}{b}$, falls $a > 0$.

**T1.4:** Sei $M$ die Menge der reellen Zahlen $a_n$, $n = 1, 2, \ldots$, mit $a_n = 1 - \frac{1}{n}$. Dann gilt

( ) $r = 2$ ist eine obere Schranke von $M$.

( ) $s = 1$ ist das Supremum von $M$.

( ) Das Supremum von $M$ ist Element von $M$.

( ) $t = 0$ ist das Infimum von $M$.

( ) Das Infimum von $M$ ist Element von $M$.

( ) Die Menge $M$ ist beschränkt.

**T1.5:** Sei $s = \sum_{i=1}^{n} a_i$ mit beliebigem $n \in \mathbb{N}$. Dann gilt

( ) $s = \sum\limits_{k=0}^{n-1} a_{k+1}$

( ) $s = \sum\limits_{k=2}^{n+1} a_{k-2}$

( ) $s = \sum\limits_{k=n}^{1} a_{n+1-k}$

( ) $s = \sum\limits_{k=1}^{n} a_{n+1-k}$.

**T1.6:** Seien $a_1 = 2$, $a_2 = 5$, $a_3 = -1$, $a_4 = 7$. Dann gilt

( ) $\prod_{i=1}^{2}(a_i + a_{i+2}) = 42$

( ) $\prod_{i=1}^{2}(a_i + a_{i+2}) = 12$

( ) $\prod_{i=1}^{2}(a_i + a_{i+2}) = \prod_{k=0}^{1}(a_{k+1} + a_{k+3})$.

## ÜBUNGEN

**Ü1.1:** a) Wandeln Sie die Dezimalbrüche $0.47\overline{8}$ und $21.4\overline{781}$ in Brüche um.

b) Wandeln Sie die Brüche $\frac{234}{999}$ und $\frac{17}{11}$ in Dezimalbrüche um.

c) Zeigen Sie, dass folgende Gleichung richtig ist:
$0.\overline{4117647058823529} + \frac{179}{102} = 2.1\overline{6}$.

**Ü1.2:** a) Zeigen Sie unter Verwendung der Körper- und Ordnungsaxiome (A1) bis (A13), dass aus $0 < a < b$ und $0 < c < d$ stets $ac < bd$ folgt.

b) Folgt schon aus $a < b$ und $c < d$ die Aussage $ac < bd$? Geben Sie vier reelle Zahlen $a, b, c, d$ an mit $a < b$ und $c < d$, so dass $ac > bd$.

**Ü1.3:** Die Menge $M$ bestehe aus 2 Elementen $a$ und $b$. Durch

$$a + a = a, \quad a + b = b, \quad b + a = b, \quad b + b = a$$

und

$$a \cdot a = a, \quad a \cdot b = a, \quad b \cdot a = a, \quad b \cdot b = b$$

seien zwei Verknüpfungen auf $M$ gegeben. Zeigen Sie, dass die Menge $M$ mit den so definierten zwei Verknüpfungen einen Körper bildet, indem Sie die Körperaxiome (A1) bis (A9) nachweisen.

**Ü1.4:** a) Bestimmen Sie

$$s = \sum_{k=1}^{100} k^6 + \sum_{m=2}^{101} [75 - (m-1)^6].$$

b) Sei $n \in \mathbb{N}$. Welchen Wert (in Abhängigkeit von $n$) hat

$$t = \sum_{k=n+1}^{2n} \frac{2}{k+2} + \sum_{m=n+3}^{2n+2} \frac{m-2}{m}\ ?$$

c) Berechnen Sie $\prod_{k=2}^{n}(5-k)$ für $n = 1, 2, \ldots, 6$, und bestimmen Sie damit

$$\sum_{n=1}^{6} \prod_{k=2}^{n} (5-k) \, .$$

d) Was ergibt sich für $\sum_{k=1}^{100} \prod_{m=1}^{100} (k-m)$?

**Ü1.5:** Bestimmen Sie die Werte der folgenden Summen und Produkte

a) $\displaystyle\sum_{\nu=1}^{3} \sum_{\mu=0}^{2} (2 \cdot \mu \cdot \nu^2 + 4\nu)$

b) $\displaystyle\prod_{k=1}^{5} \sum_{j=0}^{k-1} 10$

c) $\displaystyle\sum_{k=0}^{4} a_k \quad \text{mit } a_k = k^2 \sum_{j=1}^{k} \frac{1}{j} \quad \text{für } k = 0, \ldots, 4$

d) $\displaystyle\sum_{\nu=1}^{4} \prod_{\mu=(1-\nu)^2}^{1} (\mu^3 \cdot \nu - 247 \cdot \mu \cdot \nu^2).$

**Ü1.6:** Eine natürliche Zahl $n \in \mathbb{N}$ besitzt eine Dezimaldarstellung

$$n = a_0 + a_1 \cdot 10 + a_2 \cdot 10^2 + \ldots + a_p \cdot 10^p \, , \quad a_p \neq 0$$

mit $a_i \in \{0, 1, \ldots, 9\}$ für $i = 0, \ldots, p$ und $p = 0, 1, 2, \ldots$ . Man schreibt $n$ als Dezimalzahl $n = a_p a_{p-1} \ldots a_1 a_0$ . Diese Zahl besitzt eine Dualdarstellung

$$n = b_0 + b_1 \cdot 2 + b_2 \cdot 2^2 + \ldots + b_q \cdot 2^q \, , \quad b_q \neq 0$$

mit $b_i \in \{0, 1\}$ für $i = 0, \ldots, q$, und $q = 0, 1, 2, \ldots$ . Man schreibt $n$ als Dualzahl
$n = b_q b_{q-1} \ldots b_1 b_0$.

a) Schreiben Sie die Dezimalzahl $n = 246$ als Dualzahl.

b) Schreiben Sie die Dualzahl $m = 1001010011$ als Dezimalzahl.

**Ü1.7:** a) Sei $M_1$ die Menge aller reellen Zahlen $a_n$ , $n = 1, 2, \ldots$, mit $a_n = \left(\frac{n}{n+1}\right)^2$ , und sei $M_2$ die Menge aller reellen Zahlen $x$ mit $-5 \leq x < 1$ .

Bestimmen Sie das Supremum und das Infimum der Mengen $M_1$ und $M_2$ . Geben Sie an, ob das Supremum bzw. Infimum Element der jeweiligen Menge ist.

b) Begründen Sie mit Hilfe des archimedischen Axioms, dass die Menge der natürlichen Zahlen keine obere Schranke und damit auch kein Supremum besitzt.

**Ü1.8:** Für $x \in \mathbb{R}$ (fest) sei $M$ die Menge der reellen Zahlen $x^n$, $n = 1, 2, \ldots$. Bestimmen Sie, falls existent, $\sup M$ bzw. $\inf M$ für

a) $0 < x < 1$ und b) $x > 1$.

Geben Sie im Falle der Existenz an, ob das Supremum bzw. Infimum zu $M$ gehört.

*Hinweis:* Verwenden Sie folgende Aussage: Ist $0 < x < 1$, so existiert zu jedem $\varepsilon > 0$ ein $n \in \mathbb{N}$ mit $x^n < \varepsilon$. Ist $x > 1$, so existiert zu jedem $\delta > 0$ ein $n \in \mathbb{N}$ mit $x^n > \delta$.

# 2 Beweismethoden

Zu unterscheiden sind **Definitionen** und **Aussagen**. Während Definitionen nicht zu beweisen sind, bedürfen mathematische Aussagen stets eines Beweises. Unmittelbar interessierende, als richtig erkannte Aussagen, formuliert man in **Sätzen**, mittelbar interessierende Aussagen in **Hilfssätzen** (Lemmata) und Konsequenzen von (bewiesenen) Aussagen in **Korollaren**. Wir betrachten drei Beweisschemata. Ihre Gültigkeit, intuitiv klar, wird (axiomatisch) gefordert.

1. Direkter Beweis
2. Indirekter Beweis oder Widerspruchsbeweis
3. Beweis durch vollständige Induktion oder induktiver Beweis

**Direkter Beweis**
Ausgehend von den Voraussetzungen führen schrittweise Folgerungen direkt zur Aussage.

**Beispiele:**

(1) Beispiel (6), Kapitel 1, gibt ein Beispiel für einen direkten Beweis.

(2) Das "Ausrechnen" einer Formel ist ein direkter Beweis. Ein Beispiel gibt der Beweis der

**Aussage**: Ist $n$ für $n \in \mathbb{N}$ ungerade, so ist auch $n^2$ ungerade.

**Beweis:** Eine ungerade Zahl $n \in \mathbb{N}$ hat die Darstellung $n = 2k+1$ mit $k \in \mathbb{N}$ oder $k = 0$. Für $n^2$ folgt durch Ausrechnen $n^2 = 4k^2 + 4k + 1 = 2(2k^2 + 2k) + 1$. Also ist $n^2$ wieder eine ungerade Zahl.

(3) **Aussage**: Für die Summe der ersten $n$ natürlichen Zahlen gilt

$$1 + 2 + \ldots + n = \frac{n(n+1)}{2}, \quad n \in \mathbb{N}.$$

**Beweis:**

$$\begin{array}{rl} s_n = & 1+2 \quad + \ldots + \quad (n-1)+n \\ + \; s_n = & n+(n-1) \; + \ldots + \quad 2+1 \\ \hline 2s_n = & (n+1)+(n+1)+\ldots+(n+1)+(n+1) = n(n+1) \\ s_n = & \dfrac{n(n+1)}{2} \quad . \end{array}$$

(4) **Aussage**: Für $q \in \mathbb{R}$ und $n = 0, 1, 2, \ldots$ gilt

$$\sum_{i=0}^{n} q^i = \begin{cases} \dfrac{1-q^{n+1}}{1-q} & \text{für } q \neq 1 \\ n+1 & \text{für } q = 1. \end{cases}$$

**Beweis:**

$$s_n = \sum_{i=0}^{n} q^i = 1 + q + q^2 + \ldots + q^n . \qquad (*)$$

Für $q = 1$ ist $s_n = n + 1$. Für $q \neq 1$ folgt

$$qs_n = q + q^2 + \ldots + q^n + q^{n+1} . \qquad (**)$$

Subtraktion von $(*)$ und $(**)$ ergibt

$$s_n(1 - q) = 1 - q^{n+1} ,$$

und Division durch $1 - q$ ergibt die Behauptung.

(5) **Aussage:** Für $n \geq 3$ ist $2n^2 \geq (n+1)^2$.

**Beweis:** Für $n \geq 3$ ergibt sich direkt folgende Ungleichungskette

$$2n^2 = n^2 + n^2 \geq n^2 + 3n = n^2 + 2n + n \geq n^2 + 2n + 1 = (n+1)^2 .$$

**Indirekter Beweis**
Zum Beweis der Aussage nimmt man an, dass das logische Gegenteil richtig ist (Gegenannahme), und führt – ausgehend davon – durch Folgerungen einen Widerspruch herbei. Das logische Gegenteil ist daher falsch und die Aussage richtig.

**Beispiele:**

(6) Wir beweisen indirekt die

**Aussage:** Ist $n^2$ für $n \in \mathbb{N}$ gerade, so ist auch $n$ gerade.

**Beweis:** Wir nehmen das logische Gegenteil der Behauptung an, nämlich dass $n$ ungerade ist. Nach der Aussage in (2) ist dann auch $n^2$ ungerade im Widerspruch zur Voraussetzung, dass $n^2$ gerade ist. Also ist die Gegenannahme falsch und damit die Aussage richtig.

(7) Wir beweisen die bereits in Kapitel 1 erwähnte

**Aussage:** Es gibt keine rationale Zahl $x = \frac{m}{n}$ mit $x^2 = 2$.

**Beweis:** Wir nehmen an, dass das logische Gegenteil richtig ist, nämlich: Es gibt (mindestens) eine rationale Zahl, d.h. einen Quotienten $\frac{m}{n}$ mit $m \in \mathbb{Z}$ und $n \in \mathbb{N}$, so dass $\left(\frac{m}{n}\right)^2 = 2$ gilt. Ohne Beschränkung der Allgemeinheit (o.B.d.A.) können wir annehmen, dass $m$ und $n$ teilerfremd sind, was stets durch Kürzen erreichbar ist. Dann ist $m^2 = 2n^2$, also $m^2$ durch 2 teilbar und damit auch $m$ durch 2 teilbar (vgl. Aussage in (6)). Damit ist $m = 2r$ für ein $r \in \mathbb{Z}$, also $m^2 = 4r^2$. Andererseits gilt $m^2 = 2n^2$, so dass $n^2 = 2r^2$ folgt. Dies zeigt, dass $n^2$ und damit auch $n$ (vgl. Aussage in (6)) durch 2 teilbar sind. Danach haben $m$ und $n$ den gemeinsamen Teiler 2 im Widerspruch zur Voraussetzung, dass $m$ und $n$ teilerfremd sind. Das logische Gegenteil der Aussage ist also falsch und damit die Aussage bewiesen.

(8) Eine natürliche Zahl $p$ heißt **Primzahl**, falls $p \neq 1$ und $p$ keine Teiler außer 1 und $p$ besitzt. Wir zeigen die

**Aussage:** Es gibt unendlich viele Primzahlen.

**Beweis:** Bekanntlich besitzt jede natürliche Zahl größer gleich 2 eine Primzahl als Teiler. Wir machen die Gegenannahme, dass es nur endlich viele Primzahlen, nämlich $n$ Stück gibt. Diese seien $p_1, p_2, \ldots, p_n$. Wir bilden $p = p_1 \cdot p_2 \cdot \ldots \cdot p_n + 1$. Es ist $p \geq 2$, und damit besitzt (s.o.) $p$ eine Primzahl als Teiler. Es sind aber $p_1, p_2, \ldots, p_n$ keine Teiler von $p$, so dass es nicht nur diese $n$ Primzahlen geben kann. Widerspruch!

Zum Beweis von Aussagen A($n$), die wie die Aussagen in (2) bis (6) von einer natürlichen Zahl $n$ abhängen, kann der Beweis durch vollständige Induktion dienen.

**Beweis durch vollständige Induktion**

Um die Richtigkeit einer Aussage A($n$) für alle natürlichen Zahlen $n \geq n_0$ zu beweisen, geht man in 2 Schritten vor:

**Schritt 1:** Man zeigt, dass A($n$) richtig ist für $n = n_0$ (Induktionsanfang).

**Schritt 2:** Man nimmt an, A($k$) sei richtig für eine natürliche Zahl $k \geq n_0$ (Induktionsannahme) und zeigt, dass daraus die Richtigkeit von A($k+1$) folgt (Induktionsschritt).

Dann ist die Aussage A($n$) richtig für alle $n \geq n_0$.

**Beispiele:**

(9) Wir beweisen die Aussage in (3) durch vollständige Induktion.

**Aussage** A($n$) :

$$\sum_{i=1}^{n} i = \frac{n(n+1)}{2} \quad \text{für alle } n \in \mathbb{N}.$$

**Beweis:**

Schritt 1: Für $n = n_0 = 1$ ist $\sum_{i=1}^{n} i = 1$ und $\frac{n(n+1)}{2} = 1$. Also gilt A(1).

Schritt 2: Gelte A($k$) für ein $k \geq 1$, also

$$\sum_{i=1}^{k} i = \frac{k(k+1)}{2} \qquad (*)$$

Dann ist mit (*)

$$\sum_{i=1}^{k+1} i = \sum_{i=1}^{k} i + (k+1) \overset{(*)}{=} \frac{k(k+1)}{2} + (k+1) = \frac{(k+1)(k+2)}{2}.$$

Also gilt $A(k+1)$.

Die Aussage ist demnach richtig für alle $n \in \mathbb{N}$.

(10) Die Aussagen müssen nicht Gleichungsform haben. Wir beweisen die **Bernoullische Ungleichung:**

| Für $n \in \mathbb{N}$, $x \in \mathbb{R}$, $x \geq -1$ gilt $(1+x)^n \geq 1 + nx$. |
|---|

**Beweis:**

Schritt 1: Die Aussage ist offensichtlich richtig für $n = n_0 = 1$.

Schritt 2: Für ein $k \in \mathbb{N}$ gelte $A(k)$, also $(1+x)^k \geq 1 + kx$. $(*)$

Dann ist

$$(1+x)^{k+1} = (1+x)^k(1+x) \overset{(*)}{\geq} (1+kx)(1+x) = 1+(k+1)x+kx^2 \geq 1+(k+1)x,$$

also gilt $A(k+1)$. Damit ist die Bernoullische Ungleichung bewiesen.

Bei den Abschätzungen wurde $(1+x) \geq 0$ und $kx^2 \geq 0$ verwendet, ersteres folgt aus der Voraussetzung $x \geq -1$.

(11) Wir beweisen die

**Aussage** $A(n) : 2^n > n^2$ für $n \geq 5$.

**Beweis:**

Schritt 1: Für $n = n_0 = 5$ ist $2^n = 32$ und $n^2 = 25$, so dass die Aussage richtig ist für $n = n_0 = 5$.

Schritt 2: Für ein $k \in \mathbb{N}$, $k \geq 5$, gelte $A(k)$, also $2^k > k^2$.
Dann folgt $2^{k+1} > 2k^2$. Nach (5) ist $2k^2 \geq (k+1)^2$, so dass $2^{k+1} > (k+1)^2$, also $A(k+1)$ gilt.

Die Aussage $A(n)$ ist demnach richtig für alle $n \geq 5$.

Obwohl wir in diesem Buch umgangssprachlichen Formulierungen den Vorzug vor der Benutzung logischer Symbole geben, sei auf übliche Schreibweisen hingewiesen. Sind A und B zwei Aussagen, so bedeute

$A \Rightarrow B$ (verbal: aus A folgt B), dass aus der Richtigkeit der Aussage A die Richtigkeit der Aussage B folgt.

$A \Leftrightarrow B$ (verbal: A äquivalent B), dass aus der Richtigkeit der Aussage A die Richtigkeit der Aussage B folgt und aus der Richtigkeit von B die Richtigkeit von A.

Ist $C(x)$ eine Aussage, die von einer Variablen $x$ abhängt, wobei $x$ in einer Grundmenge $U$ variiert, so bedeutet

$\exists\, x \in U[C(x)]$ (verbal: es existiert $x \in U$ mit $C(x)$ wahr), dass (mindestens) ein $x \in U$ existiert, so dass die Aussage $C(x)$ wahr ist.

$\forall\, x \in U[\mathrm{C}(x)]$ (verbal: für alle $x \in U$ ist $\mathrm{C}(x)$ wahr), dass für alle $x \in U$ die Aussage $\mathrm{C}(x)$ wahr ist.

**Beispiele:**

(12) $\exists\, x \in \mathbb{Z}\,[x^2 = 4]$, d.h. es gibt (mindestens) eine ganze Zahl, deren Quadrat 4 ist.

(13) $\forall\, n \in \mathbb{N}\left[\sum_{i=1}^{n} i = \frac{n(n+1)}{2}\right]$, d.h. für alle natürliche Zahlen $n$ gilt, dass die Summe der ersten $n$ natürlichen Zahlen $\frac{n(n+1)}{2}$ ist.

**Bemerkungen und Ergänzungen:**

(14) Man nennt $\exists$ („es existiert") und $\forall$ („für alle") Quantoren.

(15) Beim direkten Beweis einer Aussage $B$ wird ausgehend von einer (richtigen) Aussage A mit Zwischenbehauptungen $\mathrm{A}_1, \ldots, \mathrm{A}_k$ die Aussage B gefolgert. Dies stellt sich dar in der Form $\mathrm{A} \Rightarrow \mathrm{A}_1 \Rightarrow \mathrm{A}_2 \Rightarrow \ldots \Rightarrow \mathrm{A}_k \Rightarrow \mathrm{B}$.

(16) Sei $\overline{\mathrm{A}}$ (bzw. $\overline{\mathrm{B}}$) die Aussage, dass A (bzw. B) nicht wahr ist. Dann folgt aus $\overline{\mathrm{B}} \Rightarrow \overline{\mathrm{A}}$ die Beziehung $\mathrm{A} \Rightarrow \mathrm{B}$ und umgekehrt. Beim indirekten Beweis von B, ausgehend von Voraussetzungen A, nimmt man an, dass $A$ und $\overline{\mathrm{B}}$ gilt, und erzeugt einen Widerspruch, zeigt also dass $A$ und $\overline{\mathrm{B}}$ nicht gleichzeitig wahr sein können.

(17) Beim Beweis durch vollständige Induktion treten Aussagen $\mathrm{A}(n)$ für die Grundmenge $U = \{n : n \in \mathbb{N} \text{ mit } n \geq n_0\}$ auf.

(18) Die Bernoullische Ungleichung ist ein wichtiges beweistechnisches Hilfsmittel. In unserem Beweis in (10) benutzen wir die Voraussetzung $x \geq -1$. Dies ist die Standardannahme in der Literatur. Mit einem anderen Beweis lässt sich zeigen, dass die Bernoullische Ungleichung sogar für $x \geq -2$ gilt, worauf ein aufmerksamer Student hinwies.

(19) EUKLID von Alexandria schrieb um 300 v. Chr. seine berühmten „Elemente", in denen er das mathematische Wissen seiner Zeit zusammenfasste. Das klassische mathematische Vorgehen – 1. Voraussetzung, 2. Behauptung, 3. Beweis – findet sich schon bei Euklid.

(20) Es wird berichtet, dass CARL FRIEDRICH GAUSS den Beweis in (3) mit 7 Jahren erbrachte. Gauß (1777 – 1855) verfasste bahnbrechende Arbeiten in der reinen und der angewandten Mathematik. Er arbeitete auf vielen Gebieten, so in der Theorie der Reihen, der Funktionentheorie, der Zahlentheorie, der Differentialgeometrie, der numerischen Mathematik, der Wahrscheinlichkeitsrechnung, der Geodäsie und der Himmelsmechanik.

(21) JAKOB BERNOULLI (1654–1705), nach dem die Ungleichung in (10) benannt ist, stammt wie sein Bruder JOHANN BERNOULLI (1667–1748) aus einer Baseler Mathematiker-Familie (8 Mathematiker in 3 Generationen). Beide gehören zu den führenden Mathematikern ihrer Zeit.

## TESTS

**T2.1:** Mit dem direkten Beweis können

( ) nur Gleichungen bewiesen werden

( ) auch Ungleichungen bewiesen werden

( ) auch verbale Aussagen bewiesen werden.

**T2.2:** Beim indirekten Beweis einer Aussage $B$

( ) wird durch Folgerungen aus den Voraussetzungen schrittweise die Aussage gewonnen

( ) wird angenommen, dass das logische Gegenteil von $B$ richtig ist und daraus ein Widerspruch zu den Voraussetzungen konstruiert

( ) darf die Aussage $B$ nicht von einer natürlichen Zahl $n$ abhängen.

**T2.3:** Beim Beweis durch vollständige Induktion einer Aussage $A(n)$ für $n \geq n_0$

( ) reicht es, aus der Gültigkeit von $A(k)$ für ein $k \geq n_0$ die Gültigkeit von $A(k+1)$ zu zeigen

( ) darf $n_0$ auch eine negative ganze Zahl sein

( ) darf im Induktionsschritt die Gültigkeit von $A(n_0), A(n_0+1), \ldots, A(k)$ benutzt werden, um die Gültigkeit von $A(k+1)$ zu zeigen.

**T2.4:** Sei $U$ die Menge aller natürlichen Zahlen $n$ mit $n \geq 4$. Welche Aussagen sind richtig?

( ) $\exists\, n \in U\ [n^3 + 2n^2 + n > 100]$

( ) $\forall\, n \in U\ [n^3 + 2n^2 + n > 100]$

( ) $\forall\, n \in U\ [n^3 + 2n^2 + n \geq 100]$

( ) $\exists\, n \in U\ [(n-10)^2 \leq 0]$

## ÜBUNGEN

**Ü2.1:** Zeigen Sie durch direkten Beweis:

Sind die natürlichen Zahlen $m$ und $n$ beide ungerade, so ist auch das Produkt $m \cdot n$ ungerade.

**Ü2.2:** Zeigen Sie durch direkten Beweis: Sind $m$ und $n$ ungerade natürliche Zahlen mit $m \neq n$, so ist $(m-n)^2$ durch 4 teilbar.

**Ü2.3:** Zeigen Sie durch indirekten Beweis:
Ist $n^4$ für $n \in \mathbb{N}$ ungerade, so ist auch $n$ ungerade.

**Ü2.4:** Zeigen Sie durch indirekten Beweis:
Gilt $abc \leq 0$ für $a, b, c \in \mathbb{R}$, so gilt $a \leq 0$ oder $b \leq 0$ oder $c \leq 0$.

**Ü2.5:** Zeigen Sie durch vollständige Induktion:
$\sum_{i=1}^{n} i^2 = \frac{1}{6}n(n+1)(2n+1)$ für alle $n \in \mathbb{N}$.

**Ü2.6:** Zeigen Sie durch vollständige Induktion:
$3^n < 4^{n-1}$ für alle $n \in \mathbb{N}$ mit $n \geq 5$.

# 3 Mengen und Abbildungen

Wir haben bisher mehrfach mit Zahlenmengen gearbeitet. Den Begriff der Menge haben wir kurz in Kapitel 1 eingeführt. Es ist der „naive Mengenbegriff", der auf GEORG CANTOR (1845-1918), den Begründer der Mengenlehre, zurückgeht.

**Definition 3.1** *Eine* **Menge** *$M$ ist eine Zusammenfassung von wohlbestimmten und wohlunterschiedenen Objekten unserer Anschauung oder unseres Denkens zu einem Ganzen. Die Objekte werden* **Elemente** *der Menge genannt.*

Ist $x$ Element der Menge $M$, so schreibt man

$$x \in M,$$

ist $x$ kein Element der Menge $M$, so schreibt man

$$x \notin M.$$

Die Beschreibung der Menge $M$ kann durch Aufzählung ihrer Elemente, die man in geschweifte Klammern (Mengenklammern) schreibt, erfolgen: $M = \{x, y, z, \ldots\}$. $M$ ist die Menge, die aus den Elementen $x, y, z, \ldots$ besteht. Bei der Aufzählung der Elemente ist die Reihenfolge ohne Belang. Jedes Element wird nur einmal notiert. Eine andere Darstellung der Menge $M$ kann durch Angabe einer charakterisierenden Eigenschaft der Elemente geschehen. Man schreibt dann $M = \{x : x \text{ hat Eigenschaft } E\}$. $M$ ist die Menge aller Elemente $x$, die die Eigenschaft $E$ besitzen. Statt $x$ kann auch ein anderer Buchstabe verwendet werden, etwa $M = \{y : y \text{ hat Eigenschaft } E\}$.

**Beispiele:**

(1) $\mathbb{N} = \{1, 2, 3, \ldots\} = \{n : n \text{ ist natürliche Zahl}\}$, Menge der natürlichen Zahlen.

$\mathbb{N}_0 = \{0, 1, 2, \ldots\} = \{n : n \text{ ist natürliche Zahl, oder es ist } n = 0\}$.

$\mathbb{Z} = \{\ldots, -2, -1, 0, 1, 2, \ldots\} = \{n : n \text{ ist ganze Zahl}\}$, Menge der ganzen Zahlen.

$\mathbb{Q} = \{x : x \text{ ist rationale Zahl}\}$, Menge der rationalen Zahlen.

$\mathbb{R} = \{x : x \text{ ist reelle Zahl}\}$, Menge der reellen Zahlen.

$M = \{n : n = 2m,\ m \in \mathbb{N}\}$, Menge der geraden natürlichen Zahlen.

**Definition 3.2** *A und B seien zwei Mengen*

*(i)* *A und B heißen* **gleich**, $A = B$, *wenn sie aus denselben Elementen bestehen. Andernfalls heißen A und B* **ungleich**, $A \neq B$.

*(ii)* *A heißt* **Teilmenge** *von B*, $A \subset B$, *wenn für jedes Element* $x \in A$ *auch* $x \in B$ *gilt.*

*(iii)* *Die* **leere Menge** $\emptyset$ *ist die Menge, die kein Element enthält.*

Wichtige Teilmengen reeller Zahlen sind die **Intervalle**. Für $a, b \in \mathbb{R}$ benutzen wir folgende Schreibweise

$$
\begin{aligned}
[a,b] &= \{x : x \in \mathbb{R},\ a \leq x \leq b\} && \text{für } a \leq b \\
(a,b) &= \{x : x \in \mathbb{R},\ a < x < b\} && \text{für } a < b \\
[a,b) &= \{x : x \in \mathbb{R},\ a \leq x < b\} && \text{für } a < b \\
(a,b] &= \{x : x \in \mathbb{R},\ a < x \leq b\} && \text{für } a < b \\
[a,\infty) &= \{x : x \in \mathbb{R},\ x \geq a\} \\
(a,\infty) &= \{x : x \in \mathbb{R},\ x > a\} \\
(-\infty,b] &= \{x : x \in \mathbb{R},\ x \leq b\} \\
(-\infty,b) &= \{x : x \in \mathbb{R},\ x < b\} \\
(-\infty,\infty) &= \{x : x \in \mathbb{R}\} = \mathbb{R}.
\end{aligned}
$$

Es heißen $[a,b]$ abgeschlossenes Intervall, $(a,b)$ offenes Intervall, $[a,b)$ bzw. $(a,b]$ halboffenes Intervall. Dies sind beschränkte Intervalle, während die restlichen aufgeführten Intervalle unbeschränkte Intervalle sind. Es sind $a, b$ jeweils Randpunkte des Intervalls, sie gehören je nach Typ zum Intervall oder nicht.

Verknüpfungen zweier Mengen sind gegeben in

**Definition 3.3** *A und B seien zwei Mengen. Dannn heißt*

*(i)* $A \cup B = \{x : x \in A \text{ oder } x \in B\}$ **Vereinigung** *von A und B*

*(ii)* $A \cap B = \{x : x \in A \text{ und } x \in B\}$ **Durchschnitt** *von A und B*

*(iii)* $A \backslash B = \{x : x \in A \text{ und } x \notin B\}$ **Differenz** *von A und B*.

**Bemerkungen und Ergänzungen:**

(2) $A \subset A$ und $\emptyset \subset A$ für jede Menge $A$.

(3) Gilt $A \subset B$, aber $A \neq B$, so heißt $A$ auch echte Teilmenge von $B$. Ist $A$ nicht Teilmenge von $B$, schreibt man $A \not\subset B$.

(4) $\mathbb{N} \subset \mathbb{N}_0 \subset \mathbb{Z} \subset \mathbb{Q} \subset \mathbb{R}$.

(5) Aus $A \subset B$ und $B \subset A$ folgt $A = B$.
Dies gibt eine wichtige Methode zum Beweis der Gleicheit zweier Mengen. Man zeigt, dass für **beliebiges** $x \in A$ auch $x \in B$ gilt **und** dass für **beliebiges** $y \in B$ auch $y \in A$ gilt. Ein Beispiel dieser Technik geben wir in (9).

(6) Die Verknüfungen zweier Mengen durch $\cup$ bzw. $\cap$ bzw. $\setminus$ führen wieder zu Mengen. Damit dies uneingeschränkt gilt, wurde die leere Menge in Definition 3.2 eingeführt. Denn $A \cap B$ mit nichtleeren Mengen $A$ und $B$ kann durchaus kein Element enthalten.

(7) Teilmengenbildung und Verknüpfungen lassen sich in Diagrammen („Venndiagrammen") veranschaulichen:

$B \subset A$ $\qquad$ $A \cup B$ $\qquad$ $A \cap B$ $\qquad$ $A \setminus B$

**Beispiele:**

(8) Seien $A = \{3, 7, 12\}$, $B = \{4, 7, 20, 40\}$, $C = \{4\}$. Dann ist
$A \cup B = \{3, 4, 7, 12, 20, 40\}$, $A \cap B = \{7\}$, $A \setminus B = \{3, 12\}$, $B \setminus A = \{4, 20, 40\}$
$A \cup C = \{3, 4, 7, 12\}$, $A \cap C = \emptyset$
$B \cup C = \{4, 7, 20, 40\} = B$, $B \cap C = \{4\}$, $C \subset B$, $C \setminus B = \emptyset$.

(9) Wir verwenden die in (5) erklärte Beweistechnik und zeigen

$$(A \cap C) \setminus B = (A \setminus B) \cap (C \setminus B)$$

für beliebige Mengen $A, B, C$. Der Beweis verläuft in zwei Schritten. In Schritt 1 zeigen wir, dass für **beliebiges** $x \in (A \cap C) \setminus B$ auch $x \in (A \setminus B) \cap (C \setminus B)$ gilt. Demnach ist

$$(A \cap C) \setminus B \subset (A \setminus B) \cap (C \setminus B).$$

In Schritt 2 zeigen wir, dass für **beliebiges** $y \in (A \setminus B) \cap (C \setminus B)$ auch $y \in (A \cap C) \setminus B$ gilt. Demnach ist

$$(A \setminus B) \cap (C \setminus B) \subset (A \cap C) \setminus B.$$

Gemäß (5) ergibt sich dann die Behauptung.

Zu Schritt 1: Aus $x \in (A \cap C) \setminus B$ folgt (i) $x \in A$, (ii) $x \in C$ und (iii) $x \notin B$. Aus (i) und (iii) folgt $x \in A \setminus B$, aus (ii) und (iii) folgt $x \in C \setminus B$. Demnach gilt $x \in (A \setminus B) \cap (C \setminus B)$.

Zu Schritt 2: Aus $y \in (A \setminus B) \cap (C \setminus B)$ folgt (i) $y \in A$, (ii) $y \notin B$ und (iii) $y \in C$ (sowie (iv) $y \notin B$). Aus (i) und (iii) folgt $y \in A \cap C$ und aus (ii) folgt $y \notin B$. Demnach gilt $y \in (A \cap C) \setminus B$.

(10) Mit der Beweistechnik aus (5) zeigt man für drei Mengen $A, B, C$:

$A \cup B = B \cup A$, $A \cap B = B \cap A$ — Kommutativität

$A \cup (B \cup C) = (A \cup B) \cup C$, $A \cap (B \cap C) = (A \cap B) \cap C$ — Assoziativität

$A \cap (B \cup C) = (A \cap B) \cup (A \cap C)$,
$A \cup (B \cap C) = (A \cup B) \cap (A \cup C)$ — Distributivität

Speziell ist $A \cup A = A$, $A \cap A = A$, $A \cap (A \cup B) = A$, $A \cup (A \cap B) = A$, $A \cup \emptyset = A$, $A \cap \emptyset = \emptyset$.

**Definition 3.4**

*(i)* *Zwei Mengen $A$ und $B$ heißen* **disjunkt** *(fremd), falls $A \cap B = \emptyset$.*

*(ii)* *Für die Mengen $A$ und $\Omega$ gelte $A \subset \Omega$. Dann heißt die Menge $A^c$ mit $A^c = \Omega \backslash A$ das* **Komplement** *von $A$ bzgl. $\Omega$.*

*(iii)* *Seien $A_1, A_2, A_3, \ldots$ Mengen. Dann ist*

$$\bigcup_{n=1}^{\infty} A_n = A_1 \cup A_2 \cup A_3 \cup \ldots$$

*die Menge der Elemente, die in mindestens einem der $A_n$, $n \in \mathbb{N}$, liegen, und*

$$\bigcap_{n=1}^{\infty} A_n = A_1 \cap A_2 \cap A_3 \cap \ldots$$

*ist die Menge der Elemente, die in allen $A_n$, $n \in \mathbb{N}$, liegen. Analog sind für $N \geq 3$ auch die Vereinigung $\bigcup_{n=1}^{N} A_n = A_1 \cup A_2 \cup \ldots \cup A_N$ und der Durchschnitt $\bigcap_{n=1}^{N} A_n = A_1 \cap A_2 \cap \ldots \cap A_N$ erklärt.*

**Beispiele:**

(11) Die Menge $A = \{n : n = 2k\,,\ k \in \mathbb{N}\}$ (gerade natürliche Zahlen) und die Menge $B = \{m : m = 2k-1\,,\ k \in \mathbb{N}\}$ (ungerade natürliche Zahlen) sind disjunkt. Es gilt $A \subset \Omega$ und $B \subset \Omega$ für $\Omega = \mathbb{N}$. Für die Komplemente bzgl. $\Omega$ gilt $A^c = B$ und $B^c = A$.

(12) Für $A \subset \Omega$ und $B \subset \Omega$ gelten die **de Morganschen Regeln** (nach AUGUSTUS DE MORGAN (1806–1871))

$$(A \cup B)^c = A^c \cap B^c \quad \text{und} \quad (A \cap B)^c = A^c \cup B^c .$$

(13) Für $n \in \mathbb{N}$ sei $A_n = \{n\}$. Dann gilt $\bigcup_{n=1}^{\infty} A_n = \mathbb{N}$ und $\bigcap_{n=1}^{\infty} A_n = \emptyset$.

(14) Für $n \in \mathbb{N}$ sei $A_n = \{1, 2, \ldots, n\}$. Dann ist $\bigcap_{n=1}^{\infty} A_n = \{1\}$ und $\bigcup_{n=1}^{\infty} A_n = \mathbb{N}$.

(15) Seien $A_n = [1 - \frac{1}{n}, 1]$ und $B_n = [\frac{1}{n}, 1]$ für $n \in \mathbb{N}$. Dann ist

$$\bigcup_{n=1}^{4} A_n = [0,1]\,, \quad \bigcup_{n=1}^{\infty} A_n = [0,1]\,, \quad \bigcap_{n=1}^{4} A_n = [\tfrac{3}{4},1]\,, \quad \bigcap_{n=1}^{\infty} A_n = \{1\}\,.$$

$$\bigcup_{n=1}^{4} B_n = [\tfrac{1}{4},1]\,, \quad \bigcup_{n=1}^{\infty} B_n = (0,1]\,, \quad \bigcap_{n=1}^{4} B_n = \{1\}\,, \quad \bigcap_{n=1}^{\infty} B_n = \{1\}\,.$$

**Definition 3.5** *A und B seien zwei Mengen.*

$$A \times B = \{(x,y) : x \in A \text{ und } y \in B\}$$

*heißt* **kartesisches Produkt** *von A und B.*

**Bemerkungen und Ergänzungen:**

(16) Es ist $(x,y)$ ein **geordnetes Paar**, bei dem es auf die Reihenfolge von $x$ und $y$ ankommt.

(17) Es ist $(x,y) = (x',y')$ falls $x = x'$ **und** $y = y'$. Demnach ist $(1,2) \neq (2,1)$ (geordnete Paare), aber es ist $\{1,2\} = \{2,1\}$ (Mengen).

(18) Statt $A \times A$ schreibt man auch $A^2$. So ist $\mathbb{R}^2$ die Menge $\mathbb{R} \times \mathbb{R}$ der geordneten Paare reeller Zahlen.

(19) Seien $A = [2,4]$ und $B = [1,2]$. Die Menge $A \times B \subset \mathbb{R}^2$ lässt sich als Punktmenge in der Ebene mit Hilfe eines rechtwinkligen Koordinatensystems mit $x$–Achse (Abszisse) und $y$–Achse (Ordinate) veranschaulichen.

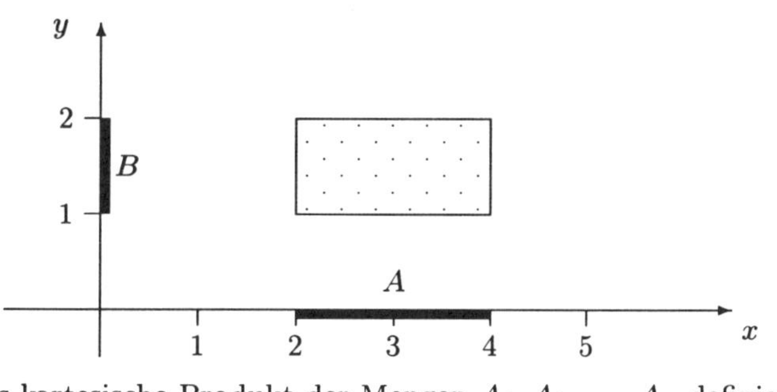


(20) Analog ist das kartesische Produkt der Mengen $A_1, A_2, \ldots, A_n$ definiert durch

$$A_1 \times A_2 \times \ldots \times A_n = \{(x_1, x_2, \ldots, x_n) : x_i \in A_i \text{ für } i = 1, \ldots, n\}\,.$$

Es ist die Menge aller **$n$–Tupel** $(x_1, \ldots, x_n)$ mit $x_1 \in A_1, \ldots, x_n \in A_n$.

**Definition 3.6** *A und B seien zwei Mengen. Eine Teilmenge R von A×B heißt eine* **Relation** *(zwischen den Elementen) der Menge A und (den Elementen) der Menge B. Ist A = B, so heißt R Relation auf A.*

**Beispiel:**

(21) Seien $A = \{2,3,4,5,6\}$, $B = \{-1,0,1,2,3\}$ und $R = \{(x,y) : x{\in}A\,,\ y{\in}B\,,\ y < x\}$.
Veranschaulichung von $R$:

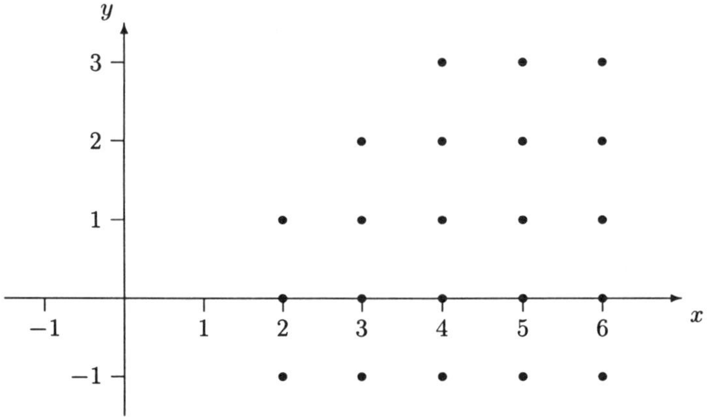


Es ist $(5,2) \in R$, aber $(2,5) \notin R$. Es gilt $(4,1) \in R$ und $(4,2) \in R$.

Beispiel (21) zeigt: Es ist möglich, dass $(x,y) \in R$ und $(x,y') \in R$ mit $y \neq y'$. Folgt hingegen aus $(x,y) \in R$ **und** $(x,y') \in R$ stets $y = y'$, so heißt die Relation $R$ eine **Abbildung**. Eine Abbildung enthält also keine zwei verschiedenen Paare mit identischem ersten Element. Wir bevorzugen im folgenden eine äquivalente Definition der Abbildung, die besser der Anschauung Rechnung trägt.

**Definition 3.7** *Es seien $X$ und $Y$ zwei nichtleere Mengen. Eine Vorschrift $f$, die jedem Element $x$ einer Teilmenge $D(f) \subset X$ genau ein Element $y = f(x) \in Y$ zuordnet, heißt eine* **Abbildung aus** $X$ **in** $Y$. *Es heißt $D(f)$* **Definitionsmenge** *von $f$ und $B(f) = \{y : y = f(x)$ für ein $x \in D(f)\}$ heißt* **Bildmenge** *von $f$.*

Jedem $x \in D(f)$ ordnet die Abbildung $f$ genau ein $y = f(x)$ zu. Es heißt $y$ das **Bild** von $x$ bezüglich $f$.

Veranschaulichung:

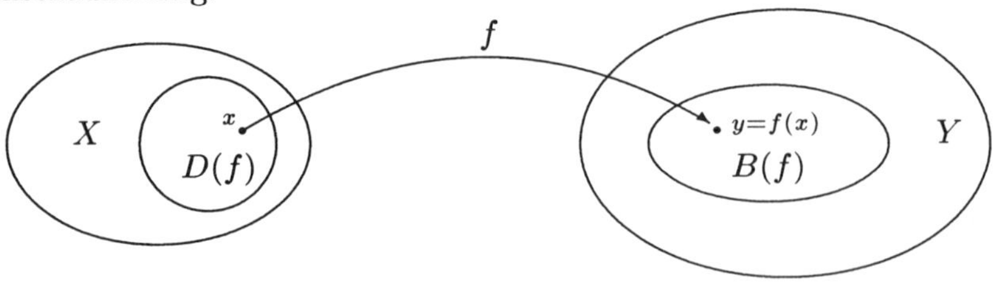

Ist $y \in B(f)$ mit $y = f(x)$ und $x \in D(f)$, so heißt $x$ **Urbild** von $y$ bezüglich $f$. Zu einem $y \in B(f)$ können mehrere Urbilder gehören.

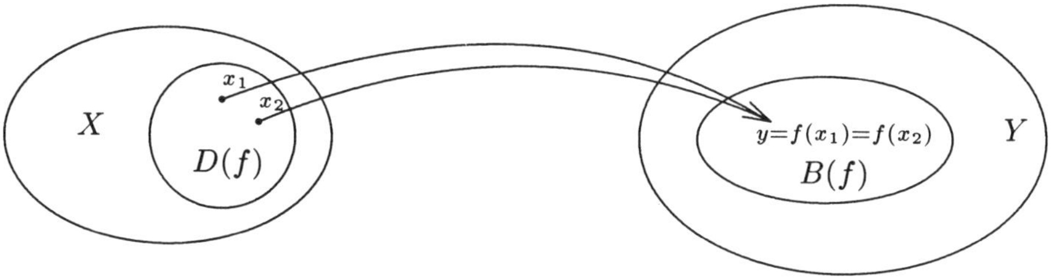


Zur Festlegung von $f$ schreibt man $f : X \to Y$ und gibt $D(f)$ und die Abbildungsvorschrift $f(x)$ an. Üblich ist auch die Schreibweise $x \mapsto f(x)$, $x \in D(f)$. Statt Abbildung sagt man auch **Funktion**. Ist $X = \mathbb{R}$ und $Y = \mathbb{R}$, so heißt $f$ eine **reelle Funktion** (einer reellen Veränderlichen).

**Bemerkungen und Ergänzungen:**

(22) Zur Definition von $f$ gehört stets die Angabe von $D(f)$. Zwei Abbildungen $f$ und $g$ heißen gleich, $f = g$, falls $D(f) = D(g)$ **und** $f(x) = g(x)$ für alle $x \in D(f) = D(g)$. So sind die Abbildungen $f : \mathbb{R} \to \mathbb{R}$ mit $D(f) = [0, 1]$ und $f(x) = x + 1$, sowie $g : \mathbb{R} \to \mathbb{R}$ mit $D(g) = \mathbb{R}$ und $g(x) = x + 1$ zwei verschiedene Abbildungen.

(23) Bei der hier gegebenen Definition einer Abbildung $f : X \to Y$ muss $f$ **nicht** auf der ganzen Menge $X$ erklärt sein. Die Definitionsmenge $D(f)$ kann eine echte Teilmenge von $X$ sein. In anderen Darstellungen wird die Schreibweise $f : X \to Y$ so benutzt, dass stets $D(f) = X$ gilt. Wir folgen dieser Festlegung nicht.

Für eine Abbildung $f$ heißt die Menge

$$\{(x, y) : y = f(x)\,,\ x \in D(f)\}$$

der **Graph** von $f$. Der Graph von $f$ ist eine Teilmenge des kartesischen Produktes $X \times Y$. Ist $f : \mathbb{R} \to \mathbb{R}$, so lässt sich der Graph als Punktmenge in der Ebene mit Hilfe eines rechtwinkligen Koordinatensystems veranschaulichen.

**Beispiele:**

(24) Für $f : \mathbb{R} \to \mathbb{R}$ mit $D(f) = [-1, 1]$ und $f(x) = x^2$ hat der Graph die anschauliche Darstellung

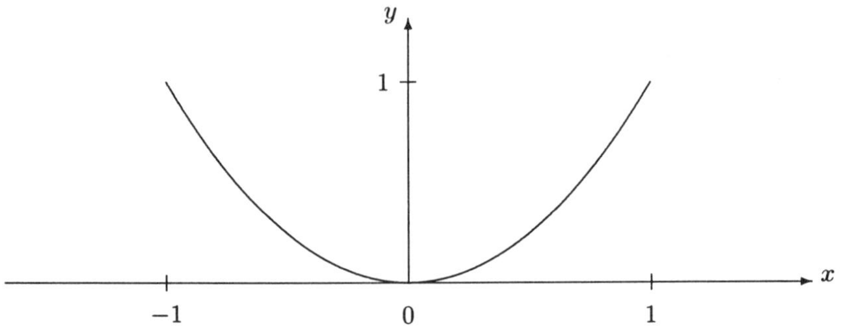


(25) Sei $f : \mathbb{R} \to \mathbb{R}$ mit $D(f) = \{1, 2, 3\}$ und $f(x) = x^2$. Dann ist $\{(1,1), (2,4), (3,9)\}$ der Graph von $f$.

**Definition 3.8** *Eine Abbildung* $f : X \to Y$ *heißt* **eineindeutig**, *falls für* $x_1, x_2 \in D(f)$ *mit* $x_1 \neq x_2$ *folgt* $f(x_1) \neq f(x_2)$.

Bei eineindeutigem $f$ besitzen verschiedene Elemente aus $D(f)$ auch verschiedene Bilder. Aus $f(x_1) = f(x_2)$ folgt stets $x_1 = x_2$.

**Beispiele:**

(26) $f : \mathbb{R} \to \mathbb{R}$ mit $D(f) = \mathbb{R}$ und $f(x) = x$ (identische Abbildung) ist eineindeutig.

(27) $f : \mathbb{R} \to \mathbb{R}$ mit $D(f) = \mathbb{R}$ und $f(x) = x^3$ ist eineindeutig.

(28) $f : \mathbb{R} \to \mathbb{R}$ mit $D(f) = \mathbb{R}$ und $f(x) = 1$ (konstante Abbildung) ist nicht eineindeutig.

(29) $f : \mathbb{R} \to \mathbb{R}$ mit $D(f) = \mathbb{R}$ und $f(x) = x^2$ ist nicht eineindeutig.

Statt eineindeutig sagt man auch **injektiv**. Eine Abbildung $f : X \to Y$ mit $B(f) = Y$ heißt **surjektiv**. Eine Abbildung, die injektiv und surjektiv ist, heißt **bijektiv**. Bei eineindeutigem $f$ gibt es zu jedem $y \in B(f)$ genau ein $x \in D(f)$ mit $y = f(x)$. Dies erlaubt, eine Umkehrabbildung zu definieren.

**Definition 3.9** *Die Abbildung* $f : X \to Y$ *sei eineindeutig. Die Abbildung* $f^{-1} : Y \to X$ *mit* $D(f^{-1}) = B(f)$ *und*

$$f^{-1}(y) = x, \qquad \text{falls } y = f(x)$$

*heißt* **Umkehrabbildung** *von* $f$.

$f^{-1}$ heißt auch **Umkehrfunktion**. Es ist $B(f^{-1}) = D(f)$.

Veranschaulichung:

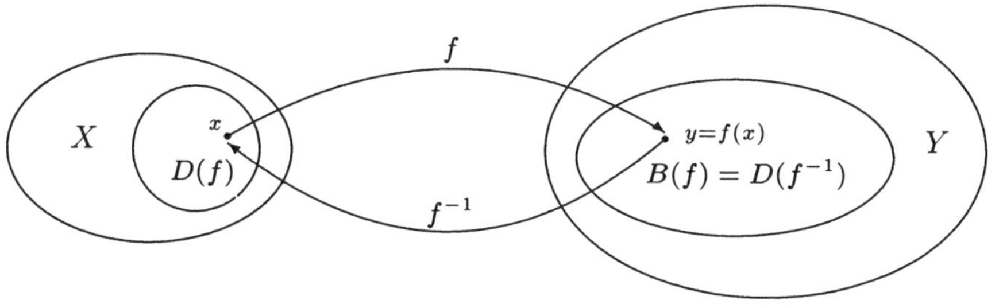


Bei der Umkehrfunktion vertauscht man gerne die Symbole $x$ und $y$, schreibt also $y = f^{-1}(x)$ für $x \in D(f^{-1})$. Bei der Darstellung der reellen Funktionen $f$ und $f^{-1}$ in einem kartesischen Koordinatensystem entsteht dann die „Kurve“ $y = f^{-1}(x)$, $x \in D(f^{-1})$, durch Spiegelung der „Kurve“ $y = f(x)$, $x \in D(f)$, an der Winkelhalbierenden des ersten und dritten Quadranten.

**Beispiele:**

(30) Sei $f : \mathbb{R} \to \mathbb{R}$ mit $D(f) = \mathbb{R}$ und $f(x) = x + 1$. Dann ist $f^{-1} : \mathbb{R} \to \mathbb{R}$ mit $D(f^{-1}) = \mathbb{R}$ und $f^{-1}(y) = y - 1$.

(31) Sei $f : \mathbb{R} \to \mathbb{R}$ mit $D(f) = [0, 2]$ und $f(x) = x^2$. Darstellung von $f$ und $f^{-1}$:

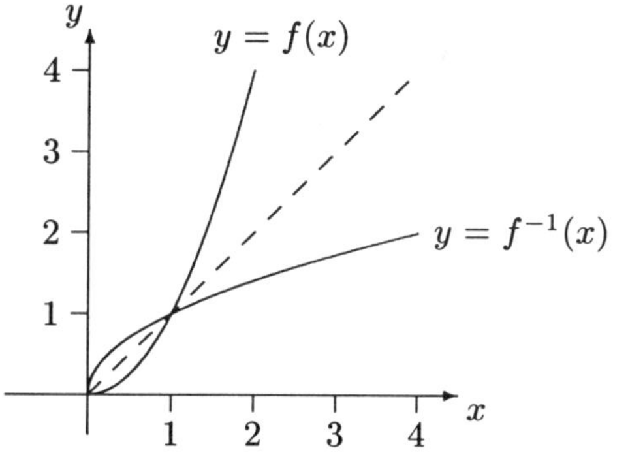


**Definition 3.10** *Seien $f : X \to Y$ und $g : Y \to Z$ Abbildungen mit $B(f) \subset D(g)$. Die Abbildung*

$$g \circ f : X \to Z$$

*mit $D(g \circ f) = D(f)$ und $(g \circ f)(x) = g\big(f(x)\big)$ heißt* **Hintereinanderschaltung** *von $f$ und $g$.*

Veranschaulichung der Hintereinanderschaltung:

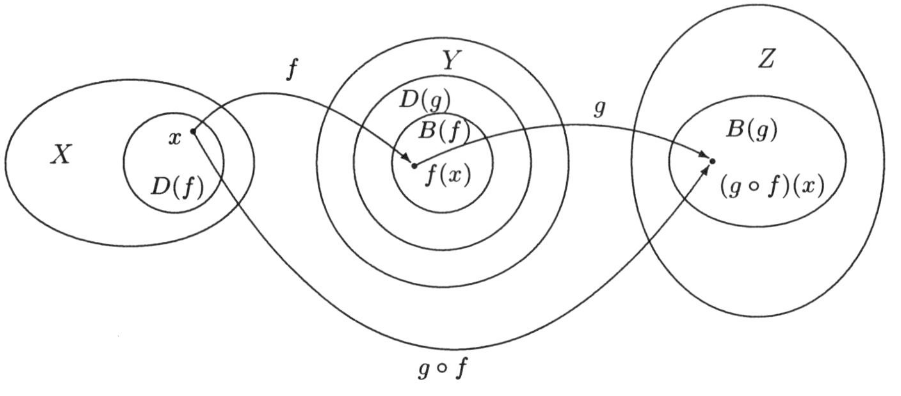


Sei $f$ eineindeutig. Dann gilt

$$(f^{-1} \circ f)(x) = x \qquad \text{für } x \in D(f)$$
$$(f \circ f^{-1})(x) = x \qquad \text{für } x \in D(f^{-1}) = B(f)$$
$$\left(f^{-1}\right)^{-1}(x) = f(x) \qquad \text{für } x \in D(f)\,.$$

**Beispiele:**

(32) Seien $f : \mathbb{R} \to \mathbb{R}$ mit $D(f) = \mathbb{R}$ und $f(x) = 2x + 1$, sowie $g : \mathbb{R} \to \mathbb{R}$ mit $D(g) = \mathbb{R}$ und $g(x) = x^2$. Dann ist $g \circ f : \mathbb{R} \to \mathbb{R}$ mit $D(g \circ f) = \mathbb{R}$ und $(g \circ f)(x) = (2x+1)^2$.

(33) Bei der Hintereinanderschaltung kommt es auf die Reihenfolge an. So ist mit $f$ und $g$ nach (32) beispielsweise $(g \circ f)(x) = (2x + 1)^2$, aber $(f \circ g)(x) = 2x^2 + 1$.

## TESTS

**T3.1:** Gegeben seien die Mengen $A = \{1, 2, 3, 4\}$, $B = \{1, 3, 5\}$, $C = \{2, 3, 4\}$. Sei $D = (A \cap C) \backslash B$. Welche der folgenden Aussagen sind richtig?

( ) $2 \in D$

( ) $\{2, 4\} \subset D$

( ) $D \cap B = \emptyset$

( ) $D \cup C = A$

**T3.2:** Es gilt

( ) $\mathbb{N}_0 \backslash \mathbb{N} = \{0\}$

( ) $\mathbb{N}_0 \subset \mathbb{Z}$

( ) $\mathbb{N} \backslash \mathbb{Z} = \emptyset$

( ) $\mathbb{Z} \backslash \mathbb{N}_0 = \emptyset$ .

**T3.3:** Seien $A_n = [-\frac{1}{n}, \frac{1}{n}]$, $n \in \mathbb{N}$. Dann ist

( ) $\bigcup_{n=1}^{\infty} A_n = [-1, 1]$

( ) $\bigcap_{n=1}^{\infty} A_n = \emptyset$

( ) $\bigcap_{n=1}^{\infty} A_n = \{0\}$

( ) $A_m \subset A_n$ für $m > n$.

**T3.4:** Die folgenden drei Graphen stellen Relationen auf $\mathbb{R}$ dar. Welche der Relationen sind Abbildungen?

( )

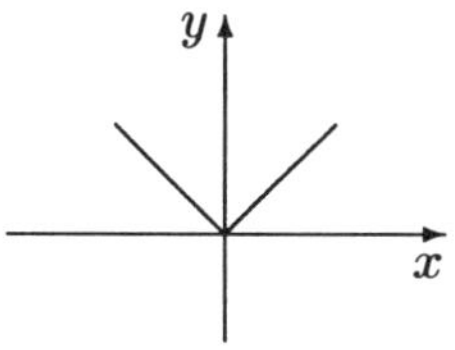


( )

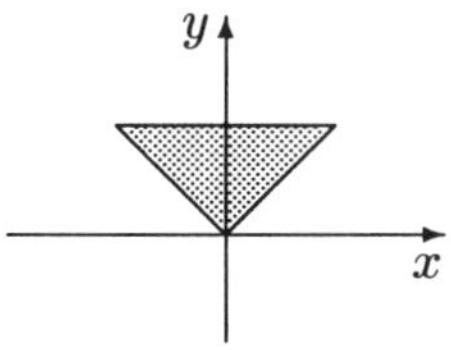


( )

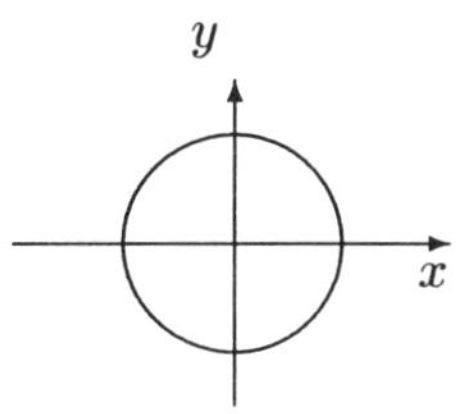


**T3.5:** Sei $f : \mathbb{R} \to \mathbb{R}$ mit $D(f) = [-1, 1]$ eine Abbildung. Dann gilt:

( ) Es kann sein $f(x_1) = f(x_2)$ für $x_1 \neq x_2$.

( ) Ist $f$ eineindeutig, so muss aus $f(x_1) = f(x_2)$ nicht folgen $x_1 = x_2$.

( ) Bei eineindeutigem $f$ hat die Umkehrfunktion $f^{-1}$ wieder die Definitionsmenge $D(f)$.

( ) Der Graph von $f$ ist eine Menge geordneter Paare im $\mathbb{R}^2$.

**T3.6:** Sei $f : X \to Y$ mit der Definitionsmenge $D(f)$. Dann gilt:

( ) Zu jedem $y \in Y$ existiert ein $x \in X$ mit $y = f(x)$.

( ) Ist $B(f) = Y$ ($f$ surjektiv), so existiert zu jedem $y \in Y$ ein $x \in D(f)$ mit $y = f(x)$.

( ) Für $g : Y \to Z$ mit $B(g) \subset D(f)$ ist die Abbildung $g \circ f$ definiert.

( ) Für $g : Y \to Z$ mit $B(f) \subset D(g)$ sind stets sowohl $g \circ f$ als auch $f \circ g$ definiert.

## ÜBUNGEN

**Ü3.1:** a) Beweisen Sie $(A \cup B^c)^c \subset B$ für beliebige Mengen $A, B \subset \Omega$.

b) Zeigen Sie $(A \backslash B) \cap (C \backslash D) = (A \cap C) \backslash (B \cup D)$ für beliebige Mengen $A, B, C, D$.

**Ü3.2:** Seien $A, B, C$ beliebige Teilmengen der Menge $\Omega$. Welche der folgenden Aussagen sind richtig? Beweisen Sie die richtigen Aussagen, und geben Sie für die falschen Aussagen Gegenbeispiele an.

a) $(A \cup B)^c \cup C = (A \backslash C)^c \cap (B \backslash C)^c$

b) $(A \cup B) \cap C^c = (A \cap B)^c \cup C$

c) $(A \cap B)^c \cap (B \backslash C) = (B \backslash C) \backslash A$

d) $A \cup (B \backslash C) = (A \cup B) \backslash (A \cup C)$

**Ü3.3:** Skizzieren Sie die folgenden Relationen. Welche Relationen sind Abbildungen?

a) $R = \{(x, y) : x \in \mathbb{N},\ y \in \mathbb{N},\ 2y \leq x+1\}$

b) $R = \{(x, y) : x \in \mathbb{R},\ y \in \mathbb{R},\ x - y^2 = 0\}$

c) $R = \{(x, y) : x \in \mathbb{Z},\ y = -2\}$

**Ü3.4:** Seien $A = \{1, 2, 3\}$ und $B = \{4, 5, 6\}$. Für jedes feste $x \in A$ und jedes feste $y \in B$ ist $R = \{(2, 5), (x, 4), (3, y)\}$ eine Relation. Geben Sie ein $x \in A$ und ein $y \in B$ an, so dass $R$

a) keine Abbildung ist

b) eine Abbildung ist, aber keine eineindeutige Abbildung

c) eine eineindeutige Abbildung ist.

**Ü3.5:** Sei $f : \mathbb{R} \to \mathbb{R}$ eine Abbildung mit $D(f) = \{x : x \in \mathbb{R},\ x \geq -1\}$ und

$$f(x) = \begin{cases} x & \text{für } -1 \leq x < 0 \\ x + 1 & \text{für } 0 \leq x < 1 \\ \frac{1}{2}x + \frac{3}{2} & \text{für } 1 \leq x\ . \end{cases}$$

a) Skizzieren Sie den Graphen von $f$.

b) Bestimmen Sie $B(f)$.

c) Es ist $f$ eineindeutig (Beweis hier nicht verlangt). Geben Sie für die Umkehrfunktion $f^{-1}$ die Abbildungsvorschrift $f^{-1}(y)$, sowie $D(f^{-1})$ und $B(f^{-1})$ an.

**Ü3.6:** Gegeben seien die Abbildungen $f : \mathbb{R} \to \mathbb{R}$ mit $D(f) = \{x : x \in \mathbb{R},\ -2 \leq x \leq 2\}$ und $f(x) = x^3$, sowie $g : \mathbb{R} \to \mathbb{R}$ mit $D(g) = \mathbb{R}$ und $g(x) = 5x - 2$.

a) Bestimmen Sie $B(f)$ und $B(g)$.

b) Ist $g$ eine Abbildung von $\mathbb{R}$ auf $\mathbb{R}$ (surjektiv)?

c) Ist $f$ eine eineindeutige Abbildung?

d) Bestimmen Sie, falls möglich, die Abbildungsvorschriften von $f \circ g$ und $g \circ f$.

# 4 Spezielle reelle Funktionen

Den Begriff der Abbildung oder Funktion haben wir in Kapitel 3 eingeführt. Wir betrachten jetzt spezielle reelle Funktionen, also Abbildungen $f : \mathbb{R} \to \mathbb{R}$ mit der Definitionsmenge $D(f) \subset \mathbb{R}$ und der Bildmenge $B(f) \subset \mathbb{R}$.

Üblich sind folgende Bezeichnungen:

- $f$ heißt **gerade** (bzw. **ungerade**), falls mit $x \in D(f)$ auch $-x \in D(f)$ und $f(-x) = f(x)$ (bzw. $f(-x) = -f(x)$ ) für alle $x \in D(f)$ gilt.

- $f$ heißt **monoton wachsend** (bzw. **monoton fallend**), wenn für $x, y \in D(f)$ mit $x < y$ stets $f(x) \leq f(y)$ (bzw. $f(x) \geq f(y)$ ) ist. Gilt stets die strikte Ungleichung $f(x) < f(y)$ (bzw. $f(x) > f(y)$ ), so heißt $f$ **streng monoton wachsend** (bzw. **streng monoton fallend**). Es heißt $f$ (streng) **monoton**, falls $f$ entweder (streng) monoton wachsend oder (streng) monoton fallend ist.

- $f$ heißt **nach oben beschränkt** (bzw. **nach unten beschränkt**), falls ein $k \in \mathbb{R}$ existiert mit $f(x) \leq k$ (bzw. $f(x) \geq k$) für alle $x \in D(f)$. Es heißt $f$ **beschränkt**, falls $f$ nach oben **und** nach unten beschränkt ist.

- Ist $f$ nach oben beschränkt (bzw. nach unten beschränkt), so heißt die **kleinste** obere Schranke (bzw. **größte** untere Schranke) das **Supremum** von $f$, $\sup\limits_{x \in D(f)} f(x)$ (bzw. **Infimum** von $f$, $\inf\limits_{x \in D(f)} f(x)$ ).

- Existiert für ein nach oben beschränktes $f$ (bzw. ein nach unten beschränktes $f$) ein $x_0 \in D(f)$ mit $f(x_0) = \sup\limits_{x \in D(f)} f(x)$ (bzw. $f(x_0) = \inf\limits_{x \in D(f)} f(x)$ ), so heißt $f(x_0)$ das (globale) **Maximum** (bzw. das (globale) **Minimum**) von $f$, und $x_0$ heißt **Maximalstelle** (bzw. **Minimalstelle**). Man schreibt dann $f(x_0) = \max\limits_{x \in D(f)} f(x)$ (bzw. $f(x_0) = \min\limits_{x \in D(f)} f(x)$ ).

- $f$ mit $D(f) = \mathbb{R}$ heißt **periodisch** mit der **Periode** $T > 0$, falls $f(x+T) = f(x)$ für alle $x \in \mathbb{R}$.

- Gilt $f(x_0) = 0$ für ein $x_0 \in D(f)$, so heißt $x_0$ **Nullstelle** von $f$.

**Beispiele:**

(1) Wir veranschaulichen die Begriffe durch Darstellung der Graphen einiger Funktionen in einem rechtwinkligen Koordinatensystem. Die Schaubilder zeigen: (i) gerade Funktion, (ii) ungerade Funktion, (iii) streng monoton wachsende Funktion, (iv) monoton wachsende Funktion, (v) monoton fallende Funktion, (vi) periodische Funktion.

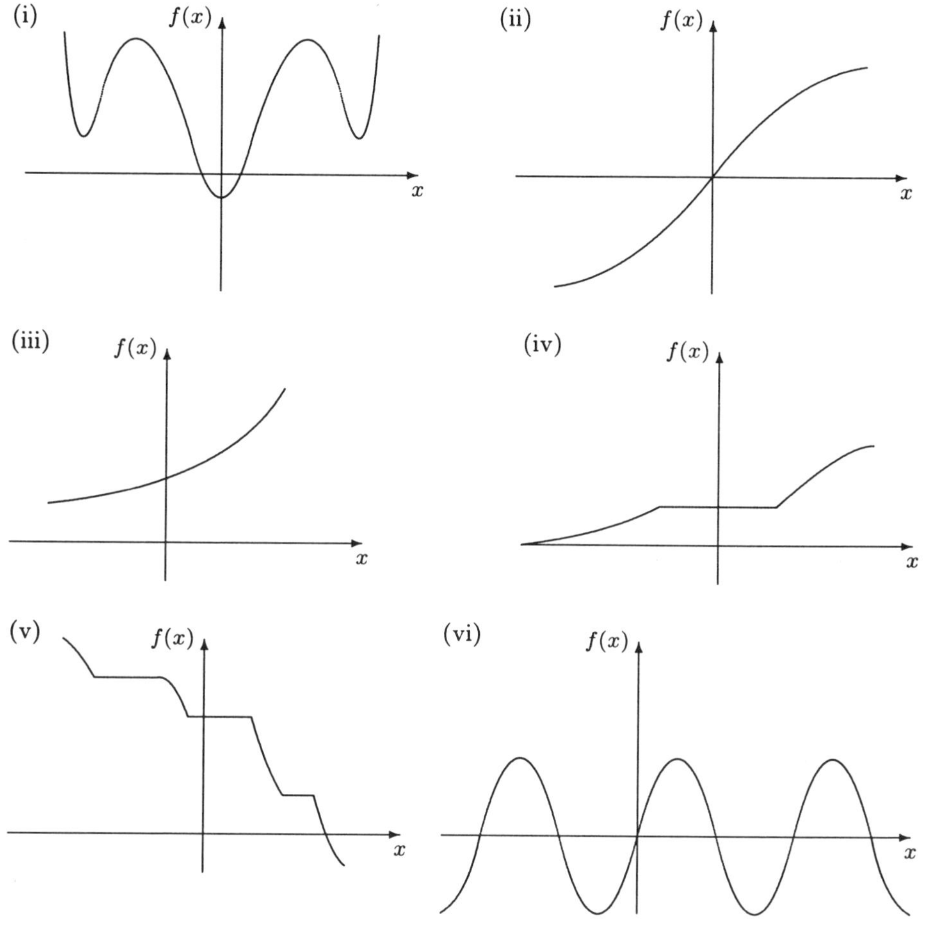


(2) Sei $f : \mathbb{R} \to \mathbb{R}$ mit $D(f) = [-1, 1]$ und $f(x) = 2x^3$. Es ist $f$ streng monoton wachsend und nach oben und unten beschränkt. Wegen $f(1) = \max_{x \in D(f)} f(x)$ und $f(-1) = \min_{x \in D(f)} f(x)$ sind $f(1) = 2$ das Maximum und $f(-1) = -2$ das Minimum von $f$. Es sind $x_1 = 1$ Maximalstelle und $x_2 = -1$ Minimalstelle von $f$, sowie $x_0 = 0$ Nullstelle von $f$.

(3) Sei $f : \mathbb{R} \to \mathbb{R}$ mit $D(f) = [-1, 1)$ und $f(x) = 2x^3$. Es ist $\sup_{x \in D(f)} f(x) = 2$, aber es existiert kein $x_0 \in D(f)$ mit $f(x_0) = 2$. Man sagt: das Supremum wird nicht angenommen. Es darf sup also nicht durch max ersetzt werden. Andererseits ist $\inf_{x \in D(f)} f(x) = \min_{x \in D(f)} f(x) = f(-1) = -2$.

(4) Sei $f : \mathbb{R} \to \mathbb{R}$ mit $D(f) = (0, 1)$ und $f(x) = \frac{2}{x}$. Es ist $f$ nach unten beschränkt mit $\inf_{x \in D(f)} f(x) = 2$. Doch ist $f$ nicht nach oben beschränkt, $\sup_{x \in D(f)} f(x)$ existiert nicht.

(5) Ist $f$ nach oben beschränkt (bzw. nach unten beschränkt), so existiert nach dem Vollständigkeitsaxiom (A15) in Kapitel 1 stets $\sup_{x \in D(f)} f(x)$ (bzw. $\inf_{x \in D(f)} f(x)$).

(6) Die Funktion $f : \mathbb{R} \to \mathbb{R}$ mit $D(f) = \mathbb{R}$ und

$$f(x) = \begin{cases} -1 & \text{für } x \in [2n, 2n+1),\ n \in \mathbb{Z} \\ +1 & \text{für } x \in [2n+1, 2n+2),\ n \in \mathbb{Z} \end{cases}$$

ist periodisch mit der Periode $T = 2$.

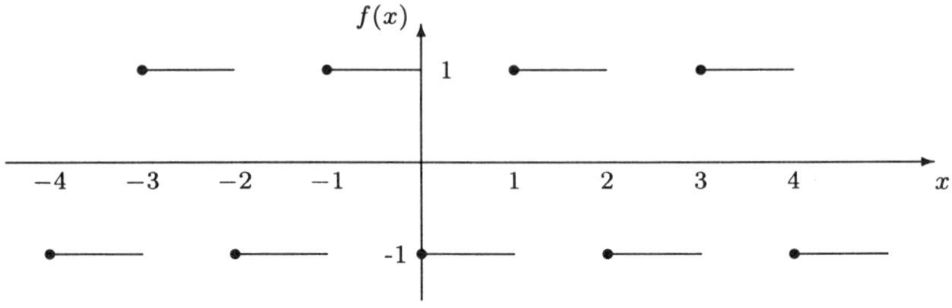


(7) Die Funktion $f : \mathbb{R} \to \mathbb{R}$ mit $D(f) = \mathbb{R}$ und $f(x) = x^3 + 3x^2 - x - 3$ hat die drei Nullstellen $x_1 = -3$, $x_2 = -1$, $x_3 = 1$.

Wir führen einige elementare reelle Funktionen ein: Betragsfunktion, Polynome, rationale Funktionen, Wurzelfunktionen, trigonometrische Funktionen, Arcusfunktionen.

## Betragsfunktion

Für eine reelle Zahl $x$ heißt $|x| = \begin{cases} x & \text{für } x \geq 0 \\ -x & \text{für } x < 0 \end{cases}$ der **Betrag** von $x$.

**Definition 4.1** *Die Funktion* $f : \mathbb{R} \to \mathbb{R}$ *mit* $D(f) = \mathbb{R}$ *und*

$$f(x) = |x|$$

*heißt* **Betragsfunktion**.

Der Graph der Betragsfunktion hat die Gestalt

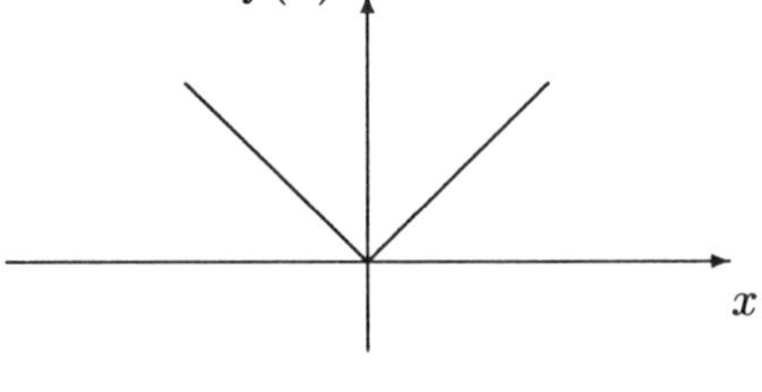


Wir notieren wichtige Eigenschaften des Betrags.

Für $x, y \in \mathbb{R}$ gilt

(i) $|x| = |-x| \geq 0$

(ii) $|x| = 0$ genau dann, wenn $x = 0$

(iii) $-|x| \leq x \leq |x|$

(iv) $|x \cdot y| = |x| \cdot |y|$, speziell $|x^2| = |x|^2$

(v) $\left|\frac{x}{y}\right| = \frac{|x|}{|y|}$, speziell $\left|\frac{1}{y}\right| = \frac{1}{|y|}$, für $y \neq 0$.

Für das „Auflösen“ des Betrags in Ungleichungen haben wir die Aussagen:

Es ist $|x| \leq y$ mit $y \geq 0$ genau dann, wenn $-y \leq x \leq y$.
Es ist $|x-y| \leq z$ mit $z \geq 0$ genau dann, wenn $y - z \leq x \leq y + z$.

**Beispiele:**

(8) Es ist $|x - y|$ der Abstand der Punkte $x$ und $y$ auf der Zahlengeraden. So ist anschaulich die Menge $M = \{x : x \in \mathbb{R}, |x - 1| > 3\}$ die Menge der reellen Zahlen, deren Abstand von 1 größer als 3 ist. Formal ergibt sich $M$ aus obigen Eigenschaften des Betrags so:
Es ist

$$|x - 1| = \begin{cases} x - 1 & \text{für } x \geq 1 \\ 1 - x & \text{für } x < 1 \, . \end{cases}$$

Für $x \geq 1$ gilt $|x - 1| > 3$ demnach genau dann, wenn $x - 1 > 3$, also $x > 4$. Für $x < 1$ gilt $|x - 1| > 3$ genau dann, wenn $1 - x > 3$, also $x < -2$. Daraus folgt $M = (-\infty, -2) \cup (4, \infty)$.

Führen wir mit Hilfe der Betragsfunktion die Funktion $f : \mathbb{R} \to \mathbb{R}$ mit $D(f) = \mathbb{R}$ und $f(x) = |x - 1|$ ein, so ist $M = \{x : x \in \mathbb{R}, f(x) > 3\}$. Am Graphen von f

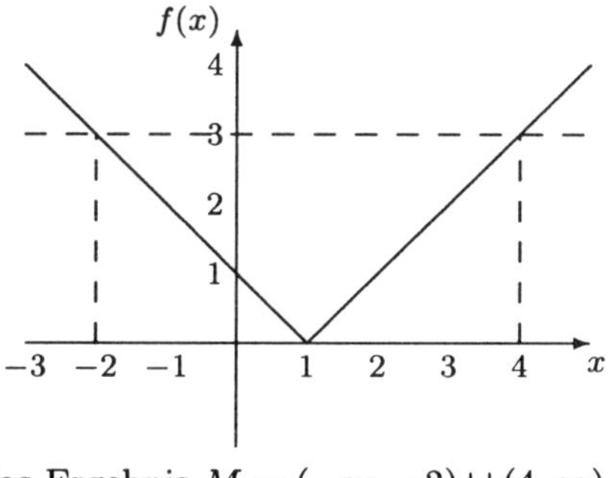


lässt sich das Ergebnis $M = (-\infty, -2) \cup (4, \infty)$ verifizieren.

(9) Wir bestimmen die Menge $M$ aller $x \in \mathbb{R}$ mit $\left|\frac{2x-5}{3x-1}\right| < 1$. Es ist

$$|2x-5| = \begin{cases} 2x-5 & \text{für } x \geq \frac{5}{2} \\ 5-2x & \text{für } x < \frac{5}{2} \end{cases}, \qquad |3x-1| = \begin{cases} 3x-1 & \text{für } x \geq \frac{1}{3} \\ 1-3x & \text{für } x < \frac{1}{3} \end{cases}.$$

Daher unterscheiden wir die Fälle a) $x < \frac{1}{3}$, b) $\frac{1}{3} < x < \frac{5}{2}$, c) $x \geq \frac{5}{2}$. Den Fall $x = \frac{1}{3}$ müssen wir wegen $|3x-1| = 0$ ausschließen.

Zu a): $\left|\frac{2x-5}{3x-1}\right| = \frac{5-2x}{1-3x} < 1$ genau dann, wenn $5-2x < 1-3x$, also $x < -4$ (und $x < \frac{1}{3}$).

Zu b): $\left|\frac{2x-5}{3x-1}\right| = \frac{5-2x}{3x-1} < 1$ genau dann, wenn $5-2x < 3x-1$, also $x > \frac{6}{5}$ (und $\frac{1}{3} < x < \frac{5}{2}$).

Zu c): $\left|\frac{2x-5}{3x-1}\right| = \frac{2x-5}{3x-1} < 1$ genau dann, wenn $2x-5 < 3x-1$, also $x > -4$ (und $x \geq \frac{5}{2}$).

Demanach ist $M = (-\infty, -4) \cup (\frac{6}{5}, \frac{5}{2}) \cup [\frac{5}{2}, \infty) = (-\infty, -4) \cup (\frac{6}{5}, \infty)$.

(10) Ist die Menge $M$ aller $x \in \mathbb{R}$ zu bestimmen mit $\frac{|x-2|-1}{2x-5} \leq \frac{1}{4}$, so ist zu beachten, dass beim „Hochmultiplizieren" im Falle $2x-5 < 0$ die Richtung der Ungleichung umgekehrt wird. Demnach sind die **beiden** Aufgaben $|x-2|-1 \leq \frac{1}{4}(2x-5)$ für $x > \frac{5}{2}$ **und** $|x-2|-1 \geq \frac{1}{4}(2x-5)$ für $x < \frac{5}{2}$ zu lösen. Kontrolle: $M = (-\infty, \frac{3}{2}] \cup (\frac{5}{2}, \frac{7}{2}]$.

(11) Sei $M = \{(x,y) : (x,y) \in \mathbb{R}^2,\ 3y < x+3\}$. Es ist $M$ die Menge aller Paare $(x,y)$ mit $y < \frac{1}{3}x+1$. Durch $y_1 = \frac{1}{3}x+1$ ist die Gleichung der „Grenzgeraden" gegeben und $M$ stellt die Menge aller Punkte dar, die unterhalb (in $y$-Richtung) dieser Grenzgeraden liegen. Somit ist $M$ eine Halbebene unterhalb der Grenzgeraden (ausschließlich).

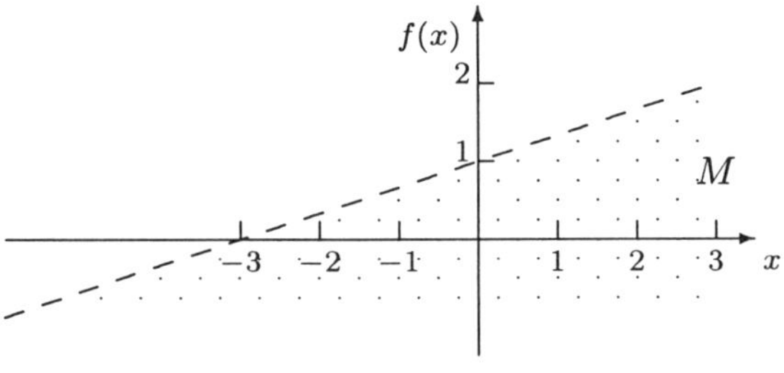

(12) Sei $M = \{(x,y) : (x,y) \in \mathbb{R}^2 \,,\ |y - \frac{1}{2}\,x| \leq 1\}$.

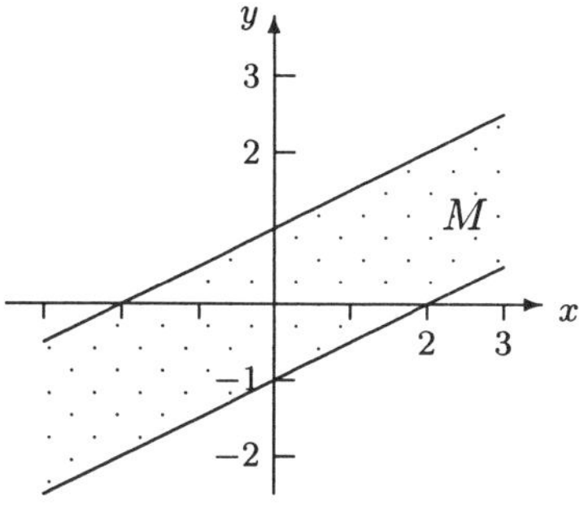


Es ist $|y - \frac{1}{2}\,x| \leq 1$ genau dann, wenn $-1 \leq y - \frac{1}{2}\,x \leq 1\,,$
also $-1 + \frac{1}{2}\,x \;\leq\; y \;\leq\; 1 + \frac{1}{2}\,x$. Demnach ist $M$ die Punktmenge zwischen den beiden Geraden $y_1 = -1 + \frac{1}{2}\,x$ und $y_2 = +1 + \frac{1}{2}\,x$ (einschließlich).

Für die Abschätzung des Betrags einer Summe gilt die beweistechnisch wichtige **Dreiecksungleichung**

**Satz 4.1** *Für $x, y \in \mathbb{R}$ gilt*

$$|x + y| \leq |x| + |y|\,.$$

Die Verallgemeinerung auf $n$ Zahlen $x_i \in \mathbb{R}$, $i = 1, 2, \ldots, n$, lautet

$$|x_1 + x_2 + \ldots + x_n| \leq |x_1| + |x_2| + \ldots + |x_n|\,.$$

Wichtig ist auch die nächste Folgerung:

Für $x, y \in \mathbb{R}$ gilt

$$\Big|\, |x| - |y| \,\Big| \leq |x - y|\,.$$

# Polynome

**Definition 4.2** *Eine Funktion $f : \mathbb{R} \to \mathbb{R}$ mit $D(f) = \mathbb{R}$ und*

$$f(x) = a_n x^n + a_{n-1} x^{n-1} + \ldots + a_1 x + a_0 = \sum_{i=0}^{n} a_i x^i\,, \quad n \in \mathbb{N}_0$$

*für $a_i \in \mathbb{R}$, $i = 0, 1, \ldots, n$ und $a_n \neq 0$ heißt* **Polynom** *vom* **Grad** *$n$. Die $a_i$ heißen* **Koeffizienten** *des Polynoms.*

**Beispiele:**

(13) Ein Polynom vom Grad 0 hat die Form $f(x) = a_0$.

(14) Sei $f(x) = x^n$ für $x \in \mathbb{R}$ und $n \in \mathbb{N}$. Der Graph von $f$ hat die Gestalt

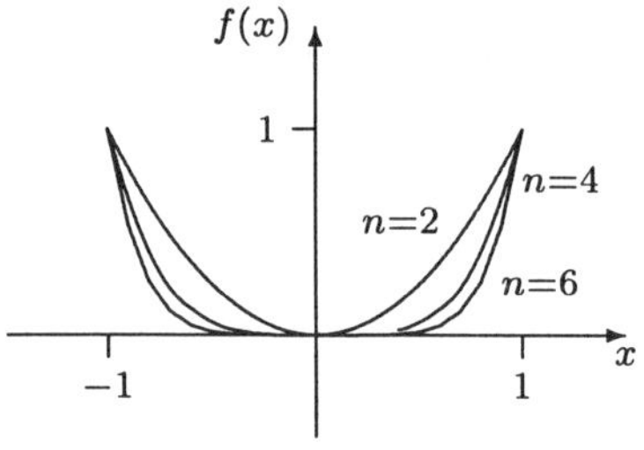


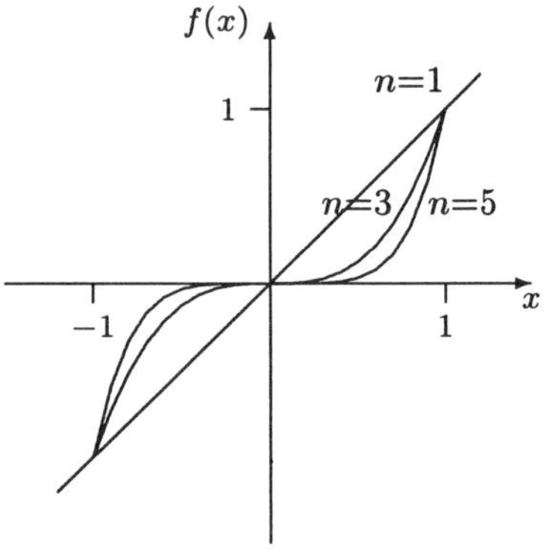


(15) Sei $f : \mathbb{R} \to \mathbb{R}$ mit $D(f) = \mathbb{R}$ und $f(x) = \frac{1}{2}x^3 + x^2 - \frac{5}{2}x - 3$. Es sind $x_0 = 2$, $x_1 = -1$, $x_2 = -3$ Nullstellen von $f$. Der Graph von $f$ hat die Form

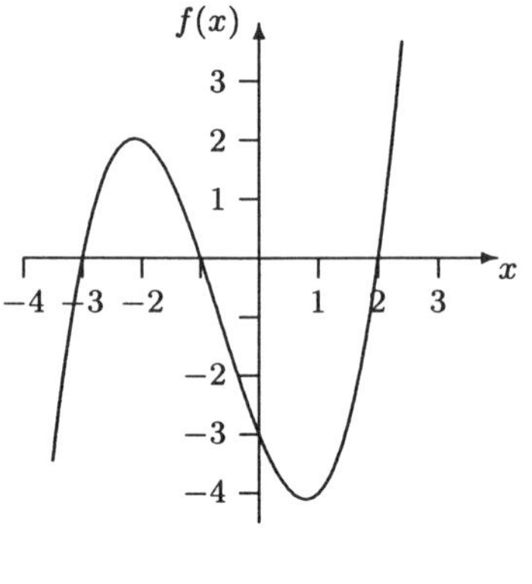


Von fundamentaler Bedeutung ist der folgende **Identitätssatz** für Polynome

> **Satz 4.2** *Stimmen die Werte zweier Polynome $f$ und $g$, deren Grad jeweils höchstens $n$ ist, an $n+1$ verschiedenen Stellen überein, so haben beide Polynome dieselben Koeffizienten, und es ist $f(x) = g(x)$ für* **alle** $x \in \mathbb{R}$.

Auf dem Identitätssatz beruht die Methode des **Koeffizientenvergleichs:** Sind $f(x) = \sum_{i=0}^{n} a_i x^i$ und $g(x) = \sum_{i=0}^{n} b_i x^i$ zwei Polynome mit $f(x) = g(x)$ für alle $x \in \mathbb{R}$, so gilt $a_i = b_i$ für $i = 0, 1, \ldots, n$. Seien beispielsweise $f(x) = 3x^2 - 3x + 5$ und $g(x) = \alpha x^2 + (4\beta - \gamma)x + \gamma$ mit $f(x) = g(x)$ für alle $x \in \mathbb{R}$, so ist $\alpha = 3$, $\beta = \frac{1}{2}$, $\gamma = 5$.

Seien $f(x) = a_n x^n + a_{n-1}x^{n-1} + \ldots + a_1 x + a_0$, $n \in \mathbb{N}$, und $g(x) = (x - x_0)(b_{n-1}x^{n-1} + \ldots + b_1 x + b_0) + c_0$ für ein $x_0 \in \mathbb{R}$ zwei Polynome vom Grad $n$. Gilt $f(x) = g(x)$ für alle $x \in \mathbb{R}$, so folgt nach Ausmultiplizieren in $g(x)$ und Koeffizientenvergleich für die Koeffizienten $b_i$, $i = 0, 1, \ldots, n-1$ und $c_0$ die Beziehung

$$\left.\begin{aligned} b_{n-1} &= a_n \\ b_{n-2} &= a_{n-1} + x_0 b_{n-1} \\ b_{n-3} &= a_{n-2} + x_0 b_{n-2} \\ &\vdots \\ b_0 &= a_1 + x_0 b_1 \\ c_0 &= a_0 + x_0 b_0 \,. \end{aligned}\right\} \qquad (*)$$

Wegen $f(x_0) = g(x_0) = c_0$ führt dies zu einer bequemen Methode, $f(x_0)$ zu berechnen. Man bestimmt $c_0$ rekursiv gemäß $(*)$. Schematisch kann dies im (einfachen) **Hornerschema** (nach William G. Horner (1756–1837)) geschehen:

| | | | | | | |
|---|---|---|---|---|---|---|
| | $a_n$ | $a_{n-1}$ | $a_{n-2}$ | $\ldots$ | $a_1$ | $a_0$ |
| | $-$ | $x_0 b_{n-1}$ | $x_0 b_{n-2}$ | $\ldots$ | $x_0 b_1$ | $x_0 b_0$ |
| $x_0:$ | $b_{n-1}$ | $b_{n-2}$ | $b_{n-3}$ | $\ldots$ | $b_0$ | $\boxed{c_0 = f(x_0)}$ |

Im Hornerschema sind nur $n$ Multiplikationen und $n$ Additionen zur Berechnung des Polynomwertes erforderlich. Dagegen würden bei direktem Ausmultiplizieren (Potenzen rekursiv) $2n - 1$ Multiplikationen und $n$ Additionen benötigt. Darüberhinaus liefert das Hornerschema die Darstellung

$$f(x) = \sum_{i=0}^{n} a_i x^i = (x - x_0) \sum_{k=0}^{n-1} b_k x^k + c_0 \,.$$

Ergibt sich $c_0 = 0$, so ist $x_0$ **Nullstelle** von $f$, und es gilt die **Faktorisierung**

$$f(x) = \sum_{i=0}^{n} a_i x^i = (x - x_0) \sum_{k=0}^{n-1} b_k x^k \,. \qquad (**)$$

Ist $x_0$ Nullstelle von $f$, so kann man das bei der Faktorisierung $(**)$ entstehende Polynom $h_1(x) = \sum_{k=0}^{n-1} b_k\, x^k$ erneut mit dem Hornerschema untersuchen. Ist $x_0$ keine Nullstelle von $h_1$, so ist $x_0$ eine **einfache** Nullstelle von $f$. Ist $x_0$ hingegen auch Nullstelle von $h_1$, so hat $f$ die Darstellung

$$f(x) = (x - x_0)^2\, h_2(x)$$

mit einem Polynom $h_2$ vom Grad $n-2$. Führt man diese Überlegung fort, so kommt man zu einer Darstellung

$$f(x) = (x - x_0)^\ell \, h_\ell(x)$$

mit einem Polynom $h_\ell(x)$, für das $h_\ell(x_0) \neq 0$ gilt. Man nennt dann $x_0$ eine **$\ell$–fache Nullstelle** von $f$. Die Überlegung zeigt außerdem, dass $f$ höchstens $n$ Nullstellen besitzt.

**Beispiele:**

(16) Im Hornerschema ist die Reihenfolge der Koeffizienten wesentlich, Koeffizienten Null müssen aufgeführt werden.

Sei $f(x) = x^5 + 2x^4 - 12x - 5$. Das Hornerschema für $x_0 = 2$ lautet:

| | | | | | | |
|---|---|---|---|---|---|---|
| | 1 | 2 | 0 | 0 | −12 | −5 |
| | – | 2 | 8 | 16 | 32 | 40 |
| 2 : | 1 | 4 | 8 | 16 | 20 | 35 |

Demnach ist $f(2) = 35$.

(17) Sei $f(x) = x^4 - 4x^3 + 6x^2 - 8x + 8$. Das Hornerschema für $x_0 = 2$ liefert

| | | | | | |
|---|---|---|---|---|---|
| | 1 | −4 | 6 | −8 | 8 |
| | – | 2 | −4 | 4 | −8 |
| 2 : | 1 | −2 | 2 | −4 | 0 |

Demnach ist $x_0 = 2$ Nullstelle von$f$, und es gilt

$$f(x) = (x - 2)(x^3 - 2x^2 + 2x - 4).$$

Anwendung des Hornerschemas auf das resultierende Polynom $x^3 - 2x^2 + 2x - 4$ ergibt:

| | | | | |
|---|---|---|---|---|
| | 1 | −2 | 2 | −4 |
| | – | 2 | 0 | 4 |
| 2 : | 1 | 0 | 2 | 0 |

Daher gilt

$$f(x) = (x - 2)^2 \, (x^2 + 2).$$

Da für $h_2(x) = x^2 + 2$ gilt $h_2(2) \neq 0$, ist $x_0 = 2$ eine zweifache Nullstelle von $f$. Weiter ist $x^2 + 2 \neq 0$ für alle $x \in \mathbb{R}$, so dass es keine weiteren reellen Nullstellen gibt.

Nach dem Identitätssatz ist ein Polynom vom Grad kleiner gleich $n$ durch Vorgabe der Polynomwerte an $n+1$ Stellen eindeutig bestimmt. Eine wichtige Anwendung hat dieses Ergebnis bei der **Polynominterpolation**. Hat man für eine Funktion $f$ an $n+1$ verschiedenen „Stützstellen" $x_i$ die Funktionswerte $y_i = f(x_i)$ gegeben, so gibt es genau ein Polynom $p_n$ vom Grad kleiner gleich $n$ mit $p_n(x_i) = y_i$ , $i = 1, \ldots, n+1$ . An den Stützstellen stimmen also die Werte von $f$ und $p_n$ überein. Es dient $p_n$ als **Approximation** von $f$ (wenn etwa $f$ nur an den Stützstellen bekannt ist (Messwerte) oder $f$ direkt nur schwer berechenbar ist). Für einen Funktionswert $f(x)$ für $x$ zwischen den Stützstellen kann der durch **Interpolation** gewonnene Wert $p_n(x)$ als Näherung dienen. Es heißt $p_n$ **Interpolationspolynom**.

**Beispiele:**

(18) Qualitativ hat man etwa im Fall $n = 3$ folgendes Bild

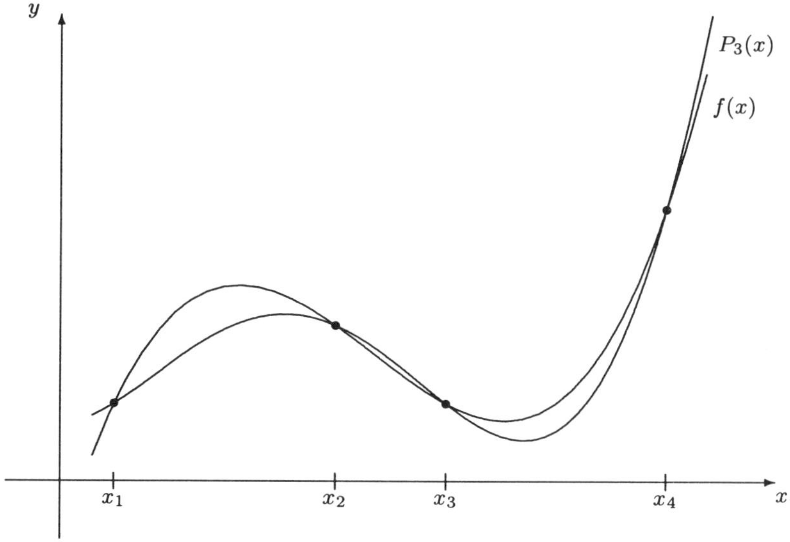


(19) Die Stützstellen $x_i$ und Funktionswerte $y_i = f(x_i)$ für $i = 1, 2, 3$ seien gegeben durch

| $x_i$ | 0 | 1 | 3 |
|---|---|---|---|
| $y_i$ | 1 | 2 | 1 |

Das Interpolationspolynom $p_2$ mit $p_2(x) = a_2x^2 + a_1x + a_0$ kann aus den Forderungen $p_2(x_i) = y_i$ , $i = 1, 2, 3$ bestimmt werden:

$$0a_2 + 0a_1 + a_0 = 1$$
$$1^2a_2 + 1a_1 + a_0 = 2$$
$$3^2a_2 + 3a_1 + a_0 = 1$$

Dies ergibt $a_0 = 1$ , $a_1 = \frac{3}{2}$ , $a_2 = -\frac{1}{2}$ .

Das Interpolationspolynom lautet also

$$p_2(x) = -\frac{1}{2}\,x^2 + \frac{3}{2}\,x + 1\,.$$

(20) Die numerische Mathematik stellt gegenüber dem Vorgehen in (19) effektivere Verfahren zur Bestimmung des Interpolationspolynoms bereit. Man vergleiche hierzu Kapitel 25 in Band II.

## Rationale Funktionen

**Definition 4.3** *Sein $P_n$ und $Q_m$ Polynome vom Grad $n$ und $m$. Die Funktion $f : \mathbb{R} \to \mathbb{R}$ mit $D(f) = \{x : x \in \mathbb{R},\ Q_m(x) \neq 0\}$ und*

$$f(x) = \frac{P_n(x)}{Q_m(x)}$$

*heißt* **rationale Funktion**.

An den Nullstellen des Nennerpolynoms $Q_m$ ist $f$ nicht definiert. Ist $n \geq m$, so lässt sich durch Polynomdivision eine Darstellung von $f$ in der Form

$$f(x) = G(x) + \frac{H(x)}{Q_m(x)}\,, \qquad x \in D(f)$$

finden. Dabei ist $G$ ein Polynom, und es ist $H$ ein Polynom vom Grad $h$ mit $h < m$, oder es ist $H \equiv 0$.

Ist $x_0$ eine $\ell$–fache Nullstelle von $Q_m$ und gilt $P_n(x_0) \neq 0$, so heißt $x_0$ ein **Pol der Ordnung** $\ell$ von $f$.

**Beispiele:**

(21) Sei $f : \mathbb{R} \to \mathbb{R}$ mit $D(f) = \mathbb{R}\backslash\{-2, 3\}$ und $f(x) = \dfrac{2x^3 - 4x + 5}{(x+2)(x-3)} = \dfrac{2x^3 - 4x + 5}{x^2 - x - 6}$.

Polynomdivision liefert

$$\begin{array}{l}
(2x^3 - 4x \ + 5) : (x^2 - x - 6) = 2x + 2 \\
\underline{-2x^3 + 2x^2 + 12x} \\
\quad 2x^2 + 8x \ + \ 5 \\
\underline{-2x^2 + 2x \ + 12} \\
\qquad\quad 10x \ + 17
\end{array}$$

Demnach gilt

$$f(x) = 2x + 2 + \frac{10x + 17}{x^2 - x - 6}\,.$$

(22) Sei $f : \mathbb{R} \to \mathbb{R}$ mit $D(f) = \mathbb{R}\backslash\{0\}$ und $f(x) = \frac{1}{x}$. Es ist $x_0 = 0$ Pol der Ordnung 1. Der Graph von $f$ hat die Gestalt (Hyperbel):

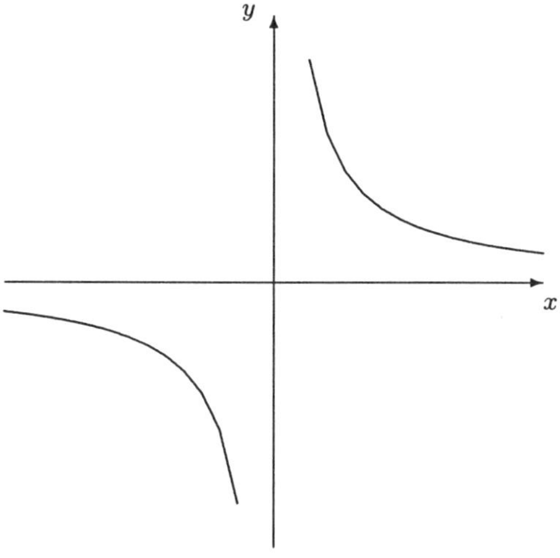


(23) Sei $f : \mathbb{R} \to \mathbb{R}$ mit $D(f) = \mathbb{R}\backslash\{1\}$ und $f(x) = \frac{1}{(x-1)^2}$. Es ist $x = 1$ Pol der Ordnung 2. Der Graph von $f$ hat die Gestalt:

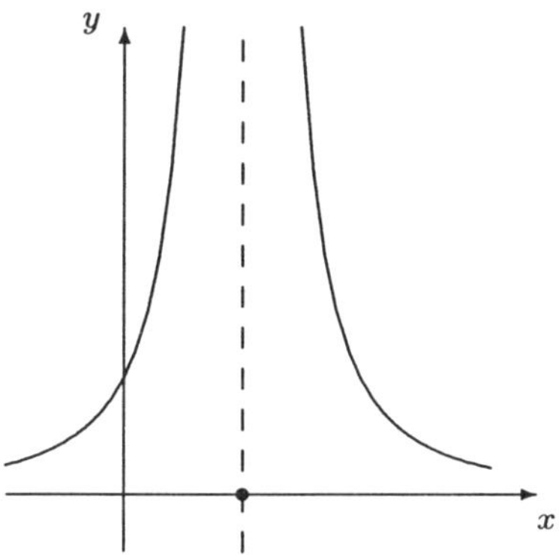


# Wurzelfunktionen

Die reelle Funktion $g : \mathbb{R} \to \mathbb{R}$ mit $D(g) = [0, \infty)$ und $g(x) = x^n$ für $n \in \mathbb{N}$ ist streng monoton wachsend und damit eineindeutig. Daher existiert ihre Umkehrfunktion $g^{-1}$ mit der Definitionsmenge $D(g^{-1}) = B(g) = [0, \infty)$. Man setzt $\sqrt[n]{y} = g^{-1}(y)$ für $y \in [0, \infty)$.

**Definition 4.4** *Die Funktion* $f : \mathbb{R} \to \mathbb{R}$ *mit* $D(f) = [0, \infty)$ *und*

$$f(x) = \sqrt[n]{x}$$

*für* $n \in \mathbb{N}$ *heißt* $n$*-te* **Wurzelfunktion**.

Die Wurzelfunktion ist streng monoton wachsend, da die Umkehrfunktion einer streng monoton wachsenden Funktion wieder streng monoton wachsend ist. Zu beachten ist, dass $\sqrt[n]{x}$ nur für $x \geq 0$ definiert ist, es ist $\sqrt[n]{x} \geq 0$. Für $\sqrt[n]{x}$ schreibt man auch $x^{\frac{1}{n}}$.

**Bemerkungen und Ergänzungen:**

(24) Für $a \in [0, \infty)$ und $n \in \mathbb{N}$ hat die Gleichung

$$x^n = a\,, \quad x \in [0, \infty)$$

genau eine nichtnegative Lösung, nämlich $x = \sqrt[n]{a}$. Zu beachten ist $a \geq 0$ und $x \geq 0$. Die Gleichung $x^n = a$ kann auch negative Lösungen haben, diese sind hier jedoch irrelevant. So hat die Gleichung $x^2 = 4$ die einzige nichtnegative Lösung $x = \sqrt[2]{4} = 2$. Dass die Gleichung auch die negative Lösung $x = -2$ besitzt, ist wegen der Forderung $x \in [0, \infty)$ nicht von Interesse.

(25) Für $n = 2$ schreibt man statt $\sqrt[2]{x}$ auch einfach $\sqrt{x}$ und nennt dies die Quadratwurzel.

(26) Wenn auch $(-4)^3 = -64$ und man daher geneigt sein könnte, $\sqrt[3]{-64} = -4$ zu setzen, so ist doch $\sqrt[3]{-64}$ nicht definiert.

**Beispiele:**

(27) Es ist $\sqrt[n]{0} = 0$.

(28) Für $n = 2$ und $n = 3$ hat der Graph $\{(x, y) : x \in [0, \infty), y = \sqrt[n]{x}\}$ der Wurzelfunktion die Gestalt:

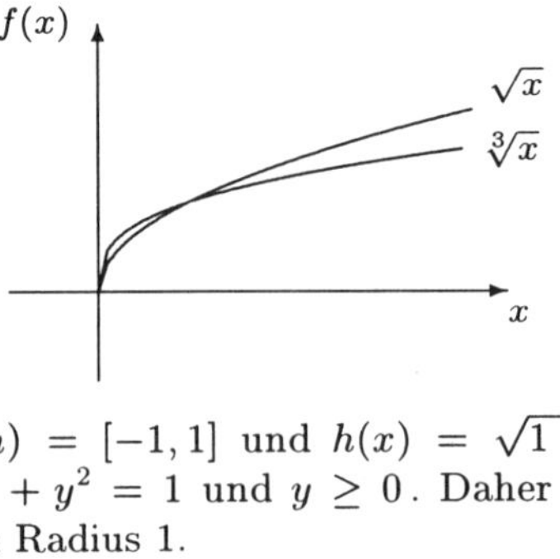


(29) Sei $h : \mathbb{R} \to \mathbb{R}$ mit $D(h) = [-1, 1]$ und $h(x) = \sqrt{1 - x^2}$. Mit $y = \sqrt{1 - x^2}$ gilt $y^2 = 1 - x^2$, also $x^2 + y^2 = 1$ und $y \geq 0$. Daher ist der Graph von $h$ ein Halbkreisbogen um 0 vom Radius 1.

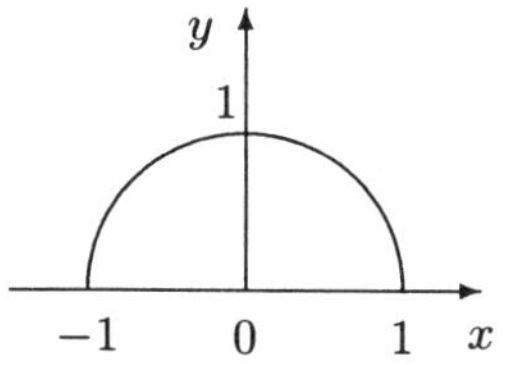


## Trigonometrische Funktionen

Die Punktmenge

$$\{(u,v) \in \mathbb{R}^2 : u^2 + v^2 = 1\}$$

stellt in einem kartesischen Koordinatensystem den Einheitskreis, den Kreis vom Radius 1 mit dem Mittelpunkt $O = (0,0)$, dar. Ausgehend von $O$ zeichnen wir durch den Punkt $E = (1,0)$ einen Strahl. Drehen wir diesen Strahl um $O$, so schneidet der resultierende Strahl den Einheitskreis in einem Punkt $P$.

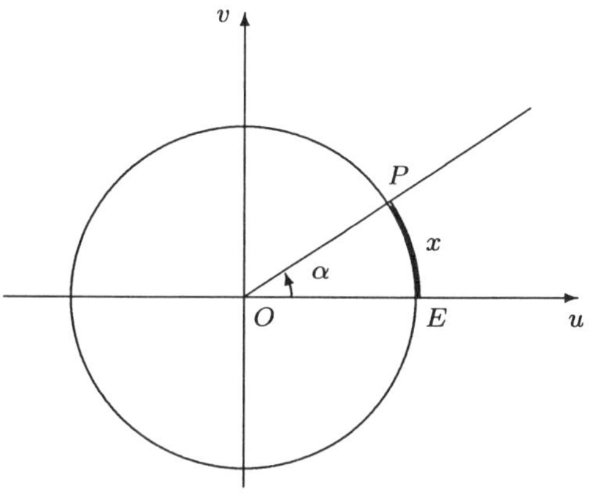


Dem Winkel $\sphericalangle EOP = \alpha$ ordnen wir die Länge $x$ des bei der Drehung durchlaufenen Kreisbogens zwischen $E$ und $P$ zu. Wir geben $x$ ein positives Vorzeichen bei Drehung entgegen dem Uhrzeigersinn (mathematisch positiv), andernfalls ein negatives Vorzeichen. Mehrfache Umdrehungen seien zugelassen. Es heißt $x$ das **Bogenmaß** des Winkels. Der Umfang des Einheitskreises ist $2\pi$ mit

$$\pi = 3.14159265358979323846 2643\ldots,$$

so dass eine volle Umdrehung zum Bogenmaß $2\pi$ führt. Im Gradmaß entspricht eine volle Umdrehung dem Winkel $360^o$. Die Umrechnung zwischen $x$ im Bogenmaß und $\alpha$ in Gradmaß lautet daher

$$x = \frac{\pi}{180^\circ}\,\alpha\,.$$

Von jedem Winkel mit dem Bogenmaß $x$ wird eindeutig ein Punkt $P = (u,v)$ auf dem Einheitskreis erzeugt, dessen Koordinaten $(u,v)$ von $x$ abhängen. Man schreibt für $x \in \mathbb{R}$

$$u = \cos x \quad \text{und} \quad v = \sin x$$

und definiert auf diese Weise zwei Funktionen $f$ und $g$.

**Definition 4.5** *Die Funktionen*

$$f : \mathbb{R} \to \mathbb{R} \quad \textit{mit } D(f) = \mathbb{R} \quad \textit{und } f(x) = \cos x \ ,$$
$$g : \mathbb{R} \to \mathbb{R} \quad \textit{mit } D(g) = \mathbb{R} \quad \textit{und } g(x) = \sin x$$

*heißen* **Cosinusfunktion** *bzw.* **Sinusfunktion**.

Das folgende Bild veranschaulicht die Definition:

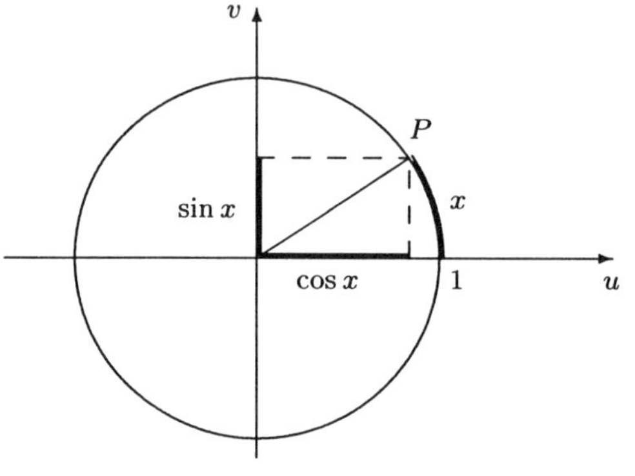


Die Graphen von cos und sin haben die Gestalt:

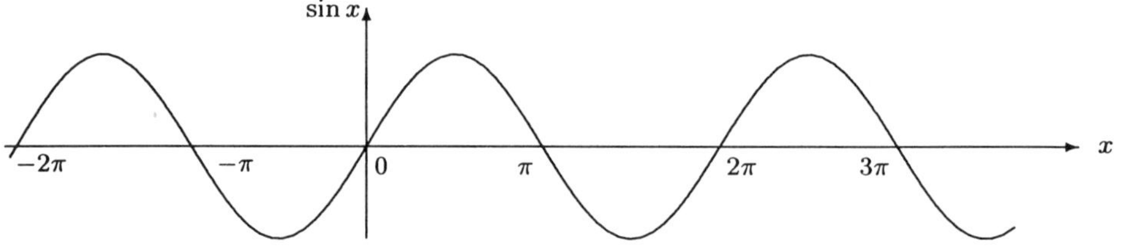


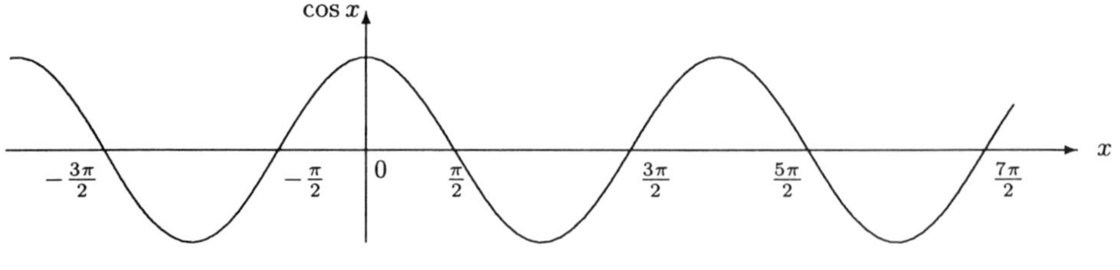

Speziell gilt

| $x$ | $0$ | $\frac{\pi}{6}$ | $\frac{\pi}{4}$ | $\frac{\pi}{3}$ | $\frac{\pi}{2}$ | $\frac{3\pi}{4}$ | $\pi$ |
|---|---|---|---|---|---|---|---|
| $\sin x$ | $0$ | $\frac{1}{2}$ | $\frac{1}{2}\sqrt{2}$ | $\frac{1}{2}\sqrt{3}$ | $1$ | $\frac{1}{2}\sqrt{2}$ | $0$ |
| $\cos x$ | $1$ | $\frac{1}{2}\sqrt{3}$ | $\frac{1}{2}\sqrt{2}$ | $\frac{1}{2}$ | $0$ | $-\frac{1}{2}\sqrt{2}$ | $-1$ |

Die **Nullstellen** von sin und cos ergeben sich aus

$$\sin x = 0 \quad \text{zu} \quad x_k = k\pi \qquad \text{für } k \in \mathbb{Z}\,,$$
$$\cos x = 0 \quad \text{zu} \quad x_k = \tfrac{\pi}{2} + k\pi \quad \text{für } k \in \mathbb{Z}\,.$$

**Bemerkungen und Ergänzungen:**

(30) Schon ARCHIMEDES berechnete mit Hilfe dem Einheitskreis einbeschriebener und umbeschriebener regulärer $n$-Ecke Näherungen für $\pi$. Eine bekannte Einschließung von Archimedes ist $3\,\frac{10}{71} < \pi < 3\,\frac{1}{7}$, also $3.1408 < \pi < 3.1429$. Die Berechnung von $\pi$ hat immer wieder fasziniert. Um das Jahr 1700 sind bereits 72 Dezimalen von $\pi$ bekannt. Ab 1949 wurden elektronische Rechenautomaten zur Berechnung von $\pi$ eingesetzt, Stationen sind das Jahr 1949 mit 2035 Dezimalen, 1957 mit 10 000 Dezimalen, 1962 mit 100 000 Dezimalen, 1988 mit 201 326 000 Dezimalen.

(31) Es ist $\pi$ transzendent.

(32) Die Frage nach der **Quadratur des Kreises**, nämlich einen Kreis in ein flächengleiches Quadrat mit Zirkel und Lineal in endlich vielen Schritten umzuwandeln, war ein berühmtes klassisches Problem. Dieses Problem hängt eng zusammen mit der Frage, ob $\pi$ algebraisch oder transzendent ist. Mit dem Beweis der Transzendenz von $\pi$ im Jahre 1882 ist entschieden, dass die Quadratur des Kreises unmöglich ist.

(33) Für die Umrechnung vom Gradmaß ins Bogenmaß gilt speziell

| Gradmaß | $10^o$ | $30^o$ | $45^o$ | $60^o$ | $90^o$ | $180^o$ | $270^o$ | $360^o$ |
|---|---|---|---|---|---|---|---|---|
| Bogenmaß | $\frac{\pi}{18}$ | $\frac{\pi}{6}$ | $\frac{\pi}{4}$ | $\frac{\pi}{3}$ | $\frac{\pi}{2}$ | $\pi$ | $\frac{3\pi}{2}$ | $2\pi$ |

(34) Üblich ist die Schreibweise $\sin^n x = (\sin x)^n$, $\cos^n x = (\cos x)^n$ für $n \in \mathbb{N}$.

(35) Die hier gegebene anschauliche Definition von sin und cos ist mathematisch nicht voll befriedigend. Später ist es uns möglich, eine analytische Definition zu geben.

Wir stellen einige Eigenschaften von sin und cos zusammen. Im folgenden seien $x, y \in \mathbb{R}$.

$$-1 \le \cos x \le 1 \qquad -1 \le \sin x \le 1$$
$$\cos(x + 2\pi) = \cos x \qquad \sin(x + 2\pi) = \sin x$$
$$\cos(x + \tfrac{\pi}{2}) = -\sin x \qquad \sin(x + \tfrac{\pi}{2}) = \cos x$$
$$\cos(-x) = \cos x \qquad \sin(-x) = -\sin x$$

Demnach sind sin und cos beschränkte, periodische Funktionen mit der Periode $2\pi$. Es ist cos eine gerade Funktion, und sin ist eine ungerade Funktion. Wichtig sind die folgenden **Additionstheoreme**

$$\begin{aligned} \cos(x+y) &= \cos x \cdot \cos y - \sin x \cdot \sin y \\ \sin(x+y) &= \sin x \cdot \cos y + \cos x \cdot \sin y \end{aligned}$$

Folgerungen aus den Additionstheoremen sind

$$\begin{aligned} &\cos x + \cos y = 2\cos \tfrac{x+y}{2} \cdot \cos \tfrac{x-y}{2} \\ &\sin x + \sin y = 2\sin \tfrac{x+y}{2} \cdot \cos \tfrac{x-y}{2} \\ &\cos^2 x + \sin^2 x = 1 \end{aligned}$$

Für die Umrechnung auf den doppelten oder halben Winkel folgt durch Spezialisierung

$$\begin{aligned} \sin 2x &= 2\sin x \cdot \cos x \\ \cos 2x &= \cos^2 x - \sin^2 x \\ \sin^2 \frac{x}{2} &= \frac{1}{2}(1-\cos x) \\ \cos^2 \frac{x}{2} &= \frac{1}{2}(1+\cos x) \end{aligned}$$

Die Cosinusfunktion und die Sinusfunktion gehören zu den **trigonometrischen Funktionen**. Weitere trigonometrische Funktionen sind die Tangensfunktion und die Cotangensfunktion.

**Definition 4.6** *Die Funktionen*

$$\tan: \quad \mathbb{R} \to \mathbb{R} \quad \textit{mit} \quad D(\tan) = \mathbb{R}\backslash\{\frac{\pi}{2} + k\pi : k \in \mathbb{Z}\} \quad \textit{und} \quad \tan x = \frac{\sin x}{\cos x},$$

$$\cot: \quad \mathbb{R} \to \mathbb{R} \quad \textit{mit} \quad D(\cot) = \mathbb{R}\backslash\{k\pi : k \in \mathbb{Z}\} \quad \textit{und} \quad \cot x = \frac{\cos x}{\sin x}$$

*heißen* **Tangensfunktion** *bzw.* **Cotangensfunktion**.

Es lassen sich $\tan x$ und $\cot x$ am Einheitskreis veranschaulichen:

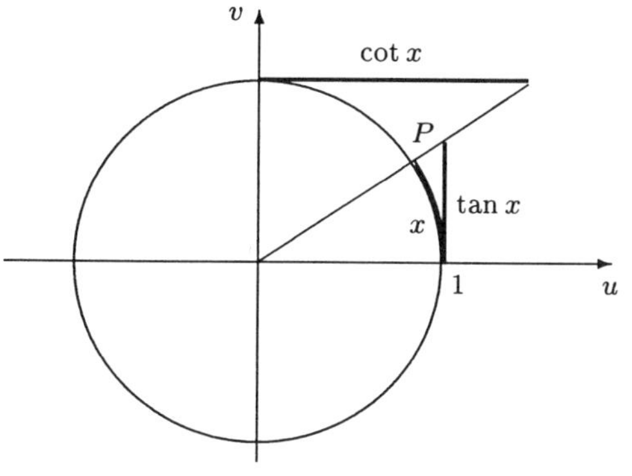


Die Graphen von Tangens und Cotangens haben die Gestalt:

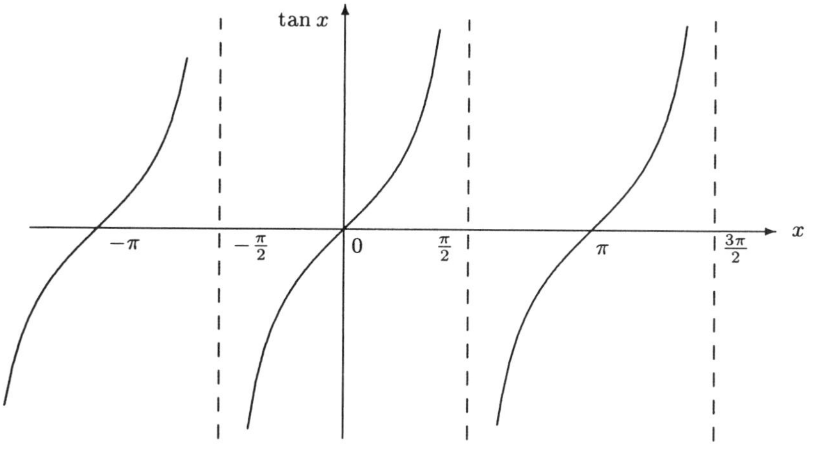


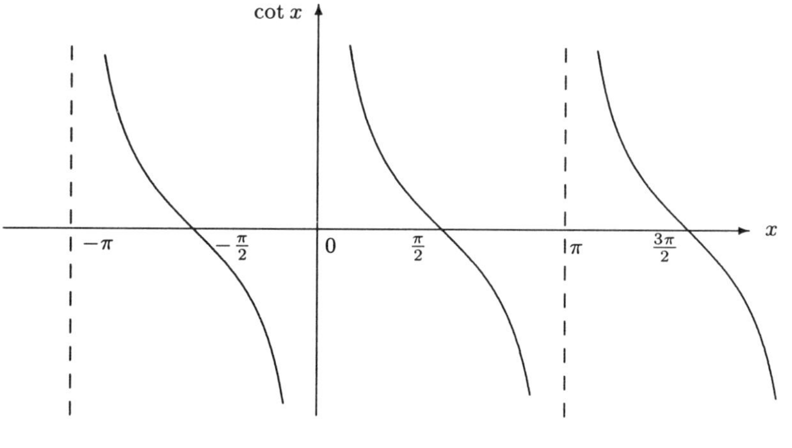

Speziell gilt:

| $x$ | $0$ | $\frac{\pi}{6}$ | $\frac{\pi}{4}$ | $\frac{\pi}{3}$ | $\frac{\pi}{2}$ | $\frac{3\pi}{4}$ | $\pi$ |
|---|---|---|---|---|---|---|---|
| $\tan x$ | $0$ | $\frac{1}{3}\sqrt{3}$ | $1$ | $\sqrt{3}$ | – | $-1$ | $0$ |
| $\cot x$ | – | $\sqrt{3}$ | $1$ | $\frac{1}{3}\sqrt{3}$ | $0$ | $-1$ | – |

Wir stellen einige Eigenschaften von tan und cot zusammen.

Für zulässige $x$ gilt

$$\tan(x+\pi) = \tan x \qquad \cot(x+\pi) = \cot x$$
$$\tan(-x) = -\tan x \qquad \cot(-x) = -\cot x$$

Für zulässige $x, y$ gelten die **Additionstheoreme**

$$\tan(x+y) = \frac{\tan x + \tan y}{1 - \tan x \cdot \tan y}$$
$$\cot(x+y) = \frac{\cot x \cdot \cot y - 1}{\cot x + \cot y}$$

Speziell gilt für zulässige $x$

$$\tan 2x = \frac{2\tan x}{1-\tan^2 x}$$
$$\cot 2x = \frac{\cot^2 x - 1}{2\cot x}$$
$$1 + \tan^2 x = \frac{1}{\cos^2 x}$$

# Arcusfunktionen

Die trigonometrischen Funktionen sin, cos, tan, cot sind nicht eineindeutig auf ihrer gesamten Definitionsmenge. Sie haben daher auch keine Umkehrfunktionen. Bei Beschränkung der Definitionsmengen auf geeignete Intervalle sind die Funktionen streng monoton, so dass Umkehrfunktionen existieren. Die Beschränkungen und Bezeichnungen der Umkehrfunktionen gehen aus der folgenden Tabelle hervor:

| Funktion $f$ mit $D(f) = I$ | | Umkehrfunktion $f^{-1}$ mit $D(f^{-1}) = I^*$ | |
|---|---|---|---|
| $\sin x$ , | $x \in I = [-\frac{\pi}{2}, \frac{\pi}{2}]$ | $\arcsin x$ , | $x \in I^* = [-1, 1]$ |
| $\cos x$ , | $x \in I = [0, \pi]$ | $\arccos x$ , | $x \in I^* = [-1, 1]$ |
| $\tan x$ , | $x \in I = (-\frac{\pi}{2}, \frac{\pi}{2})$ | $\arctan x$ , | $x \in (-\infty, \infty)$ |
| $\cot x$ , | $x \in I = (0, \pi)$ | $\operatorname{arccot} x$ , | $x \in (-\infty, \infty)$ |

Die so definierten Umkehrfunktionen heißen **Arcussinus**, **Arcuscosinus**, sowie **Arcustangens** und **Arcuscotangens**. Diese Funktionen werden auch **Arcusfunktionen** genannt.

Die Graphen der Arcusfunktionen haben die Gestalt:

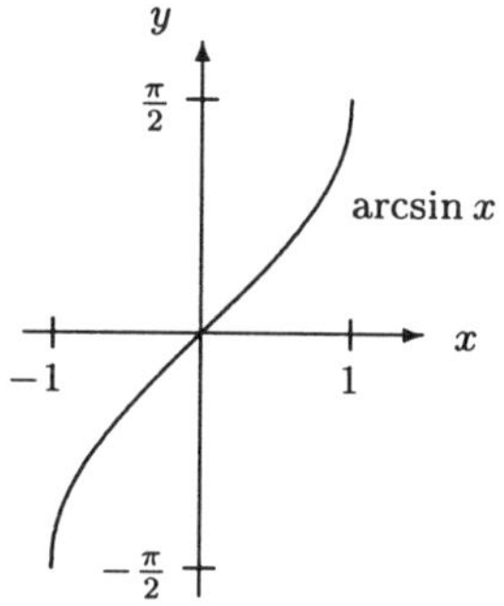


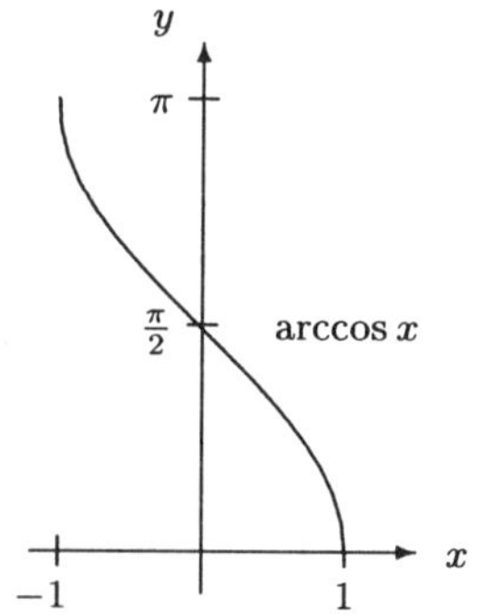


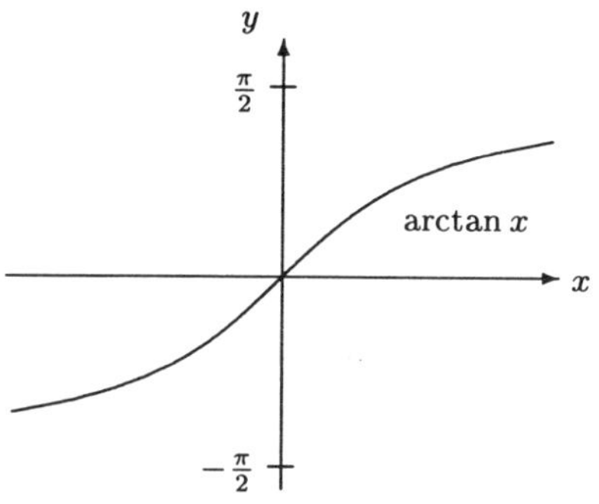


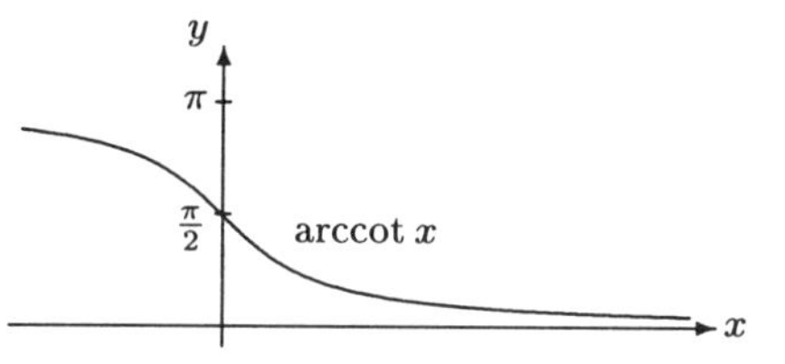


**Beispiele:**

(36) Die Gleichung $y = \sin x$ , $x \in [-\frac{\pi}{2}, \frac{\pi}{2}]$ mit $y \in [-1, 1]$ hat die Lösung $x = \arcsin y$ . So hat $\frac{1}{2}\sqrt{2} = \sin x$ , $x \in [-\frac{\pi}{2}, \frac{\pi}{2}]$ die Lösung $x = \arcsin(\frac{1}{2}\sqrt{2}) = \frac{\pi}{4}$ .

(37) Die Gleichung $y = \tan x$ , $x \in (-\frac{\pi}{2}, \frac{\pi}{2})$ mit $y \in (-\infty, \infty)$ hat die Lösung $x = \arctan y$ . So hat $1 = \tan x$ , $x \in (-\frac{\pi}{2}, \frac{\pi}{2})$ die Lösung $x = \arctan 1 = \frac{\pi}{4}$ .

## TESTS

**T4.1:** Sei $f : \mathbb{R} \to \mathbb{R}$ mit $D(f) = (-2, 2)$ und $f(x) = x^2$. Dann gilt

( ) $f$ ist monoton

( ) $f$ ist gerade

( ) $f$ ist beschränkt

( ) $\sup\limits_{x \in D(f)} f(x) = 4$

( ) $\max\limits_{x \in D(f)} f(x) = 4$

( ) $\min\limits_{x \in D(f)} f(x) = 0.$

**T4.2:** Seien $f : \mathbb{R} \to \mathbb{R}$ mit $D(f) = \mathbb{R}$, $f \not\equiv 0$ eine gerade Funktion und $g : \mathbb{R} \to \mathbb{R}$ mit $D(g) = \mathbb{R}$, $g \not\equiv 0$ eine ungerade Funktion. Dann ist die Funktion $h : \mathbb{R} \to \mathbb{R}$ mit $D(h) = \mathbb{R}$ und $h(x) = f(x) \cdot g(x)$

( ) stets gerade

( ) stets ungerade

( ) weder stets gerade noch stets ungerade.

**T4.3:** Welche der folgenden Aussagen sind für $x, y, z \in \mathbb{R}$ richtig?

( ) $|x-y| \leq |x| - |y|$

( ) $-|x-y| \leq |x| - |y| \leq |x-y|$

( ) $|x+y-z| \leq |x| + |y| + |z|$

( ) $|x+y-z| \leq |x| + |y-z|$

**T4.4:** Sei $p_n$ ein Polynom vom Grad $n$ und sei $x_0 \in \mathbb{R}$ gegeben.

( ) $p_n(x_0)$ lässt sich mit dem Hornerschema berechnen.

( ) Für eine Darstellung $p_n(x) = (x-x_0)p_{n-1}(x) + c_0$, $x \in \mathbb{R}$, mit einem Polynom $p_{n-1}$ vom Grad kleiner gleich $n-1$ liefert das Hornerschema $c_0$ und die Koeffizienten von $p_{n-1}$.

( ) Seien $p_n$ und $q_n$ zwei Polynome vom Grad $n$. Gilt $p_n(x_i) = q_n(x_i)$ für $n$ verschiedene Stellen $x_i$, $i = 1, \ldots, n$, so ist $p_n(x) = q_n(x)$ für alle $x \in \mathbb{R}$.

( ) Seien $p_n$ und $q_n$ zwei Polynome vom Grad $n$. Gilt $p_n(x_i) = q_n(x_i)$ für $n+1$ verschiedene Stellen $x_i$, $i = 1, \ldots, n+1$, so ist $p_n(x) = q_n(x)$ für alle $x \in \mathbb{R}$.

**T4.5:** Es gilt:

( ) Eine rationale Funktion ist stets auf ganz $\mathbb{R}$ definiert.

( ) Es ist $\sqrt{x}$ für alle $x \in \mathbb{R}$ definiert.

( ) $\sqrt[3]{-9}$ ist nicht definiert.

( ) Zu $f : \mathbb{R} \to \mathbb{R}$ mit $D(f) = \mathbb{R}$ und $f(x) = x^2$ ist $g : \mathbb{R} \to \mathbb{R}$ mit $D(g) = [0, \infty)$ und $g(x) = \sqrt{x}$ Umkehrfunktion.

**T4.6:** Welche Aussagen sind richtig?

( ) Für die Umrechnung von $x$ im Bogenmaß in $\alpha$ im Gradmaß gilt $\alpha = \frac{180^\circ}{\pi}\, x$.

( ) $\sin x$, $x \in \mathbb{R}$, ist periodisch mit der Periode $2\pi$.

( ) $\sin x$, $x \in \mathbb{R}$, ist periodisch mit der Periode $4\pi$.

( ) $\sin \frac{2\pi}{T}\, x$, $x \in \mathbb{R}$, mit $T > 0$ hat die Periode $T$.

## ÜBUNGEN

**Ü4.1:** Gegeben seien die Funktionen $f_i : \mathbb{R} \to \mathbb{R}$, $i = 1, \ldots, 6$, mit $D(f_1) = (0, \infty)$, $D(f_2) = [0, \infty)$, $D(f_3) = (0, 1)$, $D(f_4) = (0, 1]$, $D(f_5) = [0, 1]$, $D(f_6) = (-1, \infty)$ und

$$f_i(x) = \frac{x}{x+1}, \quad x \in D(f_i).$$

Weiter sei $f_7 : \mathbb{R} \to \mathbb{R}$ mit $D(f_7) = [-1, \infty)$ und

$$f_7(x) = \begin{cases} \frac{x}{x+1}, & x \in (-1, \infty) \\ 1, & x = -1. \end{cases}$$

Untersuchen Sie die Funktionen $f_i$, $i = 1, \ldots, 7$, auf Monotonie und geben Sie jeweils, falls existent, das Supremum, das Maximum, das Infimum und das Minimum an.

**Ü4.2:** Gegeben sei die Funktion $f : \mathbb{R} \to \mathbb{R}$ mit $D(f) = [0, \infty)$ und

$$f(x) = \frac{x^2+1}{x^2+2}.$$

a) Begründen Sie, dass die Funktion $f$ streng monoton wachsend ist.

b) Zeigen Sie $\inf_{x \in D(f)} f(x) = \frac{1}{2}$.

c) Beweisen Sie $\sup_{x \in D(f)} f(x) = 1$.

d) Ist $f$ beschränkt?

e) Besitzt $f$ ein Minimum und ein Maximum?

**Ü4.3:** Gegeben seien die Funktionen

$$f : \mathbb{R} \to \mathbb{R} \text{ mit } D(f) = \mathbb{R} \text{ und } f(x) = \big|1 - |x+3|\big|,$$
$$g : \mathbb{R} \to \mathbb{R} \text{ mit } D(g) = \mathbb{R} \text{ und } g(x) = \tfrac{1}{3}|x+4|\,.$$

a) Stellen Sie die Graphen der Funktionen $f$ und $g$ für $x \in [-7, 2]$ in einem kartesischen Koordinatensystem dar.

b) Lesen Sie aus der Zeichnung die Lösungsmenge der Ungleichung $f \leq g$, also der Ungleichung $\big|1-|x+3|\,\big| \leq \frac{1}{3}\,|x+4|$, ab. Markieren Sie die Lösungsmenge in der Zeichnung. Wie lautet die Lösungsmenge in der Intervallschreibweise?

c) Bestimmen Sie die Lösungsmenge der Gleichung $f(x) = 1$, $x \in \mathbb{R}$.

**Ü4.4:** Bestimmen Sie alle $x \in \mathbb{R}$, die der jeweiligen Ungleichung genügen. Benutzen Sie bei der Angabe der Lösungsmengen die Intervallschreibweise.

a) $\dfrac{|x+5|}{4-|x|} \leq 2$

b) $x^3 - x^2 - 15x < 2x^2 - 5x$ (Hinweis: $x^2 - 3x - 10 = (x+2)(x-5)$)

c) $\dfrac{x^2+10x+5}{(x+3)(x-1)} \leq -\dfrac{5}{3}$

**Ü4.5:** Es seien $p(x) = x^5 + x^4 + 2x^2 - 3x + 2$ und $s(x) = x(x+1)(x-3)$ für $x \in \mathbb{R}$.

a) Bestimmen Sie mit Hilfe des Hornerschemas

(i) $p(-1)$ und $p(-2)$

(ii) ein Polynom $q$ und eine Konstante $c_0 \in \mathbb{R}$, so dass

$$p(x) = (x+1)q(x) + c_0$$

ist.

b) Wie lautet der größtmögliche Definitionsbereich $D(r)$ der rationalen Funktion $r$ mit $r(x) = \dfrac{p(x)}{s(x)}$. Stellen Sie $r$ in der Form

$$r(x) = h(x) + \frac{t(x)}{s(x)}\,, \quad x \in D(r)$$

dar mit einem Polynom $t$ vom Grad kleiner 3 und einem Polynom $h$.

**Ü4.6:** Für eine Funktion $f : \mathbb{R} \to \mathbb{R}$ mit $D(f) = [-1, 4]$ seien an vier Stützstellen $x_i$ die Funktionswerte $y_i = f(x_i)$, $i = 1, 2, 3, 4$, gemäß folgender Tabelle gegeben

| $x_i$ | 0 | 1 | 2 | 3 |
|---|---|---|---|---|
| $y_i$ | 3 | 2 | $-1$ | 1 |

.

Bestimmen Sie das Interpolationspolynom $p_3(x)$ vom Grad kleiner gleich 3 und skizzieren Sie $p_3(x)$.

**Ü4.7:** Eine Funktion $f : \mathbb{R} \to \mathbb{R}$ mit $D(f) = \mathbb{R}$ und $f(t) = A\sin(\omega t + \varphi)$ nennt man Sinusschwingung mit der Amplitude $A$, der Kreisfrequenz $\omega$ und der Phase(nverschiebung) $\varphi$. Ein Oszilloskop erzeugt aus den beiden Eingangsschwingungen $f_1, f_2$ mit

$$f_1(t) = \sqrt{2}\cos\left(\frac{5}{3}t + \frac{\pi}{4}\right), \quad f_2(t) = \sqrt{2}\sin\left(\frac{5}{3}t + \frac{\pi}{4}\right), \quad t \in \mathbb{R}$$

das Bild der Überlagerung $g(t) = f_1(t) + f_2(t)$.

a) Zeigen Sie, dass die Überlagerung $g$ ebenfalls eine Sinusschwingung ist.

b) Bestimmen Sie $A, \omega, \varphi$ mit $A > 0$, $\omega \geq 0$, $\varphi \in [0, 2\pi)$ für die Darstellung von $g$ als Sinusschwingung.

c) Welche kleinste Periode besitzt $g$? Skizzieren Sie den Graphen von $g$.

**Ü4.8:** a) Verwenden Sie die Additionstheoreme von Sinus und Cosinus zum Beweis von

$$\tan(x + y) = \frac{\tan x + \tan y}{1 - (\tan x) \cdot (\tan y)}$$

für $(\tan x) \cdot (\tan y) \neq 1$.

b) Verwenden Sie das Ergebnis von a) zum Beweis von

$$\arctan x + \arctan y = \arctan\left(\frac{x + y}{1 - xy}\right)$$

für $xy < 1$.

**Ü4.9:** a) Seien $f$ und $g$ streng monoton wachsende reelle Funktionen mit $B(f) \subset D(g)$. Zeigen Sie, dass $g \circ f$ streng monoton wachsend ist.

b) Sei $h : \mathbb{R} \to \mathbb{R}$ mit $D(h) = [0, \sqrt{\frac{\pi}{2}}]$ und $h(x) = 2\sin(x^2)$.

(i) Zeigen Sie, dass $h$ streng monoton wachsend ist.

(ii) Begründen Sie, dass die Umkehrfunktion $h^{-1}$ existiert, und bestimmen Sie $h^{-1}$ explizit.

(iii) Skizzieren Sie den Graphen von $h^{-1}$ unter Zuhilfenahme des Graphen von $h$.

**Ü4.10:** a) Beweisen Sie für $x \in [-1, 1]$

$$\arcsin x = \frac{\pi}{2} - \arccos x .$$

b) Sei $f : \mathbb{R} \to \mathbb{R}$ mit $D(f) = [2, \infty)$ und

$$f(x) = \frac{x}{2} + \sqrt{\frac{x^2}{4} - 1} .$$

Begründen Sie, dass zu $f$ eine Umkehrfunktion $f^{-1}$ existiert. Bestimmen Sie $f^{-1}$ explizit.

# 5 Komplexe Zahlen

Die Menge $\mathbb{C}$ der komplexen Zahlen lässt sich als Erweiterung der Menge $\mathbb{R}$ der reellen Zahlen betrachten. So hat die Gleichung $z^2+1=0$ für $z \in \mathbb{C}$ eine (komplexe) Lösung, während die Gleichung $z^2+1=0$ für $z \in \mathbb{R}$ keine (reelle) Lösung hat.

**Definition 5.1** *Die Menge $\mathbb{C}$ der* **komplexen Zahlen** *ist wie folgt definiert:*

*(i) Eine komplexe Zahl $z \in \mathbb{C}$ ist ein Zahlenpaar*

$$z = (x, y) \quad \textit{mit } x, y \in \mathbb{R}.$$

*Es heißen $x$ der* **Realteil** *von $z$ und $y$ der* **Imaginärteil** *von $z$, geschrieben $x = \mathrm{Re}\,(z)$ und $y = \mathrm{Im}\,(z)$.*

*(ii) Zwei komplexe Zahlen $z_1 = (x_1, y_1) \in \mathbb{C}$ und $z_2 = (x_2, y_2) \in \mathbb{C}$ heißen gleich, wenn $x_1 = x_2$* **und** *$y_1 = y_2$.*

*(iii) Auf $\mathbb{C}$ ist eine* **Addition** *erklärt durch*

$$z_1 + z_2 = (x_1 + x_2 \,,\, y_1 + y_2)\,,$$

*und es ist eine* **Multiplikation** *erklärt durch*

$$z_1 \cdot z_2 = (x_1 x_2 - y_1 y_2 \,,\, x_1 y_2 + x_2 y_1)$$

*für $z_1 = (x_1, y_1) \in \mathbb{C}$, $z_2 = (x_2, y_2) \in \mathbb{C}$.*

Für $z_1 \cdot z_2$ schreibt man auch $z_1 z_2$. Man prüft leicht nach, dass die Körperaxiome (s. Kapitel 1) erfüllt sind. Dabei ist mit $z = (x, y)$

$(0,0)$ das Nullelement, denn es ist $(x,y) + (0,0) = (x,y)$,
$(1,0)$ das Einselement, denn es ist $(x,y) \cdot (1,0) = (x,y)$,
$(-x,-y)$ das Element $-z$, denn es ist $(x,y) + (-x,-y) = (0,0)$ und
$\left(\frac{x}{x^2+y^2}, -\frac{y}{x^2+y^2}\right)$ das Element $z^{-1}$ für $z \neq (0,0)$, denn es ist

$$(x,y) \cdot \left(\frac{x}{x^2+y^2}, -\frac{y}{x^2+y^2}\right) = (1,0)\,.$$

Daraus folgt, dass auf $\mathbb{C}$ eine **Subtraktion** erklärt ist mit

$$z_1 - z_2 = (x_1 - x_2 \,,\, y_1 - y_2)$$

und eine **Division** mit

$$\frac{z_1}{z_2} = \left(\frac{x_1 x_2 + y_1 y_2}{x_2^2 + y_2^2}, \frac{-x_1 y_2 + x_2 y_1}{x_2^2 + y_2^2}\right)$$

für $z_2 \neq (0,0)$. Doch ist in $\mathbb{C}$ keine Ordnungsrelation ”$<$” definiert, die die Ordnungsaxiome auf Seite 6 erfüllt. Die komplexen Zahlen sind also nicht geordnet. Demnach ist $\mathbb{C}$ ein Körper, aber kein geordneter Körper.

Für die spezielle komplexe Zahl $(0,1)$ führt man die Bezeichnung

$$i = (0,1)$$

ein und nennt $i$ die **komplexe Einheit**. Es ist $i \cdot i = (-1,0)$. Identifiziert man die komplexe Zahl $(x,0)$ mit der reellen Zahl $x$, schreibt also

$$(x,0) = x\,,$$

so folgt für $z = (x,y) \in \mathbb{C}$ aus den Rechenregeln die Darstellung

$$z = x + iy\,.$$

Für $z = x + iy$ heißt

$$\overline{z} = x - iy$$

die zu $z$ **konjungiert komplexe** Zahl. Ist $x = 0$, so heißt $z = iy$ **rein imaginär**.

Die Darstellung einer komplexen Zahl in der Form $z = x + iy$ hat den Vorteil, dass man **formal** Rechenregeln wie im Reellen anwenden kann, wenn man $i \cdot i = -1$ berücksichtigt und zum Schluss die Terme ohne bzw. mit $i$ jeweils zusammenfasst. So ergibt sich mit $z_1 = x_1 + iy_1$ und $z_2 = x_2 + iy_2$ für die Addition

$$z_1 + z_2 = (x_1 + iy_1) + (x_2 + iy_2) = (x_1 + x_2) + i(y_1 + y_2)$$

und für die Multiplikation

$$\begin{aligned} z_1 \cdot z_2 &= (x_1 + iy_1) \cdot (x_2 + iy_2) = x_1x_2 + ix_1y_2 + ix_2y_1 + i \cdot iy_1y_2 \\ &= (x_1x_2 - y_1y_2) + i(x_1y_2 + x_2y_1)\,, \end{aligned}$$

jeweils in Übereinstimmung mit Definition 5.1.

Bei der Division $\dfrac{z_1}{z_2}$ für $z_2 \neq 0$ erweitert man zunächst mit $\overline{z}_2$

$$\begin{aligned} \frac{z_1}{z_2} = \frac{z_1 \cdot \overline{z}_2}{z_2 \cdot \overline{z}_2} &= \frac{(x_1 + iy_1)(x_2 - iy_2)}{(x_2 + iy_2)(x_2 - iy_2)} \\ &= \frac{x_1x_2 + y_1y_2}{x_2^2 + y_2^2} + i\frac{-x_1y_2 + x_2y_1}{x_2^2 + y_2^2}\,. \end{aligned}$$

Es gilt

$$\overline{\overline{z}} = z\,, \quad \mathrm{Re}(z) = \frac{1}{2}(z+\overline{z})\,, \quad \mathrm{Im}(z) = \frac{1}{2i}\,(z-\overline{z}),$$

$$\overline{z_1+z_2} = \overline{z_1}+\overline{z_2}\,, \quad \overline{z_1\cdot z_2} = \overline{z_1}\cdot\overline{z_2}\,, \quad \overline{\left(\frac{z_1}{z_2}\right)} = \frac{\overline{z_1}}{\overline{z_2}} \quad \text{für } z_2 \neq 0\,.$$

Für $z \in \mathbb{C}$ sind die Potenzen definiert durch $z^0 = 1$, $z^n = z(z^{n-1}) = \prod_{i=1}^{n} z$ für $n \in \mathbb{N}$. Weiter setzt man $z^{-n} = \dfrac{1}{z^n}$ für $z \neq 0$ und $n \in \mathbb{N}$.

**Beispiele:**

(1) Für $z_1 = 2+4i$ und $z_2 = 1-3i$ ist

$z_1 + z_2 = 3 + i$
$z_1 - z_2 = 1 + 7i$
$z_1 \cdot z_2 = 14 - 2i$
$\dfrac{z_1}{z_2} = \dfrac{z_1\overline{z}_2}{z_2\overline{z}_2} = \dfrac{(2+4i)(1+3i)}{10} = -1 + i.$

(2) Die Gleichung $z^2 + 1 = 0$, $z \in \mathbb{C}$, hat die Lösung $z = i$. Eine weitere Lösung ist $z = -i$.

Komplexe Zahlen lassen sich in einem kartesischen Koordinatensystem veranschaulichen. Auf der Abszisse ist der Realteil, auf der Ordinate der Imaginärteil aufgetragen. Man spricht von einer Darstellung in der **Gaußschen Zahlenebene**.

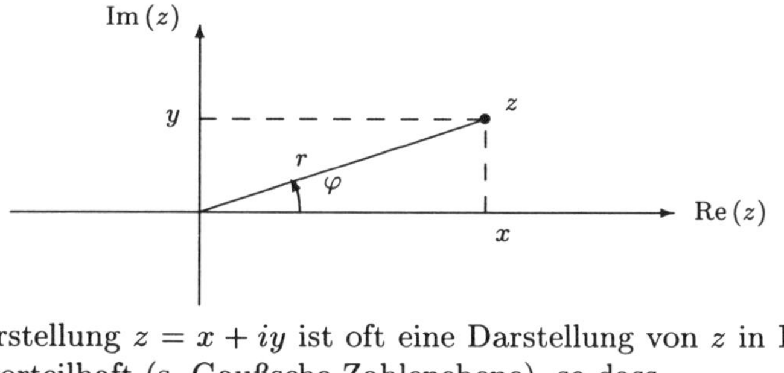


Neben der Darstellung $z = x + iy$ ist oft eine Darstellung von $z$ in **Polarkoordinaten** $(r, \varphi)$ vorteilhaft (s. Gaußsche Zahlenebene), so dass

$$z = r(\cos\varphi + i\sin\varphi)$$

mit $r \geq 0$ und $\varphi \in \mathbb{R}$. Es ist

$$r = |z| = \sqrt{x^2+y^2} \quad \text{der } \textbf{Betrag} \text{ von } z$$

und $\varphi = \arg z$ (im Bogenmaß) das **Argument** von $z$. Ist $z \neq 0$, so ist $\varphi$ bis auf additive Vielfache von $2\pi$ aus

$$\cos\varphi = \frac{x}{r} \quad \textbf{und} \quad \sin\varphi = \frac{y}{r}$$

eindeutig bestimmt. Man beachte, dass $\varphi$ aus einer der beiden Gleichungen allein nicht festgelegt werden kann, da dann $\varphi$ noch in zwei Quadranten liegen kann. Bequem lässt sich der Quadrant durch Betrachtung der Vorzeichen bestimmen.

| Vorzeichen cos | + | − | − | + |
|---|---|---|---|---|
| Vorzeichen sin | + | + | − | − |
| Quadrant | 1 | 2 | 3 | 4 |

Fordert man $0 \leq \varphi < 2\pi$, so ist $\varphi$ für $z \neq 0$ eindeutig bestimmt. Man spricht dann auch vom Hauptwert des Arguments. Es ist $|z| \geq 0$ und $|z| = 0$ genau dann, wenn $z = 0$. Weiter gilt

$$|z|^2 = z \cdot \overline{z}, \quad |z_1 \cdot z_2| = |z_1| \cdot |z_2|,$$

und wie im Reellen gilt die Dreiecksungleichung

$$|z_1 + z_2| \leq |z_1| + |z_2|.$$

Nützlich ist die folgende Festlegung in

**Definition 5.2** *Für $\varphi \in \mathbb{R}$ sei*

$$e^{i\varphi} = \cos\varphi + i\sin\varphi.$$

Aus Eigenschaften der trigonometrischen Funktionen ergeben sich aus Definition 5.2 direkt die Aussagen in

**Satz 5.1** *Seien $\varphi \in \mathbb{R}$, $\psi \in \mathbb{R}$. Dann gilt*

$$|e^{i\varphi}| = 1, \quad e^{i(\varphi+2\pi k)} = e^{i\varphi} \text{ für } k \in \mathbb{Z}$$
$$e^{i0} = 1, \quad e^{i\pi} = -1, \quad e^{i2\pi} = 1$$
$$e^{-i\varphi} = \overline{e^{i\varphi}} = \cos\varphi - i\sin\varphi$$
$$e^{i\varphi} \cdot e^{i\psi} = e^{i(\varphi+\psi)}$$
$$\frac{e^{i\varphi}}{e^{i\psi}} = e^{i(\varphi-\psi)}.$$

Die Polarkoordinatendarstellung von $z$ lässt sich mit Definition 5.2 schreiben als

$$z = re^{i\varphi},$$

und aus Satz 5.1 ergibt sich direkt

**Satz 5.2** *Seien* $z_1 = r_1 e^{i\varphi_1}$ *und* $z_2 = r_2 e^{i\varphi_2}$. *Dann ist*

$$z_1 \cdot z_2 = r_1 r_2 e^{i(\varphi_1+\varphi_2)} = r_1 r_2[\cos(\varphi_1+\varphi_2) + i\sin(\varphi_1+\varphi_2)]$$

$$\frac{z_1}{z_2} = \frac{r_1}{r_2}\, e^{i(\varphi_1-\varphi_2)} = \frac{r_1}{r_2}\,[\cos(\varphi_1-\varphi_2) + i\sin(\varphi_1-\varphi_2)]\,,\ z_2 \neq 0\,.$$

**Beispiele:**

(3) Für $z = -2 + 2i$ ist $|z| = \sqrt{4+4} = 2\sqrt{2}$ und aus $\cos\varphi = -\frac{2}{2\sqrt{2}} = -\frac{1}{2}\sqrt{2}$ und $\sin\varphi = \frac{2}{2\sqrt{2}} = \frac{1}{2}\sqrt{2}$ ergibt sich mit Hilfe der Vorzeichenregel $\arg z = \frac{3}{4}\pi$. Demnach ist $z = 2\sqrt{2}\,e^{i\frac{3}{4}\pi} = 2\sqrt{2}(\cos\frac{3}{4}\pi + i\sin\frac{3}{4}\pi)$ eine Polarkoordinatendarstellung von $z$.

(4) Ist $\arg z = \varphi$, so ist $\arg\overline{z} = -\varphi$ und es ist $|\overline{z}| = |z|$. Aus $z = |z|\,e^{i\varphi}$ folgt daher $\overline{z} = |z|\,e^{-i\varphi}$.

(5) Für $z_1 = 2e^{i\frac{\pi}{6}}$ und $z_2 = 3e^{i\frac{4\pi}{3}}$ ist $z_1 \cdot z_2 = 6e^{i\frac{3\pi}{2}} = -6i$ und $\frac{z_1}{z_2} = \frac{2}{3}e^{-i\frac{7\pi}{6}} = \frac{2}{3}\left(-\frac{1}{2}\sqrt{3} + i\,\frac{1}{2}\right) = -\frac{1}{3}\sqrt{3} + \frac{1}{3}\,i$.

**Bemerkungen und Ergänzungen:**

(6) Satz 5.2 zeigt, dass bei der Multiplikation bzw. Division die Beträge multipliziert bzw. dividiert und die Argumente addiert bzw. subtrahiert werden.

(7) In Definition 5.2 wird eine Abbildung $f : \mathbb{R} \to \mathbb{C}$ definiert mit $D(f) = \mathbb{R}$ und $f(\varphi) = \cos\varphi + i\sin\varphi$. Wir haben diese Definition hier formal (ohne Bezug zur später zu definierenden komplexen Exponentialfunktion) eingeführt und daraus die Rechenregeln in Satz 5.1 hergeleitet. Diese sind oft sehr hilfreich für ein bequemes Rechnen.

(8) Definition 5.2 geht auf LEONHARD EULER (1707 – 1783) zurück. Euler verfasste grundlegende Arbeiten zur Analysis, Variationsrechnung, Differentialgeometrie, Zahlentheorie, Hydrodynamik und Kreiseltheorie.

(9) Es ist ($k$ Faktoren) $e^{i\varphi} \cdot e^{i\varphi} \cdot \ldots \cdot e^{i\varphi} = e^{ik\varphi}$ und $(e^{i\varphi} \cdot \ldots \cdot e^{i\varphi})^{-1} = e^{-ik\varphi}$ nach Satz 5.1. Daher gilt

$$(\cos\varphi + i\sin\varphi)^k = \cos k\varphi + i\sin k\varphi \quad \text{für } k \in \mathbb{Z}\,.$$

Dies ist die **Moivresche Formel** nach ABRAHAM DE MOIVRE (1667-1754).

Mit der Moivreschen Formel lassen sich bequem Beziehungen zwischen Winkelfunktionen herleiten. So folgt für $k = 3$

$$(\cos\varphi + i\sin\varphi)^3 = \cos 3\varphi + i\sin 3\varphi\,.$$

Die linke Seite ergibt

$$\cos^3\varphi + i3\cos^2\varphi\sin\varphi - 3\cos\varphi\sin^2\varphi - i\sin^3\varphi\,.$$

Der Vergleich von Real- und Imaginärteil mit der rechten Seite ergibt

$$\begin{aligned}\cos 3\varphi &= \cos^3\varphi - 3\cos\varphi\sin^2\varphi = 4\cos^3\varphi - 3\cos\varphi\\ \sin 3\varphi &= -\sin^3\varphi + 3\cos^2\varphi\,\sin\varphi = -4\sin^3\varphi + 3\sin\varphi\,.\end{aligned}$$

Aus $\left(e^{i\varphi}\right)^n = e^{in\varphi}$ und $e^{i(\varphi+2\pi k)} = e^{i\varphi}$ für $n \in \mathbb{N}$ und $k \in \mathbb{Z}$ ergibt sich

**Satz 5.3** *Sei $a \in \mathbb{C}$ mit $a \neq 0$ und $a = |a|\,e^{i\varphi}$. Dann hat die Gleichung*

$$z^n = a\,, \qquad z \in \mathbb{C}$$

*mit $n \in \mathbb{N}$ genau $n$ verschiedene Lösungen. Diese sind*

$$z_k = \sqrt[n]{|a|}\,e^{i(\frac{\varphi+2\pi k}{n})} = \sqrt[n]{|a|}\left(\cos\frac{\varphi+2\pi k}{n} + i\sin\frac{\varphi+2\pi k}{n}\right)$$

*für $k = 0, 1, \ldots, n-1$.*

Die Lösungen in Satz 5.3 bezeichnet man auch als $n$-te Wurzeln. Ist $a = 1$, so spricht man von den **$n$-ten Einheitswurzeln**. Diese sind $z_k = e^{i\frac{2\pi k}{n}}$, $k = 0, 1, \ldots, n-1$. Allgemein liegen die Lösungen $z_k$, $k = 0, \ldots, n-1$, von $z^n = a$ auf einem Kreis vom Radius $\sqrt[n]{|a|}$ um 0 in der komplexen Ebene. Sie bilden die Ecken eines regelmäßigen $n$-Ecks.

**Beispiele:**

(10) Die Gleichung $z^2 + 1 = 0$, also $z^2 = -1$, $z \in \mathbb{C}$, hat wegen $a = -1 = e^{i\pi}$ die beiden Lösungen

$$z_1 = \sqrt{|-1|}\,e^{i\frac{\pi}{2}} = i \quad \text{und} \quad z_2 = \sqrt{|-1|}\,e^{i\frac{3\pi}{2}} = -i\,.$$

(11) Die Gleichung

$$z^4 = 1 + i\,, \qquad z \in \mathbb{C}$$

hat wegen $a = 1 + i = \sqrt{2}\,e^{i\frac{\pi}{4}}$ die 4 Wurzeln

$$z_k = (\sqrt{2})^{\frac{1}{4}}\,e^{i(\frac{\frac{\pi}{4}+2\pi k}{4})} = \sqrt[8]{2}\,e^{i(\frac{\pi}{16} + \frac{\pi k}{2})}\,, \qquad k = 0, 1, 2, 3\,.$$

Die Wurzeln $z_k$, $k = 0, 1, 2, 3$ bilden die Ecken eines regelmäßigen 4-Ecks.

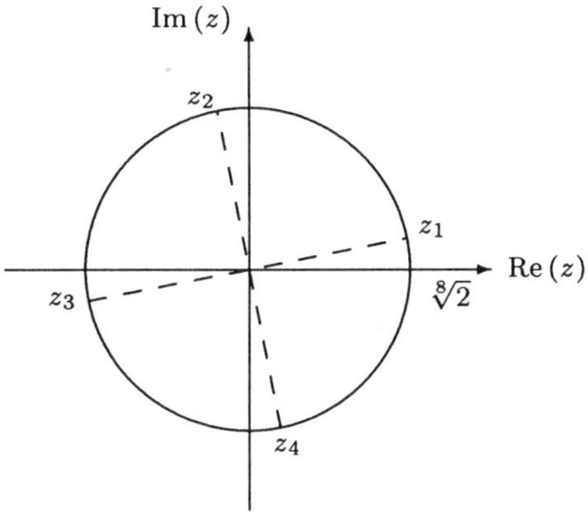


(12) Mit Hilfe einer quadratischen Ergänzung weist man nach, dass die quadratische Gleichung (mit reellen Koeffizienten)

$$az^2 + bz + c = 0 \quad \text{für } z \in \mathbb{C}$$

mit $a, b, c \in \mathbb{R}$, $a \neq 0$, im Falle $b^2 - 4ac \neq 0$ genau zwei verschiedene Lösungen besitzt, nämlich

$$z_1 = \begin{cases} \frac{1}{2a}\left(-b + \sqrt{b^2 - 4ac}\right) & \text{, falls } b^2 - 4ac > 0 \\ \frac{1}{2a}\left(-b + i\sqrt{4ac - b^2}\right) & \text{, falls } b^2 - 4ac < 0 \end{cases}$$

$$z_2 = \begin{cases} \frac{1}{2a}\left(-b - \sqrt{b^2 - 4ac}\right) & \text{, falls } b^2 - 4ac > 0 \\ \frac{1}{2a}\left(-b - i\sqrt{4ac - b^2}\right) & \text{, falls } b^2 - 4ac < 0. \end{cases}$$

Im Falle $b^2 - 4ac = 0$ gibt es die (zweifache) Lösung $z_1 = z_2 = -\frac{b}{2a}$.

## TESTS

**T5.1:** Der Betrag der komplexen Zahl $\frac{3}{2} - 2i$ ist

( ) $\frac{25}{4}$

( ) $\frac{7}{2}$

( ) $\frac{5}{2}$.

**T5.2:** Das Argument der komplexen Zahl $-2-2i$ ist (bis auf additive Vielfache von $2\pi$)

( ) $225°$

( ) $\frac{5\pi}{4}$

( ) $-\frac{3\pi}{4}$.

**T5.3:** Welche der folgenden Mengen beschreibt den in der Skizze abgebildeten Kreis in der Gaußschen Zahlenebene?

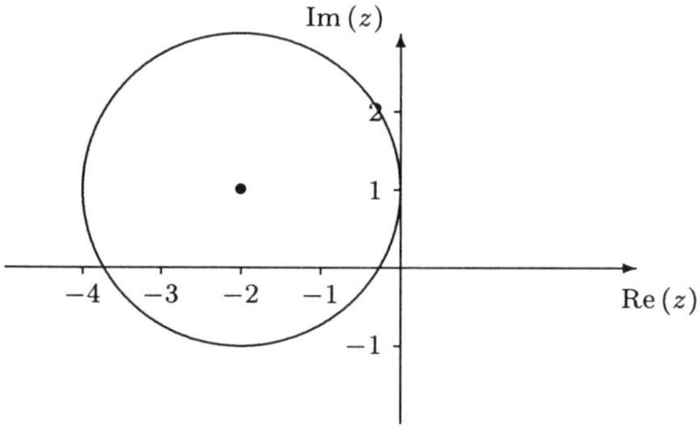


( ) $\{z \in \mathbb{C} : |z - (-2+i)| = 2\}$

( ) $\{z \in \mathbb{C} : z = -2 + i + 2e^{i\varphi}\,,\ 0 \le \varphi < 2\pi\}$

( ) $\{z \in \mathbb{C} : z = x + iy\,,\ x, y \in \mathbb{R},\ (x+2)^2 + (y-1)^2 = 4\}$

**T5.4:** Für $z \in \mathbb{C}$ gilt

( ) $\mathrm{Im}\,(z)$ ist eine rein imaginäre Zahl

( ) Es ist $z = \overline{z}$ genau dann, wenn $\mathrm{Im}\,(z) = 0$

( ) $-|z| \le z \le |z|$

( ) $|z|^2 = z \cdot \overline{z}$.

**T5.5:** Es gilt

( ) $\overline{e^{i\varphi}} = e^{-i\varphi} = \dfrac{1}{e^{i\varphi}}$ für $\varphi \in \mathbb{R}$

( ) $\left|\sum_{i=1}^n z_i\right| \le \sum_{i=1}^n |z_i|$ für $z_i \in \mathbb{C}$, $i = 1, \dots, n$

( ) Für $a \in \mathbb{C}$ hat die Gleichung $z^n = a$, $z \in \mathbb{C}$, stets eine Lösung $z = \sqrt[n]{|a|}$.

## ÜBUNGEN

**Ü5.1:** a) Berechnen Sie die komplexen Zahlen

$$z_1 = (2+i) \cdot \overline{(-1+6i)}\,, \qquad z_2 = \frac{3+2i}{1-i} - \frac{5+i}{3+i}$$

und bestimmen Sie $|z_1 \cdot z_2|$.
Geben Sie das Ergebnis in der Form $x + iy$ mit $x, y \in \mathbb{R}$ an.

b) Lösen Sie die Gleichung

$$\frac{2+10i+(-1+i)z}{1+i+(2-i)z} = 1+2i\,, \qquad z \in \mathbb{C}\,.$$

**Ü5.2:** Seien $z_1 = -4(1+\sqrt{3}\,i)$ und $z_2 = -\sqrt{3} + i$ .

a) Bestimmen Sie die Polarkoordinatendarstellungen von $z_1$ und $z_2$ .

b) Berechnen Sie unter Verwendung der Ergebnisse aus a) die Polarkoordinatendarstellungen von $z_3 = z_1 \cdot z_2$ , $z_4 = \dfrac{z_1}{z_2}$ , $z_5 = z_2^4$ .

c) Geben Sie $z_3, z_4$ und $z_5$ in der Form $x + iy$ mit $x, y \in \mathbb{R}$ an.

**Ü5.3:** Bestimmen Sie alle Lösungen der Gleichung

$$z^6 + 64i = 0\,, \qquad z \in \mathbb{C}$$

und skizzieren Sie diese in der komplexen Zahlenebene.

**Ü5.4:** Zeigen Sie mit Hilfe der Moivreschen Formel, dass für alle $\varphi \in \mathbb{R}$ gilt

$$\sin 4\varphi = 4\cos^3\varphi\,\sin\varphi - 4\cos\varphi\,\sin^3\varphi$$
$$\cos 4\varphi = \cos^4\varphi - 6\cos^2\varphi\,\sin^2\varphi + \sin^4\varphi\,.$$

**Ü5.5:** Skizzieren Sie folgende Mengen in der Gaußschen Zahlenebene.

a) $M_1 = \{z \in \mathbb{C} :\ \mathrm{Im}\,(z^2) = 4\}$

b) $M_2 = \{z \in \mathbb{C} :\ z = x + iy\,,\ -2 \leq x \leq 0\,,\ 2 \leq y \leq 3 + \frac{1}{2}x\}$

c) $M_3 = \{z \in \mathbb{C} :\ 2 < |z| \leq 4\,,\ \pi \leq \arg z \leq \frac{3}{2}\pi\}$

d) $M_4 = \{z \in \mathbb{C} :\ \big(z - (2-i)\big) \cdot \big(\overline{z} - (2+i)\big) > 4\}$

# 6 Binomische Formel, Kombinatorik, Wahrscheinlichkeiten

Wir geben zunächst die Definition der Fakultät und der Binomialkoeffizienten und zeigen anschließend einige Anwendungen in Analysis und Kombinatorik.

**Definition 6.1** *(i) Für $n \in \mathbb{N}_0$ ist $n!$ (verbal: $n$* **Fakultät***) definiert durch*

$$n! = \begin{cases} 1 \cdot 2 \cdots n & \textit{für } n \in \mathbb{N} \\ 1 & \textit{für } n = 0\,. \end{cases}$$

*(ii) Für $\alpha \in \mathbb{R}$ und $k \in \mathbb{N}_0$ ist der* **Binomialkoeffizient** $\binom{\alpha}{k}$ *(verbal: $\alpha$ über $k$) definiert durch*

$$\binom{\alpha}{k} = \begin{cases} \dfrac{\alpha(\alpha-1)\cdots(\alpha-k+1)}{k!} & \textit{für } k \in \mathbb{N} \\ 1 & \textit{für } k = 0 \end{cases}$$

**Beispiele:**

(1) Es kann $n!$ für $n = 2, 3, \ldots$ rekursiv über $n! = n \cdot (n-1)!$ und $1! = 1$ berechnet werden. Mit wachsendem $n$ wächst $n!$ sehr schnell.

| $n$ | $n!$ |
|---|---|
| 1 | 1 |
| 2 | 2 |
| 3 | 6 |
| 4 | 24 |
| 5 | 120 |
| 6 | 720 |
| 7 | 5040 |
| 8 | 40320 |
| 9 | 362880 |
| 10 | 3628800 |

(2) $$\binom{7}{3} = \frac{7 \cdot 6 \cdot 5}{1 \cdot 2 \cdot 3} = 35\,, \quad \binom{\frac{1}{2}}{4} = \frac{\frac{1}{2}(-\frac{1}{2})(-\frac{3}{2})(-\frac{5}{2})}{1 \cdot 2 \cdot 3 \cdot 4} = -\frac{15}{384} = -\frac{5}{128}\,.$$

(3) Ist $\alpha = n$ eine nichtnegative ganze Zahl, so ist für $k, n \in \mathbb{N}_0$ mit $k \leq n$

$$\binom{n}{k} = \frac{n!}{k!(n-k)!}\,, \quad \binom{n}{k} = \binom{n}{n-k}\,.$$

Speziell ist $\binom{n}{0} = 1$ und $\binom{0}{0} = 1$.

(4) Für $n \in \mathbb{N}$ und $n < k$ ist $\binom{n}{k} = 0$.

(5) Für $n \in \mathbb{N}$ und $0 \leq k \leq n-1$ gilt

$$\binom{n}{k} + \binom{n}{k+1} = \binom{n+1}{k+1}.$$

Die Formel erlaubt, $\binom{n}{k}$ durch Additionen rekursiv auszurechnen. Bequem erfolgt dies im **Pascalschen Dreieck** nach BLAISE PASCAL (1623-1662). Die Binomialkoeffizienten werden dabei wie folgt angeordnet

$$\begin{array}{ccccccc} & & & \binom{0}{0} & & & \\ & & \binom{1}{0} & & \binom{1}{1} & & \\ & \binom{2}{0} & & \binom{2}{1} & & \binom{2}{2} & \\ \binom{3}{0} & & \binom{3}{1} & & \binom{3}{2} & & \binom{3}{3} \\ \cdot\ \cdot & \cdot & \cdot & \cdot & \cdot & \cdot & \cdot\ \cdot \end{array}$$

Die Summe zweier nebeneinanderstehender Binomialkoeffizienten ergibt den darunterstehenden Binomialkoeffizienten der nächsten Zeile. Der Anfang des Pascalschen Dreiecks ist

$$\begin{array}{lccccccccccc} n=0 & & & & & & 1 & & & & & \\ n=1 & & & & & 1 & & 1 & & & & \\ n=2 & & & & 1 & & 2 & & 1 & & & \\ n=3 & & & 1 & & 3 & & 3 & & 1 & & \\ n=4 & & 1 & & 4 & & 6 & & 4 & & 1 & \\ n=5 & 1 & & 5 & & 10 & & 10 & & 5 & & 1 \\ \cdots & \cdots & \cdots & \cdots & \cdots & \cdots & \cdots & \cdots & \cdots & \cdots & \cdots & \cdots \end{array}$$

(6) Für $k, n \in \mathbb{N}$ gilt

$$\binom{-n}{k} = (-1)^k \binom{n+k-1}{k}.$$

Speziell ist $\binom{-1}{k} = (-1)^k$ und $\binom{-2}{k} = (-1)^k(k+1)$.

Eine analytische Anwendung der Binomialkoeffizienten findet sich im folgenden **Binomischen Satz**

**Satz 6.1** *Für* $a, b \in \mathbb{C}$ *und* $n \in \mathbb{N}_0$ *ist*

$$\begin{aligned}(a+b)^n &= \binom{n}{0}a^0b^n + \binom{n}{1}a^1b^{n-1} + \binom{n}{2}a^2b^{n-2} + \ldots + \binom{n}{n}a^nb^0 \\ &= \sum_{k=0}^{n}\binom{n}{k}a^kb^{n-k}.\end{aligned}$$

**Beispiele:**

(7) $(a+b)^5 = \sum_{k=0}^{5}\binom{5}{k}a^kb^{5-k} = b^5 + 5ab^4 + 10a^2b^3 + 10a^3b^2 + 5a^4b + a^5$.

(8) Für $a = b = 1$ folgt

$$\sum_{k=0}^{n}\binom{n}{k} = 2^n.$$

(9) Für $a = -1$, $b = 1$ folgt

$$\sum_{k=0}^{n}(-1)^k\binom{n}{k} = 0.$$

(10) $(1+z)^n = \sum_{k=0}^{n}\binom{n}{k}z^k$ für $z \in \mathbb{C}$.

Weitere Anwendungen der Fakultät und der Binomialkoeffizienten finden sich in der **Kombinatorik**. Grundlegend ist der folgende **Fundamentalsatz der Kombinatorik** (Abzähltheorem).

**Satz 6.2** *Für jedes* $i$ *mit* $i = 1, 2, \ldots, k$ *sei* $A_i = \{a_1^{(i)}, \ldots, a_{n_i}^{(i)}\}$ *eine Menge mit* $n_i$ *Elementen. Dann gibt es* $n_1 \cdot n_2 \cdots n_k$ *verschiedene geordnete* $k$*-Tupel* $(a_*^{(1)}, a_*^{(2)}, \ldots, a_*^{(k)})$ *mit* $a_*^{(i)} \in A_i$ *für* $i = 1, \ldots, k$.

In dem geordneten $k$-Tupel $(a_*^{(1)}, a_*^{(2)}, \ldots, a_*^{(k)})$ steht also an erster Stelle ein Element aus $A_1$, an zweiter Stelle ein Element aus $A_2, \ldots$, an $k$-ter Stelle ein Element aus $A_k$. Für $k = 2$ macht man sich das Ergebnis leicht an einem rechteckigen Schema (Matrix) mit den $n_1$ Elementen von $A_1$ bzw. $n_2$ Elementen von $A_2$ als Randzeilen bzw. Randspalten klar. Bei geordenten $k$-Tupeln kommt es stets auf die Reihenfolge an.

**Beispiele:**

(11) Einem Topf $T_1$ mit $n_1 = 5$ verschiedenen Kugeln entnehmen wir eine Kugel, danach einem Topf $T_2$ mit $n_2 = 7$ verschiedenen Kugeln eine Kugel und schließlich einem Topf $T_3$ mit $n_3 = 12$ verschiedenen Kugeln eine Kugel. Die entnommenen Kugeln ordnen wir in der Reihenfolge ihrer Entnahme. Dann gibt es $n_1 \cdot n_2 \cdot n_3 = 5 \cdot 7 \cdot 12 = 420$ verschiedene Ergebnisreihen.

(12) Eine Telefonnummer bestehe aus einer 5-stelligen Vorwahlnummer und einer 4-stelligen Rufnummer. Für jede Stelle dieser Nummern stehen die Ziffern $0, 1, \ldots, 9$ zur Verfügung. Dabei sei die erste Ziffer der Vorwahl eine 0 und die zweite Ziffer sei stets ungleich 0. Bei der Rufnummer sei die erste Ziffer stets ungleich 0. Dann gibt es $1 \cdot 9 \cdot 10 \cdot 10 \cdot 10 \cdot 9 \cdot 10 \cdot 10 \cdot 10 = 81\,000\,000$ verschiedene Telefonnummern.

Die nächsten Sätze enthalten Folgerungen aus Satz 6.2 für spezielle Situationen.

**Satz 6.3** *Sei* $A = \{a_1, \ldots, a_n\}$ *eine Menge mit* $n$ *Elementen. Dann gibt es* $n^k$ *verschiedene geordnete* $k$*-Tupel* $(a_{i_1}, a_{i_2}, \ldots, a_{i_k})$ *von Elementen aus* $A$.

In den geordneten $k$-Tupeln von Satz 6.3 steht an jeder der $k$ Stellen ein Element aus $A$, es dürfen Elemente von $A$ mehrfach auftreten. Ist dies nicht erlaubt, so ist Satz 6.4 anzuwenden.

**Beispiele:**

(13) Wir entnehmen einem Topf $T$ mit $n$ verschiedenen Kugeln eine Kugel, notieren das Ergebnis und legen die Kugel in $T$ zurück. Danach entnehmen wir erneut eine Kugel, notieren ... . Insgesamt machen wir so $k$ Entnahmen. Dann gibt es $n^k$ verschiedene Ergebnisreihen der Länge $k$.

(14) Beim Fußballtoto haben wir bei 11 Spielen jeweils 3 Tipmöglichkeiten. Daher können wir den Tipschein auf $3^{11} = 177\,147$ verschiedene Arten ausfüllen.

(15) Beim Morse-Alphabet gibt es zwei Grundelemente – und $\cdot$. Ein Zeichen ist aus mindestens einem und höchstens 5 Grundelementen aufgebaut. Daher gibt es $2^1 + 2^2 + 2^3 + 2^4 + 2^5 = 62$ verschiedene Zeichen.

**Satz 6.4** *Sei* $A = \{a_1, \ldots, a_n\}$ *eine Menge mit* $n$ *Elementen. Dann gibt es* $n(n-1)\cdots(n-k+1) = \dfrac{n!}{(n-k)!}$ *verschiedene geordnete* $k$*-Tupel* $(a_{i_1}, a_{i_2}, \ldots, a_{i_k})$ *von Elementen aus* $A$, *wobei jedes Element höchstens einmal im* $k$*-Tupel auftreten darf* $(k \leq n)$.

In den geordneten $k$-Tupeln von Satz 6.4 steht an erster Stelle ein beliebiges Element aus $A$, und an zweiter Stelle ein davon verschiedenes Element aus $A, \ldots,$ an $k$-ter Stelle ein von allen vorhergehenden Elementen verschiedenes Element aus $A$.

**Beispiele:**

(16) Einem Topf $T$ mit $n$ verschiedenen Kugeln entnehmen wir eine Kugel, danach, ohne die gezogene Kugel zurückzulegen, eine weitere Kugel .... Insgesamt machen wir so $k$ Entnahmen ($k \leq n$). Wir ordenen die Kugeln in der Reihenfolge ihrer Entnahme nebeneinander an. Dann gibt es $n(n-1)\cdots(n-k+1)$ verschiedene Ergebnisreihen der Länge $k$.

(17) Der Kundendienst hat 7 Aufträge vorliegen, kann an einem Tag aber nur 4 Aufträge erledigen. Bei der Entscheidung, welche 4 Kunden er in welcher Reihenfolge besucht, stehen $7 \cdot 6 \cdot 5 \cdot 4 = 840$ Möglichkeiten zur Wahl.

(18) In einer Übungsgruppe mit 30 Teilnehmern wird ein Sprecher und sein Stellvertreter gewählt. Es gibt $30 \cdot 29 = 870$ Möglichkeiten für diese Wahl.

Im Sonderfall $k = n$ ergeben sich $n!$ verschiedene geordnete $n$-Tupel der $n$ Elemente von $A$. Dies lässt sich auch interpretieren als Anzahl der verschiedenen Anordnungen von $n$ Elementen. Jede solche Anordnung nennt man eine **Permutation** der $n$ Elemente.

**Satz 6.5** *Die Anzahl der Permutationen von $n$ Elementen beträgt $n!$*

**Beispiele:**

(19) Ein Inspekteur fährt 6 Filialen an. Es gibt $6! = 720$ mögliche Reihenfolgen, die Filialen anzufahren.

(20) Die 30 Teilnehmer einer Übungsgruppe in Mathematik tragen sich in eine Liste ein. Die Anzahl der möglichen verschiedenen Listen beträgt $30! \approx 2.65 \cdot 10^{32}$.

Bisher haben wir geordnete $k$-Tupel von Elementen aus $A$ betrachtet. Achtet man hingegen nicht auf die Anordnung der (entnommenen) Elemente, sondern interessiert sich nur dafür, welche $k$ (verschiedene) Elemente von $A$ entnommen werden, so bildet die entnommene Probe eine Teilmenge von $A$ (ungeordnete Probe).

**Satz 6.6** *Sei $A = \{a_1, a_2, \ldots, a_n\}$ eine Menge mit $n$ Elementen. Dann gibt es $\binom{n}{k}$ verschiedene Teilmengen von $A$ mit $k$ Elementen, $k \leq n$.*

**Beispiele:**

(21) Wir entnehmen einem Topf $T$ mit $n$ verschiedenen Kugeln nacheinander $k$ Kugeln, ohne jeweils die vorher gezogene Kugel zurückzulegen. Bei den entnommenen Kugeln achten wir nicht auf die Reihenfolge ihrer Entnahme, achten also nur darauf, welche $k$ Kugeln der $n$ Kugeln entnommen wurden. Dann gibt es $\binom{n}{k}$ verschiedene solche ungeordnete Proben.

(22) Der Kundendienst hat 7 Aufträge vorliegen, kann an einem Tag aber nur 4 Aufträge erledigen. Bei der Entscheidung, welche der 4 Kunden er besucht (ohne Berücksichtigung der Reihenfolge der Besuche), stehen $\binom{7}{4} = 35$ Möglichkeiten zur Wahl.

(23) In einer Übungsgruppe mit 30 Teilnehmern werden zwei gleichberechtigte Sprecher gewählt. Es gibt $\binom{30}{2} = 435$ Möglichkeiten für diese Wahl.

(24) Beim Lotto 6 aus 49 kann man auf $\binom{49}{6} = 13983816$ Arten ein Feld des Lottoscheins ausfüllen.

(25) Von $n$ verschiedenen Kugeln werden $k$ Kugeln $(0 \leq k \leq n)$ in einen Topf $T_1$ und die restlichen $n-k$ Kugeln in einen Topf $T_2$ gelegt. Dann gibt es $\binom{n}{k}$ Möglichkeiten die Verteilung vorzunehmen, wenn man nicht auf die Reihenfolge der Kugeln in $T_1$ bzw. $T_2$ achtet.

**Bemerkungen und Ergänzungen:**

(26) In Verallgemeinerung der letzten Problemstellung werden von $n$ verschiedenen Kugeln $n_1$ in einen Topf $T_1$ gelegt, $n_2$ in einen Topf $T_2, \ldots, n_r$ in einen Topf $T_r$ mit $0 \leq n_i \leq n$ für $i = 1, 2, \ldots, r$ und $n_1 + n_2 + \ldots + n_r = n$. Dann gibt es

$$\frac{n!}{n_1! n_2! \ldots n_r!}$$

Möglichkeiten der Verteilung, wenn man nicht auf die Reihenfolge der Kugeln in den Töpfen achtet.

(27) Es heißt

$$\frac{n!}{n_1! n_2! \ldots n_r!}$$

mit $n_1 + n_2 + \ldots + n_r = n$ und $n \in \mathbb{N}_0$, $n_i \in \mathbb{N}_0$ für $i = 1, \ldots, r$ **Polynomialkoeffizient**. Für $a_1, \ldots, a_r \in \mathbb{C}$ gilt der **Polynomische Satz**

$$(a_1 + a_2 + \ldots + a_r)^n = \underbrace{\sum_{n_1=0}^{n} \sum_{n_2=0}^{n} \cdots \sum_{n_r=0}^{n}}_{\left\{ n_1+n_2+\ldots+n_r=n \right\}} \frac{n!}{n_1! n_2! \ldots n_r!} a_1^{n_1} a_2^{n_2} \cdots a_r^{n_r} .$$

**Beispiele:**

(28) Beim Skat erhält jeder der 3 Spieler 10 Karten, während 2 Karten im „Skat“ liegen. Daher gibt es $\dfrac{32!}{10!10!10!2!} \approx 2.75 \cdot 10^{15}$ verschiedene Möglichkeiten der Kartenverteilung.

(29)
$$\begin{aligned}
(a+b+c)^2 &= \underbrace{\sum_{i=0}^{2} \sum_{j=0}^{2} \sum_{k=0}^{2}}_{\left\{ i+j+k=2 \right\}} \frac{2!}{i!j!k!} a^i b^j c^k \\
&= \frac{2!}{0!0!2!} a^0 b^0 c^2 + \frac{2!}{0!1!1!} a^0 b^1 c^1 + \frac{2!}{0!2!0!} a^0 b^2 c^0 \\
&\quad + \frac{2!}{1!0!1!} a^1 b^0 c^1 + \frac{2!}{1!1!0!} a^1 b^1 c^0 + \frac{2!}{2!0!0!} a^2 b^0 c^0 \\
&= c^2 + 2bc + b^2 + 2ac + 2ab + a^2 .
\end{aligned}$$

Wir betrachten ein Experiment, dessen Ergebnis nicht eindeutig vorhersagbar ist, dessen Ergebnis vielmehr „vom Zufall" abhängt. Es sei $M = \{e_1, e_2, \dots, e_m\}$ für $m \in \mathbb{N}$ die Menge der möglichen Ergebnisse, so dass bei einer Durchführung des (Zufalls-)Experiments genau eines der $m$ Ergebnisse $e_i$, $i = 1, \dots, m$, auftritt. Eine Teilmenge $A$ von $M$ nennen wir ein Ereignis. Wir sagen „das Ereignis $A$ tritt ein", falls bei Durchführung des Experimentes ein Ergebnis auftritt, das Element von $A$ ist. Sei $k$ die Anzahl der Elemente von $A$. Weiter seien zwei grundlegende Voraussetzungen erfüllt:

(1) Die Zahl der Elemente von $M$ sei endlich,

(2) jedes Element von $M$ habe die „gleiche Chance" in einem Experiment aufzutreten (Symmetrieannahme).

**Definition 6.2** *Unter den Voraussetzungen* (1), (2) *heißt*

$$P(A) = \frac{\textit{Anzahl } k \textit{ der Elemente von } A}{\textit{Anzahl } m \textit{ der Elemente von } M}$$

**Wahrscheinlichkeit** *des Ereignisses* $A$.

Die Forderungen (1) der Endlichkeit der Anzahl der Elemente von $M$ und (2) der „Gleichwahrscheinschlickeit" ist vielfach bei Glücksspielen erfüllt. Eine allgemeinere Definition der Wahrscheinlichkeit geben wir in Band 2. Zur Bestimmung von Wahrscheinlichkeiten ist die Kombinatorik oft hilfreich.

Es gilt $0 \leq P(A) \leq 1$. Die Wahrscheinlichkeit, dass $A$ nicht auftritt, ist $1 - P(A)$. Sind $A$ und $B$ Ereignisse, die nicht gleichzeitig eintreten können, so ist die Wahrscheinlichkeit, dass entweder das Ereignis $A$ **oder** das Ereignis $B$ eintritt $P(A) + P(B)$.

**Beispiele:**

(30) Beim Wurf mit einem (symmetrischen) Würfel werde die geworfene Augenzahl beobachtet. Es sei $A$ das Ereignis, dass eine Zahl kleiner 3 auftritt. Dann ist $M = \{1, 2, \dots, 6\}$ und $A = \{1, 2\}$. Demnach ist $P(A) = \frac{2}{6} = \frac{1}{3}$.

(31) Beim Lotto 6 aus 49 ist die Wahrscheinlichkeit, im ersten Rang zu sein („6 Richtige" )

$$P(A) = \frac{1}{\binom{49}{6}} = \frac{1}{13\,983\,816}.$$

(32) Beim Skat beträgt die Wahrscheinlichkeit, dass Kreuz-Bube und Pik-Bube im Skat liegen $\dfrac{1}{\binom{32}{2}}$.

(33) Es werde 3-mal eine symmetrische Münze geworfen. Sei $A$ das Ereignis, in diesen 3 Würfen mindestens einmal Wappen zu erhalten. Die Wahrscheinlichkeit, dass $A$ nicht auftritt, also in 3 Würfen kein Wappen erscheint, beträgt $\frac{1}{2^3}$. Demnach ist $P(A) = 1 - \frac{1}{2^3} = \frac{7}{8}$.

(34) In einem Zufallsexperiment trete das Ereignis $A$ mit der Wahrscheinlichkeit $p$ auf. Dieses Zufallsexperiment werde $n$-mal wiederholt, dabei trete bei den einzelnen Durchführungen der Experimente keine gegenseitige Beeinflussung auf (unabhängige Experimente). Die Wahrscheinlichkeit, dass bei diesen $n$ Experimenten insgesamt $k$-mal das Ereignis $A$ auftritt, beträgt

$$\binom{n}{k} p^k (1-p)^{n-k} \quad \text{für } k = 0, 1, \ldots, n\,.$$

(35) Es werde 5-mal eine symmetrische Münze geworfen. Mit der Wahrscheinlichkeit $p = \frac{1}{2}$ tritt „Wappen" bei einem Wurf auf. Daher beträgt die Wahrscheinlichkeit, bei 5 Würfen insgesamt 3-mal Wappen zu erhalten

$$\binom{5}{3}\left(\frac{1}{2}\right)^3\left(\frac{1}{2}\right)^2 = \frac{5}{16} = 0.3125\,.$$

Die Wahrscheinlichkeit höchstens 3-mal Wappen zu erhalten, beträgt

$$\binom{5}{0}\left(\frac{1}{2}\right)^0\left(\frac{1}{2}\right)^5 + \binom{5}{1}\left(\frac{1}{2}\right)^1\left(\frac{1}{2}\right)^4 + \binom{5}{2}\left(\frac{1}{2}\right)^2\left(\frac{1}{2}\right)^3$$
$$+ \binom{5}{3}\left(\frac{1}{2}\right)^3\left(\frac{1}{2}\right)^2 = 0,8125\,.$$

Begründung: Es kann 0-mal, 1-mal, 2-mal oder 3-mal Wappen auftreten.

**Bemerkungen und Ergänzungen:**

(36) Man bezeichnet Definition 6.2 auch als **klassische** Definition der Wahrscheinlichkeit, die eng mit dem Namen LAPLACE verbunden ist. Die moderne Definition auf mengentheoretischer Basis, die KOLMOGOROV im Jahre 1933 einführte, enthält die klassische Definition als Sonderfall.

(37) Fragen zu Chancen bei Glücksspielen waren ein wesentlicher Anstoß zur Entwicklung der Wahrscheinlichkeitsrechnung. Es sind reizvolle Aufgaben überliefert. So wandte sich der CHEVALIER DE MÉRÉ 1651 mit einigen Glücksspielaufgaben an den Mathematiker BLAISE PASCAL, u.a. mit folgendem Problem: Was ist wahrscheinlicher, bei vier Würfen mit einem Würfel mindestens einmal eine „Sechs" zu erhalten oder bei 24 Würfen mit zwei Würfeln mindestens eine „Doppelsechs" zu werfen? De Méré war der Meinung, dass beide Wahrscheinlichkeiten gleich sind, doch seine Erfahrung als Spieler sprach dagegen. Der Leser verifiziert leicht, dass die Wahrscheinlichkeiten $1-\left(\frac{5}{6}\right)^4 = 0.5177$ bzw. $1-\left(\frac{35}{36}\right)^{24} = 0.4914$ betragen. De Mérés Fragen führten zu einem Briefwechsel zwischen BLAISE PASCAL und PIERRE DE FERMAT wobei Grundlagen der Wahrscheinlichkeitsrechnung gelegt wurden.

(38) Pierre Simon Laplace (1749–1827) zählt zu den großen Mathematikern und Astronomen. Seine Hauptarbeitsgebiete waren mathematische Physik und die sich gerade entwickelnde Wahrscheinlichkeitstheorie. Von großem Einfluss war seine 1812 erschienene Monographie, in der er den damaligen Stand der Wahrscheinlichkeitstheorie zusammenfasste und eine Neuorientierung hin zu naturwissenschaftlichen Anwendungen initiierte.

(39) Andrej Nikolajewitsch Kolmogorov (1903–1987) schuf den modernen axiomatischen Aufbau der Wahrscheinlichkeitstheorie. Vielfältige Gebiete der Wahrscheinlichkeitstheorie sind mit seinem Namen verbunden. Er arbeitete auch in vielen anderen Gebieten der Mathematik, so in der Informationstheorie, der Theorie dynamischer Systeme und der Turbulenztheorie.

(40) Pierre de Fermat (1601–1665) ist ein Wegbereiter der modernen Analysis. Seine bekanntesten Leistungen liegen in der Zahlentheorie (kleiner und großer Fermatscher Satz).

## TESTS

**T6.1:** Welche Aussagen sind richtig?

( ) $\binom{5}{3} = \frac{5\cdot 4\cdot 3}{3!}$

( ) $\binom{5}{3} = \frac{5!}{3!\,2!}$

( ) $\binom{5}{3} = \binom{5}{2}$

( ) $\binom{5}{2} = \binom{4}{1} + \binom{4}{2}$.

**T6.2:** Es gilt $\binom{-5}{3} =$

( ) nicht definiert

( ) $\frac{-5\cdot(-4)\cdot(-3)}{3!}$

( ) $\frac{-5\cdot(-6)\cdot(-7)}{3!}$

( ) $-\binom{7}{3}$.

**T6.3:** Es ist $(z-i)^4 =$

( ) $z^4 - i^4$

( ) $\binom{4}{0} + \binom{4}{1}iz - \binom{4}{2}z^2 - \binom{4}{3}iz^3 + \binom{4}{4}z^4$

( ) $\binom{4}{0}z^4 - \binom{4}{1}iz^3 - \binom{4}{2}z^2 + \binom{4}{3}iz + \binom{4}{4}$.

**T6.4:** Aus den 26 Buchstaben des Alphabets werden alle möglichen Worte aus 3 Buchstaben gebildet. Die Anzahl dieser Worte beträgt

( ) $26 \cdot 25 \cdot 24$

( ) $3^{26}$

( ) $26^3$

( ) $\binom{26}{3}$.

**T6.5:** Beim Wurf mit 2 (symmetrischen) Würfeln beträgt die Wahrscheinlichkeit, die Augensumme 10 zu erhalten

( ) $\frac{1}{11}$

( ) $\frac{3}{36}$

( ) $\frac{4}{36}$.

## ÜBUNGEN

**Ü6.1:** a) Wieviele verschiedene genau siebenstellige Zahlen gibt es, die Palindrome sind. Dabei ist eine Zahl ein Palindrom, wenn sie sich nicht ändert, falls man ihre Ziffern von hinten nach vorne liest (Beispiel: 1234321).

b) An einem Pferderennen nehmen 20 Pferde teil. Bei einer Wette sollen die ersten drei Plätze richtig angegeben werden (Dreierwette). Wie viele Möglichkeiten gibt es für die Besetzung der ersten drei Plätze?

c) Es werden $r$ rote Kugeln und $s$ grüne Kugeln nebeneinander angeordnet. Auf wieviel Arten kann dies geschehen (die roten bzw. grünen Kugeln seien untereinander nicht unterscheidbar)?

d) Es werden $n$ Kugeln auf $r$ Töpfe $T_1, \ldots, T_r$ verteilt. Auf wieviele Arten kann man die Verteilung vornehmen, so dass im Topf $T_1$ genau $k$ Kugeln ($k \leq n$) sind?

**Ü6.2:** Ein Spielschein beim Glücksspiel BINGO besteht aus einem Quadrat von $5 \times 5$ Feldern. Das Feld in der Mitte bleibt frei. Die übrigen Felder sind in der ersten (zweiten, dritten, vierten, fünften) Spalte mit natürlichen Zahlen aus der Menge $\{1, \ldots, 15\}$ (bzw. $\{16, \ldots, 30\}$, $\{31, \ldots, 45\}$, $\{46, \ldots, 60\}$, $\{61, \ldots, 75\}$), besetzt. Keine Zahl tritt mehrfach auf.

a) Wieviele verschiedene Möglichkeiten gibt es, 24 natürliche Zahlen so auszuwählen, dass man mit ihnen einen BINGO-Spielschein beschriften könnte?

b) Wieviele verschiedene BINGO-Spielscheine sind möglich, wenn man die Anordnung der Zahlen auf dem Spielschein berücksichtigt?

c) Bei wievielen der Spielscheine aus Aufgabenteil b) tritt die Ziffer 1 in keiner Zahl auf?

BINGO-Spielschein

| | | | | |
|---|---|---|---|---|
| 12 | 22 | 31 | 55 | 66 |
| 4 | 29 | 40 | 48 | 75 |
| 3 | 19 | | 52 | 70 |
| 7 | 20 | 37 | 49 | 67 |
| 15 | 21 | 44 | 59 | 71 |

**Ü6.3:** Petra, Stefan und Thomas spielen Skat. Ein Skatblatt besteht aus 32 (verschiedenen) Karten, darunter 4 Buben und 4 Asse. Jeder Spieler erhält 10 Karten, 2 Karten werden verdeckt im „Skat" abgelegt.

a) Wieviele verschiedene Kartenverteilungen nach dem Austeilen gibt es?

b) Jede der Kartenverteilungen in a) sei gleichwahrscheinlich. Wie groß ist die Wahrscheinlichkeit, dass

(i) Petra sich über ein Blatt ohne Buben ärgern muss?

(ii) Stefan genau 2 Buben hat?

(iii) Thomas mindestens 3 Asse hat?

**Ü6.4:** Ein Skatspieler hat in seinen 10 Karten Pik-As, Pik-Dame, Pik-Neun und sonst keine weiteren Pik-Karten. Wie groß ist die Wahrscheinlichkeit, dass er in dem „Skat" (2 Karten)

a) keine

b) genau eine

c) genau zwei

d) höchstens eine

e) mindestens eine

Pik-Karte findet?

**Ü6.5:** In einem Raum befinden sich $n < 365$ Personen. Es werde angenommen, dass ein Jahr 365 Tage hat und dass für jede Person die Wahrscheinlichkeit gleich sei, an einem dieser 365 Tage Geburtstag zu haben. Wie groß ist dann die Wahrscheinlichkeit, dass alle $n$ Personen an verschiedenen Tagen Geburtstag haben? Bestimmen Sie zahlenmäßig die Wahrscheinlichkeit, dass mindestens 2 Personen am gleichen Tag Geburtstag haben für $n = 22$ und $n = 23$. Überrascht Sie das Ergebnis?

**Ü6.6:** Ein Produkt wird in Packungen zu 10 Stück verkauft. Für eine Packung werden der Produktion, die 10% Ausschuss enthält, 10 Produkte entnommen. Die Produktionsmenge sei so groß, dass man praktisch annehmen kann, bei der Entnahme der 10 Produkte herrsche jeweils die gleiche Ausgangssituation bzgl. des Ausschussanteils.

a) Wie groß ist die Wahrscheinlichkeit, dass eine Packung genau ein Ausschussstück enthält?

b) Beim Verkauf einer Packung erhält der Käufer eine Garantieerklärung derart, dass der Hersteller Garantie leistet, falls eine Packung mehr als ein Ausschussstück enthält. Wie groß ist die Wahrscheinlichkeit, dass eine Garantieleistung fällig wird?

# 7 Vektoren und Geraden im $\mathbb{R}^2$

Zur analytischen Behandlung von geometrischen Sachverhalten in der Ebene $\mathbb{R}^2$ benötigt man Koordinaten. Meistens bedient man sich eines rechtwinkligen Koordinatensystems; man spricht dann von **kartesischen Koordinaten** (Descartes, 1596-1650). Hier wird jedem Punkt $P \in \mathbb{R}^2$ umkehrbar eindeutig ein reelles Zahlenpaar $(x, y)$ zugeordnet. $x$ heißt **Abszisse**, $y$ heißt **Ordinate** von $P$. Der Punkt $O = O(0,0)$, d.h. der Punkt, bei dem sowohl die Ordinate als auch die Abszisse gleich null sind, heißt der **Koordinatenursprung**.

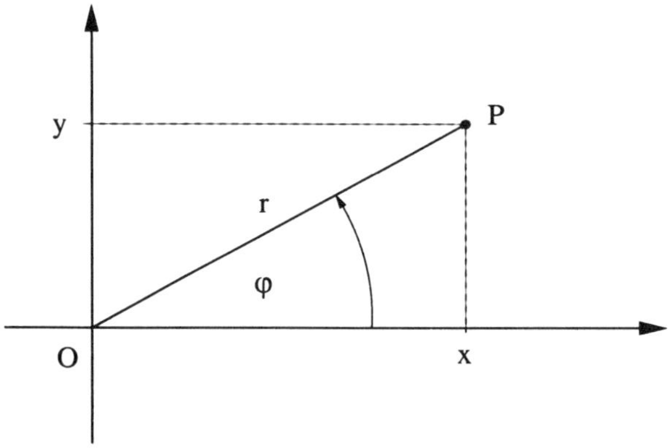


Neben den kartesischen Koordinaten kann man auch „Polarkoordinaten" benutzen. Sie sind schon im Zusammenhang mit den komplexen Zahlen mit den Benennungen **Betrag** und **Argument** in Kapitel 5 eingeführt worden. Im jetzigen Rahmen verwenden wir andere Begriffe: Jeder Punkt $P = P(x, y) \neq O$ im $\mathbb{R}^2$ wird eindeutig festgelegt durch seinen Abstand $r$ vom Koordinatenursprung $O$ und den Winkel $\varphi$, den der Strahl $\overline{OP}$ mit der positiven Richtung der $x$-Achse bildet. Wir vereinbaren, dass $\varphi$ im mathematisch positiven Drehsinn gemessen wird (andernfalls erhält $\varphi$ ein negatives Vorzeichen). Das Zahlenpaar $(r, \varphi)$ nennt man die **Polarkoordinaten** des Punktes $P$. $r$ heißt der **Radius** und $\varphi$ der **Polarwinkel** von $P$. Zwischen den kartesischen und den Polarkoordinaten bestehen folgende Beziehungen: Für einen Polarwinkel $\varphi \in \mathbb{R}$ und einen Radius $r \geq 0$ ist

$$x = r \cdot \cos\varphi \quad , \quad y = r \cdot \sin\varphi$$

und zu den kartesichen Koordinaten $(x, y)$ mit $x \neq 0$ gehören Polarkoordinaten $(r, \varphi)$ mit

$$r = \sqrt{x^2 + y^2} \quad , \quad \tan\varphi = \frac{y}{x}$$

**Bemerkungen und Ergänzungen:**

(1) Für $x = 0$ ist $\varphi = \frac{\pi}{2}$ im Falle $y > 0$ und $\varphi = \frac{3\pi}{2}$ im Falle $y < 0$.

(2) Dem Koordinatenursprung $O$ kann kein eindeutiger Polarwinkel zugeordnet werden. Er ist lediglich durch $r = 0$ definiert.

(3) Der Polarwinkel $\varphi$ ist bis auf Vielfache von $2\pi$ eindeutig bestimmt.

Als erstes geometrisches Gebilde im $\mathbb{R}^2$ interessiert die Gerade. Ihre allgemeine Darstellungsform lautet:

**Definition 7.1** *Eine* **Gerade** *ist der Ort aller Lösungen* $(x, y)$ *einer linearen Gleichung*

$$A \cdot x + B \cdot y = C \; .$$

*Dabei sind A, B und C reelle Zahlen und A und B nicht beide gleich 0 .*

Wir nennen eine solche Gleichung eine **Geradengleichung**. Zu einer Gerade gehört nicht etwa eine eindeutig bestimmte Geradengleichung, denn alle Gleichungen

$$\lambda A \cdot x + \lambda B \cdot y = \lambda C \quad \text{für} \quad \lambda \neq 0$$

besitzen die gleiche Lösungsmenge.

Eine spezielle Darstellung ist die **Hessesche Normalform** der Geradengleichung:

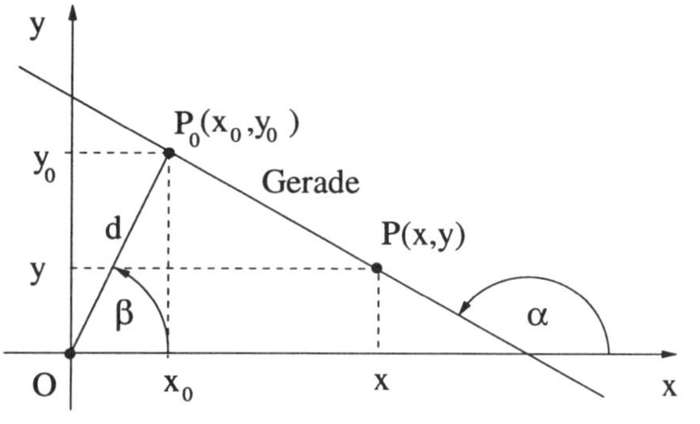


Eine Gerade ist eindeutig festgelegt durch ihren Abstand $d$ vom Koordinatenursprung $O$ und den Winkel $\beta$ $(0 \leq \beta < 2\pi)$, den das von $O$ aus auf die Gerade gefällte Lot mit der positiven $x$-Achse bildet. Dabei ist im Falle $d = 0$ der Winkel $\beta$ nur bis auf $\pi$ bestimmt.

Es sei $P_0(x_0, y_0)$ der Lotfußpunkt (vgl. Skizze) und $P(x, y) \neq P_0$ ein anderer Punkt der Geraden. Die **Steigung** der Geraden ist $\tan \alpha$, und es gilt

$$y - y_0 = \tan \alpha \cdot (x - x_0) \; .$$

Wegen $\cos\alpha = -\sin\beta,\ \sin\alpha = \cos\beta$ erhält man hieraus

$$x \cdot \cos\beta + y \cdot \sin\beta = x_0 \cdot \cos\beta + y_0 \cdot \sin\beta = d\,.$$

Will man eine allgemeine Geradengleichung auf die Hessesche Normalform bringen, dann muss dafür gesorgt werden, dass die Quadratsumme der Koeffizienten $A$ und $B$ den Wert 1 erhält (wegen $\cos^2\beta + \sin^2\beta = 1$).

Es gilt:

**Satz 7.1** *Sei $Ax + By = C$ eine Geradengleichung. Mit*

$$\lambda := \begin{cases} \dfrac{1}{+\sqrt{A^2+B^2}} & \text{für } C \geq 0 \\ \dfrac{1}{-\sqrt{A^2+B^2}} & \text{für } C < 0. \end{cases}$$

*erhält man die Hessesche Normalform durch Multiplikation der Gleichung mit $\lambda$, d.h. es gilt:*

$$\cos\beta \cdot x + \sin\beta \cdot y = d$$

*mit*

$$\cos\beta = \lambda \cdot A, \quad \sin\beta = \lambda \cdot B, \quad d = \lambda \cdot C \geq 0.$$

Die Position eines Punktes in Bezug auf eine Gerade klärt

**Satz 7.2** *Gegeben sei eine Gerade $g$, die $O$ nicht enthält, durch ihre Hessesche Normalform, und es sei $P^* = (x^*, y^*)$ ein Punkt, der nicht auf $g$ liegt. Dann gilt*

$$\cos\beta \cdot x^* + \sin\beta \cdot y^* \begin{cases} > d & \text{, wenn } P^* \text{ und } O \text{ auf verschiedenen Seiten von } g \text{ liegen,} \\ < d & \text{, wenn } P^* \text{ und } O \text{ auf der gleichen Seite von } g \text{ liegen.} \end{cases}$$

*Ferner ist die Zahl*

$$k = |\cos\beta \cdot x^* + \sin\beta \cdot y^* - d|$$

*der Abstand der Geraden $g$ von $P^*$.*

**Bemerkung:**

(4) Ist eine Gerade nach Satz 7.1 gegeben, so ist im Falle $B \neq 0$ ihre Steigung durch

$$\tan\alpha = -\operatorname{cotan}\beta = -\frac{A}{B}$$

bestimmt.

**Beispiel:**

(5) Gegeben seien die Punkte $P_0(3,8)$, $P_1(-6,-4)$ und $P^*(1,2)$.
Man bestimme

a) die Gerade $g$ durch $P_0$ und $P_1$ durch Aufstellung einer Geradengleichung der Form $Ax + By = C$,

b) die Steigung von $g$,

c) die Hessesche Normalform von $g$,

d) den Abstand zwischen $P^*$ und $g$. Ferner entscheide man, ob $P^*$ und $O$ auf der gleichen Seite von $g$ liegen oder nicht.

Man erhält Folgendes:

a) Die Koeffizienten müssen folgende Gleichungen erfüllen:

$$\left.\begin{array}{r} 3\cdot A + 8\cdot B = C \\ -6\cdot A - 4\cdot B = C \end{array}\right\} \text{ Subtraktion } \Rightarrow 9A + 12B = 0$$

Wir wählen z.B. $A = 4, B = -3$. Durch Einsetzen erfolgt hieraus $C = -12$. Also lautet die gesuchte Gleichung:

$$4x - 3y = -12.$$

b) Nach (4) ist

$$\tan\alpha = -\frac{A}{B} = \frac{4}{3}$$

die Steigung von $g$.

c) Satz 7.1 liefert: $\lambda = -\frac{1}{\sqrt{16+9}} = -\frac{1}{5}$. Also lautet die Hessesche Normalform

$$-\tfrac{4}{5}x + \tfrac{3}{5}y = \tfrac{12}{5}.$$

d) Einsetzen der Koordinaten von $P^*$ liefert

$$-\tfrac{4}{5}x^* + \tfrac{3}{5}y^* - \tfrac{12}{5} = -\tfrac{4}{5}\cdot 1 + \tfrac{3}{5}\cdot 2 - \tfrac{12}{5} = -2$$

Nach Satz 7.2 liegen also $P^*$ und $O$ auf der gleichen Seite von $g$, und der gesuchte Abstand ist $k = 2$.

Unentbehrlich für Wissenschaft und Technik ist der Begriff des **Vektors**. So werden z.B. in der Physik Geschwindigkeiten, Kräfte, elektrische Feldstärke u.s.w. durch Vektoren beschrieben. Die Vektoren sind aber auch ein wichtiges Hilfsmittel zur eleganten Beschreibung geometrischer Sachverhalte.

**Definition 7.2** *Ein* **Vektor** $\vec{v}$ *im* $\mathbb{R}^2$ *ist eine Klasse von Strecken, die in Richtung und Länge übereinstimmen. Er wird durch ein Paar reeller Zahlen*

$$\vec{v} = \begin{pmatrix} v_x \\ v_y \end{pmatrix}$$

*den* **Komponenten** $v_x$ *und* $v_y$ *dargestellt und durch Strecken mit (beliebigem)* **Anfangspunkt** $P_1(x_1, y_1)$ *und* **Endpunkt** $P_2(x_1 + v_x, y_1 + v_y)$ *repräsentiert.*

**Bemerkung:**

(6) Wir schreiben Vektoren grundsätzlich als Spalten, ordnen also die Komponenten untereinander in einer Spalte an. Häufig bevorzugen wir jedoch aus Platzgründen die Schreibweise $v = (v_x, v_y)^T$, wobei das hochgestellte T ( von „Transponieren“) aus einer Zeile eine Spalte und umgekehrt aus einer Spalte eine Zeile macht:

$$(v_x, v_y)^T = \begin{pmatrix} v_x \\ v_y \end{pmatrix} \quad \text{und} \quad \begin{pmatrix} v_x \\ v_y \end{pmatrix}^T = (v_x, v_y) .$$

## Rechenregeln für Vektoren

1. **Summe** und **Differenz** zweier Vektoren $\vec{u} = (u_x, u_y)^T$, $\vec{v} = (v_x, v_y)^T$ sind die Vektoren

$$\vec{u} + \vec{v} = (u_x + v_x, u_y + v_y)^T \quad \text{und} \quad \vec{u} - \vec{v} = (u_x - v_x, u_y - v_y)^T$$

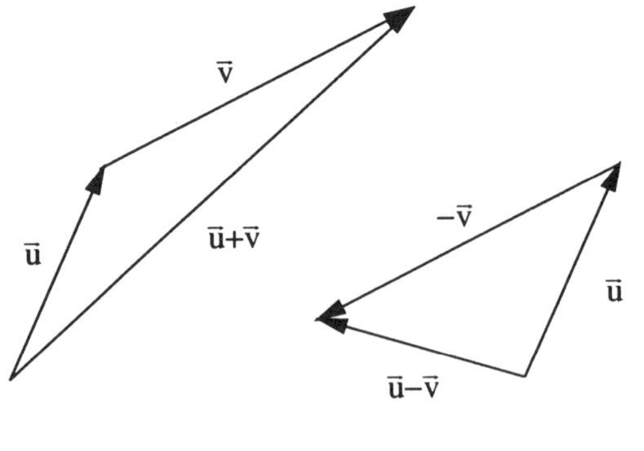


Die Addition bzw. Subtraktion vollzieht sich also komponentenweise. Die geometrische Interpretation ist obiger Skizze zu entnehmen.

2. Das **Produkt** eines Vektors $\vec{u} = (u_x, u_y)^T$ mit einer Zahl $\lambda \in \mathbb{R}$ (einem Skalar) ist wieder ein Vektor, nämlich

$$\lambda \cdot \vec{u} := (\lambda \cdot u_x, \lambda \cdot u_y)^T .$$

Auch hier wird also komponentenweise multipliziert.

Für $\lambda = 0$ ergibt sich der **Nullvektor**: $\vec{0} = \begin{pmatrix} 0 \\ 0 \end{pmatrix}$ .

Gilt $\vec{u} \neq 0$, so hat $\lambda \cdot \vec{u}$ für $\lambda > 0$ die gleiche, für $\lambda < 0$ die entgegengesetzte Richtung wie $\vec{u}$. Es gilt

$$\lambda \cdot (\vec{u} + \vec{v}) = \lambda \cdot \vec{u} + \lambda \cdot \vec{v} .$$

3. Die **Länge** (Betrag, euklidische Norm) des Vektors $\vec{u} = (u_x, u_y)^T$ ist

$$|\vec{u}| := \sqrt{u_x^2 + u_y^2} .$$

Leicht zeigt man die beiden **Dreiecksungleichungen**, die wir im Zusammenhang mit den reellen und komplexen Zahlen bereits in den Kapiteln 4 und 5 kennengelernt haben:

$$|\vec{u} + \vec{v}| \leq |\vec{u}| + |\vec{v}|, \qquad |\vec{u} - \vec{v}| \geq \Big| |\vec{u}| - |\vec{v}| \Big| . \tag{1}$$

Ein Vektor der Länge 1 heißt **Einheitsvektor**. Spezielle Einheitsvektoren sind die **Koordinateneinheitsvektoren**

$$\vec{e}_1 := \begin{pmatrix} 1 \\ 0 \end{pmatrix}, \qquad \vec{e}_2 := \begin{pmatrix} 0 \\ 1 \end{pmatrix} .$$

Jeder Vektor $\vec{u} = (u_x, u_y)^T$ läßt sich auf genau eine Weise als **Linearkombination** der Koordinateneinheitsvektoren darstellen:

$$\vec{u} = u_x \cdot \vec{e}_1 + u_y \cdot \vec{e}_2 . \tag{2}$$

4. Das **Skalarprodukt** (oder innere Produkt) zweier Vektoren $\vec{u} = (u_x, u_y)^T$ und $\vec{v} = (v_x, v_y)^T$ ist eine reelle Zahl und folgendermaßen definiert:

$$\vec{u} \cdot \vec{v} = |\vec{u}| \cdot |\vec{v}| \cdot \cos \alpha , \tag{3}$$

wobei $\alpha$ der Winkel zwischen den Richtungen von $\vec{u}$ und $\vec{v}$ ist.

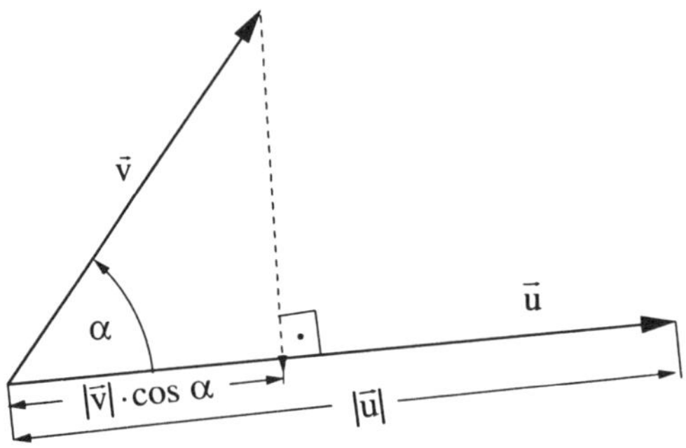


Im Zusammenhang mit dem Begriff der Arbeit können wir das Skalarprodukt physikalisch folgendermaßen interpretieren: Haben die Vektoren für Weg (Vektor $\vec{u}$) und Kraft (Vektor $\vec{v}$) nicht die gleiche Richtung, so ist die Arbeit der Kraft längs des Weges gleich dem Betrag des Weges multipliziert mit der Kraftkomponente in Wegrichtung.

Für das Skalarprodukt gelten folgende Regeln:

$$\vec{u} \cdot \vec{v} = \vec{v} \cdot \vec{u} \qquad \text{(Kommutativgesetz)} \quad (4)$$

$$\lambda \cdot (\vec{u} \cdot \vec{v}) = (\lambda \cdot \vec{u}) \cdot \vec{v} = \vec{u} \cdot (\lambda \cdot \vec{v}) \qquad \text{(Assoziativgesetz)} \quad (5)$$

$$\vec{u} \cdot (\vec{v} + \vec{w}) = \vec{u} \cdot \vec{v} + \vec{u} \cdot \vec{w} \qquad \text{(Distributivgesetz)} \quad (6)$$

Eine für die praktische Berechnung des Skalarproduktes wesentlich brauchbarere Darstellung erhält man mit Hilfe der Formeln (2) und (6) sowie der sofort einzusehenden Beziehungen

$$\vec{e}_1 \cdot \vec{e}_1 = \vec{e}_2 \cdot \vec{e}_2 = 1 , \qquad \vec{e}_1 \cdot \vec{e}_2 = \vec{e}_2 \cdot \vec{e}_1 = 0 .$$

**Satz 7.3** *Das Skalarprodukt der Vektoren $\vec{u}$ und $\vec{v}$ ist gleich der Summe der Produkte entsprechender Komponenten:*

$$\vec{u} \cdot \vec{v} = u_x \cdot v_x + u_y \cdot v_y$$

Hieraus erhält man

$$\cos\alpha = \frac{u_x \cdot v_x + u_y \cdot v_y}{\sqrt{(u_x^2 + u_y^2) \cdot (v_x^2 + v_y^2)}} .$$

Diese Formel erlaubt die Berechnung des Winkels zwischen den beiden Richtungen von $\vec{u}$ und $\vec{v}$.

Wir betrachten noch drei Sonderfälle:

a) $\vec{u} \cdot \vec{v} = 0 \quad \Leftrightarrow \quad \vec{u}$ und $\vec{v}$ sind **senkrecht** (orthogonal) ,

b) $\vec{u} \cdot \vec{v} = |\vec{u}| \cdot |\vec{v}| \quad \Leftrightarrow \quad \vec{u}$ und $\vec{v}$ haben die **gleiche Richtung**,

c) $\vec{u} \cdot \vec{v} = -|\vec{u}| \cdot |\vec{v}| \quad \Leftrightarrow \quad \vec{u}$ und $\vec{v}$ sind **entgegengesetzt gerichtet**.

**Beispiel:**

(7) Ein zu $\vec{v} = (v_x, v_y)^T$ orthogonaler Vektor ist $\vec{w} = (-v_y, v_x)^T$.

## Vektorielle Darstellungen von Geraden

Die Punkte der Ebene kann man umkehrbar eindeutig mit den Vektoren des $\mathbb{R}^2$ identifizieren:

$$\vec{r} = \begin{pmatrix} x \\ y \end{pmatrix} \quad \longleftrightarrow \quad P(x,y) \ , \qquad x, y \in \mathbb{R} \ .$$

Der Punkt $P(x,y) \in \mathbb{R}^2$ und der Vektor $\vec{r} = (x,y)^T$ sind formal verschiedene Objekte. Der Zusammenhang wird hergestellt, wenn wir uns $\vec{r}$ als die Strecke mit Anfangspunkt $O$ und Endpunkt $P$ vorstellen. Wir nennen dann $\vec{r}$ den **Ortsvektor** des Punktes $P$.

Mit dieser Verbindung zwischen Punkten und Vektoren können wir vektorielle Darstellungen einer Geraden $g$ herleiten:
Sei $\vec{r_1} = (x_1, y_1)^T$ der Ortsvektor eines beliebigen Punktes $P_1$ auf der Geraden $g$ und $\vec{t}$ ein Vektor, der die Richtung von $g$ angibt. Dann sind die Ortsvektoren aller Punkte von $g$ durch die Gleichungen

$$\vec{r} = \vec{r_1} + \lambda \cdot \vec{t} \quad , \quad \lambda \in \mathbb{R} \ . \tag{7}$$

gegeben. Man nennt dies die Parameterdarstellung der Geraden, wobei die skalare Variable $\lambda$ als Parameter bezeichnet wird.

Die vektorielle Darstellung der Geradengleichung der durch (7) beschriebenen Geraden

$$Ax + By = C$$

insbesondere die Hessesche Normalform

$$\cos\beta \cdot x + \sin\beta \cdot y = d$$

erhält man wie folgt:

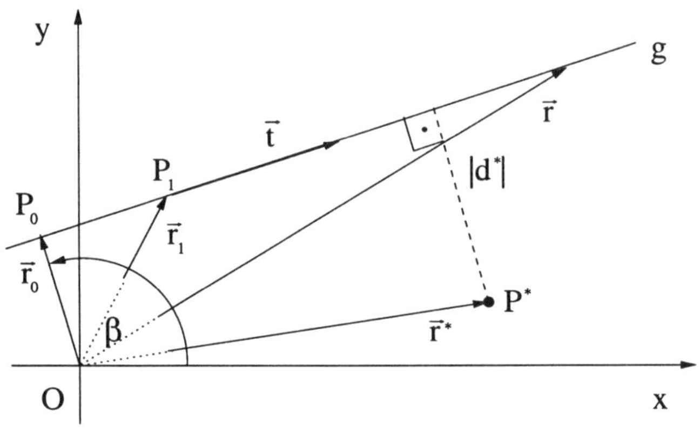


Wir nehmen zunächst an, dass die Gerade den Ursprung $O$ nicht enthält. Ist $\vec{r}_0$ der Ortsvektor des Fußpunktes $P_0$ des Lotes vom Ursprung auf $g$ und $\lambda_0$ der zu $\vec{r}_0$ gehörige Parameter, dann folgt wegen $\vec{r}_0 \cdot \vec{t} = 0$ aus (7)

$$\lambda_0 = -\frac{\vec{r}_1 \cdot \vec{t}}{|\vec{t}|^2} \quad \text{also} \quad \vec{r}_0 = \vec{r}_1 - \lambda_0 \cdot \vec{t}\,. \tag{8}$$

Wir führen nun den zu $g$ gehörigen **Normaleneinheitsvektor** $\vec{n}$ ein:

$$\vec{n} := \frac{1}{|\vec{r}_0|} \cdot \vec{r}_0\,. \tag{9}$$

Da $\vec{n} \cdot \vec{r}_0 = d$ der Abstand der Geraden $g$ von $O$ ist, folgt

**Satz 7.4** *Die Hessesche Normalform der durch (7) bzw. durch $\vec{r}_0$ beschriebenen Geraden $g$ lautet:*

$$(\vec{r} - \vec{r}_0) \cdot \vec{n} = 0\,.$$

*Dabei ist $\vec{r}_0$ durch (8) und $\vec{n}$ durch (9) bestimmt.*

**Bemerkung:**

(8) Falls $\vec{r}_0 = \vec{0}$ ist ($g$ läuft durch $O$), erhält man einen Normaleneinheitsvektor $\vec{n}$, indem man einen zu $\vec{r}_1$ oder zu $\vec{t}$ orthogonalen Vektor bestimmt ( siehe Beispiel (7) ) und diesen auf die Länge 1 normiert.

**Satz 7.5** *Der Abstand eines Punktes $P^*$ mit Ortsvektor $\vec{r}^*$ von der Geraden (7) beträgt $|d^*|$ mit*

$$d^* = (\vec{r}^* - \vec{r}_1) \cdot \vec{n} \,.$$

*Dabei ist $d^* < 0$, wenn $P^*$ und $O$ auf der gleichen Seite der Geraden $g$ liegen. Im Falle $d^* > 0$ liegen $P^*$ und $O$ auf verschiedenen Seiten von $g$.*

**Beispiel:**

(9) Gegeben sind die Vektoren $\vec{r}_1 = (0,1)^T$, $\vec{t} = (1,\sqrt{3}))^T$, $\vec{r}^* = (\sqrt{3},0))^T$. Man bestimme

a) den Winkel $\alpha$ zwischen der Geraden $g$ (vgl. (7)) und der positiven Richtung der $x$-Achse,

b) den Abstand $d$ von $g$ vom Ursprung $O$ sowie den Lotfußpunkt $\vec{r}_0$,

c) die Hessesche Normalform von $g$,

d) den Abstand des Punktes $P^*$ mit dem Ortsvektor $\vec{r}^*$ von $g$.

Es ergibt sich Folgendes:

a) $\cos\alpha = \dfrac{\vec{t}\cdot\vec{e}_1}{|\vec{t}|\cdot|\vec{e}_1|} = \dfrac{1\cdot 1+\sqrt{3}\cdot 0}{\sqrt{1+3}\cdot 1} = \frac{1}{2}$, also $\alpha = \frac{\pi}{3}$.

b) Aus (8) folgt $\lambda_0 = -\frac{\sqrt{3}}{4}$, also gilt mit (7): $\vec{r}_0 = (0,1)^T - \frac{\sqrt{3}}{4}\cdot(1,\sqrt{3})^T = (-\frac{\sqrt{3}}{4},\frac{1}{4})^T$. Weiter ist $d = |\vec{r}_0| = \sqrt{\frac{3}{16}+\frac{1}{16}} = \frac{1}{2}$.

c) (9) ergibt $\vec{n} = (\frac{1}{2})^{-1}\cdot(-\frac{\sqrt{3}}{4},\frac{1}{4})^T = (-\frac{\sqrt{3}}{2},\frac{1}{2})^T$.
Also lautet die Hessesche Normalform

$$(x+\frac{\sqrt{3}}{4}, y-\tfrac{1}{4})^T\cdot(-\frac{\sqrt{3}}{2},\tfrac{1}{2})^T = -\frac{\sqrt{3}}{2}x+\tfrac{1}{2}y-\tfrac{1}{2} = 0\,.$$

d) $d^* = \left(\binom{\sqrt{3}}{0}-\binom{0}{1}\right)\cdot\binom{-\frac{\sqrt{3}}{2}}{\frac{1}{2}} = -2$, also $|d^*| = 2$.

## TESTS

**T7.1:** Gegeben sei die Gerade $g:\ 3x-4y+2=0$ und der Punkt $P^*(1,1)$.

( ) $P^*$ liegt auf der Geraden $g$.

( ) $P^*$ und $O$ liegen auf verschiedenen Seiten von $g$.

( ) $P^*$ und $O$ liegen auf der gleichen Seite von $g$.

**T7.2:** Seien $\vec{u}, \vec{v}$ zwei Vektoren der Ebene, und sei $\alpha \in [0, 2\pi)$ der von $\vec{u}$ und $\vec{v}$ eingeschlossene (im positiven Drehsinn gemessene) Winkel. Ist $\alpha$ ein beliebiger Wert aus dem Intervall

( ) $(0, \pi)$,

( ) $(\frac{\pi}{2}, \pi)$,

( ) $(\frac{\pi}{2}, \frac{3\pi}{2})$,

( ) $(\pi, 2\pi)$,

dann folgt $\vec{u} \cdot \vec{v} < 0$.

**T7.3:** Gegeben sei eine Gerade $g$ in Parameterdarstellung

$$\vec{r} = \vec{r}_1 + \lambda \cdot \vec{t}\,, \ \lambda \in \mathbb{R}\,.$$

( ) $g$ verläuft durch den Ursprung $O$ genau dann, wenn $\vec{r}_1 = \vec{0}$ ist.

( ) $g$ verläuft durch den Ursprung $O$, falls $\vec{r}_1 = \vec{0}$ ist.

( ) Falls $g$ durch den Ursprung $O$ verläuft, dann ist $\vec{r}_1$ ein skalares Vielfaches von $\vec{t}$.

( ) Falls $\vec{r}_1$ ein skalares Vielfaches von $\vec{t}$ ist, dann läuft $g$ durch den Ursprung $O$.

## ÜBUNGEN

**Ü7.1:** Gegeben sei die Gerade $g: \ Ax + By = C$ mit $(A, B) \neq (0, 0)$. Zeigen Sie, dass der Vektor $\vec{v} := (A, B)^T$ ein Lotvektor zu $g$ ist (d.h. dass $\vec{v}$ orthogonal zu der Richtung von $g$ ist).

**Ü7.2:** Leiten Sie die zweite Dreiecksungleichung in (1) aus der ersten Dreiecksungleichung her.

**Ü7.3:**
a) Stellen Sie die durch $x + y = 1$ definierte Gerade in einer Parameterdarstellung dar.

b) Bestimmen Sie für die Gerade mit der Parameterdarstellung

$$\vec{r} = \begin{pmatrix} 1 \\ 1 \end{pmatrix} + \lambda \cdot \begin{pmatrix} 2 \\ 1 \end{pmatrix} \quad , \quad \lambda \in \mathbb{R}\,,$$

eine Geradengleichung der Form $Ax + By = C$.

**Ü7.4:** Geben Sie folgende Darstellungen der Geraden durch die Punkte $P = (-3, -7)$ und $Q = (1, 1)$ an:

a) Geradengleichung $Ax + By = C$ ,

b) Parameterdarstellung $\vec{r} = \vec{r}_1 + \lambda \cdot \vec{t}$ ,

c) Hessesche Normalform $(\vec{r} - \vec{r}_0) \cdot \vec{n} = 0$ .

**Ü7.5:** Gegeben sind die beiden Geraden

$$g_1 : \; Ax - 12y = -4 \quad \text{und} \quad g_2 : \; \vec{r} = \begin{pmatrix} 4 \\ 1 \end{pmatrix} + \lambda \cdot \begin{pmatrix} 4 \\ 3 \end{pmatrix}$$

sowie der Punkt $P(4, 1)$. Bestimmen Sie den Parameter $A \in \mathbb{R}$ jeweils so, dass

a) der Punkt $P$ auf der Geraden $g_1$ liegt,

b) die Geraden $g_1$ und $g_2$ parallel sind,

c) die Geraden $g_1$ und $g_2$ senkrecht aufeinander stehen.

# 8 Vektoren, Geraden und Ebenen im $\mathbb{R}^3$

Ausgangspunkt unserer Betrachtungen ist nun ein 3-dimensionales kartesisches Koordinatensystem mit dem Ursprung $O$ und den Koordinaten $x, y, z$. Wir betrachten Ebenen im $\mathbb{R}^3$.

**Definition 8.1** *Eine Ebene ist der Ort aller Lösungen* $(x, y, z)$ *einer der linearen Gleichung*

$$Ax + By + Cz = D \ .$$

*Dabei sind* $A$*,* $B$*,* $C$ *und* $D$ *reelle Zahlen, wovon die Zahlen* $A$*,* $B$ *und* $C$ *nicht alle gleich* 0 *sind.*

Wir nennen eine solche Gleichung eine **Ebenengleichung** . Wie bei Geraden im ebenen Fall (siehe Definition 7.1) haben alle Gleichungen

$$\lambda A \cdot x + \lambda B \cdot y + \lambda C \cdot y = \lambda D \quad \text{für} \quad \lambda \neq 0$$

die gleiche Lösungsmenge; sie beschreiben die gleiche Ebene.

Eine Gerade im $\mathbb{R}^3$ kann durch den Schnitt zweier nicht paralleler Ebenen beschrieben werden.

**Definition 8.2** *Eine Gerade ist die Gesamtheit aller Punkte* $P(x, y, z) \in \mathbb{R}^3$, *deren Koordinaten* $x, y, z$ *zwei Ebenengleichungen gleichzeitig lösen:*

$$Ax + By + Cz = D \quad \textit{und} \quad \hat{A}x + \hat{B}y + \hat{C}z = \hat{D} \ .$$

*Dabei wird gefordert, dass es kein* $\lambda$ *gibt, so dass* $(\hat{A}, \hat{B}, \hat{C}) = (\lambda A, \lambda B, \lambda C)$ *gilt.*

Da die vektoriellen Darstellungen von Ebenen und Geraden wesentlich bequemer zu handhaben sind, werden nun zunächst Vektoren im $\mathbb{R}^3$ eingeführt.

**Definition 8.3** *Ein* **Vektor** $\vec{v}$ *im* $\mathbb{R}^3$ *ist eine Klasse von Strecken, die in Richtung und Länge übereinstimmen. Er wird durch ein Tripel reeller Zahlen*

$$\vec{v} = \begin{pmatrix} v_x \\ v_y \\ v_z \end{pmatrix}$$

*den* **Komponenten** $v_x$,$v_y$ *und* $v_z$ *dargestellt und durch Strecken mit (beliebigem)* **Anfangspunkt** $P_1(x_1, y_1, z_1)$ *und* **Endpunkt** $P_2(x_1 + v_x, y_1 + v_y, z_1 + v_z)$ *repräsentiert.*

Die Rechenregeln für dreidimensionale Vektoren lassen sich wörtlich aus dem zweidimensionalen Fall übertragen. Insbesondere ist die **Länge** von $\vec{v}$ durch

$$|\vec{v}| = \sqrt{v_x^2 + v_y^2 + v_z^2} \ ,$$

gegeben. Es gelten auch hier die beiden **Dreiecksungleichungen**

$$|\vec{u} + \vec{v}| \leq |\vec{u}| + |\vec{v}| \quad , \quad |\vec{u} - \vec{v}| \geq \Big||\vec{u}| - |\vec{v}|\Big| \ .$$

Jeder Vektor $\vec{v}$ mit $|\vec{v}| = 1$ heißt **Einheitsvektor** , wobei spezielle Einheitsvektoren die **Koordinateneinheitsvektoren**:

$$\vec{e}_1 := \begin{pmatrix} 1 \\ 0 \\ 0 \end{pmatrix} \ , \quad \vec{e}_2 := \begin{pmatrix} 0 \\ 1 \\ 0 \end{pmatrix} \ , \quad \vec{e}_3 := \begin{pmatrix} 0 \\ 0 \\ 1 \end{pmatrix}$$

sind. Jeder dreidimensionale Vektor $\vec{v} = (v_x, v_y, v_z)^T$ lässt sich auf eindeutige Weise als **Linearkombination** darstellen:

$$\vec{v} = v_x \cdot \vec{e}_1 + v_y \cdot \vec{e}_2 + v_z \cdot \vec{e}_3 \ . \tag{1}$$

Für das **Skalarprodukt** im $\mathbb{R}^3$ gilt eine zum $\mathbb{R}^2$ ganz analoge Definition:

$$\vec{u} \cdot \vec{v} = |\vec{u}| \cdot |\vec{v}| \cdot \cos\alpha \quad , \tag{2}$$

wobei $\alpha$ den von den beiden Richtungen von $\vec{u}$ und $\vec{v}$ eingeschlossenen Winkel bezeichnet. Aus (2) folgt für die Koordinateneinheitsvektoren:

$$\vec{e}_i \cdot \vec{e}_k = \delta_{ik} := \begin{cases} 1 & \text{für} \quad i = k \\ 0 & \text{für} \quad i \neq k \end{cases} \quad ; \ i, k = 1, 2, 3. \tag{3}$$

Das Symbol $\delta_{ik}$ heißt **Kronecker-Symbol** (LEOPOLD KRONECKER, 1823-1891).

Mit (1) und (3) zeigt man unter Anwendung des Distributivgesetzes

**Satz 8.1** *Das Skalarprodukt (2) der Vektoren $\vec{u} = (u_x, u_y, u_z)^T$ und $\vec{v} = (v_x, v_y, v_z)^T$ ist durch*

$$\vec{u} \cdot \vec{v} = u_x \cdot v_x + u_y \cdot v_y + u_z \cdot v_z$$

*gegeben.*

Hieraus und aus (2) erhält man folgende Formel, die zur Berechnung des Winkels $\alpha$ zwischen den beiden Richtungen von $\vec{u}$ und $\vec{v}$ geeignet ist:

$$\cos\alpha = \frac{u_x \cdot v_x + u_y \cdot v_y + u_z \cdot v_z}{\sqrt{(u_x^2 + u_y^2 + u_z^2) \cdot (v_x^2 + v_y^2 + v_z^2)}} .$$

**Bemerkungen und Ergänzungen:**

(1) Ganz analog zum vorigen Kapitel führen wir den Begriff des **Ortsvektors** $\vec{r}$ im $\mathbb{R}^3$ ein.

(2) Wir nennen zwei Vektoren **parallel**, wenn der von ihnen eingeschlossene Winkel $\alpha = 0$ oder $\alpha = \pi$ ist.

Wir definieren nun für Vektoren im $\mathbb{R}^3$ ein neues Produkt, das **Vektorprodukt** (auch „äußeres Produkt" genannt). Es ist wieder ein Vektor, der wie folgt definiert ist:

Sind $\vec{v}$ und $\vec{w}$ zwei nicht parallele Vektoren, so sei $\vec{n}$ derjenige Vektor, der

1. die Länge 1 hat,
2. senkrecht auf $\vec{v}$ und $\vec{w}$ steht und
3. in diejenige Richtung weist, in der eine Rechtsschraube vorrückt, wenn man ihr die Drehung erteilt, die die Richtung von $\vec{v}$ in die Richtung von $\vec{w}$ überführt ($0 < \alpha < \pi$).

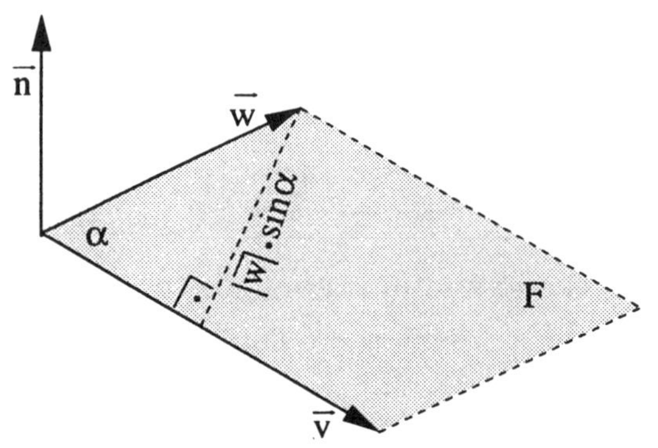


Es sei nun $F = |\vec{v}| \cdot |\vec{w}| \cdot \sin\alpha$ der Flächeninhalt des durch $\vec{v}$ und $\vec{w}$ aufgespannten Parallelogramms. Dann heißt der Vektor

$$\vec{v} \times \vec{w} := \begin{cases} \vec{0} = \begin{pmatrix} 0 \\ 0 \\ 0 \end{pmatrix} & \text{, falls } \vec{v} \text{ und } \vec{w} \text{ parallel sind,} \\ F \cdot \vec{n} & \text{sonst,} \end{cases} \tag{4}$$

das **Vektorprodukt** von $\vec{v}$ und $\vec{w}$. Kürzer kann man schreiben:

$$\vec{v} \times \vec{w} = (|\vec{v}| \cdot |\vec{w}| \cdot \sin\alpha) \cdot \vec{n}\,.$$

**Satz 8.2** *Für das Vektorprodukt gelten folgende* **Rechenregeln**:

$$\begin{aligned} \vec{v} \times \vec{w} &= -\vec{w} \times \vec{v} && \textit{(Antikommutativgesetz)} \\ \lambda \cdot (\vec{v} \times \vec{w}) &= (\lambda\vec{v}) \times \vec{w} = \vec{v} \times (\lambda\vec{w}) && \textit{(Assoziativgesetze)} \\ \vec{u} \times (\vec{v} + \vec{w}) &= \vec{u} \times \vec{v} + \vec{u} \times \vec{w} && \textit{(Distributivgesetz)} \end{aligned}$$

Speziell erhält man für die Koordinateneinheitsvektoren

$$\left.\begin{aligned} \vec{e}_1 \times \vec{e}_2 &= -\vec{e}_2 \times \vec{e}_1 = \vec{e}_3 \\ \vec{e}_2 \times \vec{e}_3 &= -\vec{e}_3 \times \vec{e}_2 = \vec{e}_1 \\ \vec{e}_3 \times \vec{e}_1 &= -\vec{e}_1 \times \vec{e}_3 = \vec{e}_2 \end{aligned}\right\} \tag{5}$$

**Bemerkung:**

(3) Man sagt, dass die Koordinateneinheitsvektoren $\vec{e}_1, \vec{e}_2, \vec{e}_3$ in dieser Reihenfolge ein **Rechts-System** bilden.

Aus der Darstellung (1), dem Distributivgesetz von Satz 8.2 sowie aus den Beziehungen (5) folgt

**Satz 8.3** *Das Vektorprodukt der Vektoren $\vec{u} = (u_x, u_y, u_z)^T$ und $\vec{v} = (v_x, v_y, v_z)^T$ ist gegeben durch*

$$\begin{pmatrix} v_x \\ v_y \\ v_z \end{pmatrix} \times \begin{pmatrix} w_x \\ w_y \\ w_z \end{pmatrix} = \begin{pmatrix} v_y w_z - v_z w_y \\ v_z w_x - v_x w_z \\ v_x w_y - v_y w_x \end{pmatrix}$$

Wir geben noch eine Formel für den Flächeninhalt $F_{\vec{v},\vec{w}}$ des von $\vec{v}$ und $\vec{w}$ aufgespannten Parallelogramms an. Wegen (4) gilt $|\vec{v} \times \vec{w}| = F_{\vec{v},\vec{w}}$, so dass nun mit Satz 8.3

$$F_{\vec{v},\vec{w}} = \sqrt{(v_y w_z - v_z w_y)^2 + (v_z w_x - v_x w_z)^2 + (v_x w_y - v_y w_x)^2}$$

folgt.

Gelegentlich tritt auch das **dreifache Vektorprodukt** auf. Sind $\vec{u}, \vec{v}, \vec{w}$ drei Vektoren und sind $\vec{v}$ und $\vec{w}$ nicht parallel, dann liegt der Vektor $\vec{u} \times (\vec{v} \times \vec{w})$ in der durch $\vec{v}$ und $\vec{w}$ bestimmten Ebene. Man rechnet aus

$$\vec{u} \times (\vec{v} \times \vec{w}) = (\vec{u} \cdot \vec{w})\vec{v} - (\vec{u} \cdot \vec{v})\vec{w},$$

wobei $\vec{u} \cdot \vec{w}$ und $\vec{u} \cdot \vec{v}$ Skalarprodukte sind.

Bevor wir zu den Anwendungen kommen und Beispiele bringen, soll noch ein letzter wichtiger Begriff, das **Spatprodukt** (oder die **Determinante**) von drei Vektoren $\vec{u} = (u_x, u_y, u_z)^T$, $\vec{v} = (v_x, v_y, v_z)^T$ und $\vec{w} = (w_x, w_y, w_z)^T$ eingeführt werden. Es ist durch

$$[\vec{u}, \vec{v}, \vec{w}] := \vec{u} \cdot (\vec{v} \times \vec{w}) \tag{6}$$

erklärt und besteht also aus dem Skalarprodukt des Vektors $\vec{u}$ mit dem Vektor $\vec{v} \times \vec{w}$. Somit ist das Spatprodukt eine Zahl und gestattet folgende geometrische Interpretation:

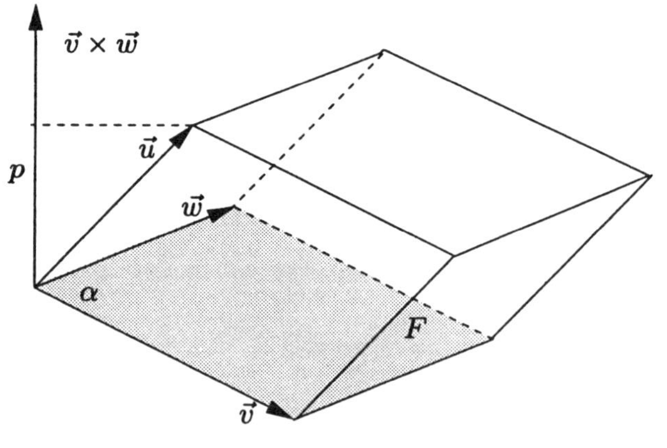


Das Volumen des von $\vec{u}, \vec{v}, \vec{w}$ bestimmten Parallelotops (oder „Spats") mit der Höhe $p$ ist

$$V = p \cdot F\ ,$$

wobei $F = |\vec{v} \times \vec{w}|$ und $p$ der Betrag der Projektion des Vektors $\vec{u}$ auf den Vektor $\vec{v} \times \vec{w}$ ist. Zusammenfassend ergibt sich nun

**Satz 8.4** *Der Betrag des Spatproduktes von $\vec{u}, \vec{v}, \vec{w}$ ist gleich dem Volumen $V$ des von diesen Vektoren erzeugten Parallelotops:*

$$\Big|[\vec{u}, \vec{v}, \vec{w}]\Big| = V\ .$$

*Es besitzt die Komponentendarstellung*

$$[\vec{u}, \vec{v}, \vec{w}] = u_x v_y w_z + u_y v_z w_x + u_z v_x w_y - u_z v_y w_x - u_y v_x w_z - u_x v_z w_y$$

Für das Spatprodukt gelten folgende Regeln

1. Das Spatprodukt multipliziert sich mit $\lambda \in \mathbb{R}$, wenn einer der Vektoren mit $\lambda$ multipliziert wird:

$$[\lambda \cdot \vec{u}, \vec{v}, \vec{w}] = [\vec{u}, \lambda \cdot \vec{v}, \vec{w}] = [\vec{u}, \vec{v}, \lambda \cdot \vec{w}] = \lambda \cdot [\vec{u}, \vec{v}, \vec{w}] .$$

2. Das Spatprodukt bleibt unverändert, wenn man zu einem der Vektoren einen der beiden anderen addiert:

$$[\vec{u} + \vec{v}, \vec{v}, \vec{w}] = [\vec{u}, \vec{v} + \vec{u}, \vec{w}] = [\vec{u}, \vec{v}, \vec{w} + \vec{u}] = \ldots = [\vec{u}, \vec{v}, \vec{w}] .$$

3. Es gilt:

$$[\vec{e}_1, \vec{e}_2, \vec{e}_3] = 1.$$

**Bemerkungen und Ergänzungen:**

(4) Es gilt $[\vec{u}, \vec{v}, \vec{w}] = 0$ genau dann, wenn die drei Vektoren $\vec{u}, \vec{v}, \vec{w}$ in einer Ebene liegen.

(5) Für alle $\lambda, \mu \in \mathbb{R}$ gilt

$$[\vec{u} + \lambda\vec{v} + \mu\vec{w}, \vec{v}, \vec{w}] = [\vec{u}, \vec{v}, \vec{w}] .$$

(6) Wie oben schon erwähnt, bezeichnet man das Spatprodukt auch als die Determinante der Vektoren $\vec{u}, \vec{v}, \vec{w}$ bzw. als **Determinante** der **Matrix**, in deren Spalten die Komponenten der Vektoren stehen; man schreibt:

$$[\vec{u}, \vec{v}, \vec{w}] = \begin{vmatrix} u_x & v_x & w_x \\ u_y & v_y & w_y \\ u_z & v_z & w_z \end{vmatrix} = \det \begin{pmatrix} u_x & v_x & w_x \\ u_y & v_y & w_y \\ u_z & v_z & w_z \end{pmatrix} . \qquad (7)$$

In Kapitel 11 werden wir ausführlich und unter einem allgemeineren Gesichtspunkt auf den Begriff der Determinante eingehen.

**Beispiel:**

(7) Gegeben seien die drei (Orts-)Vektoren

$$\vec{u} = (1,1,1)^T, \quad \vec{v} = (1,0,2)^T, \quad \vec{w} = (-1,3,1)^T.$$

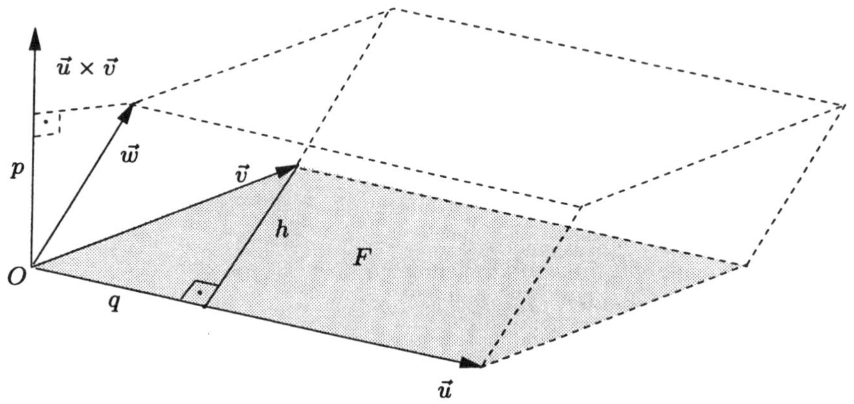


Diese Skizze dient nur zur Anschauung. Sie entspricht nicht den Zahlenwerten des Beispiels.

Gesucht sind

a) der Abstand $h$ des Punktes (1,0,2) von der durch $\vec{u}$ bestimmten Geraden durch $O$,

b) der Flächeninhalt $F$ des durch $\vec{u}, \vec{v}$ bestimmten Parallelogramms,

c) der Betrag $p$ der Projektion von $\vec{w}$ auf $\vec{u} \times \vec{v}$,

d) das Volumen $V$ des durch $\vec{u}, \vec{v}, \vec{w}$ bestimmten Parallelotopes.

Man erhält die folgenden Werte:

a) $\vec{u} \cdot \vec{v} = |\vec{u}| \cdot q$, also folgt $q = \dfrac{\vec{u} \cdot \vec{v}}{|\vec{u}|} = \sqrt{3}$.
$h = \sqrt{|\vec{v}|^2 - q^2} = \sqrt{1^2 + 2^2 - 3} = \sqrt{2}$.

b) $\vec{u} \times \vec{v} = (2, -1, -1)^T$, also $F = |\vec{u} \times \vec{v}| = \sqrt{6}$.

c) Es ist $|(\vec{u} \times \vec{v}) \cdot \vec{w}| = |\vec{u} \times \vec{v}| \cdot p$, also $p = \dfrac{|(\vec{u} \times \vec{v}) \cdot \vec{w}|}{|\vec{u} \times \vec{v}|}$.
Mit b) folgt: $(\vec{u} \times \vec{v}) \cdot \vec{w} = (2, -1, -1)^T \cdot (-1, 3, 1)^T = -6$ sowie $|\vec{u} \times \vec{v}| = \sqrt{6}$.
Also $p = \sqrt{6}$.

d) Wegen c) ist $V = |[\vec{w}, \vec{u}, \vec{v}]| = |\vec{w} \cdot (\vec{u} \times \vec{v})| = |-6| = 6$.

## Vektorielle Darstellung von Geraden und Ebenen

Wir beginnen mit der Parameterdarstellung einer Ebene:

**Satz 8.5** *Sei $\vec{r}_1$ ein fester Ortsvektor, und seien $\vec{s} \neq \vec{0}$, $\vec{t} \neq \vec{0}$ nicht parallele Vektoren. Die Gesamtheit aller Endpunkte der Ortsvektoren $\vec{r}$, gegeben durch*

$$\vec{r} = \vec{r}_1 + \lambda \cdot \vec{s} + \mu \cdot \vec{t}, \qquad \lambda, \mu \in \mathbb{R},$$

*beschreibt eine Ebene im $\mathbb{R}^3$.*

**Bemerkungen und Ergänzungen:**

(8) Will man eine Ebenengleichung $Ax + By + Cz = D$ in vektorielle Form bringen, dann wähle man drei Punkte $P_i(x_i, y_i, z_i)$, $i = 1, 2, 3$, der Ebene (also drei Lösungen obiger Gleichung) derart, dass die Vektoren $\vec{s} := (x_2 - x_1, y_2 - y_1, z_2 - z_1)^T$, $\vec{t} := (x_3 - x_1, y_3 - y_1, z_3 - z_1)^T$ nicht parallel sind. Mit $\vec{r}_1 := (x_1, y_1, z_1)^T$ liefert Satz 8.5 die Vektordarstellung der Ebene. Umgekehrt erhält man aus der Vektordarstellung die Ebenengleichung, indem man die drei Gleichungen (für jede der Komponenten eine Gleichung) durch Elimination der Parameter $\lambda, \mu$ auf eine Gleichung reduziert.

(9) Die Parameterdarstellung einer Geraden im $\mathbb{R}^3$ sieht formal so wie eine Parameterdarstellung einer Geraden im $\mathbb{R}^2$ aus; es treten lediglich drei (statt zwei) Komponenten bei den Vektoren auf. Eine Gerade im $\mathbb{R}^3$ wird also gegeben durch die Gleichung

$$\vec{r} = \vec{r}_1 + \lambda \cdot \vec{t}, \qquad \lambda \in \mathbb{R},$$

wobei $\vec{r}_1$ der Ortsvektor eines Punktes auf der Geraden und $\vec{t}$ ein Vektor in Richtung der Geraden ist.

Zur **Hesseschen Normalform** der Ebenengleichung $Ax + By + Cz = D$ gelangt man durch Einführung des Normalenvektors

$$\vec{N} := A\vec{e}_1 + B\vec{e}_2 + C\vec{e}_3,$$

der noch auf die Länge 1 zu normieren ist:

$$\vec{n} := \pm|\vec{N}|^{-1} \cdot \vec{N} = \pm\frac{1}{\sqrt{A^2 + B^2 + C^2}} \cdot \vec{N}. \tag{8}$$

Dabei werde das Vorzeichen so gewählt, dass die Zahl $d := \frac{D}{\pm|\vec{N}|} \geq 0$ ist. Es ergibt sich

**Satz 8.6** *Sei $\vec{r}_1$ ein fester Ortsvektor, dessen Endpunkt auf der Ebene liegt. $\vec{n}$ sei der durch (8) definierte Normalenvektor der Ebene der Länge 1. Dann ist die* **Hessesche Normalform** *der Ebene gegeben durch*

$$\vec{r} \cdot \vec{n} = \vec{r}_1 \cdot \vec{n}\,.$$

*Die rechte Seite $\vec{r}_1 \cdot \vec{n}$ dieser Gleichung ist der Abstand der Ebene vom Ursprung $O$.*

Mit der Hesseschen Normalform lässt sich auch wieder leicht der Abstand eines Punktes $P^*$ (Ortsvektor $\vec{r}^{\,*}$ ) von einer Ebene berechnen:

**Satz 8.7** *Der Abstand eines Punktes $P^*$ mit Ortsvektor $\vec{r}^*$ von der Ebene $(\vec{r}-\vec{r}_1)\cdot\vec{n}=0$ ist gegeben durch den Betrag $|d^*|$ der Zahl*

$$d^* = (\vec{r}^* - \vec{r}_1)\cdot\vec{n}\ .$$

*Für das Vorzeichen von $d^*$ gilt das Gleiche, was in Satz 7.5 in Bezug auf die Hesseschen Normalform einer Geraden im $\mathbb{R}^2$ gesagt wurde.*

Zuletzt gehen wir noch auf die Berechnung des **Abstandes zweier windschiefer Geraden** im $\mathbb{R}^3$ mit Hilfe der gemeinsamen Lotrichtung ein.

Die Geraden seien gegeben durch die Parameterdarstellungen:

$$g_1 : \vec{r} = \vec{r}_1 + \lambda\cdot\vec{s}\,, \qquad \lambda\in\mathbb{R}\,,$$
$$g_2 : \vec{r} = \vec{r}_2 + \mu\cdot\vec{t}\,, \qquad \mu\in\mathbb{R}\,,$$

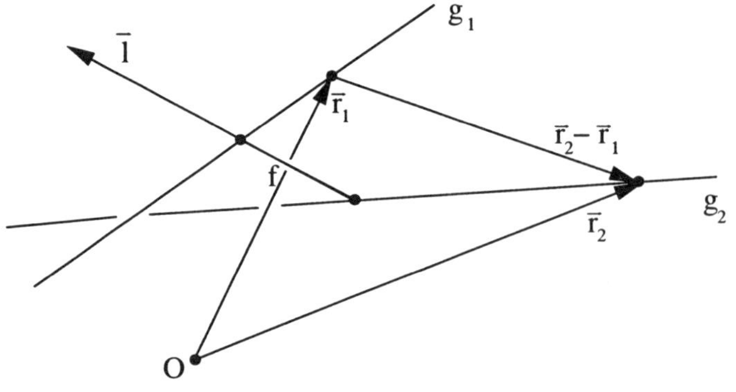


wobei $\vec{s}$ und $\vec{t}$ nicht parallel sein sollen.

Der gemeinsame auf Länge 1 normierte Lotvektor lautet

$$\vec{l} := |\vec{s}\times\vec{t}|^{-1}\cdot(\vec{s}\times\vec{t})\,,$$

sodass sich für den Abstand $f$ zwischen $g_1$ und $g_2$

$$f = |\vec{l}\cdot(\vec{r}_2-\vec{r}_1)| \qquad (9)$$

ergibt.

**Beispiele:**

(10) Gegeben ist die Ebene $E: 2x-y+2z=-5$ sowie der Punkt $P^*(1,2,3)$.

a) Gesucht sind eine Parameterdarstellung dieser Ebene und deren Umformung in die ursprüngliche (skalare) Ebenengleichung,

b) die Hessesche Normalform für $E$ sowie den Abstand $|d^*|$ zwischen $P^*$ und $E$.

Wir schlagen folgenden Lösungsweg ein:

a) Zunächst bestimmen wir drei Punkte $P_1, P_2, P_3$ von $E$, die nicht auf einer Geraden liegen; durch Einsetzen erhalten wir die Ortsvektoren:

$$\vec{r}_1 := (0,5,0)^T, \quad \vec{r}_2 := (-2,1,0)^T, \quad \vec{r}_3 := (0,1,-2)^T.$$

Wir setzen $\vec{s} := \vec{r}_2 - \vec{r}_1 = (-2,-4,0)^T$, $\vec{t} := \vec{r}_3 - \vec{r}_1 = (0,-4,-2)^T$. Damit erhält man die Vektordarstellung

$$E: \quad \vec{r} = \vec{r}_1 + \lambda \cdot \vec{s} + \mu \cdot \vec{t}, \qquad \lambda, \mu \in \mathbb{R}$$

oder ausgeschrieben mit $\vec{r} = (x,y,z)^T$

$$E: \quad \begin{pmatrix} x \\ y \\ z \end{pmatrix} = \begin{pmatrix} -2\lambda \\ 5-4\lambda-4\mu \\ -2\mu \end{pmatrix}, \qquad \lambda, \mu \in \mathbb{R}\,.$$

Umgekehrt müssen nun $\lambda$ und $\mu$ eliminiert werden. Aus der 1. und 3. Gleichung folgt:

$$\lambda = -\tfrac{1}{2}x, \qquad \mu = -\tfrac{1}{2}z.$$

Dies in die zweite Gleichung eingesetzt ergibt:

$$y = 5 - 4 \cdot (-\tfrac{1}{2}x) - 4 \cdot (-\tfrac{1}{2}z) = 5 + 2x + 2z\,.$$

Dies ist bis auf eine einfache Umformung die ursprüngliche Ebenengleichung.

b) Aus den Koeffizienten der Ebenengleichung berechnet man den Einheitsnormalenvektor

$$\vec{n} = \frac{1}{-\sqrt{2^2+(-1)^2+2^2}} \cdot (2,-1,2)^T = \left(-\tfrac{2}{3}, \tfrac{1}{3}, -\tfrac{2}{3}\right)^T,$$

sodass die Hessesche Normalform

$$\vec{r} \cdot \vec{n} = d \quad \text{oder ausgeschrieben} \quad -\tfrac{2}{3}x + \tfrac{1}{3}y - \tfrac{2}{3}z = \tfrac{5}{3}$$

lautet. Der Abstand $|d^*|$ zwischen $P^*$ und $E$ beträgt

$$|d^*| = |\vec{r}^* \cdot \vec{n} - d| = |(1,2,3)^T \cdot (-\tfrac{2}{3}, \tfrac{1}{3}, -\tfrac{2}{3})^T - \tfrac{5}{3}| = |-\tfrac{11}{3}| = \tfrac{11}{3}\,.$$

(11) Gesucht ist eine Parameterdarstellung der Geraden $g$, die durch die beiden linearen Gleichungen

$$E_1: \ 2x - y + 2z = 3\,, \qquad E_2: \ x + y + z = 0$$

bestimmt ist.

Es bietet sich folgender Lösungsweg an:

Die Gerade $g$ habe die Darstellung $g: \vec{r} = \vec{r}_1 + \lambda \cdot \vec{t},\ \lambda \in \mathbb{R}$. Für $\vec{t}$ kann man das Vektorprodukt der beiden Ebenen-Normalen $\vec{N}_1 = (2,-1,2)^T$, $\vec{N}_2 = (1,1,1)^T$ nehmen:

$$\vec{t} = \vec{N}_1 \times \vec{N}_2 = (-3,0,3)^T.$$

Für $\vec{r}_1$ wählen wir den Durchstoßpunkt von $g$ in der $x,y$-Ebene (d.h. $z_1 = 0$); es folgt

$$\left.\begin{aligned} 2x_1 - y_1 &= 3 \\ x_1 + y_1 &= 0 \end{aligned}\right\} \quad \text{also} \quad x_1 = 1,\ y_1 = -1.$$

Folglich lautet die Darstellung von $g$:

$$\begin{pmatrix} x \\ y \\ z \end{pmatrix} = \begin{pmatrix} 1-3\lambda \\ -1 \\ 3\lambda \end{pmatrix}, \qquad \lambda \in \mathbb{R}.$$

(12) Gegeben sind die beiden Geraden $\vec{r} = \vec{r}_i + \lambda \cdot \vec{t}_i,\ i = 1,2$ mit $\vec{r}_1 = (1,0,0)^T$, $\vec{r}_2 = (0,0,2)^T$, $\vec{t}_1 = (1,1,1)^T$, $\vec{t}_2 = (0,2,-1)^T$. Gesucht ist der Abstand $f$ dieser beiden windschiefen Geraden.

Es ist $\vec{r}_2 - \vec{r}_1 = (-1,0,2)^T$ und $\vec{t}_1 \times \vec{t}_2 = (-3,1,2)^T$. Daraus folgt für den normierten Lotvektor:

$$\vec{l} = |\vec{t}_1 \times \vec{t}_2|^{-1} \cdot (\vec{t}_1 \times \vec{t}_2) = \frac{1}{\sqrt{14}} \cdot (-3,1,2)^T.$$

Also ergibt sich für den Abstand

$$f = |\vec{l} \cdot (\vec{r}_2 - \vec{r}_1)| = \frac{1}{\sqrt{14}} \cdot (3+0+4) = \sqrt{\frac{7}{2}} \approx 1,87.$$

## TESTS

**T8.1:** Im $\mathbb{R}^3$ sei die Ebene $E$ durch die Gleichung

$$Ax + By + Cz = D \quad \text{mit} \quad \vec{w} := (A,B,C)^T \neq \vec{0}$$

gegeben. Dann folgt

( ) $\vec{w}$ ist Lotvektor zu $E$, falls $D = 0$ ist.

( ) $\vec{w}$ ist Lotvektor zu $E$ für alle $D \in \mathbb{R}$.

( ) $\vec{w}$ ist Lotvektor zu $E$ nur für $D = 0$.

**T8.2:** Gegeben seien die beiden Ebenen

$$E_1: x+y+z = 1, \qquad E_2: \begin{pmatrix} x \\ y \\ z \end{pmatrix} = \begin{pmatrix} 1 \\ 0 \\ 1 \end{pmatrix} + \lambda \cdot \begin{pmatrix} -1 \\ 1 \\ 0 \end{pmatrix} + \mu \cdot \begin{pmatrix} 0 \\ -1 \\ 1 \end{pmatrix} \text{ mit } \lambda, \mu \in \mathbb{R}.$$

Beurteilen Sie folgende Aussagen:

( ) $E_1$ und $E_2$ sind identisch.

( ) $E_1$ und $E_2$ sind parallel.

( ) $E_1$ und $E_2$ sind nicht parallel.

**T8.3:** Die Ungleichung $|\vec{v} \times \vec{w}| \leq |\vec{v}| \cdot |\vec{w}|$ gilt

( ) für alle $\vec{v}, \vec{w} \in \mathbb{R}^3$,

( ) nur, wenn $\vec{v}$ orthogonal zu $\vec{w}$ ist,

( ) nur, wenn $\vec{v}$ und $\vec{w}$ parallel sind,

( ) falls $\vec{v}$ orthogonal zu $\vec{w}$ ist oder falls $\vec{v}$ und $\vec{w}$ parallel sind.

**T8.4:** Das Spatprodukt von drei Vektoren $\vec{u}, \vec{v}, \vec{w} \in \mathbb{R}^3$ ist Null

( ) falls $\vec{u}$ eine Linearkombination von $\vec{v}$ und $\vec{w}$ ist, d.h. $\vec{u} = \alpha \cdot \vec{v} + \beta \cdot \vec{w}$, $\alpha, \beta \in \mathbb{R}$,

( ) genau dann, wenn $\vec{u}$ eine Linearkombination von $\vec{v}$ und $\vec{w}$ ist,

( ) genau dann, wenn einer der Vektoren $\vec{u}, \vec{v}, \vec{w}$ eine Linearkombination der beiden anderen Vektoren ist.

## ÜBUNGEN

**Ü8.1:** Zeigen Sie mit (1), (3) und dem Distributivgesetz die Gültigkeit der Darstellung des Skalarproduktes Satz 8.1.

**Ü8.2:** Zeigen Sie mit (1), (5) und dem Distributivgesetz die Gültigkeit der Darstellung des Vektorproduktes Satz 8.3.

**Ü8.3:** Zeigen Sie: Das Spatprodukt $[\vec{u}, \vec{v}, \vec{w}]$ ändert sein Vorzeichen, wenn man irgend zwei der Vektoren $\vec{u}, \vec{v}, \vec{w}$ miteinander vertauscht.

**Ü8.4:** Gegeben sind die beiden Geraden

$$g_1 : \vec{r}_1 = \begin{pmatrix} 4 \\ 0 \\ 16 \end{pmatrix} + \lambda \cdot \begin{pmatrix} 4 \\ -8 \\ 1 \end{pmatrix} \quad \text{und} \quad g_2 : \vec{r}_2 = \begin{pmatrix} 0 \\ 3 \\ 20 \end{pmatrix} + \mu \cdot \begin{pmatrix} 0 \\ -1 \\ 1 \end{pmatrix}.$$

a) Zeigen Sie, dass die Geraden sich schneiden.

b) Unter welchem Winkel schneiden sich die beiden Geraden?

c) Geben Sie die Parameterdarstellung der Geraden $g_3$ an, die senkrecht auf $g_1$ und $g_2$ steht und durch den Schnittpunkt dieser beiden Geraden verläuft.

**Ü8.5:** Die Punkte $P(2, -1, 3)$, $Q(0, 7, 1)$ und $R(3, 1, 1)$ sind die Eckpunkte eines Dreiecks im $\mathbb{R}^3$.

a) Berechnen Sie die Länge der Seite $QR$ und den Winkel am Punkt $P$.

b) Wie groß ist der Flächeninhalt des Dreiecks?

c) Wie groß ist das Volumen des Parallelotops, das von den Ortsvektoren der drei Punkte aufgespannt wird?

**Ü8.6:** Gegeben sind die Ebenen

$$E_1 : x + y - 3z = 2 \quad \text{und} \quad E_2 : 2x + y + z = 0.$$

a) Bestimmen Sie eine Parameterdarstellung der Schnittgeraden der beiden Ebenen.

b) Von welcher der beiden Ebenen ist der Punkt $P(-4, 11, 1)$ weiter entfernt?

# 9 Lineare Räume

In den beiden vorigen Kapiteln wurden Vektoren im $\mathbb{R}^2$ und im $\mathbb{R}^3$ eingeführt. Nun sollen Vektoren in größerer Allgemeinheit behandelt werden. Wir werden „Vektorräume"(oder auch „lineare Räume") definieren, indem wir nur noch die für Vektoren im $\mathbb{R}^2$ und $\mathbb{R}^3$ gültigen Rechenregeln als **Axiome** fordern.

In den folgenden Betrachtungen werden die reellen Zahlen zugrunde gelegt; man kann die Theorie aber auch ohne wesentliche Änderungen auf der Basis der komplexen Zahlen entwickeln.

**Definition 9.1** *Eine Menge $V$ heißt* **linearer Raum** *(oder* **Vektorraum***)* **über** $\mathbb{R}$, *wenn gilt:*

*I. Zwischen den Elementen von $V$ ist eine Addition „+"erklärt mit folgenden Regeln:*

*a) Mit $u, v \in V$ ist auch $u + v \in V$ .*

*b)* $u + v = v + u$ *(Kommutativgesetz)* $\Big\}$ *für alle*

*c)* $(u + v) + w = u + (v + w)$ *(Assoziativgesetz)* $\Big\}$ $u, v, w \in V$ .

*d) Es existiert genau ein „Nullelement" $0 \in V$ mit*

$$0 + u = u \quad \textit{für alle} \quad u \in V\ .$$

*e) Zu jedem $u \in V$ existiert genau ein „negatives Element" $-u \in V$ mit $u + (-u) = 0$.*

*II. Zwischen den Elementen von $V$ und den reellen Zahlen $\mathbb{R}$ ist eine Multiplikation „·" erklärt mit folgenden Regeln:*

*f) Mit $\alpha \in \mathbb{R}$, $u \in V$ ist $\alpha \cdot u \in V$.*

*g)* $\alpha \cdot (u + v) = \alpha \cdot u + \alpha \cdot v$ *(1.Distributivgesetz)* *für alle*

*h)* $(\alpha + \beta) \cdot u = \alpha \cdot u + \beta \cdot u$ *(2. Distributivgesetz)* $\Big\}$ $\alpha, \beta \in \mathbb{R}$ *und*

*i)* $(\alpha\beta) \cdot u = \alpha \cdot (\beta \cdot u)$ *(Assoziativgesetz)* $u, v \in V$ .

*k)* $1 \cdot u = u$ *für alle* $u \in V$.

*Die Elemente von $V$ heißen* **Vektoren**. *Die reellen Zahlen werden* **Skalare** *genannt.*

**Bemerkungen und Ergänzungen:**

(1) Die Vektoren des zweidimensionalen Raumes $\mathbb{R}^2$ und des dreidimensionalen Raumes $\mathbb{R}^3$, die in den vorhergehenden Kapiteln eingeführt wurden, bilden Vektorräume.

(2) Auch für $n \geq 3$ definieren wir den **n-dimensionalen Vektorraum** $\mathbb{R}^n$ als die Menge der n-Tupel

$$v = \begin{pmatrix} v_1 \\ v_2 \\ \vdots \\ v_n \end{pmatrix} = (v_1, v_2, \ldots, v_n)^T \quad \text{mit} \quad v_1, v_2, \ldots, v_n \in \mathbb{R} \,,$$

wobei die Addition und die Multiplikation mit Skalaren komponentenweise erklärt sind.

(3) In der Bezeichnungsweise von Vektoren werden wir ab jetzt auf den Pfeil über Buchstaben verzichten, also $v$ anstelle von $\vec{v}$ schreiben.

(4) Wir unterscheiden in der Schreibweise nicht mehr den Vektor $0 \in V$ und die reelle Zahl 0. Die Bedeutung wird sich eindeutig aus dem Zusammenhang ergeben.

In diesen und den folgenden Kapiteln werden wir fast ausschließlich die n-dimensionalen Vektorräume behandeln. Im zweiten Band spielen auch Vektorräume vom Typ der folgenden Beispiele eine Rolle, bei denen die Bezeichnung „Vektor“für die Elemente auf den ersten Blick überraschend erscheinen mag.

**Beispiele:**

(5) Sei $V$ die Menge aller Polynome $p(x) = a_0 + a_1\,x + a_2\,x^2 + \ldots a_r\,x^r$ mit reellen Koeffizienten $a_i$, $i = 1, \ldots, r$, $r \in \mathbb{N}$. Mit der üblichen Addition von Polynomen und der üblichen Multiplikation von Polynomen mit reellen Zahlen ist $V$ ein Vektorraum.

(6) Auch die Menge $V$ der auf $[0,1]$ definierten reellwertigen stetigen Funktionen mit der üblichen Addition von Funktionen und der üblichen Multiplikation von Funktionen mit reellen Zahlen ist ein Vektorraum.

**Definition 9.2** *Seien $u_1, \ldots, u_k$ Vektoren des Vektorraumes $V$ über $\mathbb{R}$. Dann heißt jeder Vektor der Form*

$$v = \alpha_1\,u_1 + \ldots + \alpha_k\,u_k \quad \textit{mit} \quad \alpha_1, \ldots, \alpha_k \in \mathbb{R}$$

*eine* **Linearkombination** *von $u_1, \ldots, u_k$.*
*Die Vektoren $u_1, \ldots, u_k$ heißen* **linear unabhängig**, *wenn keiner dieser Vektoren eine Linearkombination der übrigen ist. Andernfalls heißen die Vektoren* **linear abhängig**.

**Bemerkung:**

(7) Eine zur Definition der Unabhängigkeit äquivalente Aussage ist: Die Vektoren $u_1, \ldots, u_k$ sind linear unabhängig, wenn aus $\alpha_1\,u_1 + \ldots + \alpha_k\,u_k = 0$ folgt, dass $\alpha_1 = \ldots = \alpha_k = 0$ gelten muss.

**Beispiele:**

(8) Die Vektoren $e_1 = (1,0,0)^T$, $e_2 = (0,1,0)^T$, $e_3 = (0,0,1)^T$ des $\mathbb{R}^3$ sind nach (7) linear unabhängig, denn es gilt

$$\alpha_1 \cdot e_1 + \alpha_2 \cdot e_2 + \alpha_3 \cdot e_3 = \begin{pmatrix} \alpha_1 \\ \alpha_2 \\ \alpha_3 \end{pmatrix} .$$

Soll die rechte Seite der Nullvektor $0 \in \mathbb{R}^3$ sein, dann folgt $\alpha_1 = \alpha_2 = \alpha_3 = 0$.

(9) Die drei Vektoren des $\mathbb{R}^3$:

$$u_1 = (1,2,3)^T \ , \quad u_2 = (0,1,-1)^T \quad \text{und} \quad u_3 = (1,4,1)^T$$

sind linear abhängig, denn es gilt

$$u_1 = -2u_2 + u_3 \ .$$

**Definition 9.3** *Ein System* $\{u_1, \ldots, u_k\} \subset V$ *von Vektoren heißt ein* **Erzeugendensystem von** $V$, *wenn sich jeder Vektor* $v \in V$ *als* **Linearkombination** *der* $u_1, \ldots, u_k$ *darstellen lässt, d.h. wenn es Skalare* $\alpha_1, \ldots \alpha_k$ *gibt mit*

$$v = \sum_{\nu=1}^{k} \alpha_\nu \cdot u_\nu \ .$$

*Ein Erzeugendensystem aus linear unabhängigen Vektoren heißt eine* **Basis** *von* $V$. *Gibt es eine Basis aus endlich vielen Vektoren, so heißt deren Anzahl die* **Dimension von** $V$ *mit der Bezeichnung* $\dim V$. *Gibt es in* $V$ *keine endliche Basis, dann heißt* $V$ **unendlich-dimensional**, $\dim V = \infty$.

**Bemerkungen und Ergänzungen:**

(10) Im Falle $\dim V < \infty$ ist $\dim V$ eine eindeutig bestimmte nicht negative ganze Zahl. Es ist die Maximalzahl linear unabhängiger Vektoren in $V$. Jede Basis von $V$ hat gleichviele Vektoren, nämlich $\dim V$. Jedes Erzeugendensystem von $V$ enthält auch eine Basis von $V$.

(11) Ist $\{u_1, \ldots, u_k\}$ eine Basis von $V$, dann lässt sich jeder Vektor $v \in V$ **auf genau eine Weise** als Linearkombination der Basisvektoren darstellen.

**Beispiele:**

(12) Die Vektoren $u_1 = (1,2)^T$, $u_2 = (0,7)^T$, $u_3 = (-2,0)^T$ bilden ein Erzeugendensystem von $V = \mathbb{R}^2$ aber keine Basis. Dagegen bilden $\{u_1, u_2\}$, $\{u_1, u_3\}$, $\{u_2, u_3\}$ jeweils eine Basis. Es ist $\dim \mathbb{R}^2 = 2$.

(13) Die Vektoren $e_\nu := (0,\ldots,0,1,0,\ldots,0)^T \in \mathbb{R}^n$ , wobei nur die Komponente Nr. $\nu$ den Wert 1 hat ($\nu = 1,\ldots,n$), bilden eine Basis des $\mathbb{R}^n$, die **Einheitsbasis**. Für

$$v = (\alpha_1,\ldots,\alpha_n)^T \text{ gilt } v = \sum_{\nu=1}^{n} \alpha_\nu \cdot e_\nu$$

Die Zahlen $\alpha_\nu$ sind die Komponenten von $v$. Es ist $\dim \mathbb{R}^n = n$.

(14) Die Polynome $1, x, x^2, x^3, \ldots$ bilden eine Basis des Vektorraumes $V$ von Beispiel (5). Dieser Vektorraum, ebenso wie der von Beispiel (6), ist unendlich-dimensional.

**Definition 9.4** *Eine nichtleere Teilmenge $U \subset V$ eines linearen Raumes $V$ heißt (linearer) Unterraum oder (linearer) Teilraum von $V$, wenn gilt:*

$$\textit{Mit } a,b \in U \textit{ ist auch } \alpha\cdot a+\beta\cdot b \in U \textit{ für alle } \alpha,\beta \in \mathbb{R}\,.$$

**Bemerkungen und Ergänzungen:**

(15) Teilräume eines Vektorraumes sind selbst wieder Vektorräume.

(16) Sind $u_1,\ldots,u_k$ Vektoren in $V$, so bildet die Menge aller Linearkombinationen dieser Vektoren einen Teilraum $U$. Wir bezeichnen ihn mit

$$U = < u_1,\ldots,u_k > .$$

Man sagt, dass $U$ von $u_1,\ldots,u_k$ **aufgespannt** wird. Natürlich bilden $u_1,\ldots,u_k$ ein Erzeugendensystem von $U$. Sind sie linear unabhängig, so bilden sie sogar eine Basis, und es gilt $\dim U = k$.

**Beispiele:**

(17) Mit den Vektoren $u_1 = (1,2,3)^T$ und $u_2 = (0,1,-1)^T$ des $\mathbb{R}^3$ sei $U = < u_1, u_2 >$.

Die Vektoren $v$ von $U$ haben die Komponentendarstellung

$$v = (\alpha_1, 2\alpha_1+\alpha_2, 3\alpha_1-\alpha_2)^T, \quad \alpha_1,\alpha_2 \in \mathbb{R}.$$

$\{u_1,u_2\}$ bildet eine Basis für $U$. Geometrisch bilden die Endpunkte aller Ortsvektoren von $U$ eine Ebene durch $O$ im $\mathbb{R}^3$.

(18) Sei $U = < e_1,\ldots,e_{n-1} > \subset \mathbb{R}^n$. Die Komponentendarstellung der Vektoren aus $U$ ist

$$v = (\alpha_1,\ldots,\alpha_{n-1},0)^T\,, \quad \alpha_\nu \in \mathbb{R}\,,\ \nu = 1,\ldots,n-1.$$

Es ist $\dim U = n-1$.

**Bemerkungen und Ergänzungen:**

(19) Wie im $\mathbb{R}^2$ und im $\mathbb{R}^3$ kann man auch im $n$-dimensionalen Vektorraum $\mathbb{R}^n$ ein **Skalarprodukt** einführen: Für zwei Vektoren

$$v = (v_1,v_2,\ldots,v_n)^T \quad \text{und} \quad w = (w_1,w_2\ldots,w_n)^T$$

wird das Skalarprodukt $v \cdot w$ durch

$$v \cdot w = v_1\, w_1 + v_2\, w_2 + \ldots + v_n\, w_n$$

definiert.

(20) Die Vektoren $v$ und $w$ heißen **orthogonal**, wenn ihr Skalarprodukt null ist.

(21) Die Zahl

$$|v| = (v \cdot v)^{1/2} = \sqrt{v_1^2 + v_2^2 + \ldots + v_n^2}$$

heißt der **euklidischer Betrag** (oder die **euklidische Norm**) des Vektors $v$.

**Beispiele:**

(22) Für die Vektoren $v = (1,2,3)^T$ und $w = (0,1,-1)^T$ ist

$$v \cdot w = -1, \quad |v| = \sqrt{14}, \quad |w| = \sqrt{2}\,.$$

$v$ und $w$ sind nicht orthogonal.

(23) Die Koordinateneinheitsvektoren $e_1, \ldots, e_n \in \mathbb{R}^n$ aus Beispiel (13) bilden eine **orthonormierte Basis** des $\mathbb{R}^n$:

$$e_i \cdot e_j = \delta_{ij} = \begin{cases} 1 & \text{für } i = j \\ 0 & \text{für } i \neq j \end{cases}, \quad i,j = 1, \ldots, n\,.$$

Als Nächstes wollen wir uns mit **linearen Abbildungen** eines Vektorraumes $V$ in einen Vektorraum $W$ beschäftigen. Dabei erinnern wir an die Grundbegriffe über Abbildungen zwischen Mengen, wie sie in Kapitel 3 behandelt worden sind.

**Definition 9.5** *Es seien $V, W$ lineare Räume. Eine Abbildung $\varphi$ von $V$ in $W$ ($\varphi : V \to W$) heißt* **linear**, *wenn für alle $v, w \in V$ und alle $\alpha, \beta \in \mathbb{R}$*

$$\varphi(\alpha \cdot v + \beta \cdot w) = \alpha \cdot \varphi(v) + \beta \cdot \varphi(w)$$

*gilt.*
*Die Bildmenge $\{\varphi(v) \ : \ v \in V\}$ von $\varphi$ bezeichnen wir mit* **Bild** $\varphi$ . *Sie ist eine Teilmenge des Vektorraums $W$.*
*Die Menge der Vektoren $v \in V$ mit $\varphi(v) = 0 \in W$ heißt der* **Kern** *der Abbildung $\varphi$ und wird mit Kern $\varphi$ bezeichnet.*

**Bemerkungen und Ergänzungen:**

(24) Eine lineare Abbildung $\varphi : V \to W$ bildet den Nullvektor von $V$ auf den Nullvektor von $W$ ab.

(25) Ist $\varphi : V \to W$ linear, dann sind Kern $\varphi$ bzw. Bild $\varphi$ nicht nur Teilmengen sondern sogar lineare Unterräume von $V$ bzw. von $W$.

(26) Die lineare Abbildung $\varphi : V \to W$ ist genau dann injektiv, wenn der Kern nur aus dem Nullvektor besteht. Sie ist genau dann surjektiv, wenn Bild $\varphi = W$ gilt. Ist $\varphi$ bijektiv (d.h. also injektiv **und** surjektiv), dann existiert die **Umkehrabbildung** $\varphi^{-1} \ : \ W \to V$, und diese ist wieder linear.

**Beispiele:**

(27) Sei $V = W = \mathbb{R}^2$ und sei $\varphi(v) := -v$ für alle $v \in \mathbb{R}^2$. $\varphi$ ist eine Drehung der Ebene um $O$ um den Winkel 180°.

(28) Sei $V = W = \mathbb{R}^2$, und sei $\varphi(v) = 2v$ für alle $v \in \mathbb{R}^2$. Diese lineare Abbildung ist eine „Streckung" der Ebene um den Faktor 2.

(29) Sei $V = W = \mathbb{R}^2$. Für jedes $v = (v_1, v_2)^T \in V$ sei $\varphi(v) := (v_1, 0)^T \in W$. $\varphi$ ist die Orthogonalprojektion der Ebene auf die $x$-Achse.

Von nun an setzen wir stets $V = \mathbb{R}^n$, $W = \mathbb{R}^m$ voraus, wobei $n, m$ positive ganze Zahlen sind. Es folgen zwei wichtige Sätze über lineare Abbildungen

**Satz 9.1** *Eine lineare Abbildung $\varphi : \mathbb{R}^n \to \mathbb{R}^m$ ist bereits dann eindeutig definiert, wenn die Bilder der Basisvektoren $e_1, \ldots, e_n \in \mathbb{R}^n$ festgelegt sind, also durch Angabe der Vektoren*

$$a_\nu := \varphi(e_\nu) \in \mathbb{R}^m, \quad \nu = 1, \ldots, n .$$

*Für $v = (v_1, \ldots, v_n)^T$ ist*

$$\varphi(v) = v_1 \; a_1 + \ldots v_n \; a_n .$$

**Satz 9.2** *(***Dimensionssatz***)*
*Sei $\varphi : \mathbb{R}^n \to \mathbb{R}^m$ die lineare Abbildung, wie sie in Satz 9.1 definiert ist. Ist $r$ die Maximalzahl linear unabhängiger Vektoren unter den Vektoren $a_1, \ldots, a_n$, dann gilt:*

$$\dim(\text{Bild } \varphi) = r \quad \textit{und} \quad \dim(\text{Kern } \varphi) = n - r ,$$

*also*

$$\dim(\text{Kern } \varphi) + \dim(\text{Bild } \varphi) = n .$$

**Beispiele:**

(30) Seien $m = n = 2$ und $\varphi : \mathbb{R}^2 \to \mathbb{R}^2$ definiert durch folgende Vorgaben:

$$\varphi(e_1) = (3/4, \sqrt{3}/4)^T, \quad \varphi(e_2) = (\sqrt{3}/4, 1/4)^T .$$

Dann ist für $v = (v_1, v_2)^T$ der Bildvektor $\varphi(v) = v_1 \cdot \varphi(e_1) + v_2 \cdot \varphi(e_2)$ also

$$\begin{aligned} \varphi(v) &= (\tfrac{3}{4}v_1 + \tfrac{\sqrt{3}}{4}v_2, \tfrac{\sqrt{3}}{4}v_1 + \tfrac{1}{4}v_2)^T \\ &= \tfrac{1}{4} \cdot (\sqrt{3} \cdot v_1 + v_2) \cdot (\sqrt{3}, 1)^T \end{aligned}$$

Daraus folgt, dass das Bild von $\varphi$ der eindimensionale Teilraum bestehend aus den Vielfachen des Vektors $(\sqrt{3}, 1)^T$ ist. Also ist nach Satz 9.2 auch der Kern von $\varphi$ ein eindimensionaler Teilraum.

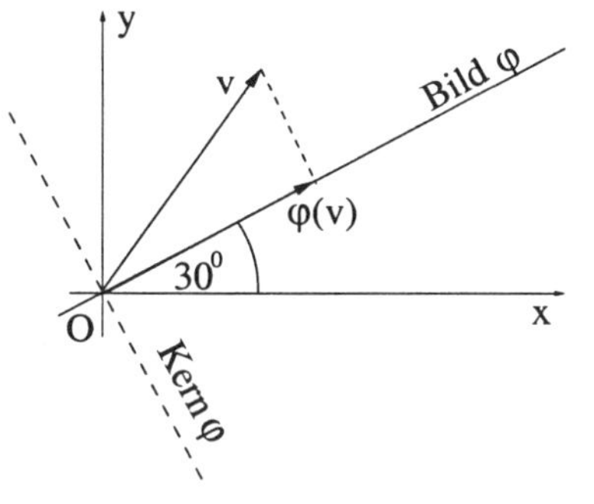


Geometrisch ist Bild $\varphi$ die Gerade durch $O$ mit der Steigung $\frac{1}{\sqrt{3}} = \tan 30°$. $\varphi$ ist die Orthogonalprojektion der Ebene auf diese Gerade.

Zur Bestimmung von Kern $\varphi$ beachten wir, dass ein Vektor $w = (w_1, w_2)^T$ genau dann im Kern von $\varphi$ liegt, wenn

$$w_1 \cdot \varphi(e_1) + w_2 \cdot \varphi(e_2) = 0 \; .$$

gilt. Dies führt auf die beiden Gleichungen

$$\tfrac{3}{4} w_1 + \tfrac{\sqrt{3}}{4} w_2 = 0 \quad \text{und} \quad \tfrac{\sqrt{3}}{4} w_1 + \tfrac{1}{4} w_2 = 0 \; .$$

Daraus folgt $w_2 = -\sqrt{3} \cdot w_1$, also $w = w_1(1, -\sqrt{3})^T$. Der Kern $\varphi$ ist also die zu Bild $\varphi$ orthogonale Gerade durch $O$.

(31) Die lineare Abbildung $\varphi : \mathbb{R}^3 \to \mathbb{R}^3$ sei definiert durch:

$$\varphi(e_1) = e_1, \quad \varphi(e_2) = \varphi(e_3) = 0.$$

Für $v = (v_1, v_2, v_3)^T$ gilt $\varphi(v) = (v_1, 0, 0)^T$.

Also ist

$$\begin{aligned} \text{Bild } \varphi &= \{(v_1, 0, 0)^T, \quad v_1 \in \mathbb{R}\} \text{ und } \dim (\text{Bild } \varphi) = 1, \\ \text{Kern } \varphi &= \{(0, v_2, v_3)^T, \; v_2, v_3 \in \mathbb{R}\} \text{ und } \dim (\text{Kern } \varphi) = 2. \end{aligned}$$

Geometrisch wird Bild $\varphi$ durch die $x$-Achse und Kern $\varphi$ durch die $y, z$-Ebene des $\mathbb{R}^3$ dargestellt.

Abschließend erläutern wir noch zwei Möglichkeiten, aus gegebenen linearen Abbildungen weitere zu konstruieren:

Sind $\varphi : \mathbb{R}^n \to \mathbb{R}^m$, $\psi : \mathbb{R}^n \to \mathbb{R}^m$ zwei lineare Abbildungen und $\alpha$ und $\beta$ zwei reelle Zahlen, dann ist die Abbildung definiert durch

$$\chi(v) = \alpha \cdot \varphi(v) + \beta \cdot \psi(v) \in \mathbb{R}^m \quad \text{für } v \in \mathbb{R}^n \tag{1}$$

wieder eine lineare Abbildung, eine **„Linearkombination"** der Abbildungen $\varphi$ und $\psi$.

Sind $\varphi: \mathbb{R}^n \to \mathbb{R}^m$, $\psi: \mathbb{R}^m \to \mathbb{R}^l$ zwei lineare Abbildungen, dann ist die Hintereinanderschaltung

$$\chi := \psi \circ \varphi : \mathbb{R}^n \to \mathbb{R}^l$$

definiert durch

$$\chi(v) := \psi(\varphi(v)) \in \mathbb{R}^l \quad \text{für } v \in \mathbb{R}^n \tag{2}$$

wieder eine lineare Abbildung, die **Hintereinanderschaltung** oder **Verkettung** der Abbildungen $\varphi$ und $\psi$.

Beispiele für lineare Abbildungen insbesondere für solche der Art (1) und (2) werden wir im nächsten Kapitel kennenlernen.

## TESTS

**T9.1:** Sei $C_1(\mathbb{R})$ die Menge aller auf $\mathbb{R}$ definierten reellen und dort differenzierbaren Funktionen.

Prüfen Sie die Richtigkeit der folgenden drei Aussagen:

( ) $C_1(\mathbb{R})$ ist ein linearer Raum über $\mathbb{R}$.

( ) $C_1(\mathbb{R})$ ist kein linearer Raum über $\mathbb{R}$.

( ) $C_1(\mathbb{R})$ ist ein linearer Unterraum der auf $\mathbb{R}$ definierten reellen und dort stetigen Funktionen.

**T9.2:** Gegeben sei das Vektorsystem $S := \{u_1, u_2, u_3, u_4\}$ mit

$$u_1 = \begin{pmatrix} 1 \\ 0 \\ 0 \end{pmatrix}, \quad u_2 = \begin{pmatrix} 1 \\ 1 \\ 0 \end{pmatrix}, \quad u_3 = \begin{pmatrix} 0 \\ 1 \\ 0 \end{pmatrix}, \quad u_4 = \begin{pmatrix} 1 \\ 0 \\ 4 \end{pmatrix}.$$

( ) $S$ bildet eine Basis des $\mathbb{R}^3$.

( ) $S$ bildet ein Erzeugendensystem des $\mathbb{R}^3$.

( ) $S$ bildet weder eine Basis noch ein Erzeugendensystem des $\mathbb{R}^3$.

( ) Die Vektoren $u_1, u_2, u_3$ sind linear unabhängig.

( ) Die Vektoren $u_2, u_3, u_4$ sind linear unabhängig.

**T9.3:** Die lineare Abbildung $\varphi : \mathbb{R}^4 \to \mathbb{R}^4$ sei definiert durch

$$\varphi(e_1) = \begin{pmatrix} 0 \\ 0 \\ 0 \\ 0 \end{pmatrix}, \quad \varphi(e_2) = \begin{pmatrix} 0 \\ 1 \\ 0 \\ 0 \end{pmatrix}, \quad \varphi(e_3) = \begin{pmatrix} 1 \\ 1 \\ 1 \\ 1 \end{pmatrix}, \quad \varphi(e_4) = \begin{pmatrix} 1 \\ 2 \\ 1 \\ 1 \end{pmatrix}.$$

Prüfen Sie folgende Aussagen:

( ) dim (Bild $\varphi$)=1 und dim (Kern $\varphi$)=2,

( ) dim (Bild $\varphi$)=3 und dim (Kern $\varphi$)=1,

( ) dim (Bild $\varphi$)=2 und dim (Kern $\varphi$)=2,

( ) dim (Bild $\varphi$)=1 und dim (Kern $\varphi$)=3.

## ÜBUNGEN

**Ü9.1:** Überprüfen Sie jeweils, ob die Vektoren linear unabhängig sind.

a) $u_1 = \begin{pmatrix} 2 \\ 5 \end{pmatrix}, \quad u_2 = \begin{pmatrix} 4 \\ -10 \end{pmatrix}.$

b) $u_1 = \begin{pmatrix} 2 \\ 0 \\ 7 \end{pmatrix}, \quad u_2 = \begin{pmatrix} 1 \\ 4 \\ -2 \end{pmatrix}, \quad u_3 = \begin{pmatrix} 5 \\ 12 \\ 1 \end{pmatrix},$

c) $w_1 = \begin{pmatrix} 1 \\ 2 \\ 3 \end{pmatrix}, \quad w_2 = \begin{pmatrix} 4 \\ 0 \\ -2 \end{pmatrix}, \quad w_3 = \begin{pmatrix} 6 \\ 4 \\ 2 \end{pmatrix}.$

**Ü9.2:** Gegeben sind die Vektoren

$$u_1 = \begin{pmatrix} 0 \\ 0 \\ 0 \\ 1 \end{pmatrix}, \quad u_2 = \begin{pmatrix} 14 \\ -5 \\ 2 \\ 0 \end{pmatrix}, \quad u_3 = \begin{pmatrix} 1 \\ 2 \\ \alpha \\ 0 \end{pmatrix}.$$

a) Bestimmen Sie den Parameter $\alpha \in \mathbb{R}$ so, dass die drei Vektoren $u_1, u_2, u_3$ senkrecht aufeinander stehen. Mit diesem so bestimmten $\alpha$ rechnen Sie im Folgenden weiter:

b) Geben Sie einen Vektor $u_4$ an, so dass $\{u_1, u_2, u_3, u_4\}$ eine Basis des $\mathbb{R}^4$ bilden und $u_4$ senkrecht auf $u_1, u_2$ und $u_3$ steht.

c) Berechnen Sie die euklidischen Normen von $u_1, u_2, u_3$ und $u_4$.

**Ü9.3:**

a) Zeigen Sie, dass die Abbildung $\varphi :\ \mathbb{R}^2 \to \mathbb{R}^3$ mit

$$\varphi(\begin{pmatrix} v_1 \\ v_2 \end{pmatrix}) := \begin{pmatrix} 0 \\ v_1 - v_2 \\ 2\ v_2 \end{pmatrix}, \quad \begin{pmatrix} v_1 \\ v_2 \end{pmatrix} \in \mathbb{R}^2$$

linear ist.

b) Bestimmen Sie Kern $\varphi$ und Bild $\varphi$.

**Ü9.4:** Gegeben sind die Vektoren

$$u_1 = \begin{pmatrix} 1 \\ 2 \\ 0 \end{pmatrix}, \quad u_2 = \begin{pmatrix} 1 \\ -1 \\ 0 \end{pmatrix}, \quad u_3 = \begin{pmatrix} 0 \\ 0 \\ 1 \end{pmatrix}, \quad u_4 = \begin{pmatrix} 4 \\ 2 \\ 2 \end{pmatrix} \quad \text{und} \quad w = \begin{pmatrix} 2 \\ 3 \\ 5 \end{pmatrix}$$

sowie die lineare Abbildung $\varphi :\ \mathbb{R}^3 \to \mathbb{R}^3$ mit

$$\varphi(u_1) = \begin{pmatrix} 0 \\ 1 \\ 0 \end{pmatrix}, \quad \varphi(u_2) = \begin{pmatrix} 1 \\ 2 \\ 3 \end{pmatrix}, \quad \varphi(u_3) = \begin{pmatrix} 2 \\ -1 \\ 7 \end{pmatrix}.$$

a) Zeigen Sie, dass die Vektoren $\{u_1, u_2, u_3\}$ eine Basis des $\mathbb{R}^3$ bilden.

b) Berechnen Sie $\varphi(u_4)$.

c) Geben Sie einen Vektor $u_5$ mit $\varphi(u_5) = w$ an.

# 10 Matrizen

Die Matrizenrechnung hat viele wichtige Anwendungen in den Natur-, Ingenieur- und Wirtschaftswissenschaften, und daher hat sie sich zu einer umfangreichen mathematischen Theorie entwickelt.

**Definition 10.1** *Seien $m$ und $n$ natürliche Zahlen. Unter einer* $m \times n$-**Matrix** *versteht man ein rechteckiges Zahlenschema*

$$A = \begin{pmatrix} a_{11} & a_{12} & \cdots & a_{1n} \\ a_{21} & a_{22} & \cdots & a_{2n} \\ \vdots & & & \vdots \\ a_{m1} & a_{m2} & \cdots & a_{mn} \end{pmatrix} = (a_{ik})_{m,n}$$

*mit Matrix-Elementen $a_{ik} \in \mathbb{R}$ (oder $\mathbb{C}$). Man spricht dann von reellen (oder komplexen) Matrizen. Die Matrix $A$ hat $n$ Spalten und $m$ Zeilen. Sie setzt sich also aus $n$* **Spaltenvektoren** *und aus $m$* **Zeilenvektoren** *zusammen. Die Elemente $a_{ik}$ der Matrix sind mit zwei Indices $i$ und $k$ versehen. Der erste Index $i$ heißt* **Zeilenindex** *und gibt die Nummer der Zeile an, in der sich $a_{ik}$ befindet, der zweiten Index $k$, der* **Spaltenindex**, *die Nummer der Spalte.*
*Die Menge der reellen (bzw. komplexen) $m \times n$-Matrizen bezeichnet man mit $\mathbb{R}^{m,n}$ (bzw. $\mathbb{C}^{m,n}$).*
*Die Matrix $A$ heißt* **quadratisch**, *wenn $m = n$ ist. Bei quadratischen Matrizen nennt man das $n$-Tupel $(a_{11}, \ldots, a_{nn})$ die* **Diagonale** *(auch Hauptdiagonale) der Matrix $A$.*

**Bemerkungen und Ergänzungen:**

(1) Wir beschränken uns vorerst auf reelle Matrizen, weisen aber darauf hin, dass die Begriffe und Ergebnisse dieses Kapitels mühelos auf den Fall komplexer Matrizen übertragen werden können.

(2) Wir wollen einige spezielle Matrizen betrachten:
Matrizen mit einer Spalte und $m > 1$ Zeilen sind **Vektoren** (genauer **Spaltenvektoren**). Matrizen mit einer Zeile und $n > 1$ Spalten sind ebenfalls **Vektoren** (genauer **Zeilenvektoren**). Für die Menge der Vektoren $\mathbb{R}^{m,1}$ bzw. $\mathbb{R}^{1,n}$ schreibt man der Einfachheit halber oft nur $\mathbb{R}^m$ bzw. $\mathbb{R}^n$.

(3) Die Matrix, die nur Nullen als Elemente enthält, heißt **Nullmatrix** $0 = (0)_{m,n} \in \mathbb{R}^{m,n}$. Die $m \times m$-Matrix

$$I = \begin{pmatrix} 1\,0\,0 \ldots 0 \\ 0\,1\,0 \ldots 0 \\ \vdots\,\vdots\,\vdots \ldots \vdots \\ 0\,0\,0 \ldots 1 \end{pmatrix}$$

heißt die **Einheitsmatrix**.

Es werden nun die **Matrix-Operationen** definiert:

a) **Die Multiplikation einer Matrix $A$ mit einem Skalar $\alpha$**

Ist $\alpha \in \mathbb{R}$ und $A = (a_{ik}) \in \mathbb{R}^{m,n}$, dann ist $\alpha \cdot A$ die $m \times n$-Matrix

$$\alpha \cdot A := (\alpha \cdot a_{ik})_{m,n} .$$

Die Multiplikation geschieht also elementweise.

b) **Die Summe zweier Matrizen $A$ und $B$**

Die Summe zweier $m \times n$-Matrizen $A = (a_{ik})$, $B = (b_{ik})$ definieren wir als die $m \times n$-Matrix

$$A + B := (a_{ik} + b_{ik})_{m,n} .$$

Die Addition zweier Matrizen mit gleicher Zeilen- und Spaltenzahl erfolgt elementweise.

c) **Transponieren**

Vertauscht man Zeilen und Spalten einer $m \times n$-Matrix $A = (a_{ik})_{m,n}$, dann entsteht die zu $A$ **transponierte Matrix**

$$A^T := (b_{ki})_{n,m} \text{ mit } b_{ki} = a_{ik} \text{ für } k = 1, \ldots n \ , \ i = 1, \ldots, m .$$

$A^T$ ist eine $n \times m$-Matrix.

d) **Das Produkt zweier Matrizen**

Das Produkt zweier Matrizen $A$ und $B$ kann nur gebildet werden, wenn die Anzahl der Spalten von $A$ mit der Anzahl der Zeilen von $B$ übereinstimmt. Sei also $A = (a_{ik})_{m,n}$ eine $m \times n$- und $B = (b_{ik})_{n,r}$ eine $n \times r$-Matrix. Dann definieren wir das Produkt $A \cdot B$ als die $m \times r$-Matrix

$$A \cdot B := (c_{ik})_{m,r} \quad \text{mit} \quad c_{ik} = \sum_{\nu=1}^{n} a_{i\nu} \cdot b_{\nu k} \text{ für } i = 1, \ldots, m \ , \ k = 1, \ldots, r .$$

In der Produktmatrix $A \cdot B$ ist das Element $c_{ik}$ in der Zeile $i$ und der Spalte $k$ gerade das Skalarprodukt der $i$-ten Zeile von $A$ mit der $k$-ten Spalte von $B$.

**Bemerkungen und Ergänzungen:**

(4) Für $m = r$ kann man auch $B \cdot A$ bilden, aber man beachte:

**Im Allgemeinen ist $A \cdot B \neq B \cdot A$.**

(5) Sind $v = (v_1, \ldots, v_m)^T$ und $w = (w_1, \ldots, w_m)^T$ Vektoren, so sind sie auch $m \times 1$-Matrizen. Dann ist das Produkt von $v^T$ mit $w$ definiert, und es gilt

$$v^T \cdot w = v_1 \cdot w_1 + \ldots v_m \cdot w_m .$$

Dies ist gerade das Skalarprodukt von $v$ und $w$, das wir seither mit $v \cdot w$ bezeichnet haben und das wir von nun an als Matrix-Produkt auffassen und mit $v^T \cdot w$ bezeichnen wollen.

(6) Für das Rechnen mit Matrizen merken wir noch die folgenden Formeln an, in denen vorausgesetzt wird, dass die Zeilen- und Spaltenanzahlen der Matrizen $A, B, C$ so beschaffen sind, dass die folgenden Operationen definiert sind:

| | |
|---|---|
| $(A \cdot B) \cdot C = A \cdot (B \cdot C)$ | (Assoziativgesetz) |
| $A \cdot (B + C) = A \cdot B + A \cdot C$<br>$(A + B) \cdot C = A \cdot C + B \cdot C$ | (Distributivgesetze) |
| $(A \cdot B)^T = B^T \cdot A^T$ | (Transponieren eines Matrixproduktes) |

Wir kommen nun zu der geometrischen Deutung von Matrizen. Mit der Matrix $A = (a_{ik})_{m,n}$ und dem Vektor $x = (x_1, \ldots, x_n)^T \in \mathbb{R}^n$ bilden wir das Produkt

$$A \cdot x = \begin{pmatrix} a_{11} & \cdots & a_{1n} \\ \vdots & & \vdots \\ \vdots & & \vdots \\ a_{m1} & \cdots & a_{mn} \end{pmatrix} \cdot \begin{pmatrix} x_1 \\ \vdots \\ x_n \end{pmatrix} = \begin{pmatrix} \sum\limits_{\nu=1}^{n} a_{1\nu} \cdot x_\nu \\ \vdots \\ \sum\limits_{\nu=1}^{n} a_{m\nu} \cdot x_\nu \end{pmatrix}$$

Das Ergebnis der Multiplikation ist also ein Vektor des $\mathbb{R}^m$. Daraus folgt, dass die Matrix $A$ eine Abbildung $\varphi : \mathbb{R}^n \to \mathbb{R}^m$ mit $\varphi(x) = A \cdot x$ definiert, von der sich zeigen lässt, dass es eine lineare Abbildung ist.

Darüber hinaus überzeugt man sich von der folgenden Aussage:

> Die Spaltenvektoren $a_1, \ldots, a_n \in \mathbb{R}^m$ der Matrix $A$ sind die Bildvektoren $\varphi(e_1), \ldots, \varphi(e_n)$ der Koordinateneinheitsvektoren.

Damit folgt der grundlegende

> **Satz 10.1** *Die Matrizen $A \in \mathbb{R}^{m,n}$ entsprechen in umkehrbar eindeutiger Weise den linearen Abbildungen $\varphi : \mathbb{R}^n \to \mathbb{R}^m$.*

**Bemerkungen und Ergänzungen:**

(7) Aufgrund von Satz 10.1 gehört zu jeder Matrix $A \in \mathbb{R}^{m,n}$ eine lineare Abbildung $\varphi: \mathbb{R}^n \to \mathbb{R}^m$ und umgekehrt.

(8) Sind $A, B \in \mathbb{R}^{m,n}$ zwei Matrizen und $\varphi, \psi: \mathbb{R}^n \to \mathbb{R}^m$ die zugehörigen linearen Abbildungen, dann entspricht der Matrix $C := \alpha \cdot A + \beta \cdot B \in \mathbb{R}^{m,n}$ die Linearkombination $\chi := \alpha \cdot \varphi + \beta \cdot \psi: \mathbb{R}^n \to \mathbb{R}^m$ im Sinne von Kapitel 9, Gleichung (1).

(9) Sind $A \in \mathbb{R}^{m,n}$, $B \in \mathbb{R}^{l,m}$ zwei Matrizen und $\varphi: \mathbb{R}^n \to \mathbb{R}^m$, $\psi: \mathbb{R}^m \to \mathbb{R}^l$ die entsprechenden linearen Abbildungen, dann entspricht der Matrix $C := B \cdot A \in \mathbb{R}^{l,n}$ die Hintereinanderschaltung $\chi := \psi \circ \varphi: \mathbb{R}^n \to \mathbb{R}^l$ im Sinne von Kapitel 9, Gleichung (2).

**Beispiele:**

(10) Der Nullmatrix: $O \in \mathbb{R}^{n,n}$ entspricht die Nullabbildung $\varphi(x) = 0$ für alle $x \in \mathbb{R}^n$.

(11) Zur $n \times n$-Einheitsmatrix $I$ gehört die identische Abbildung $\varphi(x) = x$ für alle $x \in \mathbb{R}^n$.

(12) Die Diagonalmatrix

$$A = \begin{pmatrix} \lambda_1 & & 0 \\ & \ddots & \\ 0 & & \lambda_n \end{pmatrix}.$$

hat außerhalb der Diagonalen nur Nullen stehen. Die zugehörige Abbildung lässt die Hauptachsen fest und "streckt„ die Einheitsvektoren um die Faktoren $\lambda_\nu$ : $\varphi(e_\nu) = \lambda_\nu \cdot e_\nu$, $\nu = 1, \ldots, n$.

(13) Sei $A = \begin{pmatrix} 1 & 1 \\ 1 & 1 \end{pmatrix} \in \mathbb{R}^{2,2}$. Für $x = (x_1, x_2)^T$ gilt:

$$A \cdot x = (x_1 + x_2, x_1 + x_2)^T.$$

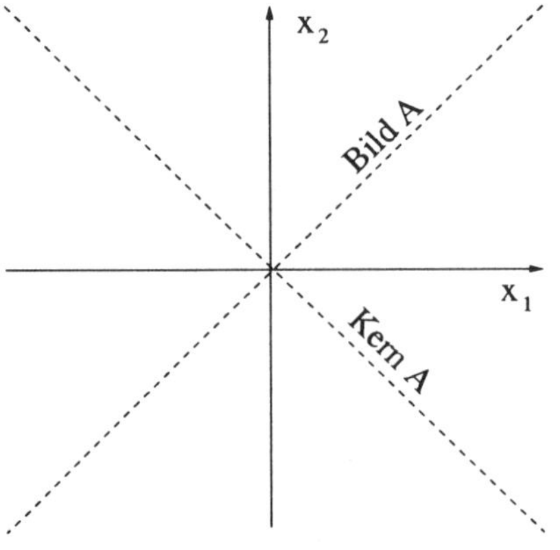


$A$ bildet die Vektoren der Ebene auf die Winkelhalbierende $x_2 = x_1$ ab, da die Bildvektoren gleiche Komponenten haben. Es ist

$$\text{Bild } A = \{x = (a, a)^T \, : \, a \in \mathbb{R}\}, \quad \text{Kern } A = \{x = (a, -a)^T \, : \, a \in \mathbb{R}\}.$$

(14) Sei $A = \begin{pmatrix} 1 & 1 \\ 0 & 1 \end{pmatrix} \in \mathbb{R}^{2,2}$. Mit $x = (x_1, x_2)^T$ folgt:

$$A \cdot x = (x_1 + x_2, x_2)^T.$$

$A$ bildet die Koordinateneinheitsvektoren $e_1, e_2$ auf die Vektoren $e_1, e_1 + e_2$ ab. Diese Abbildung nennt man **Scherung**. Es ist

$$\text{Bild } A = \mathbb{R}^2, \quad \text{Kern } A = 0.$$

(15) Sei $0 \leq \gamma < 2\pi$ ein fester Winkel und

$$A = \begin{pmatrix} \cos\gamma & -\sin\gamma \\ \sin\gamma & \cos\gamma \end{pmatrix}$$

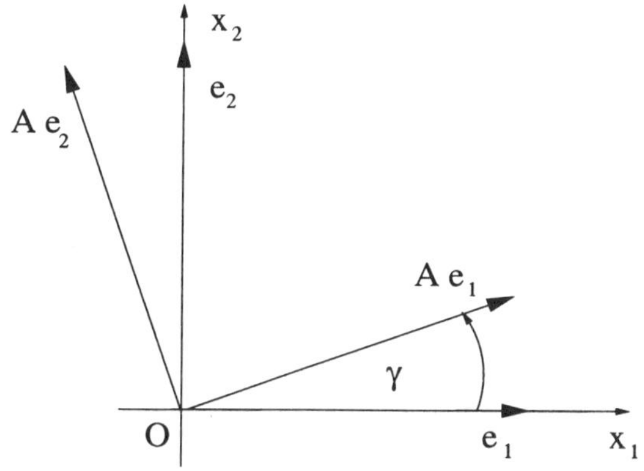


Diese Abbildung stellt eine **Drehung** der Ebene um den Winkel $\gamma$ mit dem Ursprung als Drehzentrum dar. Die Bilder der Einheitsvektoren $e_1, e_2$ sind die Spalten von $A$. Mit $x = (x_1, x_2)^T$ gilt:

$$A \cdot x = \begin{pmatrix} x_1 \cdot \cos\gamma - x_2 \cdot \sin\gamma \\ x_1 \cdot \sin\gamma + x_2 \cdot \cos\gamma \end{pmatrix}.$$

Man rechnet leicht nach, dass die Abbildung $A$ die euklidische Länge eines jeden Vektors und auch das Skalarprodukt von je zwei Vektoren unverändert lässt. Lineare Abbildungen dieser Art sind stets Drehungen oder Spiegelungen.

Wir wollen zwei solche Drehungen hintereinander ausführen. Seien für $i = 1, 2$

$$A_i = \begin{pmatrix} \cos\gamma_i & -\sin\gamma_i \\ \sin\gamma_i & \cos\gamma_i \end{pmatrix}$$

zwei Drehungen. Es folgt nach den Regeln der Matrizenmultiplikation und mit den Additionstheoremen für trigonometrische Funktionen

$$\begin{aligned} A_1 \cdot A_2 &= \begin{pmatrix} \cos\gamma_1 \cdot \cos\gamma_2 - \sin\gamma_1 \cdot \sin\gamma_2 & -\cos\gamma_1 \cdot \sin\gamma_2 - \sin\gamma_1 \cdot \cos\gamma_2 \\ \sin\gamma_1 \cdot \cos\gamma_2 + \cos\gamma_1 \cdot \sin\gamma_2 & -\sin\gamma_1 \cdot \sin\gamma_2 + \cos\gamma_1 \cdot \cos\gamma_2 \end{pmatrix} \\ &= \begin{pmatrix} \cos(\gamma_1 + \gamma_2) & -\sin(\gamma_1 + \gamma_2) \\ \sin(\gamma_1 + \gamma_2) & \cos(\gamma_1 + \gamma_2) \end{pmatrix}, \end{aligned}$$

d.h. $A_1 \cdot A_2$ entspricht einer Drehung um den Winkel $\gamma_1 + \gamma_2$.

(16) Sei $B = \begin{pmatrix} 1 & 0 \\ 0 & -1 \end{pmatrix}$. Wegen $B \cdot e_1 = e_1$, $B \cdot e_2 = -e_2$ handelt es sich hier um eine **Spiegelung** an der $x_1$-Achse: $(x_1, x_2)^T \to (x_1, -x_2)^T$.

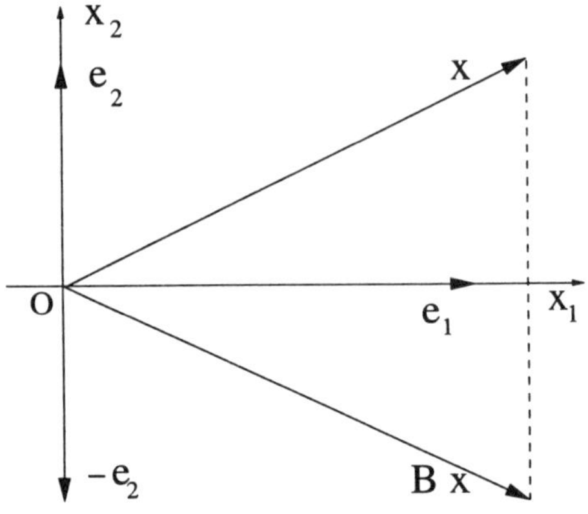


**Definition 10.2** *Sei $A = (a_{ik})_{m,n}$ eine Matrix. Die Maximalzahl linear unabhängiger Spaltenvektoren (Zeilenvektoren) von $A$ heißt der* **Spaltenrang (Zeilenrang)** *von $A$.*

**Bemerkung:**

(17) Es gibt einen einfachen Zusammenhang zwischen den beiden Rängen einer Matrix und den Dimensionen von Bild und Kern der zugehörigen linearen Abbildung:

$$\text{Spaltenrang von } A = \dim\,(\text{Bild } A) = n - \dim\,(\text{Kern } A)$$

**Definition 10.3** *Unter einer* **elementaren Zeilenumformung (Spaltenumformung)** *einer Matrix $A \in \mathbb{R}^{m,n}$ versteht man folgende Operation:*

*Zu einer Zeile (Spalte) Nr. $i$ wird die mit einer Zahl $\lambda \in \mathbb{R}$ multiplizierte Zeile (Spalte) Nr. $j$ addiert.*
*Im Falle $i = j$ muss $\lambda \neq -1$ gewählt werden.*

Der folgende Satz erleichtert die Bestimmung der Ränge einer Matrix:

**Satz 10.2** Elementare Zeilen- und Spaltenumformungen einer Matrix $A$ lassen den Zeilenrang wie auch den Spaltenrang von $A$ unverändert.

**Bemerkung:**

(18) Wir werden gleich an Beispielen zeigen, dass man jede Matrix durch elementare Umformungen auf eine so einfache Gestalt bringen kann, dass der Spalten- und der Zeilenrang unmittelbar abgelesen werden können. Insbesondere wird sich zeigen, dass Spalten- und Zeilenrang stets gleich sind.

**Beispiele:**

(19) Gegeben sei die $4 \times 5$-Matrix

$$A = (a_{ik})_{4,5} = \begin{pmatrix} 1 & 5 & 3 & 2 & 1 \\ 2 & 11 & 6 & 4 & 2 \\ -1 & -5 & -2 & -2 & -1 \\ 1 & 6 & 4 & 2 & 1 \end{pmatrix}.$$

Wir wollen an $A$ folgende elementare Umformungen durchführen:

a) Annulieren der 1. Spalte von $A$ außer $a_{11} = 1$ durch geeignete Zeilenumformungen,

b) Annulieren der 1. Zeile von $A$ außer $a_{11} = 1$ durch geeignete Spaltenumformungen,

c) Annulieren der 2. Spalte von $A$ außer dem Diagonalelement und Normierung von diesem auf 1 durch anschließende geeignete Multiplikation der 2. Spalte,

d) Annulieren der 2. Zeile von $A$ außer dem Diagonalelement und Normierung von diesem auf 1 durch anschließende geeignete Multiplikation der 2. Zeile,

u.s.w.

Man erhält dann aus $A$ die Matrix

$$\tilde{A} = \begin{pmatrix} 1\,0\,0\,0\,0 \\ 0\,1\,0\,0\,0 \\ 0\,0\,1\,0\,0 \\ 0\,0\,0\,0\,0 \end{pmatrix}.$$

Zeilen- und Spaltenrang von $\tilde{A}$ sind sofort abzulesen: sie haben den Wert 3. Nach Satz 10.2 hat also auch die ursprüngliche Matrix $A$ Zeilen- und Spaltenrang 3.

(20) Gegeben sei die Matrix

$$A = \begin{pmatrix} 0 & 2 & 7 \\ 1 & -2 & 2 \\ 1 & 0 & 9 \end{pmatrix} \in \mathbb{R}^{3,3}$$

Zunächst vertauschen wir die ersten beiden Zeilen von $A$, um an die erste Stelle oben links ein Element $\neq 0$ zu bringen. **Diese Vertauschung lässt sich durch vier elementare Zeilenumformungen erreichen** (Übungsaufgabe am Schluss dieses Kapitels). Anschließend wird im Prinzip genauso vorgegangen, wie im vorigen Beispiel. Man erhält durch elementare Umformungen:

$$A = \begin{pmatrix} 0 & 2 & 7 \\ 1 & -2 & 2 \\ 1 & 0 & 9 \end{pmatrix} \Longrightarrow \begin{pmatrix} 1 & -2 & 2 \\ 0 & 2 & 7 \\ 1 & 0 & 9 \end{pmatrix} \Longrightarrow \begin{pmatrix} 1 & -2 & 2 \\ 0 & 2 & 7 \\ 0 & 2 & 7 \end{pmatrix} \Longrightarrow \begin{pmatrix} 1\,0\,0 \\ 0\,2\,7 \\ 0\,2\,7 \end{pmatrix}$$

$$\Longrightarrow \begin{pmatrix} 1\,0\,0 \\ 0\,2\,7 \\ 0\,0\,0 \end{pmatrix} \Longrightarrow \begin{pmatrix} 1\;0\;0 \\ 0\;1\;3.5 \\ 0\;0\;0 \end{pmatrix} \Longrightarrow \begin{pmatrix} 1\,0\,0 \\ 0\,1\,0 \\ 0\,0\,0 \end{pmatrix} = \tilde{A}.$$

Wieder liest man ab, dass $\tilde{A}$ -und damit auch $A$- den Zeilen- und Spaltenrang 2 besitzen.

Das Ergebnis fassen wir zum Abschluss in einem Satz zusammen:

**Satz 10.3** *Jede Matrix $A \in \mathbb{R}^{m,n}$ lässt sich durch elementare Zeilen- und Spaltenumformungen auf die Gestalt*

$$\tilde{A} = \begin{pmatrix} I_{r,r} & 0 \\ 0 & 0 \end{pmatrix}$$

*bringen, wobei $I_{r,r}$ die Einheitsmatrix in $\mathbb{R}^{r,r}$ ist. Dabei ist $r$ der Zeilen- und Spaltenrang von $A$. Zeilen- und Spaltenrang sind gleich.*

**Bemerkung:**

(21) Da Zeilen- und Spaltenrang einer Matrix $A$ übereinstimmen, sprechen wir in Zukunft vom **Rang von** $A$ schlechthin und bezeichnen ihn mit $\operatorname{rg} A$.

## TESTS

**T10.1:** Sei $\varphi : \mathbb{R}^2 \to \mathbb{R}^2$ eine lineare Abbildung, repräsentiert durch die Matrix $A = \begin{pmatrix} 1 & 2 \\ 2 & 4 \end{pmatrix}$.

Prüfen Sie folgende Aussagen

( ) Der Vektor $\begin{pmatrix} 1 \\ 0 \end{pmatrix}$ besitzt kein Urbild unter $\varphi$.

( ) Der Vektor $\begin{pmatrix} 1 \\ 1 \end{pmatrix}$ besitzt ein Urbild unter $\varphi$.

( ) Der Vektor $\begin{pmatrix} 1 \\ 2 \end{pmatrix}$ ist in Bild $\varphi$ enthalten.

( ) Der Vektor $\begin{pmatrix} 2 \\ -1 \end{pmatrix}$ ist in Kern $\varphi$ enthalten.

( ) Der Vektor $\begin{pmatrix} 2 \\ 1 \end{pmatrix}$ ist in Kern $\varphi$ enthalten.

**T10.2:** Die lineare Abbildung $\varphi : \mathbb{R}^n \to \mathbb{R}^n$ werde repräsentiert durch die Diagonalmatrix $A = \begin{pmatrix} \lambda_1 & & 0 \\ & \ddots & \\ 0 & & \lambda_n \end{pmatrix}$ mit $\lambda_i \neq 0$ für $i = 1, \ldots, n$.

Überprüfen Sie folgende Aussagen

( ) $\varphi$ ist injektiv,

( ) $\quad \varphi$ ist surjektiv,

( ) $\quad \varphi$ ist weder injektiv noch surjektiv.

## ÜBUNGEN

**Ü10.1:** Matrizen der Gestalt $B = \begin{pmatrix} \cos\gamma & \sin\gamma \\ \sin\gamma & -\cos\gamma \end{pmatrix}$ beschreiben Spiegelungen der Ebene $\mathbb{R}^2$ an der Geraden $x_2 = \tan\frac{\gamma}{2} \cdot x_1$.

Zeigen Sie, dass die Hintereinanderausführung zweier solcher Spiegelungen im $\mathbb{R}^2$ eine Drehung im $\mathbb{R}^2$ ergibt. Genauer: Sind

$$B_i = \begin{pmatrix} \cos\gamma_i & \sin\gamma_i \\ \sin\gamma_i & -\cos\gamma_i \end{pmatrix}, \ i = 1, 2\,,$$

zwei Spiegelungen, dann beschreibt $B_1 \cdot B_2$ eine Drehung um O um den Winkel $\gamma_1 - \gamma_2$.

**Ü10.2:** Sei $\varphi : \mathbb{R}^2 \to \mathbb{R}^2$ die Spiegelung an der $x_1$-Achse, und sei $\psi : \mathbb{R}^2 \to \mathbb{R}^2$ die Spiegelung an der Winkelhalbierenden $x_2 = x_1$.

Bestimmen Sie die Matrizen der linearen Abbildungen $\varphi, \psi,\ \varphi \circ \psi$ und $\psi \circ \varphi$.

**Ü10.3:** Sei $M = \begin{pmatrix} 2 & 7 \\ -1 & -3 \end{pmatrix}$. Berechnen Sie $M^n = M \cdot \ldots \cdot M$ ($n$ Faktoren) für $n \in \mathbb{N}$ sowie $M + M^2 + M^3$.

**Ü10.4:** Sei $A \in \mathbb{R}^{n,n}$ eine Matrix. Zeigen Sie:

a) Multiplikation einer Zeile (bzw. Spalte) von $A$ mit einer Zahl $\mu \neq 0$ ist eine elementare Umformung im Sinne von Definition 10.3.

b) Vertauschen zweier Zeilen (bzw. Spalten) von $A$ lässt sich durch vier elementare Zeilen- (bzw. Spalten-)Umformungen erreichen.

**Ü10.5:** Gegeben sei die Matrix

$$A = \begin{pmatrix} 3 & 3 & 4 & 1 \\ 2 & 1 & 1 & 1 \\ 2 & 0 & 0 & -2 \\ 3 & 3 & 4 & 1 \end{pmatrix}.$$

a) Bestimmen Sie den Rang von $A$.

b) Bestimmen Sie die Dimensionen von Kern $A$ und Bild $A$.

# 11 Determinanten

Der Begriff der Determinante erweist sich als wichtiges Hilfsmittel bei der Untersuchung von Fragestellungen aus der Matrizentheorie. Determinanten von Matrizen $A \in \mathbb{R}^{3,3}$ sind uns bereits in Kapitel 8 (vgl. dort (6) und (7)) als sogenannte **Spatprodukte** begegnet, die wir auch geometrisch deuten konnten.

Wir werden nun den Determinantenbegriff für quadratische Matrizen $A \in \mathbb{R}^{n,n}$ einführen. Wiederum beschränken wir uns zur Vereinfachung auf reelle Matrizen.

**Definition 11.1** *Unter der* **Determinante** *der Matrix* $A = (a_{ik})_{n,n}$ *versteht man die Zahl*

$$\det A = \begin{vmatrix} a_{11} & \cdots & a_{1n} \\ \vdots & & \vdots \\ a_{n1} & \cdots & a_{nn} \end{vmatrix} := \sum_{(\nu_1,\ldots,\nu_n)} \operatorname{sig}(\nu_1,\ldots,\nu_n) \cdot a_{1\nu_1} \cdot \ldots \cdot a_{n\nu_n}.$$

*Dabei bezeichnet das Symbol* $(\nu_1,\ldots,\nu_n)$ *unter dem Summenzeichen eine Permutation der Zahlen* $1,\ldots,n$. *Die Schreibweise bedeutet, dass die Summation* **über alle Permutationen** *der Zahlen* $1,2,\ldots,n$ *zu erstrecken ist. Das Symbol* $\operatorname{sig}(\nu_1,\ldots,\nu_n)$ *heißt das* **Vorzeichen der Permutation** $(1,\ldots,n) \to (\nu_1,\ldots,\nu_n)$ *und ist +1 oder -1, je nachdem ob die Permutation gerade oder ungerade ist.*
*Eine Permutation heißt* **gerade**, *wenn sie aus einer geraden Anzahl von Vertauschungen jeweils zweier Elemente hervorgeht, sonst* **ungerade**.

**Bemerkungen und Ergänzungen:**

(1) Die Summe in Definition 11.1 umfasst $n!$ Summanden. Jeder Summand ist ein Produkt von $n$ Matrixelementen, unter denen jeweils genau ein Element von jeder Zeile und genau ein Element von jeder Spalte von $A$ auftritt.

(2) Wir wollen noch eine Kurzschreibweise für Matrizen einführen: Sind $a_1,\ldots,a_n$ die Spaltenvektoren von $A$, dann schreiben wir $A = (a_1,\ldots,a_n)$.

**Beispiele:**

(3) Sei $A = \begin{pmatrix} a_{11} & a_{12} \\ a_{21} & a_{22} \end{pmatrix}$. Für $n = 2$ gibt es zwei

Permutationen: $(1,2) \Rightarrow$ keine Vertauschung, also ist $\operatorname{sig}(1,2) = +1$

$(2,1) \Rightarrow$ eine Vertauschung, also ist $\operatorname{sig}(2,1) = -1$

Somit ist $\det A = a_{11} \cdot a_{22} - a_{12} \cdot a_{21}$.

(4) Nun sei $n = 3$ und $A = \begin{pmatrix} a_{11} & a_{12} & a_{13} \\ a_{21} & a_{22} & a_{23} \\ a_{31} & a_{32} & a_{33} \end{pmatrix}$. Es gibt sechs Permutationen:

$$\begin{array}{lcllcl} (1,2,3) & \Rightarrow & \text{keine Vertauschung} & \Rightarrow & \operatorname{sig}(1,2,3) = +1 \\ (1,3,2) & \Rightarrow & \text{eine Vertauschung} & \Rightarrow & \operatorname{sig}(1,3,2) = -1 \\ (2,1,3) & \Rightarrow & \text{eine Vertauschung} & \Rightarrow & \operatorname{sig}(2,1,3) = -1 \\ (3,2,1) & \Rightarrow & \text{eine Vertauschung} & \Rightarrow & \operatorname{sig}(3,2,1) = -1 \\ (2,3,1) & \Rightarrow & \text{zwei Vertauschungen} & \Rightarrow & \operatorname{sig}(2,3,1) = +1 \\ (3,1,2) & \Rightarrow & \text{zwei Vertauschungen} & \Rightarrow & \operatorname{sig}(3,1,2) = +1 \end{array}$$

Somit ist

$$\det A = a_{11} \cdot a_{22} \cdot a_{33} - a_{11} \cdot a_{23} \cdot a_{32} - a_{12} \cdot a_{21} \cdot a_{33} - a_{13} \cdot a_{22} \cdot a_{31} + a_{12} \cdot a_{23} \cdot a_{31} + a_{13} \cdot a_{21} \cdot a_{32} .$$

(5) Im Falle $n = 4$ erhält man $\det A$ als Summe von $4! = 24$ Summanden, von denen die Hälfte ein positives Vorzeichen erhält. Jeder Summand ist ein Produkt aus vier Faktoren.

Die Beispiele machen deutlich, dass die Berechnung von Determinanten mit Hilfe der Definition 11.1 aufwendig ist. Die folgenden Sätze eröffnen andere, wesentlich einfachere Möglichkeiten, diese Aufgabe zu lösen.

**Satz 11.1**

*a)*
$$\det I = \det(e_1, \ldots, e_n) = 1$$

*b) Die Determinante ist linear in jeder Spalte:*

$$\det(a_1, \ldots, a_{j-1}, \sum_{\nu=1}^{r} \lambda_\nu \cdot b_\nu, a_{j+1}, \ldots, a_n) = \sum_{\nu=1}^{r} \lambda_\nu \cdot \det(a_1, \ldots, a_{j-1}, b_\nu, a_{j+1}, \ldots, a_n)$$

*c) Vertauscht man in A zwei Spalten, dann ändert die Determinante ihr Vorzeichen:*

$$\det(\ldots, a_j, \ldots, a_l, \ldots) = -\det(\ldots, a_l, \ldots, a_j, \ldots)$$

*d) Die Determinante ändert sich nicht beim Transponieren:*

$$\det A^T = \det A$$

*e) Sind A und B zwei $n \times n$-Matrizen, so gilt*

$$\det(A \cdot B) = \det A \cdot \det B .$$

**Satz 11.2** *Für* $A \in \mathbb{R}^{n,n}$ *gilt*

*a) Ist ein Spaltenvektor von* $A$ *der Nullvektor, dann ist* $\det A = 0$.

*b) Sind zwei Spaltenvektoren von* $A$ *gleich, dann ist* $\det A = 0$,

*c) Addition eines Vielfachen eines Spaltenvektors von* $A$ *zu einem anderen Spaltenvektor von* $A$ *lässt* $\det A$ *unverändert.*

*d) Die Aussagen a), b), c) bleiben richtig, wenn man „Spalte" durch „Zeile" ersetzt.*

Eine Determinante kann berechnet werden, indem man sie nach einer beliebigen Zeile oder Spalte „entwickelt" : Streicht man in der Matrix

$$A = \begin{pmatrix} a_{11} & a_{12} & \cdots & a_{1k} & \cdots & a_{1n} \\ a_{21} & a_{22} & \cdots & a_{2k} & \cdots & a_{2n} \\ \vdots & \vdots & & \vdots & & \vdots \\ a_{i1} & a_{i2} & \cdots & a_{ik} & \cdots & a_{in} \\ \vdots & \vdots & & \vdots & & \vdots \\ a_{n1} & a_{n2} & \cdots & a_{nk} & \cdots & a_{nn} \end{pmatrix}$$

die Zeile Nr. $i$ und die Spalte Nr. $k$, dann bleibt eine $(n-1) \times (n-1)$-Matrix übrig. Ihre Determinante heißt eine $(n-1) \times (n-1)$-**Unterdeterminante** (oder ein **Minor** ) der Matrix $A$ und wird im Folgenden mit $\tilde{A}_{ik}$ bezeichnet. Es gibt $n^2$ Minoren $\tilde{A}_{ik}$ , $i, k = 1, \ldots, n$ .

**Satz 11.3** *a) Entwicklung nach der Zeile Nr.* $i$ $(i = 1, \ldots, n)$ *liefert:*

$$\det A = \sum_{\nu=1}^{n} (-1)^{i+\nu} \cdot \tilde{A}_{i\nu} \cdot a_{i\nu}.$$

*b) Entwicklung nach der Spalte Nr.* $k$ $(k = 1, \ldots, n)$ *liefert:*

$$\det A = \sum_{\mu=1}^{n} (-1)^{\mu+k} \cdot \tilde{A}_{\mu k} \cdot a_{\mu k}.$$

**Bemerkungen und Ergänzungen:**

(6) Bei der praktischen Berechnung von Determinanten wird man immer nach einer solchen Zeile oder Spalte entwickeln, in der möglichst viele Nullen stehen, damit der Rechenaufwand klein wird.

(7) Mit Hilfe von Satz 11.2c) und d) kann man die Matrix $A$ so verändern, dass sich die Determinante nicht verändert, aber Spalten und Zeilen mit vielen Nullen entstehen.

(8) Die Minoren sind wiederum Determinanten. Sie können nach demselben Prinzip berechnet werden.

Den Zusammenhang zwischen der Determinante und dem Rang einer Matrix klärt

**Satz 11.4** *Für $A \in \mathbb{R}^{n,n}$ sind folgende Aussagen äquivalent:*

*a)* $\det A \neq 0$ .

*b)* $rg\, A = n$ .

*c) Die Spaltenvektoren und die Zeilenvektoren von $A$ sind linear unabhängig.*

*d) Kern $A = 0$, Bild $A = \mathbb{R}^n$ .*

*e) $A$ definiert eine bijektive lineare Abbildung: $\mathbb{R}^n \to \mathbb{R}^n$.*

Matrizen mit von Null verschiedener Determinante spielen eine zentrale Rolle:

**Definition 11.2** *Eine Matrix $A \in \mathbb{R}^{n,n}$ heißt* **regulär** *(oder* **nichtsingulär** *oder* **invertierbar***), wenn $A$ eine der äquivalenten Aussagen von Satz 11.4 erfüllt. Im anderen Falle heißt $A$* **singulär**.

Zu jeder regulären Matrix $A$ existiert eine eindeutig bestimmte **inverse Matrix** $A^{-1}$ mit

$$A \cdot A^{-1} = A^{-1} \cdot A = I.$$

Sie entspricht der Umkehrabbildung zu der zu $A$ gehörigen bijektiven linearen Abbildung. Zur Berechnung von $A^{-1}$ sind Determinanten ein wichtiges Hilfsmittel. Wir wollen dies näher erläutern.

Sind $\tilde{A}_{ik}$ , $i, k = 1, \ldots, n$, die Minoren von $A$, so setzen wir

$$A_{ik} := (-1)^{i+k} \cdot \tilde{A}_{ik} \qquad \text{für } i, k = 1, \ldots, n \tag{1}$$

und definieren die folgende Matrix, die wir die **zu $A$ adjungierte Matrix** nennen:

$$A_{\text{adj}} := \begin{pmatrix} A_{11} & A_{12} & \cdots & A_{1n} \\ A_{21} & A_{22} & \cdots & A_{2n} \\ \vdots & & & \vdots \\ A_{n1} & A_{n2} & \cdots & A_{nn} \end{pmatrix}^T .$$

Mit Satz 11.3 erhält man die Matrixgleichung

$$A_{\text{adj}} \cdot A = A \cdot A_{\text{adj}} = \det A \cdot I .$$

Daraus folgt

**Satz 11.5** *Die inverse Matrix $A^{-1}$ zu einer invertierbaren Matrix $A$ ist durch*

$$A^{-1} = \frac{1}{\det A} \cdot A_{\text{adj}} ,$$

*gegeben.*

**Bemerkung:**

(9) Sind $A$ und $B$ invertierbare Matrizen, so gilt

$$(A \cdot B)^{-1} = B^{-1} \cdot A^{-1}, \quad (A^T)^{-1} = (A^{-1})^T$$

**Beispiele:**

(10) Für die Matrix $A = \begin{pmatrix} 5 & -2 \\ 2 & -1 \end{pmatrix}$ gilt $\det A = -5 + 4 = -1$. Für die mit den entsprechenden Vorzeichen versehenen Minoren (vgl. Gleichung (1)) ergibt sich

$$A_{11} = -1, \quad A_{12} = -2, \quad A_{21} = 2, \quad A_{22} = 5, \quad \text{also}$$

$$A_{\text{adj}} = \begin{pmatrix} -1 & 2 \\ -2 & 5 \end{pmatrix} \quad \text{und somit} \quad A^{-1} = \begin{pmatrix} 1 & -2 \\ 2 & -5 \end{pmatrix} .$$

(11) Entwickelt man die Matrix

$$A = \begin{pmatrix} 0 & 2 & -1 \\ 6 & 9 & 0 \\ 4 & -3 & 5 \end{pmatrix} .$$

nach der ersten Spalte, so ergibt sich

$$\begin{aligned} \det A &= 0 \cdot \det \begin{pmatrix} 9 & 0 \\ -3 & 5 \end{pmatrix} - 6 \cdot \det \begin{pmatrix} 2 & -1 \\ -3 & 5 \end{pmatrix} + 4 \cdot \det \begin{pmatrix} 2 & -1 \\ 9 & 0 \end{pmatrix} \\ &= 0 - 6 \cdot (10 - 3) + 4 \cdot (0 + 9) = -42 + 36 = -6 . \end{aligned}$$

Weiter rechnet man aus

$$\begin{array}{lll} A_{11} = 45, & A_{21} = -7, & A_{31} = 9 \\ A_{12} = -30, & A_{22} = 4, & A_{32} = -6 \\ A_{13} = -54, & A_{23} = 8, & A_{33} = -12\,, \end{array}$$

also

$$A_{\mathrm{adj}} = \begin{pmatrix} 45 & -7 & 9 \\ -30 & 4 & -6 \\ -54 & 8 & -12 \end{pmatrix},$$

und nach Satz 11.5

$$A^{-1} = -\frac{1}{6} \cdot A_{\mathrm{adj}}\,.$$

## TESTS

**T11.1:** Prüfen Sie folgende Aussagen für Matrizen $A, B \in \mathbb{R}^{n,n}$:

( ) $\det(A + B) = \det A + \det B$ ,

( ) $\det(A \cdot B) = \det A \cdot \det B$,

( ) Ist $B$ invertierbar, so gilt $\det(A \cdot B^{-1}) = \dfrac{\det A}{\det B}$ .

**T11.2:** Seien $A \in \mathbb{R}^{n,n}$ , $\alpha, \beta \in \mathbb{R}$, $k \in \mathbb{N}$. Prüfen Sie folgende Aussagen:

( ) $\det(\alpha \cdot A) = \alpha \cdot \det A$,

( ) $\det(A^k) = k \cdot \det A$,

( ) $\det(A^k) = (\det A)^k$ nur für $\det A \neq 0$,

( ) $\det(A^k) = (\det A)^k$ gilt immer,

( ) $\sqrt{\det(A^T \cdot A)} = |\det A|$,

( ) $\det(\beta \cdot A) = \beta^n \cdot \det A$.

**T11.3:** Für $A \in \mathbb{R}^{n,n}$ prüfen Sie folgende Aussagen:

( ) $A \cdot A_{\mathrm{adj}} = 0$ , falls $A$ singulär ist,

( ) $A \cdot A_{\mathrm{adj}} = I$ , falls $A$ regulär ist.

## ÜBUNGEN

**Ü11.1:** Beweisen Sie Satz 11.4.

**Ü11.2:** Zeigen Sie: Wenn $C$ eine $n \times n$-Matrix mit $2C = C^2 - I$ ist, dann ist $C$ invertierbar.

**Ü11.3:** Berechnen Sie die Adjungierte und die Inverse zu den Matrizen

a) $A = \begin{pmatrix} 4 & 8 \\ -3 & -5 \end{pmatrix}$ b) $B = \begin{pmatrix} 1 & 0 & 4 \\ 2 & 1 & 2 \\ -1 & 3 & 0 \end{pmatrix}$

**Ü11.4:** Sei $A = \begin{pmatrix} \cos\gamma & -\sin\gamma \\ \sin\gamma & \cos\gamma \end{pmatrix}$ mit $\gamma \in \mathbb{R}$.

Zeigen Sie, dass $A$ invertierbar ist, berechnen Sie $A^{-1}$ und interpretieren Sie das Ergebnis geometrisch.

**Ü11.5:** Berechnen Sie die Determinante der Matrix

$$A = \begin{pmatrix} 2 & 0 & 2 & 2 \\ -2 & 2 & -2 & 2 \\ 2 & 2 & -2 & 2 \\ 2 & 0 & 2 & -2 \end{pmatrix}.$$

Welchen Rang hat $A$? Bestimmen Sie (**ohne** zu rechnen!) Bild $A$ und Kern $A$. Ist die Matrix $A$ invertierbar?

# 12 Lineare Gleichungssysteme

Eine der häufigsten mathematischen Aufgaben in den naturwissenschaftlichen und technischen Anwendungen besteht in der Lösung von linearen Gleichungssystemen. In diesem Kapitel soll zunächst die allgemeine Lösungstheorie und anschließend das Gaußsche Eliminationsverfahren zur praktischen Lösung linearer Gleichungssysteme behandelt werden. Bei der Lösung sehr großer Systeme ist man im Allgemeinen auf numerische Methoden angewiesen; mit diesen werden wir uns im zweiten Band befassen.

Im Folgenden werden wir nur mit reellen Zahlen rechnen; alle Überlegungen und Ergebnisse sind in naheliegender Weise auf den komplexen Fall übertragbar.

Ein **lineares Gleichungssystem** mit $m$ Gleichungen in $n$ Unbekannten hat die Form

$$\begin{array}{ccccccccc} a_{11}\, x_1 & + & a_{12}\, x_2 & + & \ldots & + & a_{1n}\, x_n & = & b_1 \\ a_{21}\, x_1 & + & a_{22}\, x_2 & + & \ldots & + & a_{2n}\, x_n & = & b_2 \\ \ldots & & \ldots & & \ldots & & \ldots & & \ldots \\ a_{m1}\, x_1 & + & a_{m2}\, x_2 & + & \ldots & + & a_{mn}\, x_n & = & b_m \end{array} \tag{1}$$

Wir schreiben dies in Kurzform

$$A \cdot x = b \tag{2}$$

mit der gegebenen $m \times n$-Matrix $A = (a_{ik})_{m,n}$ , der **Koeffizientenmatrix**, dem gegebenen Vektor $b = (b_1, \ldots, b_m)^T \in \mathbb{R}^m$, dem Vektor der rechten Seite, und dem gesuchten Vektor $x = (x_1, \ldots, x_n)^T \in \mathbb{R}^n$ der Unbekannten.

Das System (1) **lösen** bedeutet, Zahlen $x_1, \ldots, x_n$ so zu finden, dass alle Gleichungen in (1) **gleichzeitig** erfüllt sind. Dies ist nicht immer möglich.

**Beispiele:**

(1) Das System $\begin{pmatrix} 1 & 1 \\ 1 & 1 \end{pmatrix} \cdot \begin{pmatrix} x_1 \\ x_2 \end{pmatrix} = \begin{pmatrix} 0 \\ 1 \end{pmatrix}$ ist nicht lösbar.

(2) Das System $\begin{pmatrix} 1 & 1 \\ 1 & 1 \end{pmatrix} \cdot \begin{pmatrix} x_1 \\ x_2 \end{pmatrix} = \begin{pmatrix} 0 \\ 0 \end{pmatrix}$ hat viele Lösungen, nämlich die Vektoren $\begin{pmatrix} x_1 \\ x_2 \end{pmatrix} = \lambda \cdot \begin{pmatrix} 1 \\ -1 \end{pmatrix}$, $\lambda \in \mathbb{R}$.

(3) Das System $\begin{pmatrix} 1 & 1 \\ 1 & -1 \end{pmatrix} \cdot \begin{pmatrix} x_1 \\ x_2 \end{pmatrix} = \begin{pmatrix} 0 \\ 2 \end{pmatrix}$ hat die eindeutig bestimmte Lösung $\begin{pmatrix} x_1 \\ x_2 \end{pmatrix} = \begin{pmatrix} 1 \\ -1 \end{pmatrix}$.

Wir behandeln in diesem Kapitel zwei Fragen:

a) Unter welchen Bedingungen ist das Gleichungssystem (1) lösbar?

b) Wie kann man im Falle der Lösbarkeit von (1) die Lösungen berechnen?

**Definition 12.1** *Das lineare Gleichungssystem* (2) *heißt* **homogen**, *wenn* $b = 0$ *ist, andernfalls heißt* (2) **inhomogen**. *Man nennt das System*

$$A \cdot x = 0$$

*das zu* (2) *gehörige homogene Gleichungssystem.*

Ein Kriterium für die Lösbarkeit des Gleichungssystems liefert

**Satz 12.1** *Sei $r$ der Rang der $n \times m$-Koeffizientenmatrix $A$. Die Lösungsmenge des homogenen Gleichungssystems ist der Kern von $A$. Sie bildet also einen $(n-r)$-dimensionalen Unterraum des $\mathbb{R}^n$.*
*Falls das inhomogene System* (2) *überhaupt lösbar ist mit der Lösung $\hat{x}$, dann ist die Lösungsmenge durch die Vektoren*

$$x = \hat{x} + y \quad \textit{mit} \quad y \in \text{Kern } A.$$

*gegeben.*

**Bemerkungen und Ergänzungen:**

(4) Das homogene System $A \cdot x = 0$ besitzt immer die Lösung $x = 0$; wir nennen sie die „triviale Lösung“ . Es besitzt darüber hinaus auch nichttriviale Lösungen, wenn $\text{rg}\, A < n$ ist.

(5) Das homogene System besitzt sicher dann nichttriviale Lösungen, wenn $m < n$, also die Anzahl der Gleichungen kleiner als die Anzahl der Unbekannten ist. In diesem Falle gilt nämlich $\text{rg}\, A \leq m < n$.

Der folgende Satz liefert die vollständige Beantwortung der Frage a). Zuvor jedoch noch eine Bezeichnung:

Fügt man zur Koeffizientenmatrix $A$ noch die Spalte $b$ als $(n+1)$-te Spalte hinzu, dann erhält man eine Matrix $(A, b) \in \mathbb{R}^{m,n+1}$, die **„erweiterte Matrix“** des Gleichungssystems (2).

**Satz 12.2** *Das lineare Gleichungssystem (2) ist genau dann lösbar, wenn b eine Linearkombination der Spalten von A ist, wenn also*

$$rg\,A = rg\,(A, b)$$

*gilt. Das Gleichungssystem ist genau dann* **eindeutig** *lösbar, wenn*

$$rg\,A = rg\,(A, b) = n$$

*gilt. Ist A eine quadratische Matrix mit* $rg\,A = m = n$*, dann ist A invertierbar, und die Lösung von (2) lautet*

$$x = A^{-1} \cdot b.$$

**Bemerkung:**

(6) Wir vergegenwärtigen uns noch einmal die Bedeutung der Zahlen, die bei der Koeffizientenmatrix $A$ eine Rolle spielen:

$$\begin{aligned} m = {} & \text{Zeilenzahl von } A = \text{Anzahl der Gleichungen },\\ = {} & \text{Dimension des } \mathbb{R}^m\text{, in dem Bild } A \text{ enthalten ist },\\ n = {} & \text{Spaltenzahl von } A = \text{Anzahl der Unbekannten },\\ = {} & \text{Dimension des Urbildraumes } \mathbb{R}^n \text{ der linearen Abbildung } A\,,\\ r = {} & \text{rg}\, A = \dim\,(\text{ Bild}A)\,,\\ n - r = {} & \dim\,(\text{ Kern}A)\ . \end{aligned}$$

**Beispiele:**

(7) Gegeben ist das Gleichungssystem

$$\begin{pmatrix} 1 & 2 \\ -1 & -2 \end{pmatrix} \cdot \begin{pmatrix} x_1 \\ x_2 \end{pmatrix} = \begin{pmatrix} 1 \\ -1 \end{pmatrix}.$$

Die Lösungen des zugehörigen homogenen Systems sind die Vektoren

$$y = \lambda \cdot \begin{pmatrix} -2 \\ 1 \end{pmatrix}, \quad \lambda \in \mathbb{R}\,.$$

Eine spezielle Lösung des inhomogenen Systems ist z.B.

$$\hat{x} = \begin{pmatrix} 1 \\ 0 \end{pmatrix}.$$

Also erhält man alle Lösungen $x$ des inhomogenen Systems durch

$$x = \hat{x} + y = \begin{pmatrix} 1 - 2\lambda \\ \lambda \end{pmatrix}, \quad \lambda \in \mathbb{R}.$$

(8) Gegeben das Gleichungssystem

$$A \cdot x = b \quad \text{mit} \quad A = \begin{pmatrix} 1 & 2 \\ -1 & -2 \end{pmatrix} \quad \text{und} \quad b = \begin{pmatrix} 1 \\ 0 \end{pmatrix}\,.$$

Wegen $\operatorname{rg} A = 1$ und $\operatorname{rg}(A, b) = 2$ ist die erste Bedingung in Satz 12.2 nicht erfüllt, das Gleichungssystem also nicht lösbar.

Wir wenden uns jetzt der Frage b) zu und behandeln zunächst den Fall, dass die Koeffizientenmatrix $A$ invertierbar ist.

**Satz 12.3 Cramersche Regel**
*Die Koeffizientenmatrix $A$ sei eine invertierbare $n \times n$-Matrix mit den Spaltenvektoren $a_1, \ldots, a_n$. Dann hat der Lösungsvektor $x = A^{-1} \cdot b$ des linearen Gleichungssystems* (2) *die Komponenten*

$$x_k = \frac{\det(a_1, \ldots, a_{k-1}, b, a_{k+1}, \ldots, a_n)}{\det(a_1, \ldots, a_k, \ldots, a_n)}, \quad k = 1, \ldots, n .$$

**Beispiel:**

(9) Man löse das Gleichungssystem

$$\begin{aligned} x_1 + 8x_2 - 4x_3 &= 2 \\ 5x_1 \qquad + 6x_3 &= 1 \\ -3x_2 + 2x_3 &= -3 . \end{aligned}$$

durch Anwendung der Cramerschen Regel.
Es ist

$$A = (a_1, a_2, a_3) = \begin{pmatrix} 1 & 8 & -4 \\ 5 & 0 & 6 \\ 0 & -3 & 2 \end{pmatrix}, \quad b = \begin{pmatrix} 2 \\ 1 \\ -3 \end{pmatrix}.$$

Man berechnet nun mit den Methoden von Kapitel 11 die folgenden Determinanten:

$$\begin{aligned} \det A = -2, \quad \det(b, a_2, a_3) &= -112 , \\ \det(a_1, b, a_3) &= 60 , \\ \det(a_1, a_2, b) &= 93 , \end{aligned}$$

sodass mit Satz 12.3 folgt:

$$\begin{pmatrix} x_1 \\ x_2 \\ x_3 \end{pmatrix} = \begin{pmatrix} 56 \\ -30 \\ -46.5 \end{pmatrix} .$$

Die Anwendung der Cramerschen Regel ist im Allgemeinen wegen viel zu hohen Rechenaufwandes in der Praxis undurchführbar. Wir müssen uns daher nach effektiveren Möglichkeiten umsehen, lineare Gleichungssysteme zu lösen. Eine geeignete Möglichkeit ist, das System (2) durch **elementare Zeilenumformungen** (vgl. Definition 10.3 in Kapitel 10) in ein äquivalentes System einfacher Bauart umzuformen. Das Verfahren, das zunächst beschrieben werden soll, hat den Namen **Gauß-Jordan-Elimination**.

Wir gehen aus von dem Gleichungssystem (2) mit $\operatorname{rg} A = r$. Der Einfachheit halber nehmen wir an, dass die $r$ ersten Spalten von $A$, also die Spalten $a_1, \ldots, a_r$, linear unabhängig sind. Diese Voraussetzung – das werden wir später sehen – ist im Grunde unwesentlich; sie dient nur der einfacheren Beschreibung des Verfahrens.

Nun werden auf die erweiterte Matrix

$$(A, b) = \begin{pmatrix} a_{11} & \cdots & a_{1n} & b_1 \\ \vdots & & \vdots & \vdots \\ a_{m1} & \cdots & a_{mn} & b_m \end{pmatrix} \tag{3}$$

elementare Zeilenumformungen so angewandt, dass eine Matrix der folgenden Bauart entsteht:

$$(\tilde{A}, d) := \left(\begin{array}{ccc|ccc|c} 1 & & 0 & c_{1,r+1} & \cdots & c_{1,n} & d_1 \\ & \ddots & & \vdots & & \vdots & \vdots \\ 0 & & 1 & c_{r,r+1} & & c_{r,n} & d_r \\ \hline & & & & & & d_{r+1} \\ & 0 & & & 0 & & \vdots \\ & & & & & & d_m \end{array}\right).$$

Die großen Nullen sollen andeuten, dass in diesen Bereichen an jeder Stelle der Matrix eine Null steht. Die Einheitsmatrix oben links hat $r$ Zeilen und $r$ Spalten.

Eine solche Form ist stets erreichbar. Man vergleiche hierzu Satz 10.3 in Kapitel 10, beachte jedoch, dass wir uns hier auf elementare Zeilenumformungen beschränken können.

Aus Satz 10.2 folgt

$$\operatorname{rg} A = \operatorname{rg} \tilde{A} \quad \text{und} \quad \operatorname{rg}(A, b) = \operatorname{rg}(\tilde{A}, d).$$

Ferner hat das Gleichungssystem

$$\tilde{A} \cdot x = d \tag{4}$$

die gleichen Lösungen wie (2).

Nun untersuchen wir zwei Fälle:

1. Fall: Mindestens eine der Zahlen $d_{r+1}, \ldots, d_m$ ist von 0 verschieden, was nur im Falle $r < m$ möglich ist.
Dann gilt $\operatorname{rg}(\tilde{A}, d) > r$ und das Gleichungssystem ist nicht lösbar.

2\. Fall: Es gilt $d_{r+1} = \ldots = d_m = 0$ oder $r = m$.
In diesem Fall gilt $\operatorname{rg} \tilde{A} = \operatorname{rg}(\tilde{A}, d) = r$, und das Gleichungssystem ist lösbar. Die Lösungen kann man explizit angeben, denn aus (4) folgt

$$x_k = d_k - \sum_{\nu=1}^{n-r} c_{k,r+\nu} \cdot x_{r+\nu} \qquad \text{für } k = 1, \ldots, r\,,$$

wobei im Fall $r = n$ die Summe auf der rechten Seite nicht auftritt.

Wir sehen, dass wir in diesen $r$ Gleichungen die Unbekannten $x_{r+1}, \ldots, x_n$ frei wählen können; wir haben also $n - r$ Parameter frei. Zu jeder festen Wahl der $x_{r+1}, \ldots, x_n$ sind dann die übrigen Unbekannten $x_1, \ldots, x_r$ festgelegt.

**Bemerkungen und Ergänzungen:**

(10) Die Voraussetzung, dass die $r$ ersten Spalten von $A$ linear unabhängig sind, wurde nur gemacht, um das Verfahren besser beschreiben zu können. Ist sie nicht erfüllt, dann treten statt der $r$ ersten Spalten gewisse andere Spalten an deren Stelle. Bei der praktischen Rechnung hat man bei den Zeilenumformungen jeweils als nächste Spalte eine solche zu nehmen, mit der das Verfahren fortsetzbar ist.

(11) Liegt der 2. Fall vor und hat die Koeffizientenmatrix den Rang $n$, dann gilt für das umgeformte System (4) $\tilde{A} = I$, und die in diesem Falle eindeutige Lösung ist $x = d$.

**Beispiel:**

(12) Man löse das Gleichungssystem

$$\begin{array}{rrrrl} -3x_1 & & +6x_3 & & = -3 \\ x_1 & +x_2 & -2x_3 & +5x_4 & = \phantom{-}2 \\ x_1 & & -2x_3 & & = \phantom{-}1 \\ -2x_1 & -2x_2 & +4x_3 & -10x_4 & = \phantom{-}\alpha \end{array}$$

wobei $\alpha \in \mathbb{R}$ ein Parameter ist.

Die erweiterte Matrix hat die Gestalt

$$(A, b) = \begin{pmatrix} -3 & 0 & 6 & 0 & -3 \\ 1 & 1 & -2 & 5 & 2 \\ 1 & 0 & -2 & 0 & 1 \\ -2 & -2 & 4 & -10 & \alpha \end{pmatrix}.$$

Es werden die folgenden elementaren Umformungen durchgeführt:

a) Vertauschen der 3. Zeile mit der 1. Zeile,

b) Subtraktion der 1. Zeile von der 2. Zeile,

c) Addition des 3-fachen der 1. Zeile zu der 3.Zeile,

d) Addition des 2-fachen der 1. Zeile zu der 4. Zeile,

e) Addition des 2-fachen der 2. Zeile zu der 4. Zeile.

Dabei gehen $(A, b)$ und $A \cdot x = b$ über in

$$(\tilde{A}, d) = \left(\begin{array}{cc|cc|c} 1 & 0 & -2 & 0 & 1 \\ 0 & 1 & 0 & 5 & 1 \\ \hline 0 & 0 & 0 & 0 & 0 \\ 0 & 0 & 0 & 0 & \alpha + 4 \end{array}\right) \quad \text{und} \quad \begin{array}{rrrrcl} x_1 & & -\ 2x_3 & + & = & 1 \\ & x_2 & & +\ 5x_4 & = & 1 \\ & & & 0 & = & 0 \\ & & & 0 & = & \alpha - 4 \end{array}$$

In diesem Beispiel ist also $m = n = 4$ und $r = 2$.

Wir unterscheiden zwei Fälle

1. Fall: $\alpha \neq -4$. Dann ist $\operatorname{rg}(\tilde{A}, d) > \operatorname{rg} \tilde{A}$, und das System ist nicht lösbar.

2. Fall: $\alpha = -4$. Dann ist $\operatorname{rg}(\tilde{A}, d) = \operatorname{rg} \tilde{A} = 2$. Daher ist das System lösbar. Wegen $\dim(\operatorname{Kern} \tilde{A}) = n - r = 2$ erhalten wir eine zwei-parametrige Lösungsschar. Aus den ersten beiden Gleichungen folgt

$$x_1 = 1 + 2x_3$$
$$x_2 = 1 - 5x_4 \ .$$

Hier sind $x_3, x_4$ frei wählbar, und wir erhalten die Lösungsvektoren

$$x = \begin{pmatrix} 1 + 2\lambda \\ 1 - 5\mu \\ \lambda \\ \mu \end{pmatrix} \quad \text{mit} \quad \lambda, \mu \in \mathbb{R} \ .$$

Eine Variante der eben beschriebenen Gauß-Jordan-Elimination ist das **Eliminationsverfahren von Gauß**, das in der Praxis besonders gern verwendet wird und das jetzt beschrieben werden soll. Es beruht ebenfalls auf elementaren Umformungen der Koeffizientenmatrix, formt diese aber nicht auf Diagonal- sondern auf Dreiecksgestalt um. Dazu nehmen wir den wohl in der Praxis am häufigsten auftretenden Fall an, dass in dem Gleichungssystem (2) die Koeffizientenmatrix $A$ eine quadratische invertierbare $n \times n$-Matrix ist.

Die **Eliminationsphase** des Verfahrens besteht aus $n - 1$ Schritten. Für $k = 1, 2, \ldots, n - 1$ besteht der Schritt Nr. $k$ darin, dass die Variable $x_k$ aus allen Gleichungen unterhalb der $k$-ten Gleichung eliminiert wird. Dabei muss unter Umständen vorher die $k$-te Gleichung mit einer der folgenden Gleichungen vertauscht werden, da es vorkommen kann, dass $x_k$ in der $k$-ten Gleichung nicht auftritt. Dieser Vertauschungsprozess wird Spalten-Pivotsuche genannt. Setzen wir vor Ausführung des ersten Schrittes $A^{(1)} := A$ und $b^{(1)} := b$, dann entsteht durch die Eliminationsschritte eine Folge von Gleichungssystemen

$$A^{(k+1)} \cdot x = b^{(k+1)}, \quad k = 1, \ldots, n - 1,$$

die alle die gleiche Lösung besitzen. Man erhält nach $n-1$ Schritten ein **gestaffeltes Gleichungssystem**

$$A^{(n)} \cdot x = b^{(n)} \ ,$$

in dem $A^{(n)}$ **„Dreiecksgestalt"** hat:

$$A^{(n)} \cdot x = \begin{pmatrix} u_{11} & u_{12} & \cdots & u_{1n} \\ & u_{22} & & \vdots \\ & & \ddots & \vdots \\ 0 & & & u_{nn} \end{pmatrix} \cdot x = \begin{pmatrix} c_1 \\ \vdots \\ \vdots \\ c_n \end{pmatrix} = b^{(n)} . \tag{5}$$

Nach Beendigung der Eliminationsphase folgt nun die **Lösungsphase** des Gauß-Verfahrens:

Man kann nämlich (5) **von unten her** auflösen:

$$x_n = \frac{c_n}{u_{nn}}, \quad x_k = \frac{1}{u_{kk}} \cdot \Big(c_k - \sum_{j=k+1}^{n} u_{kj} \cdot x_j\Big) \quad \text{für } k = n-1, \ldots, 1$$

**Bemerkung:**

(13) Das Eliminationsverfahren stellt sicher, dass die Diagonalelemente $u_{11}, \ldots, u_{nn}$ der Dreiecksmatrix $A^{(n)}$ alle von Null verschieden sind.

**Beispiel:**

(14) Wir wollen das folgende System (vgl. Beispiel (9)) mit Gauß-Elimination lösen

$$\begin{pmatrix} 1 & 8 & -4 \\ 5 & 0 & 6 \\ 0 & -3 & 2 \end{pmatrix} \cdot \begin{pmatrix} x_1 \\ x_2 \\ x_3 \end{pmatrix} = \begin{pmatrix} 2 \\ 1 \\ -3 \end{pmatrix} .$$

Die Schritte sind:

a) Subtraktion des 5-fachen der 1. Gleichung von der 2. Gleichung

b) Subtraktion des 3/40-fachen der 2. Gleichung von der 3. Gleichung

Man erhält dann das gestaffelte Gleichungssystem

$$\begin{pmatrix} 1 & 8 & -4 \\ 0 & -40 & 26 \\ 0 & 0 & 1/20 \end{pmatrix} \cdot \begin{pmatrix} x_1 \\ x_2 \\ x_3 \end{pmatrix} = \begin{pmatrix} 2 \\ -9 \\ -\frac{93}{40} \end{pmatrix} .$$

Dieses wird nun von unten her aufgelöst

$$\begin{aligned} x_3 &= -20 \cdot \tfrac{93}{40} = -\tfrac{93}{2} && \Rightarrow \; x_3 = -\tfrac{93}{2} , \\ x_2 &= -\tfrac{1}{40}\Big(-9 - 26 \cdot [-\tfrac{93}{2}]\Big) && \Rightarrow \; x_2 = -30 , \\ x_1 &= 2 - 8 \cdot (-30) + 4 \cdot (-\tfrac{93}{2}) && \Rightarrow \; x_1 = 56 . \end{aligned}$$

**Bemerkung:**

(15) Die Eliminationsphase des Gauß-Algorithmus eignet sich auch zur Berechnung von Determinanten einer Matrix $A$. Beim Übergang von $A$ zu $A^{(n)}$ ändert sich höchstens das Vorzeichen der Determinante und dieses auch nur bei einer ungeraden Anzahl von Zeilenvertauschungen. Die Determinante der Dreiecksmatrix $A^{(n)}$ ist das Produkt ihrer Diagonalelemente (siehe die Sätze 13.2 und 13.7), also folgt

$$\det A = (-1)^{\ell} \cdot \prod_{k=1}^{n} u_{kk},$$

wobei $\ell$ die Anzahl der Zeilenvertauschungen im Verlauf der Eliminationsphase ist.

**Beispiel:**

(16) Wir berechnen die Determinante der Matrix aus Beispiel (9) und (14)):

$$\det \begin{pmatrix} 1 & 8 & -4 \\ 5 & 0 & 6 \\ 0 & -3 & 2 \end{pmatrix} = (-1)^0 \cdot \det \begin{pmatrix} 1 & 8 & -4 \\ 0 & -40 & 26 \\ 0 & 0 & \frac{1}{20} \end{pmatrix} = (-1)^0 \cdot 1 \cdot (-40) \cdot \frac{1}{20} = -2.$$

## TESTS

**T12.1:** Gegeben sei $A = \begin{pmatrix} 1 & 2 & 4 \\ 1 & 2 & -4 \end{pmatrix} \in \mathbb{R}^{2,3}$. Beurteilen Sie die folgenden Aussagen über die Lösbarkeit des Gleichungssystems:

(GL) $$A \cdot x = b\,,$$

( ) (GL) ist für alle $b \in \mathbb{R}^2$ unlösbar.

( ) (GL) ist nur für spezielle rechte Seiten $b$ lösbar.

( ) (GL) besitzt für jede rechte Seite $b$ genau eine Lösung.

( ) (GL) besitzt für jede rechte Seite $b$ viele Lösungen.

**T12.2:** Gegeben sei die Matrix $\begin{pmatrix} 1 & 1 \\ 2 & 2 \\ 4 & -4 \end{pmatrix}$.

Prüfen Sie folgende Aussagen über die Lösbarkeit des Gleichungssystems:

(GL) $$A \cdot x = b\,.$$

( ) (GL) ist für alle $b \in \mathbb{R}^3$ unlösbar.

( ) (GL) besitzt viele Lösungen, falls $b$ eine Linearkombination der Spalten von $A$ ist.

( ) (GL) ist eindeutig lösbar, falls $b$ eine Linearkombination der Spalten von $A$ ist.

( ) (GL) besitzt niemals mehr als eine Lösung.

## ÜBUNGEN

**Ü12.1:** Überprüfen Sie die Lösbarkeit von $Ax = b$ und bestimmen Sie gegebenenfalls alle Lösungen. Benutzen Sie im Aufgabenteil b) die Cramersche Regel.

a) $A = \begin{pmatrix} 1 & 1 & 1 \\ 1 & -1 & 0 \\ 4 & 2 & 3 \end{pmatrix}, \qquad b = \begin{pmatrix} 4 \\ 2 \\ 15 \end{pmatrix}.$

b) $A = \begin{pmatrix} 1 & 2 & 3 \\ 1 & 3 & 4 \\ 1 & 3 & 5 \end{pmatrix}, \qquad b = \begin{pmatrix} -1 \\ 2 \\ 3 \end{pmatrix}.$

c) $A = \begin{pmatrix} 1 & -1 & -1 & 2 \\ 2 & 2 & -4 & 4 \\ 3 & -1 & -5 & 7 \\ 1 & 1 & -3 & 3 \end{pmatrix}, \quad b = \begin{pmatrix} 1 \\ 4 \\ 7 \\ 5 \end{pmatrix}.$

**Ü12.2:** Zeigen Sie, dass

$$\text{Bild}\begin{pmatrix} -1 & 0 & 7 \\ 0 & -4 & 1 \\ 3 & 5 & -1 \\ 2 & 1 & 2 \end{pmatrix} = \text{Bild}\begin{pmatrix} -1 & 0 & 7 & 0 \\ 0 & -4 & 1 & 1 \\ 3 & 5 & -1 & 3 \\ 2 & 1 & 2 & 3 \end{pmatrix}$$

gilt.

**Ü12.3:** Bestimmen Sie mit Hilfe der Gauß-Jordan-Elimination alle Lösungen des folgenden Systems sowie alle Lösungen des zugehörigen homogenen Gleichungssystems:

$$\begin{aligned} 3\,x_1 + \phantom{1}5\,x_2 + 3\,x_3 &= 3 \\ -2\,x_1 \phantom{{}+ 10\,x_2} + 3\,x_3 &= 0 \\ 8\,x_1 + 10\,x_2 + 3\,x_3 &= 6 \end{aligned}$$

**Ü12.4:** Gegeben sei das Gleichungssystem

$$\begin{pmatrix} 2 & 3 & -2 \\ 1 & 2 & 4 \\ 5 & 9 & \alpha \end{pmatrix} \cdot \begin{pmatrix} x_1 \\ x_2 \\ x_3 \end{pmatrix} = \begin{pmatrix} 10 \\ -9 \\ 4 \end{pmatrix}$$

in Abhängigkeit vom Parameter $\alpha \in \mathbb{R}$.

Für welche Werte von $\alpha$ ist das Gleichungssystem eindeutig lösbar?

Bestimmen Sie mittels der Gauß-Elimination für diese Werte von $\alpha$ die zugehörige eindeutige Lösung.

# 13 Eigenwert-Theorie und quadratische Formen

Wir führen in diesem Kapitel Eigenwerte und Eigenvektoren quadratischer Matrizen ein. Sie bilden ein wichtiges Hilfsmittel zur Charakterisierung von deren Eigenschaften. Es erweist sich als nützlich, jetzt zuzulassen, dass die Elemente der Matrizen und die Komponenten von Vektoren auch komplexe Zahlen sein können.

**Definition 13.1** *Sei $A \in \mathbb{C}^{n,n}$ eine gegebene Matrix. Eine komplexe Zahl $\lambda \in \mathbb{C}$ heißt ein* **Eigenwert** *der Matrix $A$, wenn ein vom Nullvektor verschiedener Vektor $x \in \mathbb{C}^n$ existiert, sodass die* **Eigenwertgleichung**

$$A \cdot x = \lambda \cdot x$$

*erfüllt ist. Dann heißt $x$ ein* **zum Eigenwert $\lambda$ gehöriger Eigenvektor** *der Matrix $A$.*

Zur Bestimmung von Eigenwerten und Eigenvektoren formen wir die Eigenwertgleichung in das homogene lineare Gleichungssystem

$$(A - \lambda I) \cdot x = 0$$

um. Es besitzt genau dann nichttriviale Lösungen $x \neq 0$, wenn die Matrix $A - \lambda I$ singulär ist, also wenn

$$\det(A - \lambda I) = 0 \; . \tag{1}$$

gilt. Berechnet man diese Determinante, so erhält man ein Polynom vom Grade $n$ in $\lambda$:

$$\left.\begin{aligned} P_A(\lambda) &:= (-1)^n \cdot \det(A - \lambda I) = \det(\lambda I - A) \\ &= \lambda^n + \alpha_1 \cdot \lambda^{n-1} + \alpha_2 \cdot \lambda^{n-2} + \cdots + \alpha_n \; . \end{aligned}\right\} \tag{2}$$

**Definition 13.2** *Die Gleichung* (1) *heißt die* **charakteristische Gleichung** *der Matrix $A$. Das Polynom in* (2), *$P_A(\lambda) = (-1)^n \cdot \det(A - \lambda I)$, heißt das* **charakteristische Polynom** *der Matrix $A$.*

Unmittelbar folgt

**Satz 13.1** *Die Eigenwerte der Matrix $A$ sind die Nullstellen des zu $A$ gehörigen charakteristischen Polynoms $P_A(\lambda)$.*

**Bemerkungen und Ergänzungen:**

(1) C.F. GAUSS bewies im Jahre 1799 den **Fundamentalsatz der Algebra**:

> Ein Polynom $P(\lambda)$ vom Grad $n$ besitzt in $\mathbb{C}$ genau $n$ (nicht notwendig verschiedene) Nullstellen $\lambda_1, \ldots, \lambda_n$.

(2) Aus Satz 13.1 ergibt sich nun, dass jede Matrix $A \in \mathbb{C}^{n,n}$ genau $n$ Eigenwerte $\lambda_1, \ldots, \lambda_n$ besitzt, wobei jeder Eigenwert mit **der** Vielfachheit aufgelistet ist, mit der er als Nullstelle in $P_A(\lambda)$ auftritt. Eigenwerte können reell oder komplex sein.

Die Bestimmung von Eigenwerten kann also durch Berechnung der Nullstellen eines Polynoms erfolgen. Dies ist, wenn der Polynomgrad hoch ist, nicht immer einfach. Die folgenden Sätze enthalten weitere Hilfen zur Berechnung von Eigenwerten.

**Satz 13.2** *Es seien $\lambda_1, \ldots, \lambda_n \in \mathbb{C}$ die Eigenwerte von $A = (a_{ij})_{n,n}$. Dann gilt*

$$\lambda_1 + \lambda_2 + \cdots + \lambda_n = a_{11} + a_{22} + \ldots + a_{nn}$$

*und*

$$\lambda_1 \cdot \lambda_2 \cdot \cdots \cdot \lambda_n = \det A.$$

**Bemerkung:**

(3) Die Summe der Diagonalelemente einer Matrix, die mit der Summe aller ihrer Eigenwerte übereinstimmt, heißt die **Spur** der Matrix.

Ist $k$ eine natürliche Zahl, so ist die k-te **Potenz einer Matrix** $A \in \mathbb{C}^{n,n}$ durch $A^k := A \cdot \cdots \cdot A$ ($k$ Faktoren) definiert. Weiter definieren wir $A^0 := I$ und für invertierbare Matrizen $A^{-k} := (A^{-1})^k$.

**Satz 13.3** *Sei $k \geq 0$ eine ganze Zahl und $A \in \mathbb{C}^{n,n}$ mit den Eigenwerten $\lambda_1, \ldots, \lambda_n$. Dann sind die Eigenwerte der Matrix $A^k$ die Zahlen $\lambda_1^k, \ldots, \lambda_n^k$. Die Matrix $A$ ist genau dann invertierbar, wenn keiner ihrer Eigenwerte gleich Null ist. In diesem Fall sind die Eigenwerte von $A^{-k}$ die Zahlen $\lambda_1^{-k}, \ldots, \lambda_n^{-k}$.*

Man beachte, dass die Eigenwerte einer reellen Matrix nicht immer reell sind. Jedoch gilt

**Satz 13.4** *Ist $A \in \mathbb{R}^{n,n}$, dann ist mit jedem Eigenwert $\lambda$ von $A$ auch die zu $\lambda$ konjugiert komplexe Zahl $\bar{\lambda}$ ein Eigenwert von $A$.*

**Beispiele:**

(4) Sei $A = \begin{pmatrix} a_{11} & a_{12} \\ a_{21} & a_{22} \end{pmatrix}$ eine reelle Matrix. Das charakteristische Polynom ist

$$\begin{aligned} P_A(\lambda) &= (-1)^2 \cdot \det(A - \lambda I) = \det \begin{pmatrix} a_{11} - \lambda & a_{12} \\ a_{21} & a_{22} - \lambda \end{pmatrix} \\ &= \lambda^2 - (a_{11} + a_{22}) \cdot \lambda + (a_{11} \cdot a_{22} - a_{12} \cdot a_{21}) \\ &= \lambda^2 - \text{Spur } A \cdot \lambda + \det A \,. \end{aligned}$$

Es hat die Nullstellen

$$\lambda_{1,2} = \tfrac{1}{2} \cdot \left( \text{Spur } A \pm \sqrt{(\text{Spur } A)^2 - 4 \cdot \det A} \right).$$

Zahlenbeispiele:

a) $A = \begin{pmatrix} 1 & 2 \\ 2 & 1 \end{pmatrix}$. Wegen Spur $A = 2$ und $\det A = -3$ gilt

$$P_A(\lambda) = \lambda^2 - 2\lambda - 3 = (\lambda - 3) \cdot (\lambda + 1), \quad \text{also} \quad \lambda_1 = 3, \ \lambda_2 = -1.$$

b) $A = \begin{pmatrix} 1 & -3 \\ 3 & 1 \end{pmatrix}$. Wegen Spur $A = 2$ und $\det A = 10$ gilt

$$P_A(\lambda) = \lambda^2 - 2\lambda + 10, \quad \text{also} \quad \lambda_{1,2} = \tfrac{1}{2} \cdot (2 \pm \sqrt{4 - 4 \cdot 10}) = 1 \pm 3i \,.$$

(5) Die Matrix $A = \begin{pmatrix} 0 & 1 & 1 \\ -3 & 2 & 3 \\ 1 & 1 & 0 \end{pmatrix}$ hat das charakteristische Polynom

$$\begin{aligned} P_A(\lambda) &= (-1)^3 \cdot \det(A - \lambda I) = -\det \begin{pmatrix} -\lambda & 1 & 1 \\ -3 & 2 - \lambda & 3 \\ 1 & 1 & -\lambda \end{pmatrix} \\ &= \lambda^3 - 2\lambda^2 - \lambda + 2 = (\lambda - 2) \cdot (\lambda + 1) \cdot (\lambda - 1). \end{aligned}$$

und darum die drei Eigenwerte

$$\lambda_1 = 2, \quad \lambda_2 = -1, \quad \lambda_3 = 1.$$

Als Nächstes sollen die Eigenvektoren ermittelt werden.

**Satz 13.5** *Die zu einem Eigenwert $\lambda \in \mathbb{C}$ gehörigen Eigenvektoren sind die nichttrivialen Lösungen des Gleichungssystems*

$$(A - \lambda \cdot I) \cdot x = 0.$$

**Bemerkungen und Ergänzungen:**

(6) Das Gleichungssystem in Satz 13.5 ist homogen. Die Gesamtheit der Eigenvektoren ist also der Kern der singulären Matrix $A - \lambda \cdot I$, ein mindestens eindimensionaler Teilraum des $\mathbb{R}^n$, ohne den Nullvektor.

(7) Ist $\lambda$ eine einfache Nullstelle des charakteristischen Polynoms, so ist der Kern von $A - \lambda \cdot I$ eindimensional. Ist $\lambda$ eine mehrfache Nullstelle, so kann (muss aber nicht) der Kern dieser Matrix auch mehrdimensional sein.

(8) Zu einem reellen Eigenwert einer reellen Matrix gibt es immer auch reelle Eigenvektoren. Dagegen gibt es zu nichtreellen Eigenwerten einer reellen Matrix keine reellen Eigenvektoren.

**Beispiele:**

(9) Wir wollen die Matrix $A \in \mathbb{R}^{3,3}$ von Beispiel (5) mit drei einfachen Eigenwerten betrachten.

a) Zu dem Eigenwert $\lambda_1 = 2$ erhält man die Matrix

$$A - \lambda_1 \cdot I = A - 2I = \begin{pmatrix} -2 & 1 & 1 \\ -3 & 0 & 3 \\ 1 & 1 & -2 \end{pmatrix}$$

Da der Kern eindimensional ist (vgl. die Bemerkung (7)), genügt es, einen Vektor $y \neq 0$ im Kern von $(A - 2I)$ zu finden. Wegen

$$(A - 2I) \cdot \begin{pmatrix} 1 \\ 1 \\ 1 \end{pmatrix} = 0$$

sind die Eigenvektoren zu $\lambda_1 = 2$

$$x_1 = \mu \cdot \begin{pmatrix} 1 \\ 1 \\ 1 \end{pmatrix}, \quad \mu \in \mathbb{R} \backslash \{0\} .$$

Ganz entsprechend lassen sich die zu den anderen beiden Eigenwerten zugehörigen Eigenvektoren berechnen:

b) Zu den Eigenwerten $\lambda_2 = -1$ und $\lambda_3 = 1$ erhält man die Matrizen

$$A - \lambda_2 \cdot I = \begin{pmatrix} 1 & 1 & 1 \\ -3 & 3 & 3 \\ 1 & 1 & 1 \end{pmatrix} \quad \text{und} \quad A - \lambda_3 \cdot I = \begin{pmatrix} -1 & 1 & 1 \\ -3 & 1 & 3 \\ 1 & 1 & -1 \end{pmatrix},$$

in deren Kern der Vektor $y_2 = \begin{pmatrix} 0 \\ 1 \\ -1 \end{pmatrix}$ bzw. $y_3 = \begin{pmatrix} 1 \\ 0 \\ 1 \end{pmatrix}$ enthalten ist. Also sind die Eigenvektoren zu $\lambda_2 = -1$ und zu $\lambda_3 = 1$

$$x_2 = \mu \cdot \begin{pmatrix} 0 \\ 1 \\ -1 \end{pmatrix} \text{ bzw. } x_3 = \mu \cdot \begin{pmatrix} 1 \\ 0 \\ 1 \end{pmatrix}, \quad \mu \in \mathbb{R} \backslash \{0\} .$$

Wir kommen nun zum Begriff der **Ähnlichkeit** von Matrizen.

**Definition 13.3**
*Zwei Matrizen $A$ und $B \in \mathbb{C}^{n,n}$ heißen* **ähnlich**, *wenn es eine invertierbare Matrix $T \in \mathbb{C}^{n,n}$ so gibt, dass*

$$B = T^{-1} \cdot A \cdot T. \tag{3}$$

*gilt.*

Die Bedeutung des Begriffs „Ähnlichkeit" liegt in folgendem

**Satz 13.6**
*Ähnliche Matrizen besitzen gleiche charakteristische Polynome und folglich auch gleiche Eigenwerte.*

Um also die Eigenwerte von $A$ zu berechnen, kann man ebenso die Eigenwerte einer zu $A$ ähnlichen Matrix $B$ berechnen, wenn das einfacher ist. Auf dieser Idee beruhen numerische Verfahren zur Berechnung von Eigenwerten.

**Definition 13.4**
*Eine Matrix $A = (a_{ik}) \in \mathbb{C}^{n,n}$ heißt obere (bzw. untere)* **Dreiecksmatrix**, *wenn $a_{ik} = 0$ für $i > k$ (bzw. $i < k$) gilt.*

Eine quadratische Matrix, die gleichzeitig obere und untere Dreiecksmatrix ist, ist eine Diagonalmatrix.

Die Eigenwerte von Dreiecksmatrizen sind leicht zu bestimmen; es gilt nämlich

**Satz 13.7**
*Die Eigenwerte einer Dreiecksmatrix $A$ sind die Elemente der Hauptdiagonalen von $A$.*

**Bemerkung:**

(10) Man kann beweisen, dass jede Matrix $A \in \mathbb{C}^{n,n}$ einer Dreiecksmatrix ähnlich ist (Satz von SCHUR). Damit ist das Problem, die Eigenwerte einer Matrix zu bestimmen, allerdings nur theoretisch gelöst. Die Bestimmung einer Matrix $T$, mit der $T^{-1} \cdot A \cdot T$ eine Dreiecksmatrix wird, ist nämlich ein schwieriges Problem.

Eine besondere Rolle spielen die **diagonalähnlichen** Matrizen. Dies sind Matrizen, die einer Diagonalmatrix ähnlich sind.

**Satz 13.8**
*Sei $A \in \mathbb{C}^{n,n}$ diagonalähnlich, und sei $T$ die Transformationsmatrix mit*

$$T^{-1} \cdot A \cdot T = D = \begin{pmatrix} \lambda_1 & & 0 \\ & \ddots & \\ 0 & & \lambda_n \end{pmatrix}.$$

*Dann sind die Diagonalelemente $\lambda_1, \ldots, \lambda_n$ die Eigenwerte von $A$ und die Spalten von $T$ Eigenvektoren und zwar ist die Spalte Nr. $i$ von $T$ ein Eigenvektor, der zu dem Eigenwert $\lambda_i$ gehört ($i = 1, \ldots, n$).*

**Beispiel:**

(11) Wir betrachten wieder die Matrix $A = \begin{pmatrix} 0 & 1 & 1 \\ -3 & 2 & 3 \\ 1 & 1 & 0 \end{pmatrix}$ aus Beispiel (5) bzw. (9) .

Dort hatten wir die drei Eigenwerte

$$\lambda_1 = 2, \quad \lambda_2 = -1, \quad \lambda_3 = 1$$

und zugehörige Eigenvektoren

$$x_1 = \begin{pmatrix} 1 \\ 1 \\ 1 \end{pmatrix}, \quad x_2 = \begin{pmatrix} 0 \\ 1 \\ -1 \end{pmatrix} \quad \text{und} \quad x_3 = \begin{pmatrix} 1 \\ 0 \\ 1 \end{pmatrix}$$

gefunden. Wir bilden aus diesen drei Eigenvektoren die Matrix

$$T = \begin{pmatrix} 1 & 0 & 1 \\ 1 & 1 & 0 \\ 1 & -1 & 1 \end{pmatrix} \quad \text{mit der Inversen} \quad T^{-1} = \begin{pmatrix} -1 & 1 & 1 \\ 1 & 0 & -1 \\ 2 & -1 & -1 \end{pmatrix}.$$

Es folgt

$$T^{-1} \cdot A \cdot T = \begin{pmatrix} 2 & 0 & 0 \\ 0 & -1 & 0 \\ 0 & 0 & 1 \end{pmatrix}.$$

Wir definieren nun einige spezielle Typen von Matrizen, die alle diagonalähnlich sind.

**Definition 13.5**
*Eine Matrix $A \in \mathbb{R}^{n,n}$ heißt*
a) **symmetrisch,** *wenn $A^T = A$ ist,*
b) **orthogonal,** *wenn $A^T = A^{-1}$ ist.*
*Eine Matrix $A \in \mathbb{C}^{n,n}$ heißt*
c) **hermitesch,** *wenn $A^T = \bar{A}$ ist,*
d) **unitär,** *wenn $A^T = \bar{A}^{-1}$ ist.*

**Beispiele:**

(12)
$$A = \begin{pmatrix} 2 & i \\ -i & -3 \end{pmatrix} \quad \text{ist hermitesch ,}$$
$$A = \begin{pmatrix} 10 & -2 & 7 \\ -2 & 5 & 0 \\ 7 & 0 & 1 \end{pmatrix} \quad \text{ist symmetrisch,}$$
$$A = \begin{pmatrix} e^{i\alpha} & 0 \\ 0 & e^{i\beta} \end{pmatrix} \quad \text{ist unitär,}$$
$$A = \begin{pmatrix} \cos\varphi & -\sin\varphi \\ \sin\varphi & \cos\varphi \end{pmatrix} \quad \text{ist orthogonal.}$$

Für den Rest dieses Kapitels wollen wir uns mit den orthogonalen und den symmetrischen Matrizen wegen ihrer großen Bedeutung etwas näher beschäftigen. Alle Überlegungen sind auf den komplexen Fall, also auf die unitären und hermiteschen Matrizen, ohne Schwierigkeiten übertragbar.

Eine orthogonale Matrix $A \in \mathbb{R}^{n,n}$ ist charakterisiert durch die Matrixgleichung

$$A \cdot A^T = A^T \cdot A = I. \tag{4}$$

Dies bedeutet, dass die Spaltenvektoren (und auch die Zeilenvektoren) von $A$ eine **orthonormierte Basis** des $\mathbb{R}^n$ bilden, d.h. die Spaltenvektoren (bzw. die Zeilenvektoren) von $A$ haben alle die euklidische Länge 1 und stehen paarweise aufeinander senkrecht. Darüber hinaus gilt

**Satz 13.9** *Sei $A \in \mathbb{R}^{n,n}$ eine orthogonale Matrix. Dann bildet die zu $A$ gehörende lineare Abbildung jede orthonormierte Basis des $\mathbb{R}^n$ wieder in eine orthonormierte Basis ab.*
*Produkte und Inverse orthogonaler Matrizen sind wieder orthogonale Matrizen.*

**Bemerkung:**

(13) Im $\mathbb{R}^2$ und $\mathbb{R}^3$ gehören zu orthogonalen Matrizen Abbildungen, die sich aus Drehungen und Spiegelungen zusammensetzen. Man vergleiche hierzu die Beispiele (13) und (16) in Kapitel 10.

Im folgenden Satz stellen wir einige Eigenschaften symmetrischer Matrizen zusammen:

**Satz 13.10**
*Eine symmetrische Matrix $A$ hat nur reelle Eigenwerte.*
*Sie ist diagonalähnlich mit einer orthogonalen Transformationsmatrix: Es gibt eine orthogonale Matrix $S \in \mathbb{R}^{n,n}$ mit*

$$S^{-1} \cdot A \cdot S = D\,,$$

*wobei $D$ eine Diagonalmatrix ist mit den Eigenwerten $\lambda_1, \ldots, \lambda_n$ von $A$ in ihrer Diagonalen. Die Spalten von $S$ sind Eigenvektoren und bilden eine Basis des $\mathbb{R}^n$ aus orthonormierten Vektoren.*

**Beispiel:**

(14) Die Eigenwerte und die zugehörigen Eigenvektoren von

$$A = \begin{pmatrix} 1 & 2 \\ 2 & 1 \end{pmatrix} \in \mathbb{R}^{2,2}$$

sind

$$\lambda_1 = 3, \quad x_1 = \mu \cdot \begin{pmatrix} 1 \\ 1 \end{pmatrix}, \ \mu \neq 0 \quad \text{sowie} \quad \lambda_2 = -1, \quad x_2 = \mu \cdot \begin{pmatrix} 1 \\ -1 \end{pmatrix}, \ \mu \neq 0\,.$$

Für $\mu = \frac{1}{2} \cdot \sqrt{2}$ haben $x_1$ und $x_2$ die euklidische Länge 1. Ferner sind sie orthogonal zueinander. Also ist

$$S = \begin{pmatrix} \frac{1}{2}\sqrt{2} & \frac{1}{2}\sqrt{2} \\ \frac{1}{2}\sqrt{2} & -\frac{1}{2}\sqrt{2} \end{pmatrix} \quad \text{und} \quad S^{-1} = S^T = \begin{pmatrix} \frac{1}{2}\sqrt{2} & \frac{1}{2}\sqrt{2} \\ \frac{1}{2}\sqrt{2} & -\frac{1}{2}\sqrt{2} \end{pmatrix}.$$

Somit folgt

$$S^{-1} \cdot A \cdot S = \frac{1}{2} \cdot \begin{pmatrix} 1 & 1 \\ 1 & -1 \end{pmatrix} \cdot \begin{pmatrix} 1 & 2 \\ 2 & 1 \end{pmatrix} \cdot \begin{pmatrix} 1 & 1 \\ 1 & -1 \end{pmatrix} = \begin{pmatrix} 3 & 0 \\ 0 & -1 \end{pmatrix} = D\,.$$

Zu einer symmetrischen Matrix $A = (a_{ij})_{n,n}$ gehört eine **„quadratische Form“**. Dies ist die Funktion

$$Q_A(x) := x^T \cdot A \cdot x = \sum_{i,j=1}^{n} a_{ij} \cdot x_i\, x_j \tag{5}$$

mit Definitionsmenge $D(Q_A) = \mathbb{R}^n$ und Bildmenge $B(Q_A) \subset \mathbb{R}$.

**Definition 13.6** *Eine symmetrische Matrix* $A \in \mathbb{R}^{n,n}$ *heißt* **positiv definit** *(bzw.* **positiv semidefinit***), wenn*

$$Q_A(x) = x^T \cdot A \cdot x > 0 \quad (\textit{bzw.} \geq 0) \textit{ für alle } x \in \mathbb{R}^n\,,\ x \neq 0\,,$$

*gilt. A heißt* **negativ definit**, *wenn* $-A$ *positiv definit ist. Nimmt* $Q_A(x)$ *sowohl positive als auch negative Werte an, dann heißt A* **indefinit**.

**Satz 13.11** *Für eine symmetrische Matrix* $A \in \mathbb{R}^{n,n}$ *sind die folgenden Aussagen äquivalent:*

*a) A ist positiv definit.*

*b) Alle Eigenwerte von A sind positiv.*

*c) Die führenden Hauptunterdeterminanten von A, d.h. die Zahlen*

$$D_i := \det \begin{pmatrix} a_{11} & \cdots & a_{1i} \\ \vdots & & \vdots \\ a_{i1} & \cdots & a_{ii} \end{pmatrix} \quad , \quad i = 1, \ldots, n\,,$$

*sind alle positiv.*

**Beispiele:**

(15) Zu der Matrix

$$A = \begin{pmatrix} 4 & -2 \\ -2 & 3 \end{pmatrix}$$

gehört die quadratische Form

$$Q_A(x_1, x_2) = 4x_1^2 - 2x_1x_2 - 2x_1x_2 + 3x_2^2 = 4x_1^2 - 4x_1x_2 + 3x_2^2\,.$$

Die Matrix $A$ ist positiv definit, da ihre Hauptunterdeterminanten $\det(4) = 4$ und $\det \begin{pmatrix} 4 & -2 \\ -2 & 3 \end{pmatrix} = 8$ beide positiv sind. Zu diesem Ergebnis kommt man auch, wenn man die Eigenwerte von $A$ berechnet ($\lambda_{1,2} = \frac{7 \pm \sqrt{17}}{2}$) und feststellt, dass beide positiv sind.

(16) Die Matrix $A = \begin{pmatrix} 4 & 4 & 1 \\ 4 & 8 & 5 \\ 1 & 5 & 4 \end{pmatrix}$ hat die Spur 16 und die Determinante -4. Da die Spur auch Summe der Eigenwerte ist, muss mindestens ein Eigenwert positiv sein. Da die

Determinante auch das Produkt der Eigenwerte ist, muss mindestens ein Eigenwert negativ sein. Also ist die Matrix indefinit.

## TESTS

**T13.1:** Sei $A = \begin{pmatrix} 2 & -4 \\ -2 & 3 \end{pmatrix}$.

Prüfen Sie die folgenden Aussagen **nur** unter Verwendung von Spur $A$ und det $A$:

( ) Die Eigenwerte von $A$ sind reell.

( ) Die Eigenwerte von $A$ sind beide positiv.

( ) Die Eigenwerte von $A$ sind beide negativ.

**T13.2:** Sei $A = \begin{pmatrix} 2 & -4 \\ 2 & 3 \end{pmatrix}$.

Prüfen Sie die folgenden Aussagen **nur** unter Verwendung von Spur $A$ und det $A$:

( ) $A$ ist invertierbar.

( ) Nur ein Eigenwert von $A$ ist reell.

( ) Beide Eigenwerte von $A$ sind nicht reell.

**T13.3:** Sei $A = \begin{pmatrix} 2 & -4 \\ 1 & -2 \end{pmatrix}$.

Prüfen Sie die folgenden Aussagen **nur** unter Verwendung von Spur $A$ und det $A$:

( ) $A$ ist invertierbar.

( ) Beide Eigenwerte von $A$ sind reell.

( ) Beide Eigenwerte von $A$ sind Null.

**T13.4:** Prüfen Sie folgende Aussagen für $n \times n$-Matrizen $A$ und $B$:

( ) Sind $A$ und $B$ ähnlich, dann sind die Eigenwerte von $A$ und $B$ identisch.

( ) Sind die Eigenwerte von $A$ und $B$ identisch, dann sind $A$ und $B$ ähnlich.

**T13.5:** Man sagt, dass $A \in \mathbb{R}^{n,n}$ ein vollständiges Eigenvektorsystem besitzt, wenn es $n$ linear unabhängige Eigenvektoren $t_1, \dots, t_n$ zu den Eigenwerten $\lambda_1, \dots \lambda_n$ von $A$ gibt.

Prüfen Sie folgende Aussagen:

( ) Besitzt $A$ ein vollständiges Eigenvektorsystem, dann ist $A$ diagonalähnlich.

( ) Ist $A$ diagonalähnlich, dann besitzt $A$ auch ein vollständiges Eigenvektorsystem.

**T13.6:** Sei $A = \begin{pmatrix} 2 & -2 & 0 \\ -2 & 2 & 0 \\ 0 & 0 & 20 \end{pmatrix}$.

Bilden Sie zu $A$ die quadratische Form, schreiben Sie diese geschickt um und beurteilen Sie sodann die folgenden Aussagen:

( ) $A$ ist positiv definit.

( ) $A$ ist positiv semidefinit.

( ) $A$ ist indefinit.

## ÜBUNGEN

**Ü13.1:** Zeigen Sie für $A \in \mathbb{R}^{n,n}$:

a) $\lambda$ ist Eigenwert von $A$ genau dann, wenn $\bar{\lambda}$ ein Eigenwert von $A$ ist.

b) $A$ ist genau dann invertierbar, wenn alle Eigenwerte von $A$ von Null verschieden sind.

c) Ist $\lambda$ Eigenwert von $A$, dann ist $\lambda^k$ Eigenwert von $A^k$ für alle $k \in \mathbb{N}$.

d) Ist $A$ invertierbar, dann gilt die Aussage c) sogar für alle $k \in \mathbb{Z}$.

**Ü13.2:** a) Gegeben sei die Matrix

$$A = \begin{pmatrix} 1 & -2 & 0 \\ 2 & 0 & -1 \\ 4 & -2 & -1 \end{pmatrix}.$$

Sie besitzt den Eigenwert $\lambda_1 = \dfrac{-1 + i \cdot \sqrt{7}}{2}$. Geben Sie die übrigen Eigenwerte an.

b) Berechnen Sie die Eigenwerte und die zugehörigen Eigenvektoren der Matrix

$$B = \begin{pmatrix} 0 & 1 & -1 \\ -11 & 15 & -16 \\ -7 & 11 & -12 \end{pmatrix}.$$

Ist $B$ diagonalähnlich (vgl. T13.5)?

**Ü13.3:** Beweisen Sie Satz 13.7.

**Ü13.4:** Beweisen Sie Satz 13.8.

**Ü13.5:** Gegeben sei die Matrix

$$A = \begin{pmatrix} 3 & 6 & 3 \\ 0 & 3 & 0 \\ 0 & -6 & 0 \end{pmatrix} .$$

Finden Sie eine invertierbare Matrix $T \in \mathbb{R}^{3,3}$ und eine Diagonalmatrix $D \in \mathbb{R}^{3,3}$ so, dass

$$D = T^{-1} \cdot A \cdot T .$$

gilt.

**Ü13.6:** Gegeben sei die quadratische Form

$$Q(x_1, x_2, x_3) = x_1^2 + 2x_2^2 + 3x_3^2 - 4x_1x_2 - 4x_2x_3 .$$

a) Geben Sie eine symmetrische Matrix $A \in \mathbb{R}^{3,3}$ an, so dass gilt:

$$Q_A(x) = x^T \cdot A \cdot x = Q(x) \quad \text{mit} \quad x = (x_1, x_2, x_3)^T .$$

b) Bestimmen Sie eine orthogonale Matrix $S \in \mathbb{R}^{3,3}$ derart, dass gilt:

$$S^T AS = D ,$$

mit einer Diagonalmatrix $D$.

c) Bestimmen Sie die quadratische Form

$$\tilde{Q}_D(\tilde{x}) = \tilde{x}^T \cdot D \cdot \tilde{x} \quad \text{mit} \quad \tilde{x} = S^T \cdot x ,$$

wobei $D$ die Diagonalmatrix und $S$ die orthogonale Matrix aus Aufgabenteil b) ist.

$\tilde{Q}_D$ heißt die **Hauptachsenform** der quadratischen Form $Q_A$.

# 14 Folgen und Konvergenzbegriff

Die Begriffe Grenzwert und Konvergenz sind zentrale Bestandteile der Analysis. Wir führen diese Begriffe zunächst für Folgen ein.

**Definition 14.1** *Sei $M$ eine Menge reeller Zahlen. Ordnet man jeder natürlichen Zahl $n \in \mathbb{N}$ ein Element $a_n \in M$ zu, so entsteht eine* **Folge**

$$a_1, a_2, a_3, \ldots$$

*reeller Zahlen. Man schreibt dafür $(a_n)_{n\in\mathbb{N}}$ oder $(a_n)_{n=1}^{\infty}$ oder $(a_n)_{n\geq 1}$ . Die $a_n$ heißen* **Glieder** *der Folge.*

**Beispiele:**

(1) Für die Folge $\left(\frac{1}{n}\right)_{n\in\mathbb{N}}$ sind die ersten Glieder

$$1, \frac{1}{2}, \frac{1}{3}, \frac{1}{4}, \frac{1}{5}, \frac{1}{6}, \ldots .$$

(2) Für die Folge $\left((-1)^{n+1}\right)_{n\in\mathbb{N}}$ sind die ersten Glieder

$$1, -1, 1, -1, 1, -1, \ldots .$$

(3) Für die Folge $(x^n)_{n\in\mathbb{N}}$ mit $x \in \mathbb{R}$ sind die ersten Glieder

$$x, x^2, x^3, x^4, x^5, x^6, \ldots .$$

**Bemerkungen und Ergänzungen:**

(4) Der Index $n$ der Folgenglieder $a_n$ muss nicht bei 1 beginnen. So kann man für die Folge $\frac{1}{3^2}, \frac{1}{4^2}, \frac{1}{5^2}, \ldots$ schreiben $\left(\frac{1}{n^2}\right)_{n=3}^{\infty}$ oder $\left(\frac{1}{n^2}\right)_{n\geq 3}$ und für die Folge $(-3)^5, (-2)^5, (-1)^5, 0^5, 1^5, 2^5, \ldots$ kann man $(n^5)_{n=-3}^{\infty}$ oder $(n^5)_{n\geq -3}$ schreiben.

(5) Die Glieder $a_n$ müssen nicht explizit definiert sein. Das Bildungsgesetz kann auch **rekursiv** gegeben sein. So ist durch $a_0 = 0$ , $a_1 = 1$ und $a_n = a_{n-1} + a_{n-2}$ für $n = 2, 3, \ldots$ die Folge der **Fibonacci-Zahlen**,

$$0, 1, 1, 2, 3, 5, 8, 13, 21, 34, \ldots$$

gegeben. Von LEONARDO VON PISA, der sich FIBONACCI nannte, erschien 1202 sein mathematisches Werk *Liber Abaci*, das für Jahrhunderte ein richtungsweisendes Standardwerk war. Die Fibonacci-Zahlen haben zahlreiche Anwendungen in Mathematik und Naturwissenschaft.

(6) Definition 14.1 beschreibt eine Abbildung $f : \mathbb{N} \to \mathbb{R}$ mit $D(f) = \mathbb{N}$ und $f(n) = a_n$ .

(7) Ist $(a_n)_{n\in\mathbb{N}}$ eine Folge mit $a_n \neq a_m$ für $n \neq m$ und lässt sich eine Menge $M$ darstellen durch $M = \{a_n : n \in \mathbb{N}\}$ (die Elemente von $M$ lassen sich „durchnumerieren“, so heißt $M$ **abzählbar** (unendlich). Man sagt dann auch $M$ und $\mathbb{N}$ sind gleichmächtig.

(8) Die Menge $\mathbb{Q}$ der rationalen Zahlen ist abzählbar. Dieses bemerkenswerte Ergebnis kann man so sehen. Man schreibt nacheinander für $s = 2, 3, 4, \ldots$ zunächst alle positiven rationalen Zahlen $\frac{p}{q}$ für $p, q \in \mathbb{N}$ mit $p + q = s$ auf, also $\frac{1}{1}$ für $s = 2$, $\frac{2}{1}, \frac{1}{2}$ für $s = 3$, $\frac{3}{1}, \frac{2}{2}, \frac{1}{3}$ für $s = 4$, $\frac{4}{1}, \frac{3}{2}, \frac{2}{3}, \frac{1}{4}$ für $s = 5$, ... und numeriert sie durch, wobei identische Zahlen nur beim ersten Auftreten eine Nummer erhalten. Danach ergänzt man diese Folge durch die entsprechenden negativen Zahlen und die Null.

(9) Es lässt sich zeigen, dass die Menge der reellen Zahlen in einem Intervall $[a, b]$, $a < b$, nicht abzählbar ist.

**Definition 14.2** *Eine Folge $(a_n)_{n\in\mathbb{N}}$ reeller Zahlen heißt* **konvergent**, *wenn ein $a \in \mathbb{R}$ existiert mit folgender Eigenschaft: Zu jedem $\varepsilon > 0$ gibt es ein $N(\varepsilon) \in \mathbb{N}$, so dass*

$$|a_n - a| < \varepsilon$$

*für alle natürlichen Zahlen $n \geq N(\varepsilon)$ gilt. Dann heißt $a$* **Grenzwert** *der Folge, und man schreibt $a = \lim_{n\to\infty} a_n$ oder $a_n \to a$ für $n \to \infty$. Eine Folge, die nicht konvergent ist, heißt* **divergent**.

Es wird nur die Existenz einer natürlichen Zahl $N(\varepsilon)$, die von $\varepsilon$ abhängt, gefordert. Es ist nicht erforderlich die kleinste solche Zahl zu finden. Doch muss dies für jedes $\varepsilon > 0$ möglich sein. Die Forderung $|a_n - a| < \varepsilon$ für $n \geq N(\varepsilon)$ umschreibt man bisweilen auch mit: Für alle bis auf endlich viele natürliche Zahlen $n$ gilt die Ungleichung $|a_n - a| < \varepsilon$. Anschaulich besagt Definition 14.2, dass im Falle der Konvergenz die Glieder der Folge ab einer gewissen Nummer in einer **$\varepsilon$–Umgebung** $U_\varepsilon(a) = \{x : x \in \mathbb{R}, |x - a| < \varepsilon\}$ um $a$ liegen.

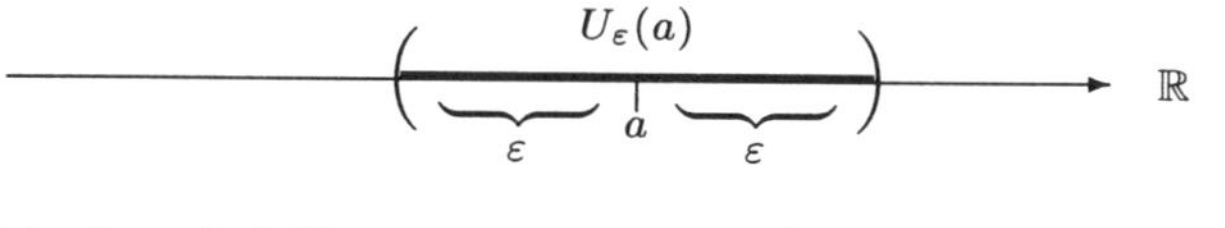


Zu beachten ist, dass bei Konvergenzuntersuchungen zunächst $a$ zu suchen ist.

Eine konvergente Folge kann nicht mehrere Grenzwerte haben, denn es gilt

**Satz 14.1** *Eine konvergente Folge reeller Zahlen hat genau einen Grenzwert.*

**Beispiele:**

(10) Für die Folge $\left(\frac{1}{n}\right)_{n\in\mathbb{N}}$ legt der Augenschein die Vermutung nahe, dass sie konvergent ist mit dem Grenzwert $a = 0$. In der Tat: mit $a = 0$ und

$\varepsilon = \frac{1}{10}$ ist $|a_n - a| = |\frac{1}{n} - 0| = \frac{1}{n} < \frac{1}{10}$ für $n \geq 11 = N(\varepsilon)$,

$\varepsilon = \frac{1}{100}$ ist $|a_n - a| = |\frac{1}{n} - 0| = \frac{1}{n} < \frac{1}{100}$ für $n \geq 101 = N(\varepsilon)$,

$\varepsilon = \frac{1}{1000}$ ist $|a_n - a| = |\frac{1}{n} - 0| = \frac{1}{n} < \frac{1}{1000}$ für $n \geq 1001 = N(\varepsilon)$,

$\varepsilon > 0$ beliebig ist $|a_n - a| = |\frac{1}{n} - 0| = \frac{1}{n} < \varepsilon$ für $n \geq N(\varepsilon)$, wobei $N(\varepsilon)$ eine natürliche Zahl ist, die größer als $\frac{1}{\varepsilon}$ ist. Demnach ist $\lim_{n\to\infty} \frac{1}{n} = 0$.

(11) Die Folge $\left(\frac{1}{n^2}\right)_{n\in\mathbb{N}}$ ist konvergent mit dem Grenzwert 0.

(12) Die Folge $\left(\frac{1}{\sqrt{n}}\right)_{n\in\mathbb{N}}$ ist konvergent mit dem Grenzwert 0.

(13) Die Folge $\left(\frac{n}{n+3}\right)_{n\in\mathbb{N}}$ ist konvergent mit dem Grenzwert 1.

(14) Die Folge $\left((-1)^n\right)_{n\in\mathbb{N}}$ ist divergent. Sei nämlich $a \in \mathbb{R}$ beliebig, so ist für alle $k \in \mathbb{N}$ entweder $|a_{2k} - a| \geq 1$ oder $|a_{2k-1} - a| \geq 1$. Für beispielsweise $\varepsilon = \frac{1}{2}$ gibt es demnach zu jedem $N(\varepsilon) \in \mathbb{N}$ Indizes $n \geq N(\varepsilon)$ mit $|a_n - a| \geq \varepsilon$.

(15) Die Folge $(x^n)_{n\in\mathbb{N}}$ mit $x \in \mathbb{R}$ heißt **geometrische Folge**. Es gilt:

> Die Folge $(x^n)_{n\in\mathbb{N}}$ ist
>
> (i) konvergent für $|x| < 1$ mit $\lim\limits_{n\to\infty} x^n = 0$
>
> (ii) konvergent für $x = 1$ mit $\lim\limits_{n\to\infty} x^n = 1$
>
> (iii) divergent für $|x| \geq 1$ mit $x \neq 1$.

(16) Für $x > 0$ ist die Folge $\left(\sqrt[n]{x}\right)_{n\in\mathbb{N}}$ konvergent mit

$$\lim_{n\to\infty} \sqrt[n]{x} = 1.$$

(17) Für $x \in \mathbb{R}$ ist die Folge $\left(\frac{x^n}{n!}\right)_{n\in\mathbb{N}}$ konvergent mit

$$\lim_{n\to\infty} \frac{x^n}{n!} = 0.$$

**Bemerkungen und Ergänzungen:**

(18) Durch Ändern, Hinzufügen oder Weglassen einer **endlichen** Anzahl von Folgengliedern wird das Konvergenzverhalten nicht verändert. Insbesondere bleibt im Falle der Konvergenz der Grenzwert unverändert.

(19) Der Grenzwert $a$ einer konvergenten Folge muss nicht Glied der Folge sein, wie beispielsweise (10) zeigt. Andererseits ist eine Folge, deren Glieder „schließlich" konstant sind, d.h. $a_n = a$ für $n \geq n_0 \in \mathbb{N}$, konvergent mit dem Grenzwert $a$.

(20) Eine konvergente Folge $(a_n)_{n\in\mathbb{N}}$ mit $\lim_{n\to\infty} a_n = 0$ heißt auch **Nullfolge**. Für eine konvergente Folge $(b_n)_{n\in\mathbb{N}}$ mit dem Grenzwert $b$ ist die Folge $(b_n - b)_{n\in\mathbb{N}}$ eine Nullfolge.

(21) Es ist zu unterscheiden die Folge der $a_n$ von der Menge der $a_n$. So ist für $a_n = (-1)^n$, $n \in \mathbb{N}$, die Folge der $a_n$ gerade $-1, 1, -1, 1, -1, 1, \ldots$ und die Menge der $a_n$ ist $\{-1, 1\}$.

Wir stellen einige Eigenschaften konvergenter Folgen zusammen.

**Satz 14.2** *Seien $(a_n)_{n\in\mathbb{N}}$ und $(b_n)_{n\in\mathbb{N}}$ zwei konvergente Folgen mit $\lim_{n\to\infty} a_n = a$ und $\lim_{n\to\infty} b_n = b$.*
*Dann sind die Folgen $(|a_n|)_{n\in\mathbb{N}}$, $(ca_n)_{n\in\mathbb{N}}$ für $c \in \mathbb{R}$, $(a_n+b_n)_{n\in\mathbb{N}}$, $(a_nb_n)_{n\in\mathbb{N}}$ konvergent, und es gilt*

$$\lim_{n\to\infty} |a_n| = |a|, \qquad \lim_{n\to\infty} ca_n = ca,$$

$$\lim_{n\to\infty} (a_n + b_n) = a + b, \qquad \lim_{n\to\infty} (a_nb_n) = a \cdot b.$$

*Gilt $b_n \neq 0$ für $n \in \mathbb{N}$ und $b \neq 0$, so ist die Folge $\left(\frac{a_n}{b_n}\right)_{n\in\mathbb{N}}$ konvergent mit*

$$\lim_{n\to\infty} \frac{a_n}{b_n} = \frac{a}{b}.$$

*Gilt $a_n \geq 0$ für $n \in \mathbb{N}$, so ist die Folge $(\sqrt{a_n})_{n\in\mathbb{N}}$ konvergent mit*

$$\lim_{n\to\infty} \sqrt{a_n} = \sqrt{a}.$$

Satz 14.2 gibt bequeme **Limesrechenregeln**. Vor Anwendung dieser Regeln ist die Konvergenz von $(a_n)_{n\in\mathbb{N}}$ und $(b_n)_{n\in\mathbb{N}}$ zu prüfen. Die Aussagen sind nicht umkehrbar. So folgt beispielsweise aus der Konvergenz von $(a_n + b_n)_{n\in\mathbb{N}}$ nicht die Konvergenz von $(a_n)_{n\in\mathbb{N}}$ und $(b_n)_{n\in\mathbb{N}}$ wie das Beispiel $a_n = n + \frac{1}{2n}$, $b_n = -n + \frac{1}{2n}$ zeigt. Es ist $(a_n + b_n)_{n\in\mathbb{N}} = \left(\frac{1}{n}\right)_{n\in\mathbb{N}}$ konvergent, aber $(a_n)_{n\in\mathbb{N}}$ und $(b_n)_{n\in\mathbb{N}}$ sind divergent.

Mehrfache Anwendung von Satz 14.2 ergibt: Sind $(a_n)_{n\in\mathbb{N}}$ und $(b_n)_{n\in\mathbb{N}}$ konvergent und sind $\alpha$ und $\beta$ reelle Zahlen, so ist $(\alpha a_n + \beta b_n)_{n\in\mathbb{N}}$ konvergent mit $\lim_{n\to\infty}(\alpha a_n + \beta b_n) = \alpha \lim_{n\to\infty} a_n + \beta \lim_{n\to\infty} b_n$. Speziell ist $(a_n - b_n)_{n\in\mathbb{N}}$ konvergent mit $\lim_{n\to\infty}(a_n - b_n) = \lim_{n\to\infty} a_n - \lim_{n\to\infty} b_n$.

**Beispiele:**

(22) Die Folge $\left(\frac{c}{n}\right)_{n\in\mathbb{N}}$ mit $c \in \mathbb{R}$ ist konvergent mit $\lim_{n\to\infty} \frac{c}{n} = 0$. Denn es ist $\frac{c}{n} = c \cdot a_n$ mit $a_n = \frac{1}{n}$, und $(a_n)_{n\in\mathbb{N}}$ ist konvergent mit $\lim_{n\to\infty} a_n = 0$. Daher ist $\lim_{n\to\infty} \frac{c}{n} = c \lim\limits_{n\to\infty} a_n = c \cdot 0 = 0$.

(23) Die Folge $\left(\frac{1}{n^2}\right)_{n\in\mathbb{N}}$ ist konvergent mit $\lim_{n\to\infty} \frac{1}{n^2} = 0$. Denn mit $c_n = \frac{1}{n^2}$ und $a_n = b_n = \frac{1}{n}$ gilt $c_n = a_n b_n$ und $(a_n)_{n\in\mathbb{N}}$, $(b_n)_{n\in\mathbb{N}}$ sind konvergent mit dem Grenzwert 0, so dass $\lim_{n\to\infty} \frac{1}{n^2} = \lim_{n\to\infty} a_n \cdot \lim_{n\to\infty} b_n = 0$. Daraus folgt auch $\lim_{n\to\infty} \frac{k}{n^2} = 0$ für $k \in \mathbb{N}$ fest wie in (28) verwendet.

(24) Die Folge $\left(\frac{n+1}{2n}\right)_{n\in\mathbb{N}}$ ist konvergent mit $\lim_{n\to\infty} \frac{n+1}{2n} = \frac{1}{2}$. Denn mit $c_n = \frac{n+1}{2n} = \frac{1+\frac{1}{n}}{2}$ sowie $a_n = 1+\frac{1}{n}$ und $b_n = 2$ folgt wegen $a = \lim_{n\to\infty} a_n = 1$, $b = \lim_{n\to\infty} b_n = 2$ das Ergebnis $\lim_{n\to\infty} c_n = \frac{lim_{n\to\infty} a_n}{lim_{n\to\infty} b_n} = \frac{1}{2}$, wie in (28) verwendet.

(25) In der Folge $(c_n)_{n\in\mathbb{N}}$ sei $c_n = \frac{2n^2 - 3n + 1}{3n^2 + 4n + 7}$. Es ist

$$c_n = \frac{2 - \frac{3}{n} + \frac{1}{n^2}}{3 + \frac{4}{n} + \frac{7}{n^2}} = \frac{a_n}{b_n}.$$

Wiederholte Anwendung von Satz 14.2 liefert $\lim_{n\to\infty} a_n = 2$ und $\lim_{n\to\infty} b_n = 3$ sowie $\lim_{n\to\infty} c_n = \frac{2}{3}$.

**Satz 14.3** *Seien $(a_n)_{n\in\mathbb{N}}$ und $(b_n)_{n\in\mathbb{N}}$ zwei konvergente Folgen mit $\lim_{n\to\infty} a_n = a$ und $\lim_{n\to\infty} b_n = b$. Gilt $a_n \le b_n$ für alle $n \in \mathbb{N}$, so ist $a \le b$.*

**Bemerkungen und Ergänzungen:**

(26) Sind in einer konvergenten Folge $(b_n)_{n\in\mathbb{N}}$ die Glieder nichtnegativ, $b_n \ge 0$, so ist $\lim b_n \ge 0$. Denn mit $a_n = 0$ ist $a_n \le b_n$ und $\lim_{n\to\infty} a_n = 0 \le \lim_{n\to\infty} b_n$.

(27) Gilt in Satz 14.3 die schärfere Voraussetzung $a_n < b_n$ für alle $n \in \mathbb{N}$, so folgt daraus **nicht** auch $a < b$. Vielmehr gilt auch dann nur $a \le b$. So gilt für die Folgen $(a_n)_{n\in\mathbb{N}} = \left(\frac{1}{n+1}\right)_{n\in\mathbb{N}}$ und $(b_n) = \left(\frac{1}{n}\right)_{n\in\mathbb{N}}$ zwar $a_n < b_n$ für alle $n \in \mathbb{N}$, aber es ist $\lim_{n\to\infty} a_n = \lim_{n\to\infty} b_n = 0$.

(28) Die Aussagen von Satz 14.2 gelten auch für **endlich** viele Summanden bzw. Faktoren. Ihre Anzahl darf jedoch nicht von $n$ abhängen. Sei beispielsweise $(c_n)_{n\in\mathbb{N}}$ eine Folge mit $c_n = \sum_{k=1}^{n} \frac{k}{n^2}$. Dann darf man **nicht** schließen: Da $\left(\frac{k}{n^2}\right)_{n\in\mathbb{N}}$ für

$k$ fest konvergent ist (vgl. (23)) mit $\lim_{n\to\infty} \frac{k}{n^2} = 0$, ist $\lim_{n\to\infty} c_n = 0$, da die Anzahl der Summanden in $c_n$ von $n$ abhängt. Vielmehr ist $c_n = \frac{n+1}{2n}$, also $\lim_{n\to\infty} c_n = \frac{1}{2}$ (vgl. (28)).

**Definition 14.3** *Eine Folge* $(a_n)_{n\in\mathbb{N}}$ *reeller Zahlen heißt*

*(i)* **nach oben** *(bzw.* **unten***)* **beschränkt,** *falls eine Konstante* $K \in \mathbb{R}$ *existiert mit* $a_n \leq K$ *(bzw.* $a_n \geq K$*) für alle* $n \in \mathbb{N}$. *Die Folge heißt* **beschränkt,** *wenn sie nach oben und unten beschränkt ist,*

*(ii)* **monoton wachsend,** *falls* $a_n \leq a_{n+1}$ *für alle* $n \in \mathbb{N}$,

*(iii)* **monoton fallend,** *falls* $a_n \geq a_{n+1}$ *für alle* $n \in \mathbb{N}$.

Gilt $a_n < a_{n+1}$ (bzw. $a_n > a_{n+1}$) für alle $n \in \mathbb{N}$, so heißt die Folge **streng monoton wachsend** (bzw. **streng monoton fallend**).

**Beispiele:**

(29) Die Folge $\left(\frac{1}{n}\right)_{n\in\mathbb{N}}$ ist beschränkt und streng monoton fallend.

(30) Die Folge $\left((-1)^n\right)_{n\in\mathbb{N}}$ ist beschränkt, doch weder monoton wachsend noch monoton fallend.

(31) Die Folge $(a_n)_{n\in\mathbb{N}}$ mit $a_n = \sum_{i=0}^{n} \frac{1}{i!}$ ist streng monoton wachsend, denn $a_{n+1} = a_n + \frac{1}{(n+1)!} > a_n$.

(32) Zur Prüfung auf Monotonie ist es oft vorteilhaft, die Differenz $a_{n+1} - a_n$ oder den Quotienten $\frac{a_{n+1}}{a_n}$ zu untersuchen. So ist die Folge $\left((1+\frac{1}{n})^n\right)_{n\in\mathbb{N}}$ monoton wachsend. Denn es ist

$$\begin{aligned}
\frac{a_{n+1}}{a_n} &= \frac{\left(1+\frac{1}{n+1}\right)^{n+1}}{(1+\frac{1}{n})^n} = \left(\frac{1+\frac{1}{n+1}}{1+\frac{1}{n}}\right)^{n+1} \cdot \left(1+\frac{1}{n}\right) \\
&= \left(\frac{(n+2)n}{(n+1)^2}\right)^{n+1} \cdot \frac{n+1}{n} = \left(1-\frac{1}{(n+1)^2}\right)^{n+1} \cdot \frac{n+1}{n} \\
&\geq \left(1-\frac{1}{n+1}\right) \cdot \frac{n+1}{n} = 1\,.
\end{aligned}$$

Dabei wurde in der letzten Abschätzung die Bernoullische Ungleichung benutzt.

**Satz 14.4** *Ist eine Folge reeller Zahlen konvergent, so ist sie beschränkt.*

**Bemerkungen und Ergänzungen:**

(33) Nach Satz 14.4 kann eine Folge, die nicht beschränkt ist, nicht konvergent sein. So ist die Folge $(n)_{n\in\mathbb{N}}$ divergent, denn sie ist nicht beschränkt. Analog lässt sich auf die Divergenz der geometrischen Folge $(x^n)_{n\in\mathbb{N}}$ für $|x| > 1$ schließen.

(34) Die Umkehrung der Aussage von Satz 14.4 muss nicht gelten. Eine beschränkte Folge muss nicht konvergent sein. So ist $\left((-1)^n\right)_{n\in\mathbb{N}}$ beschränkt, aber divergent.

Zur Prüfung auf Konvergenz gemäß Definition 14.2 braucht man den Grenzwert $a$. Die folgenden Sätze geben Konvergenzkriterien, die ohne Kenntnis des Grenzwertes anwendbar sind. Es steht also die Frage nach der Existenz eines Grenzwertes im Vordergrund. Anschließend kann die Bestimmung des Grenzwertes noch ein eigenes Problem darstellen.

**Satz 14.5 (Monotoniekriterium)**
*Ist eine Folge reeller Zahlen monoton wachsend und nach oben beschränkt oder monoton fallend und nach unten beschränkt, so ist sie konvergent.*

**Satz 14.6 (Einschließungskriterium)**
*Seien* $(a_n)_{n\in\mathbb{N}}$, $(b_n)_{n\in\mathbb{N}}$, $(c_n)_{n\in\mathbb{N}}$ *Folgen reeller Zahlen mit*

$$a_n \le c_n \le b_n \quad \textit{für alle } n \in \mathbb{N}.$$

*Sind die Folgen* $(a_n)_{n\in\mathbb{N}}$ *und* $(b_n)_{n\in\mathbb{N}}$ *konvergent mit*

$$\lim_{n\to\infty} a_n = \lim_{n\to\infty} b_n = a\,,$$

*so ist auch die Folge* $(c_n)_{n\in\mathbb{N}}$ *konvergent mit* $\lim_{n\to\infty} c_n = a$.

**Beispiele:**

(35) Die Folge $\left(\frac{1}{n^2}\right)_{n\in\mathbb{N}}$ ist nach unten beschränkt und monoton fallend, also ist sie konvergent.

(36) Wir betrachten die Folge $(a_n)_{n\in\mathbb{N}}$ mit

$$a_n = \left(1 + \frac{1}{n}\right)^n.$$

Nach (32) ist die Folge monoton wachsend, sie ist nach oben beschränkt, denn es lässt sich zeigen $a_n \leq 3$ für $n \in \mathbb{N}$. Demnach ist die Folge konvergent. Der Grenzwert der Folge heißt **Eulersche Zahl $e$**, also

$$\boxed{\lim_{n\to\infty}\left(1+\frac{1}{n}\right)^n = e\,.}$$

Es ist $e$ irrational mit

$$e = 2.718281828459045\ldots$$

*Warnung:* Auch hier lassen sich die Limesrechenregeln mit $\lim_{n\to\infty}\left(1+\frac{1}{n}\right) = 1$ nicht anwenden, da die Zahl der Faktoren in $a_n$ von $n$ abhängt.

(37) Die Folge $\left(\left(1-\frac{1}{n}\right)^n\right)_{n\in\mathbb{N}}$ ist konvergent mit

$$\lim_{n\to\infty}\left(1-\frac{1}{n}\right)^n = \frac{1}{e}\,.$$

Denn es ist $\left(1-\frac{1}{n}\right)^n = \left(\frac{1}{1+\frac{1}{n-1}}\right)^n = \left(\frac{1}{1+\frac{1}{n-1}}\right)^{n-1}\cdot\frac{1}{1+\frac{1}{n-1}}$, und die Limesrechenregeln liefern das Ergebnis.

(38) Die Folge $\left((1+\frac{1}{n})^{2n}\right)_{n\in\mathbb{N}}$ ist konvergent mit

$$\lim_{n\to\infty}\left(1+\frac{1}{n}\right)^{2n} = e^2\,.$$

Dies folgt aus $(1+\frac{1}{n})^{2n} = (1+\frac{1}{n})^n(1+\frac{1}{n})^n$ zusammen mit den Limesrechenregeln.

(39) Die Folge $(a_n)_{n\in\mathbb{N}}$ mit $a_n = \sum_{i=0}^n \frac{1}{i!}$ ist nach (31) streng monoton wachsend, sie ist nach oben beschränkt, denn es lässt sich zeigen $a_n \leq 3$. Demnach ist die Folge konvergent.

(40) Ein bemerkenswertes Ergebnis ist: Die Folgen $\left(\left(1+\frac{1}{n}\right)^n\right)_{n\in\mathbb{N}}$ und $\left(\sum_{i=0}^n \frac{1}{i!}\right)_{n\in\mathbb{N}}$ haben als Grenzwert beide die Eulersche Zahl $e$,

$$\boxed{\lim_{n\to\infty}\left(1+\frac{1}{n}\right)^n = \lim_{n\to\infty}\sum_{i=0}^n \frac{1}{i!} = e\,.}$$

(41) Die Folge $(a_n)_{n\in\mathbb{N}}$ mit $a_1 = 3$ und $a_{n+1} = \frac{1}{5}a_n^2 + \frac{4}{5}$ für $n \in \mathbb{N}$ ist monoton fallend und nach unten beschränkt. Demnach ist sie konvergent. Doch liefert das Monotoniekriterium nicht den Grenzwert. Zur Bestimmung des Grenzwertes $a$ hilft ein Trick. Aus der rekursiven Darstellung der $a_n$ folgt durch Grenzübergang, dass $a$ der Gleichung

$$a = \frac{1}{5}a^2 + \frac{4}{5}\,,$$

also $a^2 - 5a + 4 = 0$ genügen muss. Daher kommen für $a$ nur 1 oder 4 in Frage. Wegen $a_n \leq 3$ folgt $\lim_{n\to\infty} a_n = 1$.

(42) Der gerade verwendete Trick, bei rekursiv definierten Folgen den Grenzwert durch Grenzübergang in der rekursiven Darstellung zu finden, ist oft hilfreich. Doch ist damit die Konvergenz der Folge nicht nachgewiesen, dieser Nachweis muss gesondert geführt werden. So liefert bei der Folge $(a_n)_{n\in\mathbb{N}}$ mit $a_1 = 1$ und $a_{n+1} = 1 - a_n$ für $n \in \mathbb{N}$ der „Trick" $a = 1 - a$, also $a = \frac{1}{2}$. Dies ist jedoch nicht der Grenzwert der Folge, denn die Folge ist divergent.

(43) Die Folge $\left(\frac{\cos^2 n}{n}\right)_{n\in\mathbb{N}}$ ist konvergent, denn es ist $0 \le \frac{\cos^2 n}{n} \le \frac{1}{n}$, und das Einschließungskriterium gibt die Behauptung mit $\lim_{n\to\infty} \frac{\cos^2 n}{n} = 0$. Das Einschließungskriterium hat den Vorteil, dass der Grenzwert gleich mitgeliefert wird.

(44) Die Folge $(\sqrt[n]{n})_{n\in\mathbb{N}}$ ist konvergent mit

$$\boxed{\lim_{n\to\infty} \sqrt[n]{n} = 1\,.}$$

Denn $(b_n)_{n\in\mathbb{N}}$ mit $b_n = \sqrt[n]{n} - 1 \ge 0$ ist eine Nullfolge. Es ist nämlich

$$n = (1+b_n)^n = 1 + \binom{n}{1} b_n + \binom{n}{2} b_n^2 + \ldots + \binom{n}{n} b_n^n \ge 1 + \binom{n}{2} b_n^2\,,$$

so dass $0 \le b_n^2 \le \frac{2}{n}$ und damit $0 \le b_n \le \frac{\sqrt{2}}{\sqrt{n}}$. Das Einschließungskriterium liefert $\lim_{n\to\infty} b_n = 0$.

**Satz 14.7 (Cauchy-Kriterium)**
*Eine Folge $(a_n)_{n\in\mathbb{N}}$ reeller Zahlen ist genau dann konvergent, wenn für jedes $\varepsilon > 0$ ein $N(\varepsilon) \in \mathbb{N}$ existiert, so dass*

$$|a_n - a_m| < \varepsilon \quad \textit{für alle } n \ge N(\varepsilon) \textbf{ und } m \ge N(\varepsilon)\,.$$

**Bemerkungen und Ergänzungen:**

(45) Eine Folge, die das Kriterium von Satz 14.7 erfüllt, heißt auch **Cauchy-Folge**. Zu beachten ist, dass $|a_m - a_n| < \varepsilon$ für **alle** $m, n \ge N(\varepsilon)$ zu prüfen ist. Aus Symmetriegründen reicht zwar die Prüfung für alle $m > n \ge N(\varepsilon)$, doch es reicht **nicht** zu prüfen, dass $|a_{n+1} - a_n| < \varepsilon$ für alle $n \ge N(\varepsilon)$. Dies zeigt das Beispiel der Folge $(a_n)_{n\in\mathbb{N}}$ mit $a_n = \sum_{i=1}^n \frac{1}{i}$. Es gilt zwar $|a_{n+1} - a_n| = \frac{1}{n+1} < \varepsilon$ für alle $n \ge N(\varepsilon)$, wobei $N(\varepsilon)$ eine natürliche Zahl größer $\frac{1}{\varepsilon} - 1$ ist. Doch gilt für $m = 2n$ die Abschätzung $|a_m - a_n| = |a_{2n} - a_n| > \frac{1}{2}$ für alle $n \in \mathbb{N}$. Die Wahl $\varepsilon = \frac{1}{2}$ in Satz 14.7 zeigt die Divergenz der Folge.

(46) Augustin Louis Cauchy (1789-1857) publizierte bahnbrechende Arbeiten zur Analysis, er begründete die Theorie der Funktionen einer komplexen Veränderlichen. Er arbeitete auch auf den Gebieten Differentialgleichungen, Geometrie, Algebra und Mechanik.

**Beispiele:**

(47) Die Folge $(a_n)_{n\in\mathbb{N}}$ mit $a_n = \sum_{i=1}^n \frac{1}{i}(-1)^{i+1}$ ist konvergent. Es gilt nämlich die Abschätzung $|a_m - a_n| < \frac{1}{n+1}$ für alle $m \geq n$, so dass aus dem Cauchy-Kriterium die Konvergenz folgt.

(48) Die Folge $(a_n)_{n\in\mathbb{N}}$ mit $a_n = \sum_{i=1}^n \frac{1}{i}$ ist (wie in (45) gezeigt) divergent.

In Definition 14.1 ist der Grenzwert $a$ einer konvergenten Folge eine reelle Zahl. Bei divergenten Folgen $(a_n)_{n\in\mathbb{N}}$ kann aber auch folgende Situation vorliegen: Zu **jedem** $K \in \mathbb{R}$ existiert eine natürliche Zahl $N(K)$, so dass $a_n > K$ für alle $n \geq N(K)$. (Die Glieder der Folge liegen „schließlich" oberhalb jeder festen Zahl $K$). Eine solche Folge heißt dann (bestimmt) **divergent** gegen den **uneigentlichen Grenzwert** $\infty$, man schreibt $\lim_{n\to\infty} a_n = \infty$. Analog ist $\lim a_n = -\infty$ definiert für Folgen, deren Glieder „schließlich" unterhalb jeder festen Zahl liegen.

**Beispiele:**

(49) Die Folge $(n)_{n\in\mathbb{N}}$ ist divergent gegen $\infty$.

(50) Die Folge $(-n^2)_{n\in\mathbb{N}}$ ist divergent gegen $-\infty$.

(51) Die Folge $(a_n)_{n\in\mathbb{N}}$ mit $a_n = \sum_{i=1}^n \frac{1}{i}$ ist divergent gegen $\infty$.

(52) Seien $(a_n)_{n\in\mathbb{N}}$, $(b_n)_{n\in\mathbb{N}}$, $(c_n)_{n\in\mathbb{N}}$ Folgen mit $a_n = n$, $b_n = -n^2$, $c_n = \frac{a_n}{b_n}$. Dann gilt $\lim a_n = \infty$, $\lim b_n = -\infty$ und $\lim_{n\to\infty} c_n = \lim_{n\to\infty} \frac{a_n}{b_n} = 0$. Es dürfen also nicht die Limesrechenregeln angewendet werden.

(53) Die Folge $\Big((-1)^n \cdot n\Big)_{n\in\mathbb{N}}$ ist divergent, aber nicht divergent gegen $\infty$ und nicht divergent gegen $-\infty$.

Ist $(a_n)_{n\in\mathbb{N}}$ eine Folge reeller Zahlen und liegen in jeder $\varepsilon$-Umgebung $U_\varepsilon(b) = \{x : |x - b| < \varepsilon\}$ einer Zahl $b \in \mathbb{R}$ unendlich viele Glieder der Folge, so heißt $b$ ein **Häufungswert** der Folge. Mit anderen Worten ist $b$ Häufungswert, falls es zu jedem $\varepsilon > 0$ unendlich viele Indizes $n$ gibt mit $a_n \in U_\varepsilon(b)$. Ist die Folge konvergent mit dem Grenzwert $\lim_{n\to\infty} a_n = a$, so ist $a$ offenbar (der einzige) Häufungswert. Der berühmte und beweistechnisch wichtige **Satz von Bolzano-Weierstraß** besagt, dass jede **beschränkte** Folge mindestens einen Häufungswert besitzt. So besitzt die beschränkte (divergente) Folge $\big((-1)^n\big)_{n\in\mathbb{N}}$ die Häufungswerte $b_1 = -1$ und $b_2 = +1$. Jede beschränkte Folge $(a_n)_{n\in\mathbb{N}}$ besitzt einen größten Häufungswert, dieser heißt **Limes superior**, in Zeichen: $\limsup_{n\to\infty} a_n$, und sie besitzt einen kleinsten Häufungswert, dieser heißt **Limes inferior**, in Zeichen: $\liminf_{n\to\infty} a_n$. Ist die Folge konvergent, so ist $\liminf_{n\to\infty} a_n = \lim_{n\to\infty} a_n = \limsup_{n\to\infty} a_n$.

**Beispiele:**

(54) Die Folge $(a_n)_{n\in\mathbb{N}}$ mit $a_n = \left(1-\frac{1}{n}\right)^n$ für $n$ gerade und $a_n = 2\left(1+\frac{1}{n}\right)^n$ für $n$ ungerade hat die beiden Häufungswerte $b_1 = \frac{1}{e}$ und $b_2 = 2e$.

(55) Die Folge $(a_n)_{n\in\mathbb{N}}$ mit $a_n = \left(1-\frac{1}{n}\right)^n$ für $n = 3k$, $a_n = 2\left(1+\frac{1}{n}\right)^n$ für $n = 3k-1$, $a_n = 1+\frac{1}{n}$ für $n = 3k-2$ mit $k = 1,2,3,\ldots$ besitzt die Häufungswerte $b_1 = \frac{1}{e}$, $b_2 = 2e$, $b_3 = 1$. Es ist $\liminf_{n\to\infty} a_n = \frac{1}{e}$ und $\limsup_{n\to\infty} a_n = 2e$.

**Bemerkungen und Ergänzungen:**

(56) Ist $a = \limsup_{n\to\infty} a_n$ der beschränkten Folge $(a_n)_{n\in\mathbb{N}}$, so gibt es für jedes $\varepsilon > 0$ unendlich viele $n$ mit $a_n > a - \varepsilon$.

(57) Karl Weierstrass (1815–1897) übte starken Einfluss auf die Entwicklung der Analysis (Vater der „Epsilontik") aus. Er schrieb bahnbrechende Arbeiten zur allgemeinen Theorie der analytischen Funktionen einer komplexen Veränderlichen, zur Variationsrechnung, elliptischen Funktionen, linearen Algebra.

(58) Bernhard Bolzano (1781–1848), Theologe, Philosoph und Mathematiker publizierte grundlegende Arbeiten zur Analysis.

## TESTS

**T14.1:** Sei $(a_n)_{n\in\mathbb{N}}$ eine Folge reeller Zahlen mit $\lim_{n\to\infty} a_n = a$. Sei $b_n = n$ für $n = 1,2,\ldots,5$ und $b_n = a_{n-5}$ für $n \geq 6$. Für die Folge $(b_n)_{n\in\mathbb{N}}$ gilt

( ) $\lim\limits_{n\to\infty} b_n = a - \sum\limits_{n=1}^{5} a_n$

( ) $\lim\limits_{n\to\infty} b_n = a$

( ) $\lim\limits_{n\to\infty} b_n = a - 5$

( ) $(b_n)_{n\in\mathbb{N}}$ ist divergent.

**T14.2:** Die Folge $(a_n)_{n\in\mathbb{N}}$ sei konvergent. Dann gilt:

( ) Die Folge $(|a_n|)_{n\in\mathbb{N}}$ ist konvergent.

( ) Die Folge $\left((-1)^n a_n\right)_{n\in\mathbb{N}}$ ist konvergent.

( ) Die Folge $(a_n^3)_{n\in\mathbb{N}}$ ist konvergent.

( ) Ist $a_n > 0$ für $n \in \mathbb{N}$, so ist die Folge $\left(\frac{1}{a_n}\right)_{n\in\mathbb{N}}$ konvergent.

**T14.3:** Welche der Aussagen für eine Folge $(a_n)_{n\in\mathbb{N}}$ sind richtig?

( ) Die Folge ist genau dann divergent, wenn für jede reelle Zahl $a$ ein $\varepsilon > 0$ existiert, so dass für alle natürlichen Zahlen $N$ es eine natürliche Zahl $n \geq N$ gibt mit $|a_n - a| \geq \varepsilon$.

( ) Ist die Folge konvergent mit dem Grenzwert $a$, so ist auch die Folge $(a_{2k})_{k\in\mathbb{N}}$ konvergent mit dem Grenzwert $a$.

( ) Ist die Folge beschränkt, so besitzt sie einen Grenzwert $\lim_{n\to\infty} a_n$.

( ) Ist die Folge beschränkt, so besitzt sie einen Limes superior $\limsup_{n\to\infty} a_n$.

**T14.4:** Welche der Aussagen sind richtig?

( ) Gilt $a_n > 0$ in der konvergenten Folge $(a_n)_{n\in\mathbb{N}}$, so ist $\lim_{n\to\infty} a_n > 0$.

( ) Ist die Folge $\left(\frac{a_n}{b_n}\right)_{n\in\mathbb{N}}$ konvergent, so sind auch die Folgen $(a_n)_{n\in\mathbb{N}}$ und $(b_n)_{n\in\mathbb{N}}$ konvergent.

( ) Ist eine Folge monoton steigend und nach unten beschränkt, so ist sie konvergent.

( ) Ist eine Folge monoton fallend und beschränkt, so ist sie konvergent.

**T14.5:** Welche der Aussagen sind richtig?

( ) Zur Anwendung des Monotoniekriteriums wird der (vermutete) Grenzwert der Folge nicht benötigt.

( ) Zur Anwendung des Einschließungskriteriums wird der (vermutete) Grenzwert der Folge benötigt.

( ) Das Monotoniekriterium liefert auch den Grenzwert der Folge.

( ) Das Einschließungskriterium liefert auch den Grenzwert der Folge.

**T14.6:** Für die Folge $(a_n)_{n\in\mathbb{N}}$ mit

( ) $a_n = \left(1 - \frac{1}{n}\right)^n$ gilt $\lim\limits_{n\to\infty} a_n = \frac{1}{e}$

( ) $a_n = \left(1 - \frac{1}{n}\right)^{1000}$ gilt $\lim\limits_{n\to\infty} a_n = \frac{1}{e}$

( ) $a_n = \left(1 - \frac{1}{n}\right)^{1000}$ gilt $\lim\limits_{n\to\infty} a_n = 1$

( ) $a_n = \sqrt[n]{5} - 2$ gilt $\lim\limits_{n\to\infty} a_n = -2$

( ) $a_n = \sqrt[n]{5} - 2$ gilt $\lim\limits_{n\to\infty} a_n = -1$.

## ÜBUNGEN

**Ü14.1:** Untersuchen Sie die nachstehenden Folgen $(a_n)_{n\in\mathbb{N}}$ auf Konvergenz oder Divergenz. Bestimmen Sie im Falle der Konvergenz den Grenzwert.

a) $a_n = 1 - \dfrac{3^n}{n!}$ b) $a_n = (-1)^n + \dfrac{1}{3^n}$

c) $a_n = \dfrac{1+4n^7}{\frac{1}{n} + 2n^3 + 3n^6}$ d) $a_n = \dfrac{(-3)^n + 2\cdot 6^n}{2^n + 3\cdot 6^n}$

e) $a_n = \sqrt{1 + \dfrac{1}{\sqrt{n}}}$ f) $a_n = \dfrac{n^5 + 4n^3 - n}{2n^5 - 2n^4 + 7}$

**Ü14.2:** a) Zeigen Sie mit dem Einschließungskriterium, dass die Folge $(a_n)_{n\in\mathbb{N}}$ mit $a_n = n\,\dfrac{4^n}{(n+1)!}$ konvergent ist, und bestimmen Sie den Grenzwert.

b) In der Folge $(a_n)_{n\in\mathbb{N}}$ gelte $a_n > \sqrt{n}$. Bestimmen Sie mit dem Einschließungskriterium den Grenzwert der Folge $\left(\dfrac{1}{a_n}\right)_{n\in\mathbb{N}}$.

c) Bestimmen Sie den Grenzwert der Folge $(a_n)_{n\in\mathbb{N}}$ mit

$$a_n = \sqrt{n + \sqrt{n}} - \sqrt{n}\,.$$

*Hinweis:* Erweitern Sie mit $\sqrt{n+\sqrt{n}} + \sqrt{n}$.

**Ü14.3:** Die Folge $(a_n)_{n\in\mathbb{N}}$ sei rekursiv definiert durch $a_1 = 2$ und $a_{n+1} = \frac{a_n}{2} + \frac{3}{2a_n}$ für $n \in \mathbb{N}$.

a) Wie lauten $a_2$ und $a_3$?

b) Zeigen Sie durch vollständige Induktion $\sqrt{3} < a_n < 3$.

c) Zeigen Sie, dass die Folge monoton fallend ist.

d) Begründen Sie, dass die Folge konvergent ist, und bestimmen Sie den Grenzwert der Folge.

**Ü14.4:** Die Folge $(a_n)_{n\in\mathbb{N}}$ sei rekursiv definiert durch $a_1 = 0.9$, $a_2 = 0.85$ und $a_{n+2} = \frac{3}{5} + \frac{1}{4}\sin(\frac{\pi}{2}a_{n+1}) - \frac{1}{10}(\cos\frac{\pi}{2}a_n)$ für $n \in \mathbb{N}$. Beweisen Sie mit dem Monotoniekriterium die Konvergenz der Folge.

**Ü14.5:** Bestimmen Sie die Grenzwerte

a) $\displaystyle\lim_{n\to\infty}\left(1 - \frac{1}{n^2}\right)^n$

b) $\displaystyle\lim_{n\to\infty}\left(1 + \frac{1}{n^3}\right)^5 \cdot \left(1 + \frac{1}{n}\right)^{-n}$

c) $\displaystyle\lim\left(1 - \frac{1}{n}\right)^{3n} \cdot \left(1 + \frac{1}{n}\right)^{n-3}$

d) $\lim\limits_{n\to\infty} \frac{5n^3 - 3n + 1}{(2n+1)^3} \cdot \left(\frac{n-2}{n+2}\right)^n$.

**Ü14.6:** Bestimmen Sie die Grenzwerte

a) $\lim\limits_{n\to\infty} \left(\frac{(n+1)(n+2)}{(n-1)n}\right)^n \sqrt{\left(\frac{n}{n-1}\right)^n}$

b) $\lim\limits_{n\to\infty} \frac{2}{(x^2)^n + 2}$ in Abhängigkeit von $x \in \mathbb{R}$.

**Ü14.7:** Seien $(a_n)_{n\in\mathbb{N}}$ eine (bestimmt) divergente Folge mit $\lim_{n\to\infty} a_n = \infty$ und $(b_n)_{n\in\mathbb{N}}$ eine konvergente Folge mit $\lim_{n\to\infty} b_n = 0$. Geben Sie Beispiele für $a_n$ und $b_n$, so dass

a) $\lim\limits_{n\to\infty} (a_n \cdot b_n) = +\infty$

b) $\lim\limits_{n\to\infty} (a_n \cdot b_n) = -\infty$

c) $\lim\limits_{n\to\infty} (a_n \cdot b_n) = 2$

d) die Folge $(a_n \cdot b_n)_{n\in\mathbb{N}}$ beschränkt ist, aber nicht konvergiert.

# 15 Grenzwert und Stetigkeit reeller Funktionen

Wir betrachten das Verhalten von reellen Funktionen, falls sich das Argument einer Zahl $x_0$ nähert. Es heißt $x_0 \in \mathbb{R}$ **Häufungspunkt** einer Menge $M \subset \mathbb{R}$, wenn es eine Folge $\left(x_n\right)_{n\in\mathbb{N}}$ aus $M$ gibt mit $x_n \neq x_0$, die gegen $x_0$ konvergiert. Für solche Folgen werden die Folgen $\left(f(x_n)\right)_{n\in\mathbb{N}}$ der Bilder $f(x_n)$ betrachtet.

**Definition 15.1** *Sei $f : \mathbb{R} \to \mathbb{R}$ eine reelle Funktion mit der Definitionsmenge $D(f)$, sei $x_0 \in \mathbb{R}$ ein Häufungspunkt von $D(f)$. Gilt für* **jede** *Folge $(x_n)_{n\in\mathbb{N}}$ mit*

$$x_n \in D(f)\,, \quad x_n \neq x_0\,, \quad \lim_{n\to\infty} x_n = x_0$$

*die Beziehung*

$$\lim_{n\to\infty} f(x_n) = c$$

*mit $c \in \mathbb{R}$, so hat $f$ an der Stelle $x_0$ den* **Grenzwert** *$c$.*

**Bemerkungen und Ergänzungen:**

(1) Für **jede** gegen $x_0$ konvergente Folge $(x_n)_{x\in\mathbb{N}}$ aus $D(f)$ mit $x_n \neq x_0$ wird die Bildfolge $\Big(f(x_n)\Big)_{n\in\mathbb{N}}$ betrachtet. Haben alle diese Folgen den gleichen Grenzwert $c$, so hat $f$ an $x_0$ den Grenzwert $c$. Gibt es hingegen (mindestens) eine solche Folge, die nicht konvergiert oder gegen einen anderen Grenzwert als $c$ konvergiert, so hat $f$ an $x_0$ keinen Grenzwert.

(2) Hat $f$ an $x_0$ den Grenzwert $c$, so schreibt man auch $\lim\limits_{x\to x_0} f(x) = c$ oder $f(x) \to c$ für $x \to x_0$.

(3) Die Stelle $x_0$ muss nicht zu $D(f)$ gehören, doch muss $x_0$ Häufungspunkt von $D(f)$ sein. Mit anderen Worten: $f(x_0)$ braucht nicht definiert zu sein. Die Definition des Grenzwertes nimmt nicht auf $f(x_0)$ Bezug. Existiert der Grenzwert, so ist er eindeutig.

(4) Eine äquivalente Definition des Grenzwertes ist: Sei $f : \mathbb{R} \to \mathbb{R}$ eine reelle Funktion mit der Definitionsmenge $D(f)$, sei $x_0 \in \mathbb{R}$ ein Häufungpunkt von $D(f)$. Es heißt $c \in \mathbb{R}$ Grenzwert von $f$ an der Stelle $x_0$, wenn zu jedem $\varepsilon > 0$ ein $\delta > 0$ existiert, so dass für alle $x \in D(f)$ mit $0 < |x - x_0| < \delta$ gilt $|f(x) - c| < \varepsilon$.

(5) Es ist $x_0 \in \mathbb{R}$ Häufungspunkt einer Menge $M \subset \mathbb{R}$, falls in jeder $\varepsilon$–Umgebung $\{x \in \mathbb{R} : |x - x_0| < \varepsilon\}$, $\varepsilon > 0$, von $x_0$ unendlich viele Elemente von $M$ liegen.

**Beispiele:**

(6) Sei $M = [0,1]$. Dann ist jeder Punkt $x_0 \in [0,1]$ Häufungspunkt von $M$. Jeder Häufungspunkt gehört zu $M$.

(7) Sei $M = (0,1]$. Dann ist jeder Punkt $x_0 \in (0,1]$ Häufungspunkt von $M$. Weiter ist $x_0 = 0$ ein Häufungspunkt von $M$, der nicht zu $M$ gehört.

(8) Sei $M = (0, 1)$. Dann ist jeder Punkt $x_0 \in (0, 1)$ Häufungspunkt von $M$. Weiter sind $x_0 = 0$ und $x_0 = 1$ Häufungspunkte von $M$, die nicht zu $M$ gehören.

(9) Sei $M = [0, 1] \cup \{2\}$. Dann ist jeder Punkt $x_0 \in [0, 1]$ Häufungspunkt von $M$. Es ist $x_0 = 2$ kein Häufungspunkt von $M$, vielmehr ein isolierter Punkt.

(10) Die Funktion $f : \mathbb{R} \to \mathbb{R}$ mit $D(f) = \mathbb{R}$ und $f(x) = x^2$ hat an der Stelle $x_0 = 2$ den Grenzwert $c = 4$. Denn für jede Folge $(x_n)_{n\in\mathbb{N}}$ mit $x_n \in \mathbb{R}$, $x_n \neq 2$, $\lim\limits_{n\to\infty} x_n = 2$ ist $\lim\limits_{n\to\infty} f(x_n) = \lim\limits_{n\to\infty} x_n^2 = \lim\limits_{n\to\infty} x_n \cdot \lim\limits_{n\to\infty} x_n = 2^2 = 4$. Hier ist $c = f(x_0)$.

(11) Die Funktion $f : \mathbb{R} \to \mathbb{R}$ mit $D(f) = (2, \infty)$ und $f(x) = x^2$ hat an der Stelle $x_0 = 2$ den Grenzwert $c = 4$. Es ist $x_0 = 2$ zwar Häufungspunkt von $D(f)$, gehört aber nicht zu $D(f)$.

(12) Die Funktion $f : \mathbb{R} \to \mathbb{R}$ mit $D(f) = \mathbb{R}\backslash\{0\}$ und $f(x) = \frac{1}{x}$ hat an jeder Stelle $x_0 \neq 0$ den Grenzwert $\lim_{x\to x_0} f(x) = \frac{1}{x_0}$. An der Stelle $x_0 = 0$ hat $f$ jedoch keinen Grenzwert. Es ist zwar $x_0 = 0$ Häufungspunkt von $D(f)$, doch ist beispielsweise die Folge $(x_n)_{n\in\mathbb{N}} = \left(\frac{1}{n}\right)_{n\in\mathbb{N}}$ konvergent gegen 0, aber die Bildfolge $\Big(f(x_n)\Big)_{n\in\mathbb{N}} = (n)_{n\in\mathbb{N}}$ ist divergent.

(13) Die **Signumfunktion** (Vorzeichenfunktion) $f$ mit $D(f) = \mathbb{R}$ und

$$f(x) = \operatorname{sgn}(x) = \begin{cases} 1 & \text{für } x > 0 \\ 0 & \text{für } x = 0 \\ -1 & \text{für } x < 0 \end{cases}$$

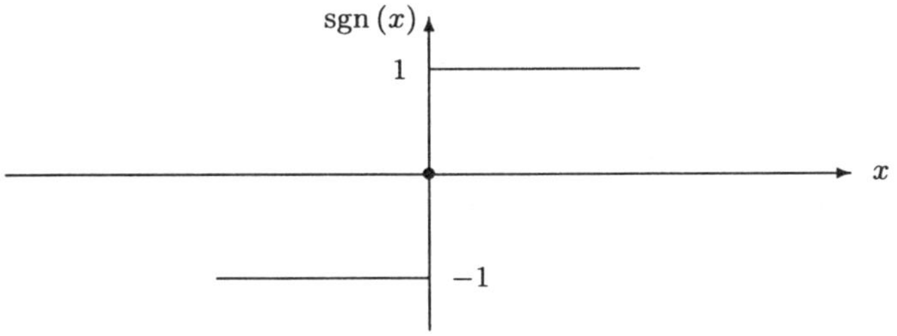


hat für $x_0 \neq 0$ einen Grenzwert $c$, nämlich

$$c = \begin{cases} 1 & \text{für } x_0 > 0 \\ -1 & \text{für } x_0 < 0\,. \end{cases}$$

Für $x_0 = 0$ hat $f$ jedoch keinen Grenzwert. Denn für die Folge $\left(\frac{1}{n}\right)_{n\in\mathbb{N}}$, die gegen $x_0 = 0$ konvergiert, hat die Bildfolge $\Big(f(\frac{1}{n})\Big)_{n\in\mathbb{N}} = (1)_{n\in\mathbb{N}}$ den Grenzwert 1, während für die Folge $\left(-\frac{1}{n}\right)_{n\in\mathbb{N}}$, die ebenfalls gegen $x_0 = 0$ konvergiert, die Bildfolge $\Big(f(-\frac{1}{n})\Big)_{n\in\mathbb{N}} = (-1)_{n\in\mathbb{N}}$ den Grenzwert $-1$ hat.

(14) Die Funktion $f : \mathbb{R} \to \mathbb{R}$ mit $D(f) = \mathbb{R}\backslash\{0\}$ und

$$f(x) = \sin\frac{1}{x}$$

hat an der Stelle $x_0 = 0$, die Häufungspunkt von $D(f)$ ist, keinen Grenzwert. Denn für die Folge $(x_n)_{n\in\mathbb{N}}$ mit $x_n = \frac{1}{(2n+1)\pi/2}$, die gegen $x_0 = 0$ konvergiert, ist die Bildfolge $\big(f(x_n)\big) = \big((-1)^n\big)_{n\in\mathbb{N}}$ divergent.

Dagegen hat die Funktion $g : \mathbb{R} \to \mathbb{R}$ mit $D(g) = \mathbb{R}\backslash\{0\}$ und

$$g(x) = x \cdot \sin\frac{1}{x}$$

an der Stelle $x_0 = 0$ den Grenzwert $\lim_{x\to 0}(x \cdot \sin\frac{1}{x}) = 0$. Denn für **jede** Folge $(x_n)_{n\in\mathbb{N}}$ mit $x_n \neq 0$, $\lim_{n\to\infty} x_n = 0$ gilt $|g(x_n) - 0| = |x_n \sin\frac{1}{x_n}| \leq |x_n|$, also $\lim_{n\to\infty} g(x_n) = 0$.

(15) Die Funktion $f : \mathbb{R} \to \mathbb{R}$ mit $D(f) = \mathbb{R}\backslash\{0\}$ und

$$f(x) = \frac{\sin x}{x}$$

hat einen Grenzwert an der Stelle $x_0 = 0 \notin D(f)$, nämlich

$$\boxed{\lim_{x\to 0}\frac{\sin x}{x} = 1\,.}$$

Aus den Limesrechenregeln für Folgen ergeben sich die Limesrechenregeln in Satz 15.1, die für Anwendungen oft bequem sind.

**Satz 15.1** *Die Funktionen $f : \mathbb{R} \to \mathbb{R}$ und $g : \mathbb{R} \to \mathbb{R}$ mit $D(f) = D(g) = D$ mögen an der Stelle $x_0$ jeweils einen Grenzwert besitzen. Dann besitzen auch $\alpha \cdot f$ für $\alpha \in \mathbb{R}$, $f \pm g$, $f \cdot g$ Grenzwerte an $x_0$ und es gilt*

$$\lim_{x\to x_0}[\alpha \cdot f(x)] = \alpha \cdot \lim_{x\to x_0} f(x)$$

$$\lim_{x\to x_0}[f(x) \pm g(x)] = \lim_{x\to x_0} f(x) \pm \lim_{x\to x_0} g(x)$$

$$\lim_{x\to x_0}[f(x) \cdot g(x)] = [\lim_{x\to x_0} f(x)] \cdot [\lim_{x\to x_0} g(x)]\,.$$

*Gilt $\lim_{x\to x_0} g(x) \neq 0$, so hat auch $\frac{f}{g}$ einen Grenzwert an $x_0$, und es gilt*

$$\lim_{x\to x_0}\frac{f(x)}{g(x)} = \frac{\lim_{x\to x_0} f(x)}{\lim_{x\to x_0} g(x)}\,.$$

**Beispiele:**

(16) Seien $f : \mathbb{R} \to \mathbb{R}$ mit $D(f) = (0,\infty)$ und $f(x) = \frac{1}{x+2}$ und $g : \mathbb{R} \to \mathbb{R}$ mit $D(f) = (0,\infty)$ und $g(x) = x^2$. Dann ist $\lim_{x\to 2} f(x) = \frac{1}{4}$, $\lim_{x\to 2} g(x) = 4$, $\lim_{x\to 2} 3f(x) = \lim_{x\to 2} \frac{3}{x+2} = 3\lim_{x\to 2} \frac{1}{x+2} = \frac{3}{4}$, $\lim_{x\to 2}[f(x)+g(x)] = \lim_{x\to 2}\left(\frac{1}{x+2}+x^2\right) = \lim_{x\to 2}\frac{1}{x+2} + \lim_{x\to 2} x^2 = \frac{1}{4}+4 = \frac{17}{4}$, $\lim_{x\to 2}[f(x)\cdot g(x)] = \lim_{x\to 2}\frac{x^2}{x+2} = \lim_{x\to 2}\frac{1}{x+2}\cdot \lim_{x\to 2} x^2 = \frac{1}{4}\cdot 4 = 1$ oder auch $\lim_{x\to 2}\frac{x^2}{x+2} = \frac{\lim_{x\to 2} x^2}{\lim_{x\to 2} x+2} = \frac{4}{4} = 1$.

(17) Ein Beispiel für die wiederholte Anwendung der Limesrechenregeln ist: Die Funktion $f : \mathbb{R} \to \mathbb{R}$ mit $D(f) = \mathbb{R}$ und $f(x) = x^n$, $n \in \mathbb{N}$, sei gegeben. Für $x_0 \in \mathbb{R}$ ist dann $\lim_{x\to x_0} f(x) = \lim_{x\to x_0} x^n = (\lim_{x\to x_0} x)(\lim_{x\to x_0} x)\ldots(\lim_{x\to x_0} x) = x_0^n$. Verallgemeinerung: Ist $P_n$ ein Polynom vom Grad $n$ mit $D(P_n) = \mathbb{R}$, so existiert an jeder Stelle $x_0$ der Grenzwert von $P_n$, und es ist $\lim_{x\to x_0} P_n(x) = P_n(x_0)$.

(18) Sei $f : \mathbb{R} \to \mathbb{R}$ mit $D(f) = \mathbb{R}\backslash\{2\}$ und

$$f(x) = \frac{x^2+x-6}{x-2}.$$

Es ist

$$\lim_{x\to 4}\frac{x^2+x-6}{x-2} = \frac{\lim_{x\to 4}(x^2+x-6)}{\lim_{x\to 4}(x-2)} = \frac{14}{2} = 7.$$

Man beachte, dass $\lim_{x\to 2}\frac{x^2+x-6}{x-2}$ auf diese Weise wegen $\lim_{x\to 2}(x-2) = 0$ nicht bestimmt werden kann. Doch folgt aus der Definition des Grenzwerts für eine Folge $(x_n)_{x\in\mathbb{N}}$ mit $x_n \neq x_0 = 2$, $\lim_{n\to\infty} x_n = 2$,

$$\lim_{x\to 2}\frac{x^2+x-6}{x-2} = \lim_{n\to\infty}\frac{x_n^2+x_n-6}{x_n-2} = \lim_{n\to\infty}\frac{(x_n-2)(x_n+3)}{x_n-2}$$
$$= \lim_{n\to\infty}(x_n+3) = 5.$$

(19) Die Funktion $f : \mathbb{R} \to \mathbb{R}$ mit $D(f) = [-1,1]\cup\{2\}$ und $f(x) = x^2$ hat an der Stelle $x_0 = 2$ keinen Grenzwert, da $x_0 = 2$ nicht Häufungspunkt von $D(f)$ ist.

In Definition 15.1 werden **alle** Folgen $(x_n)_{n\in\mathbb{N}}$ mit $x_n \in D(f)$, $x_n \neq x_0$, $\lim x_n = x_0$ herangezogen. Beschränken wir uns auf solche Folgen, für die zusätzlich $x_n < x_0$ bzw. $x_n > x_0$ für $n \in \mathbb{N}$ gilt, so kommen wir zu den **einseitigen Grenzwerten** in

**Definition 15.2** *Sei $f : \mathbb{R} \to \mathbb{R}$ mit der Definitionsmenge $D(f)$ eine reelle Funktion. Sei $x_0 \in \mathbb{R}$ Häufungspunkt von $D^<(f) = D(f)\cap\{x : x < x_0\}$ (bzw. von $D^>(f) = D(f)\cap\{x : x > x_0\}$). Gilt für jede Folge $(x_n)_{n\in\mathbb{N}}$ mit $x_n \in D^<(f)$ (bzw. mit $x_n \in D^>(f)$) und $\lim x_n = x_0$ die Beziehung $\lim_{n\to\infty} f(x_n) = c$ mit $c \in \mathbb{R}$ (bzw. $\lim_{n\to\infty} f(x_n) = d$ mit $d \in \mathbb{R}$), so hat $f$ an der Stelle $x_0$ den* **linksseitigen Grenzwert** *$c$ (bzw. den* **rechtsseitigen Grenzwert** *$d$).*

Für den linksseitigen Grenzwert schreibt man $\lim_{\substack{x \to x_0 \\ x < x_0}} f(x) = c$ oder $\lim_{x \nearrow x_0} f(x) = c$ oder $f(x_0-) = c$, für den rechtsseitigen Grenzwert schreibt man $\lim_{\substack{x \to x_0 \\ x > x_0}} f(x) = d$ oder $\lim_{x \searrow x_0} f(x) = d$ oder $f(x_0+) = d$.

Ist $x_0$ Häufungspunkt von $D^<(f)$ **und** $D^>(f)$, so existiert der Grenzwert $\lim_{x \to x_0} f(x)$ genau dann, wenn die einseitigen Grenzwerte $c = \lim_{x \nearrow x_0} f(x)$ und $d = \lim_{x \searrow x_0} f(x)$ existieren und gleich sind. Dann gilt auch $\lim_{x \to x_0} f(x) = c = d$.

**Beispiele:**

(20) Sei $f : \mathbb{R} \to \mathbb{R}$ mit $D(f) = \mathbb{R}$ und

$$f(x) = \begin{cases} 1 + x & \text{für } x \geq 0 \\ x & \text{für } x < 0 . \end{cases}$$

Dann gilt für die einseitigen Grenzwerte an der Stelle $x_0 = 0$

$$\lim_{x \nearrow 0} f(x) = 0 \quad \text{und} \quad \lim_{x \searrow 0} f(x) = 1 .$$

Doch hat $f$ an $x_0 = 0$ keinen Grenzwert.

(21) Die Signumfunktion hat an der Stelle $x_0 = 0$ die einseitigen Grenzwerte

$$\lim_{x \nearrow 0} \operatorname{sgn}(x) = -1 \quad \text{und} \quad \lim_{x \searrow 0} \operatorname{sgn}(x) = +1 ,$$

aber $\lim_{x \to 0} \operatorname{sgn}(x)$ existiert nicht.

(22) Sei $f : \mathbb{R} \to \mathbb{R}$ mit $D(f) = [-1, 1]$ und $f(x) = x^2 + 2$. An der Stelle $x_0 = 0$ stimmen die einseitigen Grenzwerte und der Grenzwert von $f$ überein, $\lim_{x \nearrow 0} f(x) = \lim_{x \searrow 0} f(x) = \lim_{x \to 0} f(x) = 2$.

(23) Sei $f : \mathbb{R} \to \mathbb{R}$ mit $D(f) = [0, 1)$ und $f(x) = x^2 + 2$. An der Stelle $x_0 = 1$ hat $f$ den linksseitigen Grenzwert $\lim_{x \nearrow 1} f(x) = 3$ und den Grenzwert $\lim_{x \to 1} f(x) = 3$. Der rechstsseitige Grenzwert existiert nicht, da $x_0 = 1$ kein Häufungspunkt von $D^>(f) = [0, 1) \cap \{x : x > 1\} = \emptyset$ ist.

Wie bei Folgen werden uneigentliche Grenzwerte definiert. Ist $x_0$ Häufungspunkt von $D(f)$ und divergiert für jede Folge $(x_n)_{n \in \mathbb{N}}$ mit $x_n \in D(f)$, $x_n \neq x_0$, $\lim_{n \to \infty} x_n = x_0$ die Bildfolge $\big(f(x_n)\big)_{n \in \mathbb{N}}$ gegen $\infty$ (vgl. Kap. 14 nach (48)), so sagt man, $f$ habe an der Stelle $x_0$ den **uneigentlichen Grenzwert** $\infty$ und schreibt $\lim_{x \to x_0} f(x) = \infty$. Analog ist $\lim_{x \to x_0} f(x) = -\infty$ definiert.

Ist $D(f)$ nach rechts unbeschränkt und konvergiert für jedeFolge $(x_n)_{n \in \mathbb{N}}$ aus $D(f)$ mit $\lim_{n \to \infty} x_n = \infty$ die Bildfolge $\big(f(x_n)\big)_{n \in \mathbb{N}}$ gegen einen festen Grenzwert $c$, so sagt man, $f$ besitze den Grenzwert $c$ für $x \to \infty$ und schreibt $\lim_{x \to \infty} f(x) = c$. Analog ist $\lim_{x \to -\infty} f(x) = c$ definiert.

Die Verallgemeinerungen, die zu $\lim_{x\to\infty} f(x) = \pm\infty$, $\lim_{x\to-\infty} f(x) = \pm\infty$, $\lim_{x\nearrow x_0} f(x) = \pm\infty$, $\lim_{x\searrow x_0} f(x) = \pm\infty$ führen, sind offensichtlich.

**Beispiele:**

(24) Es ist $\lim_{x\to 0} \frac{1}{x^2} = \infty$.

(25) Es ist

$$\lim_{x\nearrow 1} \frac{1}{1-x} = +\infty \quad \text{und} \quad \lim_{x\searrow 1} \frac{1}{1-x} = -\infty .$$

(26) Für die Wurzelfunktion gilt

$$\lim_{x\to\infty} \sqrt{x} = \infty .$$

(27) Sei $f : \mathbb{R} \to \mathbb{R}$ mit $D(f) = \mathbb{R}$, $f(x) = \dfrac{x-1}{|x|+1}$. Dann gilt

$$\lim_{x\to\infty} \frac{x-1}{|x|+1} = 1 , \qquad \lim_{x\to-\infty} \frac{x-1}{|x|+1} = -1 .$$

Denn für $x > 0$ ist $\dfrac{x-1}{|x|+1} = \dfrac{x-1}{x+1} = \dfrac{1-\frac{1}{x}}{1+\frac{1}{x}} \to 1$ für $x \to \infty$

und für $x < 0$ ist $\dfrac{x-1}{|x|+1} = \dfrac{x-1}{-x+1} = -1.$

Mit dem Begriff des Grenzwertes einer Funktion ist der für die Analysis zentrale Begriff der **Stetigkeit** einer Funktion eng verbunden.

**Definition 15.3** *Eine Funktion* $f : \mathbb{R} \to \mathbb{R}$ *mit der Definitionsmenge* $D(f)$ *heißt* **stetig an der Stelle** $x_0 \in D(f)$, *wenn*

$$\lim_{x\to x_0} f(x) = f(x_0)$$

*gilt. Es heißt* $f$ **stetig auf** $M \subset D(f)$, *falls* $f$ *stetig ist für alle* $x_0 \in M$.

**Bemerkungen und Ergänzungen:**

(28) Es ist $x_0 \in D(f)$ zu beachten, $f(x_0)$ muss also definiert sein (im Gegensatz zur Grenzwertdefinition). Ist $f$ stetig an $x_0$, so ist also $\lim_{x\to x_0} f(x_n) = f(\lim_{x\to x_0} x)$, $f$ und lim dürfen vertauscht werden.

(29) Die Funktion $f$ heißt **unstetig** an der Stelle $x_0 \in D(f)$, wenn sie nicht stetig an $x_0$ ist. Dann gibt es (mindestens) eine Folge $(x_n)_{n\in\mathbb{N}}$ mit $x_n \in D(f)$ und dem Grenzwert $\lim_{n\to\infty} x_n = x_0$, für die die Bildfolge $\Big(f(x_n)\Big)_{n\in\mathbb{N}}$ nicht konvergent oder aber konvergent gegen einen Wert $c \neq f(x_0)$ ist.

(30) Mit der Stetigkeit einer Funktion $f$ verbindet man oft die Anschauung, dass der Graph von $f$ eine zusammenhängende Linie (keine Sprünge und Lücken, ggf. jedoch Spitzen) darstellt. Ist $D(f)$ ein Intervall, so ist diese Vorstellung hilfreich. Dies ist jedoch nicht zwingend, so braucht $x_0 \in D(f)$ kein Häufungspunkt von $D(f)$ zu sein (wie bei der Grenzwertdefinition). Ist etwa $x_0 \in D(f)$ ein **isolierter Punkt** von $D(f)$, so dass es eine Umgebung von $x_0$ gibt, die außer $x_0$ keinen Punkt von $D(f)$ enthält, so ist $f$ an $x_0$ stetig. Denn für jede Folge $(x_n)_{n\in\mathbb{N}}$ mit $x_n \in D(f)$ und $\lim_{n\to\infty} x_n = x_0$ (beachte: im Gegensatz zur Grenzwertdefinition wird nicht die Forderung $x_n \neq x_0$ gestellt) ist "schließlich" (ab einem gewissen $n$) $x_n = x_0$ und damit $\lim_{n\to\infty} f(x_n) = f(x_0)$.

(31) Sei $f : \mathbb{R} \to \mathbb{R}$ mit $D(f) = I$ für ein Intervall $I$, das nicht nur aus einem Punkt besteht. Dann ist $f$ an $x_0 \in I$ genau dann stetig, wenn $f$ an der Stelle $x_0$ den Grenzwert $f(x_0)$ hat.

(32) Eine äquivalente Definition der Stetigkeit ist: Die Funktion $f : \mathbb{R} \to \mathbb{R}$ mit der Definitionsmenge $D(f)$ heißt stetig an der Stelle $x_0 \in D(f)$, wenn zu jedem $\varepsilon > 0$ ein $\delta > 0$ existiert, so dass für alle $x \in D(f)$ mit $|x - x_0| < \delta$ stets $|f(x) - f(x_0)| < \varepsilon$ gilt.

**Beispiele:**

(33) $f : \mathbb{R} \to \mathbb{R}$ mit $D(f) = \mathbb{R}$ und $f(x) = c$, $c \in \mathbb{R}$, ist stetig an jeder Stelle $x_0 \in \mathbb{R}$. Die konstante Funktion ist stetig auf $\mathbb{R}$.

(34) $f : \mathbb{R} \to \mathbb{R}$ mit $D(f) = \mathbb{R}$ und $f(x) = x$ ist stetig an jeder Stelle $x_0 \in \mathbb{R}$.

(35) $f : \mathbb{R} \to \mathbb{R}$ mit $D(f) = \mathbb{R}$ und $f(x) = \sin x$ ist stetig an jeder Stelle $x_0 \in \mathbb{R}$. Die Sinusfunktion ist stetig auf $\mathbb{R}$.

(36) Die Signumfunktion mit $f(x) = \operatorname{sgn}(x)$, $x \in \mathbb{R}$, ist stetig an allen Stellen $x_0 \neq 0$, aber unstetig an $x_0 = 0$.

(37) Die Betragsfunktion mit $f(x) = |x|$, $x \in \mathbb{R}$, ist stetig an allen Stellen $x_0 \in \mathbb{R}$, auch an der Stelle $x_0 = 0$, an der der Graph eine Spitze hat.

(38) Die Funktion $f : \mathbb{R} \to \mathbb{R}$ mit $D(f) = \mathbb{R}$ und

$$f(x) = \begin{cases} 1 + x & \text{für } x \geq 0 \\ x & \text{für } x < 0 \end{cases}$$

ist stetig an jeder Stelle $x_0 \neq 0$, jedoch unstetig an $x_0 = 0$.

Analog zu Satz 15.1 gilt

**Satz 15.2** *Die Funktionen $f : \mathbb{R} \to \mathbb{R}$ und $g : \mathbb{R} \to \mathbb{R}$ mit den Definitionsmengen $D(f) = D(g) = D$ seien stetig auf $D$. Dann sind auch $\alpha f$ für $\alpha \in \mathbb{R}$, $f \pm g$, $f \cdot g$ stetig auf $D$. An allen Stellen $x_0 \in D$ mit $g(x_0) \neq 0$ ist auch $\frac{f}{g}$ stetig.*

**Satz 15.3** *Seien $f : \mathbb{R} \to \mathbb{R}$ und $g : \mathbb{R} \to \mathbb{R}$ stetig auf ihren Definitionsmengen $D(f)$ und $D(g)$. Für die Bildmenge $B(g)$ gelte $B(g) \subset D(f)$. Dann ist $f \circ g$ stetig auf $D(g)$.*

In den folgenden Beispielen wenden wir die Aussagen der Sätze gelegentlich wiederholt an.

**Beispiele:**

(39) Für $n \in \mathbb{N}$ ist $f : \mathbb{R} \to \mathbb{R}$ mit $D(f) = \mathbb{R}$ und $f(x) = x^n$ stetig auf $\mathbb{R}$. Denn es ist $x^n = x \cdot x \cdot \ldots \cdot x$.

(40) Ein Polynom $P_n$ mit $D(P_n) = \mathbb{R}$ und

$$P_n(x) = a_n x^n + a_{n-1} x^{n-1} + \ldots + a_1 x + a_0$$

ist stetig auf $\mathbb{R}$.

(41) Eine rationale Funktion $f : \mathbb{R} \to \mathbb{R}$ mit $D(f) = \{x : x \in \mathbb{R},\, Q_m(x) \neq 0\}$ und

$$f(x) = \frac{P_n(x)}{Q_m(x)}$$

mit Polynomen $P_n$ und $Q_m$ vom Grad $n$ und $m$ ist stetig auf $D(f)$ (Nullstellen des Nenners ausgeschlossen).

(42) Die Funktion $f : \mathbb{R} \to \mathbb{R}$ mit $D(f) = \mathbb{R}\backslash\{0\}$ und

$$f(x) = \frac{1}{x^n}, \quad n \in \mathbb{N},$$

ist stetig auf $D(f)$. (Beachte: $0 \notin D(f)$).

(43) Die Funktion $f : \mathbb{R} \to \mathbb{R}$ mit $D(f) = \mathbb{R}\backslash\{0\}$ und $f(x) = \sin \frac{1}{x}$ ist stetig auf $D(f)$ (Beachte $0 \notin D(f)$). Denn $g : \mathbb{R} \to \mathbb{R}$ mit $D(g) = \mathbb{R}\backslash\{0\}$ und $g(x) = \frac{1}{x}$ sowie $h : \mathbb{R} \to \mathbb{R}$ mit $D(h) = \mathbb{R}$ und $h(x) = \sin x$ sind stetig auf ihren Definitionsmengen, und es gilt $B(g) \subset D(h)$. Daher ist $f = h \circ g$ mit $f(x) = \sin \frac{1}{x}$ stetig auf $D(f) = D(g)$.

(44) Die Funktion $g$ mit $g(x) = x + \frac{\pi}{2}$ für $x \in \mathbb{R}$ ist stetig auf $D(g) = \mathbb{R}$, ebenso ist $f$ mit $f(x) = \sin x$ für $x \in \mathbb{R}$ stetig auf $D(f) = \mathbb{R}$. Es ist $B(g) = \mathbb{R} \subset D(f)$. Daher ist $f \circ g$ mit $(f \circ g)(x) = \sin(x + \frac{\pi}{2}) = \cos x$ stetig auf $\mathbb{R}$. Die Cosinusfunktion ist stetig auf $\mathbb{R}$. Wegen $\tan x = \frac{\sin x}{\cos x}$ für $\cos x \neq 0$ und $\cot x = \frac{\cos x}{\sin x}$ für $\sin x \neq 0$ sind Tangens und Cotangens stetige Funktionen auf ihren Definitionsmengen.

(45) Die Funktion $f : \mathbb{R} \to \mathbb{R}$ mit $D(f) = [0, \infty)$ und

$$f(x) = \sqrt{x}$$

ist stetig auf $D(f)$.

(46) Sei $g : \mathbb{R} \to \mathbb{R}$ mit der Definitionsmenge $D(g)$ eine nichtnegative stetige Funktion $\big(B(g) \subset [0, \infty)\big)$. Sei $f : \mathbb{R} \to \mathbb{R}$ mit $D(f) = [0, \infty)$ und $f(x) = \sqrt{x}$. Dann ist $h = f \circ g$ mit $D(h) = D(g)$ und

$$h(x) = \sqrt{g(x)}$$

eine stetige Funktion auf $D(h)$.

Eine Funktion $f : \mathbb{R} \to \mathbb{R}$ mit der Definitionsmenge $D(f)$ habe an der Stelle $x_0 \notin D(f)$, die Häufungspunkt von $D(f)$ ist, einen Grenzwert $c = \lim_{x \to x_0} f(x)$. Es lässt sich $f$ **fortsetzen** zu einer Funktion $g$ mit der Definitionsmenge $D(g) = D(f) \cup \{x_0\}$ und

$$g(x) = \begin{cases} f(x) & \text{für } x \in D(f) \\ c & \text{für } x = x_0 \,. \end{cases}$$

Ist $f$ stetig auf $D(f)$, so ist $g$ stetig auf $D(g)$. Es heißt dann $g$ **stetige Fortsetzung** von $f$.

Sei $f$ eine reelle Funktion mit der Definitionsmenge $D(f)$ und sei $h$ eine reelle Funktion mit der Definitionsmenge $D(h) = D$, die eine Teilmenge von $D(f)$ ist. Gilt $h(x) = f(x)$ für alle $x \in D$, so heißt $h$ **Einschränkung** von $f$ auf $D$. Ist $f$ stetig auf $D(f)$, so ist $h$ stetig auf $D$.

**Definition 15.4** *Eine Funktion $f : \mathbb{R} \to \mathbb{R}$ mit der Definitionsmenge $D(f)$ heißt* **linksseitig stetig** *(bzw.* **rechtsseitig stetig***) an $x_0 \in D(f)$, falls die Einschränkung von $f$ auf $D^{\leq} = D(f) \cap \{x \in \mathbb{R} : x \leq x_0\}$ (bzw. auf $D^{\geq} = D(f) \cap \{x \in \mathbb{R} : x \geq x_0\}$) stetig an $x_0$ ist.*

Linksseitige Stetigkeit (bzw. rechtsseitige Stetigkeit) an $x_0 \in D(f)$ besteht demnach, falls für jede Folge $(x_n)_{n\in\mathbb{N}}$ mit $x_n \in D(f)$, die von links (bzw. von rechts) gegen $x_0$ konvergiert, die Bildfolge $\big(f(x_n)\big)_{n\in\mathbb{N}}$ gegen $f(x_0)$ konvergiert. Es ist $f$ genau dann stetig an $x_0 \in D(f)$, wenn es linksseitig und rechtsseitig stetig an $x_0$ ist.

**Beispiele:**

(47) Die Funktion $f : \mathbb{R} \to \mathbb{R}$ mit $D(f) = \mathbb{R}\backslash\{2\}$ und

$$f(x) = \frac{x^2 + x - 6}{x - 2}$$

hat an $x_0 = 2 \notin D(f)$ den Grenzwert 5. Für $x \neq 2$ ist $\frac{x^2+x-6}{x-2} = x + 3$. Daher ist $g : \mathbb{R} \to \mathbb{R}$ mit $D(g) = \mathbb{R}$ und

$$g(x) = x + 3$$

stetige Fortsetzung von $f$ auf $\mathbb{R}$.

(48) Es ist $\lim_{x\to 0} \frac{\sin x}{x} = 1$. Daher hat die Funktion $f$ mit $D(f) = \mathbb{R}\backslash\{0\}$ und

$$f(x) = \frac{\sin x}{x}$$

die stetige Fortsetzung $g$ mit $D(g) = \mathbb{R}$ und

$$g(x) = \begin{cases} \dfrac{\sin x}{x} & \text{für } x \neq 0 \\ 1 & \text{für } x = 0\,. \end{cases}$$

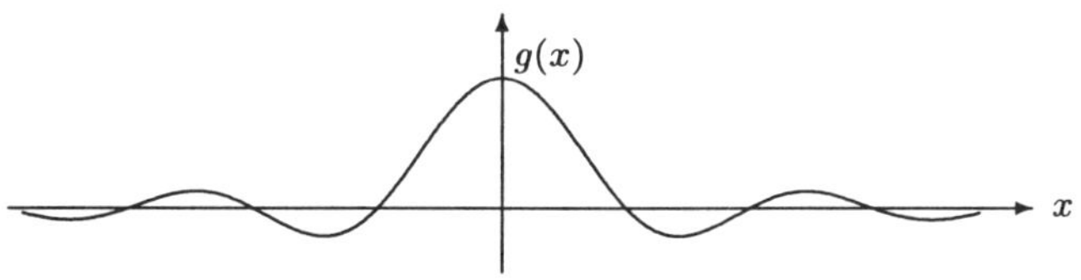


(49) Die Funktion $f : \mathbb{R} \to \mathbb{R}$ mit $D(f) = \mathbb{R}\backslash\{0\}$ und

$$f(x) = \sin \frac{1}{x}$$

ist stetig auf $D(f)$, besitzt an der Stelle $x_0 = 0 \notin D(f)$ jedoch keinen Grenzwert. Daher existiert keine stetige Fortsetzung von $f$ auf $\mathbb{R}$. Die Funktion $h : \mathbb{R} \to \mathbb{R}$ mit $D(h) = \mathbb{R}$ und

$$h(x) = \begin{cases} \sin \dfrac{1}{x} & \text{für } x \neq 0 \\ h_0 & \text{für } x = 0 \end{cases}$$

ist für beliebiges $h_0 \in \mathbb{R}$ unstetig an der Stelle $x_0 = 0$.

Die Funktion $f$ „oszilliert" in der Umgebung von $x_0 = 0$.

(50) Die **Heaviside** Funktion $h : \mathbb{R} \to \mathbb{R}$ mit $D(h) = \mathbb{R}$ und

$$h(x) = \begin{cases} 1 & \text{für } x \geq 0 \\ 0 & \text{für } x < 0 \end{cases}$$

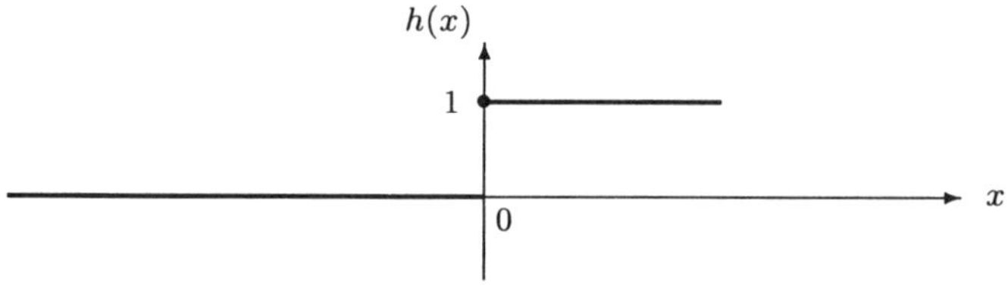


ist an der Stelle $x_0 = 0$ rechtsseitig stetig. Sie besitzt zwar an $x_0 = 0$ den linksseitigen Grenzwert $c = 0$, wegen $c \neq h(0) = 1$ ist $h$ an $x_0 = 0$ jedoch nicht linksseitig stetig.

(51) Die Signumfunktion ist an der Stelle $x_0 = 0$ weder rechtsseitig noch linksseitig stetig.

## TESTS

**T15.1:** Die Funktion $f : \mathbb{R} \to \mathbb{R}$ mit der Definitonsmenge $D(f)$ habe an der Stelle $x_0 \in \mathbb{R}$ einen Grenzwert $c$. Dann gilt

( ) $x_0 \in D(f)$

( ) $\lim_{x \to x_0} f(x) = f(x_0)$

( ) $\lim_{\substack{x \to x_0 \\ x < x_0}} f(x) = \lim_{\substack{x \to x_0 \\ x > x_0}} f(x)$, falls diese beiden Grenzwerte existieren.

**T15.2:** Die Funktion $f : \mathbb{R} \to \mathbb{R}$ mit $D(f) = (a, b) \subset \mathbb{R}$ ist stetig an der Stelle $x_0 \in D(f)$, falls gilt

( ) $f$ hat an der Stelle $x_0$ einen Grenzwert

( ) $f$ ist an der Stelle $x_0$ definiert

( ) $f$ ist an der Stelle $x_0$ definiert und hat an $x_0$ den Grenzwert $f(x_0)$.

**T15.3:** Die Funktion $f : \mathbb{R} \to \mathbb{R}$ mit $D(f) = \mathbb{R}$ und $f(x) = [x]$, wobei $[x]$ die größte ganze Zahl, die kleiner oder gleich $x \in \mathbb{R}$ ist (Entier-Funktion), hat an der Stelle $x_0 = k \in \mathbb{Z}$

( ) den Wert $f(k) = k - 1$

( ) den Wert $f(k) = k$

( ) einen Grenzwert

( ) den linksseitigen Grenzwert $\lim_{x \nearrow x_0} f(x) = k - 1$

( ) den rechtsseitigen Grenzwert $\lim_{x \searrow x_0} f(x) = k$.

**T15.4:** Sei $f : \mathbb{R} \to \mathbb{R}$ mit der Definitionsmenge $D(f)$ eine reelle Funktion.

( ) Bei der Definition des Grenzwertes von $f$ an der Stelle $x_0$ muss $x_0$ Häufungspunkt von $D(f)$ sein.

( ) Die Definition des Grenzwertes von $f$ an der Stelle $x_0$ nimmt Bezug auf $f(x_0)$.

( ) Bei der Definition der Stetigkeit von $f$ an der Stelle $x_0$ muss $x_0$ Häufungspunkt von $D(f)$ sein.

( ) Um die Stetigkeit von $f$ an der Stelle $x_0$ zu prüfen, braucht man $f(x_0)$.

**T15.5:** Für die Funktion $f : \mathbb{R} \to \mathbb{R}$ mit $D(f) = (-\infty, 1)$ und

$$f(x) = \begin{cases} 1 & \text{für } x \in (-\infty, 0) \\ x+1 & \text{für } x \in [0, 1) \end{cases}$$

gilt

( ) $f$ hat den Grenzwert $\lim_{x\to 0} f(x) = 1$

( ) $f$ hat den Grenzwert $\lim_{x\to 1} f(x) = 2$

( ) $f$ hat den rechtsseitigen Grenzwert $\lim_{x\searrow 1} f(x) = 2$

( ) $f$ ist stetig an der Stelle $x_0 = 0$

( ) $f$ ist stetig an der Stelle $x_0 = 1$

( ) $f$ ist stetig auf $D(f)$.

## ÜBUNGEN

**Ü15.1:** Die rationale Funktion $f : \mathbb{R} \to \mathbb{R}$ sei gegeben durch $D(f) = \mathbb{R}\backslash\{-2, 1\}$ und $f(x) = \frac{x^3 - x}{(x+2)^2(3x-3)}$.

a) Für welche $x_0 \in \mathbb{R}$ existiert der Grenzwert $\lim_{x\to x_0} f(x)$?

b) Bestimmen Sie $\lim_{x\to x_0} f(x)$ für alle $x_0 \in \mathbb{R}$, für die dieser Grenzwert existiert.

c) Bestimmen Sie - falls existent - $\lim_{x\to\infty} f(x)$ sowie $\lim_{x\to-\infty} f(x)$.

d) Skizzieren Sie die Funktion $f$.

**Ü15.2:** Untersuchen Sie, ob die Funktionen $f_i : \mathbb{R} \to \mathbb{R}$, $i = 1, 2, 3, 4$, jeweils an der Stelle $x_0$ einen Grenzwert besitzen. Wenn ja, geben Sie diesen an.

a) $f_1(x) = \dfrac{\sin x}{\sqrt{x}}$, $D(f_1) = (0, \infty)$, $x_0 = 0$.

b) $f_2(x) = \dfrac{\sin x}{\sqrt{x}} + x \cdot \cos\dfrac{1}{x}\,,\ D(f_2) = (0,\infty)\,,\ x_0 = 0\,.$

c) $f_3(x) = \dfrac{(x-1)(x+2)}{\sqrt{x^2-2x+1}}\,,\ D(f_3) = \mathbb{R}\backslash\{1\}\,,\ x_0 = 1\,.$

d) $f_4(x) = \dfrac{\cos(4\sqrt{\tan x} - \frac{\pi}{2})}{\sqrt{\tan x}}\,,\ D(f_4) = (0, \frac{\pi}{2})\,,\ x_0 = 0\,.$

**Ü15.3:** a) Die Funktion $f : \mathbb{R} \to \mathbb{R}$ sei gegeben durch $D(f) = (-9,\infty)\backslash\{0\}$ und

$$f(x) = \begin{cases} \dfrac{\sqrt{x+9}-3}{\sqrt{x}} & \text{für } x > 0 \\ \dfrac{\sqrt{x+9}-3}{x} & \text{sonst.} \end{cases}$$

Bestimmen Sie den linksseitigen und den rechtsseitigen Grenzwert von $f$ an der Stelle $x_0 = 0$.
*Hinweis:* Erweitern Sei jeweils mit $\sqrt{x+9}+3$.

b) Bestimmen Sie für die Funktion $g : \mathbb{R} \to \mathbb{R}$ mit $D(g) = \mathbb{R}$ und $g(x) = \dfrac{2x}{\sqrt{x^2+4}}$ die Grenzwerte $\lim\limits_{x\to\infty} g(x)$ und $\lim\limits_{x\to-\infty} g(x)$, falls sie existieren.

**Ü15.4:** Gegeben seien die Funktionen $f_i : \mathbb{R} \to \mathbb{R}$, $i = 1,\ldots,4$, mit

$$f_1(x) = \frac{2x^2-15x+18}{x^2-x-30}\,, \quad D(f_1) = \mathbb{R}\backslash\{-5,6\}$$

$$f_2(x) = \frac{|x|}{x^3}\,, \quad D(f_2) = \mathbb{R}\backslash\{0\}$$

$$f_3(x) = \frac{1}{x^2} - \frac{\sqrt{1-x^2}}{x^2}\,, \quad D(f_3) = [-1,1]\backslash\{0\}$$

$$f_4(x) = \frac{\tan 2x}{x}\,, \quad D(f_4) = \mathbb{R}\backslash\{0\,, \tfrac{(2k+1)\pi}{4}\,, \quad k \in \mathbb{Z}\}\,.$$

Untersuchen Sie, ob die folgenden Grenzwerte existieren, und berechnen Sie die Grenzwerte im Falle der Existenz

a) $\lim_{x\to x_0} f_1(x)$ für alle $x_0 \in \{-\infty,-5,6,\infty\}$

b) $\lim_{x\to\infty} f_2(x)$

c) $\lim_{x\to 0} f_3(x)$

d) $\lim_{x\to 0} f_4(x)\,.$

**Ü15.5:** Die Funktion $f : \mathbb{R} \to \mathbb{R}$ sei gegeben durch $D(f) = \mathbb{R}\backslash\{0\}$ und

$$f(x) = \begin{cases} x - \frac{x}{|x|} & \text{für } x \in \mathbb{R}\backslash\{0, 1\}\,, \\ 1 & \text{für } x = 1\,. \end{cases}$$

a) Hat die Funktion $f$ an den Stellen $x_0 = 0$ und $x_1 = 1$ jeweils einen Grenzwert?

b) Ist die Funktion $f$ an der Stelle $x_1 = 1$ stetig?

c) Lässt sich an der Stelle $x_0 = 0$ die Stetigkeit von $f$ untersuchen?

**Ü15.6:** Es seien $a, b \in \mathbb{R}$. Die Funktion $f : \mathbb{R} \to \mathbb{R}$ sei definiert durch $D(f) = [0, 3]$ und

$$f(x) = \begin{cases} 2x + x^2 & \text{für } x \in [0, 1] \\ ax - x^3 + x & \text{für } x \in (1, 2) \\ \dfrac{b(x^{5-a} - x - 1)}{x^2 + 1} & \text{für } x \in [2, 3]\,. \end{cases}$$

Bestimmen Sie $a$ und $b$ so, dass $f$ auf $D(f)$ stetig ist.

# 16 Eigenschaften stetiger Funktionen

Ist die Definitionsmenge $D(f)$ einer stetigen reellen Funktion ein **abgeschlossenes** Intervall $[a, b]$, so gelten für $f$ spezielle Eigenschaften.

**Satz 16.1** *Die Funktion $f : \mathbb{R} \to \mathbb{R}$ mit $D(f) = [a, b]$ sei stetig auf $[a, b]$. Dann ist $f$ beschränkt.*

**Bemerkungen und Ergänzungen:**

(1) Für eine auf einem abgeschlossenen Intervall $[a, b]$ stetige Funktion $f$ gilt also $|f(x)| \leq K$ für alle $x \in [a, b]$ mit einer Konstanten $K \in \mathbb{R}$.

(2) Wesentlich ist die Voraussetzung, dass $D(f) = [a, b]$ ein abgeschlossenes Intervall ist. Für andere Intervalle braucht die Aussage nicht zu gelten. So ist die Funktion $f : \mathbb{R} \to \mathbb{R}$ mit $D(f) = (0, 1]$ und $f(x) = \frac{1}{x}$ zwar stetig auf dem halboffenen Intervall $(0, 1]$, sie ist jedoch nicht beschränkt.

(3) Ist $f$ nicht stetig auf $[a, b]$, so muss die Aussage von Satz 16.1 nicht gelten. So ist $f : \mathbb{R} \to \mathbb{R}$ mit $D(f) = [0, 1]$ und

$$f(x) = \begin{cases} \dfrac{1}{x} & \text{für } x \in (0, 1] \\ 0 & \text{für } x = 0 \end{cases}$$

zwar auf dem abgeschlossenen Intervall $[0, 1]$ definiert, aber nicht stetig auf $[0, 1]$. Es ist $f$ nicht beschränkt auf $[0, 1]$.

**Satz 16.2 (Satz vom Maximum)**
*Die Funktion $f : \mathbb{R} \to \mathbb{R}$ mit $D(f) = [a, b]$ sei stetig auf $[a, b]$. Dann existiert (mindestens) eine Minimalstelle $x_0 \in [a, b]$ mit $f(x_0) \leq f(x)$ für alle $x \in [a, b]$, und es existiert (mindestens) eine Maximalstelle $x_1 \in [a, b]$ mit $f(x_1) \geq f(x)$ für alle $x \in [a, b]$.*

**Bemerkungen und Ergänzungen:**

(4) Verbal drückt man die Aussage von Satz 16.2 auch so aus: Eine auf einem abgeschlossenen Intervall $[a, b]$ stetige Funktion $f$ nimmt ihr Minimum $\min_{x \in [a,b]} f(x) = f(x_0)$ (an einer Stelle $x_0 \in [a, b]$) an, und sie nimmt ihr Maximum $\max_{x \in [a,b]} f(x) = f(x_1)$ (an einer Stelle $x_1 \in [a, b]$) an.

(5) Die Aussage ist anschaulich:

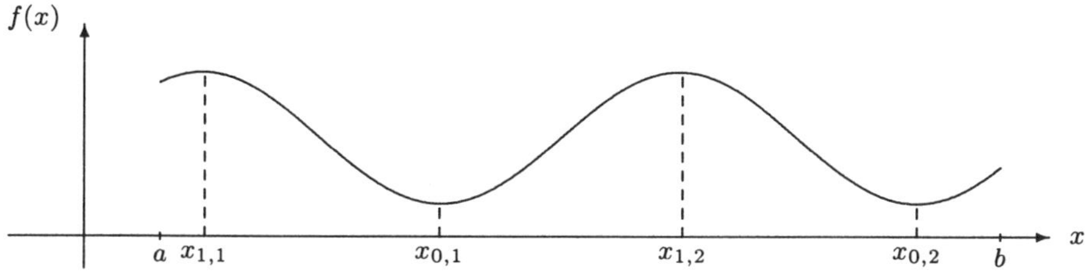


(6) Wesentlich ist die Voraussetzung, dass $D[f] = [a, b]$ ein abgeschlossenes Intervall ist. So hat $f : \mathbb{R} \to \mathbb{R}$ mit $D(f) = (0, 2)$ und $f(x) = x^2$ kein Minimum und kein Maximum auf $(0, 2)$. Es existiert nur das Infimum $\inf_{x \in (0,2)} f(x) = 0$ und das Supremum $\sup_{x \in (0,2)} f(x) = 4$. Die Werte 0 und 4 werden jedoch an keiner Stelle aus $(0, 2)$ angenommen.

(7) Ist $f$ nicht stetig auf $[a, b]$, so muss die Aussage von Satz 16.2 nicht gelten. So ist $f : \mathbb{R} \to \mathbb{R}$ mit $D(f) = [-1, 1]$ und

$$f(x) = \begin{cases} x & \text{für } x \in (-1, 1) \\ 0 & \text{für } x = 1\,,\ x = -1 \end{cases}$$

zwar auf dem abgeschlossenen Intervall $[-1, 1]$ definiert, aber nicht stetig auf $[-1, 1]$. Es besitzt $f$ kein Minimum und kein Maximum auf $[0, 1]$.

**Satz 16.3 (Zwischenwertsatz)**
*Die Funktion $f : \mathbb{R} \to \mathbb{R}$ mit $D(f) = [a, b]$ sei stetig auf $[a, b]$. Dann gibt es zu jeder Zahl $c$ zwischen dem Minimum und dem Maximum von $f$,*

$$\min_{x \in [a,b]} f(x) \le c \le \max_{x \in [a,b]} f(x)\,,$$

*ein $x_0 \in [a, b]$ mit $f(x_0) = c$.*

**Bemerkungen und Ergänzungen:**

(8) Anschaulich ausgedrückt besagt Satz 16.3, dass jeder Wert $c$ zwischen dem Minimum und dem Maximum von $f$ angenommen wird.

(9) Die Aussage ist anschaulich:

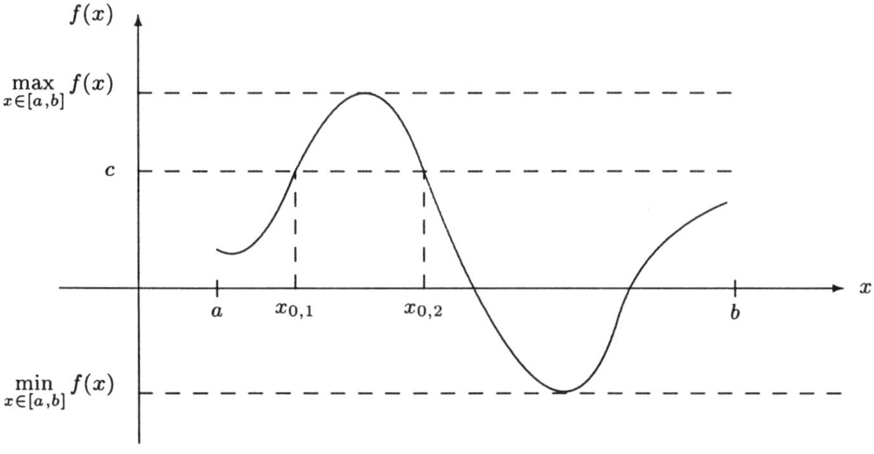


(10) Bei nicht stetigem $f$ muss die Aussage von Satz 16.3 nicht gelten, wie folgendes Beispiel zeigt:

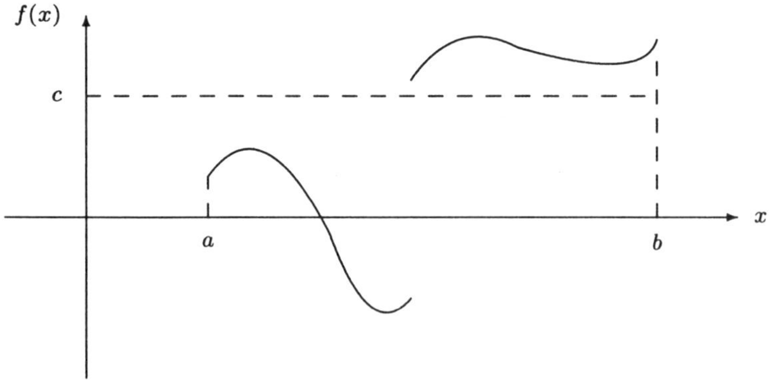


(11) Ist $f$ stetig auf $[a, b]$ und haben $f(a)$ und $f(b)$ verschiedene Vorzeichen, gilt also $f(a) \cdot f(b) < 0$, so liegt $c = 0$ zwischen dem Minimum und dem Maximum von $f$. Ein solches $f$ hat demnach in $[a, b]$ mindestens eine Nullstelle $x_0 \in [a, b]$ (mit $f(x_0) = 0$ ). Wegen $f(a) \neq 0$, $f(b) \neq 0$, gilt sogar $x_0 \in (a, b)$.

(12) Ist $f$ stetig auf $[a, b]$ mit $f(a) \cdot f(b) < 0$, so lässt sich eine Nullstelle von $f$ beliebig genau durch das Verfahren der Bisektion (Schritthalbierung) finden. Dazu berechnet man $f$ an der Stelle $\xi_1 = \frac{a+b}{2}$. Ist $f(\xi_1) = 0$, so ist $\xi_1$ Nullstelle, und das Verfahren ist beendet. Andernfalls wählt man das Teilintervall $[a, \xi_1]$, falls $f(a) \cdot f(\xi_1) < 0$, bzw. das Teilintervall $[\xi_1, b]$, falls $f(\xi_1) \cdot f(b) < 0$ und wendet das Vorgehen auf das gewählte Teilintervall an. Auf diese Weise erhält man eine Folge von Intervallen $I_n = [a_n, b_n]$, die eine Nullstelle $x_0$ enthalten. Nach $n$ solchen Iterationsschritten hat das so gewonnene Intervall $I_n$ die Länge $b_n - a_n = \frac{b-a}{2^n}$. Wählt man ein $x_0^* \in I_n$ als Approximation für $x_0$, so gilt die Fehlerabschätzung $|x_0^* - x_0| \leq \frac{b-a}{2^n}$.

**Beispiele:**

(13) Wir betrachten die Funktion $f : \mathbb{R} \to \mathbb{R}$ mit $D(f) = [0, 1]$ und

$$f(x) = \tan x + \frac{x}{2} - 1 .$$

Es ist $f(0) = -1$ und $f(1) = 1.0574$, also $f(0) \cdot f(1) < 0$. Demnach existiert eine Nullstelle $x_0 \in (0, 1)$ von $f$. Um diese bis auf einen Fehler von $5 \cdot 10^{-3}$ mit dem Verfahren der Bisektion zu bestimmen, sind $n^*$ Iterationsschritte erforderlich mit $n^*$ aus $\frac{b-a}{2^{n^*}} = \frac{1}{2^{n^*}} \leq 5 \cdot 10^{-3}$. Dies ergibt $n^* = 8$. Das Verfahren liefert

| n | $a_n$ | $b_n$ | $f(a_n)$ | $f(b_n)$ | $f\left(\frac{a_n+b_n}{2}\right)$ |
|---|---|---|---|---|---|
| 0 | 0 | 1 | − | + | − |
| 1 | 0.5 | 1 | − | + | + |
| 2 | 0.5 | 0.75 | − | + | + |
| 3 | 0.5 | 0.625 | − | + | − |
| 4 | 0.5625 | 0.625 | − | + | − |
| 5 | 0.59375 | 0.625 | − | + | + |
| 6 | 0.59375 | 0.60938 | − | + | − |
| 7 | 0.60156 | 0.60938 | − | + | − |
| 8 | 0.60547 | 0.60938 | | | |

Demnach ist beispielsweise $x_0^* = 0.607$ eine Approximation für $x_0$ mit einem Fehler kleiner gleich $5 \cdot 10^{-3}$.

**Satz 16.4** *Die Funktion $f : \mathbb{R} \to \mathbb{R}$ mit $D(f) = [a, b]$ sei streng monoton wachsend auf $[a, b]$. Dann existiert die Umkehrfunktion $f^{-1}$ mit $D(f^{-1}) = B(f)$. Es ist $f^{-1}$ stetig und streng monoton wachsend auf $D(f^{-1})$.*

Eine analoge Aussage gilt, falls $f$ auf $[a, b]$ streng monoton fallend ist. Dann ist $f^{-1}$ stetig und streng monoton fallend auf $B(f)$. Es ist bemerkenswert, dass $f$ nicht stetig zu sein braucht. Ist $f$ stetig, so ist $D(f^{-1})$ ein Intervall. Die Aussage von Satz 16.4 gilt auch, falls $D(f)$ ein beliebiges Intervall ist.

**Beispiele:**

(14) Es ist $f : \mathbb{R} \to \mathbb{R}$ mit $D(f) = [0, b]$ und $f(x) = x^n$ für $n \in \mathbb{N}$ stetig und streng monoton wachsend auf $[0, b]$. Daher ist die Umkehrfunktion $f^{-1}$ mit $f^{-1}(x) = \sqrt[n]{x}$ stetig und streng monoton wachsend auf $[0, b^n]$. Da dies für jedes $b > 0$ gilt, ist die Funktion $g : \mathbb{R} \to \mathbb{R}$ mit $D(g) = [0, \infty)$ und $g(x) = \sqrt[n]{x}$ stetig und streng monoton wachsend auf $[0, \infty)$.

(15) Die Funktion $f : \mathbb{R} \to \mathbb{R}$ mit $D(f) = [-\frac{\pi}{2}, \frac{\pi}{2}]$ und $f(x) = \sin x$ ist streng monoton wachsend auf $[-\frac{\pi}{2}, \frac{\pi}{2}]$. Daher existiert die Umkehrfunktion $f^{-1} = \arcsin$. Es ist arcsin stetig und streng monoton wachsend auf $[-1, 1]$.

## TESTS

**T16.1:** Ist $f : \mathbb{R} \to \mathbb{R}$ mit $D(f) = [0,1]$ eine stetige Funktion auf $D(f)$, so gilt

( ) $f$ hat eine Nullstelle $x_0 \in [0,1]$

( ) $f$ ist beschränkt

( ) $f$ besitzt ein Maximum

( ) $f$ besitzt ein Supremum.

**T16.2:** Sei $f : \mathbb{R} \to \mathbb{R}$ mit $D(f) = [a,b]$ eine stetige Funktion auf $D(f)$. Ist $f(a) < a$ und $f(b) > b$, dann gilt:

( ) Es existiert ein $x_0 \in [a,b]$ mit $f(x_0) \leq f(x)$ für alle $x \in [a,b]$.

( ) Die Funktion $g : \mathbb{R} \to \mathbb{R}$ mit $D(g) = [a,b]$ und $g(x) = f(x) - x$ hat eine Nullstelle in $[a,b]$.

( ) Es existiert ein $x_0 \in [a,b]$ mit $f(x_0) = x_0$.

**T16.3:** Die Funktion $f : \mathbb{R} \to \mathbb{R}$ sei streng monoton wachsend auf $D(f) = [a,b]$. Dann gilt für die Umkehrfunktion $f^{-1}$

( ) $f^{-1}$ existiert und ist streng monoton fallend

( ) $f^{-1}$ existiert und ist streng monoton wachsend

( ) $f^{-1}$ ist stetig, falls $f$ stetig ist

( ) $f^{-1}$ ist stetig, auch wenn $f$ unstetig auf $[a,b]$ ist.

**T16.4:** Sei $f : \mathbb{R} \to \mathbb{R}$ mit $D(f) = [-1,1]$ und $f(x) = x + \frac{1}{2} + \operatorname{sgn}(x)$. Dann gilt

( ) $f(-1) = -\frac{3}{2}$

( ) $f(1) = \frac{5}{2}$

( ) wegen $f(-1) \cdot f(1) < 0$ besitzt $f$ eine Nullstelle in $[-1,1]$

( ) $f$ besitzt eine streng monoton wachsende und stetige Umkehrfunktion.

## ÜBUNGEN

**Ü16.1:** Gegeben sei das Polynom $P$ mit $D(P) = [-1, 1]$ und

$$P(x) = x^8 + 5x^6 + 3x - 7\,.$$

a) Ist $P$ stetig auf $D(P)$?

b) Ist $P$ auf $D(P)$ beschränkt?

c) Besitzt $P$ auf $D(P)$ ein Maximum und ein Minimum?

d) Berechne Sie $P(-1)$ und $P(1)$ mit dem Horner-Schema.

e) Zeigen Sie, dass $P$ in $[-1, 1]$ (mindestens) eine Nullstelle besitzt.

f) Begründen Sie, dass die Gleichung $P(x) = 1$, $x \in [0, 1]$ (mindestens) eine Lösung besitzt.

**Ü16.2:** Gegeben sei die Funktion $f : \mathbb{R} \to \mathbb{R}$ mit $D(f) = [0, \frac{1}{2}]$ und

$$f(x) = \sin x + x^2 + x - 1.$$

a) Begründen Sie, dass $f$ ein Maximum und ein Minimum besitzt.

b) Zeigen Sie, dass $f$ eine Nullstelle $x_0$ in $[0, \frac{1}{2}]$ hat.

c) Führen Sie das Verfahren der Bisektion zur Bestimmung einer Approximation $x_0^*$ der Nullstelle $x_0$ durch. Starten Sie mit dem Intervall $[0, \frac{1}{2}]$. Wieviel Iterationsschritte $n^*$ sind erforderlich, um die Fehlerabschätzung $|x_0^* - x_0| < 10^{-2}$ sicherzustellen? Führen Sie $n^*$ Iterationsschritte durch, und geben Sie ein solches $x_0^*$ an.

# 17 Differentiation

In der Differentialrechnung (Infinitesimalrechnung) werden Maße für die Änderungen von Funktionswerten bei Änderungen des Argumentes der Funktionen betrachtet. Die Differentialrechnung wurde von G.W. LEIBNIZ und I. NEWTON begründet, sie ist eine der bedeutendsten Zweige der Mathematik.

Ist $f$ eine reelle Funktion auf einem Intervall $I$, so lässt sich durch den Punkt $(x_0, f(x_0))$ und einen Nachbarpunkt $(x, f(x))$ des Graphen die Sekante legen. Ihre Steigung ist $\dfrac{f(x) - f(x_0)}{x - x_0}$

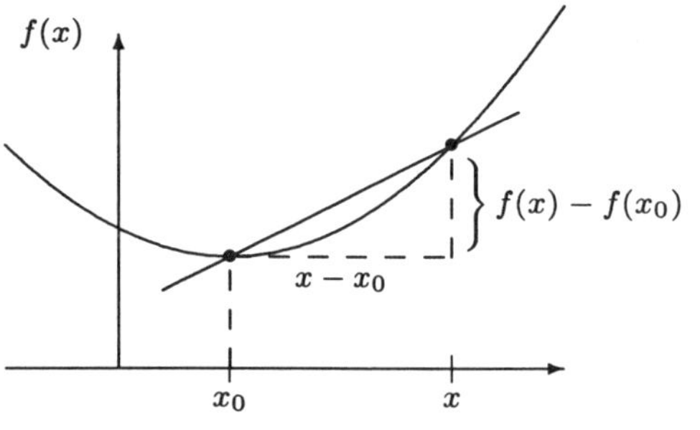


Strebt $x$ gegen $x_0$ und existiert der Grenzwert

$$\lim_{x \to x_0} \frac{f(x) - f(x_0)}{x - x_0},$$

so erhalten wir die Steigung der Tangente in $(x_0, f(x_0))$.

**Definition 17.1** *Die Funktion $f : \mathbb{R} \to \mathbb{R}$ sei auf einem (beliebigen) Intervall $I = D(f)$ definiert. Es heißt $f$* **differenzierbar** *an der Stelle $x_0 \in I$, wenn der Grenzwert*

$$\lim_{x \to x_0} \frac{f(x) - f(x_0)}{x - x_0}$$

*existiert (und endlich ist). Dieser Grenzwert heißt dann* **Ableitung** *von $f$ an der Stelle $x_0$ und wird mit $f'(x_0)$ oder $\frac{df}{dx}\big|_{x=x_0}$ bezeichnet.*

**Bemerkungen und Ergänzungen:**

(1) Es heißt $\dfrac{f(x) - f(x_0)}{x - x_0}$ Differenzenquotient und $\lim_{x \to x_0} \dfrac{f(x) - f(x_0)}{x - x_0}$ heißt Differentialquotient.

(2) Die Differenzierbarkeit von $f$ an $x_0$ beinhaltet, dass für jede Folge $(x_n)_{n \in \mathbb{N}}$ mit $x_n \in I$, $x_n \neq x_0$, $\lim_{n \to \infty} x_n = x_0$, die Folge $\left(\dfrac{f(x_n) - f(x_0)}{x_n - x_0}\right)_{n \in N}$ konvergent ist mit

$$\lim_{n \to \infty} \frac{f(x_n) - f(x_0)}{x_n - x_0} = f'(x_0).$$

(3) Statt $\lim_{x\to x_0} \dfrac{f(x)-f(x_0)}{x-x_0}$ kann man auch

$$\lim_{h\to 0} \frac{f(x_0+h)-f(x_0)}{h}$$

betrachten.

(4) Es heißt $f$ differenzierbar auf $M \subset I$, wenn $f$ für alle $x_0 \in M$ differenzierbar ist. Die Funktion $f' : \mathbb{R} \to \mathbb{R}$ mit den Werten $f'(x)$ für $x \in D(f') = \{x_0 : x_0 \in I,$ $f$ differenzierbar an $x_0\}$ heißt Ableitung von $f$.

(5) Ist $x_0$ ein Randpunkt von $I$, so wird im Differentialquotienten der einseitige Grenzwert betrachtet. Man spricht dann von einseitiger (rechsseitiger bzw. linksseitiger) Ableitung.

(6) Ist $f$ differenzierbar an $x_0 \in I$, so ist $f$ stetig an $x_0$. Die Beispiele (13) und (14) unten zeigen, dass aus der Stetigkeit an $x_0$ **nicht** die Differenzierbarkeit folgt.

(7) Es heißt $f'(x_0)$ auch Steigung der Funktion $f$ im Punkte $x_0$. Die Gerade durch $\big(x_0, f(x_0)\big)$ mit der Steigung $f'(x_0)$ heißt **Tangente** an $f$ in $\big(x_0, f(x_0)\big)$, sie hat die Gleichung

$$y = f(x_0) + f'(x_0)(x - x_0), \quad x \in \mathbb{R}.$$

(8) Gottfried Wilhelm Leibniz (1646-1716) gilt als Universalgelehrter: Jurist, Theologe, Historiker, Naturwissenschaftler, Diplomat, vor allem aber Philosoph und Mathematiker. Der Ausbau der Infinitesimalrechnung wurde massgeblich von Leibniz geprägt.

(9) Isaac Newton (1642-1727) war Physiker und Mathematiker. Er schuf die klassische Mechanik, erklärte mit seinem Gravitationsgesetz die Bewegung der Planeten. Sein 1687 erschienenes Hauptwerk „Mathematische Prizipien der Naturphilosophie“ war richtungsweisend für die Verbindung von Mathematik und Physik. Newton entwickelte die Anfänge der Infinitesimalrechnung.

**Beispiele:**

(10) Sei $f : \mathbb{R} \to \mathbb{R}$ mit $D(f) = I = (-\infty, \infty)$ und $f(x) = c$ für $c \in \mathbb{R}$. Für beliebiges $x_0 \in I$ und eine beliebige Folge $(x_n)_{n\in\mathbb{N}}$ mit $x_n \neq x_0$, $\lim_{n\to\infty} x_n = x_0$ gilt

$$\frac{f(x_n)-f(x_0)}{x_n-x_0} = \frac{c-c}{x_n-x_0} = 0.$$

Daher ist $f$ differenzierbar auf $\mathbb{R}$ mit $f'(x) = 0$ für alle $x \in \mathbb{R}$.

(11) Sei $f : \mathbb{R} \to \mathbb{R}$ mit $D(f) = I = (-\infty, \infty)$ und $f(x) = x$. Es ist

$$\lim_{x\to x_0} \frac{f(x)-f(x_0)}{x-x_0} = \lim_{x\to x_0} \frac{x-x_0}{x-x_0} = 1$$

für jedes $x_0 \in I$. Daher ist $f$ differenzierbar auf $\mathbb{R}$ mit $f'(x) = 1$ für alle $x \in \mathbb{R}$.

(12) Sei $f : \mathbb{R} \to \mathbb{R}$ mit $D(f) = I = (-\infty, \infty)$ und $f(x) = x^2$. Es ist für beliebiges $x_0 \in I$ ist

$$\lim_{x \to x_0} \frac{f(x) - f(x_0)}{x - x_0} = \lim_{x \to x_0} \frac{x^2 - x_0^2}{x - x_0} = \lim_{x \to x_0} \frac{(x + x_0)(x - x_0)}{x - x_0}$$
$$= \lim_{x \to x_0} (x + x_0) = 2x_0 .$$

Daher ist $f$ differenzierbar auf $\mathbb{R}$ mit $f'(x) = 2x$ für alle $x \in \mathbb{R}$.

(13) Sei $f : \mathbb{R} \to \mathbb{R}$ mit $D(f) = [0, \infty)$ und $f(x) = \sqrt{x}$. Für $x_0 = 0$ ist

$$\lim_{x \to 0} \frac{f(x) - f(0)}{x - 0} = \lim_{x \to 0} \frac{\sqrt{x} - 0}{x - 0} = \lim_{x \to 0} \frac{1}{\sqrt{x}}$$

nicht existent. Für $x_0 > 0$ ist

$$\lim_{x \to x_0} \frac{f(x) - f(x_0)}{x - x_0} = \lim_{x \to x_0} \frac{\sqrt{x} - \sqrt{x_0}}{x - x_0} = \lim_{x \to x_0} \frac{\sqrt{x} - \sqrt{x_0}}{\left(\sqrt{x} - \sqrt{x_0}\right)\left(\sqrt{x} + \sqrt{x_0}\right)}$$
$$= \lim_{x \to x_0} \frac{1}{\sqrt{x} + \sqrt{x_0}} = \frac{1}{2\sqrt{x_0}} .$$

Daher ist $f$ differenzierbar auf $I = (0, \infty)$ mit $f'(x) = \dfrac{1}{2\sqrt{x}}$, hingegen ist $f$ an $x = 0$ nicht differenzierbar. Doch ist $f$ stetig auf $[0, \infty)$.

(14) Sei $f : \mathbb{R} \to \mathbb{R}$ mit $D(f) = \mathbb{R}$ und $f(x) = |x|$. Sei $x_0 = 0$. Für die Folge $(x_n)_{n \in \mathbb{N}}$ mit $x_n = \frac{1}{n} \neq 0$ gilt $\lim_{n \to \infty} x_n = x_0 = 0$ und

$$\lim_{n \to \infty} \frac{f(x_n) - f(x_0)}{x_n - x_0} = \lim_{n \to \infty} \frac{\frac{1}{n} - 0}{\frac{1}{n} - 0} = 1 ,$$

während für die Folge $(x_n)_{n \in \mathbb{N}}$ mit $x_n = -\frac{1}{n} \neq 0$ gilt $\lim_{n \to \infty} x_n = x_0 = 0$ und

$$\lim_{n \to \infty} \frac{f(x_n) - f(x_0)}{x_n - x_0} = \frac{|-\frac{1}{n}| - 0}{-\frac{1}{n} - 0} = -1 .$$

Demnach ist $f$ an der Stelle $x_0 = 0$ nicht differenzierbar, wohl aber stetig. An $x_0 \neq 0$ ist $f$ differenzierbar mit $f'(x_0) = 1$ für $x_0 > 0$ und $f'(x_0) = -1$ für $x_0 < 0$.

(15) Sei $f : \mathbb{R} \to \mathbb{R}$ mit $D(f) = I = (-\infty, \infty)$ und $f(x) = \sin x$. Für $x_0 \in I$ folgt aus $\sin\alpha + \sin\beta = 2\sin\frac{\alpha+\beta}{2}\cos\frac{\alpha-\beta}{2}$ mit $\lim_{h \to 0} \frac{\sin\frac{h}{2}}{\frac{h}{2}} = 1$ und $\lim_{h \to 0} \cos(x_0 + \frac{h}{2}) = \cos x_0$ (Stetigkeit) sowie $x = x_0 + h$

$$\lim_{x \to x_0} \frac{f(x) - f(x_0)}{x - x_0} = \lim_{h \to 0} \frac{\sin(x_0 + h) - \sin x_0}{h}$$
$$= \lim_{h \to 0} \frac{2\sin\frac{h}{2} \cdot \cos(x_0 + \frac{h}{2})}{h}$$
$$= \lim_{h \to 0} \frac{\sin\frac{h}{2}}{\frac{h}{2}} \cdot \lim_{h \to 0} \cos\left(x_0 + \frac{h}{2}\right)$$
$$= \cos x_0 .$$

Daher ist die Sinusfunktion differenzierbar auf $\mathbb{R}$ mit $(\sin x)' = \cos x$ für alle $x \in \mathbb{R}$. Analog zeigt man, dass die Cosinusfunktion differenzierbar ist auf $\mathbb{R}$ mit $(\cos x)' = -\sin x$ für alle $x \in \mathbb{R}$.

Die folgenden Sätze 17.1 und 17.2 geben Differentiationsregeln, die oft hilfreich sind, die Ableitungen ohne formale Anwendung von Definition 17.1 zu bestimmen. Sie werden oft mehrfach hintereinander angewendet.

**Satz 17.1** *Die Funktionen $f : \mathbb{R} \to \mathbb{R}$ und $g : \mathbb{R} \to \mathbb{R}$ mit $D(f) = D(g) = I \subset \mathbb{R}$ seien differenzierbar an $x \in I$. Dann sind auch $\alpha f$ mit $\alpha \in \mathbb{R}$, $f \pm g$, $f \cdot g$ differenzierbar an $x$ und es gilt*

$$\begin{aligned} [\alpha f]'(x) &= \alpha f'(x) \\ [f+g]'(x) &= f'(x) + g'(x) \\ [f \cdot g]'(x) &= f'(x)g(x) + f(x)g'(x) \quad \textit{(Produktregel)}. \end{aligned}$$

*Ist $g(x) \neq 0$, so ist auch $\frac{f}{g}$ differenzierbar an $x$ und es gilt*

$$\left[\frac{f}{g}\right]'(x) = \frac{f'(x)g(x) - f(x)g'(x)}{[g(x)]^2} \quad \textit{(Quotientenregel)}.$$

**Beispiele:**

(16) Sei $f(x) = x^2$, $x \in (-\infty, \infty)$. Wegen $f(x) = x \cdot x$ ist die Produktregel anwendbar. Sie ergibt $f'(x) = 1 \cdot x + x \cdot 1 = 2x$ für alle $x \in \mathbb{R}$.

(17) Sei $f(x) = \frac{1}{x}$ für $x \in (-\infty, \infty)\backslash\{0\}$. Die Quotientenregel liefert

$$f'(x) = \frac{0 \cdot x - 1 \cdot 1}{x^2} = -\frac{1}{x^2} \quad \text{für alle } x \in \mathbb{R}\backslash\{0\}.$$

(18) Sei $f(x) = x^n$, $x \in (-\infty, \infty)$, $n \in \mathbb{N}$. Die Produktregel liefert (zusammen mit vollständiger Induktion)

$$f'(x) = \left(x^n\right)' = nx^{n-1} \quad \text{für alle } x \in \mathbb{R}.$$

(19) Sei $f(x) = x^{-n}$, $x \in (-\infty, \infty)\backslash\{0\}$, $n \in \mathbb{N}$. Die Quotientenregel ergibt (zusammen mit vollständiger Induktion)

$$f'(x) = (x^{-n})' = -nx^{-n-1} \quad \text{für alle } x \in \mathbb{R}\backslash\{0\}.$$

(20) Ein Polynom $P : \mathbb{R} \to \mathbb{R}$ mit $D(P) = \mathbb{R}$ und

$$P(x) = a_n x^n + a_{n-1}x^{n-1} + \ldots + a_1 x + a_0$$

ist differenzierbar auf $\mathbb{R}$ mit

$$P'(x) = na_n x^{n-1} + (n-1)a_{n-1}x^{n-2} + \ldots + a_1 .$$

(21) Sei $f(x) = \dfrac{1}{g(x)}$, $x \in I$ mit $g(x) \neq 0$ und $g$ sei differenzierbar an $x \in I$. Dann ist nach der Quotientenregel

$$f'(x) = -\frac{g'(x)}{[g(x)]^2} .$$

**Satz 17.2 (Kettenregel)**
*Die reellen Funktionen $f$ und $g$ seien auf den Intervallen $I$ und $J$ differenzierbar. Für die Bildmenge $B(g)$ gelte $B(g) \subset I$. Dann ist $h = f \circ g$ differenzierbar auf $J$, und es gilt*

$$h'(x) = [f \circ g]'(x) = [f'\big(g(x)\big)] \cdot g'(x) , \quad x \in J .$$

Schreibt man $y = g(x)$ und $h(x) = f\big(g(x)\big) = f(y)$, so lässt sich die Kettenregel symbolisch in der leicht merkbaren Form

$$\frac{dh}{dx} = \frac{df}{dy} \cdot \frac{dy}{dx} , \quad y = g(x)$$

schreiben. Es wird $f(y)$ zunächst nach $y$ differenziert, dann $y = g(x)$ nach $x$ differenziert und schließlich $y = g(x)$ eingesetzt.

**Beispiele:**

(22) Für $h(x) = \cos x$, $x \in \mathbb{R}$, folgt wegen $\cos x = \sin(x + \frac{\pi}{2})$ mit $f(y) = \sin y$ und $y = g(x) = x + \frac{\pi}{2}$

$$(\cos x)' = \frac{df}{dy} \cdot \frac{dy}{dx} = \cos y \cdot 1 = \cos\left(x + \frac{\pi}{2}\right) = -\sin x \text{ für } x \in \mathbb{R}.$$

(23) Für $h(x) = \sin \dfrac{1}{x}$, $x \in (0, \infty)$, folgt mit $f(y) = \sin y$ und $y = g(x) = \dfrac{1}{x}$ wegen $\dfrac{df}{dy} = \cos y$ und $\dfrac{dy}{dx} = -\dfrac{1}{x^2}$

$$\left(\sin \frac{1}{x}\right)' = -\frac{1}{x^2} \cos \frac{1}{x} . \qquad (*)$$

Für $x \in (-\infty, 0)$ ergibt sich das gleiche Ergebnis, so dass $(*)$ für $x \in \mathbb{R}\backslash\{0\}$ gilt.

(24) Für $h(x) = \sqrt{1 - x^2}$, $x \in (-1, 1)$ folgt mit $f(y) = \sqrt{y}$ und $y = g(x) = 1 - x^2$ wegen $\dfrac{df}{dy} = \dfrac{1}{2\sqrt{y}}$ und $\dfrac{dy}{dx} = -2x$

$$\left(\sqrt{1 - x^2}\right)' = -\frac{x}{\sqrt{1 - x^2}} \quad \text{für } x \in (-1, 1) .$$

(25) Für $h(x) = 2 + \sin^3 x$, $x \in \mathbb{R}$, folgt mit $f(y) = 2 + y^3$ und $y = g(x) = \sin x$ wegen $\frac{df}{dy} = 3y^2$ und $\frac{dy}{dx} = \cos x$

$$(2 + \sin^3 x)' = 3\sin^2 x \cdot \cos x\,, \qquad \text{für } x \in \mathbb{R}\,.$$

(26) Für $h(x) = \sqrt{2 + \sin^3 x}$, $x \in \mathbb{R}$, folgt mit $f(y) = \sqrt{y}$ und $y = g(x) = 2 + \sin^3 x$ wegen $\frac{df}{dy} = \frac{1}{2\sqrt{y}}$ zunächst $\left(\sqrt{2 + \sin^3 x}\right)' = \frac{1}{2\sqrt{2 + \sin^3 x}} \cdot \frac{dg}{dx}$. Nach (25) ist $\frac{dg}{dx} = 3\sin^2 x \cdot \cos x$. Daher ist

$$\left(\sqrt{2 + \sin^3 x}\right)' = \frac{3\sin^2 x \cdot \cos x}{2\sqrt{2 + \sin^3 x}} \qquad \text{für } x \in \mathbb{R}\,.$$

Ist $f' : \mathbb{R} \to \mathbb{R}$ die Ableitung der Funktion $f$ auf einem Intervall $I$ und ist $f'$ differenzierbar an der Stelle $x_0 \in I$, so heißt $f''(x_0) = \left(f'\right)'(x_0)$ die zweite Ableitung von $f$ an $x_0$. Üblich sind für $f''(x_0)$ auch die Schreibweisen $\frac{df'}{dx}\big|_{x=x_0}$ oder $\frac{d^2 f}{dx^2}\big|_{x=x_0}$.

Ist $f'' : \mathbb{R} \to \mathbb{R}$ die zweite Ableitung von $f$ auf einem Intervall $I$ und ist $f''$ differenzierbar auf $I$, so heißt $f''' = \left(f''\right)'$ die dritte Ableitung von $f$, üblich ist auch die Schreibweise $f''' = \frac{d^3 f}{dx^3}$. Analog sind die höheren Ableitungen rekursiv definiert $f^{(n)} = \left(f^{(n-1)}\right)'$, $n = 2, 3, \ldots$. Gelegentlich schreibt man auch $f^{(0)}$ für $f$. Es heißt $f$ $n$-mal **stetig differenzierbar** auf einem Intervall $I$, falls $f^{(n)}$ auf $I$ existiert und stetig ist.

**Bemerkungen und Ergänzungen:**

(27) Aus der Existenz von $f'$ auf $I$ folgt nicht die Stetigkeit von $f'$ auf $I$. So ist $f : \mathbb{R} \to \mathbb{R}$ mit $D(f) = \mathbb{R}$ und

$$f(x) = \begin{cases} x^2 \sin \frac{1}{x} & \text{für } x \neq 0 \\ 0 & \text{für } x = 0 \end{cases}$$

differenzierbar auf $\mathbb{R}$ mit

$$f'(x) = \begin{cases} 2x \sin \frac{1}{x} - \cos \frac{1}{x} & \text{für } x \neq 0 \\ 0 & \text{für } x = 0 \end{cases},$$

aber $f'$ ist nicht stetig an der Stelle $x_0 = 0$.

(28) Sind die Funktionen $f$ und $g$ auf dem Intervall $I$ $n$-mal differenzierbar, so gilt für die $n$-te Ableitung des Produktes die **Leibnizsche Regel**

$$\begin{aligned}\Big[f(x)g(x)\Big]^{(n)} &= \sum_{i=0}^{n} \binom{n}{i} f^{(i)}(x)\, g^{(n-i)}(x) \\ &= \binom{n}{0} f(x)\, g^{(n)}(x) + \binom{n}{1} f'(x)\, g^{(n-1)}(x) + \ldots + \\ &\quad + \binom{n}{n-1} f^{(n-1)}(x)\, g'(x) + \binom{n}{n} f^{(n)}(x)\, g(x)\,.\end{aligned}$$

**Beispiele:**

(29) Für $f(x) = x^4$, $x \in \mathbb{R}$, ist $f'(x) = 4x^3$, $f''(x) = 12x^2$, $f'''(x) = 24x$.
Für $g(x) = \sin 3x$, $x \in \mathbb{R}$ ist $g'(x) = 3\cos 3x$, $g''(x) = -9 \sin 3x$,
$g'''(x) = -27 \cos 3x$.

(30) Für die Funktion $x^4 \sin 3x$, $x \in \mathbb{R}$, folgt mit (29) aus der Leibnizschen Regel

$$\begin{aligned}(x^4 \sin 3x)''' &= \binom{3}{0} x^4 (\sin 3x)''' + \binom{3}{1} (x^4)'(\sin 3x)'' + \binom{3}{2} (x^4)''(\sin 3x)' \\ &\quad + \binom{3}{3} (x^4)''' \sin 3x \\ &= -27x^4 \cos 3x - 108x^3 \sin 3x + 108x^2 \cos 3x + 24x \sin 3x\ .\end{aligned}$$

## TESTS

**T17.1:** Die Funktion $f : \mathbb{R} \to \mathbb{R}$ sei auf dem abgeschlossenen Intervall $D(f) = [a, b]$ definiert. Sei $x_0 \in D(f)$ gegeben. Dann ist $f$ an $x_0$ differenzierbar, falls gilt:

( ) $\lim\limits_{h \to 0} \dfrac{f(x_0 + h) - f(x_0)}{h}$ existiert.

( ) Für alle Folgen $(x_n)_{n\in\mathbb{N}}$ mit $x_n \in D(f)$, $x_n \neq x_0$, $\lim_{n\to\infty} x_n = x_0$, konvergieren die Folgen $\left(\frac{f(x_n)-f(x_0)}{x_n - x_0}\right)_{n\in\mathbb{N}}$ gegen die gleiche Zahl $f'(x_0)$.

( ) Die Folge $\left(\frac{f(x_0+\frac{1}{n})-f(x_0)}{\frac{1}{n}}\right)_{n\in\mathbb{N}}$ ist konvergent.

**T17.2:** Die Funktion $f : \mathbb{R} \to \mathbb{R}$ sei auf einem Intervall $I = D(f)$ definiert.

( ) Ist $f$ stetig auf $I$, so ist $f$ differenzierbar auf $I$.

( ) Ist $f$ differenzierbar auf $I$, so ist $f$ stetig auf $I$.

( ) Ist $f$ differenzierbar auf $I$, so ist die Ableitung $f'$ stetig auf $I$.

**T17.3:** Es gilt

( ) $(\tan x)' = \dfrac{1}{\cos^2 x}$ für $x \neq (2k+1)\frac{\pi}{2}$, $k \in \mathbb{Z}$

( ) $(\cot x)' = -\dfrac{1}{\sin^2 x}$ für $x \neq k\pi$, $k \in \mathbb{Z}$

( ) $\left(\frac{1}{x}\right)^{(n)} = (-1)^n \dfrac{n!}{x^{n+1}}$ für $x \neq 0$, $n \in \mathbb{N}$.

**T17.4:** Die Funktionen $f, g, h$ seien $n$–mal differenzierbar auf einem Intervall $I$, $n \geq 3$. Dann gilt für $x \in I$

( ) $[f(x)\,g(x)\,h(x)]' = f'(x)\,g(x)\,h(x) + f(x)\,g'(x)\,h(x) + f(x)\,g(x)\,h'(x)$

( ) $[f(x)\,g(x)\,h(x)]'$
$= \binom{3}{1} f'(x)\,g(x)\,h(x) + \binom{3}{2} f(x)\,g'(x)\,h(x) + \binom{3}{3} f(x)\,g(x)\,h'(x)$

( ) $[f(x)\,g(x)]''' = f(x)\,g'''(x) + 3f'(x)\,g''(x) + 3f''(x)\,g'(x) + f'''(x)\,g(x)$.

## ÜBUNGEN

**Ü17.1:** Bestimmen Sie mit Hilfe der Differentiationsregeln die Ableitungen folgender Funktionen:

a) $f_1(x) = \dfrac{x^3-2}{x^4+1}$, $D(f_1) = \mathbb{R}$

b) $f_2(x) = 2\sqrt{x^4 + \dfrac{1}{\sqrt{x}}}$, $D(f_2) = (0, \infty)$

c) $f_3(x) = \sin(\pi x)\,\cos(\pi x + \frac{\pi}{4})$, $D(f_3) = \mathbb{R}$

d) $f_4(x) = \sqrt{x\sqrt{x\sqrt{x}}}$, $x \in (0, \infty)$.

**Ü17.2:** Bestimmen Sie jeweils die erste Ableitung der Funktionen $f_i : \mathbb{R} \to \mathbb{R}$, $i = 1, 2, 3$

a) $f_1(x) = \dfrac{\sqrt{x} - \sqrt{x+1}}{\sqrt{x+1} + \sqrt{x}}$, $D(f_1) = (0, \infty)$

b) $f_2(x) = x \sin\left((1+x)^4\right)$, $D(f_2) = \mathbb{R}$

c) $f_3(x) = \sqrt{\left(\dfrac{\cos x}{\sin x}\right)^2 + 1}$, $D(f_3) = (0, \pi)$.

**Ü17.3:** a) Gegeben sei die Funktion $f : \mathbb{R} \to \mathbb{R}$ mit $D(f) = \left[-\frac{3}{2}, 1\right]$ und $f(x) = 1 - \frac{\sqrt{2}}{2}\, x^2 - \cos(x^2)$.

Berechnen Sie die erste und die zweite Ableitung von $f$.

b) Gegeben sei die Funktion $f : \mathbb{R} \to \mathbb{R}$ mit $D(f) = [1, 2]$ und $f(x) = \sqrt{2x}\,(x^4 + 4x^2)$. Bestimmen Sie die dritte Ableitung der Funktion $f$ mit der Leibnizschen Regel.

**Ü17.4:** Gegeben sei die Funktion $f : \mathbb{R} \to \mathbb{R}$ mit $f(x) = |x + 2| \cdot (x^2 - 1)$ und $D(f) = [-5, 2]$.

a) Für welche $x \in D(f)$ ist $f$ differenzierbar? Wie lauten Abbildungsvorschrift und Definitionsmenge der Ableitung $f'$?

b) Bestimmen Sie die Gleichung der Tangente an den Graphen der Funktion $f$ im Punkt $(1, f(1))$.

# 18 Eigenschaften differenzierbarer Funktionen

Für eine reelle Funktion $f : \mathbb{R} \to \mathbb{R}$ mit der Definitionsmenge $D(f)$ haben wir in Kapitel 4 das **globale Maximum** (bzw. globale Minimum) von $f$ definiert. Ist $x_0$ die zugehörige Maximalstelle, so gilt $f(x_0) \geq f(x)$ für **alle** $x \in D(f)$. Von einem **lokalen Maximum** $f(x_1)$ für ein $x_1 \in D(f)$ spricht man, falls ein $\delta > 0$ existiert, so dass $f(x_1) \geq f(x)$ für alle $x \in (x_1-\delta, x_1+\delta) \cap D(f)$. Das **lokale Minimum** ist analog definiert.

**Bemerkungen und Ergänzungen:**

(1) Während beim globalen Maximum alle $x \in D(f)$ zum Vergleich von $f(x)$ mit $f(x_0)$ herangezogen werden, erfolgt beim lokalen Maximum ein Vergleich von $f(x)$ mit $f(x_1)$ nur für alle $x$ aus einer (kleinen) Umgebung von $x_1$.

(2) Veranschaulichung:

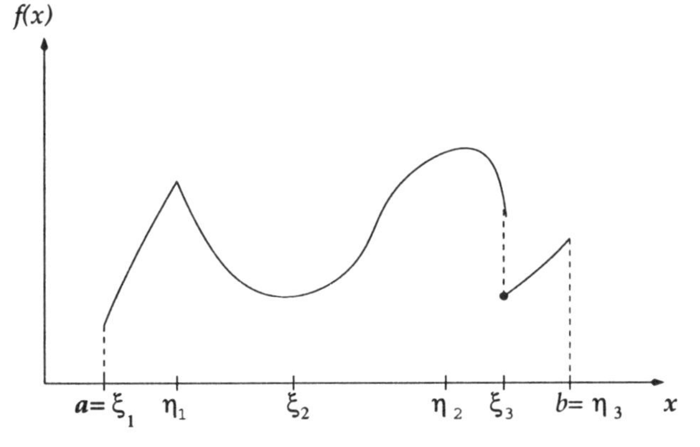


Die Funktion $f : \mathbb{R} \to \mathbb{R}$ mit $D(f) = [a, b]$ hat an den Stellen $\xi_1, \xi_2, \xi_3$ lokale Minima und an den Stellen $\eta_1, \eta_2, \eta_3$ lokale Maxima. Es ist $f(\xi_1)$ globales Minimum und $f(\eta_2)$ globales Maximum.

(3) Für Maximum oder Minimum sagt man zusammenfassend Extremum. Ein globales Extremum ist auch ein lokales Extremum.

(4) Ist $x_0$ lokale oder globale Maximalstelle von $f$, so ist $x_0$ lokale oder globale Minimalstelle von $-f$.

Der folgende Satz ist hilfreich für die Suche nach lokalen Maxima oder Minima.

**Satz 18.1** *Es sei $f : \mathbb{R} \to \mathbb{R}$ mit $D(f) = (a, b)$ differenzierbar an der Stelle $x_0 \in (a, b)$. Ist $f(x_0)$ ein lokales Maximum oder Minimum, so ist $f'(x_0) = 0$.*

**Bemerkungen und Ergänzungen:**

(5) Aus Satz 18.1 folgt: Ist $f(x_0)$ ein lokales Extremum für $x_0 \in (a,b)$, so hat der Graph von $f$ in $(x_0, f(x_0))$ eine waagerechte Tangente, siehe etwa $f(\xi_2)$ (lokales Minimum) oder $f(\eta_2)$ (lokales Maximum) in (2).

(6) Die Aussage von Satz 18.1 ist nicht umkehrbar. Gilt $f'(x_0) = 0$, so muss $f(x_0)$ kein lokales Extremum sein. So ist für $f(x) = x^3$, $x \in (-1,1)$, zwar $f'(0) = 0$, aber $f(0) = 0$ ist kein lokales Extremum.

(7) Ist $D(f) = [a,b]$ ein abgeschlossenes Intervall und ist $f(a)$ bzw. $f(b)$ ein lokales Extremum, so muss nicht $f'(a) = 0$ bzw. $f'(b) = 0$ gelten. Dies zeigt die Funktion $f(x) = x$ für $x \in [0,1]$. Es ist $f(0)$ lokales Minimum und $f(1)$ lokales Maximum, aber $f'(0) = f'(1) = 1$. Die Randpunkte des Intervalls müssen demnach gesondert untersucht werden.

(8) Ist $f : \mathbb{R} \to \mathbb{R}$ auf dem abgeschlossenen Intervall $[a,b]$ differenzierbar, so lässt sich das globale Maximum (bzw. Minimum) von $f$ (existent nach Satz 16.2) wie folgt finden: Man sucht alle $x_0$ aus dem offenen Intervall $(a,b)$, für die $f'(x_0) = 0$. Dies sind Kandidaten für Extremalstellen. Weitere Kandidaten sind die Randpunkte $a$ und $b$. Durch Vergleich der Funktionswerte $f(x_0)$ und $f(a), f(b)$ erhält man das globale Maximum.

(9) Das Vorgehen in (8) ist zu modifizieren, falls $f$ stetig, aber an einer Stelle $c \in (a,b)$ nicht differenzierbar ist. Dann ist auch $c$ ein Kandidat für eine Extremalstelle und $f(c)$ ist in den Vergleich einzubeziehen.

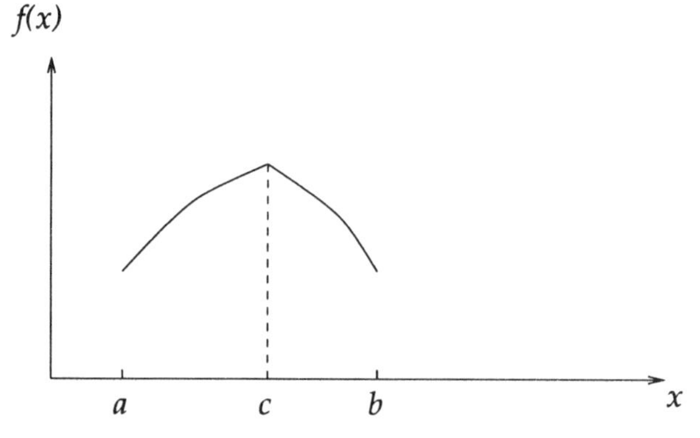


Der folgende Satz hat insbesondere beweistechnische Bedeutung.

**Satz 18.2 (Mittelwertsatz der Differentialrechung)**
*Die Funktion $f : \mathbb{R} \to \mathbb{R}$ sei stetig auf $D(f) = [a,b]$ und differenzierbar auf $(a,b)$. Dann gibt es (mindestens) einen (inneren) Punkt $x_0 \in (a,b)$ mit*

$$\frac{f(b) - f(a)}{b - a} = f'(x_0).$$

**Bemerkungen und Ergänzungen:**

(10) Veranschaulichung:

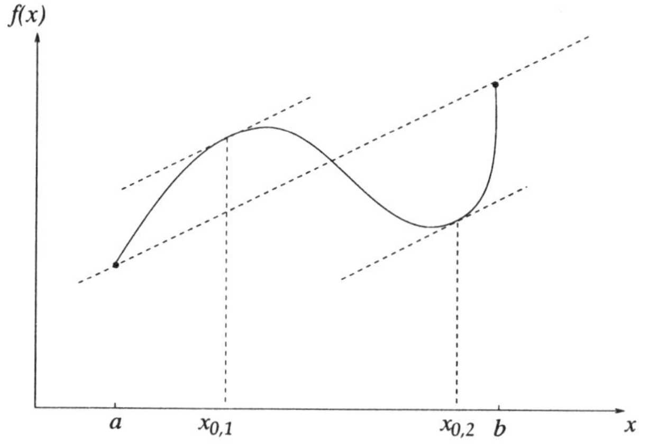


In $x_{0,1}$ bzw. $x_{0,2}$ ist die Steigung der Tangente an den Graphen von $f$ gleich der Steigung der Sekanten durch $(a, f(a))$ und $(b, f(b))$.

(11) Ist $f(a) = f(b)$ in Satz 18.2, so existiert ein $x_0 \in (a, b)$ mit $f'(x_0) = 0$ (Satz von Rolle), ein anschauliches Ergebnis.

(12) Aus Satz 18.2 folgt: Die Funktionen $f : \mathbb{R} \to \mathbb{R}$ und $g : \mathbb{R} \to \mathbb{R}$ seien stetig auf $[a, b]$ und differenzierbar auf $(a, b)$. Ist $f'(x) = g'(x)$ für alle $x \in (a, b)$, so gilt $f(x) = g(x) + c$ für alle $x \in [a, b]$ mit einer Konstanten $c \in \mathbb{R}$. Funktionen mit identischen Ableitungen unterscheiden sich demnach nur durch eine additive Konstante.

(13) Ist speziell in (12) $f'(x) = 0$ für alle $x \in (a, b)$, so ist $f$ eine konstante Funktion.

Die beiden folgenden Sätze geben hinreichende Kriterien für Monotonie und lokale Maxima bzw. Minima.

**Satz 18.3** *Die Funktion* $f : \mathbb{R} \to \mathbb{R}$ *sei stetig auf* $[a, b]$ *und differenzierbar auf* $(a, b)$. *Gilt für alle* $x \in (a, b)$

*(i)* $f'(x) > 0$, *so ist* $f$ *streng monoton wachsend auf* $[a, b]$,

*(ii)* $f'(x) < 0$, *so ist* $f$ *streng monoton fallend auf* $[a, b]$.

**Satz 18.4** *Die Funktion* $f : \mathbb{R} \to \mathbb{R}$ *sei zweimal differenzierbar auf* $(a, b)$. *Gelte* $f'(x_0) = 0$ *für* $x_0 \in (a, b)$.

*(i) Ist* $f''(x_0) < 0$, *so ist* $f(x_0)$ *ein lokales Maximum von* $f$.

*(ii) Ist* $f''(x_0) > 0$, *so ist* $f(x_0)$ *ein lokales Minimum von* $f$.

**Beispiele:**

(14) Sei $f(x) = x^3$ für $x \in [0,1]$. Wegen $f'(x) = 3x^2 > 0$ für $x \in (0,1)$ ist $f$ streng monoton wachsend auf $[0,1]$. Bemerkenswert ist, dass zwar $f'(0) = 0$, aber $f'(0)$ und $f'(1)$ in Satz 18.3 nicht zur Prüfung herangezogen werden.

(15) Sei $f(x) = x^3$ für $x \in [-1,1]$. Wegen $f'(x) = 0$ für $x = 0 \in (-1,1)$ ist Satz 18.3 nicht unmittelbar anwendbar. Durch Betrachtung der Teilintervalle $[-1,0]$ und $[0,1]$ erkennt man jedoch, dass $f$ streng monoton wachsend auf $[-1,1]$ ist.

(16) Sei $f(x) = x^2$ für $x \in (-1,1)$. Wegen $f'(0) = 0$ und $f''(0) = 2$ ist $f(0) = 0$ ein lokales Minimum von $f$.

Sind die reellen Funktionen $f$ und $g$ stetig auf einem Intervall $I$, so gilt für $x_0 \in I$

$$\lim_{x \to x_0} \frac{f(x)}{g(x)} = \frac{f(x_0)}{g(x_0)}$$

nur dann, wenn $g(x_0) \neq 0$. Ist neben $g(x_0) = 0$ auch $f(x_0) = 0$, so kann der Grenzwert $\lim_{x \to x_0} \frac{f(x)}{g(x)}$ existieren, wie das Beispiel $\lim_{x \to 0} \frac{\sin x}{x} = 1$ (vgl. Kap. 15 (15)) zeigt. Zur Bestimmung solcher Grenzwerte (gelegentlich bezeichnet als "unbestimmte Ausdrücke $\frac{0}{0}$") sind oft die Regeln von G.F.A. de l'Hospital (1661–1704) hilfreich. Wir betrachten zunächst den elementaren Fall in

**Satz 18.5** *Die reellen Funktionen $f$ und $g$ seien stetig auf dem Intervall $I$, für $x_0 \in I$ gelte $f(x_0) = g(x_0) = 0$. Sei $g(x) \neq 0$ für $x \in I$, $x \neq x_0$. Es seien $f$ und $g$ differenzierbar an $x_0$ mit $g'(x_0) \neq 0$. Dann gilt*

$$\lim_{x \to x_0} \frac{f(x)}{g(x)} = \frac{f'(x_0)}{g'(x_0)}.$$

**Beispiele:**

(17) Für $\lim_{x \to 0} \dfrac{\tan x}{x}$ folgt mit $f(x) = \tan x$, $g(x) = x$ für $x \in I = (-1,1)$ und $x_0 = 0$ wegen $f(0) = g(0) = 0$, $g(x) \neq 0$ für $x \neq 0$ und $g'(0) = 1 \neq 0$

$$\lim_{x \to 0} \frac{\tan x}{x} = \frac{f'(0)}{g'(0)} = \frac{\frac{1}{\cos^2 0}}{1} = 1.$$

(18) Wie in (17) folgt

$$\lim_{x \to 0} \frac{\sin x}{x} = \frac{\cos 0}{1} = 1.$$

Eine allgemeinere Form der Regel von de l'Hospital gibt

**Satz 18.6** *Die reellen Funktionen $f$ und $g$ seien differenzierbar auf dem Intervall $I$. Für $x_0 \in I$ gelte $f(x_0) = g(x_0) = 0$, sei $g'(x) \neq 0$ für $x \in I$, $x \neq x_0$. Existiert der Grenzwert*

$$\lim_{x \to x_0} \frac{f'(x)}{g'(x)},$$

*so existiert auch der Grenzwert $\lim\limits_{x \to x_0} \dfrac{f(x)}{g(x)}$, und es gilt*

$$\lim_{x \to x_0} \frac{f(x)}{g(x)} = \lim_{x \to x_0} \frac{f'(x)}{g'(x)}.$$

In Satz 18.6 wird die Existenz des Grenzwertes $\lim_{x \to x_0} \frac{f'(x)}{g'(x)}$ gefordert. Gelegentlich lässt sich dieser Grenzwert wieder mit einer Regel von de l'Hospital bestimmen.

**Beispiele:**

(19) Um $\lim_{x \to 0} \dfrac{1 - \cos x}{x^2}$ zu bestimmen, wählen wir $f(x) = 1 - \cos x$, $g(x) = x^2$ für $x \in I = [-1, 1]$ und $x_0 = 0$. Es ist $f(0) = g(0) = 0$ und $f'(x) = \sin x$, $g'(x) = 2x \neq 0$ für $x \neq 0$. Demnach ist

$$\lim_{x \to 0} \frac{1 - \cos x}{x^2} = \lim_{x \to 0} \frac{\sin x}{2x},$$

falls der Grenzwert $\lim_{x \to 0} \dfrac{\sin x}{2x}$ existiert. Für $\lim_{x \to 0} \dfrac{\sin x}{2x}$ folgt $\lim_{x \to 0} \dfrac{\sin x}{2x} = \dfrac{1}{2}$ nach Satz 18.5, so dass

$$\lim_{x \to 0} \frac{1 - \cos x}{x^2} = \frac{1}{2}.$$

Es ist zu beachten, dass Satz 18.5 direkt für den Grenzwert $\lim_{x \to 0} \dfrac{1 - \cos x}{x^2}$ nicht anwendbar ist.

(20) Gegebenenfalls führt eine mehrfache Anwendung von Satz 18.6 zum Ziel. So ist für

$$\lim_{x \to 0} \frac{x - 2 \sin \frac{x}{2}}{x - \sin x}$$

mit $f(x) = x - 2 \sin \frac{x}{2}$, $g(x) = x - \sin x$ wegen $f(0) = g(0) = 0$ der Grenzwert

$$\lim_{x \to 0} \frac{f(x)}{g(x)} = \lim_{x \to 0} \frac{f'(x)}{g'(x)} = \lim_{x \to 0} \frac{1 - \cos \frac{x}{2}}{1 - \cos x},$$

falls $\lim_{x\to 0} \dfrac{f'(x)}{g'(x)}$ existiert. Es ist $f'(0) = g'(0) = 0$, so dass eine erneute Anwendung von Satz 18.6 auf $\lim_{x\to 0} \dfrac{f'(x)}{g'(x)}$ ergibt

$$\lim_{x\to 0} \frac{f'(x)}{g'(x)} = \lim_{x\to 0} \frac{f''(x)}{g''(x)} = \lim_{x\to 0} \frac{\frac{1}{2}\sin\frac{x}{2}}{\sin x},$$

falls $\lim_{x\to 0} \dfrac{f''(x)}{g''(x)}$ existiert. Es ist $f''(0) = g''(0) = 0$, und eine erneute Anwendung von Satz 18.6 auf $\lim_{x\to 0} \dfrac{f''(x)}{g''(x)}$ ergibt

$$\lim_{x\to 0} \frac{f''(x)}{g''(x)} = \lim_{x\to 0} \frac{f'''(x)}{g'''(x)} = \lim_{x\to 0} \frac{\frac{1}{4}\cos\frac{x}{2}}{\cos x} = \frac{1}{4}.$$

Demnach folgt

$$\lim_{x\to 0} \frac{x - 2\sin\frac{x}{2}}{x - \sin x} = \frac{1}{4}.$$

**Bemerkungen und Ergänzungen:**

(21) Eine Modifikation von Satz 18.6 gilt, falls $x_0 \notin I$ Randpunkt von $I$ ist: Die reellen Funktionen $f$ und $g$ seien differenzierbar auf dem Intervall $(a, b)$, sei $g'(x) \neq 0$ für $x \in (a, b)$. Gelte für die einseitigen Grenzwerte $\lim_{x\searrow a} f(x) = 0$, $\lim_{x\searrow a} g(x) = 0$. Existiert der einseitige Grenzwert $\lim_{x\searrow a} \dfrac{f'(x)}{g'(x)}$, so existiert auch der einseitige Grenzwert $\lim_{x\searrow a} \dfrac{f(x)}{g(x)}$, und es gilt

$$\lim_{x\searrow a} \frac{f(x)}{g(x)} = \lim_{x\searrow a} \frac{f'(x)}{g'(x)}.$$

Die Aussage ist auch dann gültig, wenn statt der Voraussetzung $\lim_{x\searrow a} f(x) = \lim_{x\searrow a} g(x) = 0$ die Voraussetzung $\lim_{x\searrow a} f(x) = \infty$ (oder $-\infty$) und $\lim_{x\searrow a} g(x) = \infty$ (oder $-\infty$) gilt. Entsprechendes gilt für $x \nearrow b$.

(22) Die reellen Funktionen $f$ und $g$ seien differenzierbar auf $(a, \infty)$, sei $g'(x) \neq 0$ für $x \in (a, \infty)$, gelte $\lim_{x\to\infty} f(x) = 0$, $\lim_{x\to\infty} g(x) = 0$. Existiert der Grenzwert $\lim_{x\to\infty} \dfrac{f'(x)}{g'(x)}$, so existiert auch der Grenzwert $\lim_{x\to\infty} \dfrac{f(x)}{g(x)}$, und es gilt

$$\lim_{x\to\infty} \frac{f(x)}{g(x)} = \lim_{x\to\infty} \frac{f'(x)}{g'(x)}.$$

Wiederum ist die Aussage auch dann gültig, wenn statt $\lim_{x\to\infty} f(x) = \lim_{x\to\infty} g(x) = 0$ die Voraussetzung $\lim_{x\to\infty} f(x) = \infty$ (oder $-\infty$) und $\lim_{x\to\infty} g(x) = \infty$ (oder $-\infty$) gilt.

**Beispiele:**

(23) $\lim\limits_{x\searrow 0} \dfrac{\sin x}{\sqrt{x}} = \lim\limits_{x\searrow 0} \dfrac{\cos x}{\frac{1}{2\sqrt{x}}} = \lim\limits_{x\searrow 0} 2\sqrt{x}\cos x = 0\,.$

(24) $$\lim_{x\to\infty} \frac{\sin\frac{2}{x}\cdot\cos\frac{4}{x}}{\sin\frac{1}{x}\cdot\cos\frac{3}{x}} = \lim_{x\to\infty} \frac{-\frac{2}{x^2}\cos\frac{2}{x}\cos\frac{4}{x} - \frac{4}{x^2}\sin\frac{2}{x}(-\sin\frac{4}{x})}{-\frac{1}{x^2}\cos\frac{1}{x}\cos\frac{3}{x} - \frac{3}{x^2}\sin\frac{1}{x}(-\sin\frac{3}{x})}$$

$$= \lim_{x\to\infty} \frac{-2\cos\frac{2}{x}\cos\frac{4}{x} + 4\sin\frac{2}{x}\sin\frac{4}{x}}{-\cos\frac{1}{x}\cos\frac{3}{x} + 3\sin\frac{1}{x}\sin\frac{3}{x}} = 2\,.$$

(25) $$\lim_{x\nearrow\frac{\pi}{2}} (x-\frac{\pi}{2})\tan x = \lim_{x\nearrow\frac{\pi}{2}} \frac{(x-\frac{\pi}{2})\sin x}{\cos x} = \lim_{x\nearrow\frac{\pi}{2}} \frac{\sin x + (x-\frac{\pi}{2})\cos x}{-\sin x} = -1\,.$$

(26) Gelegentlich helfen Umformungen. So ist

$$\lim_{x\to\infty} (\sqrt{x(x+1)} - x) = \lim_{x\to\infty} \frac{\sqrt{1+\frac{1}{x}}-1}{\frac{1}{x}}\,.$$

Die Regel von l'Hospital ergibt

$$\lim_{x\to\infty} \left(\sqrt{x(x+1)} - x\right) = \lim_{x\to\infty} \frac{\frac{1}{2\sqrt{1+\frac{1}{x}}}\cdot(-\frac{1}{x^2})}{-\frac{1}{x^2}} = \lim_{x\to\infty} \frac{1}{2\sqrt{1+\frac{1}{x}}} = \frac{1}{2}\,.$$

Ist $f:\mathbb{R}\to\mathbb{R}$ mit $D(f)=[a,b]$ streng monoton, so existiert nach Satz 16.4 die Umkehrfunktion $f^{-1}$. Es ist $f^{-1}$ stetig und streng monoton. Ist $f$ differenzierbar auf $(a,b)$ und gilt $f'(x)>0$ bzw. $f'(x)<0$ auf $(a,b)$, so ist $f$ nach Satz 18.3 streng monoton. Über die Ableitung der Umkehrfunktion gibt der folgende Satz Auskunft

**Satz 18.7** *Die Funktion $f:\mathbb{R}\to\mathbb{R}$ sei auf dem Intervall $I$ differenzierbar mit $f'(\xi)>0$ oder $f'(\xi)<0$ für alle $\xi\in I$. Dann ist die Umkehrfunktion $f^{-1}$ differenzierbar, und es gilt*

$$(f^{-1})'(x) = \frac{1}{f'\big(f^{-1}(x)\big)}\,, \qquad x\in D(f^{-1}) = B(f)\,.$$

**Beispiele:**

(27) Sei $f(\xi)=\xi^2$ für $\xi\in I=(0,\infty)$. Es ist $f'(\xi)=2\xi>0$. Daher ist die Umkehrfunktion $f^{-1}$ mit $f^{-1}(x)=\sqrt{x}$ differenzierbar mit

$$(\sqrt{x})' = \frac{1}{2[f^{-1}(x)]} = \frac{1}{2\sqrt{x}} \quad \text{für } x\in D(f^{-1}) = (0,\infty)\,.$$

(28) Sei $f(\xi)=\xi^n$ für $\xi\in I=(0,\infty)$ und $n\in\mathbb{N}, n\geq 2$. Wie im letzten Beispiel zeigt man

$$(\sqrt[n]{x})' = \frac{1}{n[f^{-1}(x)]^{n-1}} = \frac{1}{n}\,x^{\frac{1}{n}-1} \quad \text{für } x\in(0,\infty)\,.$$

(29) Sei $f(\xi) = \sin\xi$ für $\xi \in I = (-\frac{\pi}{2}, \frac{\pi}{2})$. Es ist $f'(\xi) = \cos\xi > 0$. Daher ist die Umkehrfunktion $f^{-1}$ mit $f^{-1}(x) = \arcsin x$ differenzierbar mit

$$(\arcsin x)' = \frac{1}{\cos\left(f^{-1}(x)\right)} = \frac{1}{\cos(\arcsin x)} = \frac{1}{\sqrt{1 - [\sin(\arcsin x)]^2}}.$$

Demnach gilt

$$\boxed{(\arcsin x)' = \frac{1}{\sqrt{1-x^2}}, \quad x \in (-1,1).}$$

Anmerkung: Hätten wir $I = [-\frac{\pi}{2}, \frac{\pi}{2}]$ wie in Kapitel 4 bei der Definition von arcsin gewählt, so wäre wegen $f'(-\frac{\pi}{2}) = f'(\frac{\pi}{2}) = 0$ der Satz 18.7 nicht anwendbar. In der Tat ist $\arcsin x$ für $x = -1$ und $x = +1$ nicht differenzierbar.

Analog lässt sich zeigen

$$\boxed{(\arccos x)' = -\frac{1}{\sqrt{1-x^2}}, \quad x \in (-1,1).}$$

(30) Sei $f(\xi) = \tan\xi$ für $\xi \in I = (-\frac{\pi}{2}, \frac{\pi}{2})$. Es ist $f'(\xi) = \frac{1}{\cos^2\xi} > 0$. Daher ist $f^{-1}$ mit $f^{-1}(x) = \arctan x$ differenzierbar mit

$$(\arctan x)' = \frac{1}{\dfrac{1}{\cos^2\left(f^{-1}(x)\right)}} = \frac{1}{1 + \left[\tan\left(f^{-1}(x)\right)\right]^2}.$$

Demnach gilt

$$\boxed{(\arctan x)' = \frac{1}{1+x^2}, \quad x \in \mathbb{R}.}$$

Analog zeigt man

$$\boxed{(\operatorname{arccot} x)' = -\frac{1}{1+x^2}, \quad x \in \mathbb{R}.}$$

## TESTS

**T18.1:** Die Funktion $f : \mathbb{R} \to \mathbb{R}$ mit der Definitionsmenge $D(f) = [0,1]$ sei auf $[0,1]$ stetig und auf $(0,1)$ differenzierbar. Dann

( ) besitzt $f$ in $(0,1)$ ein lokales Extremum

( ) besitzt $f$ in $[0,1]$ ein globales Extremum

( ) gibt es ein $x_0 \in (0,1)$ mit $f'(x_0) = f(1) - f(0)$.

**T18.2:** Die Funktion $f:\mathbb{R}\to\mathbb{R}$ mit $D(f)=[a,b]$ sei auf $[a,b]$ stetig und auf $(a,b)$ zweimal differenzierbar. Sei $x_0\in(a,b)$.

( ) Ist $f'(x_0)=0$, dann ist $x_0$ Stelle eines lokalen Extremums.

( ) Ist $f'(x_0)=0$, dann ist die Steigung der Tangente an den Graphen von $f$ im Punkt $\big(x_0, f(x_0)\big)$ gleich 0 .

( ) Ist $f'(x_0)=0$ und $f''(x_0)\neq 0$, dann ist $x_0$ Stelle eines lokalen Extremums.

**T18.3:** Es seien $f:\mathbb{R}\to\mathbb{R}$ und $g:\mathbb{R}\to\mathbb{R}$ zwei auf $D(f)=D(g)=[-1,1]$ differenzierbare Funktionen mit $f(0)=g(0)=0$. Dann gilt:

( ) $\lim\limits_{x\to 0}\dfrac{f(x)}{g(x)}$ existiert

( ) $\lim\limits_{x\to 0}\dfrac{f'(x)}{g'(x)}$ existiert

( ) Sei $g'(x)>0$ für alle $x\in D(g)$, $x\neq 0$. Falls $\lim\limits_{x\to 0}\dfrac{f'(x)}{g'(x)}$ existiert, dann existiert auch $\lim\limits_{x\to 0}\dfrac{f(x)}{g(x)}$.

**T18.4:** Es sei $f:\mathbb{R}\to\mathbb{R}$ eine streng monoton wachsende, auf $D(f)=[-1,1]$ differenzierbare Funktion. Dann gilt:

( ) Die Umkehrfunktion von $f$ ist streng monoton wachsend auf $D(f^{-1})$ .

( ) Die Umkehrfunktion von $f$ ist stetig auf $D(f^{-1})$ .

( ) Die Umkehrfunktion von $f$ ist differenzierbar auf $D(f^{-1})$.

## ÜBUNGEN

**Ü18.1:** Gegeben sei die Funktion $f:\mathbb{R}\to\mathbb{R}$ mit $D(f)=[-\sqrt{\pi},\sqrt{\pi}]$ und

$$f(x)=1-\frac{\sqrt{2}}{2}\,x^2-\cos(x^2)\,.$$

a) Geben Sie alle lokalen und globalen Extrema von $f$ in $(-\sqrt{\pi},\sqrt{\pi})$ an. Bestimmen Sie jeweils die Art der Extrema.

b) Zeigen Sie, dass die Funktion $f$ im Intervall $[\sqrt{\frac{1}{4}\pi},\sqrt{\frac{3}{4}\pi}]$ **genau** eine Nullstelle hat.

c) Skizzieren Sie die Funktion.

**Ü18.2:** Aus einem Baumstamm mit kreisförmigem Querschnitt (Durchmesser $D$) soll ein Balken mit rechteckigem Querschnitt herausgeschnitten werden, der maximale Tragfähigkeit besitzt (siehe Skizze). Die Tragfähgikeit eines Balkens der Breite $x$ und der Höhe $y$ ist dabei gegeben durch $T = cxy^2$ mit einer Konstanten $c > 0$. Wie müssen $x$ und $y$ gewählt werden, um die maximale Tragfähigkeit zu erreichen?

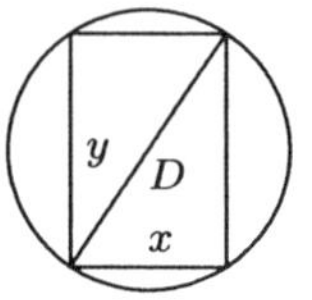


**Ü18.3:** a) Berechnen Sie die folgenden Grenzwerte mit der Regel von de l'Hospital:

$$\lim_{x\to 1} \frac{\cos(\frac{\pi}{2}x)}{x-1}, \qquad \lim_{x\to 0} \Big(\frac{1}{\sin x \cos x} - \frac{1}{x \cos x}\Big),$$
$$\lim_{x\to\infty} (5x+1) \sin\frac{1}{x}.$$

b) Wo steckt bei der folgenden vermeintlichen Anwendung der de l'Hospitalschen Regel der Fehler? Bestimmen Sie den richtigen Grenzwert.

$$\lim_{x\to 1} \frac{2x^5 - 5x^2 + 3}{2x^3 + x^2 - 8x + 5} = \lim_{x\to 1} \frac{10x^4 - 10x}{6x^2 + 2x - 8}$$
$$= \lim_{x\to 1} \frac{40x^3 - 10}{12x + 2} = \lim_{x\to 1} \frac{120x^2}{12} = 10$$

**Ü18.4:** Berechnen Sie die folgenden Grenzwerte mit der Regel von de l'Hospital:

a) $\displaystyle \lim_{x\to\frac{\pi}{4}} \frac{x - \frac{\pi}{4}}{\sin x - \cos x}$

b) $\displaystyle \lim_{x\to 0} \Big(\frac{x^2}{x - \sin x} - 2\frac{\cos x - 1}{\sin x - x}\Big)$

c) $\displaystyle \lim_{x\to\infty} \frac{\sin\frac{2}{x}\cos\frac{4}{x}}{\sin\frac{1}{x}\cos\frac{3}{x}}.$

**Ü18.5:** Gegeben sei die Funktion $f : \mathbb{R} \to \mathbb{R}$ mit $D(f) = [0, \frac{\pi}{4}]$ und $f(x) = x \sin x$.

a) Zeigen Sie, dass $f$ eine Umkehrfunktion besitzt.

b) Zeigen Sie, dass $f^{-1}$ streng monoton wachsend und stetig ist.

c) Zeigen Sie, dass $D(f^{-1}) = [0, \frac{\sqrt{2}}{8}\pi]$ gilt.

d) Berechnen Sie $(f^{-1})'(\frac{\sqrt{2}}{8}\pi)$.

e) Geben Sie allgemein $(f^{-1})'(y)$ für $y = f(x) \in D(f^{-1})\backslash\{0\}$ an.

f) Zeigen Sie, dass $f^{-1}$ in $y_0 = 0$ nicht differenzierbar ist.

# 19 Reihen

In Kapitel 14 haben wir Folgen eingeführt. Reihen sind spezielle Folgen.

**Definition 19.1** *Sei* $\left(a_k\right)_{k\in\mathbb{N}_0}$ *eine Folge reeller Zahlen, sei*

$$s_n = \sum_{k=0}^{n} a_k\,, \quad n \in \mathbb{N}_0\,.$$

*Dann heißt die Folge* $\left(s_n\right)_{n\in\mathbb{N}_0}$ *eine (unendliche)* **Reihe**. *Für diese Reihe schreibt man*

$$\sum_{k=0}^{\infty} a_k \quad \textit{oder} \quad a_0 + a_1 + a_2 + \ldots\,,$$

*die* $a_k$ *heißen* **Glieder** *der Reihe, die* $s_n$ *heißen* **Partialsummen**.

**Definition 19.2** *Die Reihe* $\sum_{k=0}^{\infty} a_k$ *heißt* **konvergent**, *wenn die Folge* $\left(s_n\right)_{n\in\mathbb{N}_0}$ *der Partialsummen konvergent ist. Dann heißt der Grenzwert* $s$ *der Folge* $\left(s_n\right)_{n\in\mathbb{N}_0}$ **Wert** *(oder Summe) der Reihe, und man schreibt*

$$s = \sum_{k=0}^{\infty} a_k\,.$$

*Eine nicht konvergente Reihe heißt* **divergent**.

**Bemerkungen und Ergänzungen:**

(1) Eine Reihe ist keine Summe von unendlich vielen Summanden, vielmehr eine Folge von Partialsummen.

(2) Der Summationsindex $k$ muss nicht bei $k = 0$ beginnen. Es kann praktisch sein, die Numerierung der Glieder erst bei $k = m$ zu beginnen, $\sum_{k=m}^{\infty} a_k$.

(3) Auf die Bezeichnung des Summationsindex kommt es nicht an: $\sum_{k=0}^{\infty} a_k = \sum_{\ell=0}^{\infty} a_\ell$.

(4) Eine Änderung von endlich vielen Gliedern der Reihe ändert nicht das Konvergenzverhalten der Reihe, unter Umständen aber den Wert der Reihe.

**Beispiele:**

(5) Die Reihe

$$\sum_{k=0}^{\infty} \frac{1}{k!}$$

ist nach 14 (39) konvergent, der Wert der Reihe ist nach 14 (40) die Eulersche Zahl $e$.

(6) Die **harmonische Reihe**

$$\sum_{k=1}^{\infty} \frac{1}{k}$$

ist nach 14 (48) divergent.

(7) Die **Leibnizsche Reihe**

$$\sum_{k=1}^{\infty} \frac{(-1)^k}{k}$$

ist nach 14 (47) konvergent.

(8) Die **geometrische Reihe**

$$\sum_{k=0}^{\infty} q^k$$

ist konvergent für $|q| < 1$ mit dem Wert

$$\boxed{\sum_{k=0}^{\infty} q^k = \frac{1}{1-q}\,.}$$

Sie ist divergent für $|q| \geq 1$. Denn es ist

$$s_n = \sum_{k=0}^{n} q^k = \begin{cases} \dfrac{1-q^{n+1}}{1-q} & \text{für } q \neq 1 \\ n+1 & \text{für } q = 1 \end{cases}$$

nach 2 (4). Für $|q| < 1$ gilt $\lim_{n\to\infty} q^{n+1} = 0$, so dass $\lim\limits_{n\to\infty} s_n = \dfrac{1}{1-q}$, für $|q| \geq 1$ existiert $\lim\limits_{n\to\infty} s_n$ nicht nach 14 (15).

(9) Für die Reihe

$$\sum_{k=2}^{\infty} \frac{1}{k(k-1)}$$

haben wir

$$s_n = \sum_{k=2}^{n} \frac{1}{k(k-1)} = \sum_{k=2}^{n} \left(-\frac{1}{k} + \frac{1}{k-1}\right) = 1 - \frac{1}{n}\,.$$

Es ist $\lim_{n\to\infty} s_n = 1$, so dass die Reihe konvergent ist mit dem Wert $s = 1$.

Die Konvergenz einer Reihe ist definiert über die Konvergenz der zugehörigen Folge der Partialsummen. Daher ergeben sich aus Konvergenzkriterien für Folgen entsprechende Konvergenzkriterien für Reihen.

**Satz 19.1 (Cauchy-Kriterium)**
*Die Reihe* $\sum_{k=0}^{\infty} a_k$ , $a_k \in \mathbb{R}$, *ist genau dann konvergent, wenn für jedes* $\varepsilon > 0$ *ein* $N(\varepsilon) \in \mathbb{N}$ *existiert, so dass*

$$\left| \sum_{k=n}^{m} a_k \right| < \varepsilon \quad \text{für alle } m \geq n \geq N(\varepsilon).$$

**Bemerkungen und Ergänzungen:**

(10) Es ist $\lim_{k\to\infty} a_k = 0$ eine notwendige Bedingung für Konvergenz, die für $m = n$ aus Satz 19.1 folgt. Diese Bedingung ist jedoch nicht hinreichend für Konvergenz, wie das Beispiel (6) der harmonischen Reihe zeigt.

(11) Eine Reihe mit abwechselnd positiven und negativen Gliedern heißt **alternierend**.

**Satz 19.2 (Leibniz-Kriterium)**
*In der alternierenden Reihe*

$$\sum_{k=0}^{\infty} (-1)^k \, b_k = b_0 - b_1 + b_2 - b_3 \pm \ldots$$

*gelte* $b_k \geq 0$ , $b_{k+1} \leq b_k$ *für* $k \in \mathbb{N}_0$ *und* $\lim_{k\to\infty} b_k = 0$ . *Dann ist die Reihe konvergent, und es gelten die Abschätzungen*

$$|s_n - s| \leq b_{n+1} \, , \qquad n \in \mathbb{N}$$

$$s_{2m+1} \leq s \leq s_{2m} \, , \quad m \in \mathbb{N}.$$

*Dabei sind* $s_\ell$ *die Partialsummen und* $s$ *der Wert der Reihe.*

**Bemerkungen und Ergänzungen:**

(12) Die $b_k$ bilden eine monoton fallende Nullfolge.

(13) Der Betrag $|s_n - s|$ der Abweichung der $n$-ten Partialsumme vom Wert $s$ ist höchstens gleich dem Betrag $b_{n+1}$ des nächsten Reihengliedes.

(14) Die Partialsummen liefern untere ($s_{2m+1}$) und obere ($s_{2m}$) Schranken für den Wert $s$ der Reihe .

**Beispiele:**

(15) In der Leibnizschen Reihe (7) ist $b_k = \frac{1}{k}$. Demnach ist $b_k \geq 0$, $b_{k+1} \leq b_k$ und $\lim_{k\to\infty} b_k = 0$ erfüllt, so dass die Reihe konvergent ist.

(16) In der Reihe $\sum_{k=0}^{\infty} \frac{(-1)^k}{k!}$ ist $b_k = \frac{1}{k!}$. Wegen $b_k \geq 0$, $b_{k+1} \leq b_k$ und $\lim_{k\to\infty} b_k = 0$ ist die Reihe konvergent, und für die Summe $s$ gelten beispielsweise die Abschätzungen ($n = 5$, $m = 3$)

$$\left|1 - 1 + \frac{1}{2!} - \frac{1}{3!} + \frac{1}{4!} - \frac{1}{5!} - s\right| \leq \frac{1}{6!},$$

also $|0.3\overline{6} - s| \leq 1.3\overline{8} \cdot 10^{-3}$, sowie

$$1 - 1 + \frac{1}{2!} - \frac{1}{3!} + \frac{1}{4!} - \frac{1}{5!} + \frac{1}{6!} - \frac{1}{7!} \leq s \leq 1 - 1 + \frac{1}{2!} - \frac{1}{3!} + \frac{1}{4!} - \frac{1}{5!} + \frac{1}{6!},$$

also $0.3678 \leq s \leq 0.3681$.

**Definition 19.3** *Die Reihe* $\sum_{k=0}^{\infty} a_k$ *heißt* **absolut konvergent**, *wenn die Reihe* $\sum_{k=0}^{\infty} |a_k|$ *der Beträge der Glieder konvergent ist.*

**Bemerkungen und Ergänzungen:**

(17) Ist eine Reihe absolut konvergent, so ist sie auch konvergent.

(18) Reihen, die konvergent, aber nicht absolut konvergent sind, nennt man auch **bedingt konvergent**.

(19) Ist die Folge $(\sigma_n)_{n\in\mathbb{N}}$ der Partialsummen $\sigma_n = \sum_{k=0}^{n} |a_k|$ der Reihe $\sum_{k=0}^{\infty} |a_k|$ nach oben beschränkt, so ist nach dem Monotoniekriterium für Folgen die Reihe $\sum_{k=0}^{\infty} a_k$ absolut konvergent.

**Satz 19.3 (Majoranten-Kriterium)**
*Für die Reihe* $\sum_{k=0}^{\infty} a_k$ *gelte* $|a_k| \leq b_k$ *für alle* $k \in \mathbb{N}_0$. *Ist die Reihe* $\sum_{k=0}^{\infty} b_k$ *konvergent, so ist die Reihe* $\sum_{k=0}^{\infty} a_k$ *absolut konvergent.*

**Bemerkungen und Ergänzungen:**

(20) Gilt für zwei Reihen $\sum_{k=0}^{\infty} a_k$ und $\sum_{k=0}^{\infty} b_k$ die Beziehung $|a_k| \leq b_k$ für alle $k \in \mathbb{N}_0$, so heißt $\sum_{k=0}^{\infty} b_k$ eine Majorante von $\sum_{k=0}^{\infty} a_k$.

(21) In Satz 19.3 darf die Voraussetzung $|a_k| \leq b_k$ für endlich viele $k$ verletzt sein.

(22) Aus dem Majoranten-Kriterium lassen sich das Quotienten-Kriterium und das Wurzel-Kriterium in Satz 19.4 und Satz 19.5 herleiten.

**Beispiele:**

(23) In der Reihe $\sum_{k=2}^{\infty} a_k = \sum_{k=2}^{\infty} \dfrac{2\arctan\sqrt{k}}{\pi k(k-1)} \sin k$ gilt $|a_k| \leq \dfrac{2\cdot\frac{\pi}{2}}{\pi k(k-1)} = b_k$ für $k \geq 2$. Die Reihe $\sum_{k=2}^{\infty} b_k = \sum_{k=2}^{\infty} \frac{1}{k(k-1)}$ ist nach (9) konvergent. Demnach konvergiert die Reihe $\sum_{k=2}^{\infty} a_k$ absolut.

(24) Die Reihe $\sum_{k=1}^{\infty} \frac{1}{k^2}$ ist konvergent, denn $|a_k| = \frac{1}{k^2} \leq \frac{1}{k(k-1)} = b_k$ für $k \geq 2$ und die Reihe $\sum_{k=2}^{\infty} b_k$ ist konvergent nach (9). Für $k = 1$ setzen wir etwa $b_1 = 0$, die Majorisierungsbedingung $|a_k| \leq b_k$ braucht für $k = 1$ nicht erfüllt zu sein nach (21).

**Satz 19.4 (Quotientenkriterium)**

*(i)* *Existieren ein $q$ mit $0 < q < 1$ und ein $N \in \mathbb{N}$, so dass für alle $k \geq N$ gilt*

$$\left|\frac{a_{k+1}}{a_k}\right| \leq q < 1\,,$$

*so ist die Reihe $\sum_{k=0}^{\infty} a_k$ absolut konvergent.*

*(ii)* *Existiert ein $N \in \mathbb{N}$, so dass für alle $k \geq N$ gilt*

$$\left|\frac{a_{k+1}}{a_k}\right| \geq 1\,,$$

*so ist die Reihe $\sum_{k=0}^{\infty} a_k$ divergent.*

**Satz 19.5 (Wurzelkriterium)**

*(i)* *Existieren ein $q$ mit $0 < q < 1$ und ein $N \in \mathbb{N}$, so dass für alle $k \geq N$ gilt*

$$\sqrt[k]{|a_k|} \leq q < 1\,,$$

*so ist die Reihe $\sum_{k=0}^{\infty} a_k$ absolut konvergent.*

*(ii)* *Existiert ein $N \in \mathbb{N}$, so dass für alle $k \geq N$ gilt*

$$\sqrt[k]{|a_k|} \geq 1\,,$$

*so ist die Reihe $\sum_{k=0}^{\infty} a_k$ divergent.*

**Bemerkungen und Ergänzungen:**

(25) Im Falle $q = 1$ liefert das Quotientenkriterium bzw. das Wurzelkriterium keine Aussage.

(26) Beim Quotientenkriterium bzw. Wurzelkriterium reicht es **nicht** nachzuweisen, dass $|\frac{a_{k+1}}{a_k}| < 1$ bzw. $\sqrt[k]{|a_k|} < 1$ für alle $k \geq N$. So ist bei der harmonischen Reihe $\sum_{k=1}^{\infty} \frac{1}{k}$ der Quotient $|\frac{a_{k+1}}{a_k}| = \frac{k}{k+1} = 1 - \frac{1}{k+1} < 1$ für alle $k \geq 1$. Doch existiert kein $q < 1$ mit $|\frac{a_{k+1}}{a_k}| = 1 - \frac{1}{k+1} < q$ für alle $k \geq N$ und einem geeigneten $N \in \mathbb{N}$. Das Quotientenkriterium liefert keine Aussage.

(27) Existiert der Grenzwert

$$\lim_{k\to\infty}\left|\frac{a_{k+1}}{a_k}\right| = q^*,$$

so lässt sich das Quotientenkriterium auch so fassen: Die Reihe $\sum_{k=0}^{\infty} a_k$ ist absolut konvergent für $0 \leq q^* < 1$, sie ist divergent für $q^* > 1$. Für $q^* = 1$ kann die Reihe konvergent oder divergent sein.

(28) Gilt

$$\limsup_{k\to\infty} \sqrt[k]{|a_k|} = q^*,$$

so lässt sich das Wurzelkriterium auch so fassen: Die Reihe $\sum_{k=0}^{\infty} a_k$ ist absolut konvergent für $0 \leq q^* < 1$, sie ist divergent für $q^* > 1$. Für $q^* = 1$ kann die Reihe konvergent oder divergent sein.

**Beispiele:**

(29) Für die Reihe $\sum_{k=1}^{\infty} a_k = \sum_{k=1}^{\infty} \frac{[k!]^2}{(2k)!}$ gilt

$$\begin{aligned}\left|\frac{a_{k+1}}{a_k}\right| &= \frac{[(k+1)!]^2(2k)!}{(2k+2)![k!]^2} = \frac{(k+1)^2}{(2k+1)(2k+2)} \leq \frac{(k+1)^2}{4k^2} \\ &= \frac{1}{4} + \frac{1}{2k} + \frac{1}{4k^2} \leq \frac{3}{4} = q < 1 \quad \text{für } k \geq 2.\end{aligned}$$

Demnach ist die Reihe (absolut) konvergent. Dies folgt auch aus

$$\lim_{k\to\infty}\left|\frac{a_{k+1}}{a_k}\right| = \lim_{k\to\infty} \frac{k+1}{2k+1} \cdot \frac{k+1}{2k+2} = \frac{1}{4} = q^* < 1.$$

(30) Die Reihe $\sum_{k=1}^{\infty} a_k = \sum_{k=1}^{\infty} \frac{k!}{k^k}$ ist (absolut) konvergent. Denn es ist

$$\begin{aligned}\lim_{k\to\infty}\left|\frac{a_{k+1}}{a_k}\right| &= \lim_{k\to\infty} \frac{(k+1)!\,k^k}{(k+1)^{k+1}\,k!} = \lim_{k\to\infty}\left(\frac{k}{k+1}\right)^k \\ &= \lim_{k\to\infty} \frac{1}{(1+\frac{1}{k})^k} = \frac{1}{e} = q^* < 1.\end{aligned}$$

(31) Für $x \in \mathbb{R}$ sei $\sum_{k=0}^{\infty} \frac{x^k}{k!}$. Die Reihe ist konvergent für $x = 0$. Das Quotientenkriterium in der Form (27) liefert für $x \neq 0$

$$\lim_{k\to\infty}\left|\frac{a_{k+1}}{a_k}\right| = \lim_{k\to\infty}\left|\frac{x^{k+1}k!}{(k+1)!\,x^k}\right| = \lim_{k\to\infty}\frac{|x|}{k+1} = 0 = q^*.$$

Demnach ist die Reihe absolut konvergent für alle $x \in \mathbb{R}$.

(32) Für $x \in \mathbb{R}$ sei $\sum_{k=1}^{\infty} a_k = \sum_{k=1}^{\infty}(-1)^k \frac{k}{2^k} x^k$. Die Reihe ist konvergent für $x = 0$. Das Quotientenkriterium in der Form (27) liefert für $x \neq 0$

$$\lim_{k\to\infty}\left|\frac{a_{k+1}}{a_k}\right| = \lim_{k\to\infty}\left|\frac{(k+1)x^{k+1}\,2^k}{2^{k+1}\cdot kx^k}\right| = \lim_{k\to\infty}\frac{(1+\frac{1}{k})|x|}{2} = \frac{|x|}{2} = q^*.$$

Demnach ist die Reihe absolut konvergent für $|x| < 2$, sie ist divergent für $|x| > 2$.

(33) Die Reihe $\sum_{k=1}^{\infty} a_k = \sum_{k=1}^{\infty}(-1)^k\left(\frac{4}{k}\right)^k$ ist absolut konvergent, denn für ein $q$ mit $0 < q < 1$ ist

$$\sqrt[k]{|a_k|} = \sqrt[k]{\left(\frac{4}{k}\right)^k} = \frac{4}{k} \leq q \quad \text{für } k \geq \frac{4}{q}.$$

Die Behauptung folgt auch aus $\lim_{k\to\infty}\sqrt[k]{|a_k|} = 0 = q^*$.

(34) Für die Reihe $\sum_{k=1}^{\infty} a_k = \sum_{k=1}^{\infty}\frac{1}{k^2}$ liefert das Quotienkriterium keine Aussage. Denn es ist

$$\left|\frac{a_{k+1}}{a_k}\right| = \frac{k^2}{(k+1)^2} = \left(1 - \frac{1}{k+1}\right)^2,$$

und es lässt sich kein $q < 1$ finden mit $|\frac{a_{k+1}}{a_k}| \leq q$ für alle hinreichend großen $k$. Auch das Quotientenkriterium in der Form (27) liefert keine Aussage, denn es ist

$$\lim_{k\to\infty}\left|\frac{a_{k+1}}{a_k}\right| = 1 = q^*.$$

Ebenso liefert das Wurzelkriterium in der Form (28) keine Aussage, denn es ist (wegen $\lim_{k\to\infty}\sqrt[k]{k} = 1$)

$$\lim_{k\to\infty}|a_k| = \lim_{k\to\infty}\sqrt[k]{\frac{1}{k^2}} = \lim_{k\to\infty}\frac{1}{\sqrt[k]{k}}\cdot\frac{1}{\sqrt[k]{k}} = 1 = q^*.$$

(Nach (24) ist die Reihe konvergent.)

Rechenregeln für Reihen ergeben sich einfach aus Rechenregeln für Folgen.

**Satz 19.6** *Die Reihen* $\sum_{k=0}^{\infty} a_k$ *und* $\sum_{k=0}^{\infty} b_k$ *seien konvergent mit den Werten* $a$ *und* $b$. *Für* $\alpha, \beta \in \mathbb{R}$ *ist dann auch die Reihe*

$$\sum_{k=0}^{\infty} (\alpha a_k + \beta b_k)$$

*konvergent mit dem Wert*

$$s = \alpha \sum_{k=0}^{\infty} a_k + \beta \sum_{k=0}^{\infty} b_k = \alpha a + \beta b\,.$$

**Satz 19.7 (Cauchy-Produkt)**
*Die Reihen* $\sum_{k=0}^{\infty} a_k$ *und* $\sum_{k=0}^{\infty} b_k$ *seien absolut konvergent. Dann gilt*

$$\Big(\sum_{k=0}^{\infty} a_k\Big)\Big(\sum_{k=0}^{\infty} b_k\Big) = \sum_{n=0}^{\infty} c_n$$

*mit*

$$c_n = a_0 b_n + a_1 b_{n-1} + \ldots + a_n b_0 = \sum_{k=0}^{n} a_k b_{n-k}\,,$$

*und die Reihe* $\sum_{n=0}^{\infty} c_n$ *ist absolut konvergent.*

**Bemerkungen und Ergänzungen:**

(35) Ist die Reihe $\sum_{k=1}^{\infty} a_k$ konvergent mit dem Wert $a$, so ist für $\alpha \in \mathbb{R}$

$$\sum_{k=1}^{\infty} \alpha a_k = \alpha \sum_{k=1}^{\infty} a_k = \alpha \cdot a\,.$$

(36) Die Bildung der $c_n$ aus den $a_k$ und $b_k$ im Cauchy-Produkt erfolgt durch diagonale Summierung in folgendem Schema

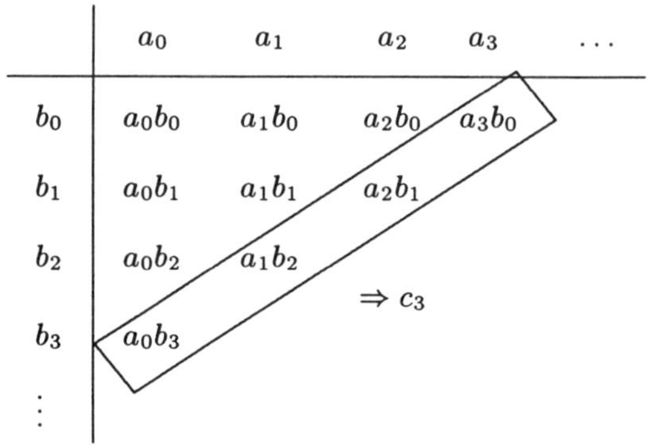

**Beispiele:**

(37) $$\sum_{k=0}^{\infty} 3\left(\frac{x}{2}\right)^k = 3\sum_{k=0}^{\infty}\left(\frac{x}{2}\right)^k = \frac{3}{1-\frac{x}{2}} \quad \text{für } |x| < 2\,.$$

(38) $$\sum_{k=0}^{\infty}\left(2x^k - 3\left(\frac{x}{2}\right)^k\right) = 2\sum_{k=0}^{\infty} x^k - 3\sum_{k=0}^{\infty}\left(\frac{x}{2}\right)^k = \frac{2}{1-x} - \frac{3}{1-\frac{x}{2}} \quad \text{für } |x| < 1\,.$$

Bemerkung: für $1 \leq |x| < 2$ ist die Reihe $\sum_{k=0}^{\infty} 2x^k$ divergent.

(39) Für $x, y \in \mathbb{R}$ sind die Reihen $\sum_{k=0}^{\infty} \frac{x^k}{k!}$ und $\sum_{k=0}^{\infty} \frac{y^k}{k!}$ nach (31) absolut konvergent. Daher ist

$$\left(\sum_{k=0}^{\infty} \frac{x^k}{k!}\right)\left(\sum_{k=0}^{\infty} \frac{y^k}{k!}\right) = \sum_{n=0}^{\infty} c_n$$

mit

$$\begin{aligned} c_n &= \sum_{k=0}^{n} \cdot \frac{x^k}{k!}\,\frac{y^{n-k}}{(n-k)!} = \frac{1}{n!}\sum_{k=0}^{n} \frac{n!}{k!(n-k)!}\, x^k y^{n-k} \\ &= \frac{1}{n!}\sum_{k=0}^{n} \binom{n}{k} x^k y^{n-k} = \frac{(x+y)^n}{n!} \end{aligned}$$

nach der binomischen Formel. Demnach gilt

$$\left(\sum_{k=0}^{\infty} \frac{x^k}{k!}\right)\left(\sum_{k=0}^{\infty} \frac{y^k}{k!}\right) = \sum_{n=0}^{\infty} \frac{(x+y)^n}{n!}\,.$$

# TESTS

**T19.1:** Sei $\left(a_k\right)_{k\in\mathbb{N}_0}$ eine Folge reeller Zahlen. Die Reihe $\sum_{k=0}^{\infty} a_k$ ist konvergent, wenn gilt

( ) $\lim\limits_{k\to\infty} a_k = 0$

( ) $\lim\limits_{n\to\infty} \sum\limits_{k=0}^{n} a_k$ existiert

( ) Die Reihe $\sum\limits_{k=0}^{\infty} |a_k|$ konvergiert

( ) Für jedes $\varepsilon > 0$ existiert ein $N(\varepsilon) \in \mathbb{N}$, so dass für alle $m \geq n \geq N(\varepsilon)$ gilt: $|\sum_{k=n}^{m} a_k| < \varepsilon$.

**T19.2:** Sei $\left(a_k\right)_{k\in\mathbb{N}_0}$ eine Folge reeller Zahlen. Welche Aussagen für die „Teleskopreihe" $\sum_{k=0}^{\infty}(a_{k+1} - a_k)$ sind richtig?

( ) Für die Folge $\left(s_n\right)_{n\in\mathbb{N}_0}$ der Partialsummen $s_n = \sum_{k=0}^{n}(a_{k+1} - a_k)$ gilt $s_n = a_{n+1} - a_0$.

( ) Wenn die Teleskopreihe konvergiert, dann konvergiert die Folge $\left(a_k\right)_{k\in\mathbb{N}_0}$.

( ) Gilt $\lim_{k\to\infty} a_k = a$, $a \in \mathbb{R}$, dann konvergiert die Teleskopreihe, und es ist

$$\sum_{k=0}^{\infty}(a_{k+1} - a_k) = a - a_0 .$$

**T19.3:** In der Reihe $\sum_{k=0}^{\infty} a_k$ sei $a_k = (-1)^k b_k$ für $k \in \mathbb{N}_0$. Dann gilt:

( ) Die Reihe ist alternierend.

( ) Die Reihe ist alternierend, falls $b_k \geq 0$ für $k \in \mathbb{N}_0$.

( ) Die Reihe ist konvergent, falls sie alternierend ist mit $b_{k+1} \leq b_k$ für $k \in \mathbb{N}_0$.

( ) Die Reihe ist konvergent, falls sie alternierend ist mit $b_{k+1} \leq b_k$ für $k \in \mathbb{N}_0$ und $\lim_{k\to\infty} b_k = 0$.

**T19.4:** Seien $\sum_{k=1}^{\infty} a_k$ und $\sum_{k=1}^{\infty} b_k$ zwei Reihen, sei $\sum_{k=1}^{\infty} b_k$ konvergent.

( ) Gilt $a_k \leq b_k$ für $k \in \mathbb{N}_0$, so ist die Reihe $\sum_{k=1}^{\infty} a_k$ konvergent.

( ) Gilt $|a_k| \leq b_k$ für $k \in \mathbb{N}_0$, so ist die Reihe $\sum_{k=1}^{\infty} a_k$ absolut konvergent.

( ) Gilt $|a_k| \leq b_k$ für $k \in \mathbb{N}_0$, so ist die Reihe $\sum_{k=1}^{\infty}(-1)^k a_k$ konvergent.

**T19.5:** Die Reihe $\sum_{k=0}^{\infty} a_k$ ist

( ) konvergent, falls $|\frac{a_{k+1}}{a_k}| < 1$ für alle $k \in \mathbb{N}_0$

( ) konvergent, falls $|\frac{a_{k+1}}{a_k}| \leq q$ für alle $k \in \mathbb{N}_0$ mit einem $q < 1$

( ) divergent, falls $|\frac{a_{k+1}}{a_k}| \geq 1$ für alle $k \in \mathbb{N}_0$ .

**T19.6:** Sind $\sum_{k=0}^{\infty} a_k$ und $\sum_{k=0}^{\infty} b_k$ absolut konvergente Reihen, dann ist

( ) die Reihe $\sum_{k=0}^{\infty} a_k$ konvergent

( ) die Reihe $\sum_{k=0}^{\infty} c_k$ mit $c_k = a_k + b_k$ konvergent

( ) die Reihe $\sum_{k=0}^{\infty} c_k$ mit $c_k = a_0 b_k + a_1 b_{k-1} + \ldots + a_k b_0$ konvergent.

## ÜBUNGEN

**Ü19.1:** Untersuchen Sie die folgenden Reihen auf Konvergenz bzw. Divergenz. Geben Sie bei den konvergenten Reihen an, ob diese auch absolut konvergieren.

a) $\sum_{n=0}^{\infty} \frac{(n+1)^2}{2^n}$  b) $\sum_{n=2}^{\infty} \frac{\sqrt{n}}{\sqrt{n+1}} (-1)^{n+1}$

c) $\sum_{n=2}^{\infty} \frac{\binom{n}{2}}{n^2}$  d) $\sum_{n=1}^{\infty} \frac{\sin n}{\sqrt{n!}}$

**Ü19.2:** Untersuchen Sie die folgenden Teleskopreihen (vgl. T19.2) auf Konvergenz, und berechnen Sie im Falle der Konvergenz den Grenzwert.

a) $\sum_{n=1}^{\infty} (\sin \frac{1}{n} - \sin \frac{1}{n+1})$

b) $\sum_{n=1}^{\infty} \left((n+1)^{n+1} - n^n\right)$

**Ü19.3:** Gegeben sei die Folge $(s_n)_{n\in\mathbb{N}}$ mit $s_n = \sum_{k=1}^{n} \frac{(-1)^{k+1}}{k^2}$ .

a) Zeigen Sie, dass die Folge $(s_n)_{n\in\mathbb{N}}$ konvergiert.

b) Sei $s := \lim_{n\to\infty} s_n$ . Bestimmen Sie $s$ mit einem Fehler von höchstens $\frac{1}{20}$ .

c) Berechnen Sie $\sum_{k=1}^{\infty} \frac{(-1)^k}{k^4}$ mit einem Fehler von höchstens $10^{-3}$.

**Ü19.4:** a) Gegeben sei eine Kurve (Spirale), die aus aneinandergesetzen Halbkreisen besteht, wobei der Radius des jeweiligen Halbkreises halb so groß ist wie der Radius des vorangegangenen (vgl. Skizze). Der größte Halbkreis habe den Radius $r$. Wie groß ist die Gesamtlänge der Kurve?

b) In einem Quadrat mit der Seitenlänge $a$ verbindet man die benachbarten Mittenpunkte der Quadratseiten. Dadurch erhält man ein Mittenquadrat. In dieses wird wieder ein Mittenquadrat eingeschrieben usw. Wie groß ist die Summe aller Umfänge und die aller Flächeninhalte der Quadrate?

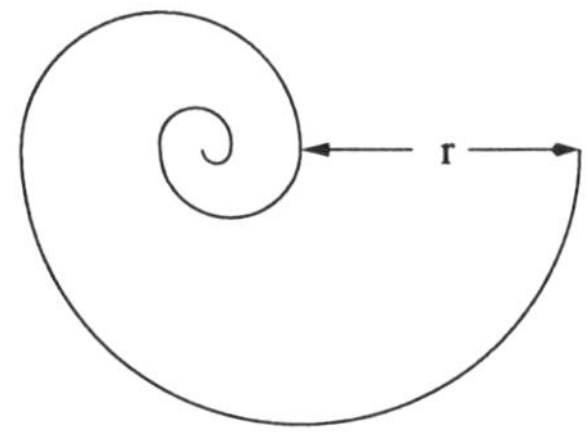


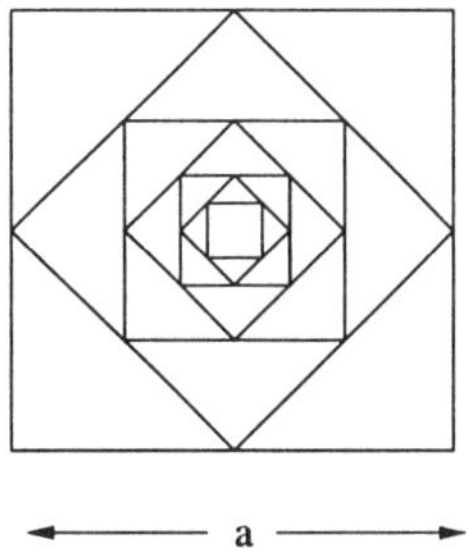


**Ü19.5:** a) Untersuchen Sie die folgenen Reihen auf Konvergenz bzw. Divergenz.

$$\text{(i)} \sum_{n=1}^{\infty} \frac{(3n^2+1)^n}{(2n)^{2n}}, \quad \text{(ii)} \sum_{n=0}^{\infty} \frac{\arctan(\sqrt{2n})}{\sqrt{n!}}.$$

b) Berechnen Sie die Werte der folgenden Reihen:

$$\text{(i)} \sum_{n=0}^{\infty} \frac{2^n + 3^{n+2}}{16 \cdot 12^n}, \quad \text{(ii)} \sum_{n=1}^{\infty} \frac{2^{n-1}(n-2)}{n!}.$$

**Ü19.6:** Gegeben seien die Reihen $\sum_{n=1}^{\infty} \frac{x^n}{n^n}$ und $\sum_{n=1}^{\infty} \frac{n(-1)^n}{2^n} x^n$ für $x \in \mathbb{R}$.

a) Für welche $x \in \mathbb{R}$ konvegieren diese Reihen? Liegt auch absolute Konvergenz vor?

b) Bestimmen Sie das Cauchy-Produkt der Reihen, und geben Sie die ersten fünf Glieder der Produktreihe an.

c) Geben Sie ein Intervall $I$ an, so dass für alle $x \in I$ das Cauchy-Produkt konvergiert.

# 20 Exponentialfunktion und Logarithmus

Zur Definition der Exponentialfunktion gehen wir von der Reihe $\sum_{k=0}^{\infty} \frac{x^k}{k!}$ aus. Diese ist nach 19 (31) konvergent für alle $x \in \mathbb{R}$. Für $x = 1$ ist $\sum_{k=0}^{\infty} \frac{1}{k!} = e = 2.71828\ldots$ mit der Eulerschen Zahl $e$ nach 14 (40). Spezielle Eigenschaften der Reihe motivieren

**Definition 20.1** *Für $x \in \mathbb{R}$ sei*

$$e^x = \sum_{k=0}^{\infty} \frac{x^k}{k!} \,.$$

*Die Funktion $f : \mathbb{R} \to \mathbb{R}$ mit $D(f) = \mathbb{R}$ und $f(x) = e^x$ heißt* **Exponentialfunktion**.

**Bemerkungen und Ergänzungen:**

(1) Definieren wir $R(x) = \sum_{k=0}^{\infty} \frac{x^k}{k!}$ für $x \in \mathbb{R}$, lässt sich (ohne Verwendung der Definition 20.1) zeigen: $R(1) = e$, $R(m) = e^m$ für $m \in \mathbb{N}_0$ und $R(r) = R(\frac{m}{n}) = (e^m)^{1/n}$ für rationale $r = \frac{m}{n}$ mit $m, n \in \mathbb{N}$. Nun ist für $a > 0$ die allgemeine Potenz $a^r$ mit rationalem Exponenten $r = \frac{m}{n}$ definiert durch $a^r = (a^m)^{1/n} = \sqrt[n]{a^m}$. Daher ist $R(r) = e^r$ für rationales $r$. Dies liefert auch Definition 20.1. Da die Funktion $R$ stetig ist, motiviert dies $R(x) = e^x$ auch für reelle $x$ zu setzen. Dies führt zur Definition 20.1.

(2) Der Graph der Exponentialfunktion hat die Gestalt

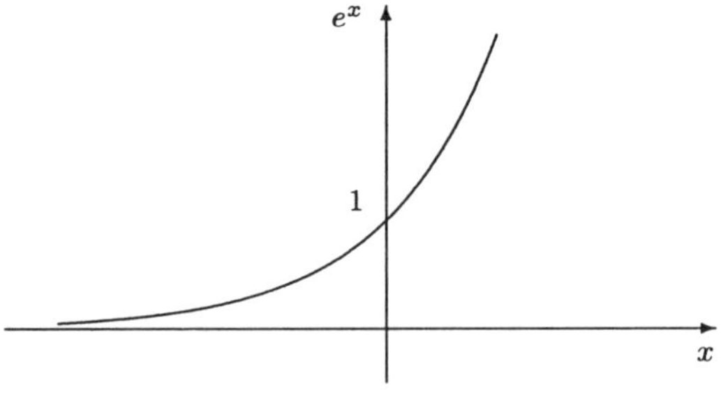


Die Bildmenge ist $B(f) = \{x : x > 0\}$. Speziell ist $e^0 = 1$.

(3) Es lässt sich zeigen: $e^x = \lim_{n\to\infty}(1 + \frac{x}{n})^n$ für $x \in \mathbb{R}$.

**Satz 20.1** *Für die Exponentialfunktion* $f(x) = e^x$ , $x \in \mathbb{R}$, *gilt*

*(i)* $e^x \cdot e^y = e^{x+y}$ *für alle* $x, y \in \mathbb{R}$

*(ii)* $e^x > 0$ *und* $e^{-x} = \dfrac{1}{e^x}$ *für alle* $x \in \mathbb{R}$

*(iii)* $f$ *ist stetig und streng monoton wachsend auf* $\mathbb{R}$

*(iv)* $f$ *ist differenzierbar auf* $\mathbb{R}$ *mit* $(e^x)' = e^x$ .

Da die Exponetialfunktion streng monoton wachsend ist, existiert eine streng monoton wachsende und stetige Umkehrfunktion.

**Definition 20.2** *Die Umkehrfunktion* $f^{-1}$ *der Exponentialfunktion* $f$ *heißt* **natürlicher Logarithmus**

$$f^{-1}(x) = \ln x\,, \quad x \in D(f^{-1}) = (0, \infty)\,.$$

**Bemerkungen und Ergänzungen:**

(4) Es ist $\ln x$ nur für $x > 0$ definiert. Aus der Tatsache, dass Exponentialfunktion und Logarithmus Umkehrfunktionen sind, ergeben sich die Eigenschaften

- $\ln 1 = 0\,, \quad \ln e = 1\,.$
- $\ln x$ ist streng monoton wachsend mit $\lim_{x\to\infty} \ln x = \infty$ und $\lim_{x\searrow 0} \ln x = -\infty$ .

(5) Der Graph des Logarithmus hat die Gestalt

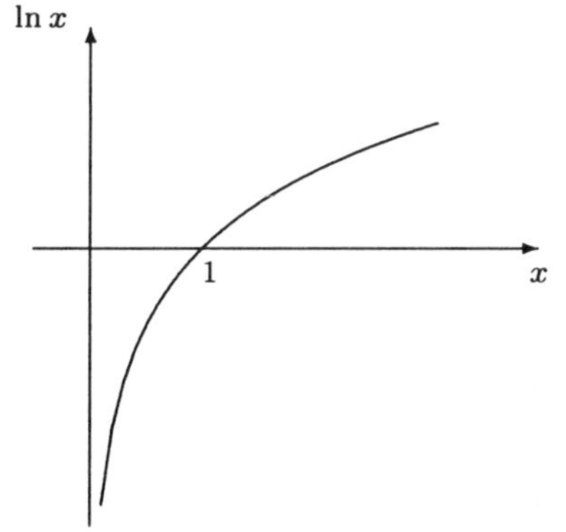

**Satz 20.2** *Für die Logarithmusfunktion* $g(x) = \ln x$, $x > 0$, *gilt:*

*(i)* *Für* $x > 0$, $y > 0$ *ist*

$$\ln(xy) = \ln x + \ln y$$

$$\ln\left(\frac{x}{y}\right) = \ln x - \ln y$$

$$\ln\frac{1}{x} = -\ln x .$$

*(ii)* *Für* $x > 0$ *ist* $e^{\ln x} = x$.

*(iii)* *Für* $x \in \mathbb{R}$ *ist* $\ln(e^x) = x$.

*(iv)* $g$ *ist differenzierbar auf* $(0, \infty)$ *mit* $(\ln x)' = \dfrac{1}{x}$.

Die Definition der Exponentialfunktion lässt sich verallgemeinern

**Definition 20.3** *Für* $a > 0$ *und* $x \in \mathbb{R}$ *sei*

$$a^x = e^{x \ln a} .$$

*Die Funktion* $f : \mathbb{R} \to \mathbb{R}$ *mit* $D(f) = \mathbb{R}$ *und* $f(x) = a^x$ *heißt (allgemeine)* **Exponentialfunktion zur Basis** $a$.

**Bemerkungen und Ergänzungen:**

(6) Es ist $a^x$ nur für $a > 0$ definiert.

(7) Graphen der Exponentialfunktion zur Basis $a$ für $a = e$, $a = 2$, $a = 1$, $a = \frac{1}{2}$

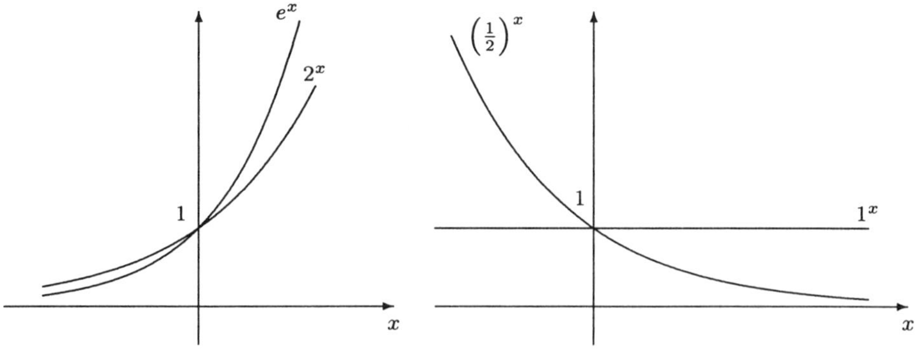

**Satz 20.3** *Sei* $g(x) = a^x$, $x \in \mathbb{R}$, *die Exponentialfunktion zur Basis* $a$. *Dann gilt:*

*(i)* *Für* $x, y \in \mathbb{R}$ *ist*

$$a^x a^y = a^{x+y}, \quad \left(a^x\right)^y = a^{xy}.$$

*(ii)* $a^x > 0$ *für* $x \in \mathbb{R}$ .

*(iii)* *Für* $a = 1$ *ist* $a^x = 1$ *für alle* $x \in \mathbb{R}$. *Für* $a > 1$ *ist* $g$ *streng monoton wachsend. Für* $0 < a < 1$ *ist* $g$ *streng monoton fallend.*

*(iv)* $g$ *ist differenzierbar auf* $\mathbb{R}$ *mit*

$$(a^x)' = a^x \ln a \ .$$

Aus der strengen Monotonie der Exponentialfunktion zur Basis $a$ für $a \neq 1$ folgt die Existenz einer Umkehrfunktion

**Definition 20.4** *Die Umkehrfunktion* $f^{-1}$ *der Exponentialfunktion zur Basis* $a$ *mit* $a \neq 1$ *heißt* **Logarithmus zur Basis** $a$

$$f^{-1}(x) = \log_a x, \quad x \in D(f^{-1}) = (0, \infty).$$

Wichtige Basen der Logarithmen sind $a = e$ und $a = 10$. Statt $\log_e x$ schreibt man $\ln x$ und spricht vom natürlichen Logarithmus. Statt $\log_{10} x$ schreibt man $\lg x$ und spricht vom dekadischen Logarithmus.

**Satz 20.4** *Sei* $g(x) = \log_a x$, $x > 0$, *der Logarithmus zur Basis* $a \neq 1$. *Dann gilt:*

*(i)* *Für* $x > 0$, $y > 0$ *ist*

$$\log_a(xy) = \log_a x + \log_a y, \quad \log_a\left(\frac{x}{y}\right) = \log_a x - \log_a y.$$

*(ii)* *Für* $x > 0$ *ist* $a^{\log_a x} = x$.

*(iii)* *Für* $x \in \mathbb{R}$ *ist* $\log_a(a^x) = x$.

*(iv)* $g$ *ist differenzierbar auf* $(0, \infty)$ *mit* $(\log_a x)' = \dfrac{\log_a e}{x} = \dfrac{1}{x \ln a}$ .

**Bemerkungen und Ergänzungen:**

(8) Für $x > 0$ ist

$$\boxed{\log_a x = \frac{\ln x}{\ln a}\,.}$$

Für $x = e$ folgt speziell

$$\log_a e = \frac{1}{\ln a}\,.$$

Demnach folgt für die Umrechnung des natürlichen Logarithmus auf den Logarithmus zur Basis $a$

$$\boxed{\log_a x = (\log_a e)(\ln x)\,.}$$

Für die Basis $a = 10$ ist $\log_{10} e = \lg e = 0.43429\ldots$ , so dass

$$\lg x = 0.43429\ldots \cdot \ln x\,.$$

(9) Für $x \in \mathbb{R}$ ist

$$\ln(a^x) = x \cdot \ln a\,.$$

(10) Für $x > 0$ und $a \in \mathbb{R}$ folgt wegen $x^a = e^{a \ln x}$ mit der Kettenregel

$$\boxed{\left(x^a\right)' = a x^{a-1}\,.}$$

(11) $[\ln(\ln x)]' = \dfrac{1}{x \ln x}$ für $x > 1$.

(12) Für $x > 0$ folgt wegen $x^x = e^{x \ln x}$ mit der Kettenregel

$$\left(x^x\right)' = x^x(1 + \ln x)\,.$$

(13) Die de l'Hospitalsche Regel ergibt

$$\lim_{x \searrow 0}(x \ln x) = \lim_{x \searrow 0}\left(\frac{\ln x}{\frac{1}{x}}\right) = \lim_{x \searrow 0}\frac{\frac{1}{x}}{-\frac{1}{x^2}} = \lim_{x \searrow 0}(-x)\,, \quad \text{also}$$

$$\boxed{\lim_{x \searrow 0}(x \ln x) = 0\,.}$$

(14) Die de l'Hospitalsche Regel ergibt auch

$$\lim_{x \to \infty}\left(\frac{\ln x}{x}\right) = \lim_{x \to \infty}\frac{\frac{1}{x}}{1}\,, \quad \text{also}$$

$$\boxed{\lim_{x \to \infty}\frac{\ln x}{x} = 0\,.}$$

(15) Es ist $\lim_{x\to\infty} x^{1/x} = \lim_{x\to\infty} e^{\frac{\ln x}{x}} = e^{\lim_{x\to\infty} \frac{\ln x}{x}}$, und mit (14) ergibt sich $\lim_{x\to\infty} x^{1/x} = 1$.

Speziell folgt daraus für $\lim_{n\to\infty} n^{1/n}$

$$\boxed{\lim_{n\to\infty} \sqrt[n]{n} = 1\,.}$$

wie auch schon in Kapitel 14 (44) gezeigt wurde.

Hyperbelfunktionen sind als spezielle Kombinationen von Exponentialfunktionen definiert.

**Definition 20.5** *Die durch*

*(i)* $\sinh x = \frac{1}{2}(e^x - e^{-x})\,, \quad x \in \mathbb{R}$

*(ii)* $\cosh x = \frac{1}{2}(e^x + e^{-x})\,, \quad x \in \mathbb{R}$

*(iii)* $\tanh x = \dfrac{\sinh x}{\cosh x}\,, \quad x \in \mathbb{R}$

*(iv)* $\coth x = \dfrac{\cosh x}{\sinh x}\,, \quad x \in \mathbb{R}\backslash\{0\}$

*definierten reellen Funktionen heißen (i)* **sinus hyperbolicus**, *(ii)* **cosinus hyperbolicus**, *(iii)* **tangens hyperbolicus**, *(iv)* **cotangens hyperbolicus**.

**Bemerkungen und Ergänzungen:**

(16) Die Graphen der Hyperbelfunktionen haben die Gestalt

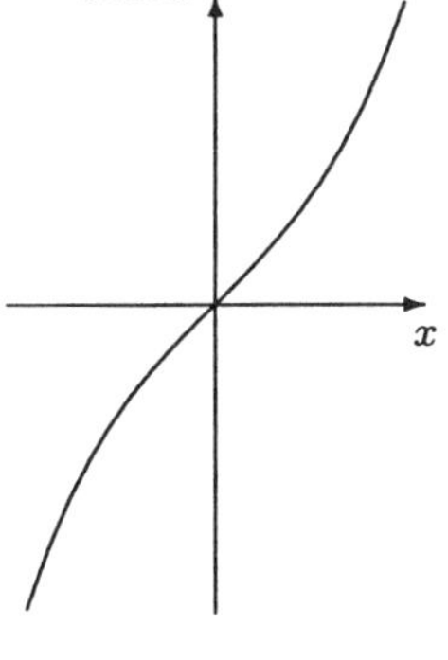


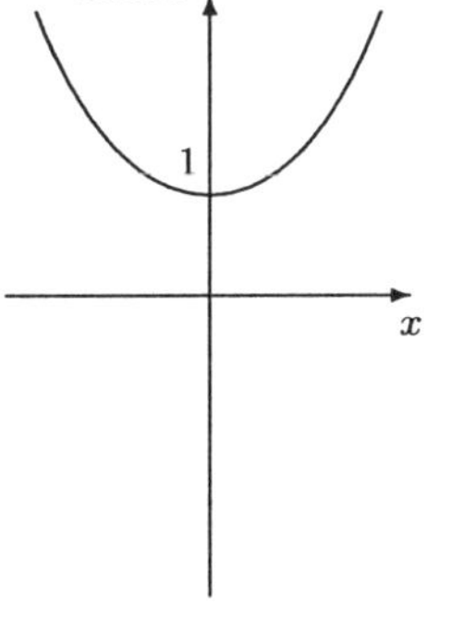

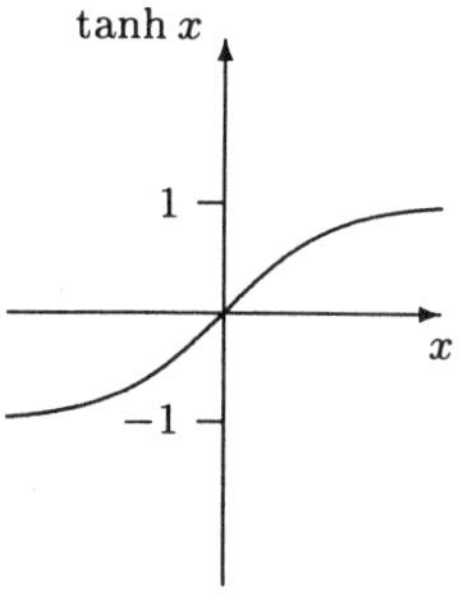


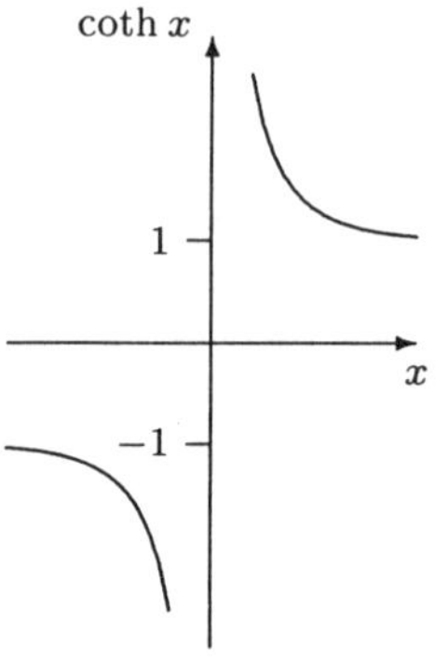


(17) Durch den cosinus hyperbolicus wird (bei geeigneter Normierung) die Form eines aufgehängten Seils beschrieben. Man spricht auch von einer Kettenlinie.

**Satz 20.5** *Für $x, y \in \mathbb{R}$ gilt*

$$\sinh(-x) = -\sinh x\,, \qquad \cosh(-x) = \cosh x$$
$$\sinh(x+y) = \sinh x \cdot \cosh y + \cosh x \cdot \sinh y$$
$$\cosh(x+y) = \cosh x \cdot \cosh y + \sinh x \cdot \sinh y$$
$$\cosh^2 x - \sinh^2 x = 1$$
$$\tanh(x+y) = \frac{\tanh x + \tanh y}{1 + \tanh x \cdot \tanh y}\ .$$

**Satz 20.6** *Für die Ableitungen der Hyperbelfunktionen gilt*

$$(\sinh x)' = \cosh x\,, \quad (\cosh x)' = \sinh x \qquad \textit{für } x \in \mathbb{R}$$
$$(\tanh x)' = \frac{1}{\cosh^2 x} = 1 - \tanh^2 x\,, \qquad \textit{für } x \in \mathbb{R}$$
$$(\coth x)' = -\frac{1}{\sinh^2 x} = 1 - \coth^2 x\,, \qquad \textit{für } x \in \mathbb{R}\backslash\{0\}\ .$$

**Bemerkungen und Ergänzungen:**

(18) Auf $\mathbb{R}$ ist sinh streng monoton, sodass eine Umkehrfunktion existiert. Diese heißt **area sinus hyperbolicus**. Es gilt die Darstellung

$$\operatorname{arsinh} x = \ln(x + \sqrt{x^2+1}), \quad x \in \mathbb{R}.$$

Die Ableitung ist

$$(\operatorname{arsinh} x)' = \frac{1}{\sqrt{x^2+1}}, \quad x \in \mathbb{R}.$$

(19) Auf $[0, \infty)$ ist cosh streng monoton, so dass eine Umkehrfunktion existiert. Diese heißt **area cosinus hyperbolicus.** Es gilt die Darstellung

$$\operatorname{arcosh} x = \ln(x + \sqrt{x^2-1}), \quad x \in [1, \infty).$$

Die Ableitung existiert für $x > 1$

$$(\operatorname{arcosh} x)' = \frac{1}{\sqrt{x^2-1}}, \quad x \in (1, \infty).$$

## TESTS

**T20.1:** Für $a > 0$, $a \neq 1$ und $x \in \mathbb{R}$ gilt

( ) $(a^x)' = a^x$

( ) $(a^x)' = a^x \log_a x$

( ) $(a^x)' = a^x \ln a$

( ) $(a^x)' = x a^{x-1}$.

**T20.2:** Welche der folgenden Logarithmen sind definiert?

( ) $\log_2 16$

( ) $\log_{16} 2$

( ) $\log_2(-16)$

( ) $\log_{-16} 2$

( ) $\log_{\frac{1}{2}} 16$

( ) $\log_{16} (\frac{1}{2})$.

**T20.3:** Für $a > 0$, $a \neq 1$ und $x \in \mathbb{R}$ gilt

( ) $\left(a^x\right)^x = a^{2x}$

( ) $\left(a^x\right)^x = a^{x^2}$

( ) $\log_a a = 1$

( ) $\left(\ln|x|\right)' = \dfrac{1}{x}$ für $x \neq 0$.

## ÜBUNGEN

**Ü20.1:** Berechnen Sie

$$\log_2 16\,,\ \log_{16} 2\,,\ \log_{\frac{1}{2}} 16\,,\quad \log_{16} \tfrac{1}{2}\,,\ \log_2 3.$$

**Ü20.2:** Lösen Sie die folgenden Gleichungen:

a) $e^{3x}\left(e^x\right)^2 = \sqrt{\dfrac{e^{-8}}{e^{2x}}}\,,\quad x \in \mathbb{R}$

b) $\ln\sqrt{7^{2x(12-x)}} + 11\ln 2 = 11\ln 16\,,\quad x \in \mathbb{R}$.

**Ü20.3:** Berechnen Sie jeweils die erste Ableitung der folgenden Funktionen:

a) $f : \mathbb{R} \to \mathbb{R}$ mit $D(f) = \mathbb{R}$ und $f(x) = e^{x^2-7}$

b) $g : \mathbb{R} \to \mathbb{R}$ mit $D(g) = \mathbb{R}$ und $g(x) = \ln\sqrt{1+\sin^2 x}$

c) $h : \mathbb{R} \to \mathbb{R}$ mit $D(h) = (0,\pi)$ und $h(x) = (\sin x)^{\cos x}$.

**Ü20.4:** Berechnen Sie die folgenden Grenzwerte mit der Regel von de l'Hospital:

a) $\lim\limits_{x\searrow 0}\left(\ln x \cdot \ln(1-x)\right)$

b) $\lim\limits_{x\to 1} x^{\frac{1}{1-x}}$

c) $\lim\limits_{x\searrow 0}\left(\dfrac{1}{x}\right)^x$.

# 21 Das Integral

Die Integralrechnung geht auf das geometrische Problem zurück, den Flächeninhalt von Punktmengen der Ebene zu bestimmen.

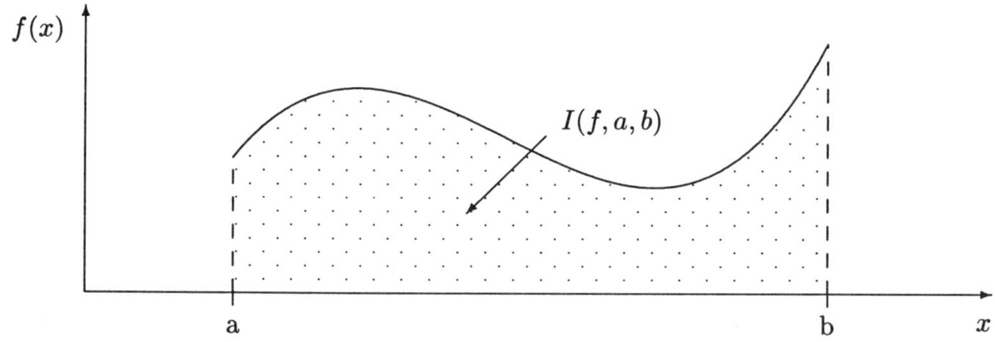


Auf dem Intervall $[a, b]$ mit $a < b$ sei $f$ eine positive, stetige, reelle Funktion und es sei $I(f, a, b)$ der Flächeninhalt, der durch $f$ und das Intervall $[a, b]$ der $x$-Achse begrenzten Punktmenge.

Im Sonderfall $f(x) = c$ für $x \in [a, b]$ mit $c > 0$ ist $I(f, a, b) = c(b - a)$, der bekannte Flächeninhalt von Rechtecken. Wir grenzen $I(f, a, b)$ durch „Rechtecksummen" (Untersummen bzw. Obersummen) ein wie folgende zwei Bilder zeigen.

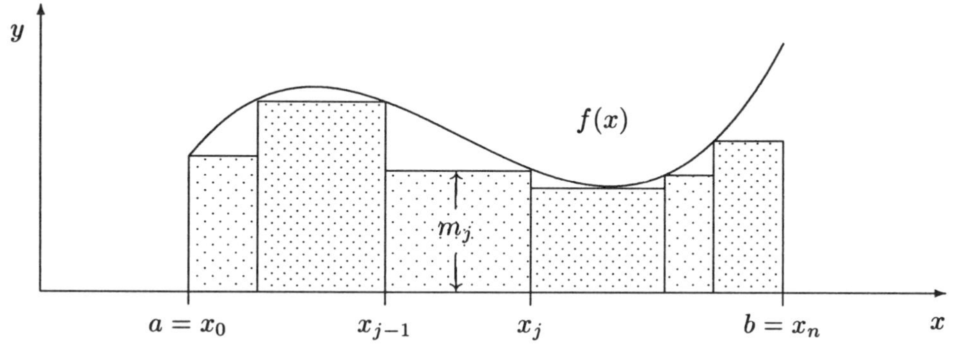


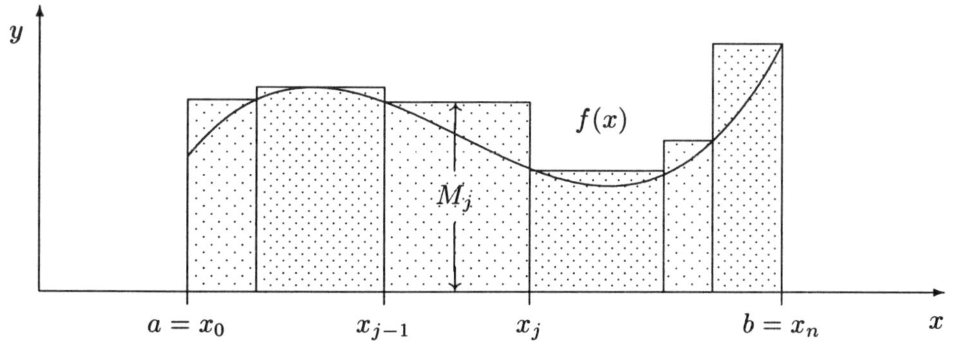

Dabei sind $m_j$ bzw. $M_j$, $j = 1, \ldots, n$, das Minimum bzw. Maximum von $f$ auf $[x_{j-1}, x_j]$. Dieses anschauliche Vorgehen motiviert folgende

**Definition 21.1**

*(i)* *Ist $[a,b]$ ein Intervall, so heißt die Menge $Z = \{x_0, x_1, \ldots, x_n\}$ mit $a = x_0 < x_1 < \ldots < x_n = b$ für $n \in \mathbb{N}$ eine* **Zerlegung** *von $[a,b]$.*

*(ii)* *Die reelle Funktion $f$ sei beschränkt auf $[a,b]$. Für die Zerlegung $Z$ nach (i) seien für $j = 1, 2, \ldots, n$ definiert*

$$m_j = \inf\{f(x) : x \in [x_{j-1}, x_j]\}$$
$$M_j = \sup\{f(x) : x \in [x_{j-1}, x_j]\}.$$

*Dann heißen*

$$s(Z) = \sum_{j=1}^{n} m_j(x_j - x_{j-1})$$

*und*

$$S(Z) = \sum_{j=1}^{n} M_j(x_j - x_{j-1})$$

*die zur Zerlegung $Z$ (und zur Funktion $f$) gehörige* **Untersumme** *und* **Obersumme**.

**Bemerkungen und Ergänzungen:**

(1) Statt Zerlegung sagt man auch Partition.

(2) Da in Definition 21.1 die Stetigkeit von $f$ nicht vorausgesetzt ist, müssen $m_j$ bzw. $M_j$ mit Hilfe des Infimums bzw. Supremums definiert werden. Die Infima $m_j$ bzw. Suprema $M_j$ existieren stets, da nach dem Vollständigkeitsaxiom jede nichtleere beschränkte Teilmenge $T \subset \mathbb{R}$ eine kleinste obere Schranke und eine größte untere Schranke besitzt.

(3) Offenbar ist $s(Z) \leq S(Z)$.

(4) Streben bei immer feineren Zerlegungen die Untersummen $s(Z)$ und Obersummen $S(Z)$ gegen einen gemeinsamen Grenzwert, so wird man diesen als Flächeninhalt definieren. Diese Idee liegt dem folgenden Vorgehen zugrunde.

**Definition 21.2** *Eine Zerlegung* $Z' = \{x'_0, x'_1, \ldots, x'_m\}$ *von* $[a,b]$ *heißt* **Verfeinerung** *einer Zerlegung* $Z = \{x_0, x_1, \ldots, x_n\}$ *von* $[a,b]$, *falls*

$$\{x_0, x_1, \ldots, x_n\} \subset \{x'_0, x'_1, \ldots, x'_m\} \ .$$

**Bemerkungen und Ergänzungen:**

(5) Aus $Z$ erhält man eine Verfeinerung $Z'$ durch Hinzufügen weiterer Punkte aus $[a,b]$.

(6) Sind $Z$ und $Z'$ Zerlegungen von $[a,b]$ mit $Z'$ Verfeinerung von $Z$ und sind $s(Z), s(Z')$ bzw. $S(Z), S(Z')$ die zugehörigen Untersummen bzw. Obersummen (zu gegebenem $f$), so gilt offenbar

$$s(Z) \leq s(Z') \leq S(Z') \leq S(Z).$$

(7) Sind $Z$ und $\hat{Z}$ beliebige Zerlegungen von $[a,b]$, so ist $Z^* = Z \cup \hat{Z}$ eine Verfeinerung von $Z$ und $\hat{Z}$, daher folgt nach (6)

$$s(Z) \leq s(Z^*) \leq S(Z^*) \leq S(\hat{Z}).$$

Demnach gilt

$$s(Z) \leq S(\hat{Z}).$$

(8) Für die gröbste Zerlegung $\tilde{Z} = \{x_0, x_1\}$ mit $x_0 = a,\ x_1 = b$ und $m = \inf\{f(x) : x \in [a,b]\}$, $M = \sup\{f(x) : x \in [a,b]\}$ ist

$$s(\tilde{Z}) = m(b-a) \quad \text{und} \quad S(\tilde{Z}) = M(b-a).$$

Sind $Z$ und $\hat{Z}$ beliebige Zerlegungen von $[a,b]$ so folgt demnach aus (6), (7)

$$m(b-a) \leq s(Z) \leq S(\hat{Z}) \leq M(b-a).$$

(9) Nach (8) sind $s(Z)$ und $S(\hat{Z})$ beschränkt. Daher existiert das Supremum

$$\overline{s}(f,a,b) = \sup_Z s(Z)$$

von $s(Z)$ über alle Zerlegungen $Z$ von $[a,b]$, und es existiert das Infimum

$$\underline{S}(f,a,b) = \inf_{\hat{Z}} S(\hat{Z})$$

von $S(\hat{Z})$ über alle Zerlegungen $\hat{Z}$ von $[a,b]$. Weiter ist

$$\overline{s}(f,a,b) \leq \underline{S}(f,a,b).$$

Dies motiviert

**Definition 21.3** *Die reelle Funktion $f$ sei beschränkt auf $[a,b]$. Gilt*

$$\overline{s}(f,a,b) = \underline{S}(f,a,b) = r \ ,$$

*so heißt $f$* **Riemann-integrierbar** *auf $[a,b]$. Der gemeinsame Wert $r$ heißt dann* **Riemann-Integral** *von $f$ auf $[a,b]$ und wird mit*

$$\int_a^b f(x)\,dx$$

*bezeichnet. Es heißen $a$* **untere Grenze** *und $b$* **obere Grenze** *des Integrals, $[a,b]$ heißt* **Integrationsintervall**, *$f$ heißt* **Integrand** *und $x$ heißt* **Integrationsvariable**.

**Bemerkungen und Ergänzungen:**

(10) BERNHARD RIEMANN (1826-1866) verfasste bedeutende Arbeiten in vielen Zweigen der Mathematik, so in der Funktionentheorie, der Theorie der reellen Funktionen, der Theorie der Differentialgleichungen, der Zahlentheorie. Berühmt sind seine Untersuchungen zu Grundlagen der Geometrie.

(11) Statt Riemann-integrierbar schreiben wir oft einfach integrierbar, da wir hier keine anderen Integrale betrachten.

Auf den Namen der Integrationsvariablen kommt es nicht an

$$\int_a^b f(x)\,dx = \int_a^b f(u)\,du.$$

(12) Ist $f \geq 0$ und integrierbar auf $[a,b]$, so stellt $\int_a^b f(x)\,dx$ den Flächeninhalt $I(f,a,b)$ dar.

(13) Zur Prüfung auf Integrierbarkeit ist oft folgende Aussage nützlich: Die reelle Funktion $f$ sei beschränkt auf $[a,b]$. Sie ist genau dann integrierbar auf $[a,b]$, wenn zu jedem $\varepsilon > 0$ eine Zerlegung $Z$ existiert mit $S(Z) - s(Z) < \varepsilon$.

**Beispiele:**

(14) Sei $f(x) = c$ auf $[a,b]$ mit $c \in \mathbb{R}$. Für jede Zerlegung $Z$ gilt

$$s(Z) = c(b-a), \quad S(Z) = c(b-a).$$

Demnach ist $f$ integrierbar auf $[a,b]$ und es ist

$$\int_a^b f(x)\,dx = \int_a^b c\,dx = c(b-a).$$

Für $c > 0$ ist dies der bekannte Flächeninhalt $I(f,a,b)$ von Rechtecken.

(15) Sei $f(x) = x^2$ auf $[a, b]$ mit $a \geq 0$. Wir wählen eine gleichmäßige Zerlegung $Z = \{x_0, x_1, \ldots, x_n\}$ mit

$$x_j = a + \frac{b-a}{n} j \qquad \text{für} \quad j = 0, 1, \ldots, n.$$

Mit $h = \dfrac{b-a}{n}$ gilt für $j = 1, 2, \ldots, n$

$$x_j - x_{j-1} = h, \quad m_j = x_{j-1}^2, \quad M_j = x_j^2$$

$$s(Z) = h \sum_{j=0}^{n-1} x_j^2, \quad S(Z) = h \sum_{j=1}^{n} x_j^2.$$

Demnach ist

$$S(Z) - s(Z) = h(x_n^2 - x_0^2) = h(b^2 - a^2) = \frac{(b-a)(b^2-a^2)}{n}.$$

Zu beliebigem $\varepsilon > 0$ wird $S(Z) - s(Z) < \varepsilon$ für eine Zerlegung $Z$ mit $n > \dfrac{(b-a)(b^2-a^2)}{\varepsilon}$. Nach (13) ist demnach $f$ integrierbar auf $[a, b]$.

Der folgende Satz sichert für zwei wichtige Klassen von Funktionen die Integrierbarkeit.

**Satz 21.1**

*(i) Ist die reelle Funktion $f$ stetig auf $[a, b]$, so ist $f$ integrierbar auf $[a, b]$.*

*(ii) Ist die reelle Funktion $f$ monoton auf $[a, b]$, so ist $f$ integrierbar auf $[a, b]$.*

Wir stellen einige Eigenschaften des Integrals zusammen

**Satz 21.2** *Die Funktionen $f$ und $g$ seien integrierbar auf $[a, b]$.*

*(i) Mit $c \in \mathbb{R}$ ist $cf$ integrierbar auf $[a, b]$ und es gilt*

$$\int_a^b cf(x)\,dx = c \int_a^b f(x)\,dx.$$

Fortsetzung von Satz 21.2

*(ii) Die Summe $f+g$ ist integrierbar auf $[a,b]$ und es gilt*

$$\int_a^b \Big[f(x)+g(x)\Big]\,dx = \int_a^b f(x)\,dx + \int_a^b g(x)\,dx$$

*(iii) Gilt $f(x) \geq g(x)$ für alle $x \in [a,b]$, so ist*

$$\int_a^b f(x)\,dx \geq \int_a^b g(x)\,dx.$$

*Speziell ist $\int_a^b f(x)\,dx \geq 0$ falls $f \geq 0$.*

*(iv) Es ist $|f|$ integrierbar auf $[a,b]$ und es gilt*

$$\Big|\int_a^b f(x)\,dx\Big| \leq \int_a^b \big|f(x)\big|\,dx.$$

*(v) Das Produkt $f \cdot g$ ist integrierbar auf $[a,b]$.*

Bisher haben wir das Integral $\int_a^b f(x)\,dx$ für $a < b$ definiert. Um Fallunterscheidungen zu vermeiden, treffen wir folgende **Vereinbarung:**

(i) $\int_a^a f(x)\,dx = 0$

(ii) Ist $f$ integrierbar auf $[a,b]$ mit $a < b$, so sei

$$\int_b^a f(x)\,dx = -\int_a^b f(x)\,dx\ .$$

Zur Integration über Teilintervalle gibt Auskunft

**Satz 21.3**

*(i) Ist $f$ auf $[a,b]$ und auf $[b,c]$ integrierbar mit $a < b < c$, so ist $f$ auch auf $[a,c]$ integrierbar und es gilt*

$$\int_a^b f(x)\,dx + \int_b^c f(x)\,dx = \int_a^c f(x)\,dx\ .$$

Fortsetzung von Satz 21.3

(ii) *Ist $f$ auf $[a,b]$ mit $a < b$ integrierbar, so ist $f$ auch auf jedem abgeschlossenen Teilintervall $[c,d] \subset [a,b]$ integrierbar. Für beliebige $\alpha, \beta, \gamma \in [a,b]$ gilt*

$$\int_\alpha^\beta f(x)\,dx + \int_\beta^\gamma f(x)\,dx = \int_\alpha^\gamma f(x)\,dx \ .$$

**Bemerkungen und Ergänzungen:**

(16) Nach Satz 21.2 (i), (ii) ist mit integrierbaren $f$ und $g$ auch die Summe $\alpha f + \beta g$ für $\alpha, \beta \in \mathbb{R}$ integrierbar und es gilt

$$\int_a^b [\alpha f(x) + \beta g(x)]\,dx = \alpha \int_a^b f(x)\,dx + \beta \int_a^b g(x)\,dx \ .$$

(17) Nach Satz 21.2 (v) ist mit integrierbaren $f$ und $g$ das Produkt $f \cdot g$ auch integrierbar, aber es gilt i.a.

$$\int_a^b f(x)\,g(x)\,dx \neq \int_a^b f(x)\,dx \cdot \int_a^b g(x)\,dx.$$

(18) In Satz 21.1 (i) wurde $f$ als stetig auf $[a,b]$ vorausgesetzt. Ist $f$ beschränkt auf $[a,b]$ und an höchstens endlich vielen Punkten aus $[a,b]$ unstetig, so ist $f$ integrierbar.

(19) Ist die reelle Funktion $f$ integrierbar auf $[a,b]$ und ist $f = g$ mit Ausnahme von endlich vielen Punkten aus $[a,b]$, so ist auch $g$ integrierbar auf $[a,b]$ und es gilt

$$\int_a^b f(x)\,dx = \int_a^b g(x)\,dx \ .$$

Demnach kann man $f$ an endlich vielen Punkten abändern ohne den Wert des Integrals zu ändern.

(20) Ist die reelle Funktion $f$ integrierbar auf $[a,b]$, so folgt aus (8)

$$m(b-a) \leq \int_a^b f(x)\,dx \leq M(b-a)$$

mit $m = \inf\{f(x) : x \in [a,b]\}$ und $M = \sup\{f(x) : x \in [a,b]\}$. Zusammen mit Satz 21.2 (iv) ergibt sich daraus die Abschätzung

$$\left|\int_a^b f(x)\,dx\right| \leq (b-a) \cdot \sup\{|f(x)| : x \in [a,b]\} \ .$$

(21) Ist die reelle Funktion $f$ stetig auf $[a,b]$, so existiert ein $\xi \in (a,b)$ mit

$$\int_a^b f(x)\,dx = (b-a)f(\xi) \ .$$

Dies ist die Aussage des **Mittelwertsatzes der Integralrechnung**. Da die Stelle $\xi$ i.a. unbekannt ist, hilft er nicht direkt bei der Berechnung von Integralen, ist jedoch beweistechnisch von Bedeutung.

(22) Ebenfalls von beweistechnischer Bedeutung ist die

**Schwarzsche Ungleichung**

$$\int_a^b |f(x)\,g(x)|\,dx \le \sqrt{\int_a^b f^2(x)\,dx}\,\sqrt{\int_a^b g^2(x)\,dx}$$

für auf $[a, b]$ integrierbare reelle Funktionen $f$ und $g$.

(23) Wir haben das Riemann-Integral über Untersummen und Obersummen eingeführt. Eine andere Möglichkeit ist, die Definition mit Hilfe von Riemann-Summen vorzunehmen.

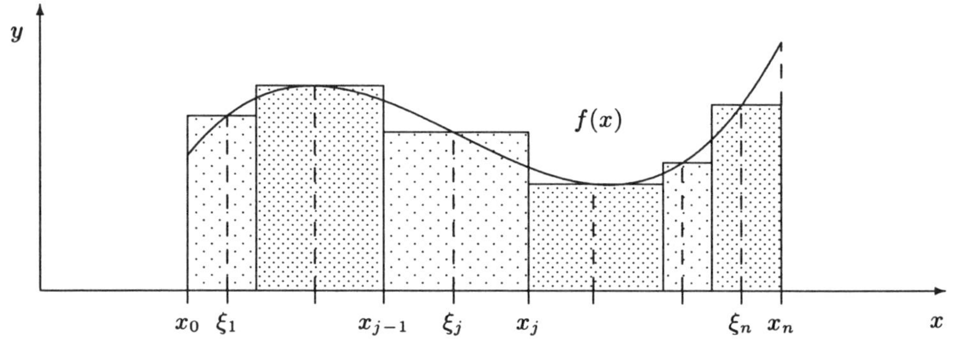


Ist $f$ beschränkt auf $[a, b]$ und $Z = \{x_0, x_1, \ldots, x_n\}$ eine Zerlegung von $[a, b]$, so heißt

$$R(Z) = \sum_{j=1}^{n} f(\xi_j)(x_j - x_{j-1})$$

für $\xi_j \in [x_{j-1}, x_j]$, $j = 1, \ldots, n$, Riemann-Summe. Haben die Riemann-Summen bei Variation der Zerlegung und der Zwischenpunkte $\xi_j$ für $\max(x_j - x_{j-1}) \to 0$ einen Grenzwert unabhängig von der Art der Zerlegung und der Wahl der Zwischenpunkte, so wird dieser Grenzwert als Riemann-Integral definiert. Diese Definition führt zum gleichen Integral wie unsere Definition 21.3.

**Beispiele:**

(24) Nach (16) ist

$$\int_1^4 (3x^2 - 5)\,dx = 3\int_1^4 x^2\,dx - 5\int_1^4 1\,dx\,.$$

(25) Sei

$$g(x) = \begin{cases} 0 & \text{für } x = 0 \\ 1 & \text{für } x \in (0, 2] \end{cases}$$

Es ist $g = f$ für $f(x) = 1$, $x \in [0,2]$, mit Ausnahme des Punktes $x = 0$. Daher ist $g$ nach (19) integrierbar auf $[0,2]$ und es gilt

$$\int_0^2 g(x)\,dx = \int_0^2 f(x)\,dx = \int_0^2 1\,dx = 1 \cdot (2-0) = 2.$$

(26) Sei

$$f(x) = \begin{cases} 1 & \text{für } x \in [0,1) \\ x^2 - 1 & \text{für } x \in [1,2] \, . \end{cases}$$

Nach (18) ist $f$ integrierbar auf $[0,2]$ und mit Satz 21.3 (ii) und (19) folgt

$$\int_0^2 f(x)\,dx = \int_0^1 1\,dx + \int_1^2 (x^2 - 1)\,dx \, .$$

## TESTS

**T21.1:** Sei $f : \mathbb{R} \to \mathbb{R}$ eine reelle Funktion mit $D(f) = [a,b]$. Dann gilt:

( ) Ist $f$ stetig auf $[a,b]$, so ist $f$ integrierbar auf $[a,b]$.

( ) Ist $f$ beschränkt auf $[a,b]$, so ist $f$ integrierbar auf $[a,b]$.

( ) Ist $f$ integrierbar auf $[a,b]$, so gilt:

$$\left|\int_a^b f(x)\,dx\right| \leq \sup_{x\in[a,b]} |f(x)|(b-a).$$

**T21.2:** Es seien $f : \mathbb{R} \to \mathbb{R}$ und $g : \mathbb{R} \to \mathbb{R}$ mit $D(f) = D(g)$ auf $[a,b]$ integrierbare Funktionen. Dann gilt

( ) $\int_a^b f(x)\,dx \leq \int_a^b g(x)\,dx$, falls $f(x) \leq g(x)$ für alle $x \in [a,b]$

( ) $\int_a^b [f(x) + g(x)]\,dx = \int_a^b f(x)\,dx + \int_a^b g(x)\,dx$

( ) $\int_a^b [f(x) \cdot g(x)]dx = \int_a^b f(x)\,dx \cdot \int_a^b g(x)\,dx.$

**T21.3:** Welche der folgenden Funktionen $f_i : \mathbb{R} \to \mathbb{R}$ sind auf $D(f_i) = [0,1]$, $i = 1,2,3$, integrierbar?

( ) $f_1(x) = e^{-x^2}$

( ) $f_2(x) = \begin{cases} x & \text{für } x \leq \frac{1}{2} \\ x^2 & \text{für } x > \frac{1}{2} \end{cases}$

( ) $f_3(x) = \begin{cases} 0 & \text{für } x = 0 \\ \frac{1}{x} & \text{für } x > 0\,. \end{cases}$

## ÜBUNGEN

**Ü21.1:** Begründen Sie, warum die folgenden Funktionen $f_i : \mathbb{R} \to \mathbb{R}$ mit $D(f_i) = [0,1]$, $i = 1, \ldots, 4$, integrierbar sind:

a) $f_1(x) = \mathrm{e}^{-x^2}$

b) $f_2(x) = \sinh x$

c) $f_3(x) = 2\sin x + 3\cos 2x$

d) $f_4(x) = \begin{cases} x & \text{für } x \leq \frac{1}{4} \\ x^3 & \text{für } x > \frac{1}{4}\,. \end{cases}$

**Ü21.2:** Die Funktion $f : \mathbb{R} \to \mathbb{R}$ mit $D(f) = [0,1]$ und $f(x) = e^x$ sei gegeben. Begründen Sie, warum $f$ auf $[0,1]$ integrierbar ist. Berechnen Sie für die gleichmäßige Zerlegung $Z = \{0, \frac{1}{n}, \frac{2}{n}, \ldots, \frac{n-1}{n}, 1\}$ die Untersumme $s(Z)$ und die Obersumme $S(Z)$. Was folgt für $\lim_{n\to\infty} s(Z)$ und $\lim_{n\to\infty} S(Z)$? Welche Vermutung haben Sie daher für $\int_0^1 e^x\, dx$?

**Ü21.3:** Zeigen Sie, daß die Funktion $g : \mathbb{R} \to \mathbb{R}$ mit $D(g) = [0,1]$ und

$$g(x) = \begin{cases} 0 & \text{für } x \in \mathbb{Q} \\ 1 & \text{für } x \in \mathbb{R}\backslash\mathbb{Q} \end{cases}$$

auf $[0,1]$ nicht integrierbar ist.

*Hinweis:* Jedes Intervall $[a,b]$, $a,b \in \mathbb{R}$, $a < b$, enthält sowohl rationale als auch irrationale Zahlen.

# 22 Der Hauptsatz der Differential- und Integralrechnung

Zur Berechnung eines Integrals ist der Weg nach der Definition über Untersummen und Obersummen in der Regel äußerst mühsam. Einfache Integrationsmethoden ergeben sich aus dem Zusammenhang zwischen Integration und Differentiation.

**Definition 22.1** *Die reellen Funktionen $f$ und $F$ seien auf dem Intervall $I$ definiert. Ist $F$ differenzierbar auf $I$ mit*

$$F'(x) = f(x) \quad \text{für alle } x \in I,$$

*so heißt $F$* **Stammfunktion** *von $f$ auf $I$.*

**Bemerkungen und Ergänzungen:**

(1) Ist $F$ Stammfunktion von $f$ auf $I$, so auch $F + c$ mit $c \in \mathbb{R}$. Sind $F$ und $G$ Stammfunktionen von $f$ auf $I$, so gilt $F(x) = G(x) + k$ für ein $k \in \mathbb{R}$ und alle $x \in I$. Verschiedene Stammfunktionen unterscheiden sich demnach nur durch eine additive Konstante.

(2) Ist $f$ stetig, so besteht ein enger Zusammenhang zwischen dem Integral von $f$ und einer zugehörigen Stammfunktion gemäß Satz 22.1.

**Satz 22.1 (Hauptsatz der Differential- und Integralrechnung)** *Die Funktion $f$ sei stetig auf $[a, b]$. Für beliebiges $x_0 \in [a, b]$ ist die Funktion*

$$F_{x_0}(x) = \int_{x_0}^{x} f(t)\,dt, \qquad x \in [a, b]$$

*differenzierbar und eine Stammfunktion von $f$ auf $[a, b]$.*

**Bemerkungen und Ergänzungen:**

(3) Nach Satz 22.1 gilt für stetiges $f$ auf $[a, b]$ mit $x_0 \in [a, b]$

$$\frac{d}{dx} \int_{x_0}^{x} f(t)\,dt = f(x), \qquad x \in [a, b].$$

(4) Ist $f$ stetig auf $[a, b]$ und ist $F$ eine **beliebige** Stammfunktion von $f$ auf $[a, b]$, so gilt nach (1)

$$F(x) = F_a(x) + k = \int_{a}^{x} f(t)\,dt + k.$$

Für $x = a$ folgt daraus $k = F(a)$. Demnach ist

$$F_a(x) = \int_a^x f(t)\,dt = F(x) - k = F(x) - F(a)$$

und für $x = b$ ergibt sich unmittelbar Satz 22.2.

**Satz 22.2** *Die Funktion $f$ sei stetig auf $[a,b]$. Ist $F$ eine beliebige Stammfunktion von $f$ auf $[a,b]$, so gilt*

$$\int_a^b f(x)\,dx = F(b) - F(a).$$

Die Berechnung des Integrals kann bei stetigem Integranden demnach mit Hilfe einer Stammfunktion erfolgen. Die Integration ist dann zurückgeführt auf die Ermittlung einer Stammfunktion.

**Beispiele:**

(5) Sei $f(x) = x$ für $x \in [0,2]$. Es ist $f$ stetig auf $[0,2]$ und es ist $F(x) = \frac{x^2}{2}$ eine Stammfunktion von $f$ auf $[0,2]$, da $F'(x) = f(x)$. Demnach ist

$$\int_0^2 x\,dx = F(2) - F(0) = 2 - 0 = 2.$$

(6) Sei $f(x) = x^2$ für $x \in [1,2]$. Es ist $F(x) = \frac{x^3}{3}$ eine Stammfunktion von $f$ auf $[1,2]$. Daher gilt

$$\int_1^2 x^2\,dx = F(2) - F(1) = \frac{8}{3} - \frac{1}{3} = \frac{7}{3}.$$

(7) Sei $f(x) = \cos x$ für $x \in [0, \frac{\pi}{2}]$. Es ist $F(x) = \sin x$ eine Stammfunktion von $f$ auf $[0, \frac{\pi}{2}]$. Also gilt

$$\int_0^{\frac{\pi}{2}} \cos x\,dx = F(\tfrac{\pi}{2}) - F(0) = 1 - 0 = 1.$$

**Bemerkungen und Ergänzungen:**

(8) Für $F(b) - F(a)$ schreibt man auch $\Big[F(x)\Big]_a^b$, sodass

$$\int_a^b f(x)\,dx = \Big[F(x)\Big]_a^b = F(b) - F(a).$$

(9) Eine integrierbare Funktion $f$ muss keine Stammfunktion besitzen. (Dann ist $f$ nach Satz 22.1 unstetig). So ist die Funktion $f: \mathbb{R} \to \mathbb{R}$ mit $D(f) = [-1, 1]$ und

$$f(x) = \begin{cases} -1 & \text{für} \quad x \in [-1, 0) \\ +1 & \text{für} \quad x \in [0, 1] \end{cases}$$

integrierbar auf $[-1, 1]$, da $f$ auf $[-1, 1]$ mit Ausnahme des Punktes $x = 0$ stetig ist. Es gibt jedoch kein differenzierbares $F$ mit $F' = f$ auf $[-1, 1]$. Für $x \in [-1, 0)$ müsste nämlich sein $F(x) = -x + c^-$, für $x \in (0, 1]$ müsste sein $F(x) = x + c^+$ und für kein $c^-, c^+$ wäre $F$ differenzierbar im Nullpunkt.

(10) Eine Funktion $f$, die eine Stammfunktion besitzt, muss nicht integrierbar sein. So lässt sich zeigen, dass $F: \mathbb{R} \to \mathbb{R}$ mit $D(F) = [-1, 1]$ und

$$F(x) = \begin{cases} x^2 \cos \dfrac{\pi}{x^2} & \text{für} \quad x \neq 0 \\ 0 & \text{für} \quad x = 0 \end{cases}$$

differenzierbar ist auf $[-1, 1]$, die Ableitung $F'$ aber unbeschränkt und damit nicht integrierbar ist.

(11) Ist die Funktion $f$ integrierbar und besitzt sie eine Stammfunktion $F$ auf $[a, b]$, so gilt

$$\int_a^b f(x)\, dx = F(b) - F(a).$$

Gegenüber Satz 22.2 wird die Stetigkeit von $f$ nicht gefordert.

(12) Ist $F$ eine Stammfunktion von $f$ auf dem Intervall $I$, so heißt $F$ auch **unbestimmtes Integral** von $f$ auf $I$. Da Stammfunktionen bis auf eine additive Konstante eindeutig sind, schreibt man für das unbestimmte Integral

$$\int f(x)\, dx = F(x) + c$$

mit einer beliebigen Integrationskonstanten $c$. Es sind also

$$f(x) = F'(x) \quad \text{und} \quad \int f(x)\, dx = F(x) + c$$

äquivalente Aussagen. Im Gegensatz dazu heißt $\int_a^b f(x)\, dx$ auch **bestimmtes Integral**.

(13) Unbestimmte Integrale kann man durch „Rückwärtslesen" von Ergebnissen der Differentiation gewinnen. So folgt beispielsweise aus

$$(\ln x)' = \frac{1}{x} \quad \text{für } x > 0$$

das unbestimmte Integral

$$\int \frac{1}{x}\, dx = \ln x + c, \quad x > 0.$$

(14) Die Aussagen der folgenden Tabelle sind wie in (13) gewonnen. Ableitung der Funktionen $\int f(x)\,dx = F(x) + c$ der zweiten Spalte ergibt die Funktionen $f(x)$ der ersten Spalte

| $f(x)$ | $\int f(x)\,dx$ | Gültigkeitsbereich |
|---|---|---|
| $x^n$ | $\frac{1}{n+1}x^{n+1} + c$ | $n \in \mathbb{Z},\ n \neq -1,\ x \in \mathbb{R}$ für $n \geq 0$, |
| | | $x \neq 0$ für $n < 0$ |
| $\frac{1}{x}$ | $\ln\lvert x\rvert + c$ | $x \in \mathbb{R},\ x \neq 0$ |
| $x^a$ | $\frac{1}{a+1}x^{a+1} + c$ | $x > 0,\ a \in \mathbb{R},\ a \neq -1$ |
| $e^{ax}$ | $\frac{1}{a}e^{ax} + c$ | $x \in \mathbb{R},\ a \neq 0$ |
| $a^x$ | $\frac{a^x}{\ln a} + c$ | $x \in \mathbb{R},\ a > 0,\ a \neq 1$ |
| $\sin x$ | $-\cos x + c$ | $x \in \mathbb{R}$ |
| $\cos x$ | $\sin x + c$ | $x \in \mathbb{R}$ |
| $\tan x$ | $-\ln\lvert\cos x\rvert + c$ | $x \neq (2k+1)\frac{\pi}{2},\ k \in \mathbb{Z}$ |
| $\cot x$ | $\ln\lvert\sin x\rvert + c$ | $x \neq \pi k,\ k \in \mathbb{Z}$ |
| $\frac{1}{\cos^2 x}$ | $\tan x + c$ | $x \neq (2k+1)\frac{\pi}{2},\ k \in \mathbb{Z}$ |
| $\frac{1}{\sin^2 x}$ | $-\mathrm{cotan}\, x + c$ | $x \neq \pi k,\ k \in \mathbb{Z}$ |
| $\frac{1}{1+x^2}$ | $\arctan x + c$ | $x \in \mathbb{R}$ |
| $\frac{1}{\sqrt{1-x^2}}$ | $\arcsin x + c$ | $-1 < x < 1$ |

## TESTS

**T22.1:** Welche Aussagen sind richtig für $x \in \mathbb{R}$?

( ) $\int x^3\,dx = \frac{1}{3}x^3 + c$

( ) $\int x^3\,dx = \frac{1}{3}x^4 + c$

( ) $\int x^3\,dx = \frac{1}{4}x^4 + c$

( ) $\int e^{2x}\,dx = 2e^{2x} + c$

( ) $\int e^{2x}\,dx = \frac{1}{2}e^{2x} + c.$

**T22.2:** Bestimmen Sie die richtigen Aussagen

( ) $\int \frac{1}{x}\,dx = \ln x + c \quad$ für $x \in \mathbb{R},\; x \neq 0$

( ) $\int \frac{1}{x}\,dx = \ln x + c \quad$ für $x > 0$

( ) $\int \frac{1}{x}\,dx = \ln x + c \quad$ für $x < 0$

( ) $\int \frac{1}{x}\,dx = \ln(-x) + c \quad$ für $x < 0$

( ) $\int \frac{1}{x}\,dx = \ln|x| + c \quad$ für $x \in \mathbb{R},\; x \neq 0.$

**T22.3:** Welche bestimmten Integrale sind richtig?

( ) $\int_{-1}^{2} \frac{1}{x}\,dx = \Big[\ln|x|\Big]_{-1}^{2} = \ln 2 - \ln 1$

( ) $\int_{-1}^{2} \frac{1}{x}\,dx$ existiert nicht

( ) $\int_{\frac{\pi}{4}}^{\frac{\pi}{2}} \cot x\,dx = \ln 1 - \ln(\frac{1}{2}\sqrt{2})$

( ) $\int_{0}^{\ln 2} e^x\,dx = 2 - 1.$

## ÜBUNGEN

**Ü22.1:** Bestimmem Sie die folgenden Integrale

a) $\displaystyle\int (4e^x - 4x^3 + 2x + 5\cos x)\,dx$

b) $\displaystyle\int_1^8 \sqrt[3]{x}\,dx$

c) $\displaystyle\int 2^{x+1}\,dx$

d) $\displaystyle\int_0^{\pi/4} (4\tan x + 2\cos x)\,dx.$

**Ü22.2:** Gegeben seien die Funktionen $F: \mathbb{R} \to \mathbb{R}$ und $G: \mathbb{R} \to \mathbb{R}$ mit $D(F) = D(G) = (-1, \infty)$ und $F(x) = -\arctan x$, sowie $G(x) = \arctan\left(\dfrac{1-x}{1+x}\right)$.

a) Zeigen Sie, dass $F$ und $G$ beide Stammfunktionen von ein und derselben Funktion $f$ sind und bestimmen Sie $f$.

b) Geben Sie alle Stammfunktionen von $f$ an.

c) Bestimmen Sie $c \in \mathbb{R}$, so daß $G(x) = F(x) + c$ für alle $x \in D(F)$ gilt.

# 23 Einige Integrationstechniken

Das Aufsuchen einer Stammfunktion zur Berechnung eines Integrals kann sehr schwierig sein. Anders als bei der Differentiation gibt es keine fertigen Rezepte, die stets zum Ziel führen. Oft gelingt es, komplizierte Integrale mit geeigneten Techniken auf einfachere Integrale zurückzuführen, für die die Integration ausgeführt werden kann. Man mache dann stets die (einfache) Probe, ob die Ableitung der gefundenen Stammfunktion gleich dem Integranden ist.

Eine einfache Integrationstechnik liefert die Linearität des Integrals, wie in Kapitel 21 (16) notiert:

**Satz 23.1** *Sind $f$ und $g$ integrierbar, so ist für $\alpha, \beta \in \mathbb{R}$*

$$\int [\alpha f(x) + \beta g(x)]\, dx = \alpha \int f(x)\, dx + \beta \int g(x)\, dx\ .$$

Bei speziellen Typen von Integranden lässt sich die Stammfunktion direkt ablesen:

**Satz 23.2** *Sind $f$ und $f'$ stetig, so gilt*

*(i)* $\int f(x)\, f'(x)\, dx = \frac{1}{2}[f(x)]^2 + c$

*(ii)* $\int \frac{f'(x)}{f(x)}\, dx = \ln |f(x)| + c$ *für* $f(x) \neq 0$.

**Beispiele:**

(1) Nach Satz 23.1 darf ein Polynom gliedweise integriert werden:

$$\int \sum_{j=0}^{n} a_j x^j\, dx = \sum_{j=0}^{n} a_j \int x^j\, dx = \sum_{j=0}^{n} a_j \frac{x^{j+1}}{j+1} + c$$

(2) Für das Integral

$$\int \frac{\arctan x}{1+x^2}\, dx$$

erkennt man mit $f(x) = \arctan x$ den Typ $\int f(x)\, f'(x)\, dx$. Demnach ist

$$\int \frac{\arctan x}{1+x^2}\, dx = \tfrac{1}{2}[\arctan x]^2 + c.$$

(3) Schreibt man für $x \neq \frac{\pi}{2} + k\pi,\ k \in \mathbb{Z}$,

$$\int \tan x \, dx = \int \frac{\sin x}{\cos x} \, dx$$

so sieht man mit $f(x) = \cos x$, dass bis auf das Vorzeichen der Typ $\int \frac{f'(x)}{f(x)} \, dx$ vorliegt. Demnach ist

$$\int \tan x \, dx = -\ln|\cos x| + c \, .$$

(4) Nach Satz 23.2 (ii) ist

$$\int \frac{e^x}{e^x + 1} \, dx = \ln(e^x + 1) + c \, .$$

(5) $$\int_2^3 \frac{6x^2 - 2}{x^3 - x} \, dx = 2 \int_2^3 \frac{3x^2 - 1}{x^3 - x} \, dx = \Big[ 2 \ln|x^3 - x| \Big]_2^3 = 2 \ln 4$$

nach Satz 23.2(ii).

(6) Sei $f(x) = \ln x$ für $x > 0$. Mit $f'(x) = \frac{1}{x}$ folgt aus (i) und (ii) von Satz 23.2

$$\int \frac{\ln x}{x} \, dx = \tfrac{1}{2} \Big[ \ln x \Big]^2 + c, \quad x > 0$$

$$\int \frac{1}{x \ln x} \, dx = \ln|\ln x| + c, \quad x > 0, \quad x \neq 1.$$

Für stetig differenzierbare Funktionen $f$ und $g$ folgt aus der Produktregel der Differentiation $(f \cdot g)' = f'g + g'f$, dass $f \cdot g$ eine Stammfunktion von $f'g + g'f$ ist. Demnach ist $\int f'(x)\, g(x)\, dx + \int g'(x)\, f(x)\, dx = f(x)\, g(x) + c$. Dies ergibt

**Satz 23.3 (Partielle Integration)**
*Seien $f$ und $g$ stetig differenzierbar. Dann gilt*

*(i)* $$\int f(x)\, g'(x)\, dx = f(x)\, g(x) - \int f'(x)\, g(x)\, dx$$

*(ii)* $$\int_a^b f(x)\, g'(x)\, dx = \Big[ f(x)\, g(x) \Big]_a^b - \int_a^b f'(x)\, g(x)\, dx.$$

**Bemerkungen und Ergänzungen:**

(7) Schreiben wir $u(x) = f(x),\ v(x) = g'(x)$ und ist $V$ eine Stammfunktion von $v$, so lautet Satz 23.3

$$\int u(x)\, v(x)\, dx = u(x)\, V(x) - \int V(x)\, u'(x)\, dx.$$

(8) Zur wirksamen Anwendung der partiellen Integration eines Produktes zweier Funktionen kommt es in (7) darauf an, $u$ und $v$ passend zu wählen. Wir verdeutlichen dies am Integral $\int xe^x\,dx$.

Wählen wir $u(x) = x$ und $v(x) = e^x$, so folgt aus (7)

$$\int xe^x\,dx = xe^x - \int e^x \cdot 1\,dx = xe^x - e^x + c.$$

Wählen wir hingegen $u(x) = e^x$ und $v(x) = x$, so ergibt sich aus (7)

$$\int xe^x\,dx = \frac{x^2}{2}e^x - \int \frac{x^2}{2}e^x\,dx.$$

Während die erste Wahl zu einem einfachen Integral führt, das leicht bestimmt werden kann, führt die zweite Wahl zu einem gegenüber dem Ausgangsintegral komplizierteren Integral.

**Beispiele:**

(9) Zu $\displaystyle\int x\cos x\,dx$ wählen wir $u(x) = x$ und $v(x) = \cos x$. Dann folgt

$$\int x\cos x\,dx = x\sin x - \int \sin x \cdot 1\,dx = x\sin x + \cos x + c\,.$$

(10) Gelegentlich hilft ein Trick. Schreiben wir das Integral $\int \ln x\,dx$ in der Form $\int 1\cdot \ln x\,dx$ und wählen $u(x) = \ln x$ und $v(x) = 1$, so ist für $x > 0$

$$\int \ln x\,dx = x\ln x - \int x \cdot \frac{1}{x}\,dx = x\ln x - x + c\,.$$

(11) Partielle Integration kann mehrmals hintereinander angewendet werden. So ist

$$\begin{aligned}\int x^2e^{3x}\,dx &= x^2\cdot\tfrac{1}{3}e^{3x} - \int \tfrac{1}{3}e^{3x}\cdot(2x)\,dx = \tfrac{1}{3}x^2e^{3x} - \tfrac{2}{3}\int xe^{3x}\,dx\\ &= \tfrac{1}{3}x^2e^{3x} - \tfrac{2}{3}\left[x\cdot\tfrac{1}{3}e^{3x} - \int 1\cdot\tfrac{1}{3}e^{3x}\,dx\right]\\ &= \left[\tfrac{1}{3}x^2 - \tfrac{2}{9}x + \tfrac{2}{27}\right]e^{3x} + c.\end{aligned}$$

(12) Manchmal führt (mehrmalige) Anwendung der partiellen Integration zu einem Integral vom Typ des Ausgangsintegrals. Dann ist u.U. ein „Rückgriff“ möglich wie in folgendem Beispiel

$$\begin{aligned}\int \cos^2 x\,dx &= \int \cos x\cos x\,dx = \cos x\cdot\sin x + \int \sin x\cdot\sin x\,dx\\ &= \cos x\cdot\sin x + \int [1-\cos^2 x]\,dx\\ &= \cos x\ \sin x + \int 1\,dx - \int \cos^2 x\,dx\end{aligned}$$

Demnach ist

$$2\int \cos^2 x\, dx = \cos x \cdot \sin x + x$$

$$\int \cos^2 x\, dx = \tfrac{1}{2}[\cos x \cdot \sin x + x] + c.$$

Ist $F$ Stammfunktion der stetigen Funktion $f$ und ist $g$ stetig differenzierbar, so gilt nach der Kettenregel

$$[F(g(x))]' = F'(g(x))\, g'(x) = f(g(x))\, g'(x).$$

Demnach ist $\int f(g(x))\, g'(x)\, dx = F(g(x)) + c$.

Wir fassen das Ergebnis zusammen in

**Satz 23.4 (Substitutionsregel)**
*Seien $f$ auf $[a,b]$ und $g$ auf $[\alpha,\beta]$ stetig, für die Bildmenge $B(g)$ von $g$ gelte $B(g) \subset [a,b]$. Ist $g$ stetig differenzierbar, so gilt*

*(i)* $$\int f(g(x))\, g'(x)\, dx = \int f(u)\, du\,,$$

*wobei nach der Integration $u = g(x)$ zu setzen ist.*

*(ii)* $$\int_\alpha^\beta f(g(x))\, g'(x)\, dx = \int_{g(\alpha)}^{g(\beta)} f(u)\, du.$$

**Beispiele:**

(13) Für das unbestimmte Integral $\int \cos(\sin x) \cos x\, dx$ erhalten wir mit $f(u) = \cos u$ und $g(x) = \sin x,\ g'(x) = \cos x$

$$\int \cos(\sin x) \cos x\, dx = \int \cos u\, du = \sin u + c = \sin(\sin x) + c.$$

Für das bestimmte Integral folgt

$$\int_0^{\pi/2} \cos(\sin x) \cos x\, dx = \int_{g(0)}^{g(\pi/2)} \cos u\, du = \int_0^1 \cos u\, du = \sin 1.$$

(14) Im Integral $\int_1^2 \frac{(\ln x)^3}{x}\, dx$ ergibt sich mit $f(u) = u^3$ und $g(x) = \ln x$ sowie $g'(x) = \frac{1}{x}$

$$\int_1^2 \frac{(\ln x)^3}{x}\, dx = \int_{g(1)}^{g(2)} u^3\, du = \int_0^{\ln 2} u^3\, du = \left[\frac{u^4}{4}\right]_0^{\ln 2} = \tfrac{1}{4}(\ln 2)^4.$$

**Bemerkungen und Ergänzungen:**

(15) Vielfach ist zur Berechnung eines Integrals $\int f(x)dx$ eine andere Sicht von Satz 23.4 vorteilhaft. Neben den Voraussetzungen von Satz 23.4 habe $g$ eine Umkehrfunktion $\psi$ (die Voraussetzung ist beispielsweise erfüllt, falls $g' \neq 0$). Nehmen wir in Satz 23.4 die Umbenennung $u \to x$ und $x \to t$ vor, so folgt mit $x = g(t)$ bzw. $t = \psi(x)$

$$\int f(x)\,dx = \int f(g(t))\,g'(t)\,dt \qquad (*)$$

wobei nach der Integration $t = \psi(x)$ zu setzen ist, sowie

$$\int_a^b f(x)\,dx = \int_{\psi(a)}^{\psi(b)} f(g(t))\,g'(t)\,dt \qquad (**)$$

(16) Das formale Vorgehen in (15) kann man sich so merken: Im Integral $\int_a^b f(x)\,dx$ substituiert man $x = g(t)$. Wegen $\frac{dx}{dt} = g'(t)$ schreibt man formal $dx = g'(t)\,dt$ und setzt dies in das Integral ein. Dies ergibt $(*)$ mit $t = \psi(x)$. Für das bestimmte Integral transformiert man noch die Integrationsgrenzen $x = a$ bzw. $x = b$ in $t = \psi(a)$ bzw. $t = \psi(b)$ und erhält $(**)$.

(17) Es gehört Erfahrung und Übung dazu, eine geeignete Substitution zu finden. Doch gibt es viele Integrale, für die sich keine Substitution finden lässt, die zu geschlossen lösbaren Integralen führt. So existiert beispielsweise das Integral $\int_0^1 e^{-x^2}\,dx$, da der Integrand stetig ist. Doch gibt es keine durch eine endliche Kombination elementarer Funktionen darstellbare Stammfunktion.

**Beispiele:**

(18) Der Flächeninhalt eines Viertelkreises vom Radius $r$ ist $\int_0^r \sqrt{r^2 - x^2}dx$. Wir wählen für $x \in [0, r]$ die Substitution $x = r\sin t = g(t)$. Wegen $x \in [0, r]$ folgt $t \in [0, \frac{\pi}{2}]$. Mit $g'(t) = r\cos t$ und $t = \arcsin\frac{x}{r} = \psi(x)$ ergibt sich

$$\begin{aligned}\int_0^r \sqrt{r^2 - x^2}\,dx &= \int_{\psi(0)}^{\psi(r)} \sqrt{r^2 - r^2\sin^2 t}\; r\cos t\,dt \\ &= \int_0^{\frac{\pi}{2}} r^2\sqrt{1 - \sin^2 t}\,\cos t\,dt = r^2\int_0^{\pi/2} \cos^2 t\,dt \\ &= \frac{r^2}{2}\Big[t + \sin t\cos t\Big]_0^{\frac{\pi}{2}} = \frac{\pi r^2}{4}.\end{aligned}$$

(19) In $\int_0^r \sqrt{r^2 + x^2}dx$ für $r > 0$ wählen wir für $x \in [0, r]$ die Substitution $x = r\sinh t = g(t)$. Die Umkehrfunktion des sinus hyberbolicus sinh ist der area sinus hyberbolicus arsinh . Demnach ist $t = \operatorname{arsinh}\dfrac{x}{r} = \psi(x)$. Mit $g'(t) = r\cosh t$ folgt

$$\int_0^r \sqrt{r^2 + x^2}\,dx = \int_{\psi(0)}^{\psi(r)} \sqrt{r^2 + r^2\sinh^2 t}\; r\cosh t\,dt$$

$$\begin{aligned}
&= r^2 \int_{\psi(0)}^{\psi(r)} \cosh^2 t\, dt = \frac{r^2}{2}\Big[t + \sinh t \cosh t\Big]_0^{\operatorname{arsinh} 1} \\
&= \frac{r^2}{2}\Big[\operatorname{arsinh} 1 + \sinh(\operatorname{arsinh} 1)\cosh(\operatorname{arsinh} 1)\Big] \\
&= \frac{r^2}{2}\Big[\operatorname{arsinh} 1 + \cosh(\operatorname{arsinh} 1)\Big].
\end{aligned}$$

(20) Im Integral $\int \cos 3x\, dx$ wählen wir die Substitution $t = 3x = \psi(x)$, also $x = \frac{t}{3} = g(t)$. Wir erhalten

$$\int \cos 3x\, dx = \int \tfrac{1}{3}\cos t\, dt = \tfrac{1}{3}\int \cos t\, dt = \tfrac{1}{3}\sin t + c = \tfrac{1}{3}\sin 3x + c.$$

(21) Für das Integral $\int \frac{1}{1+e^x}\, dx$ liefert die Substitution $t = e^x = \psi(x)$, also $x = \ln t = g(t)$ mit $t > 0$.

$$\begin{aligned}
\int \frac{1}{1+e^x}\, dx &= \int \frac{1}{1+t}\cdot\frac{1}{t}\, dt = \int\left(\frac{1}{t} - \frac{1}{t+1}\right) dt \\
&= \ln t - \ln(t+1) + c = x - \ln(e^x + 1) + c.
\end{aligned}$$

(22) Im Integral $\int_{-1}^{1} |x|\sin(x^2)\, dx$ dürfen wir nicht einfach die Substitution $t = x^2$ wählen, da für $x \in [-1,1]$ keine Umkehrfunktion existiert. Vielmehr spalten wir das Integral auf

$$\begin{aligned}
\int_{-1}^{1} |x|\sin(x^2)\, dx &= \int_{-1}^{0} |x|\sin(x^2)\, dx + \int_{0}^{1} |x|\sin(x^2)\, dx \\
&= \int_{-1}^{0} (-x)\sin(x^2)\, dx + \int_{0}^{1} x\sin(x^2)\, dx.
\end{aligned}$$

Jetzt führt die Substitution $t = x^2$ für $x \in [-1,0]$ bzw. $x \in [0,1]$ zum Ziel.

$$\begin{aligned}
\int_{-1}^{1} |x|\sin(x^2)\, dx &= -\tfrac{1}{2}\int_{1}^{0} \sin t\, dt + \tfrac{1}{2}\int_{0}^{1} \sin t\, dt \\
&= \tfrac{1}{2}\Big[\cos t\Big]_1^0 - \tfrac{1}{2}\Big[\cos t\Big]_0^1 = 1 - \cos 1.
\end{aligned}$$

Zur Integration **rationaler Funktionen** gibt es spezielle Techniken, die Integration geschlossen durchzuführen. Bei einer rationalen Funktion

$$r(x) = \frac{b_m x^m + \cdots + b_1 x + b_0}{a_n x^n + \cdots + a_1 x + a_0}$$

als Quotient zweier Polynome prüfe man zuerst, ob $m < n$, d.h. ob der Grad des Zählerpolynoms kleiner ist als der Grad des Nennerpolynoms. Ist dies nicht der Fall, so spalte man durch Division ein Polynom ab, so dass $r(x)$ die Darstellung

$$r(x) = p(x) + \frac{P(x)}{Q(x)}$$

hat, wobei jetzt der Grad von $P(x)$ kleiner ist als der Grad von $Q(x)$. Das abgespaltene Polynom $p(x)$ kann man sofort integrieren. O.B.d.A. setzen wir daher im folgenden

$$r(x) = \frac{P(x)}{Q(x)}$$

mit Grad $P = m <$ Grad $Q = n$ voraus.

Für $\frac{P(x)}{Q(x)}$ nehmen wir zunächst eine **Partialbruchzerlegung** vor. Dazu müssen zuerst die Nullstellen des Nennerpolynoms $Q(x)$ bestimmt werden. Wir betrachten die verschiedenen möglichen Fälle nacheinander.

**Fall 1:** Alle Nullstellen $x_i$, $i = 1, \ldots, n$, von $Q(x)$ sind reell und verschieden. $Q(x)$ hat dann die Darstellung

$$Q(x) = \text{const } (x - x_1)(x - x_2) \cdot \ldots \cdot (x - x_n)$$

mit $x_i \neq x_k$ für $i \neq k$ und $i, k = 1, 2, \ldots, n$. Dann hat $\frac{P(x)}{Q(x)}$ die **eindeutige Partialbruchzerlegung**

$$\frac{P(x)}{Q(x)} = \frac{A_1}{x - x_1} + \frac{A_2}{x - x_2} + \frac{A_3}{x - x_3} + \ldots + \frac{A_n}{x - x_n} .$$

Die Koeffizienten $A_1, \ldots, A_n$ lassen sich bestimmen entweder durch Koeffizientenvergleich oder direkt durch

$$A_i = \frac{P(x_i)}{Q'(x_i)}, \quad i = 1, \ldots, n.$$

Integration ergibt:

$$\int \frac{P(x)}{Q(x)}\, dx = \sum_{i=1}^{n} A_i \ln |x - x_i| + c$$

für $x \neq x_i$, $i = 1, \ldots, n$.

**Beispiele:**

(23) Sei

$$r(x) = \frac{x^4 - x^3 - 6x^2 + x + 7}{x^3 - 2x^2 - 5x + 6}$$

Es ist $m = 4 > n = 3$, also spalten wir zunächst durch Division ein Polynom $p(x)$ ab. Es ist

$$
\begin{array}{l}
(x^4 - x^3 - 6x^2 + x + 7) : (x^3 - 2x^2 - 5x + 6) = x + 1 \\
\underline{-(x^4 - 2x^3 - 5x^2 + 6x)} \\
\qquad x^3 - x^2 - 5x + 7 \\
\underline{\quad -(x^3 - 2x^2 - 5x + 6)} \\
\qquad\qquad x^2 + 0 \ + 1
\end{array}
$$

Demnach ist

$$r(x) = x + 1 + \frac{x^2 + 1}{x^3 - 2x^2 - 5x + 6} \,.$$

Für $\dfrac{P(x)}{Q(x)} = \dfrac{x^2 + 1}{x^3 - 2x^2 - 5x + 6}$ bestimmen wir die Nullstellen von $Q$. Diese sind $x_1 = 1,\ x_2 = -2, x_3 = 3$. Daher gilt die Partialbruchzerlegung

$$\frac{P(x)}{Q(x)} = \frac{A_1}{x-1} + \frac{A_2}{x+2} + \frac{A_3}{x-3} \,.$$

Um die Methode des Koeffizientenvergleichs zur Bestimmung von $A_1, A_2, A_3$ anzuwenden, bringen wir die rechte Seite auf den Hauptnenner

$$\frac{P(x)}{Q(x)} = \frac{A_1(x^2 - x - 6) + A_2(x^2 - 4x + 3) + A_3(x^2 + x - 2)}{(x-1)(x+2)(x-3)}$$

Vergleich mit den Koeffizienten von $P(x)$ ergibt

$$
\begin{aligned}
x^2 &: \ 1 = A_1 + A_2 + A_3 \\
x &: \ 0 = -A_1 - 4A_2 + A_3 \\
x^0 &: \ 1 = -6A_1 + 3A_2 - 2A_3.
\end{aligned}
$$

Die Lösung dieses linearen Gleichungssystems ist

$$A_1 = -\tfrac{1}{3}, \quad A_2 = \tfrac{1}{3}, \quad A_3 = 1.$$

Wir erhalten $A_1, A_2, A_3$ bequem auch so:

$$
\begin{aligned}
A_1 &= \frac{P(x_1)}{Q'(x_1)} = \frac{P(1)}{Q'(1)} = \frac{2}{-6} = -\frac{1}{3} \\
A_2 &= \frac{P(x_2)}{Q'(x_2)} = \frac{P(-2)}{Q'(-2)} = \frac{5}{15} = \frac{1}{3} \\
A_3 &= \frac{P(x_3)}{Q'(x_3)} = \frac{P(3)}{Q'(3)} = \frac{10}{10} = 1 \,.
\end{aligned}
$$

Daher ist

$$
\begin{aligned}
&\int \frac{x^4 - x^3 - 6x^2 + x + 7}{x^3 - 2x^2 - 5x + 6}\, dx = \\
&\frac{x^2}{2} + x - \tfrac{1}{3}\ln|x-1| + \tfrac{1}{3}\ln|x+2| + \ln|x-3| + c
\end{aligned}
$$

für $x \neq 1, -2, 3$.

**Fall 2:** Alle Nullstellen von $Q(x)$ sind reell, es treten mehrfache Nullstellen auf. Sind $x_1, x_2, \ldots, x_k$ mit $k < n$ die **verschiedenen** Nullstellen und hat $x_i$ die Vielfachheit $n_i$ für $i = 1, \ldots, k$, so hat $Q(x)$ die Darstellung

$$Q(x) = \text{const } (x - x_1)^{n_1}(x - x_2)^{n_2} \cdot \ldots \cdot (x - x_k)^{n_k}.$$

Dann hat $\frac{P(x)}{Q(x)}$ die **eindeutige Partialbruchzerlegung**

$$\begin{aligned}\frac{P(x)}{Q(x)} = & \frac{A_{1,1}}{x - x_1} + \frac{A_{1,2}}{(x - x_1)^2} + \ldots + \frac{A_{1,n_1}}{(x - x_1)^{n_1}} + \\ & \frac{A_{2,1}}{x - x_2} + \frac{A_{2,2}}{(x - x_2)^2} + \ldots + \frac{A_{2,n_2}}{(x - x_2)^{n_2}} + \\ & \vdots \\ & \frac{A_{k,1}}{x - x_k} + \frac{A_{k,2}}{(x - x_k)^2} + \ldots + \frac{A_{k,n_k}}{(x - x_k)^{n_k}}.\end{aligned}$$

Die Koeffizienten $A_{i,j}$ lassen sich wieder durch Koeffizientenvergleich bestimmen. Es treten zwei Typen von Integralen auf:

**Typ 1:** $\displaystyle\int \frac{A_{i,1}}{x - x_i}\, dx = A_{i,1} \ln |x - x_i| + c$

**Typ 2:** $\displaystyle\int \frac{A_{i,j}}{(x - x_i)^j}\, dx = -\frac{A_{i,j}}{j - 1} \cdot \frac{1}{(x - x_i)^{j-1}} + c$
für $i = 1, \ldots, k$ und $j \geq 2$.

**Beispiele:**

(24) Es sei

$$r(x) = \frac{P(x)}{Q(x)} = \frac{4x^2 - 3x + 1}{x^3 - x^2 - x + 1}$$

Es hat $Q$ die zweifache Nullstelle $x_1 = 1$ und die einfache Nullstelle $x_2 = -1$. Daher lautet die Partialbruchzerlegung

$$\frac{P(x)}{Q(x)} = \frac{A_{1,1}}{x - 1} + \frac{A_{1,2}}{(x - 1)^2} + \frac{A_{2,1}}{x + 1}.$$

Der Koeffizientenvergleich liefert

$$A_{1,1} = 2, \quad A_{1,2} = 1, \quad A_{2,1} = 2.$$

Daher ist

$$\int \frac{4x^2 - 3x + 1}{x^3 - x^2 - x + 1}\, dx = 2\ln|x-1| - \frac{1}{x-1} + 2\ln|x+1| + c.$$

**Fall 3:** $Q(x)$ hat auch komplexe Nullstellen. Für diesen Fall verweisen wir auf Burg/Haf/Wille [1].

## TESTS

**T23.1:** Sind $f$ und $f'$ stetig, so gilt

( ) $\int f(x)\, f'(x)\, dx = 2[f(x)]^2 + c$

( ) $\int f(x)\, f'(x)\, dx = \ln|f(x)| + c$

( ) $\int f(x)\, f'(x)\, dx = \frac{1}{2}[f(x)]^2 + c$

( ) $\int \dfrac{f'(x)}{f(x)}\, dx = \frac{1}{2}\ln|f(x)| + c \quad \text{für } f(x) \neq 0$

( ) $\int \dfrac{f'(x)}{f(x)}\, dx = \ln|f(x)| + c \quad \text{für } f(x) \neq 0.$

**T23.2:** Sind $f$ und $g$ stetig differenzierbar und ist $F$ Stammfunktion von $f$, so gilt

( ) $\int f(x)\, g(x)\, dx = f(x)\, g(x) - \int F(x)\, g'(x)\, dx$

( ) $\int f(x)\, g(x)\, dx = F(x)\, g(x) - \int F(x)\, g(x)\, dx$

( ) $\int f(x)\, g(x)\, dx = F(x)\, g(x) - \int F(x)\, g'(x)\, dx$

( ) $\int f(x)\, g(x)\, dx = f'(x)\, g(x) - \int f'(x)\, g'(x)\, dx.$

**T23.3:** Seien $f:\ \mathbb{R} \to \mathbb{R}$ mit $D(f) = [a,b]$ und $g:\ \mathbb{R} \to \mathbb{R}$ mit $D(g) = [\alpha,\beta]$ stetige Funktionen mit $[a,b] = B(g)$. Ist $g$ differenzierbar auf $[\alpha,\beta]$ und $g'(x) \neq 0$ für $x \in [\alpha,\beta]$, so gilt

( ) $\displaystyle\int_a^b f(t)\, dt = \int_{g(a)}^{g(b)} f(g(x))\, dx$

( ) $\displaystyle\int_a^b f(t)\, dt = \int_{g(a)}^{g(b)} f(g(x))\, g'(x)\, dx$

( ) $\displaystyle\int_a^b f(t)\, dt = \int_{g^{-1}(a)}^{g^{-1}(b)} f(g(x))\, g'(x)\, dx.$

**T23.4:** In der rationalen Funktion $r(x) = \dfrac{P(x)}{Q(x)}$ habe $P$ den Grad 2 und $Q$ den Grad 3. Es habe $Q$ die Nullstellen $x_1 = 2$ und $x_2 = x_3 = -3$. Für die Partialbruchzerlegung lautet der Ansatz

( ) $r(x) = \dfrac{A_1}{x-2} + \dfrac{A_2}{x-3} + \dfrac{A_3}{x+3}$

( ) $r(x) = \dfrac{A_{1,1}}{x+2} + \dfrac{A_{2,1}}{x-3} + \dfrac{A_{2,2}}{(x-3)^2}$

( ) $r(x) = \dfrac{A_{1,1}}{x-2} + \dfrac{A_{2,1}}{x+3} + \dfrac{A_{2,2}}{(x+3)^2}.$

## ÜBUNGEN

**Ü23.1:** Bestimmen Sie die folgenden Integrale

a) $\displaystyle\int (\sin x + e^{2x} + x^{\frac{1}{2}} + 2^x)\, dx$

b) $\displaystyle\int \sin x \cdot \cos x \, dx$

c) $\displaystyle\int \frac{(\arctan x)^3}{1+x^2}\, dx$

d) $\displaystyle\int \frac{x}{1+x^2}$

e) $\displaystyle\int \frac{\sin x}{2+\cos x}\, dx.$

**Ü23.2:** Berechnen Sie die folgenden Integrale durch partielle Integration

a) $\displaystyle\int_0^{\pi} x \sin x \, dx$

b) $\displaystyle\int_0^{\frac{1}{2}} \cosh^2 x \, dx$

c) $\displaystyle\int \arctan x \, dx.$

**Ü23.3:** a) Berechnen Sie die folgenden Integrale durch Substitution

(i) $\displaystyle\int_1^4 e^{\sqrt{x}}\, dx$

(ii) $\displaystyle\int_0^2 \frac{x+1}{\sqrt{x^2+2x+2}}\, dx\ .$

b) Berechnen Sie mit Hilfe der Substitution $x = 2 \arctan t$ das Integral $I(x) = \int \frac{1}{\sin x}\, dx$ für $x \in (0, \pi)$.

**Ü23.4:** Berechnen Sie die folgenden Integrale durch Substitution

a) $\int \sin 2x \cdot e^{\sin^2 x}\, dx$

b) $\int_{\frac{\pi}{6}}^{\frac{\pi}{3}} \cot x \cdot \ln(\sin x)\, dx$.

**Ü23.5:** Berechnen Sie die folgenden Integrale mittels Partialbruchzerlegung

a) $\int \frac{2x^3 - x^2 - 10x + 19}{x^2 + x - 6}\, dx$

b) $\int_0^1 \frac{x}{(x+1)^3}\, dx$.

# 24 Uneigentliche Integrale

Bisher haben wir das Integral $\int_a^b f(x)\,dx$ definiert unter den Voraussetzungen

(1) eines endlichen Integrationsintervalls $[a, b]$,
(2) einer auf ganz $[a, b]$ definierten Funktion $f$,
(3) einer auf $[a, b]$ beschränkten Funktion $f$.

Sind diese Voraussetzungen nicht alle erfüllt, so lassen sich in manchen Fällen durch Grenzwertbildungen sog. **uneigentliche Integrale** definieren. Im Gegensatz dazu spricht man bei den gewöhnlichen Integralen auch von eigentlichen Integralen. Wir betrachten zunächst eine naheliegende Erweiterung des Integralbegriffs auf unbeschränkte Integrationsintervalle.

**Definition 24.1** *Die Funktion $f : \mathbb{R} \to \mathbb{R}$ sei definiert auf $[a, \infty)$ und integrierbar auf $[a, b]$ für alle $b > a$. Existiert der Grenzwert*

$$\lim_{b\to\infty} \int_a^b f(x)\,dx,$$

*so heißt $f$* **uneigentlich integrierbar** *auf $[a, \infty)$ und man schreibt*

$$\int_a^\infty f(x)\,dx = \lim_{b\to\infty} \int_a^b f(x)\,dx.$$

**Bemerkungen und Ergänzungen:**

(1) Im Fall von Definition 24.1 sagt man auch, das uneigentliche Integral existiert oder konvergiert. Existiert der Grenzwert $\lim_{b\to\infty} \int_a^b f(x)\,dx$ nicht, so sagt man, das uneigentliche Integral sei divergent.

(2) Analog definiert man das uneigentliche Integral

$$\int_{-\infty}^b f(x)\,dx = \lim_{a\to-\infty} \int_a^b f(x)\,dx,$$

falls $f$ auf $(-\infty, b]$ definiert, integrierbar auf $[a, b]$ für alle $a < b$ ist und der Grenzwert existiert.

(3) In $\int_a^\infty f(x)\,dx$ und $\int_{-\infty}^b f(x)\,dx$ sind $a$ und $b$ endlich. Ein Integral $\int_{-\infty}^\infty f(x)\,dx$ definiert man so: Existieren für irgendein $c \in \mathbb{R}$ die uneigentlichen Integrale $\int_{-\infty}^c f(x)\,dx$ und $\int_c^\infty f(x)\,dx$, so ist das uneigentliche Integral

$$\int_{-\infty}^\infty f(x)\,dx = \int_{-\infty}^c f(x)\,dx + \int_c^\infty f(x)\,dx\ .$$

**Beispiele:**

(4) Für $x \geq 0$ sei $f(x) = e^{-x}$. Es ist

$$\lim_{b\to\infty} \int_0^b e^{-x}\,dx = \lim_{b\to\infty} \Big[-e^{-x}\Big]_0^b = \lim_{b\to\infty} \Big[1 - e^{-b}\Big] = 1.$$

Demnach ist

$$\int_0^\infty e^{-x}\,dx = 1\ .$$

(5) Für $x \in \mathbb{R}$ sei $f(x) = \frac{1}{1+x^2}$. Es ist

$$\lim_{a\to-\infty} \int_a^0 \frac{1}{1+x^2}\,dx = \lim_{a\to-\infty} \Big[\arctan x\Big]_a^0 = \frac{\pi}{2}\ .$$

Also ist

$$\int_{-\infty}^0 \frac{1}{1+x^2}\,dx = \frac{\pi}{2}\ .$$

(6) Für $x \in \mathbb{R}$ sei $f(x) = \frac{1}{1+x^2}$. Wir wählen $c = 0$ in (3). Da die Integrale

$$\int_{-\infty}^0 \frac{1}{1+x^2}\,dx = \frac{\pi}{2} \quad \text{und} \quad \int_0^\infty \frac{1}{1+x^2}\,dx = \frac{\pi}{2}$$

existieren, ist

$$\int_{-\infty}^\infty \frac{1}{1+x^2}\,dx = \int_{-\infty}^0 \frac{1}{1+x^2}\,dx + \int_0^\infty \frac{1}{1+x^2}\,dx = \pi\ .$$

Das Ergebnis lässt sich interpretieren als Flächeninhalt zwischen der durch $f$ gegebenen Kurve und der $x$-Achse auf $(-\infty, \infty)$.

(7) Für $x \in [1, \infty)$ sei $f(x) = \frac{1}{x^\alpha}$ mit $\alpha \in \mathbb{R}$. Es ist

$$\int_1^b \frac{1}{x^\alpha}\,dx = \begin{cases} \ln b & \text{für } \alpha = 1 \\ \dfrac{1}{1-\alpha}[b^{1-\alpha} - 1] & \text{für } \alpha \neq 1\ . \end{cases}$$

Bildet man den Grenzwert $b \to \infty$, so folgt:

> Das uneigentliche Integral $\int_1^\infty \frac{1}{x^\alpha}\,dx$ ist divergent für $\alpha \leq 1$, es ist konvergent für $\alpha > 1$ mit
>
> $$\int_1^\infty \frac{1}{x^\alpha}\,dx = \frac{1}{\alpha - 1}\ .$$

(8) Für $b > 0$ ist $\int_0^b \sin x\,dx = 1 - \cos b$ und $\cos b$ hat für $b \to \infty$ keinen Grenzwert. Demnach ist das Integral $\int_0^\infty \sin x\,dx$ divergent.

Konvergenzuntersuchungen zur Prüfung der Existenz eines uneigentlichen Integrals können schwierig sein, insbesondere dann, wenn $\int_a^b f(x)\,dx$ nicht formelmäßig bekannt ist. Hier hilft gelegentlich

**Satz 24.1 (Vergleichskriterium)**
*Die reellen Funktionen $f$ und $g$ seien integrierbar auf $[a,b]$ für alle $b > a$.*

*(i)* *Ist $|f(x)| \leq g(x)$ für alle $x \in [a,\infty)$ und existiert $\int_a^\infty g(x)\,dx$, so existieren auch die uneigentlichen Integrale*

$$\int_a^\infty f(x)\,dx \quad \textit{und} \quad \int_a^\infty |f(x)|\,dx\ .$$

*(ii)* *Ist $0 \leq g(x) \leq f(x)$ für alle $x \in [a,\infty)$ und divergiert $\int_a^\infty g(x)\,dx$, so divergiert auch das uneigentliche Integral $\int_a^\infty f(x)\,dx$ .*

**Bemerkungen und Ergänzungen:**

(9) Existiert $\int_a^\infty |f(x)|\,dx$, so heißt $\int_a^\infty f(x)\,dx$ absolut konvergent. Aus der absoluten Konvergenz folgt nach Satz 24.1 (wähle $g(x) = |f(x)|$) die Konvergenz. Die Umkehrung gilt bei uneigentlichen Integralen jedoch nicht. So lässt sich zeigen (vgl. (12)), dass $\int_1^\infty \frac{\sin x}{x}\,dx$ existiert, während $\int_1^\infty \left|\frac{\sin x}{x}\right| dx$ nicht existiert.

(10) Ist es möglich, für die Vergleichsfunktion $g(x) = \frac{1}{x^\alpha}$ mit $\alpha > 1$ zu wählen, so gilt im Hinblick auf (7): Ist $|f(x)| \leq K\frac{1}{x^\alpha}$ für $x \in [a,\infty)$ und $K \in \mathbb{R}$, so existiert das uneigentliche Integral $\int_a^\infty f(x)\,dx$ .

**Beispiele:**

(11) Für $x \in [0,\infty)$ sei $f(x) = e^{-x^2}$. Wegen $(x-1)^2 \geq 0$ gilt $x^2 \geq 2x - 1$. Demnach ist $|f(x)| \leq e^{1-2x} = g(x)$. Nun ist $\int_0^b g(x)dx = \int_0^b e^{1-2x}dx = \frac{e}{2}(1-e^{-2b})$. Also existiert $\int_0^\infty g(x)dx = \lim_{b\to\infty} \frac{e}{2}(1-e^{-2b}) = \frac{e}{2}$, daraus folgt die Existenz des uneigentlichen Integrals $\int_0^\infty e^{-x^2}\,dx$. Den Wert des Integrals erhalten wir so jedoch nicht.

(12) Um die Existenz des Integrals $\int_1^\infty \frac{\sin x}{x}\,dx$ nachzuweisen, wenden wir (10) an. Es ist mit partieller Integration $\int_1^b \frac{\sin x}{x}\,dx = \left[-\frac{\cos x}{x}\right]_1^b - \int_1^b \frac{\cos x}{x^2}\,dx$, also

$$\lim_{b\to\infty} \int_1^b \frac{\sin x}{x}\,dx = \cos 1 - \lim_{b\to\infty} \int_1^b \frac{\cos x}{x^2}\,dx.$$

Nun gilt $|f(x)| = \left|\frac{\cos x}{x^2}\right| \leq \frac{1}{x^2}$, demnach existiert nach (10) das Integral $\int_1^\infty \frac{\cos x}{x^2}\,dx$ und damit das Integral $\int_1^\infty \frac{\sin x}{x}\,dx$.

(13) Das Integral $\int_1^\infty \frac{x}{x^2+1}\,dx$ ist divergent. Denn für $x \geq 1$ gilt $f(x) = \frac{x}{x^2+1} \geq \frac{x}{2x^2} = \frac{1}{2x} = g(x) \geq 0$ und das Integral $\int_1^\infty \frac{1}{2x}\,dx$ ist divergent nach (7).

Wir betrachten eine weitere Verallgemeinerung des Integralbegriffs für nicht auf ganz $[a, b]$ definierte und ggf. unbeschränkte Funktionen.

**Definition 24.2** *Die Funktion $f : \mathbb{R} \to \mathbb{R}$ sei definiert auf dem halboffenen Intervall $[a, b)$ und integrierbar auf $[a, c]$ für alle $c$ mit $a < c < b$. Existiert der Grenzwert*

$$\lim_{c \to b-} \int_a^c f(x)\,dx = \lim_{\substack{c \to b \\ c<b}} \int_a^c f(x)\,dx,$$

*so heißt $f$* **uneigentlich integrierbar** *und man setzt*

$$\int_a^b f(x)\,dx = \lim_{c \to b-} \int_a^c f(x)\,dx \ .$$

**Bemerkungen und Ergänzungen:**

(14) Aus der Integrierbarkeit von $f$ auf $[a, c]$ für alle $c < b$ folgt nicht die Beschränktheit von $f$ auf $[a, b)$ wie das Beispiel $f(x) = \dfrac{1}{1-x}$ für $x \in [0, 1)$ zeigt. Für $0 < c < 1$ existiert $\int_0^c f(x)\,dx$, aber $f$ ist unbeschränkt auf $[0, 1)$.

(15) Existiert der Grenzwert $\lim_{c\to b-} \int_a^c f(x)\,dx$ nicht, so sagt man, das uneigentliche Integral sei divergent, im anderen Falle konvergent.

(16) Analog definiert man das uneigentliche Integral

$$\int_a^b f(x)\,dx = \lim_{c \to a+} \int_c^b f(x)\,dx = \lim_{\substack{c \to a \\ c>a}} \int_c^b f(x)\,dx \ ,$$

falls $f$ auf $(a, b]$ definiert und integrierbar auf $[c, b]$ für alle $c$ mit $a < c < b$ ist und der Grenzwert existiert.

(17) Ist $f$ auf $(a, b)$ definiert und integrierbar auf jedem abgeschlossenen Teilintervall $[\alpha, \beta]$ von $(a, b)$, so heißt $f$ uneigentlich integrierbar, falls für ein beliebiges $c \in (a, b)$ die uneigentliche Integrale $\int_a^c f(x)\,dx$ und $\int_c^b f(x)\,dx$ existieren. Das Integral ist dann

$$\int_a^b f(x)\,dx = \int_a^c f(x)\,dx + \int_c^b f(x)\,dx \ .$$

(18) Ist $f$ auf $(a, b)$ mit Ausnahme einer Stelle $c \in (a, b)$ definiert, und existieren die uneigentlichen Integrale $\int_a^c f(x)\,dx$ und $\int_c^b f(x)\,dx$, so wird das uneigentliche Integral

$$\int_a^b f(x)\,dx = \int_a^c f(x)\,dx + \int_c^b f(x)\,dx$$

definiert.

(19) Definition 24.2 ist wichtig für Funktionen $f$, die bei $b$ unbeschränkt sind, analog ist (16) bzw. (17) wichtig für Funktionen, die bei $a$ unbeschränkt sind, bzw. bei $a$ und $b$ unbeschränkt sind. Es ist (18) wichtig für Funktionen, die bei einer Stelle $c \in (a,b)$ unbeschränkt sind.

**Beispiele:**

(20) Sei $f(x) = \frac{1}{\sqrt{1-x^2}}$ für $x \in [0,1)$. Es ist $f$ unbeschränkt am rechten Intervallende 1. Für $c$ mit $0 < c < 1$ ist

$$\lim_{c\to 1-} \int_0^c \frac{1}{\sqrt{1-x^2}}\,dx = \lim_{c\to 1-} \Big[\arcsin x\Big]_0^c = \lim_{c\to 1-} \arcsin c = \arcsin 1 = \frac{\pi}{2}\ .$$

Demnach existiert das uneigentliche Integral $\int_0^1 f(x)\,dx$ und es ist

$$\int_0^1 \frac{1}{\sqrt{1-x^2}}\,dx = \lim_{c\to 1-} \int_0^c \frac{1}{\sqrt{1-x^2}}\,dx = \frac{\pi}{2}.$$

(21) Sei $f(x) = \frac{1}{x^\alpha}$ für $x \in (0,1]$. Für $c$ mit $0 < c < 1$ ist

$$\int_c^1 \frac{1}{x^\alpha}\,dx = \begin{cases} -\ln c & \text{für } \alpha = 1 \\ \dfrac{1}{1-\alpha}[1-c^{1-\alpha}] & \text{für } \alpha \neq 1. \end{cases}$$

Bildet man den Grenzwert $c \to 0+$, so folgt aus (16):

| |
|---|
| Das uneigentliche Integral $\int_0^1 \frac{1}{x^\alpha}\,dx$ ist divergent für $\alpha \geq 1$, es ist konvergent für $\alpha < 1$ mit $$\int_0^1 \frac{1}{x^\alpha}\,dx = \frac{1}{1-\alpha}\ .$$ |

(22) Sei $f(x) = \frac{1}{\sqrt{1-x^2}}$ für $x \in (-1,1)$. Wählen wir in (17) $c = 0$, so existiert nach (20) das uneigentliche Integral $\int_0^1 \frac{1}{\sqrt{1-x^2}}\,dx$, analog zeigt man die Existenz des uneigentlichen Integrals $\int_{-1}^0 \frac{1}{\sqrt{1-x^2}}\,dx$. Demnach existiert nach (17) das uneigentliche Integral

$$\int_{-1}^1 \frac{1}{\sqrt{1-x^2}}\,dx = \int_{-1}^0 \frac{1}{\sqrt{1-x^2}}\,dx + \int_0^1 \frac{1}{\sqrt{1-x^2}}\,dx = \pi\ .$$

(23) Für $x \in [0,2]$, $x \neq 1$, sei $f(x) = \frac{1}{\sqrt{|x-1|}}$. Es ist $f$ nicht definiert an $x = 1$ im Innern von $[0,2]$ und unbeschränkt. Um das uneigentliche Integral $\int_0^2 \frac{1}{\sqrt{|x-1|}}\,dx$ zu untersuchen, wählen wir $c = 1$ in (18) und betrachten die Integrale

$$\begin{aligned}\int_0^1 f(x)\,dx &= \int_0^1 \frac{1}{\sqrt{1-x}}\,dx = \lim_{\delta\to 1-} \int_0^\delta \frac{1}{\sqrt{1-x}}\,dx = \lim_{\delta\to 1-} \Big[-2\sqrt{1-x}\Big]_0^\delta \\ &= \lim_{\delta\to 1-} 2\Big[1-\sqrt{1-\delta}\Big] = 2\end{aligned}$$

und

$$\int_1^2 f(x)\,dx = \int_1^2 \frac{1}{\sqrt{x-1}}\,dx = \lim_{\delta\to 1+} \int_\delta^2 \frac{1}{\sqrt{x-1}}\,dx = \lim_{\delta\to 1+} \Big[2\sqrt{x-1}\Big]_\delta^2$$
$$= \lim_{\delta\to 1+} 2[1-\sqrt{\delta-1}] = 2.$$

Nach (18) existiert demnach das uneigentliche Integral

$$\int_0^2 \frac{1}{\sqrt{|1-x|}}\,dx = \int_0^1 f(x)\,dx + \int_1^2 f(x)\,dx = 4.$$

(24) In (18) ist es wichtig, die Existenz der uneigentlichen Integrale $\int_a^c f(x)\,dx$ und $\int_c^b f(x)\,dx$ getrennt zu untersuchen. Sei beispielsweise $f(x) = \frac{1}{x}$ für $x \in [-1,1]$ mit $x \neq 0$. Um die Existenz von $\int_{-1}^1 \frac{1}{x}\,dx$ zu untersuchen, müssen für $c = 0$ die uneigentlichen Integrale $\int_{-1}^0 \frac{1}{x}\,dx$ und $\int_0^1 \frac{1}{x}\,dx$ betrachtet werden. Beide sind nach (21) divergent, so dass $\int_{-1}^1 \frac{1}{x}\,dx$ divergent ist. Falsch wäre folgendes Vorgehen

$$\int_{-1}^1 \frac{1}{x}\,dx = \lim_{\substack{\varepsilon\to 0\\ \varepsilon>0}} \left[\int_{-1}^{-\varepsilon} \frac{1}{x}\,dx + \int_\varepsilon^1 \frac{1}{x}\,dx\right]$$
$$= \lim_{\substack{\varepsilon\to 0\\ \varepsilon>0}} \left\{\Big[\ln|x|\Big]_{-1}^{-\varepsilon} + \Big[\ln|x|\Big]_\varepsilon^1\right\}$$
$$= \lim_{\substack{\varepsilon\to 0\\ \varepsilon>0}} \left\{\ln\varepsilon - \ln 1 + \ln 1 - \ln\varepsilon\right\} = 0\,.$$

## TESTS

**T24.1:** Die Funktion $f:\ \mathbb{R}\to\mathbb{R}$ sei definiert auf $[0,\infty)$ und stetig.

( ) Es ist $f$ integrierbar auf $[a,b]$ für alle $b > a$.

( ) Das uneigentliche Integral $\displaystyle\int_0^\infty f(x)\,dx$ existiert.

( ) $\displaystyle\int_0^\infty f(x)\,dx$ existiert, falls der Grenzwert $\displaystyle\lim_{b\to\infty}\int_0^b f(x)\,dx$ existiert.

**T24.2:** Die Funktion $f: \mathbb{R} \to \mathbb{R}$ mit $D(f) = \mathbb{R}$ sei integrierbar auf $[a, b]$ für alle $a, b \in \mathbb{R}$ mit $b > a$. Dann ist $f$ uneigentlich integrierbar auf $(-\infty, \infty)$, falls

( ) der Grenzwert $\lim\limits_{a\to\infty} \int_{-a}^{a} f(x)\,dx$ existiert

( ) die Grenzwerte $\lim\limits_{a\to-\infty} \int_{a}^{0} f(x)\,dx$ und $\lim\limits_{b\to\infty} \int_{0}^{b} f(x)\,dx$ existieren

( ) $|f(x)| \leq \frac{1}{x}$ für alle $x \in \mathbb{R}$ gilt.

**T24.3:** Für das Integral $I = \displaystyle\int_0^2 \frac{1}{(1-x)^2}\,dx$ gilt

( ) $I$ ist ein eigentliches Integral mit $I = \Big[(1-x)^{-1}\Big]_0^2 = -1 - 1 = -2$

( ) $I$ ist ein uneigentliches Integral

( ) $I$ existiert nicht, da $\lim\limits_{\alpha\to 1-} \displaystyle\int_0^{\alpha} \frac{1}{(1-x)^2}\,dx$ nicht existiert.

## ÜBUNGEN

**Ü24.1:** Überprüfen Sie die Existenz der folgenden uneigentlichen Integrale

a) $\displaystyle\int_0^{\infty} \sin x \cdot e^{-x^3}\,dx$

b) $\displaystyle\int_3^{\infty} \Big(\frac{\ln(x-2)}{x-2} + \frac{1}{(x-1)^2}\Big)\,dx$ .

**Ü24.2:** Überprüfen Sie die Existenz der folgenden uneigentlichen Integrale und berechnen Sie diese gegebenenfalls

a) $\displaystyle\int_0^2 \frac{1}{x+x^2}\,dx$

b) $\displaystyle\int_0^{\infty} x e^{-\alpha x}\,dx, \quad \alpha > 0$

c) $\displaystyle\int_{-1}^{1} \frac{1}{1-\cosh(x)}\,dx$

d) $\displaystyle\int_0^2 \frac{1}{\sqrt[4]{|x-1|^3}}\,dx.$

**Ü24.3:** Für welche Parameter $\alpha \geq 0$ existiert das uneigentliche Integral

$$\int_0^1 x^{\alpha-1} \ln x \, dx \ ?$$

Berechnen Sie das Integral gegebenenfalls.

**Ü24.4:** Überprüfen Sie die Existenz der folgenden uneigentlichen Integrale, und berechnen Sie diese gegebenenfalls:

a) $$\int_0^\infty \frac{x}{(x+1)^3} \, dx$$

b) $$\int_1^\infty \frac{x}{\sqrt{x^4+1}} \, dx$$

c) $$\int_0^1 \frac{1}{e^x - 1} \, dx \ .$$

**Ü24.5:** Weisen Sie die Existenz bzw. Divergenz folgender uneigentlicher Integrale nach:

a) $$\int_2^\infty \frac{1}{\sqrt{\ln x}} \, dx$$

( *Hinweis:* $\ln x < x$ für alle $x \in [2, \infty)$ )

b) $$\int_0^2 \frac{x}{x^3 - x^2 - x + 1} \, dx$$

c) $$\int_2^\infty \frac{x}{x^3 - x^2 - x + 1} \, dx$$

d) $$\int_0^\infty \frac{\sin x + \cos x}{1 + x^2} \, dx \ .$$

# 25 Folgen und Reihen von Funktionen

Bisher haben wir Folgen und Reihen reeller Zahlen betrachtet. Wir erweitern die Betrachtung auf Folgen und Reihen reeller Funktionen.

**Definition 25.1** *Sei $M$ eine Menge reeller Funktionen, die auf $D \subset \mathbb{R}$ definiert sind.*

*(i)* *Ordnet man jeder natürlichen Zahl $n \in \mathbb{N}$ ein Element $f_n \in M$ zu, so entsteht eine* **Funktionenfolge** *$(f_n)_{n\in\mathbb{N}}$ (auf $D$).*

*(ii)* *Ist $(f_n)_{n\in\mathbb{N}}$ eine Funktionenfolge, so heißt die Folge $(s_n)_{n\in\mathbb{N}}$ der Partialsummen*

$$s_n(x) = \sum_{i=1}^{n} f_i(x), \quad x \in D$$

*eine* **Funktionenreihe**, *für die man $\sum_{n=1}^{\infty} f_n$ schreibt.*

**Bemerkungen und Ergänzungen:**

(1) Der Index $n$ der Folgenglieder $f_n$ muss nicht bei 1 beginnen.

(2) Für festes $x \in D$ ist $(f_n(x))_{n\in\mathbb{N}}$ eine Folge reeller Zahlen und $\sum_{n=1}^{\infty} f_n(x)$ eine Reihe reeller Zahlen.

(3) Für jedes feste $x \in D$ können wir die Folge $(f_n(x))_{n\in\mathbb{N}}$ bzw. die Reihe $\sum_{n=1}^{\infty} f_n(x)$ auf Konvergenz untersuchen. Für gewisse $x$ kann Konvergenz vorliegen, für andere nicht.

**Definition 25.2**

*(i)* *Die* **Funktionenfolge** *$(f_n)_{n\in\mathbb{N}}$ heißt auf $D$* **punktweise konvergent**, *wenn für alle $x \in D$ die Folge $(f_n(x))_{n\in\mathbb{N}}$ konvergiert. Ist $(f_n)_{n\in\mathbb{N}}$ punktweise konvergent, so heißt die Funktion $f : \mathbb{R} \to \mathbb{R}$ mit $D(f) = D$ und*

$$f(x) = \lim_{n\to\infty} f_n(x), \quad x \in D$$

**Grenzfunktion** *der Funktionenfolge.*

Fortsetzung von Definition 25.2

*(ii) Die* **Funktionenreihe** $\sum_{n=1}^{\infty} f_n$ *heißt auf* $D$ **punktweise konvergent,** *wenn für alle* $x \in D$ *die Reihe* $\sum_{n=1}^{\infty} f_n(x)$ *konvergiert. Ist die Reihe* $\sum_{n=1}^{\infty} f_n$ *punktweise konvergent auf* $D$*, so heißt die Funktion* $g : \mathbb{R} \to \mathbb{R}$ *mit* $D(g) = D$ *und*

$$g(x) = \sum_{n=1}^{\infty} f_n(x), \quad x \in D$$

**Summe** *der Funktionenreihe.*

**Beispiele:**

(4) Die Funktionenfolge $(x^n)_{n\in\mathbb{N}}$ ist punktweise konvergent auf $D = [0,1]$. Für die Grenzfunktion $f$ gilt

$$f(x) = \lim_{n\to\infty} x^n = \begin{cases} 0 & \text{für } 0 \le x < 1 \\ 1 & \text{für } x = 1 \,. \end{cases}$$

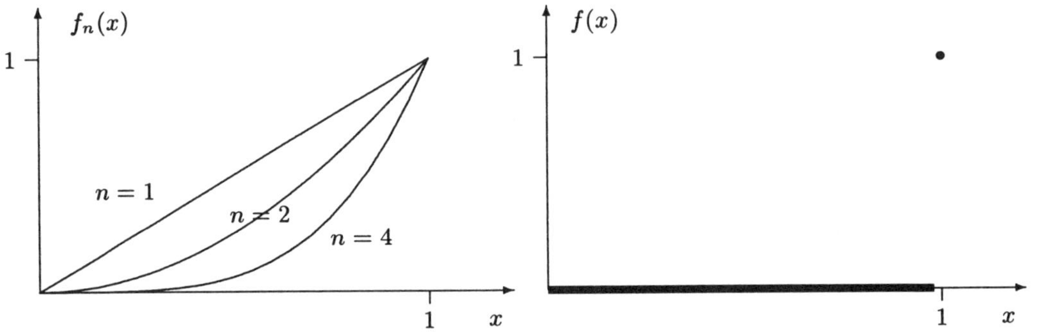


Wir haben das bemerkenswerte Ergebnis, dass trotz stetiger Funktionen $f_n(x) = x^n$, $x \in D$, die Grenzfunktion $f$ unstetig ist.

(5) Die Funktionenreihe $\sum_{n=1}^{\infty} x^n$ ist punktweise konvergent auf $D = [0,1)$. Für die Summe $g$ gilt

$$g(x) = \sum_{n=1}^{\infty} x^n = \frac{x}{1-x}, \quad x \in D.$$

Wir beachten, dass, anders als in (4), jetzt $1 \notin D$. Denn für $x = 1$ wäre die Reihe $\sum_{n=1}^{\infty} x^n$ divergent.

Beispiel (4) zeigt, dass Eigenschaften (z.B. Stetigkeit) der $f_n$ sich nicht auf die Grenzfunktion übertragen müssen. Das Ergebnis wird verständlich, wenn wir beachten, dass bei punktweiser Konvergenz jedes $x \in D$ für sich alleine betrachtet wird, während bei der Stetigkeit die Umgebung von $x$ hereinspielt.

Die punktweise Konvergenz der Folge $(f_n)_{n\in\mathbb{N}}$ gegen die Grenzfunktion $f$ besagt: Für jedes $x \in D$ existiert zu jedem $\varepsilon > 0$ eine natürliche Zahl $N(\varepsilon, x)$ mit

$$|f_n(x) - f(x)| < \varepsilon \quad \text{für alle} \quad n \geq N(\varepsilon, x).$$

Hierbei darf $N(\varepsilon, x)$ von $x$ abhängen. Im Unterschied dazu wird bei der **gleichmäßigen** Konvergenz ein universelles $N(\varepsilon)$ für **alle** $x \in D$ gefordert.

**Definition 25.3**

*(i)* *Die* **Funktionenfolge** $(f_n)_{n\in\mathbb{N}}$ *heißt auf D* **gleichmäßig konvergent** *gegen die Grenzfunktion f, wenn zu jedem $\varepsilon > 0$ ein universelles $N(\varepsilon)$ existiert, so dass*

$$|f_n(x) - f(x)| < \varepsilon$$

*für alle $n \geq N(\varepsilon)$* **und** *alle $x \in D$ gilt.*

*(ii)* *Die* **Funktionenreihe** $\sum\limits_{n=1}^{\infty} f_n$ *heißt auf D* **gleichmäßig konvergent**, *wenn die Folge ihrer Partialsummen auf D gleichmäßig konvergiert.*

**Bemerkungen und Ergänzungen:**

(6) Gleichmäßige Konvergenz zieht stets die punktweise Konvergenz nach sich, aber nicht umgekehrt.

(7) Anschaulich bedeutet die Forderung $|f_n(x) - f(x)| < \varepsilon$ für alle $n \geq N(\varepsilon)$ und alle $x \in D$, dass für $n \geq N(\varepsilon)$ alle $f_n$ in einem Streifen der Breite $2\varepsilon$ um $f$ liegen.

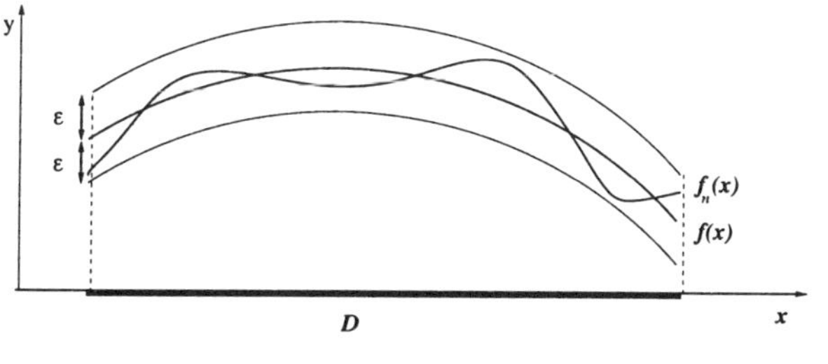

**Beispiele:**

(8) Die Funktionenfolge $(x^n)_{n\in\mathbb{N}}$ ist auf $D = [0, 1]$ zwar punktweise konvergent, aber nicht gleichmäßig konvergent. Wir zeigen dies in (14).

(9) Ändern wir in (8) den Definitionsbereich in $D = [0, 1)$, so ist die Folge $(x^n)_{n\in\mathbb{N}}$ wieder nicht gleichmäßig konvergent auf $D$.

(10) Ändern wir in (8) den Definitionsbereich in $D = [0, a]$ mit $0 < a < 1$, so ist die Folge $(x^n)_{n\in\mathbb{N}}$ gleichmäßig konvergent auf $D$. Einen Beweis geben wir in (11).

Kriterien für gleichmäßige Konvergenz geben die beiden folgenden Sätze.

**Satz 25.1** *Die Funktionenfolge $(f_n)_{n\in\mathbb{N}}$ ist auf $D$ genau dann gleichmäßig konvergent gegen $f$, wenn*

$$\lim_{n\to\infty}\left[\sup_{x\in D}|f_n(x) - f(x)|\right] = 0.$$

**Satz 25.2** *In der Funktionenreihe $\sum_{n=1}^{\infty} f_n$ auf $D$ gelte*

$$|f_n(x)| \leq c_n, \qquad n \in \mathbb{N}$$

*für alle $x \in D$ und die Reihe $\sum_{n=1}^{\infty} c_n$ reeller Zahlen sei konvergent. Dann konvergiert die Reihe $\sum_{n=1}^{\infty} f_n$ gleichmäßig auf $D$.*

**Beispiele:**

(11) Wir zeigen die gleichmäßige Konvergenz der Folge $(x^n)_{n\in\mathbb{N}}$ auf $[0, a]$ mit $0 < a < 1$ wie in (10) behauptet. Es ist

$$\sup_{x\in[0,a]}|f_n(x) - f(x)| = \sup_{x\in[0,a]}|x^n - 0| = a^n$$

und wegen $0 < a < 1$ ist $\lim_{n\to\infty}[\sup_{x\in[0,a]}|f_n(x) - f(x)|] = 0$. Dies ergibt die gleichmäßige Konvergenz nach Satz 25.1.

(12) Die Funktionenreihe $\sum_{n=1}^{\infty} x^n$ ist auf $D = [-a, a]$ für $0 < a < 1$ gleichmäßig konvergent. Denn es gilt für alle $n \in \mathbb{N}$ und $x \in D$

$$|x^n| \leq a^n = c_n$$

und die Reihe

$$\sum_{n=1}^{\infty} c_n = \sum_{n=1}^{\infty} a^n = \frac{a}{1-a}$$

ist konvergent. Satz 25.2 liefert die Behauptung.

(13) Die Funktionenreihe $\sum_{n=1}^{\infty} \frac{\sin nx}{n^2}$ ist auf $D = \mathbb{R}$ gleichmäßig konvergent. Denn es gilt

$$\left| \frac{\sin nx}{n^2} \right| \leq \frac{1}{n^2} = c_n$$

und die Reihe $\sum_{n=1}^{\infty} \frac{1}{n^2}$ ist konvergent.

Aus der gleichmäßigen Konvergenz folgen nützliche Eigenschaften, wie die folgenden Sätze zeigen.

**Satz 25.3** *(i) In der Folge $(f_n)_{n\in\mathbb{N}}$ seien die Funktionen $f_n$ stetig auf $D$. Ist die Folge $(f_n)_{n\in\mathbb{N}}$ gleichmäßig konvergent auf $D$ gegen die Grenzfunktion $f$, so ist auch $f$ stetig auf $D$.*

*(ii) In der Reihe $\sum_{n=1}^{\infty} f_n$ seien die Funktionen $f_n$ stetig auf $D$. Ist die Reihe $\sum_{n=1}^{\infty} f_n$ gleichmäßig konvergent auf $D$ mit der Summe $g$, so ist auch $g$ stetig auf $D$.*

**Bemerkungen und Ergänzungen:**

(14) Bei unstetiger Grenzfunktion kann wegen Satz 25.3(i) eine Folge stetiger Funktionen nicht gleichmäßig konvergent sein. Dies beweist die Aussage in (8).

(15) Wie (9) zeigt, kann aus der Stetigkeit der Grenzfunktion nicht auf gleichmäßige Konvergenz der Folge geschlossen werden.

**Satz 25.4**

*(i) In der Folge $(f_n)_{n\in\mathbb{N}}$ seien die Funktionen $f_n$ integrierbar auf dem abgeschlossenen Intervall $D = [a,b]$ und die Folge $(f_n)_{n\in\mathbb{N}}$ sei gleichmäßig konvergent auf $D$ mit der Grenzfunktion $f$. Dann ist $f$ integrierbar auf $D$ und es gilt*

$$\lim_{n\to\infty} \int_a^b f_n(x)\,dx = \int_a^b \lim_{n\to\infty} f_n(x)\,dx = \int_a^b f(x)\,dx \,.$$

Fortsetzung von Satz 25.4

*(ii) In der Reihe* $\sum_{n=1}^{\infty} f_n$ *seien die Funktionen* $f_n$ *integrierbar auf dem abgeschlossenen Intervall* $D = [a,b]$ *und die Reihe* $\sum_{n=1}^{\infty} f_n$ *sei gleichmäßig konvergent auf* $D$ *mit der Summe* $g$*. Dann ist* $g$ *integrierbar auf* $D$ *und es gilt*

$$\int_a^b g(x)\,dx = \int_a^b \Big[\sum_{n=1}^{\infty} f_n(x)\Big]\,dx = \sum_{n=1}^{\infty} \int_a^b f_n(x)\,dx\;.$$

**Bemerkungen und Ergänzungen:**

(16) Im Falle der gleichmäßigen Konvergenz dürfen bei Folgen Grenzwertbildung und Integration vertauscht werden

$$\lim_{n\to\infty} \int_a^b f_n(x)\,dx = \int_a^b \lim_{n\to\infty} f_n(x)\,dx\;.$$

(17) Im Falle der gleichmäßigen Konvergenz darf die Integration einer Reihe „gliedweise“ erfolgen

$$\int_a^b \sum_{n=1}^{\infty} f_n(x)\,dx = \sum_{n=1}^{\infty} \int_a^b f_n(x)\,dx\;.$$

(18) Ohne die Eigenschaft der gleichmäßigen Konvergenz ist das Vertauschen von Grenzwertbildung und Integration i.a. nicht erlaubt. Dies zeigt die Folge $\left(2nxe^{-nx^2}\right)_{n\in\mathbb{N}}$ auf $D = [0,1]$. Die Folge ist punktweise konvergent auf $D$ mit der Grenzfunktion $f = 0$. Demnach ist

$$\int_0^1 \lim_{n\to\infty} f_n(x)\,dx = \int_0^1 f(x)\,dx = 0\;.$$

Andererseits ist

$$\lim_{n\to\infty} \int_0^1 f_n(x) = \lim_{n\to\infty} \int_0^1 2nxe^{-nx^2}\,dx = \lim_{n\to\infty} (1 - e^{-n}) = 1 \neq 0\;.$$

**Beispiele:**

(19) Die Reihe $\sum_{n=0}^{\infty} x^n$ ist gleichmäßig konvergent auf $D = [0,a]$ für $0 < a < 1$ mit der Summe $g$,

$$g(x) = \sum_{n=0}^{\infty} x^n = \frac{1}{1-x}, \quad x \in D.$$

Es ist

$$\int_0^a \sum_{n=0}^{\infty} x^n \, dx = \int_0^a \frac{1}{1-x} \, dx = -\ln(1-a).$$

Andererseits ist

$$\sum_{n=0}^{\infty} \int_0^a x^n \, dx = \sum_{n=0}^{\infty} \frac{a^{n+1}}{n+1} = \sum_{n=1}^{\infty} \frac{a^n}{n} \, .$$

Demnach gilt

$$\ln(1-a) = -\sum_{n=1}^{\infty} \frac{a^n}{n} \quad \text{für } 0 < a < 1.$$

Man weist leicht nach, dass die Beziehung auch für $|a| < 1$ gilt.

**Satz 25.5**

*(i)* *In der Folge $(f_n)_{n\in\mathbb{N}}$ seien die Funktionen $f_n$ stetig differenzierbar auf einem Intervall $I$ und die Folge $(f_n)_{n\in\mathbb{N}}$ sei punktweise konvergent auf $I$ mit der Grenzfunktion $f$.*

*Ist die Folge $(f'_n)_{n\in\mathbb{N}}$ der Ableitungen gleichmäßig konvergent auf $I$, so ist die Grenzfunktion $f$ der Folge $(f_n)_{n\in\mathbb{N}}$ differenzierbar auf $I$, und es gilt*

$$\lim_{n\to\infty} f'_n(x) = \Big[\lim_{n\to\infty} f_n(x)\Big]' = f'(x), \qquad x \in I \, .$$

*(ii)* *In der Reihe $\sum_{n=1}^{\infty} f_n$ seien die Funktionen $f_n$ stetig differenzierbar auf einem Intervall $I$ und die Reihe $\sum_{n=1}^{\infty} f_n$ sei punktweise konvergent auf $I$ mit der Summe $g$.*

*Ist die Reihe $\sum_{n=1}^{\infty} f'_n$ der Ableitungen gleichmäßig konvergent auf $I$, so ist die Summe $g$ differenzierbar auf $I$, und es gilt*

$$\sum_{n=1}^{\infty} f'_n(x) = \Big[\sum_{n=1}^{\infty} f_n(x)\Big]' = g'(x), \qquad x \in I.$$

**Bemerkungen und Ergänzungen:**

(20) Die gleichmäßige Konvergenz der Folge der Ableitungen wird gefordert, um Grenzübergang und Differentiation bei der Folge $(f_n)_{n\in\mathbb{N}}$ vertauschen zu können

$$\lim_{n\to\infty} f_n'(x) = \left[\lim_{n\to\infty} f_n(x)\right]' .$$

(21) Die gleichmäßige Konvergenz der Reihe $\sum_{n=1}^{\infty} f_n'$ der Ableitungen wird gefordert, um „gliedweise" differenzieren zu können

$$\left[\sum_{n=1}^{\infty} f_n(x)\right]' = \sum_{n=1}^{\infty} f_n'(x) .$$

(22) Die gleichmäßige Konvergenz der Folge $(f_n)_{n\in\mathbb{N}}$ reicht nicht aus, um Grenzübergang und Differentiation vertauschen zu können, wie folgendes Beispiel zeigt: Die Folge

$$(f_n(x))_{n\in\mathbb{N}} = \left(\frac{\sin n^2 x}{n}\right)_{n\in\mathbb{N}}$$

ist auf $\mathbb{R}$ gleichmäßig konvergent mit der Grenzfunktion $f = 0$. Demnach ist

$$\left[\lim_{n\to\infty} f_n(x)\right]' = f'(x) = 0.$$

Andererseits ist die Folge der Ableitungen

$$\left(f_n'(x)\right)_{n\in\mathbb{N}} = \left(n \cos n^2 x\right)_{n\in\mathbb{N}}$$

divergent, so dass $\lim_{n\to\infty} f_n'(x)$ nicht existiert.

## TESTS

**T25.1:** Die Funktionenfolge $(f_n)_{n\in\mathbb{N}}$, $f_n : \mathbb{R} \to \mathbb{R}$ mit $D(f_n) = [0,1]$ und $f_n(x) = \sqrt[n]{x}$ ist auf $[0,1]$ punktweise konvergent mit

( ) $\lim_{n\to\infty} f_n(x) = 1$ für $x \in [0,1]$

( ) $\lim_{n\to\infty} f_n(x) = \begin{cases} 1 & \text{für } x \in (0,1] \\ 0 & \text{für } x = 0 . \end{cases}$

**T25.2:** Die Funktionenfolge $(f_n)_{n\in\mathbb{N}}$, $f_n : \mathbb{R} \to \mathbb{R}$ mit $D(f_n) = D = [0,1]$ und $f_n(x) = \sqrt[n]{x}$ ist

( ) gleichmäßig konvergent auf $D$

( ) punktweise konvergent auf $D$

( ) gleichmäßig konvergent auf $[0.5, 1]$.

**T25.3:** Die Funktionen $f_n : \mathbb{R} \to \mathbb{R}$ mit $D(f_n) = D = [a, b]$, $a, b \in \mathbb{R}$, $n \in \mathbb{N}$, seien differenzierbar auf $D$ und die Reihe $\sum_{n=1}^{\infty} f_n$ sei auf $D$ gleichmäßig konvergent. Die Grenzfunktion sei $g$ mit $g(x) = \sum_{n=1}^{\infty} f_n(x)$. Dann ist

( ) $g$ auf $D$ stetig

( ) $g$ auf $D$ differenzierbar mit $g'(x) = \sum\limits_{n=1}^{\infty} f_n'(x)$

( ) $g$ integrierbar auf $D$ und es gilt $\int_a^b g(x)\,dx = \sum\limits_{n=1}^{\infty} \int_a^b f_n(x)\,dx$.

## ÜBUNGEN

**Ü25.1:** Gegeben sei die Funktionenreihe $\sum\limits_{n=0}^{\infty} \frac{x^2}{(1+x^2)^n}$, $x \in \mathbb{R}$.

a) Zeigen Sie, dass die Funktionenreihe für alle $x \in \mathbb{R}$ punktweise konvergiert. Wie lautet die Grenzfunktion?

b) Zeigen Sie, dass die Funktionenreihe im Intervall $[0, 1]$ nicht gleichmäßig konvergiert.

c) Zeigen Sie, dass die Funktionenreihe in jedem Intervall $[1, a]$, $a \in \mathbb{R}$, $a > 1$ gleichmäßig konvergiert.

**Ü25.2:** Gegeben seien die Funktionen $f_n : \mathbb{R} \to \mathbb{R}$ mit $D(f_n) = \mathbb{R}$ und $f_n(x) = \frac{\sin(nx)}{n^3}$, $n \in \mathbb{N}$.

a) Zeigen Sie, dass die Reihe $\sum_{n=1}^{\infty} f_n$ auf $\mathbb{R}$ gleichmäßig konvergiert.

b) Berechnen Sie das Integral $\int_0^{\pi} g(x)\,dx$, wobei $g(x) = \sum_{n=1}^{\infty} f_n(x)$.

c) Zeigen Sie, dass für die Ableitung der Funktion $g$ gilt:

$$g'(x) = \sum_{n=1}^{\infty} \frac{\cos nx}{n^2}.$$

**Ü25.3:** Gegeben seien die Funktionen $f_n : \mathbb{R} \to \mathbb{R}$ mit $D(f_n) = D = [0, \infty)$ und $f_n = \frac{e^{-nx}}{n^2}$, $n \in \mathbb{N}$.

a) Zeigen Sie, dass die Reihe $\sum_{n=1}^{\infty} f_n$ für alle $x \in D$ gleichmäßig konvergiert.

b) Berechnen Sie das Integral $\int_0^1 g(x)\,dx$, wobei $g(x) = \sum_{n=1}^{\infty} f_n(x)$.

c) Für welche $x \in D$ ist die Reihe $\sum_{n=1}^{\infty} f_n'(x)$ konvergent?

**Ü25.4:** Gegeben sei die Funktionenfolge $(f_n)_{n\in\mathbb{N}}$, $f_n : \mathbb{R} \to \mathbb{R}$ mit $D(f_n) = D = [0, \frac{\pi}{2}]$ und $f_n(x) = \frac{\sin(x)}{n^2}\, e^{-\frac{x}{n}}$.

a) Zeigen Sie, dass die Folge $(f_n)_{n\in\mathbb{N}}$ für alle $x \in D$ punktweise konvergiert. Geben Sie die Grenzfunktion $f$ an.

b) Untersuchen Sie, ob die Folge $(f_n')_{n\in\mathbb{N}}$ gleichmäßig auf $D$ konvergiert.

c) Berechnen Sie $\lim_{n\to\infty} f_n'(x)$ und $f'(x)$. Hätte man auf die Berechnung von $\lim\limits_{n\to\infty} f_n'(x)$ verzichten können?

**Ü25.5:** Gegeben sei die Funktionenreihe $\sum_{n=1}^{\infty} \frac{(\sin x)^n}{n}$, $x \in \mathbb{R}$.

a) Für welche $x \in \mathbb{R}$ konvergiert diese Reihe punktweise?

b) Ist die Funktionenreihe im Intervall $\left[-\frac{\pi}{6}, \frac{\pi}{6}\right]$ gleichmäßig konvergent?

c) Ist die Funktionenreihe im Intervall $\left[-\frac{\pi}{6}, \frac{\pi}{6}\right]$ gliedweise differenzierbar?

# 26 Potenzreihen

Wichtige Funktionenreihen sind die Potenzreihen.

**Definition 26.1** *Ist $(a_n)_{n\in\mathbb{N}_0}$ eine Folge reeller Zahlen und ist $x_0 \in \mathbb{R}$, so heißt die Funktionenreihe*

$$\sum_{n=0}^{\infty} a_n(x-x_0)^n, \qquad x \in \mathbb{R}$$

*eine* **Potenzreihe** *um $x_0$. Die $a_n$ heißen* **Koeffizienten** *der Potenzreihe.*

**Bemerkungen und Ergänzungen:**

(1) Potenzreihen sind Funktionenreihen $\sum_{n=0}^{\infty} f_n$ mit $f_n(x) = a_n(x-x_0)^n$.

(2) Mit $t = x - x_0$ erhalten wir die Reihe $\sum_{n=0}^{\infty} a_n t^n$, also eine Potenzreihe um $t_0 = 0$. Wir wählen daher im folgenden $x_0 = 0$.

(3) Fehlende $x$-Potenzen haben Koeffizienten 0.

(4) Die Partialsummen $s_k(x) = \sum_{n=0}^{k} a_n x^n$ sind Polynome.

(5) Die Glieder $a_n x^n$ einer Potenzreihe sind zwar für alle $x \in \mathbb{R}$ definiert, doch kann Konvergenz der Reihe nur für gewisse $x \in \mathbb{R}$ vorliegen.

**Beispiele:**

(6) Die Potenzreihe $\sum_{n=0}^{\infty} \frac{x^n}{n!}$ (Exponentialreihe) ist konvergent für alle $x \in \mathbb{R}$. Ihre Summe ist $e^x$.

(7) Die Potenzreihe $\sum_{n=0}^{\infty} x^n$ (geometrische Reihe) ist konvergent für $|x| < 1$. Dann ist ihre Summe $\frac{1}{1-x}$. Für $|x| \geq 1$ ist die Reihe divergent.

(8) Die Potenzreihe $\sum_{n=0}^{\infty} n!x^n$ ist nur für $x = 0$ konvergent, sie ist divergent für $x \neq 0$.

(9) In der Potenzreihe $\sum_{n=0}^{\infty} a_n x^n = \sum_{n=0}^{\infty} \frac{x^{2n}}{n!}$ sind die Koeffizienten $a_1, a_3, a_5, \ldots$ alle null. Setzen wir $t = x^2$, so folgt

$$\sum_{n=0}^{\infty} \frac{x^{2n}}{n!} = \sum_{n=0}^{\infty} \frac{t^n}{n!} = e^t = e^{x^2}.$$

Die Reihe ist also konvergent für alle $x \in \mathbb{R}$ mit der Summe $e^{x^2}$.

**Satz 26.1**

*(i)* *Ist die Reihe $\sum_{n=0}^{\infty} a_n x^n$ konvergent für ein $x = r$ mit $r \neq 0$, so ist die Reihe absolut konvergent für alle $x$ mit $|x| < |r|$.*

*(ii)* *Ist die Reihe $\sum_{n=0}^{\infty} a_n x^n$ divergent für ein $x = s$, so ist die Reihe divergent für alle $x$ mit $|x| > |s|$.*

Aus Satz 26.1 gewinnen wir die

**Folgerung:** Für jede Potenzreihe $\sum_{n=0}^{\infty} a_n x^n$ gilt genau eine der drei Aussagen (A1), (A2), (A3):

(A1) Die Reihe konvergiert nur für $x = 0$.

(A2) Die Reihe konvergiert für alle $x \in \mathbb{R}$.

(A3) Es existiert genau eine Zahl $\varrho > 0$, so dass die Reihe für $|x| < \varrho$ konvergiert und für $|x| > \varrho$ divergiert. Es heißt $\varrho$ **Konvergenzradius** der Reihe.

Im Fall (A1) sagt man auch, die Reihe divergiert und setzt $\varrho = 0$, im Fall (A2) setzt man formal $\varrho = \infty$. Anschaulich besagt (A3)

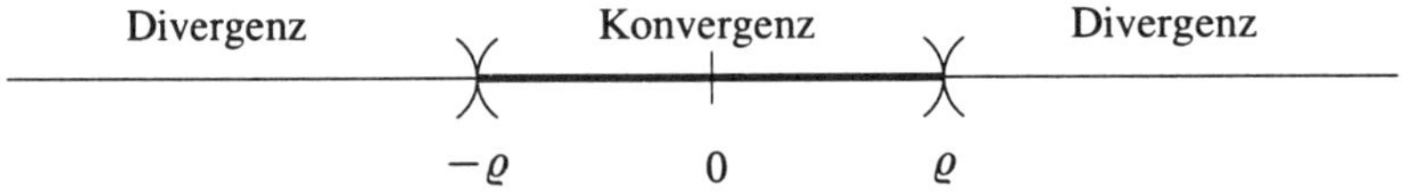


Für $x = \varrho$ bzw. $x = -\varrho$ liegt im Fall (A3) keine Aussage vor. Es kann Konvergenz oder Divergenz herrschen. Das Intervall $(-\varrho, \varrho)$ heißt auch **Konvergenzintervall**. Für $x \in (-\varrho, \varrho)$ konvergiert die Reihe punktweise. Darüberhinaus konvergiert die Reihe gleichmäßig auf jedem abgeschlossenen Intervall $[a, b] \subset (-\varrho, \varrho)$, das im Konvergenzintervall liegt, speziell auf $[-r, r]$ mit $0 < r < \varrho$.

**Beispiele:**

(10) In obigen Beispielen ist $\varrho = \infty$ in (6), $\varrho = 1$ in (7), $\varrho = 0$ in (8).

(11) Wir betrachten die Reihe $\sum_{n=1}^{\infty} \frac{x^n}{n}$. Für $x = -1$ ist die Reihe konvergent (Leibnizsche Reihe $\sum_{n=1}^{\infty} \frac{(-1)^n}{n}$). Demnach ist die Reihe absolut konvergent für $|x| < 1$. Für $x = 1$ ist die Reihe divergent (harmonische Reihe $\sum_{n=1}^{\infty} \frac{1}{n}$). Also ist die Reihe divergent für $|x| > 1$. Der Konvergenzradius ist $\varrho = 1$. Für $x = \varrho$ liegt Divergenz, für $x = -\varrho$ liegt Konvergenz vor.

(12) In der Potenzreihe $\sum_{n=0}^{\infty}(x-2)^n$ setzen wir $t = x - 2$ und erhalten die Reihe $\sum_{n=0}^{\infty} t^n$. Diese ist nach (7) konvergent für $|t| < 1$ und divergent für $|t| \geq 1$. Demnach ist die ursprüngliche Potenzreihe konvergent für $|x - 2| < 1$, d.h. für $x \in (1, 3)$, und divergent für $|x - 2| \geq 1$, d.h. für $x \leq 1$ und $x \geq 3$.

(13) In der Potenzreihe $\sum_{n=0}^{\infty}(\frac{x}{3})^{2n}$ setzen wir $t = (\frac{x}{3})^2$, die resultierende Reihe $\sum_{n=0}^{\infty} t^n$ ist konvergent für $|t| < 1$ mit der Summe $\frac{1}{1-t}$ und divergent für $|t| \geq 1$. Demnach ist die ursprüngliche Potenzreihe konvergent für $\left|\frac{x}{3}\right|^2 < 1$, also $x^2 < 9$, und damit $|x| < 3$. Sie ist divergent für $|x| \geq 3$. Der Konvergenzradius ist $\varrho = 3$ und die Summe der Reihe ist $\dfrac{1}{1 - (\frac{x}{3})^2}$ für $|x| < 3$.

Der Konvergenzradius $\varrho$ einer Potenzreihe $\sum_{n=0}^{\infty} a_n x^n$ ist durch die Koeffizienten $a_n$, $n \in \mathbb{N}_0$, bestimmt. Wir betrachten zwei wichtige Sonderfälle.

**Quotientenkriterium:** Gilt $a_n \neq 0$ für $n \geq n_0$ und existiert der Grenzwert

$$\lim_{n\to\infty} \left| \frac{a_n}{a_{n+1}} \right| = b$$

als eigentlicher Grenzwert $0 \leq b < \infty$ oder als uneigentlicher Grenzwert (vgl. Kapitel 14 ) $b = \infty$, so ist $\varrho = b$.

**Wurzelkriterium:** Ist

$$\limsup_{n\to\infty} \sqrt[n]{|a_n|} = c$$

ein endlicher Grenzwert $0 \leq c < \infty$ oder ein uneigentlicher Grenzwert $c = \infty$, so ist $\varrho = \infty$ falls $c = 0$, $\varrho = \frac{1}{c}$ falls $0 < c < \infty$, $\varrho = 0$ falls $c = \infty$.

**Beispiele:**

(14) In der Reihe $\sum_{n=1}^{\infty} \frac{x^n}{n}$ ist $a_n = \frac{1}{n} > 0$ und der Grenzwert

$$\lim_{n\to\infty} \left| \frac{a_n}{a_{n+1}} \right| = \lim_{n\to\infty} \frac{n+1}{n} = \lim_{n\to\infty} \left(1 + \frac{1}{n}\right) = 1$$

existiert. Daher ist der Konvergenzradius $\varrho = 1$.

(15) In der Reihe $\sum_{n=0}^{\infty} \frac{x^n}{n!}$ ist $a_n = \frac{1}{n!} > 0$ und der (uneigentliche) Grenzwert

$$\lim_{n\to\infty} \left| \frac{a_n}{a_{n+1}} \right| = \lim_{n\to\infty} \frac{(n+1)!}{n!} = \lim_{n\to\infty} (n+1) = \infty$$

existiert. Es ist $\varrho = \infty$.

(16) In der Reihe $\sum_{n=0}^{\infty} (2^n + 1) x^n$ ist $a_n = (2^n + 1) > 0$ und der Grenzwert

$$\lim_{n\to\infty} \left| \frac{a_n}{a_{n+1}} \right| = \lim_{n\to\infty} \frac{2^n + 1}{2^{n+1} + 1} = \frac{1}{2}$$

existiert. Es ist $\varrho = \frac{1}{2}$.

(17) In der Reihe $\sum_{n=1}^{\infty} \frac{n^n}{n!} x^n$ ist $a_n = \frac{n^n}{n!} > 0$ und der Grenzwert

$$\lim_{n\to\infty} \left| \frac{a_n}{a_{n+1}} \right| = \lim_{n\to\infty} \frac{n^n (n+1)!}{n!(n+1)^{n+1}} = \lim_{n\to\infty} \left(\frac{n}{n+1}\right)^n$$

$$= \lim_{n\to\infty} \left(1 - \frac{1}{n+1}\right)^n = \frac{1}{e}$$

existiert. Es ist $\varrho = \frac{1}{e}$.

(18) In der Reihe $\sum_{n=1}^{\infty} n^2 2^n x^n$ ist $a_n = n^2 2^n$ und wegen $\lim_{n\to\infty} \sqrt[n]{n} = 1$ existiert der Grenzwert

$$\lim_{n\to\infty} \sqrt[n]{|a_n|} = \lim_{n\to\infty} \sqrt[n]{n^2 2^n} = \lim_{n\to\infty} 2\sqrt[n]{n^2}$$
$$= \lim_{n\to\infty} 2\sqrt[n]{n}\,\sqrt[n]{n} = 2.$$

Daher ist $\varrho = \frac{1}{2}$.

(19) In der Reihe $\sum_{n=0}^{\infty} n! x^n$ (vgl. (8) ) ist $a_n = n!$ und der (uneigentliche) Grenzwert

$$\lim_{n\to\infty} \sqrt[n]{|a_n|} = \lim_{n\to\infty} \sqrt[n]{n!} = \infty$$

existiert. Daher ist $\varrho = 0$. Dies folgt auch aus dem Quotientenkriterium.

**Satz 26.2** *Haben die Potenzreihen* $\sum_{n=0}^{\infty} a_n x^n$ *und* $\sum_{n=0}^{\infty} b_n x^n$ *die positiven Konvergenzradien* $\varrho_a$ *und* $\varrho_b$, *so gilt für alle* $x$ *mit* $|x| < \min(\varrho_a, \varrho_b)$

*(i)* $$\sum_{n=0}^{\infty} a_n x^n \pm \sum_{n=0}^{\infty} b_n x^n = \sum_{n=0}^{\infty} (a_n \pm b_n) x^n$$

*(ii)* $$\Big[\sum_{n=0}^{\infty} a_n x^n\Big]\Big[\sum_{n=0}^{\infty} b_n x^n\Big] = \sum_{n=0}^{\infty} c_n x^n$$

*mit* $c_n = a_0 b_n + a_1 b_{n-1} + \ldots + a_n b_0$.

**Satz 26.3** *Die Potenzreihe* $\sum_{n=0}^{\infty} a_n x^n$ *habe den Konvergenzradius* $\varrho > 0$. *Für* $x \in (-\varrho, \varrho)$ *sei* $f(x)$ *die Summe der Reihe,*

$$f(x) = \sum_{n=0}^{\infty} a_n x^n.$$

*(i)* *Es ist* $f$ *differenzierbar auf* $(-\varrho, \varrho)$ *und es gilt*

$$f'(x) = \sum_{n=1}^{\infty} n a_n x^{n-1}, \quad x \in (-\varrho, \varrho).$$

*Die Reihe* $\sum_{n=1}^{\infty} n a_n x^{n-1}$ *hat wieder den Konvergenzradius* $\varrho$.

Fortsetzung von Satz 26.3

*(ii) Es ist $f$ integrierbar auf jedem Intervall $[a,b] \subset (-\varrho,\varrho)$, das im Konvergenzintervall liegt, und es gilt*

$$\int_0^x f(t)\,dt = \sum_{n=0}^{\infty} \int_0^x a_n t^n\,dt = \sum_{n=0}^{\infty} \frac{a_n}{n+1} x^{n+1}, \qquad x \in (-\varrho,\varrho).$$

*Die Reihe* $\sum_{n=0}^{\infty} \frac{a_n}{n+1} x^{n+1}$ *hat wieder den Konvergenzradius* $\varrho$.

**Bemerkungen und Ergänzungen:**

(20) Addition und Subtraktion von Potenzreihen können nach Satz 26.2 gliedweise erfolgen. Die Multiplikation erfolgt nach dem Cauchy-Produkt.

(21) Die Ableitung der Summe $f$ der Potenzreihe erhält man durch gliedweises Differenzieren der Reihe. Da die resultierende Reihe der Ableitungen wieder den Konvergenzradius $\varrho$ hat, ist $f$ beliebig oft differenzierbar und es gilt für $k = 1, 2, \ldots$

$$f^{(k)}(x) = \sum_{n=k}^{\infty} n(n-1)\cdot\ldots\cdot(n-k+1)a_n x^{n-k}, \quad x \in (-\varrho,\varrho).$$

(22) Das Integral der Summe $f$ der Potenzreihe erhält man durch gliedweises Integrieren der Reihe. Es ist $\sum_{n=0}^{\infty} \frac{a_n}{n+1} x^{n+1}$, $x \in (-\varrho,\varrho)$, eine Stammfunktion von $f$.

(23) Ein Vergleich von Satz 26.3 für Potenzreihen mit Satz 25.5(ii) und Satz 25.4(ii) für allgemeine Funktionenreihen zeigt eine viel einfachere Situation bei Potenzreihen.

**Beispiele:**

(24) Die Potenzreihe $\sum_{n=0}^{\infty} x^n$ hat den Konvergenzradius $\varrho = 1$ und die Summe

$$f(x) = \sum_{n=0}^{\infty} x^n = \frac{1}{1-x} \quad \text{für } x \in (-1,1).$$

Gliedweises Differenzieren liefert

$$\sum_{n=1}^{\infty} n x^{n-1} = \frac{1}{(1-x)^2} \quad \text{für } x \in (-1,1).$$

(25) Differenzieren wir in (24) $k$-mal, so erhalten wir

$$\sum_{n=k}^{\infty} n(n-1)\cdot\ldots\cdot(n-k+1)x^{n-k} = \frac{k!}{(1-x)^{k+1}},$$

also für $k \in \mathbb{N}$

$$\sum_{n=k}^{\infty} \binom{n}{k} x^{n-k} = \frac{1}{(1-x)^{k+1}} \qquad \text{für } x \in (-1,1).$$

(26) Die Potenzreihe $\sum_{n=0}^{\infty}(-1)^n x^{2n}$ hat den Konvergenzradius $\varrho = 1$ und die Summe

$$f(x) = \sum_{n=0}^{\infty}(-1)^n x^{2n} = \frac{1}{1+x^2} \quad \text{für } x \in (-1,1).$$

Dies folgt aus (24), falls man dort $x$ durch $-x^2$ ersetzt. Gliedweise Integration liefert

$$\sum_{n=0}^{\infty} \frac{(-1)^n}{2n+1} x^{2n+1} = \int_0^x f(t)\,dt = \int_0^x \frac{1}{1+t^2}\,dt = \arctan x$$

also

$$\arctan x = \sum_{n=0}^{\infty} \frac{(-1)^n}{2n+1} x^{2n+1} \quad \text{für } x \in (-1,1).$$

(27) Die Potenzreihe $\sum_{n=0}^{\infty}(-1)^n x^n$ hat den Konvergenzradius $\varrho = 1$ und die Summe

$$f(x) = \sum_{n=0}^{\infty}(-1)^n x^n = \frac{1}{1+x} \quad \text{für } x \in (-1,1).$$

Gliedweise Integration liefert

$$\sum_{n=0}^{\infty} \frac{(-1)^n}{n+1} x^{n+1} = \int_0^x f(t)\,dt = \int_0^x \frac{1}{1+t}\,dt = \ln(1+x),$$

also

$$\ln(1+x) = \sum_{n=0}^{\infty} \frac{(-1)^n}{n+1} x^{n+1} \quad \text{für } x \in (-1,1).$$

# TESTS

**T26.1:** Die Potenzreihe $\sum_{n=0}^{\infty} a_n x^n$ sei konvergent für $x = t_1$ und divergent für $x = t_2$. Es bezeichne $\varrho$ den Konvergenzradius der Reihe. Dann gilt:

( ) $|t_1| < \varrho < |t_2|$.

( ) Die Reihe divergiert für alle $x \in \mathbb{R}$ mit $|x| > |t_2|$.

( ) Die Reihe konvergiert für alle $x \in \mathbb{R}$ mit $|x| \leq |t_1|$.

( ) Die Reihe konvergiert gleichmäßig für alle $x \in \mathbb{R}$ mit $|x| \leq r < \varrho$.

( ) Es kann sein $|t_1| = |t_2|$.

**T26.2:** Die Potenzreihe $\sum_{n=0}^{\infty} a_n x^n$ habe den Konvergenzradius $\varrho$. Dann hat die Reihe $\sum_{n=0}^{\infty} \frac{3^n a_n}{2} x^n$ den Konvergenzradius

( ) $2\varrho$

( ) $3\varrho$

( ) $\frac{1}{2}\varrho$

( ) $\frac{1}{3}\varrho$.

**T26.3:** Die Potenzreihe $\sum_{n=0}^{\infty} a_n x^n$ habe das Konvergenzintervall $(-\varrho, \varrho) = (-2, 2)$. Dann gilt:

( ) Die Potenzreihe $\sum_{n=0}^{\infty} a_n (x-1)^n$ hat das Konvergenzintervall $(-3, 1)$.

( ) Die Potenzreihe $\sum_{n=0}^{\infty} a_n (x-1)^n$ hat das Konvergenzintervall $(-1, 3)$.

( ) Die Potenzreihe $\sum_{n=1}^{\infty} a_n x^n = \sum_{n=0}^{\infty} a_n x^n - a_0$ hat das Konvergenzintervall $(-2 - a_0, 2 - a_0)$.

( ) Die Potenzreihe $\sum_{n=0}^{\infty} a_n 2^n$ ist konvergent.

**T26.4:** Die Potenzreihe $\sum_{n=1}^{\infty} a_n x^n$ habe den Konvergenzradius $\varrho$. Dann hat die Potenzreihe $\sum_{n=1}^{\infty} \frac{4^n a_n}{3} t^{2n}$ den Konvergenzradius

( ) $4\varrho$

( ) $\frac{4}{3}\varrho$

( ) $\sqrt{2\varrho}$

( ) $\frac{1}{2}\sqrt{\varrho}$.

## ÜBUNGEN

**Ü26.1:** Bestimmen Sie die Konvergenzradien folgender Potenzreihen:

a) $\sum_{n=0}^{\infty} \frac{x^n}{n^n}$

b) $\sum_{n=1}^{\infty} \sqrt{n}\, x^n$

c) $\sum_{n=0}^{\infty} 8^n x^{3n}$

**Ü26.2:** Bestimmen Sie die Konvergenzradien folgender Potenzreihen:

a) $\sum_{n=0}^{\infty} \frac{x^{2n}}{(2n)!}$

b) $\sum_{n=1}^{\infty} (1 + \frac{1}{n})^{n^2} \frac{x^n}{2}$

c) $\sum_{n=1}^{\infty} \left(1 - \frac{2}{n}\right)^{n^2} \frac{x^{2n}}{3}$

**Ü26.3:** Bestimmen Sie die Konvergenzradien folgender Potenzreihen:

a) $\sum_{n=1}^{\infty} n^{\frac{n}{2}} x^n$

b) $\sum_{n=1}^{\infty} \frac{1}{1 \cdot 3 \cdot \ldots \cdot (2n-1)} x^{2n}$

c) $\sum_{n=1}^{\infty} \left(1 - \frac{1}{n}\right)^{n^2} x^n$

d) $\sum_{n=1}^{\infty} n \left(\frac{x}{2}\right)^{3n}$

**Ü26.4:** Berechnen Sie für $|x+1| < 1$ die Summe der Reihe $\sum_{n=1}^{\infty} n^2 (x+1)^n$.

**Ü26.5:** Bestimmen Sie für $|x| < 1$ die Summe der Reihe $\sum_{n=1}^{\infty} \frac{n^2(n+1)+1}{n} x^n$.
*Hinweis:* Betrachten Sie die Potenzreihe der Funktion $f$ mit $f(x) = \frac{1}{1-x}$.

# 27 Der Satz von Taylor

Wir haben bereits mehrmals reelle Funktionen durch Potenzreihen dargestellt. Kapitel 26 enthält eine Reihe von Beispielen. Solche Potenzreihen können u.a. dazu dienen, Funktionswerte näherungsweise zu berechnen, indem man nur die ersten $n$ Glieder der Potenzreihe zur Berechnung heranzieht und den Fehler (Reihenrest) abschätzt. Dies entspricht einer Darstellung

$$f = T_n + R_n \tag{$*$}$$

mit einem Polynom $T_n$ und einem Restglied $R_n$. Dabei dient $T_n(x)$ als Approximation der Funktion $f(x)$. Wir untersuchen allgemein die Darstellbarkeit einer Funktion $f$ in der Form $(*)$.

**Satz 27.1 (Satz von Taylor)**
*Die Funktion $f$ sei auf dem Intervall $I$ $(n+1)$-mal stetig differenzierbar. Dann gilt für $x, x_0 \in I$*

$$f(x) = T_n(x, x_0) + R_n(x, x_0)$$

*mit dem* **Taylor-Polynom**

$$T_n(x, x_0) = \sum_{k=0}^{n} \frac{f^{(k)}(x_0)}{k!}(x - x_0)^k$$

*und dem* **Restglied**

$$R_n(x, x_0) = \frac{1}{n!} \int_{x_0}^{x} (x - t)^n f^{(n+1)}(t)\, dt.$$

**Bemerkungen und Ergänzungen:**

(1) Es wird $f^{(0)} = f$ gesetzt. Die Stelle $x_0$ heißt auch Entwicklungsstelle. Die Koeffizienten $a_k = \frac{f^{(k)}(x_0)}{k!}$ im Taylor-Polynom $T_n(x, x_0) = \sum_{k=0}^{n} a_k (x - x_0)^k$ heißen Taylor-Koeffizienten.

(2) Integrieren wir für $0 \le k < n$ das Restglied $R_k(x, x_0) = \frac{1}{k!} \int_{x_0}^{x} (x - t)^k f^{(k+1)}(t)\, dt$ partiell, so folgt

$$R_k(x, x_0) = \frac{1}{k!}\left[\frac{-(x-t)^{k+1}}{k+1} f^{(k+1)}(t)\right]_{x_0}^{x} + \frac{1}{(k+1)!}\int_{x_0}^{x} (x-t)^{k+1} f^{(k+2)}(t)\, dt.$$

Demnach gilt die Rekursionsformel

$$R_k(x, x_0) = \frac{(x - x_0)^{k+1}}{(k+1)!} f^{(k+1)}(x_0) + R_{k+1}(x, x_0).$$

Daraus folgt zusammen mit

$$R_0(x, x_0) = \int_{x_0}^{x} f'(t)\,dt = f(x) - f(x_0)$$

der Satz von Taylor.

(3) Ist $f$ ein Polynom $P_n$ vom Grad $n$, so ist $R_k(x, x_0) = 0$ für $k \geq n$. Demnach ist $P_n$ bestimmt, wenn für eine beliebige Stelle $x_0$ der Funktionswert $P_n(x_0)$, sowie die Ableitungen $P_n'(x_0), \ldots, P_n^{(n)}(x_0)$ bekannt sind. Es gilt die Darstellung

$$P_n(x) = T_n(x, x_0) = \sum_{k=0}^{n} \frac{P_n^{(k)}(x_0)}{k!}(x - x_0)^k.$$

(4) An der Stelle $x_0$ stimmen die Funktionswerte und die ersten $n$ Ableitungen der Funktion $f$ und des Taylor-Polynoms $T_n$ überein. Man spricht daher auch vom Schmiegungspolynom $T_n$ für $f$ in der Umgebung von $x_0$.

(5) Satz 27.1 gibt das Restglied in Integralform. Für Abschätzungen ist oft hilfreich die

**Darstellung von Lagrange:**

$$R_n(x, x_0) = \frac{f^{(n+1)}(x_0 + \vartheta(x - x_0))}{(n+1)!}(x - x_0)^{n+1}$$

für ein $0 < \vartheta < 1$ oder die

**Darstellung von Cauchy:**

$$R_n(x, x_0) = \frac{f^{(n+1)}(x_0 + \vartheta(x - x_0))}{n!}(1 - \vartheta)^n (x - x_0)^{n+1}$$

für ein $0 < \vartheta < 1$.

In der Darstellung von Lagrange und Cauchy sind i.a. die Werte von $\vartheta$ unterschiedlich. Es ist $f^{(n+1)}(x_0 + \vartheta(x - x_0))$ der Wert von $f^{(n+1)}$ an einer Zwischenstelle zwischen $x_0$ und $x$, dabei ist $\vartheta$ jedoch i.a. nicht explizit bekannt.

**Beispiele:**

(6) Sei $f(x) = \sin x$ für $x \in I = \mathbb{R}$. Es ist $f$ beliebig oft differenzierbar mit $f'(x) = \cos x$, $f''(x) = -\sin x$, $f'''(x) = -\cos x$, $f^{(iv)}(x) = f(x), \ldots$. Für $x_0 = 0$ folgt für die Taylor-Koeffizienten

$$a_k = \frac{f^{(k)}(0)}{k!} = \begin{cases} 0 & \text{für } k \text{ gerade} \\ \dfrac{1}{k!} & \text{für } k = 1, 5, 9, \ldots \\ -\dfrac{1}{k!} & \text{für } k = 3, 7, 11, \ldots \end{cases}$$

Der Satz von Taylor ergibt für $n = 2m - 1$, $m \in \mathbb{N}$,

$$\sin x = x - \frac{x^3}{3!} + \frac{x^5}{5!} \mp \ldots + (-1)^{m-1}\frac{x^{2m-1}}{(2m-1)!} + R_{2m-1}(x, 0)$$

mit

$$R_{2m-1}(x,0) = \frac{1}{(2m-1)!}\int_0^x (x-t)^{2m-1} f^{(2m)}(t)\,dt\ .$$

Wegen $|f^{(2m)}(t)| \leq 1$ für alle $t \in \mathbb{R}$ folgt aus der Restglieddarstellung von Lagrange die Abschätzung

$$|R_{2m-1}(x,0)| \leq \frac{|x|^{2m}}{(2m)!}\ .$$

Die Taylor-Polynome sind

$$\begin{aligned} T_1(x,0) &= x \\ T_2(x,0) &= T_1(x,0) \\ T_3(x,0) &= x - \frac{x^3}{3!} \\ T_4(x,0) &= T_3(x,0) \\ &\ \vdots \end{aligned}$$

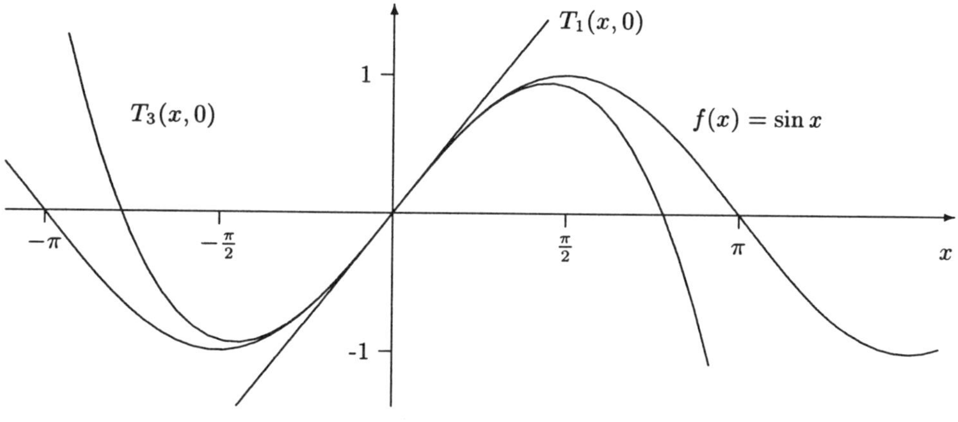


Das Bild zeigt, wie sich die Taylor-Polynome an $f$ in der Umgebung von $x_0 = 0$ anschmiegen.

(7) Sei $f(x) = \ln(1+x)$ für $x \in I = (-1,1]$. Es gilt für $k = 1,2,\ldots$

$$f^{(k)}(x) = \frac{(-1)^{k+1}(k-1)!}{(1+x)^k}\ .$$

Für $x_0 = 0$ folgt für die Taylor-Koeffizienten

$$a_k = \frac{f^{(k)}(0)}{k!} = \frac{(-1)^{k+1}}{k}, \quad k = 1,2,\ldots$$

und $a_0 = 0$, so dass

$$\ln(1+x) = \sum_{k=1}^{n} \frac{(-1)^{k+1}}{k} x^k + R_n(x,0).$$

In der Darstellung von Lagrange lautet das Restglied

$$R_n(x,0) = \frac{f^{(n+1)}(\vartheta x)}{(n+1)!}x^{n+1} = \frac{(-1)^n}{n+1}\left(\frac{x}{1+\vartheta x}\right)^{n+1}, \quad 0 < \vartheta < 1.$$

In der Darstellung von Cauchy lautet das Restglied mit $0 < \vartheta < 1$

$$R_n(x,0) = \frac{f^{(n+1)}(\vartheta x)}{n!}(1-\vartheta)^n x^{n+1} = (-1)^n(1-\vartheta)^n\left(\frac{x}{1+\vartheta x}\right)^{n+1}.$$

Aus dem Satz von Taylor erhalten wir eine Potenzreihendarstellung von $f$, falls $f$ beliebig oft differenzierbar ist und das Restglied für $n \to \infty$ gegen Null konvergiert.

**Satz 27.2** *Die Funktion $f$ sei auf dem Intervall $I$ beliebig oft differenzierbar. Seien $x, x_0 \in I$, dann gilt*

$$f(x) = \sum_{k=0}^{\infty} \frac{f^{(k)}(x_0)}{k!}(x-x_0)^k$$

*genau dann, wenn für das Restglied* $\lim_{n\to\infty} R_n(x,x_0) = 0$ *gilt.*

**Bemerkungen und Ergänzungen:**

(8) Die Potenzreihe in Satz 27.2 heißt **Taylor-Reihe** von $f$ um $x_0$.

(9) Zur Prüfung auf $\lim_{n\to\infty} R_n(x,x_0) = 0$ ist gelegentlich die Aussage hilfreich: Gibt es positive Konstanten $c$ und $k$, so dass

$$|f^{(n)}(x)| \le ck^n$$

für alle $x \in I$ und fast alle $n$, so ist $\lim_{n\to\infty} R_n(x,x_0) = 0$.

(10) Zur Darstellung von $f$ durch eine Taylor-Reihe ist $\lim_{n\to\infty} R_n(x,x_0) = 0$ erforderlich. Die Konvergenz der formal gebildeten Taylor-Reihe allein reicht nicht. So folgen für $I = \mathbb{R}$, $x_0 = 0$ und

$$f(x) = \begin{cases} e^{-\frac{1}{x^2}} & \text{für } x \neq 0 \\ 0 & \text{für } x = 0 \end{cases}$$

die Ableitungen $f^{(k)}(0) = 0$ für alle $k \in \mathbb{N}_0$, so dass für alle $x \in \mathbb{R}$ die formal gebildete Taylor-Reihe von $f$ lautet

$$\sum_{k=0}^{\infty} \frac{f^{(k)}(0)}{k!}x^k = 0.$$

Die Reihe ist konvergent gegen Null, aber $f(x) \neq 0$ für $x \neq 0$.

**Beispiele:**

(11) In Beispiel (6) mit $f(x) = \sin x$ und $I = \mathbb{R}$ war

$$|R_{2m-1}(x,0)| \leq \frac{|x|^{2m}}{(2m)!}.$$

Für $m \to \infty$ folgt $\lim_{m\to\infty} R_{2m-1}(x,0) = 0$, so dass $f$ in eine Taylor-Reihe entwickelbar ist und mit (6) gilt

$$\sin x = x - \frac{x^3}{3!} + \frac{x^5}{5!} \mp \ldots = \sum_{m=0}^{\infty} (-1)^m \frac{x^{2m+1}}{(2m+1)!}, \quad x \in \mathbb{R}.$$

(12) Für $f(x) = \ln(1+x)$, $x \in I = (-1,1]$ von Beispiel (7) betrachten wir zunächst den Fall $0 \leq x \leq 1$. Dann gilt für das Restglied in der Darstellung von Lagrange nach (7) mit $0 < \vartheta < 1$ die Abschätzung

$$|R_n(x,0)| = \frac{1}{n+1}\left|\frac{x}{1+\vartheta x}\right|^{n+1} \leq \frac{1}{n+1},$$

so dass $\lim_{n\to\infty} R_n(x,0) = 0$. Für den Fall $-1 < x < 0$ haben wir für das Restglied in der Darstellung von Cauchy nach (7) mit $0 < \vartheta < 1$ die Abschätzung

$$\begin{aligned} |R_n(x,0)| &= (1-\vartheta)^n \left|\frac{x}{1+\vartheta x}\right|^{n+1} \\ &= \frac{|x|^{n+1}}{1+\vartheta x}\left|\frac{1-\vartheta}{1+\vartheta x}\right|^n \\ &= \frac{|x|^{n+1}}{1-\vartheta|x|}\left|\frac{1-\vartheta}{1-\vartheta|x|}\right|^n \\ &\leq \frac{|x|^{n+1}}{1-\vartheta|x|}, \end{aligned}$$

so dass $\lim_{n\to\infty} R_n(x,0) = 0$. Daher gilt

$$\ln(1+x) = \sum_{k=1}^{\infty} \frac{(-1)^{k+1}}{k} x^k, \quad x \in (-1,1].$$

Speziell folgt daraus für $x = 1$ (Leibnizsche Reihe)

$$\ln 2 = 1 - \tfrac{1}{2} + \tfrac{1}{3} - \tfrac{1}{4} \pm \ldots = \sum_{k=1}^{\infty} \frac{(-1)^{k+1}}{k}.$$

(13) Mit $\alpha \in \mathbb{R}$ sei $f(x) = (1+x)^\alpha$ für $x \in I = (-1,1)$. Sei $x_0 = 0$. Es ist $f(0) = 1$ und $f^{(k)}(0) = \alpha(\alpha-1)\cdot\ldots\cdot(\alpha-k+1)$ für $k \geq 1$. Demnach lauten die Taylor-Koeffizienten von $f$

$$a_0 = 1, \quad a_k = \frac{f^{(k)}(0)}{k!} = \frac{\alpha(\alpha-1)\cdot\ldots\cdot(\alpha-k+1)}{k!}, \quad k \geq 1.$$

Mit den Binomialkoeffizienten $\binom{\alpha}{0} = 1$ und

$$\binom{\alpha}{k} = \frac{\alpha(\alpha-1)\cdot\ldots\cdot(\alpha-k+1)}{k!}, \quad k \geq 1$$

folgt

$$a_k = \binom{\alpha}{k}, \quad k = 0, 1, 2, \ldots .$$

Es lässt sich zeigen, dass $\lim_{n\to\infty} R_n(x,0) = 0$ für $x \in (-1,1)$. Daher gilt

$$(1+x)^\alpha = \sum_{k=0}^{\infty} \binom{\alpha}{k} x^k \quad \text{für } x \in (-1,1),\ \alpha \in \mathbb{R}.$$

Im Sonderfall $\alpha = n \in \mathbb{N}$ folgt wegen $\binom{n}{k} = 0$ für $k > n$

$$(1+x)^n = \sum_{k=0}^{n} \binom{n}{k} x^k,$$

die bekannte binomische Formel.
Im Sonderfall $\alpha = -n$ mit $n \in \mathbb{N}$ folgt wegen $\binom{-n}{k} = (-1)^k \binom{n+k-1}{k}$

$$(1+x)^{-n} = \sum_{k=0}^{\infty} (-1)^k \binom{n+k-1}{k} x^k .$$

**Satz 27.3 (Identitätssatz für Potenzreihen)**
*Sind* $\sum_{n=0}^{\infty} a_n(x-x_0)^n$ *und* $\sum_{n=0}^{\infty} b_n(x-x_0)^n$ *zwei Potenzreihendarstellungen der Funktion* $f$*, die beide konvergent sind für* $|x-x_0| < \varrho$ *mit* $\varrho > 0$*, so gilt für alle* $n \in \mathbb{N}_0$

$$a_n = b_n = \frac{f^{(n)}(x_0)}{n!}.$$

**Bemerkungen und Ergänzungen:**

(14) Die Potenzreihendarstellung von $f$ um $x_0$ ist also eindeutig.

(15) Der Weg zur Gewinnung einer Potenzreihendarstellung von $f$ muss demnach nicht immer über den Satz von Taylor erfolgen. (Die Bildung der Ableitungen ist oft unbequem). So haben wir in (12) eine Potenzreihendarstellung von $\ln(1+x)$ mit Hilfe des Satzes von Taylor hergeleitet. Andererseits haben wir in Kapitel 26 (27) die gleiche Potenzreihendarstellung durch Integration der geometrischen Reihe gefunden.

(16) Der Identitätssatz besagt: Wird die Funktion $f$ auf zwei verschiedene Weisen als Potenzreihe um $x_0$ dargestellt, dann stimmen die entsprechnenden Koeffizienten beider Potenzreihen überein. Dies ist die Basis der Methode des **Koeffizientenvergleichs**.

(17) Wir erläutern die Methode des Koeffizientenvergleichs am Beispiel des unbestimmten Ansatzes für den Quotienten zweier Potenzreihen. Sind $f(x) = \sum_{n=0}^{\infty} a_n x^n$ und $g(x) = \sum_{n=0}^{\infty} b_n x^n$ zwei für $|x| < \varrho$ konvergente Potenzreihen und gilt $g(0) = b_0 \neq 0$, so lässt sich der Quotient $\frac{f(x)}{g(x)}$ in eine Potenzreihe $\sum_{n=0}^{\infty} c_n x^n$ entwickeln, die konvergent für $|x| < r$ mit einem gewissen $r > 0$ ist. Es ist also

$$\frac{\sum_{n=0}^{\infty} a_n x^n}{\sum_{n=0}^{\infty} b_n x^n} = \sum_{n=0}^{\infty} c_n x^n .$$

Daraus folgt unter Verwendung des Cauchy-Produkts

$$\sum_{n=0}^{\infty} a_n x^n = \left(\sum_{n=0}^{\infty} b_n x^n\right)\left(\sum_{n=0}^{\infty} c_n x^n\right) = \sum_{n=0}^{\infty} d_n x^n$$

mit $d_n = b_0 c_n + b_1 c_{n-1} + \ldots + b_n c_0$.

Koeffizientenvergleich ergibt $a_n = d_n$, also

$$\left.\begin{aligned} a_0 &= d_0 = b_0 c_0 \\ a_1 &= d_1 = b_0 c_1 + b_1 c_0 \\ a_2 &= d_2 = b_0 c_2 + b_1 c_1 + b_2 c_0 \\ a_3 &= d_3 = b_0 c_3 + b_1 c_2 + b_2 c_1 + b_3 c_0 \\ &\vdots \end{aligned}\right\} \qquad (*)$$

Daraus lassen sich $c_0, c_1, c_2, \ldots$ sukzessive berechnen. Der Konvergenzradius der Reihe $\sum_{n=0}^{\infty} c_n x^n$ muss gesondert untersucht werden.

Wir betrachten als Beispiel die Potenzreihendarstellung von $\tan x = \frac{\sin x}{\cos x}$ für $|x|$ klein.

Mit den Reihen

$$\sin x = \sum_{n=0}^{\infty} a_n x^n = x - \frac{x^3}{3!} + \frac{x^5}{5!} \mp \ldots$$

$$\cos x = \sum_{n=0}^{\infty} b_n x^n = 1 - \frac{x^2}{2!} + \frac{x^4}{4!} \mp \ldots$$

und dem Ansatz

$$\frac{\sin x}{\cos x} = \sum_{n=0}^{\infty} c_n x^n$$

ergibt (∗)

$$\begin{array}{rll} 0 &= 1c_0 & \Rightarrow c_0 = 0 \\ 1 &= 1c_1 + 0c_0 & \Rightarrow c_1 = 1 \\ 0 &= 1c_2 + 0c_1 - \frac{1}{2!}c_0 & \Rightarrow c_2 = 0 \\ -\frac{1}{3!} &= 1c_3 + 0c_2 - \frac{1}{2!}c_1 + 0c_0 & \Rightarrow c_3 = \frac{1}{3} \\ \ldots & \ldots\ldots & \end{array}$$

Fortsetzung des Vorgehens liefert

$$\tan x = x + \tfrac{1}{3}x^3 + \tfrac{2}{15}x^5 + \ldots \quad .$$

(18) Aus dem Satz von Taylor ergibt sich folgender **Test auf Extremstellen**. Es sei $f$ auf dem Intervall $I$ $n$-mal stetig differenzierbar, $n \geq 2$. Für $x_0 \in I$ gelte $f'(x_0) = f''(x_0) = \ldots = f^{(n-1)}(x_0) = 0$ und $f^{(n)}(x_0) \neq 0$. Ist $n$ ungerade, so hat $f$ an $x_0$ kein Extremum. Ist $n$ gerade, so hat $f$ an $x_0$ ein lokales Minimum, falls $f^{(n)}(x_0) > 0$ bzw. an $x_0$ ein lokales Maximum, falls $f^{(n)}(x_0) < 0$.

So gilt mit $x_0 = 1$ für

$$f(x) = x^5 - 4x^4 + 6x^3 - 4x^2 + x + 3$$

$f'(1) = f''(1) = f'''(1) = 0$ und $f^{(iv)}(1) = 24 > 0$. Daher hat $f$ an $x_0 = 1$ ein lokales Minimum.

(19) Taylor-Reihen können hilfreich sein bei Grenzwertberechnungen. So ist

$$\lim_{x\to 0} \frac{\sin x}{x} = \lim_{x\to 0} \frac{x - \frac{x^3}{3!} + \frac{x^5}{5!} + \ldots}{x} = \lim_{x\to 0}\left(1 - \frac{x^2}{3!} + \frac{x^4}{5!} \mp \ldots\right) = 1.$$

(20) Bricht man Taylor-Reihen ab, so können nützliche Näherungen entstehen.

So erhält man aus der Binominalreihe $(1+x)^\alpha = \sum_{k=1}^{\infty} \binom{\alpha}{k} x^k$ für $|x| < 1$ bei Abbruch nach dem linearen Glied

$$(1+x)^\alpha \approx 1 + \alpha x$$

bzw. bei Abbruch nach dem quadratischen Glied

$$(1+x)^\alpha \approx 1 + \alpha x + \frac{\alpha(\alpha-1)}{2}x^2.$$

Speziell für $\alpha = \frac{1}{2}$ bzw. $\alpha = -\frac{1}{2}$ ergibt sich

$$\sqrt{1+x} \approx 1 + \tfrac{1}{2}x$$

bzw.

$$\sqrt{1+x} \approx 1 + \tfrac{1}{2}x - \tfrac{1}{8}x^2$$

$$\frac{1}{\sqrt{1+x}} \approx 1 - \tfrac{1}{2}x$$

bzw.

$$\frac{1}{\sqrt{1+x}} \approx 1 - \tfrac{1}{2}x + \tfrac{3}{8}x^2.$$

Das Restglied ist noch abzuschätzen.

(21) Wir stellen die Taylor-Reihen einiger Funktionen zusammen:

$$\sin x = \sum_{n=0}^{\infty} \frac{(-1)^n}{(2n+1)!} x^{2n+1}, \quad x \in \mathbb{R}$$

$$\cos x = \sum_{n=0}^{\infty} \frac{(-1)^n}{(2n)!} x^{2n}, \quad x \in \mathbb{R}$$

$$\sinh x = \sum_{n=0}^{\infty} \frac{1}{(2n+1)!} x^{2n+1}, \quad x \in \mathbb{R}$$

$$\cosh x = \sum_{n=0}^{\infty} \frac{1}{(2n)!} x^{2n}, \quad x \in \mathbb{R}$$

$$e^x = \sum_{n=0}^{\infty} \frac{1}{n!} x^n, \quad x \in \mathbb{R}$$

$$\ln(1+x) = \sum_{n=1}^{\infty} \frac{(-1)^{n+1}}{n} x^n, \quad x \in (-1,1]$$

$$(1+x)^\alpha = \sum_{n=0}^{\infty} \binom{\alpha}{n} x^n, \quad \alpha \in \mathbb{R}, \quad x \in (-1,1)$$

$$\arctan x = \sum_{n=0}^{\infty} \frac{(-1)^n}{2n+1} x^{2n+1}, \quad x \in (-1,1)$$

$$\arcsin x = \sum_{n=0}^{\infty} \binom{-\frac{1}{2}}{n} \frac{(-1)^n}{2n+1} x^{2n+1}, \quad x \in (-1,1)\ .$$

(22) Brook Taylor (1685-1731) arbeitete auf dem Gebiet der Differential- und Integralrechnung.

(23) Joseph Louis Lagrange (1736-1813) gilt als Begründer der analytischen Mechanik. Bedeutsam sind seine Arbeiten zur Himmelsmechanik, Variationsrechnung und zur Wahrscheinlichkeitsrechnung.

## TESTS

**T27.1:** Welche der folgenden Aussagen sind richtig?

( ) Jede Taylor-Reihe ist eine Potenzreihe.

( ) Jede Potenzreihe ist auf ihrem Konvergenzgebiet eine Taylor-Reihe.

( ) Taylor-Reihen und Potenzreihen sind Spezialfälle von Funktionenreihen.

**T27.2:** Die Taylor-Reihe der Funktion $f:\ \mathbb{R} \to \mathbb{R}$ mit $D(f) = \mathbb{R}$ und $f(x) = x^2$ um $x_0 = 1$ lautet

( ) $(x-1)^2$

( ) $\sum_{n=0}^{\infty}(n+1)(x-1)^n$

( ) $1 + 2(x-1) + (x-1)^2$

( ) $1 + 2(x-1) + 2(x-1)^2$.

**T27.3:** Die reelle Funktion $f$ habe für $|x-1| < \varrho$ ($\varrho > 0$) die Potenzreihendarstellung $f(x) = \sum\limits_{n=0}^{\infty} a_n(x-1)^n$. Dann gilt

( ) $a_n = \dfrac{f^{(n)}(1)}{n!}$ für alle $n \in \mathbb{N}_0$

( ) $a_n = \dfrac{f^{(n)}(0)}{n!}$ für alle $n \in \mathbb{N}_0$

( ) $f$ ist für $|x-1| < \varrho$ durch eine Taylor-Reihe mit Entwicklungspunkt $x_0 = 1$ darstellbar, und diese Taylor-Reihe ist obige Potenzreihe.

**T27.4:** Die Taylor-Reihe $\sum_{n=0}^{\infty} a_n(x-2)^n$ der Funktion $f$ sei konvergent für $|x-2| < \varrho$ mit $\varrho > 0$.

( ) Die Ableitung $f'(x)$ für $|x-2| < \varrho$ ergibt sich durch gliedweise Differentiation der Taylor-Reihe.

( ) Es ist $f'(2) = a_2$.

( ) Es ist $f'(2) = a_1$.

( ) Es ist $f^{(5)}(2) = 5!a_5$.

## ÜBUNGEN

**Ü27.1:** Gegeben sei die Funktion $f:\ \mathbb{R} \to \mathbb{R}$ mit $D(f) = \mathbb{R}$ und $f(x) = \sinh x$.

a) Bestimmen Sie die Taylor-Koeffizienten von $f$ für die Entwicklungsstelle $x_0 = 0$.

b) Wie lauten die Taylor-Polynome $T_3(x, x_0)$ und $T_4(x, x_0)$ für die Entwicklungsstelle $x_0 = 0$ ? Geben Sie das Restglied $R_4(x, 0)$ in Integralform an.

c) Zeigen Sie, dass für alle $x \in \mathbb{R}$ mit $|x| < 1$ die folgende Abschätzung gilt:

$$|\sinh x - T_4(x,0)| \leq \frac{1}{60}.$$

d) Zeigen Sie, dass $f$ durch eine Taylor-Reihe um $x_0 = 0$ darstellbar ist, die für alle $x \in \mathbb{R}$ konvergiert. Wie lautet die Taylor-Reihe von $f$ um $x_0 = 0$?

**Ü27.2:** Gegeben sei die Funktion $f: \mathbb{R} \to \mathbb{R}$ mit $D(f) = (-1, 1)$ und $f(x) = \arcsin x$.

a) Bestimmen Sie für $|x| < 1$ die Taylor-Reihe der Funktion $f$ für den Entwicklungspunkt $x_0 = 0$.

*Hinweis:* Verwenden Sie die Taylor-Reihe von $(1 - x^2)^{-\frac{1}{2}}$.

b) Bestimmen Sie $f^{(9)}(0)$.

**Ü27.3:** Gegeben sei die Funktion $f: \mathbb{R} \to \mathbb{R}$ mit $D(f) = \mathbb{R}\backslash\{-3\}$ und $f(x) = \frac{1}{6+2x}$

a) Bestimmen Sie das Intervall $I = (a, b)$ maximaler Länge so, dass sich die Funktion $f$ in $I$ als Taylor-Reihe um $x_0 = 2$ darstellen lässt.

b) Geben Sie die Taylor-Reihe der Funktion $f$ um $x_0 = 2$ an.

*Hinweis:* Formen Sie $f$ geeignet um und verwenden Sie dann die geometrische Reihe.

**Ü27.4:** Bestimmen Sie durch einen Potenzreihenansatz mit allgemeinen Koeffizienten $a_n$, $n \in \mathbb{N}_0$, die ersten drei Koeffizienten der Taylor-Entwicklung um $x_0 = 0$ der Funktion $f: \mathbb{R} \to \mathbb{R}$ mit $D(f) = \mathbb{R}$ und $f(x) = \frac{2}{1+e^x}$.

**Ü27.5:** Berechnen Sie unter Verwendung von Taylor-Reihen die Grenzwerte

a) $$\lim_{x \to 0} \frac{e^{x^2} - 1}{(\sin x)^2}$$

b) $$\lim_{x \to 0} \frac{e^{x^4} - 1}{(1 - \cos x)^2} .$$

# 28 Fourier-Reihen

In den Anwendungen treten häufig periodische Vorgänge auf, die sich nach einer festen Periode $T$ wiederholen (Schwingungen, Wechselstrom). Zu ihrer Beschreibung dienen periodische Funktionen. Dabei heißt eine reelle Funktion $f: \mathbb{R} \to \mathbb{R}$ mit $D(f) = \mathbb{R}$ **periodisch** mit der Periode $T > 0$ (kurz $T$-perodisch), falls für alle $x \in \mathbb{R}$ gilt

$$f(x+T) = f(x).$$

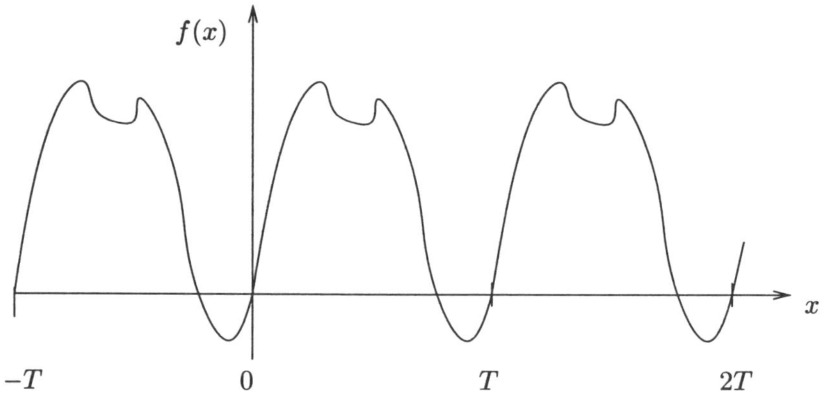


Wichtige periodische Funktionen sind neben den Konstanten die trigonometrischen Funktionen

$$\sin nx \quad \text{und} \quad \cos nx \quad \text{für } n \in \mathbb{N}.$$

Sie haben die gemeinsame Periode $T = 2\pi$. Zur Darstellung oder Approximation von periodischen Funktionen sind Potenzreihen wegen ihrer lokalen Approximation (Schmiegungspolynome) i.a. wenig geeignet. Auch müssten die Funktionen beliebig oft differenzierbar sein. In den Anwendungen treten dagegen oft auch unstetige und damit nicht differenzierbare periodische Funktionen auf (Einschaltvorgänge). Wir bemerken, dass für eine $T$-periodische Funktion $f$ die Funktion $\hat{f}(x) = f(\frac{T}{2\pi}x)$, $x \in \mathbb{R}$, eine $2\pi$-periodische Funktion ist. Wir werden daher zunächst $2\pi$-periodische Funktionen betrachten. Hier bieten sich Funktionenreihen mit $2\pi$-periodischen Funktionen an, insbesondere mit den Funktionen $\sin nx$ und $\cos nx$. Eine solche Funktionenreihe

$$\frac{a_0}{2} + \sum_{n=1}^{\infty} (a_n \cos nx + b_n \sin nx)$$

heißt **Fourier-Reihe**. Es wird sich zeigen, dass es praktisch ist, nicht $a_0$ sondern $\frac{a_0}{2}$ als Koeffizienten von $\cos 0x$ zu wählen.

Wir stellen zunächst einige Eigenschaften der trigonometrischen Funktionen zusammen

**Orthogonalitätsbeziehungen:** Für $m, n \in \mathbb{N}_0$ gilt

$$\int_0^{2\pi} \cos mt \, \cos nt \, dt = 0 \quad \text{für } m \neq n$$
$$\int_0^{2\pi} \sin mt \, \sin nt \, dt = 0 \quad \text{für } m \neq n$$
$$\int_0^{2\pi} \cos mt \, \sin nt \, dt = 0 \, .$$

**Normierungsbeziehungen:**

$$\int_0^{2\pi} \cos^2 nt \, dt = \begin{cases} \pi & \text{für } n \in \mathbb{N} \\ 2\pi & \text{für } n = 0 \end{cases}$$
$$\int_0^{2\pi} \sin^2 nt \, dt = \begin{cases} \pi & \text{für } n \in \mathbb{N} \\ 0 & \text{für } n = 0. \end{cases}$$

Speziell ist $\int_0^{2\pi} \cos mt \, dt = 0$ für $m \in \mathbb{N}$ und $\int_0^{2\pi} \sin mt \, dt = 0$ für $m \in \mathbb{N}_0$. Orthogonalitäts- und Normierungsbeziehungen gelten auch bei Integration über ein Intervall $[a, a + 2\pi]$ für beliebiges $a \in \mathbb{R}$. Denn für jede integrierbare $2\pi$-periodische Funktion $f$ gilt

$$\int_0^{2\pi} f(x) \, dx = \int_a^{a+2\pi} f(x) \, dx.$$

Ist eine $2\pi$-periodische Funktion $f$ durch eine Fourier-Reihe darstellbar,

$$f(x) = \frac{a_0}{2} + \sum_{n=1}^{\infty} (a_n \cos nx + b_n \sin nx),$$

und ist die Reihe gliedweise integrierbar (dies ist beispielsweise der Fall, falls die Reihe gleichmäßig konvergent ist), so ergeben sich nach Multiplikation mit $\cos mx$ bzw. $\sin mx$ und Integration über $[0, 2\pi]$ unter Verwendung der Orthogonalitäts- und Normierungsbeziehungen die in der folgenden Definition gegebenen expliziten Darstellungen der $a_n$ und $b_n$.

**Definition 28.1** *Die Funktion $f$ sei auf $[0, 2\pi]$ integrierbar.*

*(i)* *Die Zahlen*

$$a_n = \frac{1}{\pi} \int_0^{2\pi} f(x) \cos nx \, dx, \qquad n = 0, 1, \ldots$$
$$b_n = \frac{1}{\pi} \int_0^{2\pi} f(x) \sin nx \, dx, \qquad n = 1, 2, \ldots$$

*heißen* **Fourier-Koeffizienten** *von $f$.*

*(ii)* *Die mit den Fourier-Koeffizienten von $f$ formal gebildete Reihe*

$$FR(x) = \frac{a_0}{2} + \sum_{n=1}^{\infty} (a_n \cos nx + b_n \sin nx)$$

*heißt* **Fourier-Reihe** *von $f$.*

**Bemerkungen und Ergänzungen:**

(1) Die Fourier-Reihen brauchen nicht zu konvergieren und im Falle der Konvergenz braucht der Reihenwert an einer Stelle $x$ nicht mit $f(x)$ übereinzustimmen. Wir sprechen daher von einer formalen Zuordnung $f \sim FR$.

(2) Die Wahl von $\frac{a_0}{2}$ als Koeffizient von $\cos 0x$ in $FR$ erlaubt eine einheitliche Darstellung der $a_n$ (auch für $n = 0$). Es ist $a_0 = \frac{1}{\pi} \int_0^{2\pi} f(x) \, dx$, so dass $\frac{a_0}{2}$ ein Mittelwert von $f$ ist.

(3) Ist $f$ gerade, also $f(-x) = f(x)$ für $x \in \mathbb{R}$, so gilt

$$a_n = \frac{2}{\pi} \int_0^{\pi} f(x) \cos nx \, dx, \qquad n \in \mathbb{N}_0$$
$$b_n = 0, \; n \in \mathbb{N}.$$

Ist $f$ ungerade, also $f(-x) = -f(x)$ für $x \in \mathbb{R}$, so gilt

$$a_n = 0, \; n \in \mathbb{N}_0$$
$$b_n = \frac{2}{\pi} \int_0^{\pi} f(x) \sin nx \, dx, \qquad n \in \mathbb{N}.$$

(4) Da eine Abänderung einer integrierbaren Funktion in einzelnen Punkten das Integral nicht ändert, können verschiedene Funktionen identische Fourier-Reihen haben.

(5) JEAN-BAPTISTE JOSEPH FOURIER (1768-1830) entwickelte die Grundzüge der Theorie der trigonometrischen Reihen.

**Beispiele:**

(6) Die Funktion $f$ sei $2\pi$-periodisch mit

$$f(x) = \begin{cases} x & \text{für } 0 \le x \le \pi \\ 2\pi - x & \text{für } \pi < x < 2\pi \end{cases}$$

Die Fourier-Koeffizienten sind, da $f$ gerade,

$$n = 0 : a_0 = \tfrac{2}{\pi} \int_0^\pi f(x)\, dx = \pi$$

$$n \in \mathbb{N} : a_n = \tfrac{2}{\pi} \int_0^\pi f(x) \cos nx\, dx$$

$$= \tfrac{2}{\pi} \int_0^\pi x \cos nx\, dx = \begin{cases} 0 & \text{für } n \text{ gerade} \\ -\frac{4}{\pi n^2} & \text{für } n \text{ ungerade} \end{cases}$$

$$n \in \mathbb{N} : b_n = 0.$$

Wir haben daher

$$FR(x) = \frac{\pi}{2} - \frac{4}{\pi}\left[\cos x + \tfrac{1}{3^2}\cos 3x + \tfrac{1}{5^2}\cos 5x + \dots\right].$$

Die Fourier-Reihe ist offenbar gleichmäßig konvergent.

(7) Die Funktion $f$ sei $2\pi$-periodisch mit $f(0) = 0$ und

$$f(x) = \pi - x \quad \text{für } 0 < x < 2\pi$$

Die Fourier-Koeffizienten sind, da $f$ ungerade,

$$n \in \mathbb{N}_0 : \quad a_n = 0$$

$$n \in \mathbb{N} : \quad b_n = \frac{2}{\pi} \int_0^\pi f(x) \sin nx\, dx = \frac{2}{\pi} \int_0^\pi (\pi - x) \sin nx\, dx = \frac{2}{n}.$$

Wir haben daher

$$FR(x) = 2\left[\sin x + \frac{\sin 2x}{2} + \frac{\sin 3x}{3} + \dots\right] = 2 \sum_{n=1}^\infty \frac{\sin nx}{n}.$$

Aussagen zur Konvergenz der Reihe werden wir später geben.

Bisher haben wir der periodischen Funktion $f$ nur formal die Fourier-Reihe zugeordnet. Wir untersuchen jetzt Konvergenzfragen.

Für eine unstetige Funktion $f$ auf $(a, b)$ heißt $x_0 \in (a, b)$ eine **Sprungstelle** von $f$, wenn die rechtsseitigen und linksseitigen Grenzwerte

$$f(x_{0+}) = \lim_{\substack{x \to x_0 \\ x > x_0}} f(x) \quad \text{und} \quad f(x_{0-}) = \lim_{\substack{x \to x_0 \\ x < x_0}} f(x)$$

existieren mit $f(x_{0+}) \neq f(x_{0-})$. Es heißt $h = f(x_{0+}) - f(x_{0-})$ **Sprung** von $f$ an der Stelle $x_0$.

Eine Funktion $f$ heißt auf dem Intervall $[a, b]$ **stückweise stetig**, wenn eine Zerlegung $\{x_0, x_1, \ldots, x_m\}$ mit $a = x_0 < x_1 < \ldots < x_m = b$ von $[a, b]$ so existiert, dass $f$ auf allen offenen Intervallen $(x_{i-1}, x_i)$, $i = 1, \ldots, m$, stetig ist und die rechtsseitigen Grenzwerte $f(x_{i+})$, $i = 0, 1, \ldots, m-1$, und die linksseitigen Grenzwerte $f(x_{i-})$, $i = 1, \ldots m$, existieren. Wir beachten, dass die Funktionswerte $f(x_i)$, $i = 0, 1, \ldots, m$, in den Zerlegungspunkten dabei irrelevant sind. Eine Funktion $f$ heißt auf $[a, b]$ **stückweise glatt** oder **stückweise stetig differenzierbar**, wenn ihre Ableitung stückweise stetig ist. Dabei braucht die Ableitung in den Zerlegungspunkten $x_i$, $i = 0, \ldots, m$, nicht zu existieren.

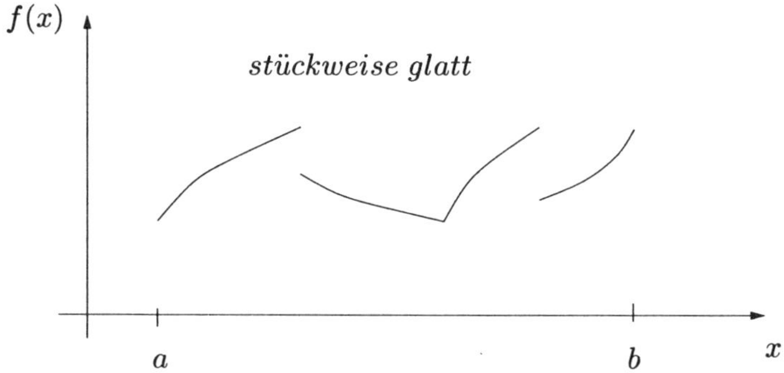


Eine stückweise glatte Funktion hat höchstens endlich viele Sprungstellen. Es gibt endlich viele Teilintervalle von $[a, b]$, so dass $f$ im Innern jedes Teilintervalls eine stetige Ableitung besitzt.

**Satz 28.1** *Die $2\pi$-periodische Funktion $f$ sei stückweise glatt auf $[0, 2\pi]$. Dann konvergiert die Fourier-Reihe von $f$ für alle $x \in \mathbb{R}$, und es gilt*

$$\frac{f(x_+) + f(x_-)}{2} = \frac{a_0}{2} + \sum_{n=1}^{\infty} (a_n \cos nx + b_n \sin nx), \quad x \in \mathbb{R}.$$

*Ist $f$ stetig an der Stelle $x$, so gilt sogar*

$$f(x) = \frac{a_0}{2} + \sum_{n=1}^{\infty} (a_n \cos nx + b_n \sin nx), \quad x \in \mathbb{R}.$$

*Auf jedem abgeschlossenen Intervall, in dem $f$ stetig ist, konvergiert die Fourier-Reihe gleichmäßig gegen $f$.*

**Bemerkungen und Ergänzungen:**

(8) An einer Sprungstelle $x_0$ der stückweise glatten Funktion $f$ konvergiert die Fourier-Reihe gegen das arithmetische Mittel der rechts- und linksseitigen Grenzwerte $f(x_{0+})$ und $f(x_{0-})$.

(9) Ist die $2\pi$-periodische Funktion $f$ stetig und stückweise glatt auf $[0, 2\pi]$, so konvergiert ihre Fourier-Reihe gleichmäßig gegen $f$. Sie konvergiert auch absolut und die Reihen $\sum_{n=1}^{\infty} |a_n|$ und $\sum_{n=1}^{\infty} |b_n|$ sind konvergent.

**Beispiele:**

(10) In Beispiel (6) ist $f$ stückweise glatt und sogar stetig. Daher gilt die Gleichheit

$$f(x) = \frac{\pi}{2} - \frac{4}{\pi} \sum_{k=0}^{\infty} \frac{\cos(2k+1)x}{(2k+1)^2}\ , \quad x \in \mathbb{R}.$$

Für $x = 0$ erhalten wir als Nebenprodukt

$$\sum_{k=0}^{\infty} \frac{1}{(2k+1)^2} = 1 + \frac{1}{3^2} + \frac{1}{5^2} + \ldots = \frac{\pi^2}{8}\ .$$

(11) Zu Beispiel (7) besagt Satz 28.1, dass die Fourier-Reihe $FR(x) = 2\sum_{n=1}^{\infty} \frac{\sin nx}{n}$ für alle $x \in \mathbb{R}$ konvergent ist. Sie konvergiert gegen $f(x)$ für alle $x \in \mathbb{R}$. Speziell für $x = 2\pi k$, $k \in \mathbb{Z}$, konvergiert die Fourier-Reihe gegen 0, das arithmetische Mittel der rechts- und linksseitigen Grenzwerte von $f$. Auf jedem abgeschlossenen Intervall $[a, b]$ mit $0 < a < b < 2\pi$ konvergiert die Fourier-Reihe gleichmäßig gegen $f$.

(12) Die Funktion $f$ sei $2\pi$-periodisch mit

$$f(x) = \begin{cases} 0 & \text{für } x = 0 \text{ und } x = \pi \\ h & \text{für } 0 < x < \pi \\ -h & \text{für } \pi < x < 2\pi \end{cases}$$

für $h > 0$.

Da $f$ ungerade ist, sind die Fourier-Koeffizienten

$$a_n = 0 \quad \text{für } n \in \mathbb{N}_0$$

$$b_n = \frac{2}{\pi} \int_0^{\pi} f(x) \sin nx\, dx = \frac{2}{\pi} \int_0^{\pi} h \sin nx\, dx$$

$$b_n = \begin{cases} \frac{4h}{\pi n} & \text{für } n \text{ ungerade} \\ 0 & \text{für } n \text{ gerade.} \end{cases}$$

Da $f$ stückweise glatt auf $[0, 2\pi]$ ist, konvergiert die Fourier-Reihe

$$FR(x) = \frac{4h}{\pi} \sum_{k=0}^{\infty} \frac{\sin[(2k+1)x]}{2k+1}$$

von $f$ für alle $x \in \mathbb{R}$. Für $x \neq \pi k,\ k \in \mathbb{Z}$, konvergiert die Fourier-Reihe gegen $f(x)$. An den Sprungstellen $x = \pi k,\ k \in \mathbb{Z}$, konvergiert die Fourier-Reihe gegen

$$\frac{f(k\pi+) + f(k\pi-)}{2} = 0 = f(k\pi).$$

(13) Wir veranschaulichen die Approximationen von $f$ in (12) durch Partialsummen

$$s_{2m+1}(x) = \frac{4h}{\pi}\left[\sin x + \tfrac{1}{3}\sin 3x + \ldots + \frac{1}{2m+1}\sin[(2m+1)x]\right].$$

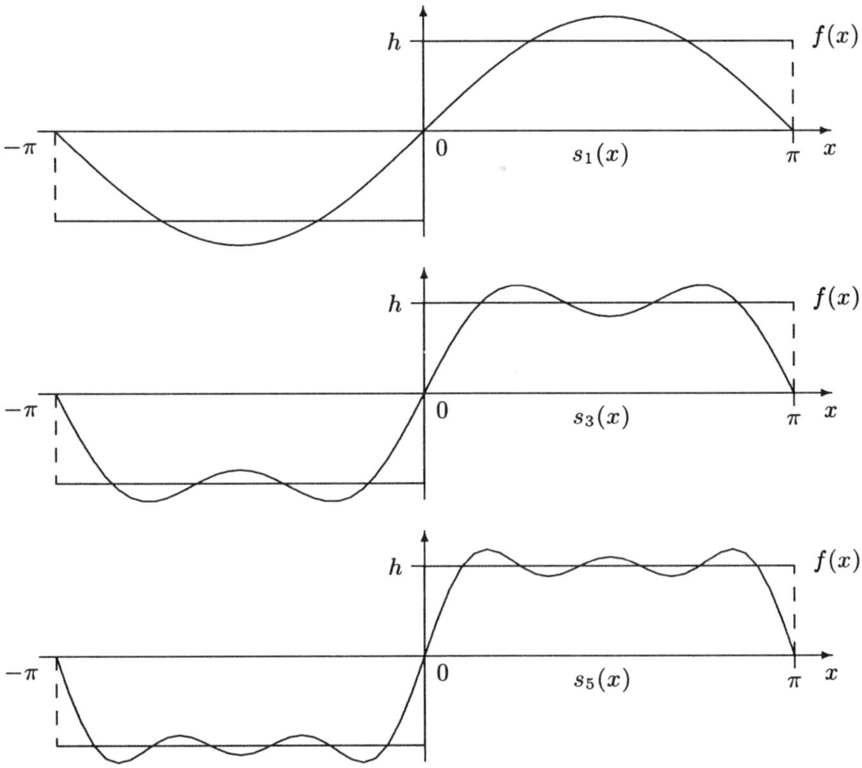


An den Sprungstellen von $f$ schießen auch bei beliebig großem $n$ die Partialsummen $s_n$ über den halben Sprung hinaus. Diese Erscheinung nennt man **Gibbs'sches Phänomen** nach JOSIAH WILLARD GIBBS (1839-1903).

Ist die Funktion $f$ periodisch mit der Periode $T > 0$ mit $T \neq 2\pi$, so sind obige Ergebnisse durch eine lineare Transformation direkt übertragbar. Die Fourier-Reihe von $f$ mit der Periode $T > 0$ lautet

$$f(x) \sim \frac{a_0}{2} + \sum_{n=1}^{\infty}\left(a_n \cos\frac{2\pi}{T}nx + b_n \sin\frac{2\pi}{T}nx\right)$$

mit den Fourier-Koeffizienten

$$a_n = \frac{2}{T}\int_0^T f(x)\cos\Big(\frac{2\pi}{T}nx\Big)\,dx, \quad n = 0,1,2,\dots$$

$$b_n = \frac{2}{T}\int_0^T f(x)\sin\Big(\frac{2\pi}{T}nx\Big)\,dx, \quad n = 1,2,\dots$$

Für gerade bzw. ungerade Funktionen gelten wieder Vereinfachungen analog zu oben.

**Beispiele:**

(14) Für $T > 0$ sei $f(x) = |\cos\frac{\pi}{T}x|$, $x \in \mathbb{R}$. Es ist $f$ periodisch mit der Periode $T$. Da $f$ gerade ist, lauten die Fourier-Koeffizienten

$$b_n = 0 \quad \text{für } n \in \mathbb{N}$$

$$a_0 = \frac{2}{T}\int_0^T f(x)\,dx = \frac{4}{T}\int_0^{T/2}\cos\frac{\pi}{T}x\,dx = \frac{4}{\pi}$$

$$a_n = \frac{2}{T}\int_0^T f(x)\cos\Big(\frac{2\pi}{T}nx\Big)\,dx = \frac{4}{T}\int_0^{T/2}\cos\frac{\pi}{T}x\cdot\cos\Big(\frac{2\pi}{T}nx\Big)\,dx.$$

Ausführung der Integration liefert

$$a_n = \frac{4}{\pi}\frac{(-1)^n}{1-4n^2}, \quad n \in \mathbb{N}.$$

Da $f$ stetig und stückweise glatt ist, gilt

$$|\cos\frac{\pi}{T}x| = \frac{4}{\pi}\Big[\frac{1}{2} + \sum_{n=1}^{\infty}\frac{(-1)^{n+1}}{4n^2-1}\cos\Big(\frac{2\pi}{T}nx\Big)\Big], \quad x \in \mathbb{R}\,.$$

Für $x = 0$ folgt

$$\sum_{n=1}^{\infty}\frac{(-1)^{n+1}}{4n^2-1} = \frac{\pi}{4} - \frac{1}{2}.$$

Eine Fourier-Reihe lässt sich auch in **komplexer Schreibweise** darstellen. Basierend auf der Eulerschen Formel $e^{it} = \cos t + i\sin t$, $t \in \mathbb{R}$, definieren wir für $n \in \mathbb{Z}$ das komplexe Integral

$$\int_{-\pi}^{\pi} f(x)e^{inx}\,dx = \int_{-\pi}^{\pi} f(x)\cos nx\,dx + i\int_{-\pi}^{\pi} f(x)\sin nx\,dx.$$

Die Fourier-Reihe einer stückweise glatten, $2\pi$-periodischen Funktion lässt sich dann schreiben in der komplexen Form

$$FR(x) = \sum_{n=-\infty}^{\infty} c_n e^{inx}, \quad x \in \mathbb{R}$$

wobei unter der Summe der Grenzwert $\lim_{N\to\infty}\sum_{n=-N}^{N} c_n e^{inx}$ zu verstehen ist. Die **komplexen Fourier-Koeffizienten** $c_n$ haben die Darstellung

$$c_n = \frac{1}{2\pi}\int_{-\pi}^{\pi} f(x)e^{-inx}\,dx, \quad n \in \mathbb{Z}.$$

## TESTS

**T28.1:** Die Funktion $g:\ \mathbb{R}\to\mathbb{R}$ mit $D(g)=[-1,1]$ und
$g(x)=\begin{cases} x^2 & \text{für } x\in[-1,0] \\ \sqrt{x} & \text{für } x\in(0,1]\end{cases}$ sei gegeben. Dann gilt

( ) $g$ ist stückweise stetig

( ) $g$ ist stetig

( ) $g$ ist beschränkt

( ) $g$ ist stückweise glatt.

**T28.2:** Sei $f$ eine $2\pi$-periodische Funktion, die auf $[0,2\pi]$ stückweise glatt ist. Dann gilt:

( ) Die Fourier-Reihe von $f$ konvergiert punktweise.

( ) Die Fourier-Reihe von $f$ konvergiert punktweise gegen $f$ für alle $x\in\mathbb{R}$.

( ) Auf jedem abgeschlossenen Intervall, in dem $f$ stetig ist, konvergiert die Fourier-Reihe gleichmäßig gegen $f$.

**T28.3:** Sei $f:\mathbb{R}\to\mathbb{R}$ mit $D(f)=\mathbb{R}$ die $2\pi$-periodische Fortsetzung der durch $f_1:\ \mathbb{R}\to\mathbb{R}$ mit $D(f_1)=[-\pi,\pi)$ und $f_1(x)=\sqrt{x+\pi}$ gegebenen Funktion. Dann gilt

( ) $f$ ist stetig auf $[-2\pi,2\pi]$

( ) $f$ ist stückweise stetig auf $[-2\pi,2\pi]$

( ) $f$ ist glatt auf $[-2\pi,2\pi]$

( ) $f$ ist stückweise glatt auf $[-2\pi,2\pi]$.

**T28.4:** Für die Funktion $f:\ \mathbb{R}\to\mathbb{R}$ mit $D(f)=\mathbb{R}$ und $f(x)=\sin\frac{2}{3}x$ gilt

( ) $f$ hat die Periode $T=\frac{2}{3}\pi$

( ) $f$ hat die Periode $T=\frac{3}{2}\pi$

( ) $f$ hat die Periode $T=3\pi$

( ) $\sin\frac{2}{3}x$ ist die Fourier-Reihe von $f$.

**T28.5:** Seien $f, g: \mathbb{R} \to \mathbb{R}$ mit $D(f) = D(g) = \mathbb{R}$ ungerade, $2\pi$-periodische, integrierbare Funktionen. Dann gilt für $f + g$ und $f \cdot g$ sowie für die Fourier-Koeffizienten $a_n$ und $b_n$ von $f$

( ) $f(x + 2\pi) = -f(-x),\ x \in \mathbb{R}$

( ) $f + g: \mathbb{R} \to \mathbb{R}$ mit $D(f + g) = \mathbb{R}$ ist eine ungerade, $2\pi$-periodische Funktion

( ) $f \cdot g: \mathbb{R} \to \mathbb{R}$ mit $D(f \cdot g) = \mathbb{R}$ ist eine ungerade, $2\pi$-periodische Funktion

( ) $a_n = \frac{1}{\pi}\int_0^{2\pi} f(x)\cos nx\,dx = 0$ für alle $n \in \mathbb{N}_0$

( ) $b_n = \frac{1}{\pi}\int_0^{2\pi} f(x)\sin nx\,dx = 0$ für alle $n \in \mathbb{N}$.

## ÜBUNGEN

**Ü28.1:** Sei $g: \mathbb{R} \to \mathbb{R}$ mit $D(g) = \mathbb{R}$, die $2\pi$-periodische Fortsetzung der durch $g_1: \mathbb{R} \to \mathbb{R}$ mit $D(g_1) = [-\pi, \pi)$ und $g_1(x) = e^x$ gegebenen Funktion.

a) Skizzieren Sie $g$ auf dem Intervall $[-3\pi, 3\pi]$

b) Bestimmen Sie die Fourier-Koeffizienten von $g$.

c) Gegen welche Funktion konvergiert die Fourier-Reihe von $g$?

d) Wie verändern sich Fourier-Koeffizienten, wenn $g_1$ durch $g_2: \mathbb{R} \to \mathbb{R}$ mit $D(g_2) = [-\pi, \pi)$ und $g_2(x) = e^{|x|}$ ersetzt wird?

**Ü28.2:** Berechnen Sie die Fourier-Koeffizienten der Funktionen

a) $\cos(x + \frac{\pi}{4}),\ x \in \mathbb{R}$

b) $|\sin x|,\ x \in \mathbb{R}$.

**Ü28.3:** Sei $f: \mathbb{R} \to \mathbb{R}$ mit $D(f) = [0, \pi]$ und $f(x) = x^2$. Seien $g: \mathbb{R} \to \mathbb{R}$ mit $D(g) = \mathbb{R}$ die gerade, $2\pi$-periodische, und $h: \mathbb{R} \to \mathbb{R}$ mit $D(h) = \mathbb{R}$ die ungerade, $2\pi$-periodische Fortsetzung von $f$ (wobei $h$ an den Sprungstellen Null gesetzt werde).

a) Skizzieren Sie $g$ und $h$.

b) Bestimmen Sie die Fourier-Reihen von $g$ und $h$.

Gegen welche Funktionen konvergieren die Fourier-Reihen?

c) Leiten Sie aus der Fourier-Reihe von $g$ eine Reihenentwicklung für $\frac{\pi^2}{12}$ ab.

**Ü28.4:** Sei $f : \mathbb{R} \to \mathbb{R}$ mit $D(f) = \mathbb{R}$ und $T = 1$ die $T$-periodische Fortsetzung der durch $f_1 : \mathbb{R} \to \mathbb{R}$ mit $D(f_1) = [0, 1)$ und $f_1(x) = \cosh(2\pi x)$ gegebenen Funktion.

a) Bestimmen Sie die Fourier-Koeffizienten von $f$.

b) Gegen welche Funktion konvergiert die Fourier-Reihe von $f$?

**Ü28.5:** Sei $f : \mathbb{R} \to \mathbb{R}$ mit $D(f) = \mathbb{R}$ und $T = 2$ die $T$-periodische Fortsetzung der durch $f_1 : \mathbb{R} \to \mathbb{R}$ mit $D(f_1) = [-1, 1)$ und

$$f_1(x) = \begin{cases} -\pi^2 x(1+x) & \text{für } -1 \leq x \leq 0 \\ \pi^2 x(1-x) & \text{für } 0 < x < 1 \end{cases} \quad \text{gegebenen Funktion.}$$

a) Skizzieren Sie die Funktion $f$ auf dem Intervall $I = [-3, 3]$.

b) Bestimmen Sie die Fourier-Koeffizienten von $f$.

c) Untersuchen Sie, ob die Fourier-Reihe von $f$ konvergiert und bestimmen Sie gegebenenfalls die Grenzfunktion.

d) Bestimmen Sie den Wert der Summe $\sum_{n=1}^{\infty} \frac{1}{n^2}$.

# 29 Reelle Funktionen mehrerer Veränderlicher

Wir betrachten in diesem und den folgenden Kapiteln Funktionen von mehreren Veränderlichen. Eine reelle Funktionen von $n$ Veränderlichen hat als Definitionsmenge eine Teilmenge des **$n$-dimensionalen Punktraums**

$$\mathbb{R}^n = \left\{X : \; X = (x_1, x_2, \ldots, x_n), \; x_1 \in \mathbb{R}, \ldots, x_n \in \mathbb{R}\right\} .$$

Es ist die Menge aller geordneten $n$-Tupel $(x_1, \ldots, x_n)$ von $n$ reellen Zahlen.

Wir haben diesen Raum als $n$-dimensionalen Vektorraum in Kapitel 9 kennengelernt und übernehmen von dort auch die Rechenoperationen **Multiplikation** mit einem **Skalar**, **Addition** und das **Skalarprodukt** sowie die zugehörigen Rechenregeln. Im Unterschied zu Kapitel 9 werden wir hier allerdings die $n$-Tupel mit großen lateinischen Buchstaben $X$, $Y$, ... bezeichnen und den **Betrag** (die **euklidische Norm**) mit doppelten Betragstrichen:

$$\|X\| = \sqrt{x_1^2 + x_2^2 + \ldots + x_n^2}$$

Wir bezeichnen weiterhin mit $O = (0, 0, \ldots, 0)$ das Element, bei dem alle Komponenten Null sind. Es ist $X = O$ genau dann, wenn $\|X\| = 0$. Für $c \in \mathbb{R}$ gilt $\|cX\| = |c| \cdot \|X\|$, und es gilt die

**Dreiecksungleichung**

$$\|X + Y\| \leq \|X\| + \|Y\| \quad \text{für } X, Y \in \mathbb{R}^n,$$

sowie die

**Cauchy-Schwarzsche Ungleichung**

$$|X \cdot Y| \leq \|X\| \cdot \|Y\| \quad \text{für } X, Y \in \mathbb{R}^n.$$

**Definition 29.1** *Ist $X_0 \in \mathbb{R}^n$, so heißt für jedes $\varepsilon > 0$ die Menge*

$$U_\varepsilon(X_0) = \{X : \; X \in \mathbb{R}^n, \; \|X - X_0\| < \varepsilon\}$$

*eine* **$\varepsilon$-Umgebung** *von $X_0$. Eine Menge $U(X_0)$, die eine $\varepsilon$-Umgebung von $X_0$ enthält, heißt* **Umgebung** *von $X_0$.*

**Definition 29.2**

*(i)* $X_0 \in \mathbb{R}^n$ *heißt* **innerer Punkt** *einer Menge* $M \subset \mathbb{R}^n$*, wenn es eine* $\varepsilon$*-Umgebung von* $X_0$ *gibt, die ganz in* $M$ *liegt. Die Menge* $\underline{M}$ *der inneren Punkte von* $M$ *heißt* **Inneres** *von* $M$.

*(ii)* $X_0 \in \mathbb{R}^n$ *heißt* **Randpunkt** *einer Menge* $M \subset \mathbb{R}^n$*, wenn jede* $\varepsilon$*-Umgebung von* $X_0$ *mindestens einen Punkt aus* $M$ *und mindestens einen Punkt, der nicht zu* $M$ *gehört, enthält. Die Menge* $\partial M$ *der Randpunkte von* $M$ *heißt der* **Rand** *von* $M$.

*(iii)* *Die Menge* $\overline{M} = M \cup \partial M$ *heißt* **abgeschlossene Hülle** *von* $M$.

**Definition 29.3**

*(i)* *Eine Menge* $M \subset \mathbb{R}^n$ *heißt* **offen**, *wenn jeder Punkt von* $M$ *ein innerer Punkt ist.*

*(ii)* *Eine Menge* $M \subset \mathbb{R}^n$ *heißt* **abgeschlossen**, *wenn ihr Rand* $\partial M$ *zu* $M$ *gehört.*

*(iii)* *Eine Menge* $M \subset \mathbb{R}^n$ *heißt* **beschränkt**, *wenn es eine Zahl* $r > 0$ *gibt, so dass* $\|X\| \leq r$ *für alle* $X \in M$.

*(iv)* *Eine Menge* $M \subset \mathbb{R}^n$ *heißt* **kompakt**, *wenn* $M$ *abgeschlossen und beschränkt ist.*

**Bemerkungen und Ergänzungen:**

(1) Im $\mathbb{R}^1$ ist $U_\varepsilon(X_0)$ das „offene" Intervall $(X_0 - \varepsilon, X_0 + \varepsilon)$.
Im $\mathbb{R}^2$ ist $U_\varepsilon(X_0)$ die „offene" Kreisscheibe mit Mittelpunkt $X_0$ und Radius $\varepsilon$.
Im $\mathbb{R}^3$ ist $U_\varepsilon(X_0)$ die „offene" Kugel mit Mittelpunkt $X_0$ und Radius $\varepsilon$.

(2) Statt Inneres $\underline{M}$ von $M$ nennt man $\underline{M}$ auch (offener) Kern der Menge $M$. Es ist $\underline{M}$ eine offene Menge.

(3) Eine Menge $M$ ist genau dann offen, wenn $M = \underline{M}$.

(4) Für eine abgeschlossene Menge gilt: $\partial M \subset M$. Der Rand $\partial M$ ist abgeschlossen.

(5) $\underline{M} \cap \partial M = \emptyset$.

(6) Die abgeschlossene Hülle $\overline{M}$ ist eine abgeschlossene Menge.

(7) Eine Menge $M$ ist genau dann abgeschlossen, wenn $M = \overline{M}$.

(8) Für $A = (a_1, \dots, a_n) \in \mathbb{R}^n$ und $B = (b_1, \dots, b_n) \in \mathbb{R}^n$ mit $a_i < b_i$, $i = 1, \dots, n$, heißt die Punktmenge

(i) $(A,B) = \{X : X = (x_1, \dots, x_n),\ a_i < x_i < b_i,\ i = 1, \dots, n\}$ **offenes Intervall** im $\mathbb{R}^n$.

(ii) $[A,B] = \{X : X = (x_1, \dots, x_n),\ a_i \leq x_i \leq b_i,\ i = 1, \dots, n\}$ **abgeschlossenes Intervall** im $\mathbb{R}^n$.

**Beispiele:**

(9) Sei $M = \{X : X \in \mathbb{R}^2,\ x_1 \geq 0,\ x_2 \geq 0\}$. Es ist $M$ abgeschlossen, nicht beschränkt, nicht kompakt. Der Punkt $A = (1,1)$ ist innerer Punkt, der Punkt $B = (2,0)$ ist Randpunkt.

(10) Für $\varepsilon > 0$ ist die Menge $M = U_\varepsilon(0) = \{X : X \in \mathbb{R}^2,\ x_1^2 + x_2^2 < \varepsilon^2\}$ offen, beschränkt, nicht kompakt. Der Rand ist $\partial M = \{X : X \in \mathbb{R}^2,\ x_1^2 + x_2^2 = \varepsilon^2\}$. Es ist $M = \underline{M}$.

(11) Für $\varepsilon > 0$ ist die Menge $M = \{X : X \in \mathbb{R}^2,\ x_1^2 + x_2^2 \leq \varepsilon^2\}$ abgeschlossen, beschränkt, kompakt. Der Rand ist $\partial M = \{X : X \in \mathbb{R}^2,\ x_1^2 + x_2^2 = \varepsilon^2\}$. Es ist $\underline{M} = U_\varepsilon(0)$ und $\overline{M} = M$.

(12) Für $\varepsilon > 0$ ist die Menge $M = \{X : X \in \mathbb{R}^2,\ x_1^2 + x_2^2 = \varepsilon^2\}$ abgeschlossen, beschränkt und kompakt. Es ist $\partial M = M = \overline{M}$ und $\underline{M} = \emptyset$.

(13) Für $a < b$ und $c < d$ ist die Menge

$$M = \{X : X \in \mathbb{R}^2,\ a < x_1 \leq b,\ c < x_2 \leq d\}$$

weder offen noch abgeschlossen.

(14) $\mathbb{R}^n$ und die leere Menge $\emptyset$ sind offen und auch abgeschlossen.

Sei $M$ eine Menge von Elementen aus dem $\mathbb{R}^n$. Ordnet man jeder natürlichen Zahl $k \in \mathbb{N}$ ein Element $X_k \in M$ zu, so entsteht eine Folge $(X_k)_{k\in\mathbb{N}}$ im $\mathbb{R}^n$.

**Definition 29.4** *Eine Folge $(X_k)_{k\in\mathbb{N}}$ von Elementen $X_k \in \mathbb{R}^n$, $k \in \mathbb{N}$, heißt* **konvergent**, *wenn ein $X \in \mathbb{R}^n$ existiert mit folgender Eigenschaft: Zu jedem $\varepsilon > 0$ gibt es ein $N(\varepsilon) \in \mathbb{N}$, so dass*

$$\|X_k - X\| < \varepsilon$$

*für alle natürlichen Zahlen $k \geq N(\varepsilon)$. Dann heißt $X$ der* **Grenzwert** *der Folge und man schreibt $X = \lim_{k\to\infty} X_k$ oder $X_k \to X$ für $k \to \infty$. Eine Folge, die nicht konvergiert, heißt* **divergent**.

**Satz 29.1** *Die Folge $(X_k)_{k\in\mathbb{N}}$ von Elementen $X_k = (x_1^k, x_2^k, \dots, x_n^k) \in \mathbb{R}^n$ ist genau dann konvergent gegen den Grenzwert $X = (x_1, x_2, \dots, x_n) \in \mathbb{R}^n$, falls für jedes feste $i$, $i = 1, \dots, n$, die Folgen $(x_i^k)_{k\in\mathbb{N}}$ der Komponenten konvergieren mit $\lim_{k\to\infty} x_i^k = x_i$.*

**Bemerkungen und Ergänzungen:**

(15) Um die Folge $(X_k)_{k\in\mathbb{N}}$ von Elementen $X_k \in \mathbb{R}^n$ auf Konvergenz zu untersuchen, kann man die $n$ Folgen $(x_i^k)_{k\in\mathbb{N}}$, $i = 1, \dots, n$, reeller Zahlen auf Konvergenz untersuchen (koordinatenweise Konvergenz).

(16) Für Konvergenzuntersuchungen der Folge $(X_k)_{k\in\mathbb{N}}$, $X_k \in \mathbb{R}^n$, lassen sich damit die Aussagen aus Kapitel 14 über reelle Zahlenfolgen heranziehen.

**Beispiele:**

(17) In der Folge $(X_k)_{k\in\mathbb{N}}$ sei $X_k = \left(\frac{2k^3+1}{k^3+2k-1},\ \left(1+\frac{1}{k}\right)^k,\ \frac{k!}{k^k}\right) \in \mathbb{R}^3$. Es herrscht koordinatenweise Konvergenz, so dass die Folge konvergent ist mit dem Grenzwert

$$X = (2, e, 0).$$

(18) In der Folge $(X_k)_{k\in\mathbb{N}}$ sei $X_k = \left(\frac{1}{k!},\ \sum_{l=1}^{k} \frac{1}{l}\right) \in \mathbb{R}^2$. Da die Folge $\left(\sum_{l=1}^{k} \frac{1}{l}\right)_{k\in\mathbb{N}}$ der zweiten Komponenten divergent ist, ist die Folge $(X_k)_{k\in\mathbb{N}}$ divergent.

**Definition 29.5** *Eine Vorschrift $f$, die jedem Element $X = (x_1, \dots, x_n)$ einer Teilmenge $D(f) \subset \mathbb{R}^n$ genau ein Element $y = f(X) = f(x_1, \dots, x_n) \in \mathbb{R}$ zuordnet, heißt* **reelle Funktion von $n$ reellen Veränderlichen**.

**Bemerkungen und Ergänzungen:**

(19) Eine reelle Funktion von $n$ Veränderlichen ist also eine Abbildung $f: \mathbb{R}^n \to \mathbb{R}$ mit der Definitionsmenge $D(f) \subset \mathbb{R}^n$ und der Bildmenge $B(f) = \{y : y = f(X),\ X \in D(f)\} \subset \mathbb{R}$.

(20) Im Fall $n = 2$ kann man $f$ geometrisch veranschaulichen.

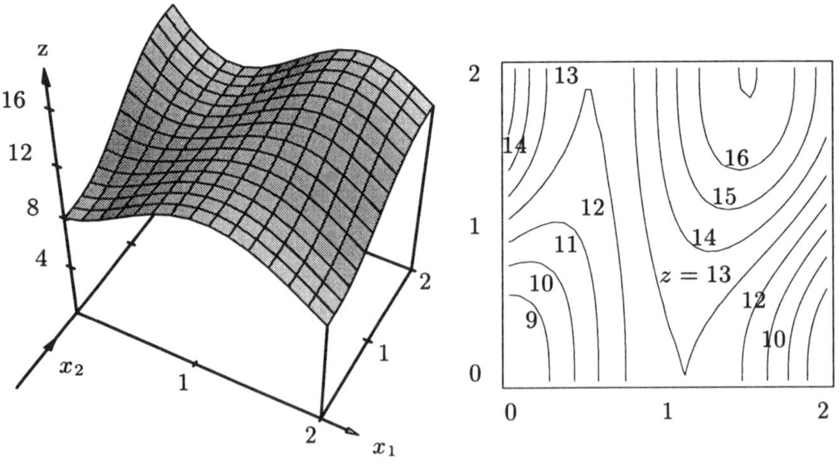

Schreiben wir $z = f(x_1, x_2)$, so lässt sich der Graph $\{(x_1, x_2, z) : (x_1, x_2) \in D(f),\ z = f(x_1, x_2)\}$ im $x_1$-$x_2$-$z$-Koordinatensystem darstellen („Gebirge" über der $x_1$-$x_2$-Ebene). Hilfreich sind auch die Niveaumengen (Höhenlinien)

$$\{X :\ X \in D(f),\ f(X) = c\}$$

zum Niveau $c \in \mathbb{R}$, auf denen $f$ konstant gleich $c$ ist.

**Beispiele:**

(21) Die Norm von $X \in \mathbb{R}^n$ ist eine reelle Funktion von $n$ Veränderlichen, $f : \mathbb{R}^n \to \mathbb{R}$ mit $D(f) = \mathbb{R}^n$ und

$$f(X) = \|X\| = \sqrt{x_1^2 + x_2^2 + \ldots + x_n^2}.$$

(22) Sei $f : \mathbb{R}^2 \to \mathbb{R}$ mit $D(f) = \mathbb{R}^2$ und $f(x_1, x_2) = x_1^2 + x_2^2$. Der Graph lässt sich als Fläche über der $x_1$-$x_2$-Ebene darstellen, die Niveaumengen sind Kreise.

Ein Punkt $X_0 \in \mathbb{R}^n$ heißt **Häufungspunkt** einer Menge $M \subset \mathbb{R}^n$, wenn in jeder $\varepsilon$-Umgebung von $X_0$ unendlich viele Elemente aus $M$ liegen. Dabei muss $X_0$ nicht zu $M$ gehören.

Ist $X_0 \in \mathbb{R}^n$ Häufungspunkt von $M$ so gibt es eine Folge $(X_k)_{k\in\mathbb{N}}$ mit $X_k \in M$ und $X_k \neq X_0$ für $k \in \mathbb{N}$, die gegen $X_0$ konvergiert.

**Definition 29.6** *Sei $f :\ \mathbb{R}^n \to \mathbb{R}$ mit der Definitionsmenge $D(f)$ eine reelle Funktion von $n$ Veränderlichen und sei $X_0 \in \mathbb{R}^n$ ein Häufungspunkt von $D(f)$. Existiert ein $c \in \mathbb{R}$, so dass für* **jede** *Folge $(X_k)_{k\in\mathbb{N}}$ mit*

$$X_k \in D(f),\ X_k \neq X_0,\ \lim_{k\to\infty} X_k = X_0$$

*die Beziehung*

$$\lim_{k\to\infty} f(X_k) = c$$

*gilt, so hat $f$ an der Stelle $X_0$ den* **Grenzwert** *$c$.*

**Bemerkungen und Ergänzungen:**

(23) Hat $f$ an $X_0$ den Grenzwert $c$, so schreibt man auch $\lim_{X\to X_0} f(X) = c$ oder $f(X) \to c$ für $X \to X_0$.

(24) Es muss $X_0$ nicht zu $D(f)$ gehören, es muss also $f(X_0)$ nicht definiert sein. Die Definition des Grenzwertes nimmt nicht auf $f(X_0)$ bezug. Existiert der Grenzwert, so ist er eindeutig.

(25) Im $\mathbb{R}^2$ schreiben wir im Folgenden statt $X = (x_1, x_2) \in \mathbb{R}^2$ oft $X = (x, y) \in \mathbb{R}^2$.

**Beispiele:**

(26) Sei $M = \{X : X = (x,y) \in \mathbb{R}^2,\ 0 \le x < 1,\ 0 < y < 1\} \cup \{X : X = (x,y) \in \mathbb{R}^2,\ 0 \le x < 2,\ y = 1\}$

Die Menge der Häufungspunkte von $M$ ist

$$H = \{X : X = (x,y) \in \mathbb{R}^2, 0 \le x \le 1,\ 0 \le y \le 1\} \cup \{X : X = (x,y) \in \mathbb{R},\ 1 < x \le 2,\ y = 1\}.$$

(27) Sei $f : \mathbb{R}^2 \to \mathbb{R}$ mit $D(f) = \mathbb{R}^2 \backslash \{(0,0)\}$ und

$$f(x,y) = \frac{x^2y^2}{x^2+y^2}$$

An der Stelle $X_0 = (0,0) \notin D(f)$, die Häufungspunkt von $D(f)$ ist, hat $f$ den Grenzwert $c = 0$. Denn für jede Folge $(X_k)_{k\in\mathbb{N}}$ mit $X_k = (x_k, y_k) \in D(f)$, $(x_k, y_k) \neq (0,0)$, $\lim_{k\to\infty}(x_k, y_k) = (0,0)$ gilt

$$|f(x_k,y_k) - c| = \left|\frac{x_k^2y_k^2}{x_k^2+y_k^2} - 0\right| \le \left|\frac{x_k^2y_k^2}{x_k^2}\right| = |y_k^2| \to 0$$

für $(x_k, y_k) \to (0,0)$.

(28) Sei $f : \mathbb{R}^2 \to \mathbb{R}$ mit $D(f) = \mathbb{R}^2 \backslash \{(0,0)\}$ und

$$f(x,y) = \frac{x^2-y^2}{x^2+y^2}$$

An der Stelle $X_0 = (0,0) \notin D(f)$, die Häufungspunkt von $D(f)$ ist, hat $f$ keinen Grenzwert. Zum Beweis betrachten wir einmal Folgen $(X_k)_{k\in\mathbb{N}} = ((x_k, 0))_{k\in\mathbb{N}}$ mit $(x_k, 0) \neq (0,0)$, $\lim_{k\to\infty}(x_k, 0) = (0,0)$. Wegen $f(X_k) = 1$ für alle $k$ ist $\lim_{k\to\infty} f(X_k) = 1$. Zum anderen betrachten wir Folgen $(X_k)_{k\in\mathbb{N}} = ((0, y_k))_{k\in\mathbb{N}}$ mit $(0, y_k) \neq (0,0)$, $\lim_{k\to\infty}(0, y_k) = (0,0)$. Wegen $f(X_k) = -1$ für alle $k$ ist $\lim_{k\to\infty} f(X_k) = -1$. Beide Grenzwerte existieren zwar, sind aber verschieden. Also hat $f$ an $(0,0)$ keinen Grenzwert.

**Definition 29.7** *Eine Funktion $f : \mathbb{R}^n \to \mathbb{R}$ mit der Definitionsmenge $D(f)$ heißt* **stetig** *an der Stelle $X_0 \in D(f)$, wenn für jede Folge $(X_k)_{k\in\mathbb{N}}$ mit*

$$X_k \in D(f),\quad \lim_{k\to\infty} X_k = X_0 \qquad \textit{gilt} \qquad \lim_{k\to\infty} f(X_k) = f(X_0).$$

*Es heißt $f$* **stetig auf** *$M \subset D(f)$, falls $f$ stetig ist an allen Stellen $X_0 \in M$.*

**Bemerkungen und Ergänzungen:**

(29) Es heißt $f$ stetig, falls $f$ stetig auf $D(f)$ ist. Im Gegensatz zur Grenzwertdefinition ist $X_0 \in D(f)$ gefordert, $f(X_0)$ muss also definiert sein. Ist $f$ stetig an $X_0$, so ist $\lim_{X\to X_0} f(X) = f(\lim_{X\to X_0} X)$.

(30) Die Funktion $f$ heißt unstetig an der Stelle $X_0 \in D(f)$, wenn sie nicht stetig an $X_0$ ist. Dann gibt es (mindestens) eine Folge $(X_k)_{k\in\mathbb{N}}$ mit $X_k \in D(f)$ und $\lim_{k\to\infty} X_k = X_0$, für die die Bildfolge $(f(X_k))_{k\in\mathbb{N}}$ nicht konvergent oder aber konvergent gegen einen Wert $c \neq f(X_0)$ ist.

**Beispiele:**

(31) Sei $f: \mathbb{R}^2 \to \mathbb{R}$ mit $D(f) = \mathbb{R}^2$ und

$$f(x,y) = \begin{cases} \dfrac{x^2y^2}{x^2+y^2} & \text{für } (x,y) \neq (0,0) \\ 0 & \text{für } (x,y) = (0,0) \end{cases}$$

Es ist $f$ stetig an der Stelle $X_0 = (0,0) \in D(f)$ wie Beispiel (27) zeigt.

(32) Sei $f: \mathbb{R}^2 \to \mathbb{R}$ mit $D(f) = \mathbb{R}^2$ und

$$f(x,y) = \begin{cases} \dfrac{xy}{x^2+y^2} & \text{für } (x,y) \neq (0,0) \\ 0 & \text{für } (x,y) = (0,0). \end{cases}$$

Es ist $f$ nicht stetig an der Stelle $X_0 = (0,0) \in D(f)$. Betrachten wir nämlich Folgen $(X_k)_{k\in\mathbb{N}} = ((x_k,0))_{k\in\mathbb{N}}$ mit $(x_k,0) \neq (0,0)$ und $\lim_{k\to\infty}(x_k,0) = (0,0)$, so ist $f(X_k) = 0$ für alle $k$ und damit $\lim f(X_k) = 0$. Betrachten wir andererseits Folgen $(X_k)_{k\in\mathbb{N}} = ((x_k,x_k))_{k\in\mathbb{N}}$ (Winkelhalbierende) mit $(x_k,x_k) \neq (0,0)$ und $\lim_{k\to\infty}(x_k,x_k) = (0,0)$, so gilt $f(X_k) = \frac{1}{2}$ und damit $\lim_{k\to\infty} f(X_k) = \frac{1}{2}$.

**Satz 29.2** *Sind $f: \mathbb{R}^n \to \mathbb{R}$ mit $D(f) = D$ und $g: \mathbb{R}^n \to \mathbb{R}$ mit $D(g) = D$ stetig an $X_0$, so sind auch $c \cdot f$ für $c \in \mathbb{R}$, $f+g$, $f \cdot g$ und auch $\frac{f}{g}$, falls $g(X_0) \neq 0$, stetig an $X_0$.*

**Satz 29.3** *Sei $f: \mathbb{R}^n \to \mathbb{R}$ stetig auf $D(f)$ und $D(f)$ sei kompakt. Dann ist $f$ beschränkt und es besitzt $f$ ein Maximum und ein Minimum, d.h. es gibt $X^* \in D(f)$ mit $f(X^*) \geq f(X)$ und $X_* \in D(f)$ mit $f(X_*) \leq f(X)$ für alle $X \in D(f)$.*

## TESTS

**T29.1:** Sei $M = \{(x,y) \in \mathbb{R}^2 : 1 < x < 3,\ |y| \leq \frac{1}{x}\}$. Dann gilt

( ) $(1,1)$ ist innerer Punkt von $M$

( ) $(1,1)$ ist Häufungspunkt von $M$

( ) $M$ ist beschränkt

( ) $M$ ist kompakt.

**T29.2:** Seien $M_1 = [(0,0),(2,2)]$, $M_2 = ((1,1),(3,3))$. Dann gilt

( ) $M_1 \cap M_2$ ist abgeschlossen

( ) $M_2$ ist kompakt

( ) $M_1 \cup M_2$ ist weder offen noch abgeschlossen

( ) $M_1 \backslash M_2$ ist gleich der Menge ihrer Häufungspunkte.

**T29.3:** Gegeben sei die Funktion $f : \mathbb{R}^2 \to \mathbb{R}$ mit $D(f) = \mathbb{R}^2$ und

$$f(x,y) = \begin{cases} \dfrac{x^2 y}{x^4 + y^2} & \text{für } (x,y) \neq (0,0) \\ 0 & \text{für } (x,y) = (0,0). \end{cases}$$

Dann gilt:

( ) Entlang einer beliebigen Geraden $G$ durch den Ursprung ist $\lim_{\substack{(x,y)\to(0,0) \\ (x,y)\in G}} f(x,y) = 0$.

( ) $\lim_{\substack{x\to 0 \\ x>0}} f(x,x^2) = 0$.

( ) $f$ ist stetig an der Stelle $(0,0)$.

**T29.4:** Eine stetige Funktion $f :\ \mathbb{R}^2 \to \mathbb{R}$ besitzt mindestens ein Maximum, wenn $D(f)$

( ) abgeschlossen ist

( ) beschränkt ist

( ) kompakt ist.

## ÜBUNGEN

**Ü29.1:** Skizzieren Sie die Mengen $M_i$, $i = 1, 2, 3$, und untersuchen Sie, ob sie offen, abgeschlossen, beschränkt bzw. kompakt sind. Prüfen Sie, ob $(0, 1)$ jeweils innerer Punkt bzw. Häufungspunkt ist.

a) $M_1 = \{(x, y) \in \mathbb{R}^2 : |xy| < 1, |x - 1| < 2\}$

b) $M_2 = \{(x, y) \in \mathbb{R}^2 : x + y = 1, (x - 1)^2 + y^2 < 4\}$

c) $M_3 = \{(x, y) \in \mathbb{R}^2 : 0 \le y \le \sin x, x \in [0, \pi]\}$

**Ü29.2:** Untersuchen Sie die vorgegebenen Folgen $(X_k)_{k\in\mathbb{N}}$ und $(Y_k)_{k\in\mathbb{N}}$ auf Konvergenz und bestimmen Sie gegebenenfalls den Grenzwert

a) $X_k = ((2 + \frac{1}{k}),\ -2,\ (1 - \frac{1}{k})^{2k})$

b) $Y_k = (k,\ (-1)^k,\ \frac{k^2}{2^k},\ \sin k\frac{\pi}{2})$.

**Ü29.3:** Sei $f : \mathbb{R}^2 \to \mathbb{R}$ mit $D(f) = \mathbb{R}^2 \backslash \{(x, y) \in \mathbb{R}^2 : y = 0\}$ und $f(x, y) = \frac{y^2+x^2}{y}$ eine reelle Funktion.

a) Skizzieren Sie die Höhenlinien von $f$. Bestimmen Sie die Schnitte von $f$ mit der Ebene mit $x = 0$ ($y$-$z$-Ebene) und der Ebene mit $y = 1$.

b) Ist $f$ stetig auf $D(f)$? Lässt sich $f$ auf $\mathbb{R}^2$ stetig fortsetzen?

**Ü29.4:** Gegeben seien die Funktionen $f : \mathbb{R}^2 \to \mathbb{R}$ und $g : \mathbb{R}^2 \to \mathbb{R}$ mit $D(f) = D(g) = \mathbb{R}^2$ und

$$f(x, y) = \begin{cases} \frac{xy^2}{x^2+y^4}, & \text{für } (x, y) \neq (0, 0) \\ 0 & \text{für } (x, y) = (0, 0) \end{cases},$$

$$g(x, y) = \begin{cases} y + x\cos(\frac{1}{y}) & \text{für } y \neq 0 \\ 0 & \text{für } y = 0. \end{cases}$$

Untersuchen Sie $f$ und $g$ auf Stetigkeit in ihren Definitionsbereichen.

**Ü29.5:** Sei $f : \mathbb{R}^2 \to \mathbb{R}$ eine reelle Funktion mit $D(f) = [0, 1] \times [0, 1]$ und $f(x, y) = \sqrt{y + 1 - x^2}$.

a) Skizzieren Sie den Graphen der Funktion $f$, indem Sie die Höhenlinien und Schnitte von $f$ mit der $x$-$z$-Ebene, $y$-$z$-Ebene und der Ebene mit $x = 1$ bestimmen.

b) Besitzt $f$ ein Maximum und ein Minimum? Begründen Sie Ihre Aussage und geben Sie gegebenenfalls die Maximal- und Minimalstellen mittels ihrer Graphenskizze an.

# 30 Differentiation von Funktionen mehrerer Veränderlicher

Die Ableitung einer reellen Funktion **einer** reellen Veränderlichen an einer Stelle $x_0 \in D(f)$ haben wir definiert als

$$f'(x_0) = \left.\frac{df}{dx}\right|_{x=x_0} = \lim_{x \to x_0} \frac{f(x) - f(x_0)}{x - x_0} = \lim_{h \to 0} \frac{f(x_0 + h) - f(x_0)}{h},$$

falls der Grenzwert existiert. Auf Funktionen mehrerer Veränderlicher lässt sich diese Definition nicht unmittelbar übertragen, da eine Division durch $X - X_0 = H \in \mathbb{R}^n$ nicht erklärt ist. Wir können jedoch analog eine **partielle Differentiation** erkären, wenn wir alle Variablen bis auf eine konstant halten und die resultierende Funktion nach eben dieser Variablen differenzieren.

**Definition 30.1** *Seien* $f : \mathbb{R}^n \to \mathbb{R}$ *und* $X_0 = (x_1^0, x_2^0, \ldots, x_n^0)$ *ein innerer Punkt von* $D(f)$. *Es heißt* $f$ *an* $X_0$ **partiell differenzierbar** *nach* $x_k$, $k = 1, \ldots, n$, *falls der Grenzwert*

$$\lim_{h \to 0} \frac{f(x_1^0, x_2^0, \ldots, x_{k-1}^0, x_k^0 + h, x_{k+1}^0, \ldots, x_n^0) - f(x_1^0, x_2^0, \ldots, x_n^0)}{h}$$

*existiert. Der Grenzwert heißt dann die* **partielle Ableitung** *von* $f$ *nach* $x_k$ *im Punkt* $X_0$ *und wird mit* $\left.\frac{\partial f}{\partial x_k}\right|_{X_0}$ *oder* $f_{x_k}(X_0)$ *bezeichnet.*

**Bemerkungen und Ergänzungen:**

(1) Veranschaulichung für den Fall $n = 2$ und $X = (x, y)$:

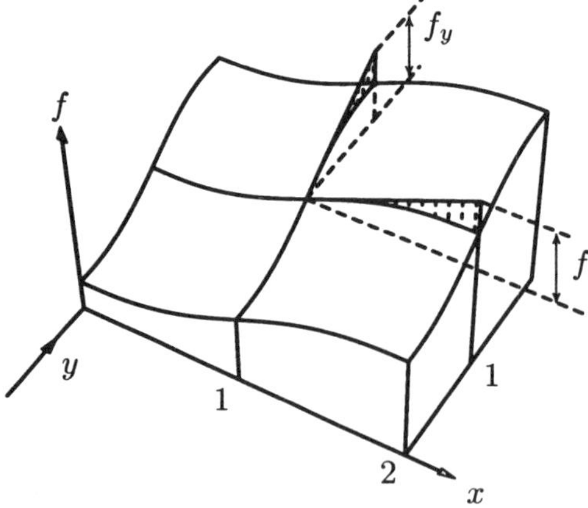

(2) Es ist $f$ partiell differenzierbar an der Stelle $X_0$, wenn alle partiellen Ableitungen $f_{x_k}(X_0)$ für $k = 1, 2, \ldots, n$ existieren. Es heißt $f$ partiell differenzierbar auf der offenen Menge $M \subset D(f)$, wenn $f$ an jedem Punkt von $M$ partiell differenzierbar ist. Für $M = D(f)$ heißt $f$ partiell differenzierbar.

(3) Man erhält also die partielle Ableitung nach einer Variablen, indem man die gewöhnliche Ableitung nach dieser Variablen bildet und dabei die anderen Variablen als Parameter festhält.

**Beispiele:**

(4) Sei $f: \mathbb{R}^2 \to \mathbb{R}$ mit $D(f) = \mathbb{R}^2$ und $f(x, y) = 2x^2 + y^2$ für $X = (x, y) \in D(f)$. Es ist

$$f_x(x, y) = 4x, \qquad f_y(x, y) = 2y.$$

(5) Sei $f: \mathbb{R}^2 \to \mathbb{R}$ mit $D(f) = \mathbb{R}^2$ und $f(x, y) = xy^2 \sin(x^2 y)$ für $X = (x, y) \in D(f)$. Es ist

$$\begin{aligned} f_x(x, y) &= y^2 \sin(x^2 y) + 2x^2 y^3 \cos(x^2 y) \\ f_y(x, y) &= 2xy \sin(x^2 y) + x^3 y^2 \cos(x^2 y). \end{aligned}$$

(6) Sei $f: \mathbb{R}^3 \to \mathbb{R}$ mit $D(f) = \mathbb{R}^3$ und $f(x, y, z) = x^3 + 4y^2 + y^2 z^3 + 1$ für $X = (x, y, z) \in D(f)$. Es ist

$$f_x = 3x^2, \quad f_y = 8y + 2yz^3, \quad f_z = 3y^2 z^2.$$

Ist $f$ partiell differenzierbar auf $M = \underline{D(f)} \subset \mathbb{R}^n$, dem Innern von $D(f)$, so ist $\dfrac{\partial f}{\partial x_k}$ wieder eine Abbildung von $M$ nach $\mathbb{R}$. Ist diese partiell differenzierbar nach $x_l$, so ergibt sich die partielle Ableitung zweiter Ordnung

$$\frac{\partial \left( \frac{\partial f}{\partial x_k} \right)}{\partial x_l} = \frac{\partial^2 f}{\partial x_k \partial x_l} = f_{x_k x_l}, \quad k, l = 1, \ldots, n.$$

Analog werden partielle Ableitungen höherer Ordnung gebildet.

**Beispiele:**

(7) Wir betrachten Beispiel (5) mit $f(x, y) = xy^2 \sin(x^2 y)$. Es ist

$$\begin{aligned} f_{xx}(x, y) &= 2xy^3 \cos(x^2 y) + 4xy^3 \cos(x^2 y) - 4x^3 y^4 \sin(x^2 y) \\ f_{xy}(x, y) &= 2y \sin(x^2 y) + x^2 y^2 \cos(x^2 y) + 6x^2 y^2 \cos(x^2 y) - 2x^4 y^3 \sin(x^2 y) \\ f_{yx}(x, y) &= 2y \sin(x^2 y) + 4x^2 y^2 \cos(x^2 y) + 3x^2 y^2 \cos(x^2 y) - 2x^4 y^3 \sin(x^2 y) \\ f_{yy}(x, y) &= 2x \sin(x^2 y) + 2x^3 y \cos(x^2 y) + 2x^3 y \cos(x^2 y) - x^5 y^2 \sin(x^2 y). \end{aligned}$$

**Bemerkungen und Ergänzungen:**

(8) Im Beispiel (7) ist $f_{xy} = f_{yx}$, die Reihenfolge der Ableitungen ist vertauschbar. Das folgende Beispiel zeigt, dass dies nicht immer gelten muss.

Sei $f: \mathbb{R}^2 \to \mathbb{R}$ mit $D(f) = \mathbb{R}^2$ und

$$f(x,y) = \begin{cases} \dfrac{xy^3}{x^2+y^2} & \text{für } (x,y) \neq (0,0) \\ 0 & \text{für } (x,y) = (0,0). \end{cases}$$

Es ist $f$ partiell differenzierbar auf $\mathbb{R}^2$ mit

$$f_x(x,y) = \begin{cases} \dfrac{y^5 - x^2y^3}{(x^2+y^2)^2} & \text{für } (x,y) \neq (0,0) \\ 0 & \text{für } (x,y) = (0,0) \end{cases}$$

$$f_y(x,y) = \begin{cases} \dfrac{3x^3y^2 + xy^4}{(x^2+y^2)^2} & \text{für } (x,y) \neq (0,0) \\ 0 & \text{für } (x,y) = (0,0). \end{cases}$$

Es folgt

$$f_{xy}(0,0) = \lim_{h\to 0} \frac{f_x(0,h) - f_x(0,0)}{h} = \lim_{h\to 0} \frac{h-0}{h} = 1$$

$$f_{yx}(0,0) = \lim_{h\to 0} \frac{f_y(h,0) - f_y(0,0)}{h} = \lim_{h\to 0} \frac{0-0}{h} = 0.$$

Demnach ist $f_{xy}(0,0) \neq f_{yx}(0,0)$.

(9) Zur Vertauschbarkeit der partiellen Ableitungen (vgl. (8)) gilt: Sei $f: \mathbb{R}^2 \to \mathbb{R}$ mit $D(f)$ offen. Sind $f, f_x, f_y, f_{xy}$ und $f_{yx}$ stetig auf $D(f)$, so gilt $f_{xy} = f_{yx}$ auf $D(f)$.

(10) Bei reellen Funktionen einer Veränderlichen folgt aus der Differenzierbarkeit von $f$ die Stetigkeit von $f$. Bei einer reellen Funktion von $n$ Veränderlichen folgt aus der Existenz aller partiellen Ableitungen nicht die Stetigkeit der Funktion.

**Definition 30.2** *Die Funktion $f: \mathbb{R}^n \to \mathbb{R}$ mit $D(f)$ offen sei an der Stelle $X_0 \in D(f)$ partiell differenzierbar nach jeder Variablen $x_k, k = 1, 2, \ldots, n$. Dann heißt*

$$\operatorname{grad} f(X_0) = (f_{x_1}(X_0), f_{x_2}(X_0), \ldots, f_{x_n}(X_0))$$

**Gradient** *von $f$ an der Stelle $X_0$.*

**Bemerkungen und Ergänzungen:**

(11) Statt grad $f(X_0)$ schreibt man auch $\nabla f(X_0)$ (lies: Nabla).

(12) Der Gradient von $f$ ist eine Abbildung grad $f: \mathbb{R}^n \to \mathbb{R}^n$.

Bisher haben wir mit der partiellen Differentiation nur das Verhalten einer Funktion in speziellen Richtungen untersucht. Es ist damit noch nicht berücksichtigt das Verhalten der Funktion in einer Umgebung $U(X_0)$ von $X_0$. Dies erfolgt in

**Definition 30.3** *Seien $f: \mathbb{R}^n \to \mathbb{R}$ und $X_0$ ein innerer Punkt von $D(f)$. Es heißt $f$* **differenzierbar an der Stelle** *$X_0$, wenn ein $A = (a_1, \ldots, a_n) \in \mathbb{R}^n$ existiert und es eine Funktion $g: \mathbb{R}^n \to \mathbb{R}$ gibt, die auf einer Umgebung $U(X_0)$ von $X_0$ definiert ist, so dass*

*(i)* $f(X) = f(X_0) + A \cdot (X - X_0) + \|X - X_0\| g(X)$ *für* $X \in U(X_0)$

*(ii)* $\lim\limits_{X \to X_0} g(X) = 0.$

*Ist $D(f)$ offen und ist $f$ differenzierbar an allen $X_0 \in D(f)$, so heißt $f$* **differenzierbar**.

**Bemerkungen und Ergänzungen:**

(13) Schreiben wir das Skalarprodukt $A \cdot (X - X_0)$ in (i) aus, so haben wir

$$f(X) - f(X_0) = \sum_{k=1}^{n} a_k (x_k - x_k^0) + \|X - X_0\| g(X) \quad \text{für } X \in U(X_0)$$

mit $g(X) \to 0$ für $X \to X_0$.

(14) Ist $f$ differenzierbar an $X_0$, so ist $a_k = f_{x_k}(X_0)$, $k = 1, \ldots, n$, in Definition 30.3, also $A = \text{grad } f(X_0)$.

(15) Schreiben wir $h(X) = \|X - X_0\| g(X)$ in (i), so gilt $\frac{h(X)}{\|X - X_0\|} \to 0$ für $X \to X_0$. Demnach strebt $h(X)$ „schneller“ gegen 0 als $\|X - X_0\|$ für $X \to X_0$. Für Funktionen $h$ mit dieser Eigenschaft schreibt man auch $o(\|X - X_0\|)$, so dass

$$f(X) - f(X_0) = \sum_{k=1}^{n} a_k (x_k - x_k^0) + o(\|X - X_0\|) \quad \text{für } X \in U(X_0).$$

(16) Ein nützliches Kriterium für Differenzierbarkeit gibt Satz 30.1, Eigenschaften differenzierbarer Funktionen sind in Satz 30.2 zusammengestellt.

**Satz 30.1** *Es ist $f: \mathbb{R}^n \to \mathbb{R}$ an einem inneren Punkt $X_0$ aus $D(f)$ differenzierbar, wenn alle partiellen Ableitungen von $f$ auf einer Umgebung von $X_0$ existieren und an $X_0$ stetig sind.*

**Satz 30.2**

*(i)* *Ist* $f: \mathbb{R}^n \to \mathbb{R}$ *differenzierbar an* $X_0$, *so ist* $f$ *auch stetig an* $X_0$.

*(ii)* *Sind* $f: \mathbb{R}^n \to \mathbb{R}$ *und* $g: \mathbb{R}^n \to \mathbb{R}$ *differenzierbar an* $X_0$, *so sind auch* $cf$ *für* $c \in \mathbb{R}$, $f+g$, $f \cdot g$ *und, falls* $g(X_0) \neq 0$, *auch* $\frac{f}{g}$ *differenzierbar an* $X_0$.

**Beispiel:**

(17) Sei $f: \mathbb{R}^2 \to \mathbb{R}$ mit $D(f) = \mathbb{R}^2$ und $f(x,y) = 2x^2 + y^2$. Für beliebiges $X_0 = (x_0, y_0) \in \mathbb{R}^2$ ist

$$f_x(X_0) = 4x_0, \qquad f_y(X_0) = 2y_0.$$

Die partiellen Ableitungen sind stetig auf $\mathbb{R}^2$, also ist $f$ differenzierbar an $X_0$ und es ist $A = (4x_0, 2y_0)$ in Definition 30.3.

**Bemerkungen und Ergänzungen:**

(18) Satz 30.1 erlaubt, die partiellen Ableitungen zur Prüfung auf Differenzierbarkeit heranzuziehen. Es ist zu beachten, dass aus der Existenz partieller Ableitungen allein nicht die Differenzierbarkeit folgt. Sei beispielsweise $f: \mathbb{R}^2 \to \mathbb{R}$ mit $D(f) = \mathbb{R}^2$ und

$$f(x,y) = \begin{cases} 1 & \text{für} \quad x < 0 \text{ und } y > 0 \\ 0 & \text{sonst.} \end{cases}$$

Es ist $f$ unstetig an $X_0 = (0,0)$, also ist $f$ nicht differenzierbar an $X_0$ nach Satz 30.2(i). Andererseits existieren die partiellen Ableitungen an $X_0$ mit $f_x(0,0) = 0$ und $f_y(0,0) = 0$.

(19) Vernachlässigen wir in (i) von Definition 30.3 wegen $\|X - X_0\| \to 0$ und $g(X) \to 0$ für $X \to X_0$ den Term $\|X - X_0\| g(X)$, so erhalten wir eine lineare Approximation

$$f(X) \approx f(X_0) + A \cdot (X - X_0) = f(X_0) + \operatorname{grad} f(X_0) \cdot (X - X_0)$$

der differenzierbaren Funktion $f$ in der Umgebung von $X_0$.

(20) Betrachten wir in (19) den Fall $n = 2$, so wird mit $X = (x,y)$, $X_0 = (x_0, y_0)$, $z = f(x,y)$, $z_0 = f(x_0, y_0)$ die lineare Approximation

$$z - z_0 \approx f_x(x_0, y_0)(x - x_0) + f_y(x_0, y_0)(y - y_0).$$

Setzen wir $\approx$ durch $=$, so stellt dies im $x$-$y$-$z$-Koordinatensystem die Gleichung einer Ebene dar. Es ist die Gleichung der **Tangentialebene** an die durch $z = f(x,y)$ gegebene Fläche „über" der $x$-$y$-Ebene an der Stelle $(x_0, y_0, f(x_0, y_0))$, vgl. Beispiel (23).

(21) Für die Änderung der differenzierbaren Funktion $f$ in der Umgebung von $X_0$ haben wir nach (19) mit $H = (h_1, h_2, \ldots, h_n)$ die lineare Approximation

$$f(X_0 + H) - f(X_0) \approx \operatorname{grad} f(X_0) \cdot H = \sum_{k=1}^{n} f_{x_k}(X_0) h_k.$$

Vielfach schreibt man das Ergebnis in symbolischer Form

$$df = \sum_{k=1}^{n} \frac{\partial f}{\partial x_k} dx_k$$

und man nennt $df$ das **vollständige Differential** von $f$. Der Ausdruck lässt sich so interpretieren: Ändern wir die Koordinaten $x_k$ um $dx_k$ (reelle Zahlen), $k = 1, \ldots, n$, so ändert sich $f$ um $df$ bei linearer Approximation unter Vernachlässigung von Fehlern höherer Ordnung.

(22) Werden statt der wahren Werte $x_1, \ldots, x_n$ mit Fehlern $\Delta x_k$, $k = 1, \ldots, n$, behaftete Werte $\hat{x}_k = x_k + \Delta x_k$ gemessen, so lässt sich der Fehler $\Delta f$ im Funktionswert abschätzen

$$|\Delta f| \leq \sum_{k=1}^{n} \left| \frac{\partial f}{\partial x_k} \right| \cdot |\Delta x_k|$$

bei linearer Approximation. Sind Schranken $s_k$ für die Messfehler $\Delta x_k$ bekannt, $|\Delta x_k| \leq s_k$, $k = 1, \ldots, n$, so ergibt sich eine Abschätzung für den maximalen Fehler im Funktionswert

$$|\Delta f| \leq \sum_{k=1}^{n} \left| \frac{\partial f}{\partial x_k} \right| s_k.$$

**Beispiele:**

(23) Sei $f : \mathbb{R}^2 \to \mathbb{R}$ mit $D(f) = \{(x, y) : x^2 + y^2 \leq 1\}$ und

$$f(x, y) = \sqrt{1 - (x^2 + y^2)}.$$

Sei $X_0 = (x_0, y_0)$ ein innerer Punkt von $D(f)$, so dass $\|X_0\| < 1$. Es ist

$$f_x(X_0) = -\frac{x_0}{\sqrt{1 - (x_0^2 + y_0^2)}}, \qquad f_y(X_0) = -\frac{y_0}{\sqrt{1 - (x_0^2 + y_0^2)}}.$$

Die Gleichung der Tangentialebene an der Stelle $(x_0, y_0, z_0)$ mit $z_0 = \sqrt{1 - (x_0^2 + y_0^2)}$ lautet daher

$$z - z_0 = -\frac{x_0}{\sqrt{1 - (x_0^2 + y_0^2)}}(x - x_0) - \frac{y_0}{\sqrt{1 - (x_0^2 + y_0^2)}}(y - y_0).$$

(24) In einem rechtwinkligen Dreieck mit den Kathetenlängen $x$ und $y$ ist die Länge der Hypothenuse $z = f(x, y) = \sqrt{x^2 + y^2}$. Das vollständige Differential ist

$$df = \frac{x}{\sqrt{x^2 + y^2}} dx + \frac{y}{\sqrt{x^2 + y^2}} dy.$$

Werden statt der „wahren" Längen $x_0, y_0$ der Katheten die mit Messfehlern $\Delta x$ und $\Delta y$ behafteten Werte $x + \Delta x$ und $y + \Delta y$ gemessen, so ist der resultierende Fehler $\Delta z$ in $z$ näherungsweise (in linearer Approximation)

$$\Delta z \approx \frac{1}{\sqrt{x_0^2 + y_0^2}}(x_0 \Delta x + y_0 \Delta y).$$

(25) Sei $v$ das Volumen eines Quaders mit den Seitenlängen $x, y, z$. Die relative Änderung $\frac{\Delta v}{v}$ des Volumens bei Änderung der Seitenlänge um $\Delta x, \Delta y, \Delta z$ beträgt wegen $v = xyz$ bei linearer Approximation

$$\frac{\Delta v}{v} = \frac{\Delta x}{x} + \frac{\Delta y}{y} + \frac{\Delta z}{z}.$$

Die relativen Änderungen werden addiert. Sind nur Schranken $s_1 \geq |\Delta x|$, $s_2 \geq |\Delta y|$, $s_3 \geq |\Delta z|$ für die Änderungen der Seitenlängen $\Delta x, \Delta y, \Delta z$ bekannt, so gilt die Abschätzung

$$\left|\frac{\Delta v}{v}\right| \leq \frac{s_1}{|x|} + \frac{s_2}{|y|} + \frac{s_3}{|z|}.$$

Seither haben wir Abbildungen aus dem $\mathbb{R}^n$ in $\mathbb{R}$ untersucht. Jetzt betrachten wir Abbildungen aus dem $\mathbb{R}^n$ in den $\mathbb{R}^m$.

**Definition 30.4** *Für $n, m \in \mathbb{N}$ heißt eine Abbildung $F : \mathbb{R}^n \to \mathbb{R}^m$ mit der Definitionsmenge $D(F)$ ein* **Vektorfeld**.

**Bemerkungen und Ergänzungen:**

(26) Beim Vektorfeld ist einem $n$-Tupel $(x_1, \ldots, x_n) \in D(F)$ ein $m$-Tupel $(y_1, \ldots, y_m)$ zugeordnet, $y_i = F_i(x_1, \ldots, x_n)$ für $i = 1, \ldots, m$. Es wird $F$ definiert durch $m$ Koordinatenfunktionen $F_i : \mathbb{R}^n \to \mathbb{R}$ mit $D(F_i) = D(F)$, $i = 1, \ldots, m$,

$$F = (F_1, F_2, \ldots, F_m).$$

(27) Es heißt $F$ stetig an $X_0 \in D(F)$, wenn alle $F_i$ stetig an $X_0$ sind, $i = 1, \ldots, m$. Es heißt $F$ stetig, falls es stetig ist für alle $X_0 \in D(F)$. Weiter heißt $F$ (partiell) differenzierbar an der Stelle $X_0 \in D(F)$, falls alle $F_i, i = 1, \ldots, m$, (partiell) differenzierbar an $X_0$ sind.

**Beispiele:**

(28) Das elektrische Feld ist ein Vektorfeld $F : \mathbb{R}^3 \to \mathbb{R}^3$.

(29) Strömt eine Flüssigkeit durch ein Rohr und ordnet man jedem Punkt $X \in \mathbb{R}^3$ im Innern des Rohrs den Geschwindigkeitsvektor eines Flüssigkeitsteilchens zu, so erhält man ein Vektorfeld.

(30) Sei $f : \mathbb{R}^n \to \mathbb{R}$ partiell differenzierbar auf $D(f)$. Dann ist $F = \text{grad}\, f$ ein Vektorfeld $F : \mathbb{R}^n \to \mathbb{R}^n$ mit $D(F) = D(f)$,

$$F = (F_1, F_2, \ldots, F_n) = \left(\frac{\partial f}{\partial x_1}, \frac{\partial f}{\partial x_2}, \ldots, \frac{\partial f}{\partial x_n}\right).$$

Die Komponentenfunktionen $F_i$ sind die partiellen Ableitungen $f_{x_i}$ von $f$, $i = 1, \ldots, n$.

**Definition 30.5** *Sei $F : \mathbb{R}^n \to \mathbb{R}^m$ ein Vektorfeld, sei $F = (F_1, \ldots, F_m)$ und $X^0 = (x_1^0, \ldots, x_n^0)$ ein innerer Punkt im $D(f)$. Existieren die partiellen Ableitungen $\frac{\partial F_i}{\partial x_k}(X_0)$ der Koordinatenfunktionen an der Stelle $X_0 \in D(F)$ für $i = 1, \ldots, m$ und $k = 1, \ldots, n$, so heißt die $m \times n$-Matrix*

$$J_F(X_0) = \begin{pmatrix} \frac{\partial F_1}{\partial x_1}(X_0) & \frac{\partial F_1}{\partial x_2}(X_0) & \cdots & \frac{\partial F_1}{\partial x_n}(X_0) \\ \vdots & \vdots & \cdots & \vdots \\ \frac{\partial F_m}{\partial x_1}(X_0) & \frac{\partial F_m}{\partial x_2}(X_0) & \cdots & \frac{\partial F_m}{\partial x_n}(X_0) \end{pmatrix}$$

*die* **Funktionalmatrix** *von $F$ an der Stelle $X_0$. Ist $m = n$, so heißt die Determinante* $\det(J_F(X_0))$ *von $J_F(X_0)$ die* **Funktionaldeterminante** *von $F$ an der Stelle $X_0$.*

**Bemerkungen und Ergänzungen:**

(31) Die Begriffe Matrix und Determinante sind in den Kapiteln 10 und 11 eingeführt worden.

Für $J_F$ schreibt man auch $\frac{\partial F}{\partial X}$, oder

$$\frac{\partial(F_1, F_2, \ldots, F_m)}{\partial(x_1, x_2, \ldots, x_n)}.$$

(32) Es ist

$$J_F = \begin{pmatrix} \text{grad}\, F_1 \\ \text{grad}\, F_2 \\ \vdots \\ \text{grad}\, F_m \end{pmatrix}.$$

**Beispiele:**

(33) Sei $F: \mathbb{R}^2 \to \mathbb{R}^3$ mit $D(F) = \mathbb{R}^2$ und $F(X) = (\sin xy, 2x^2 + y, xy^2)$ für $X = (x, y)$. Die Funktionalmatrix von $F$ ist

$$J_F = \begin{pmatrix} y\cos xy & x\cos xy \\ 4x & 1 \\ y^2 & 2xy \end{pmatrix}.$$

(34) Sei $F: \mathbb{R}^2 \to \mathbb{R}^2$ mit $D(f) = (0, \infty) \times (0, 2\pi)$ und $F(X) = (r\cos\varphi, r\sin\varphi)$ für $X = (r, \varphi)$. Die Funktionalmatrix von $F$ ist

$$J_F = \begin{pmatrix} \cos\varphi & -r\sin\varphi \\ \sin\varphi & r\cos\varphi \end{pmatrix},$$

die Funktionaldeterminante ist

$$\det(J_F) = r.$$

**Satz 30.3 (Kettenregel)**
*Für $k, n, m \in \mathbb{N}$ seien $G: \mathbb{R}^n \to \mathbb{R}^m$ und $F: \mathbb{R}^m \to \mathbb{R}^k$ mit $B(G) \subset D(F)$. Sei $X_0$ innerer Punkt von $D(G)$ und sei $Y_0 = G(X_0)$ innerer Punkt von $D(F)$. Sei $G$ differenzierbar an $X_0$ und sei $F$ differenzierbar an $Y_0$. Dann ist die Funktion $H: \mathbb{R}^n \to \mathbb{R}^k$ mit $D(H) = D(G)$ und $H(X) = F(G(X))$ differenzierbar an $X_0$. Sind $J_F, J_G$ und $J_H$ die Funktionalmatrizen von $F, G$ und $H$, so gilt*

$$J_H(X_0) = J_F(Y_0) \cdot J_G(X_0).$$

**Bemerkungen und Ergänzungen:**

(35) Veranschaulichung der Abbildungen:

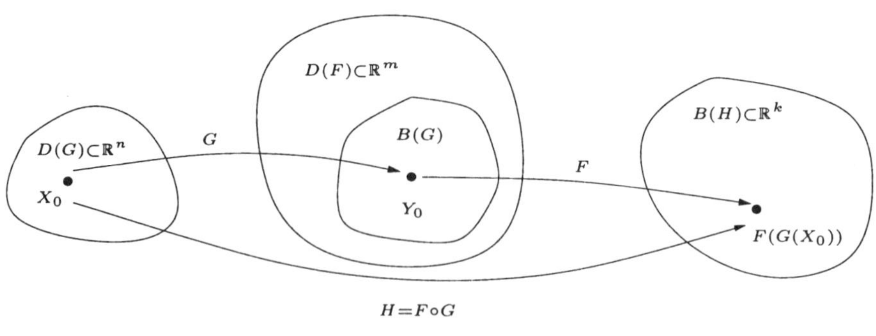

(36) $J_H$ ergibt sich als Matrizenprodukt aus $J_F$ und $J_G$. Sind $F = (F_1, F_2, \ldots, F_k)$, $G = (G_1, G_2, \ldots, G_m)$ und $H = (H_1, H_2, \ldots, H_k)$, so lauten die Elemente der Funktionalmatrix $J_H$

$$\frac{\partial H_i}{\partial x_j} = \sum_{r=1}^{m} \frac{\partial F_i(y_1, \ldots, y_m)}{\partial y_r} \cdot \frac{\partial G_r(x_1, \ldots, x_n)}{\partial x_j}$$

für $i = 1, \ldots, k$ und $j = 1, \ldots, n$ mit $y_r = G_r(x_1, \ldots, x_n)$ für $r = 1, \ldots, m$.

**Beispiele:**

(37) Sei $F: \mathbb{R}^2 \to \mathbb{R}$ mit $D(F) = \mathbb{R}^2$ und $F(y_1, y_2) = e^{y_1 y_2}$, sei $G: \mathbb{R}^2 \to \mathbb{R}^2$ mit $D(G) = (0, \infty) \times (0, 2\pi)$ und $G_1(x_1, x_2) = x_1 \cos x_2$, $G_2(x_1, x_2) = x_1 \sin x_2$. Sei $H: \mathbb{R}^2 \to \mathbb{R}$ mit $H(x_1, x_2) = F(G(x_1, x_2))$. Die Funktionalmatrizen $J_F$ und $J_G$ sind

$$J_F(Y) = \left( \frac{\partial F}{\partial y_1}, \frac{\partial F}{\partial y_2} \right) = (y_2 e^{y_1 y_2}, y_1 e^{y_1 y_2})$$

$$J_G(X) = \begin{pmatrix} \dfrac{\partial G_1}{\partial x_1} & \dfrac{\partial G_1}{\partial x_2} \\[2ex] \dfrac{\partial G_2}{\partial x_1} & \dfrac{\partial G_2}{\partial x_2} \end{pmatrix} = \begin{pmatrix} \cos x_2 & -x_1 \sin x_2 \\ \sin x_2 & x_1 \cos x_2 \end{pmatrix}$$

mit $Y = (y_1, y_2) = G(x_1, x_2) = (x_1 \cos x_2, x_1 \sin x_2)$.

Die Funktionalmatrix $J_H$ von $H$ ergibt sich aus dem Matrizenprodukt $J_H = J_F J_G$ zu

$$\begin{aligned} J_H(X) &= \left( y_2 e^{y_1 y_2} \cos x_2 + y_1 e^{y_1 y_2} \sin x_2, -y_2 e^{y_1 y_2} x_1 \sin x_2 + y_1 e^{y_1 y_2} x_1 \cos x_2 \right) \\ &= \left( 2x_1 \sin x_2 \cos x_2 e^{x_1^2 \sin x_2 \cos x_2}, x_1^2 (\cos^2 x_2 - \sin^2 x_2) e^{x_1^2 \sin x_2 \cos x_2} \right). \end{aligned}$$

Wir sind hier den formalen Weg nach Satz 30.3 gegangen. Der Leser verifiziere das Ergebnis direkt unter Verwendung von $H(x_1, x_2) = F(G(x_1, x_2)) = e^{x_1^2 \sin x_2 \cos x_2}$.

(38) Seien $F: \mathbb{R}^m \to \mathbb{R}$ und $G: \mathbb{R} \to \mathbb{R}^m$. Für $H: \mathbb{R} \to \mathbb{R}$ mit $D(H) = D(G)$ und $H(x) = F(G(x))$, $x \in D(G) \subset \mathbb{R}$, gilt unter den Voraussetzungen von Satz 30.3

$$\frac{\partial H}{\partial x} = \frac{dH}{dx} = \sum_{r=1}^{m} \frac{\partial F(y_1, \ldots, y_m)}{\partial y_r} \cdot \frac{\partial G_r(x)}{\partial x} = \sum_{r=1}^{m} \frac{\partial F(y_1, \ldots, y_m)}{\partial y_r} \cdot \frac{dG_r(x)}{dx}$$

mit $y_r = G_r(x)$.

(39) Sei $F: \mathbb{R}^2 \to \mathbb{R}$ mit $D(F) = \mathbb{R}^2$ und $F(y_1, y_2) = y_1^2 + 2y_2^3$, sei $G: \mathbb{R} \to \mathbb{R}^2$ mit $D(G) = \mathbb{R}$ und $G(x) = (x - \sin x, 1 - \cos x)$. Für $H: \mathbb{R} \to \mathbb{R}$ mit $H(x) = F(G(x))$, $x \in D(G) = \mathbb{R}$ gilt nach (38) mit $y_r = G_r(x)$, $r = 1, 2$

$$\begin{aligned} \frac{dH}{dx} &= \sum_{r=1}^{2} \frac{\partial F(y_1, y_2)}{\partial y_r} \cdot \frac{dG_r(x)}{dx} = 2y_1(1 - \cos x) + 6y_2^2 \sin x \\ &= 2(x - \sin x)(1 - \cos x) + 6(1 - \cos x)^2 \sin x. \end{aligned}$$

## TESTS

**T30.1:** Eine reelle Funktion $f : \mathbb{R}^n \to \mathbb{R}$ mit $D(f) = \mathbb{R}^n$ ist differenzierbar an einer Stelle $X_0 \in \mathbb{R}^n$, falls alle partiellen Ableitungen erster Ordnung von $f$

( ) an $X_0$ existieren

( ) in einer Umgebung von $X_0$ existieren

( ) in einer Umgebung von $X_0$ existieren und stetig sind.

**T30.2:** Gegeben sei das Vektorfeld $F : \mathbb{R}^2 \to \mathbb{R}^2$ mit $D(F) = \mathbb{R}^2$ und $F(x,y) = (x^2 - y^2, 3xy)$ für $X = (x,y)$. Dann ergibt sich die Funktionalmatrix $J_F$ von $F$ an der Stelle $(0,1)$ zu

( ) $(-2,3)$

( ) $\begin{pmatrix} 0 & -2 \\ 3 & 0 \end{pmatrix}$

( ) 6

( ) $\begin{pmatrix} 0 & 3 \\ -2 & 0 \end{pmatrix}$.

**T30.3:** Gegeben seien die stetig differenzierbaren Vektorfelder $F : \mathbb{R}^3 \to \mathbb{R}^2$ mit $D(F) = \mathbb{R}^3$, $G : \mathbb{R}^2 \to \mathbb{R}^3$ mit $D(G) = \mathbb{R}^2$ und $B(G) \subset D(F)$. Ferner sei $H : \mathbb{R}^2 \to \mathbb{R}^2$ mit $H(X) = F(G(X))$. Sei $J_H$ die Funktionalmatrix $H$. Welche Aussage ist richtig?

( ) Der maximale Definitionsbereich für $H$ ist $D(H) = D(G)$.

( ) $J_H \in \mathbb{R}^2$.

( ) $J_H$ ist eine $2 \times 2$-Matrix.

( ) $J_H$ kann als Produkt zweier Matrizen dargestellt werden.

**T30.4:** Gegeben seien vier Abbildungen $F, G, V, W$. Sei $F : \mathbb{R}^3 \to \mathbb{R}^2$ mit $D(F) = \{(x,y,z) \in \mathbb{R}^3 : x,y,z \geq 0\}$ und $F(x,y,z) = (x^2y^2, e^{yz})$ , sei $G : \mathbb{R}^2 \to \mathbb{R}^3$ mit $D(G) = \{(x,y) \in \mathbb{R}^2 : x,y \geq 0\}$ und $G(x,y) = (\sin \pi x, 2xy, \cos \pi y)$, sei $V : \mathbb{R}^3 \to \mathbb{R}^3$ mit $D(V) = \{(x,y,z) \in \mathbb{R}^3 : x,y,z \geq 0\}$ und $V(x,y,z) = G(F(x,y,z))$, sei $W : \mathbb{R}^2 \to \mathbb{R}^2$ mit $W(x,y) = F(G(x,y))$. Dann gilt

( ) $B(F) \subset D(G)$

( ) $B(G) \subset D(F)$

( ) $\frac{\partial V}{\partial X}(1,1,1) = \frac{\partial G}{\partial Y}(1,e) \cdot \frac{\partial F}{\partial X}(1,1,1)$ mit $Y = F(X)$

( ) $W$ ist wohldefiniert.

## ÜBUNGEN

**Ü30.1:** Gegeben sei die Funktion $f:\ \mathbb{R}^2 \to \mathbb{R}$ mit $D(f) = \mathbb{R}^2$ und

$$f(x,y) = x^4 + y^4 - 2x^2 + 4xy - 2y^2.$$

a) Bestimmen Sie den Gradienten von $f$ an den Stellen $(0,0)$, $(0,\sqrt{2})$, $(\sqrt{2},\sqrt{2})$ und $(\sqrt{2},-\sqrt{2})$.

b) Wie lauten die Gleichungen der Tangentialebenen an die durch $z = f(x,y)$ gegebene Fläche in den Punkten $(x_0, y_0, f(x_0, y_0))$ mit den vier Stellen $(x_0, y_0)$ aus Aufgabenteil a)?

**Ü30.2:** Untersuchen Sie die Funktionen $f:\ \mathbb{R}^3 \to \mathbb{R}$ mit

$$D(f) = \mathbb{R}^3 \backslash \{(x,y,0):\ x,y \in \mathbb{R}\} \quad \text{und} \quad f(x,y,z) = \frac{xy}{z},$$

sowie $g:\ \mathbb{R}^2 \to \mathbb{R}$, mit

$$D(g) = \{(x,y) \in \mathbb{R}^2:\ x,y > 0\} \quad \text{und} \quad g(x,y) = x\sqrt{y} + \sqrt{x}$$

auf Differenzierbarkeit in ihren Definitionsbereichen.

**Ü30.3:** Für den Gesamtwiderstand $R$ einer Parallelschaltung zweier Widerstände $R_1$ und $R_2$ gilt $R = \frac{R_1 R_2}{R_1 + R_2}$.
Gegeben seien $R_1 = 100\Omega(\pm 2\Omega)$ und $R_2 = 200\Omega(\pm 4\Omega)$.

a) Geben Sie das vollständige Differential von $R$ an.

b) Schätzen Sie mit Hilfe des vollständigen Differentials den Betrag $|\Delta R|$ des absoluten Fehlers von $R$ ab.

c) Wie groß ist der maximale relative Fehler $\left|\frac{\Delta R}{R}\right|$?

**Ü30.4:** Die Vektorfelder $G$ und $H$ seien wie im folgenden definiert. Bestimmen Sie die Funktionalmatrix von $G$ und von $H$. Existieren die Funktionaldeterminanten?

a) $G:\ \mathbb{R}^4 \to \mathbb{R}^2$ mit $D(G) = \{(x_1,x_2,x_3,x_4) \in \mathbb{R}^4:\ x_1,x_2,x_3 > 0\}$ und $G(x_1,x_2,x_3,x_4) = (1 + \ln x_1, x_1\sqrt{x_2} + \sqrt{x_3})$.

b) $H:\ \mathbb{R}^3 \to \mathbb{R}^3$ mit $D(H) = \mathbb{R}^3$ und
$H(x_1,x_2,x_3) = (\cosh({x_1}^2 + {x_2}^2 + x_3), \sqrt{e^{x_1 x_2}}, x_2)$.

**Ü30.5:** Betrachten Sie die Funktion $f:\ \mathbb{R}^4 \to \mathbb{R}$ mit $D(f) = \mathbb{R}^4$ und

$$f(x_1,x_2,x_3,x_4) = x_1 + {x_2}^2 x_3 - e^{x_4}$$

sowie die Funktion $X:\ \mathbb{R} \to \mathbb{R}^4$ mit $D(X) = [-2\pi, 2\pi]$ und

$$X(t) = (t^2, t^3, 1 - \cos t,\ t \sin t).$$

Es sei $F:\ \mathbb{R} \to \mathbb{R}$ mit $D(F) = D(X)$ definiert durch $F(t) = f(X(t))$. Berechnen Sie $\frac{dF}{dt}$ direkt und mit Hilfe der Kettenregel.

**Ü30.6:** Gegeben seien die Vektorfelder $F:\ \mathbb{R}^3 \to \mathbb{R}^2$ mit $D(F) = \mathbb{R}^3$ und

$$F(y_1, y_2, y_3) = (y_1, y_2 e^{y_3})$$

sowie $G:\ \mathbb{R}^4 \to \mathbb{R}^3$ mit $D(G) = \mathbb{R}^4$ und

$$G(x_1, x_2, x_3, x_4) = (x_1 x_4 \cos x_3, \cos x_2, x_2 e^{x_2}).$$

Weiter sei $H:\ \mathbb{R}^4 \to \mathbb{R}^2$ mit $D(H) = \mathbb{R}^4$ und $H(X) = F(G(X))$.

a) Bestimmen Sie mit Hilfe der Kettenregel die Funktionalmatrix $J_H$ von $H$ an der Stelle $(1, 0, \frac{\pi}{2}, 2)$.

b) Geben Sie $H$ explizit an, berechnen Sie daraus $J_H(1, 0, \frac{\pi}{2}, 2)$ und vergleichen Sie das Ergebnis mit a).

# 31 Richtungsableitung, Satz von Taylor, Extrema

Wir knüpfen an Beispiel (38) in Kapitel 30 an. Seien also $F : \mathbb{R}^m \to \mathbb{R}$ und $G : \mathbb{R} \to \mathbb{R}^m$. Speziell sei $G(x) = X_0 + xA$ mit $X_0 = (x_1^0, \ldots, x_m^0) \in D(F)$ und $A = (a_1, \ldots, a_m)$. Für $H(x) = F(G(x))$ gilt dann mit $y_r = x_r^0 + xa_r$

$$\frac{dH}{dx} = \sum_{r=1}^{m} \frac{\partial F(y_1, \ldots, y_m)}{\partial y_r} \cdot a_r = A \cdot \text{grad } F(y_1, \ldots, y_m).$$

Für $x = 0$ folgt

$$\frac{dH}{dx}(0) = A \cdot \text{grad } F(X_0).$$

Hat $A$ den Betrag $\|A\| = 1$, so erhält diese Ableitung eine spezielle Bedeutung gemäß

**Definition 31.1** *Sei $F : \mathbb{R}^m \to \mathbb{R}$ mit $D(F)$ offen differenzierbar an der Stelle $X_0 \in D(F)$. Sei $A = (a_1, \ldots, a_m) \in \mathbb{R}^m$ mit $\|A\| = 1$. Dann existiert*

$$F'(X_0, A) = \sum_{r=1}^{m} \left. \frac{\partial F}{\partial x_r} \right|_{X_0} a_r = A \cdot \textit{grad } F(X_0)$$

*und heißt* **Ableitung** *von $F$* **in Richtung** *$A$ im Punkt $X_0$.*

**Bemerkungen und Ergänzungen:**

(1) Anschaulich stellt $X_0 + xA$, $x \in \mathbb{R}$, eine Gerade im $\mathbb{R}^m$ durch $X_0$ in Richtung $A$ dar. Die zugehörigen Funktionswerte sind $F(X_0 + xA)$. Es ist

$$F'(X_0, A) = \lim_{x \to 0} \frac{F(X_0 + xA) - F(X_0)}{x}$$

Dies erklärt die Bezeichnung Ableitung von $F$ in Richtung $A$ im Punkt $X_0$.

(2) Im Fall $m = 2$ können wir $F'(X_0, A)$ veranschaulichen (siehe Abbildung nach (3)).

Legen wir durch die Gerade $X_0 + xA$ eine Ebene senkrecht zur $x$-$y$-Ebene, so schneidet sie in dem durch $F$ gegebenen „Gebirge" über der $x$-$y$-Ebene eine Kurve aus. Es ist $F'(X_0, A)$ die Steigung dieser Kurve im Punkt $X_0$ innerhalb der errichteten Ebene.

(3) Es wird $|F'(X_0, A)|$ maximal, falls $A$ die Richtung von grad $F$ besitzt. Dann ist $|F'(X_0, A)| = \|\text{grad } F(X_0)\|$. Der Gradient zeigt in Richtung des stärksten Anstiegs.

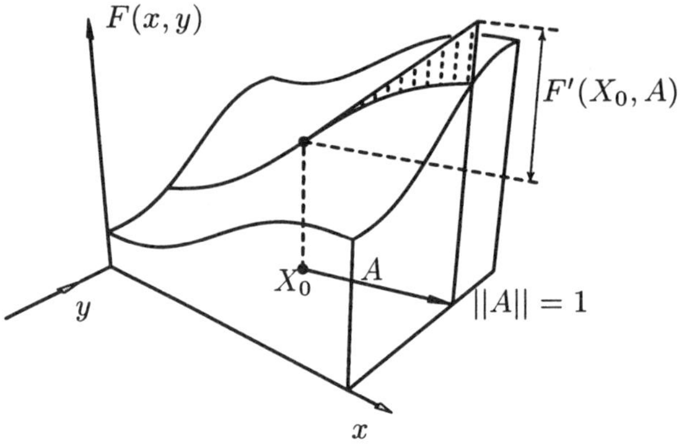


**Beispiele:**

(4) Seien $F: \mathbb{R}^3 \to \mathbb{R}$ mit $D(F) = \mathbb{R}^3$ und $F(x_1, x_2, x_3) = x_1 x_3 e^{x_1 x_2}$,

$$A = \frac{1}{\sqrt{11}}(1, -1, 3) \quad \text{und} \quad X_0 = (1, 1, 1).$$

Wegen $\operatorname{grad} F = \Big((x_3 + x_1 x_2 x_3)e^{x_1 x_2}, x_1^2 x_3 e^{x_1 x_2}, x_1 e^{x_1 x_2}\Big)$ ist

$$F'(X_0, A) = \frac{1}{\sqrt{11}}(1, -1, 3) \cdot (2e, e, e) = \frac{4e}{\sqrt{11}}.$$

(5) Für die Richtung $\hat{A}$ von $\operatorname{grad} F(X_0)$ in Beispiel (4), also $\hat{A} = \frac{1}{\sqrt{6}\, e}(2e, e, e)$, ist

$$F'(X_0, \hat{A}) = \frac{1}{\sqrt{6}e}(2e, e, e)(2e, e, e) = \sqrt{6}e > F'(X_0, A).$$

Der Satz von Taylor für reelle Funktionen einer reellen Veränderlichen lässt sich auf reelle Funktionen mehrerer Veränderlichen übertragen. Wir beschränken uns auf den Fall zweier Veränderlicher.

Für eine Funktion $f: \mathbb{R}^2 \to \mathbb{R}$ und für $h, k \in \mathbb{R}$ vereinbaren wir die Schreibweise

$$\begin{aligned}
(h\frac{\partial}{\partial x} + k\frac{\partial}{\partial y})^0 f\Big|_{(x_0, y_0)} &= f(x_0, y_0) \\
(h\frac{\partial}{\partial x} + k\frac{\partial}{\partial y})^1 f\Big|_{(x_0, y_0)} &= h\frac{\partial f}{\partial x}\Big|_{(x_0, y_0)} + k\frac{\partial f}{\partial y}\Big|_{(x_0, y_0)} \\
&\vdots \\
(h\frac{\partial}{\partial x} + k\frac{\partial}{\partial y})^i f\Big|_{(x_0, y_0)} &= \sum_{r=0}^{i} \binom{i}{r} \frac{\partial^i f}{\partial x^r \partial y^{i-r}}\Big|_{(x_0, y_0)} h^r k^{i-r}, \quad i \in \mathbb{N}.
\end{aligned}$$

**Satz 31.1 (Satz von Taylor)**
*Die Funktion $f : \mathbb{R}^2 \to \mathbb{R}$ mit $D(f)$ offen sei $(m+1)$-mal stetig partiell differenzierbar. Seien $X_0 = (x_0, y_0) \in D(f)$ und $X = (x_0 + h, y_0 + k) \in D(f)$ für $h, k \in \mathbb{R}$. Die Verbindungsstrecke $\overline{X_0 X}$ liege ganz in $D(f)$. Dann gilt*

$$f(x_0 + h, y_0 + k) = \sum_{i=0}^{m} \frac{1}{i!}\left(h\frac{\partial}{\partial x} + k\frac{\partial}{\partial y}\right)^i f\Big|_{(x_0,y_0)} + R_{m,x_0,y_0}(h,k)$$

*mit dem Restglied*

$$R_{m,x_0,y_0}(h,k) = \frac{1}{(m+1)!}\Big(h\frac{\partial}{\partial x} + k\frac{\partial}{\partial y})\Big)^{m+1} f\Big|_{(\bar{x},\bar{y})}$$

*für $(\bar{x}, \bar{y}) = (x_0 + \vartheta h, y_0 + \vartheta k)$ mit $0 < \vartheta < 1$.*

**Beispiele:**

(6) Sei $f : \mathbb{R}^2 \to \mathbb{R}$ mit $D(f) = \mathbb{R}^2$ und $f(x,y) = \sin(x + 2y)$. Es ist

$$\begin{aligned} f_x &= \cos(x+2y) \\ f_y &= 2\cos(x+2y) \\ f_{xx} &= -\sin(x+2y) \\ f_{xy} &= -2\sin(x+2y) \\ f_{yy} &= -4\sin(x+2y). \end{aligned}$$

Aus

$$\begin{aligned} f(x_0+h, y_0+k) &= f(x_0,y_0) + hf_x(x_0,y_0) + kf_y(x_0,y_0) + R_{1,x_0,y_0}(h,k) \\ R_{1,x_0,y_0}(h,k) &= \frac{1}{2!}\Big[h^2 f_{xx}(\bar{x},\bar{y}) + 2hkf_{xy}(\bar{y},\bar{y}) + k^2 f_{yy}(\bar{x},\bar{y})\Big] \\ &\text{mit } \bar{x} = x_0 + \vartheta h, \quad \bar{y} = y_0 + \vartheta k, \quad 0 < \vartheta < 1 \end{aligned}$$

folgt

$$\begin{aligned} \sin(x_0 + h + 2y_0 + 2k) &= \sin(x_0 + 2y_0) + h\cos(x_0 + 2y_0) + \\ &+ 2k\cos(x_0 + 2y_0) - \tfrac{1}{2}\sin(\bar{x} + 2\bar{y})[h^2 + 4hk + 4k^2]. \end{aligned}$$

(7) Sei $f : \mathbb{R}^2 \to \mathbb{R}$ mit $D(F) = \mathbb{R}^2$ und $f(x,y) = e^{xy}$. Es ist

$$\begin{aligned} f_x &= ye^{xy} \\ f_y &= xe^{xy} \\ f_{xx} &= y^2 e^{xy} \\ f_{xy} &= (1+xy)e^{xy} \\ f_{yy} &= x^2 e^{xy} \end{aligned}$$

$$\begin{aligned} f_{xxx} &= y^3 e^{xy} \\ f_{xxy} &= (2y + xy^2)e^{xy} \\ f_{xyy} &= (2x + x^2 y)e^{xy} \\ f_{yyy} &= x^3 e^{xy}. \end{aligned}$$

Damit folgt

$$\begin{aligned} e^{(x_0+h)(y_0+k)} &= e^{x_0 y_0}\{1 + hy_0 + kx_0 + \tfrac{1}{2}[h^2 y_0^2 + 2hk(1 + x_0 y_0) + k^2 x_0^2]\} \\ &\quad + R_{2,x_0,y_0}(h,k) \\ R_{2,x_0,y_0}(h,k) &= \tfrac{1}{3!} e^{\bar{x}\bar{y}} \left[ h^3 \bar{y}^3 + 3h^2 k(2\bar{y} + \bar{x}\bar{y}^2) + 3hk^2(2\bar{x} + \bar{x}^2 \bar{y}) + k^3 \bar{x}^3 \right] \\ &\quad \text{mit } \bar{x} = x_0 + \vartheta h, \quad \bar{y} = y_0 + \vartheta k, \quad 0 < \vartheta < 1. \end{aligned}$$

Eine Funktion $f : \mathbb{R}^n \to \mathbb{R}$ hat an der Stelle $X_0 = (x_1^0, \ldots, x_n^0) \in D(f)$ ein **absolutes Maximum**, falls $f(x_1^0, \ldots, x_n^0) \geq f(x_1, \ldots, x_n)$ für alle $X = (x_1, \ldots, x_n) \in D(f)$. Sie hat an $X_0$ ein **relatives Maximum**, falls $f(x_1^0, \ldots, x_n^0) \geq f(x_1, \ldots, x_n)$ für alle $X = (x_1, \ldots, x_n) \in D(f)$ aus einer Umgebung $U(X_0)$ von $X_0$. Analog ist ein **absolutes** bzw. **relatives Minimum** definiert. Ein relatives (absolutes) **Extremum** ist ein relatives (absolutes) Maximum oder Minimum. Ist $f : \mathbb{R}^n \to \mathbb{R}$ stetig und ist $D(f)$ kompakt, so besitzt $f$ ein absolutes Maximum und ein absolutes Minimum.

**Satz 31.2** *Hat $f : \mathbb{R}^n \to \mathbb{R}$ an der Stelle $X_0 = (x_1^0, \ldots, x_n^0) \in D(f)$ ein relatives Extremum, ist $f$ partiell differenzierbar nach jeder Variablen und ist $X_0$ innerer Punkt von $D(f)$, so gilt für die partiellen Ableitungen*

$$f_{x_1}(X_0) = f_{x_2}(X_0) = \ldots = f_{x_n}(X_0) = 0. \qquad (*)$$

**Bemerkungen und Ergänzungen:**

(8) Die Bedingung $(*)$ lässt sich schreiben

$$\operatorname{grad} f(X_0) = 0.$$

(9) Es ist $(*)$ eine notwendige Bedingung für ein Extremum. Nicht alle Stellen, die $(*)$ erfüllen, müssen Stellen relativer Extrema sein. Zur Bestimmung relativer Extrema kann man so vorgehen, dass man alle Stellen sucht, die der Bedingung $\operatorname{grad} f = 0$ genügen. Dies sind Kandidaten für Stellen relativer Extrema. Anschließend ist gesondert zu prüfen, ob tatsächlich Stellen relativer Extrema vorliegen.

(10) Ist $(*)$ erfüllt, so nennt man $X_0$ einen **stationären Punkt** von $f$. Ein stationärer Punkt, der keine Extremalstelle von $f$ ist, heißt **Sattelpunkt**.

**Beispiele:**

(11) Sei $f: \mathbb{R}^2 \to \mathbb{R}$ mit $D(f) = \mathbb{R}^2$ und $f(x,y) = (x^2+y^2)^2$. Die Forderungen

$$f_x(x,y) = 4x(x^2+y^2) = 0$$
$$f_y(x,y) = 4y(x^2+y^2) = 0$$

sind erfüllt für die Stelle $X_0 = (0,0)$ und für keine weiteren Stellen. Es ist $X_0$ also einziger Kandidat für ein relatives Extremum. Tatsächlich ist $X_0$ Stelle eines relativen (und sogar absoluten) Minimums.

(12) Sei $f: \mathbb{R}^2 \to \mathbb{R}$ mit $D(f) = \mathbb{R}^2$ und $f(x,y) = \sin x \cdot \sin y$. Die Bedingungen

$$f_x(x_0,y_0) = \cos x_0 \cdot \sin y_0 = 0$$
$$f_y(x_0,y_0) = \sin x_0 \cdot \cos y_0 = 0$$

sind beispielsweise erfüllt für $X_0 = (x_0,y_0) = (0,0)$. Doch hat $f$ an $(0,0)$ weder ein relatives Maximum noch ein relatives Minimum. Denn für $y = x$ ist $f(x,x) = \sin^2 x \geq 0$ und für $y = -x$ ist $f(x,-x) = -\sin^2 x \leq 0$.

**Satz 31.3** *Die Funktion $f: \mathbb{R}^2 \to \mathbb{R}$ habe stetige partielle Ableitungen erster und zweiter Ordnung. Sei $X_0 = (x_0,y_0)$ innerer Punkt von $D(f)$. Gilt*

$$f_x(x_0,y_0) = 0, \qquad f_y(x_0,y_0) = 0,$$

$$[f_{xy}(x_0,y_0)]^2 < f_{xx}(x_0,y_0) \cdot f_{yy}(x_0,y_0), \tag{**}$$

*so hat $f$ an der Stelle $X_0$ ein relatives Extremum. Es ist ein relatives Minimum, falls $f_{xx}(x_0,y_0) > 0$, es ist ein relatives Maximum, falls $f_{xx}(x_0,y_0) < 0$.*

**Bemerkungen und Ergänzungen:**

(13) Im Gegensatz zu Satz 31.2 liefert Satz 31.3 ein hinreichendes Kriterium für ein relatives Extremum.

(14) Gilt $>$ in (**) von Satz 31.3, so liegt kein Extremum vor, vielmehr ein Sattelpunkt. So gilt beispielsweise für $f(x,y) = xy$, $(x,y) \in \mathbb{R}^2$, und $X_0 = (0,0)$ : $f_x(X_0) = 0$, $f_y(X_0) = 0$ und $[f_{xy}(X_0)]^2 = 1 > f_{xx}(X_0) \cdot f_{yy}(X_0) = 0$. Bei Betrachtung von $f$ ist leicht zu sehen, dass $f$ an $X_0$ kein Extremum hat.

(15) Gilt $=$ in (**), so ist eine Entscheidung, ob ein Extremum vorliegt, nicht möglich. So gilt beispielsweise für $f(x,y) = y^2$, $(x,y) \in \mathbb{R}^2$, und $X_0 = (0,0)$ : $f_x(X_0) = 0$, $f_y(X_0) = 0$ und $[f_{xy}(X_0)]^2 = 0 = f_{xx}(X_0) \cdot f_{yy}(X_0)$. Es hat $f$ an $X_0$ ein Extremum.

Andererseits gilt beispielsweise für $g(x,y) = x^2y^3$, $(x,y) \in \mathbb{R}^2$ und $X_0 = (0,0)$ : $g_x(X_0) = 0$, $g_y(X_0) = 0$ und $[g_{xy}(X_0)]^2 = 0 = g_{xx}(X_0) \cdot g_{yy}(X_0)$. Doch hat $g$ bei $X_0$ kein Extremum, wie eine Untersuchung von $g$ in einer Umgebung von $X_0$ zeigt.

(16) Der Satz 31.3 lässt sich allgemeiner für Funktionen $f : \mathbb{R}^n \to \mathbb{R}$ folgendermaßen formulieren: Es sei

$$J(X_0) := \begin{pmatrix} \frac{\partial^2 f}{\partial x_1 \partial x_1}(X_0) & \frac{\partial^2 f}{\partial x_1 \partial x_2}(X_0) & \cdots & \frac{\partial^2 f}{\partial x_1 \partial x_n}(X_0) \\ \vdots & \vdots & \cdots & \vdots \\ \frac{\partial^2 f}{\partial x_1 \partial x_n}(X_0) & \frac{\partial^2 f}{\partial x_2 \partial x_n}(X_0) & \cdots & \frac{\partial^2 f}{\partial x_n \partial x_n}(X_0) \end{pmatrix}$$

die Funktionalmatrix von grad $f(X)$ an der Stelle $X_0$ (vgl. Definition 30.5), und sei grad $f(X_0) = 0$. Falls dann die Matrix $J(X_0)$ positiv definit ist, so besitzt $f(X)$ an der Stelle $X_0$ ein relatives Minimum. Ist dagegen $J(X_0)$ negativ definit, so liegt ein relatives Maximum vor. Ist die Matrix $J(X_0)$ indefinit, so ist der Punkt $X_0$ keine Extremstelle der Funktion; man spricht auch hier von einem Sattelpunkt. Ist die Matrix $J(X_0)$ semidefinit, so kann mit den ersten und zweiten Ableitungen allein noch keine Entscheidung getroffen werden.

**Beispiele:**

(17) Wir betrachten die Funktion $f$ aus Beispiel (12),

$$f(x, y) = \sin x \cdot \sin y, \ (x, y) \in \mathbb{R}^2.$$

Für $X_0 = \left(\frac{\pi}{2}, \frac{\pi}{2}\right)$ ist $f_x(X_0) = 0$, $f_y(X_0) = 0$ und

$$[f_{xy}(X_0)]^2 = 0 < f_{xx}(X_0) \cdot f_{yy}(X_0) = (-1) \cdot (-1) = 1.$$

Weiter ist $f_{xx}(X_0) = -1 < 0$, so dass an $X_0$ ein relatives Maximum vorliegt. Für den Punkt $(0, 0)$ gilt

$$[f_{xy}(0,0)]^2 = 1 > f_{xx}(0,0) f_{yy}(0,0) = 0,$$

so dass $(0, 0)$ ein Sattelpunkt ist, wie bereits in (12) festgestellt.

(18) Sei $f(x, y) = x^3 - 12xy + 8y^3$, $(x, y) \in \mathbb{R}^2$. Es ist $f_x = 3x^2 - 12y$, $f_y = -12x + 24y^2$. Potentielle Stellen für Extrema ergeben sich aus grad $f = 0$, also aus

$$\begin{aligned} 3x_0^2 - 12y_0 &= 0 \\ -12x_0 + 24y_0^2 &= 0. \end{aligned}$$

Die erste Gleichung liefert $y_0 = \frac{1}{4}x_0^2$, Einsetzen in die zweite Gleichung ergibt $x_0 - \frac{1}{8}x_0^4 = 0$. Die Gleichung $x_0 - \frac{1}{8}x_0^4 = 0$ hat genau zwei reelle Lösungen, nämlich $x_0^{(1)} = 0$ und $x_0^{(2)} = 2$. Aus $y_0 = \frac{1}{4}x_0^2$ ergeben sich $y_0^{(1)} = 0$ und $y_0^{(2)} = 1$. Demnach sind $X_0^{(1)} = (0, 0)$ und $X_0^{(2)} = (2, 1)$ Kandidaten für Extremstellen. Man rechnet leicht nach, dass

$$[f_{xy}(X_0^{(1)})]^2 = 144 > f_{xx}(X_0^{(1)}) \cdot f_{yy}(X_0^{(1)}) = 0$$

so dass $f$ an $X_0^{(1)}$ kein Extremum besitzt. Andererseits ist

$$[f_{xy}(X_0^{(2)})]^2 = 144 < f_{xx}(X_0^{(2)}) \cdot f_{yy}(X_0^{(2)}) = 576$$

und $f_{xx}(X_0^{(2)}) = 12 > 0$. Daher hat $f$ an $X_0^{(2)}$ ein relatives Minimum.

(19) Für die Funktion

$$f(X) = f(x_1, x_2, x_3) = x_1^2 + x_2^2 + x_3^2 + x_1x_2 - x_1x_3 + 2$$

gilt an der Stelle $X_0 = (0, 0, 0)$

$$\operatorname{grad} f(X_0) = (2x_1 + x_2 - x_3, x_1 + 2x_2, -x_1 + 2x_3)\Big|_{x_1=x_2=x_3=0} = 0$$

und mit den Bezeichnungen von Bemerkung (16) ist

$$J(X) = J(X_0) = \begin{pmatrix} 2 & 1 & -1 \\ 1 & 2 & 0 \\ -1 & 0 & 2 \end{pmatrix} \quad \text{für alle} \quad X \in \mathbb{R}^3 .$$

Mit Hilfe von Satz 13.11 ist wegen

$$D_1 = 2 > 0 \quad , \quad D_2 = 3 > 0 \quad , \quad D_3 = \det J(X_0) = 4 > 0 .$$

die Matrix $J(X_0)$ positiv definit, und $f$ besitzt im Ursprung ein relatives Minimum mit dem Funktionswert 2. Man kann zeigen, dass es sich in diesem Fall sogar um das absolute Minimum von $f$ handelt; dies folgt aus der Tatsache, dass $J(X)$ eine in $\mathbb{R}^3$ konstante Matrix ist.

## TESTS

**T31.1:** Für differenzierbares $f : \mathbb{R}^m \to \mathbb{R}$ ist die Ableitung von $f$ in Richtung $A = (a_1, \ldots, a_m) \in \mathbb{R}^m$ am inneren Punkt $X_0 \in D(f)$

( ) $\operatorname{grad} f(A)$

( ) $X_0 \cdot \operatorname{grad} f(A)$

( ) $A \cdot \operatorname{grad} f(X_0)$, falls $||A|| = 1$.

**T31.2:** Sei $f : \mathbb{R}^2 \to \mathbb{R}$. Das Taylor-Polynom 2. Grades für $f(x_0 + h, y_0 + k)$ und die Entwicklungsstelle $X_0 = (x_0, y_0)$ hat die Gestalt

( ) $f(x_0, y_0)$

( ) $f(x_0, y_0) + hf_x(x_0, y_0) + kf_y(x_0, y_0)$

( ) $f(x_0, y_0) + hf_x(x_0, y_0) + kf_y(x_0, y_0) + h^2 f_{xx}(x_0, y_0) + hkf_{xy}(x_0, y_0) + k^2 f_{yy}(x_0, y_0)$

( ) $f(x_0, y_0) + hf_x(x_0, y_0) + kf_y(x_0, y_0) + \frac{1}{2}\Big[h^2 f_{xx}(x_0, y_0) + 2hkf_{xy}(x_0, y_0) + k^2 f_{yy}(x_0, y_0)\Big]$.

**T31.3:** Gegeben sei die Funktion $f: \mathbb{R}^2 \to \mathbb{R}$ mit $D(f) = \mathbb{R}^2$ und $f(x, y) = |\sin x| + |\sin y|$. Welche der folgenden Aussagen sind richtig?

( ) grad $f(0,0) = (0,0)$.

( ) $f$ besitzt in $(0,0)$ ein relatives Minimum.

( ) $f$ besitzt in $(0,0)$ ein absolutes Minimum.

**T31.4:** Gegeben sei die Funktion $f: \mathbb{R}^2 \to \mathbb{R}$ mit $D(f) = \mathbb{R}^2$ und $f(x, y) = \sin x + \frac{1}{2}\sin y$. Dann gilt: Es hat $f$ an

( ) $X_1 = (\frac{\pi}{2}, \frac{\pi}{2})$ ein relatives Maximum

( ) $X_2 = (-\frac{\pi}{2}, \frac{\pi}{2})$ ein relatives Minimum

( ) $X_3 = (\pi, \frac{\pi}{2})$ ein relatives Maximum

( ) $X_4 = (-\frac{\pi}{2}, -\frac{\pi}{2})$ ein absolutes (und somit auch relatives) Minimum.

**T31.5:** Sei $f: \mathbb{R}^2 \to \mathbb{R}$ mit $D(f) = \mathbb{R}^2$. Es besitze $f$ stetige partielle Ableitungen erster und zweiter Ordnung. Mit der Bezeichnung $X_0 = (x_0, y_0)$ gelte weiter grad $f(X_0) = (0,0)$. Folgende Aussagen sind richtig:

( ) $f_{xy}(X_0)^2 < f_{xx}(X_0)f_{yy}(X_0) \Rightarrow f$ hat an der Stelle $X_0$ ein relatives Minimum.

( ) $f_{xy}(X_0) > 0 \Rightarrow f$ hat an der Stelle $X_0$ ein relatives Minimum.

( ) $f_{xy}(X_0)^2 < f_{xx}(X_0)f_{yy}(X_0)$ und $f_{xx}(X_0) > 0 \Rightarrow f$ hat an der Stelle $X_0$ ein relatives Minimum.

( ) $f_{xy}(X_0)^2 = f_{xx}(X_0)f_{yy}(X_0) \Rightarrow f$ hat an der Stelle $X_0$ kein Extremum.

**T31.6:** Gegeben sei die Funktion $f: \mathbb{R}^2 \to \mathbb{R}$ mit $D(f) = [-\pi, \pi] \times [-\pi, \pi]$ und $f(x, y) = \sin x + \frac{1}{2}\sin y$. Dann gilt:

( ) $f$ besitzt mindestens ein absolutes Maximum.

( ) $f$ besitzt an $X_1 = (\frac{\pi}{2}, \frac{\pi}{2})$ ein relatives Maximum, das zugleich absolutes Maximum ist.

( ) $f$ besitzt auf dem Rand des Definitionsbereichs ein absolutes Maximum.

## ÜBUNGEN

**Ü31.1:** Gegeben sei die Funktion $f : \mathbb{R}^2 \to \mathbb{R}$ mit $D(f) = \mathbb{R}^2$ und $f(x, y) = xy + 2x \sin(y + \frac{\pi}{2}) + e^{-y} \cos x$.

a) Berechnen Sie die Richtungsableitung $f'(X_0, A)$ von $f$ im Punkt $X_0 = (0, 0)$ in die durch den Vektor $(-3, 1)$ gegebene Richtung.

b) In welcher Richtung $A$ wird $|f'(X_0, A)|$ maximal?

c) Gibt es Richtungen $A$, für die $f'(X_0, A) = 0$ gilt?

**Ü31.2:** Durch $T : \mathbb{R}^3 \to \mathbb{R}$ mit

$$D(T) = \{(x, y, z) : \ -5 \le x \le 5, \ -5 \le y \le 5, \ -5 \le z \le 5\}$$

und $T(x, y, z) = xyz \sin(xy) e^{-z}$ sei ein Temperaturfeld gegeben.

a) Bestimmen Sie die Änderung der Temperatur (pro Längeneinheit) in der Umgebung des Punktes $P = (1, 1, 1)$ sowohl in Richtung der Koordinatenachsen als auch in Richtung des Vektors $(1, 1, 1)$.

b) In welcher Richtung von $P$ aus ändert sich das Temperaturfeld (pro Längeneinheit) am meisten?

c) Gibt es von $P$ aus Richtungen, in denen die Temperatur unverändert bleibt?

**Ü31.3:** Sei $f : \mathbb{R}^2 \to \mathbb{R}$ mit $D(f) = \mathbb{R}^2$ und $f(x, y) = xy - \cos x - \sin y$.

a) Bestimmen Sie das Taylor-Polynom 2. Grades von $f$ um den Entwicklungspunkt $(x_0, y_0) = (\frac{\pi}{2}, \frac{\pi}{2})$.

b) Zeigen Sie für das Restglied die Abschätzung $|R_{2,x_0,y_0)}(h, k)| \le \frac{1}{6}(|h|^3 + |k|^3)$.

**Ü31.4:** Betrachten Sie die Funktion $f : \mathbb{R}^2 \to \mathbb{R}$ mit $D(f) = \{(x, y) \in \mathbb{R}^2 : \ x \ne 0, \ y \ne 0\}$ und $f(x, y) = \dfrac{1}{y} - \dfrac{1}{x} - 4x + y$.

a) Geben Sie Lage und Art der relativen Extrema von $f$ in $D(f)$ an.

b) Untersuchen Sie $f$ auf absolute Extrema.

# 32 Implizite Funktionen, Extrema mit Nebenbedingungen

Sei $g: \mathbb{R}^2 \to \mathbb{R}$ eine reelle Funktion von zwei reellen Veränderlichen $x$ und $y$. Wir betrachten das Problem, die **implizite** Gleichung $g(x,y) = 0$ nach $y$ aufzulösen. Wir suchen eine Funktion $f: \mathbb{R} \to \mathbb{R}$ auf einem Intervall $I$, so dass für alle $x \in I$ gilt $g(x, f(x)) = 0$. Im Falle der Existenz einer solchen Funktion $f$ haben wir durch $y = f(x),\ x \in I$, eine Auflösung der Gleichung $g(x,y) = 0$ gegeben.

**Beispiele:**

(1) Sei $g: \mathbb{R}^2 \to \mathbb{R}$ mit $D(g) = \mathbb{R}^2$ und $g(x,y) = 3x + 2y - 4$. Die implizite Gleichung $g(x,y) = 0$, also $3x + 2y - 4 = 0$, erlaubt die Auflösung nach $y$,

$$y = f(x) = -\tfrac{3}{2}x + 2, \quad x \in \mathbb{R}.$$

Es existiert genau eine Funktion $f: \mathbb{R} \to \mathbb{R}$ mit $g(x, f(x)) = 0,\ x \in \mathbb{R}$.

(2) Sei $g: \mathbb{R}^2 \to \mathbb{R}$ mit $D(g) = \mathbb{R}^2$ und $g(x,y) = x^2 + y^2 - 1$. Die implizite Gleichung $g(x,y) = 0$, also $x^2 + y^2 - 1 = 0$, ist erfüllt für Punkte $(x,y)$, die auf dem Einheitskreis um Null liegen. Demnach hat $g(x,y) = 0$ keine Lösung für $x \notin [-1,1]$. Aber auch für $x \in (-1,1)$ existiert keine eindeutige Funktion $y = f(x)$ mit $g(x, f(x)) = 0$. Denn für $x \in (-1,1)$ erfüllen $y = y_1 = +\sqrt{1-x^2}$ und $y = y_2 = -\sqrt{1-x^2}$ die Gleichung $g(x,y) = 0$.

(3) Modifizieren wir Beispiel (2), indem wir $g(x,y) = 0$ nur für $(x,y) \in \mathbb{R}^2$ betrachten, die etwa für $\varepsilon = 0.5$ in einer $\varepsilon$-Umgebung von $(x_0, y_0) = (0,1)$ liegen, so existiert in dieser $\varepsilon$-Umgebung genau eine Lösung, nämlich $y = f(x) = +\sqrt{1-x^2}$. Wir beachten, dass $(x_0, y_0) = (0,1)$ die Gleichung $g(x,y) = 0$ erfüllt.

**Satz 32.1** *Sei $g: \mathbb{R}^2 \to \mathbb{R}$ eine reelle Funktion von zwei Veränderlichen. Die Definitionsmenge $D(g)$ sei ein offenes Rechteck, $D(g) = (a,b) \times (c,d)$. Die partiellen Ableitungen $g_x$ und $g_y$ seien existent und stetig auf $D(g)$. Sei $(x_0, y_0) \in D(g)$ so, dass $g(x_0, y_0) = 0$ und $g_y(x_0, y_0) \neq 0$. Dann gibt es ein Intervall $U \subset (a,b)$ um $x_0$, ein Intervall $V \subset (c,d)$ um $y_0$ und eine differenzierbare Funktion $f: \mathbb{R} \to \mathbb{R}$ mit $D(f) = U$, $B(f) \subset V$, $f(x_0) = y_0$ und $g(x, f(x)) = 0$ für alle $x \in U$, sowie*

$$f'(x) = -\frac{g_x(x, f(x))}{g_y(x, f(x))}, \quad x \in U.$$

**Bemerkungen und Ergänzungen:**

(4) Unter den Voraussetzungen von Satz 32.1 ist $g(x,y) = 0$ um $(x_0, y_0)$ **lokal** auflösbar nach $y$. Die Bezeichnung lokal bezieht sich auf eine Umgebung, die nicht näher spezifiziert ist.

(5) Es ist bemerkenswert, dass $f'(x_0)$ bestimmt werden kann, ohne $f(x)$ explizit zu kennen, nämlich

$$f'(x_0) = -\frac{g_x(x_0, y_0)}{g_y(x_0, y_0)} .$$

**Beispiel:**

(6) Sei $g: \mathbb{R}^2 \to \mathbb{R}$ mit $D(g) = (-0.5, 0.5) \times (0.5, 1.5)$ und $g(x, y) = x^2 + y^2 - 1$. Die partiellen Ableitungen $g_x = 2x$ und $g_y = 2y$ sind stetig auf $D(g)$. Für $(x_0, y_0) = (0, 1) \in D(g)$ gilt $g(x_0, y_0) = 0$ und $g_y(x_0, y_0) = 2 \neq 0$. Dann gibt es ein Intervall $U \subset (-0.5, 0.5)$ um $x_0 = 0$, ein Intervall $V \subset (0.5, 1.5)$ um $y_0 = 1$ und eine differenzierbare Funktion $f$ auf $U$ mit Werten in $V$, $f(0) = 1$, $g(x, f(x)) = 0$ für alle $x \in U$, sowie

$$f'(x) = -\frac{2x}{2f(x)}, \quad x \in U . \tag{$*$}$$

Es ist $f(x) = \sqrt{1 - x^2}$, $x \in U$, so dass nach $(*)$

$$f'(x) = -\frac{2x}{2\sqrt{1-x^2}} = -\frac{x}{\sqrt{1-x^2}} .$$

Dies folgt auch durch direkte Differentiation von $f$.

Analoge Aussagen sind möglich, falls bei der impliziten Gleichung $g(x_1, \ldots, x_n, y) = 0$ für $g: \mathbb{R}^{n+1} \to \mathbb{R}$ eine Auflösung $y = f(x_1, \ldots, x_n)$ mit einer Funktion $f: \mathbb{R}^n \to \mathbb{R}$ gesucht ist, so dass $g(x_1, \ldots, x_n, f(x_1, \ldots, x_n)) = 0$. Wir betrachten den allgemeinen Fall, dass $m$ Funktionen $g_j: \mathbb{R}^{n+m} \to \mathbb{R}$, $j = 1, \ldots, m$, gegeben sind und das Gleichungssystem

$$\begin{aligned} g_1(x_1, \ldots, x_n, y_1, \ldots, y_m) &= 0 \\ g_2(x_1, \ldots, x_n, y_1, \ldots, y_m) &= 0 \\ &\vdots \\ g_m(x_1, \ldots, x_n, y_1, \ldots, y_m) &= 0 \end{aligned}$$

nach $y_1, \ldots, y_m$ aufgelöst werden soll,

$$\begin{aligned} y_1 &= f_1(x_1, \ldots, x_n) \\ y_2 &= f_2(x_1, \ldots, x_n) \\ &\vdots \\ y_m &= f_m(x_1, \ldots, x_n). \end{aligned}$$

Das Ergebnis ist zusammengefasst in

**Satz 32.2** *Seien* $g_j : \mathbb{R}^{n+m} \to \mathbb{R}$ *mit* $D(g_j)$ *offen für* $j = 1, \ldots, m$ *reelle Funktionen von* $n+m$ *Veränderlichen. Seien* $X_0 = (x_1^0, x_2^0, \ldots, x_n^0)$ *und* $Y_0 = (y_1^0, y_2^0, \ldots, y_m^0)$*so, dass* $(X_0, Y_0) \in D(g_j)$, $j = 1, \ldots, m$, *und*

$$\begin{aligned} g_1(X_0, Y_0) &= 0 \\ g_2(X_0, Y_0) &= 0 \\ &\vdots \\ g_m(X_0, Y_0) &= 0. \end{aligned}$$

*Die Funktionen* $g_j$, $j = 1, \ldots, m$, *seien auf einer Umgebung von* $(X_0, Y_0)$ *definiert und stetig differenzierbar. An der Stelle* $(X_0, Y_0)$ *sei die Determinante*

$$\det \left( \frac{\partial(g_1, \ldots, g_m)}{\partial(y_1, \ldots, y_m)} \right) = \begin{vmatrix} \dfrac{\partial g_1}{\partial y_1} & \cdots & \dfrac{\partial g_1}{\partial y_m} \\ \vdots & & \vdots \\ \dfrac{\partial g_m}{\partial y_1} & \cdots & \dfrac{\partial g_m}{\partial y_m} \end{vmatrix}$$

*von Null verschieden. Dann gibt es eine Umgebung* $U \subset \mathbb{R}^n$ *von* $X_0$, *eine Umgebung* $V \subset \mathbb{R}^m$ *von* $Y_0$ *und es existieren* $m$ *differenzierbare Funktionen* $f_j : \mathbb{R}^n \to \mathbb{R}$ *mit* $D(f_j) = U$, $j = 1, \ldots, m$, $B(f_j) \subset V$, *sowie*

$$f_j(X_0) = y_j^0, \quad j = 1, \ldots, m$$

*und*

$$g_j(x_1, \ldots, x_n, f_1(x_1, \ldots, x_n), \ldots, f_m(x_1, \ldots, x_n)) = 0$$

*für* $j = 1, \ldots, m$ *und alle* $X = (x_1, \ldots, x_m) \in U$.

**Bemerkungen und Ergänzungen:**

(7) Es ist Satz 32.2 der **Hauptsatz über implizite Funktionen**.

(8) Es gibt Satz 32.2 die lokale Auflösbarkeit des Gleichungssystems

$$g_j(X, Y) = 0, \quad j = 1, \ldots, m$$

für $X = (x_1, \ldots, x_n)$ und $Y = (y_1, \ldots, y_m)$ nach $Y$.

**Beispiele:**

(9) Bei der Transformation kartesischer Koordinaten $(x_1, x_2)$ in Polarkoordinaten $(r, \varphi)$ gilt $x_1 = r\cos\varphi$ und $x_2 = r\sin\varphi$. Lassen sich $r$ und $\varphi$ eindeutig durch $x_1$ und $x_2$ darstellen? Mit $X = (x_1, x_2)$ und $Y = (y_1, y_2) = (r, \varphi)$ haben wir

$$g_1(X, Y) = x_1 - r\cos\varphi$$
$$g_2(X, Y) = x_2 - r\sin\varphi\ .$$

Für die Determinante gilt

$$\det\left(\frac{\partial(g_1, g_2)}{\partial(r, \varphi)}\right) = \begin{vmatrix} -\cos\varphi & r\sin\varphi \\ -\sin\varphi & -r\cos\varphi \end{vmatrix} = r.$$

Für $r \neq 0$ ist demnach eine eindeutige Auflösung nach $r$ und $\varphi$ möglich.

Aus dem Satz über implizite Funktionen folgt eine wichtige Anwendung bei Extremalproblemen unter Nebenbedingungen. Bei diesen Problemen wird das Extremum einer Funktion $f : \mathbb{R}^n \to \mathbb{R}$ gesucht, wobei die Menge der zulässigen Punkte $X = (x_1, \ldots, x_n)$ durch eine Nebenbedingung der Form $g(x_1, \ldots, x_n) = 0$ eingeschränkt wird. Man nennt $X_0 = (x_1^0, \ldots, x_n^0)$ eine **relative Maximalstelle (bzw. Minimalstelle) von $f$ unter der Nebenbedingung** $g(X) = 0$, wenn es eine Umgebung $U(X_0)$ gibt, so dass $f(X) \leq f(X_0)$ (bzw. $f(X) \geq f(X_0)$) gilt für alle $X \in U(X_0) \cap \{X \in \mathbb{R}^n : \ g(X) = 0\}$. Zum Auffinden einer Extremalstelle unter einer Nebenbedingung ist der folgende Satz hilfreich.

**Satz 32.3** *Seien $f : \mathbb{R}^n \to \mathbb{R}$ und $g : \mathbb{R}^n \to \mathbb{R}$ auf einer Umgebung $U(X_0)$ von $X_0 = (x_1^0, \ldots, x_n^0) \in D(f) \cap D(g)$ stetig differenzierbare Funktionen. Hat die Funktion $f$ unter der Nebenbedingung $g = 0$ ein relatives Extremum an der Stelle $X_0$ und verschwinden nicht alle partiellen Ableitungen $g_{x_i}$, $i = 1, \ldots, n$, an der Stelle $X_0$, so existiert ein $\lambda \in \mathbb{R}$ mit*

$$f_{x_i}(X_0) + \lambda g_{x_i}(X_0) = 0 \quad \text{für } i = 1, \ldots, n.$$

**Bemerkungen und Ergänzungen:**

(10) Die Funktion $f$ hat unter der Nebenbedingung $g = 0$ ein relatives Extremum (Maximum oder Minimum) bedeutet: Es werden bei der Suche nach Extremalstellen nur solche $X = (x_1, \ldots, x_n)$ zugelassen, die $g(X) = 0$ erfüllen.

(11) Sucht man ein relatives Extremum von $f$ unter der Nebenbedingung $g = 0$, so kann man im Hinblick auf Satz 32.3 wie folgt vorgehen: Man bildet die **Lagrange-Funktion** $L : \mathbb{R}^{n+1} \to \mathbb{R}$ mit

$$L(x_1, \ldots, x_n, \lambda) = f(x_1, \ldots, x_n) + \lambda g(x_1, \ldots, x_n)$$

mit einem unbekannten Lagrange-Faktor $\lambda \in \mathbb{R}$ und betrachtet das System der $n+1$ Gleichungen

$$\left.\begin{array}{rcl} L_{x_1}(X,\lambda) &=& f_{x_1}(X)+\lambda g_{x_1}(X)=0 \\ L_{x_2}(X,\lambda) &=& f_{x_2}(X)+\lambda g_{x_2}(X)=0 \\ \vdots && \\ L_{x_n}(X,\lambda) &=& f_{x_n}(X)+\lambda g_{x_n}(X)=0 \\ L_{\lambda}(X,\lambda) &=& g(X)=0 \end{array}\right\} \qquad (*)$$

für die $n+1$ Unbekannten $x_1,\dots,x_n$ und $\lambda$. Jede Lösung $(x_1^0,\dots,x_n^0,\lambda^0)$ von $(*)$ liefert einen Kandidaten $X_0=(x_1^0,\dots,x_n^0)$ für eine Extremalstelle von $f$ unter der Nebenbedingung $g=0$. Ob ein solcher Kandidat wirklich eine Extremalstelle von $f$ unter $g=0$ ist, muss gesondert untersucht werden. Der Wert $\lambda^0$ ist nicht relevant.

(12) Die Lagrange-Funktion ist eine Hilfsfunktion.

**Beispiele:**

(13) Gesucht sei ein Dreieck, das bei gegebenem Umfang $U$ maximalen Flächeninhalt hat. Sind $x,y,z$ die Seitenlängen des Dreiecks, so gilt $U=x+y+z$ und der Flächeninhalt ist

$$F=\sqrt{\tfrac{U}{2}(\tfrac{U}{2}-x)(\tfrac{U}{2}-y)(\tfrac{U}{2}-z)}.$$

Beachten wir, dass $F$ genau dann maximal wird, wenn $F^2$ maximal wird, so haben wir demnach die Funktion $f:\ \mathbb{R}^3\to\mathbb{R}$ mit

$$f(x,y,z)=\tfrac{U}{2}(\tfrac{U}{2}-x)(\tfrac{U}{2}-y)(\tfrac{U}{2}-z)$$

unter der Nebenbedingung

$$g(x,y,z)=x+y+z-U=0$$

zu maximieren. Die Lagrange-Funktion lautet

$$L(x,y,z,\lambda)=\tfrac{U}{2}(\tfrac{U}{2}-x)(\tfrac{U}{2}-y)(\tfrac{U}{2}-z)+\lambda(x+y+z-U).$$

Das Gleichungssystem $(*)$ in (11) lautet

$$\begin{array}{rcll} L_x(x,y,z,\lambda) &=& -\tfrac{U}{2}(\tfrac{U}{2}-y)(\tfrac{U}{2}-z)+\lambda=0 & (1)\\ L_y(x,y,z,\lambda) &=& -\tfrac{U}{2}(\tfrac{U}{2}-x)(\tfrac{U}{2}-z)+\lambda=0 & (2)\\ L_z(x,y,z,\lambda) &=& -\tfrac{U}{2}(\tfrac{U}{2}-x)(\tfrac{U}{2}-y)+\lambda=0 & (3)\\ L_{\lambda}(x,y,z,\lambda) &=& x+y+z-U=0. & (4) \end{array}$$

Subtraktion von (1) und (2) bzw. (2) und (3) zeigt zusammen mit (4), dass $x_0=y_0=z_0=\dfrac{U}{3}$ mit $\lambda^0=\dfrac{U^3}{72}$, also

$$(x_0,y_0,z_0,\lambda_0)=(\frac{U}{3},\frac{U}{3},\frac{U}{3},\frac{U^3}{72})$$

eine Lösung ist. Die folgenden drei Lösungen sind direkt zu sehen:

$$(x_0, y_0, z_0, \lambda_0) = (\frac{U}{2}, \frac{U}{2}, 0, 0)$$
$$(x_0, y_0, z_0, \lambda_0) = (\frac{U}{2}, 0, \frac{U}{2}, 0)$$
$$(x_0, y_0, z_0, \lambda_0) = (0, \frac{U}{2}, \frac{U}{2}, 0).$$

Diese vier Punkte sind Kandidaten für eine Extremstelle von $f$ unter $g = 0$. Während die erste Lösung (gleichseitiges Dreieck) zu maximalem $f = \frac{U^4}{432}$ führt, liefern die restlichen 3 Lösungen $f = 0$ und damit kein Maximum.

## TESTS

**T32.1:** Gegeben sei die Funktion $g: \mathbb{R}^2 \to \mathbb{R}$ mit $D(g) = \mathbb{R}^2$ und $g(x,y) = y^2 - \sin xy$. Offenbar gilt $g(\frac{\pi}{2}, 1) = 0$. Dann existiert in einer gewissen Umgebung $U$ von $x_0 = \frac{\pi}{2}$ eine Funktion $f: \mathbb{R} \to \mathbb{R}$ mit $D(f) = U$ und $g(x, f(x)) = 0$ für alle $x \in U$ sowie $f(\frac{\pi}{2}) = 1$.
$f$ besitzt zudem folgende Eigenschaften

( ) $f$ ist nicht differenzierbar

( ) $f$ ist differenzierbar mit $f'(\frac{\pi}{2}) = -\frac{2}{\pi}$

( ) $f$ ist differenzierbar mit $f'(\frac{\pi}{2}) = 0$.

**T32.2:** Sei $g(x,y) = e^y + y^2 + x^2 - x - 1,\ (x,y) \in \mathbb{R}^2$.

( ) Es ist $g(1,0) = 0$.

( ) Es ist $g_y(1,0) \neq 0$.

( ) Es gibt ein Intervall $U$ um $x_0 = 1$ und eine Funktion $f$ auf $U$ mit $f(1) = 0$ und $g(x, f(x)) = 0$ für $x \in U$.

( ) Für die Ableitung der Funktion $f$ gilt $f'(1) = -1$.

**T32.3:** Gesucht werde ein relatives Extremum von $f(x,y) = x^2 + y^2, (x,y) \in \mathbb{R}^2$, unter der Nebenbedingung $x^2 + xy + y^2 = 5$. Dann lautet die Lagrange-Funktion

( ) $L(x,y,\lambda) = x^2 + y^2 + \lambda(x^2 + xy + y^2)$

( ) $L(x,y,\lambda) = x^2 + y^2 - 5 + \lambda(x^2 + xy + y^2)$

( ) $L(x,y,\lambda) = x^2 + y^2 + \lambda(x^2 + xy + y^2 - 5)$.

**T32.4:** Gesucht werde ein relatives Extremum von $f: \mathbb{R}^2 \to \mathbb{R}$ unter der Nebenbedingung $g = 0$ für $g: \mathbb{R}^2 \to \mathbb{R}$. Kandidaten für Extremstellen erhält man aus

( ) $f(x,y) + \lambda g(x,y) = 0$

( ) $$f_x(x,y) + \lambda g_x(x,y) = 0$$
$$f_y(x,y) + \lambda g_y(x,y) = 0$$

( ) $$f_x(x,y) + \lambda g_x(x,y) = 0$$
$$f_y(x,y) + \lambda g_y(x,y) = 0$$
$$g(x,y) = 0.$$

## ÜBUNGEN

**Ü32.1:** Gegeben sei die Funktion $g: \mathbb{R}^2 \to \mathbb{R}$ mit $D(g) = \mathbb{R}^2$ und $g(x,y) = \sin^2 y + x^3 - 1$.

a) Für welche $(x_0, y_0)$ mit $g(x_0, y_0) = 0$ kann man die Gleichung $g(x,y) = 0$, „nach $y$ auflösen" in der Form $y = f(x)$ für $x$ aus einer geeigneten Umgebung von $x_0$?

b) Berechnen Sie $f'(x_0)$, ohne $f(x_0)$ explizit auszurechnen.

**Ü32.2:** a) Bestimmen Sie mit Hilfe einer geeigneten Lagrange-Funktion den maximalen und den minimalen Abstand des Punktes $P = (1,1,1)$ von der Einheitskugel $K_1(0,0,0) = \{X \in \mathbb{R}^3 : \|X\| = 1\}$.

b) Wie lauten die zugehörigen Punkte auf der Kugel?

c) Interpretieren Sie das Ergebnis geometrisch.

**Ü32.3:** a) Bestimmen Sie die relativen Extremstellen der Funktion $f: \mathbb{R}^2 \to \mathbb{R}$ mit $D(f) = \mathbb{R}^2$ und $f(x,y) = x + y$ unter der Nebenbedingung $\frac{1}{x^2} + \frac{1}{y^2} = 1$.

b) Zeichnen Sie in eine Skizze die Punktmenge, die der Nebenbedingung genügt, sowie Höhenlinien durch eine mögliche Extremstelle und die Gradientenrichtung in dieser Stelle ein.

**Ü32.4:** Gegeben sei eine zylindrische Dose. Bezeichne $r$ den Radius der Dose und $h$ die Höhe. Die Oberfläche $O$ beträgt $O(r,h) = 2\pi r^2 + 2\pi r h$ und das Volumen $V(r,h) = \pi r^2 h$. Berechnen Sie die minimale Oberfläche der Dose mit Hilfe einer Lagrange-Funktion bei einem Dosenvolumen von 100 Volumeneinheiten.

# 33 Integrale mit Parametern

Im Zusammenhang mit der Stammfunktion haben wir Integrale $\int_a^y f(x)\,dx$ mit variabler oberer Grenze betrachtet. Wir nehmen jetzt an, dass der Integrand von einem Parameter $y$ abhängt, so dass durch $g(y) = \int_a^b f(x,y)\,dx$ ein von dem Parameter $y$ abhängiges Integral gegeben ist (Parameterintegral). Wir untersuchen die Stetigkeit, Integrierbarkeit und Differenzierbarkeit der Funktion $g$.

**Satz 33.1** *Die Funktion* $f:\ \mathbb{R}^2 \to \mathbb{R}$ *sei stetig auf* $[a,b]\times[c,d]$. *Sei*

$$g(y) = \int_a^b f(x,y)\,dx \quad \text{für} \quad y \in [c,d].$$

*(i)* *Es ist* $g$ *stetig auf* $D(g) = [c,d]$.

*(ii)* *Es ist* $g$ *integrierbar, und es gilt*

$$\int_c^d g(y)\,dy = \int_c^d \Big[\int_a^b f(x,y)\,dx\Big]dy = \int_a^b \Big[\int_c^d f(x,y)\,dy\Big]dx.$$

*(iii)* *Hat* $f$ *eine stetige partielle Ableitung* $\frac{\partial f}{\partial y}$ *auf einer offenen Menge* $J \subset \mathbb{R}^2$ *mit* $[a,b]\times[c,d] \subset J$, *so ist* $g$ *differenzierbar, und es ist*

$$\frac{dg}{dy} = \int_a^b \frac{\partial f(x,y)}{\partial y}dx, \qquad y \in [c,d].$$

**Bemerkungen und Ergänzungen:**

(1) Im Integral über $g$ darf nach (ii) die Integrationsreihenfolge vertauscht werden,

$$\int_c^d \Big[\int_a^b f(x,y)\,dx\Big]dy = \int_a^b \Big[\int_c^d f(x,y)\,dy\Big]dx.$$

(2) Das Ergebnis (iii) drückt man verbal so aus: Es darf unter dem Integralzeichen differenziert werden.

(3) Sind im Parameterintegral auch die Integrationsgrenzen von dem Parameter abhängig, so gilt folgende Verallgemeinerung von Satz 33.1.

**Satz 33.2** *Sei* $f: \mathbb{R}^2 \to \mathbb{R}$ *stetig auf* $[a,b] \times [c,d]$. *Es habe* $f$ *eine stetige partielle Ableitung* $\frac{\partial f}{\partial y}$ *auf einer offenen Menge* $J \subset \mathbb{R}^2$ *mit* $[a,b]\times[c,d] \subset J$. *Seien* $\varphi: \mathbb{R} \to \mathbb{R}$ *und* $\psi: \mathbb{R} \to \mathbb{R}$ *mit* $D(\varphi) = D(\psi) = [c,d]$ *sowie* $B(\varphi) \subset [a,b]$, $B(\psi) \subset [a,b]$ *stetig differenzierbare Funktionen auf* $[c,d]$. *Sei*

$$g(y) = \int_{\varphi(y)}^{\psi(y)} f(x,y)\,dx \quad \text{für} \quad y \in [c,d].$$

*Dann ist* $g$ *differenzierbar und es gilt für* $y \in [c,d]$

$$\frac{dg}{dy} = \int_{\varphi(y)}^{\psi(y)} \frac{\partial f(x,y)}{\partial y}\,dx + f(\psi(y),y)\cdot\psi'(y) - f(\varphi(y),y)\cdot\varphi'(y).$$

**Bemerkung:**

(4) Ist in Satz 33.2 $\varphi(y) = a$ und $\psi(y) = y$ für $y \in [c,d]$, so folgt

$$\frac{d}{dy}\int_a^y f(x,y)\,dx = \int_a^y \frac{\partial f(x,y)}{\partial y}\,dx + f(y,y).$$

**Beispiele:**

(5) Sei $f(x,y) = e^{xy}$ für $(x,y) \in [0,1] \times [-1,1]$. Es ist $f$ stetig. Daher ist auch

$$g(y) = \int_0^1 e^{xy}\,dx = \begin{cases} 1 & \text{für } y = 0 \\ \dfrac{e^y - 1}{y} & \text{für } y \in [-1,1],\ y \neq 0 \end{cases}$$

stetig auf $[-1,1]$. Da auch $\frac{\partial f}{\partial y} = xe^{xy}$ stetig auf $\mathbb{R}^2$, ist $g$ differenzierbar auf $[-1,1]$ mit

$$\frac{dg}{dy} = \int_0^1 xe^{xy}\,dx = \begin{cases} \frac{1}{2} & \text{für } y = 0 \\ \dfrac{(y-1)e^y + 1}{y^2} & \text{für } y \neq 0. \end{cases}$$

(6) Wir untersuchen die Funktion $g: \mathbb{R} \to \mathbb{R}$ mit $D(g) = [1,2]$ und

$$g(y) = \int_y^{y^2+1} \frac{e^{\frac{y}{x}}}{x}\,dx$$

auf Differenzierbarkeit. In der Nomenklatur von Satz 33.2 sind $f(x,y) = \dfrac{e^{\frac{y}{x}}}{x}$ für $(x,y) \in [1,5] \times [1,2]$, sowie $\varphi(y) = y$, $\psi(y) = y^2 + 1$ für $D(\varphi) = D(\psi) = [1,2]$. Weiter ist $B(\varphi) = [1,2] \subset [1,5]$ und $B(\psi) = [2,5] \subset [1,5]$. Es sind $f$ und $\dfrac{\partial f}{\partial y} = \dfrac{e^{\frac{y}{x}}}{x^2}$

stetig auf $\mathbb{R}^2$, weiter sind $\varphi$ und $\psi$ stetig differenzierbar auf $[1,2]$. Demnach ist $g$ differenzierbar auf $[1,2]$ und es gilt

$$\begin{aligned}\frac{dg}{dy} &= \int_y^{y^2+1} \frac{e^{\frac{y}{x}}}{x^2}\,dx + \frac{e^{\frac{y}{y^2+1}}}{y^2+1}2y - \frac{e^{\frac{y}{y}}}{y} \\ &= \left[-\tfrac{1}{y}e^{\frac{y}{x}}\right]_y^{y^2+1} + \frac{2y}{y^2+1}e^{\frac{y}{y^2+1}} - \frac{e}{y} = \frac{y^2-1}{y(y^2+1)}e^{\frac{y}{y^2+1}}.\end{aligned}$$

## TESTS

**T33.1:** Die Funktionen $f, \varphi$ und $\psi$ mögen den Voraussetzungen von Satz 33.2 genügen, $g$ sei definiert gemäß Satz 33.2. Dann gilt

( ) $\displaystyle \frac{dg}{dy} = \int_{\varphi(y)}^{\psi(y)} \frac{\partial f}{\partial x}(x,y)\,dx + f(\psi(y),y)\frac{d\psi}{dy} - f(\varphi(y),y)\frac{d\varphi}{dy}$

( ) $\displaystyle \frac{dg}{dy} = 0$ falls $\psi = \varphi$

( ) $\displaystyle \frac{d}{dy}\int_y^b f(x,y)\,dx = \int_y^b \frac{\partial f(x,y)}{\partial y}\,dx - f(y,y).$

**T33.2:** Die Funktion $f, \varphi$ und $\psi$ mögen den Voraussetzungen von Satz 33.2 genügen, $g$ sei definiert gemäß Satz 33.2. Weiter sei $f(x,y) = h(x)$ für alle $y \in [c,d]$. Dann gilt

( ) $\displaystyle \frac{dg}{dy} = f(\psi(y),y)\cdot\frac{d\psi}{dy} - f(\varphi(y),y)\cdot\frac{d\varphi}{dy}$

( ) $\displaystyle \frac{dg}{dy} = h(\psi(y))\cdot\frac{d\psi}{dy} - h(\varphi(y))\cdot\frac{d\varphi}{dy}$

( ) $\displaystyle \frac{dg}{dy} = 0$, falls ein $y \in [c,d]$ existiert mit $\psi(y) = \varphi(y)$.

## ÜBUNGEN

**Ü33.1:** Gegeben sei die Funktion $g: \mathbb{R} \to \mathbb{R}$ mit $D(g) = [1, \sqrt{5}]$ und

$$g(y) = \int_{y^2}^5 \frac{\ln(x^2y^2+1)}{x}\,dx.$$

Ist $g$ differenzierbar? Falls ja, berechnen Sie $\frac{dg}{dy}$.

**Ü33.2:** Betrachten Sie die Funktion $g: \mathbb{R} \to \mathbb{R}$ mit $D(g) = [\sqrt{2}, \sqrt{7}]$ und $g(t) = \int_{t^2-1}^{t^2+1}(2xt + \sqrt{x^2-1})\,dx$.

Zeigen Sie, dass $g$ differenzierbar ist und berechnen Sie $\frac{dg}{dt}$.

# 34 Wege im $\mathbb{R}^n$

Schon im $\mathbb{R}^2$ lassen sich Kurven nicht immer als Graphen **einer reellen Funktion** $f : \mathbb{R} \to \mathbb{R}$ darstellen. So müssen beispielsweise für die durch $\{(x, y) : x^2 + y^2 = 1\}$ definierte Punktmenge des Einheitskreises im $\mathbb{R}^2$ oberer und unterer Kreisbogen durch $y = f_1(x) = \sqrt{1 - x^2}$ und $y = f_2(x) = -\sqrt{1 - x^2}$, $x \in [-1, 1]$, gesondert dargestellt werden. Eine andere Möglichkeit der Beschreibung der Punktmenge bietet eine **Parameterdarstellung** $\{(x, y) : x = \cos t,\ y = \sin t,\ t \in [0, 2\pi]\}$ mit dem Parameter $t \in [0, 2\pi]$ als Variable. Dann ist in der Tat $x^2 + y^2 = \cos^2 t + \sin^2 t = 1$ und wegen $t \in [0, 2\pi]$ ist der gesamte Einheitskreis erfasst. Offenbar liegt bei dieser Parameterdarstellung eine Abbildung $X : \mathbb{R} \to \mathbb{R}^2$ vor.

**Definition 34.1** *Eine Abbildung $X : \mathbb{R} \to \mathbb{R}^n$ mit $D(X) = [a, b]$, die stetig auf $[a, b]$ ist, heißt ein* **Weg** *$W$ im $\mathbb{R}^n$. Die zum Weg $W$ gehörende Punktmenge*

$$K = \{X(t) = (x_1(t), x_2(t), \ldots, x_n(t)) : t \in [a, b]\}$$

*heißt* **Kurve** *$K$ im $\mathbb{R}^n$.*

**Bemerkungen und Ergänzungen:**

(1) Ein Weg $W$ ist ein Spezialfall eines Vektorfeldes gemäß Definition 30.4. Wir erinnern daran (siehe 30 (27)), dass $X : \mathbb{R} \to \mathbb{R}^n$, $D(X) = [a, b]$, stetig ist auf $[a, b]$, falls in $X(t) = (x_1(t), \ldots, x_n(t))$, $t \in [a, b]$, die Komponentenfunktion $x_i : \mathbb{R} \to \mathbb{R}$ stetig auf $[a, b]$ sind, $i = 1, \ldots, n$. Weiter ist $X$ stetig differenzierbar auf $[a, b]$, falls die Komponentenfunktionen $x_i$ stetig differenzierbar sind.

(2) Es heißen $X(a)$ **Anfangspunkt** und $X(b)$ **Endpunkt** des Weges $W$. Verbunden ist damit die Vorstellung, dass der Weg im Sinne wachsender Parameter $t \in [a, b]$ von $X(a)$ nach $X(b)$ durchlaufen wird. Man spricht dann auch von einem orientierten Weg. Den umgekehrt durchlaufenen Weg (inversen Weg) von $X(b)$ nach $X(a)$ bezeichnen wir mit $-W$. Es ist $-W$ gegeben durch

$$X^-(t) = X(a + b - t), \quad t \in [a, b].$$

Wir beachten, dass für $W$ und $-W$ die zugehörigen Kurven übereinstimmen.

(3) Es ist zu unterscheiden der Weg als Abbildung und die zugehörige Kurve als Punktmenge. Zu verschiedenen Wegen kann die gleiche Kurve gehören. So gehört zu den durch

$$\begin{aligned} X_1(t) &= (\cos t, \sin t), \quad && t \in [0, 2\pi] \\ X_2(t) &= (\cos t, \sin t), \quad && t \in [0, 4\pi] \\ X_3(t) &= (\cos 3t, \sin 3t), \quad && t \in [0, 2\pi] \end{aligned}$$

gegebenen Wegen $W_1, W_2, W_3$ die gleiche Kurve $K$, nämlich die Punktmenge, die den Einheitskreis im $\mathbb{R}^2$ bildet. Dagegen beschreibt der Weg $W_1$ die von $(1, 0)$ nach

$(1,0)$ durchlaufene Kreislinie des Einheitskreises, der Weg $W_2$ die von $(1,0)$ nach $(1,0)$ zweifach durchlaufene Kreislinie des Einheitskreises und der Weg $W_3$ die von $(1,0)$ nach $(1,0)$ dreifach durchlaufene Kreislinie des Einheitskreises.

**Beispiele:**

(4) Sei $f : \mathbb{R} \to \mathbb{R}$ mit $D(f) = [a,b]$ eine auf $[a,b]$ stetige reelle Funktion. Zu dem Weg $W$ im $\mathbb{R}^2$ gemäß

$$X(t) = (t, f(t)),\ t \in [a,b]$$

gehört der Graph von $f$ im $\mathbb{R}^2$, also $\{(x,y) :\ y = f(x),\ x \in [a,b]\}$, als zugehörige Kurve.

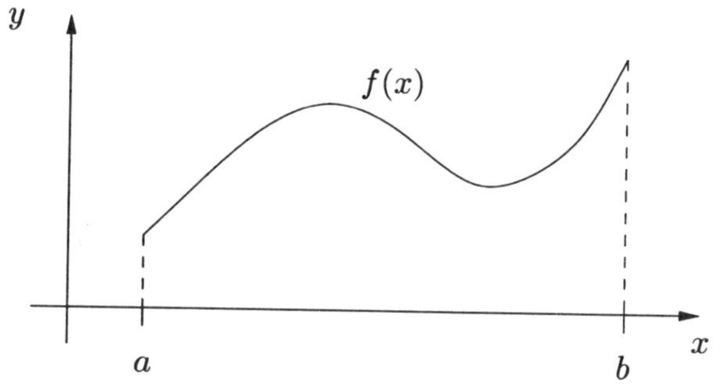


Man spricht auch vom Weg $y = f(x),\ x \in [a,b]$, in der $x$-$y$-Ebene.

(5) Durch $X :\ \mathbb{R} \to \mathbb{R}^3$ mit

$$X(t) = A + Bt,\ t \in [a,b]$$

mit $A \in \mathbb{R}^3$, $B \in \mathbb{R}^3$ ist ein Geradenstück im $\mathbb{R}^3$ gegeben. Ist $C \in \mathbb{R}^3$, so stellt $(B = C - A)$

$$X(t) = A + (C - A)t,\ t \in [0,1]$$

die Verbindungsstrecke von $A$ nach $C$ dar. Für $A = (1,3,-1)$ und $C = (4,7,-5)$ erhalten wir beispielsweise

$$X(t) = (1 + 3t, 3 + 4t, -1 - 4t),\ t \in [0,1].$$

Lassen wir in $A + Bt$ (entgegen Definition 34.1) $t \in \mathbb{R}$ zu, so erhalten wir eine (unbegrenzte) Gerade.

(6) Der durch $X :\ \mathbb{R} \to \mathbb{R}^3$ mit

$$X(t) = (r\cos t, r\sin t, \frac{h}{2\pi}t), \quad t \in [0, 2\pi k]$$

für $h > 0, r > 0, k \in \mathbb{N}$ gegebene Weg stellt eine Schraubenlinie dar.

Die Projektion in die $x$-$y$-Ebene ist gegeben durch $x^2 + y^2 = r^2$, die $z$-Komponente wächst linear mit $t$. Man nennt $h$ die Ganghöhe und $k$ die Windungszahl.

(7) Auf einer Kreisscheibe vom Radius 1 sei auf dem Rand ein Punkt $P$ markiert. Die Kreisscheibe werde auf der Ebene abgerollt (rollendes Rad). Welchen Weg $W$ führt der Punkt $P$ aus?

Der Weg $W$ wird beschrieben durch

$$X(t) = (t - \sin t, 1 - \cos t), \quad t \in [a, b].$$

Er beschreibt eine Rollkurve oder **Zykloide**.

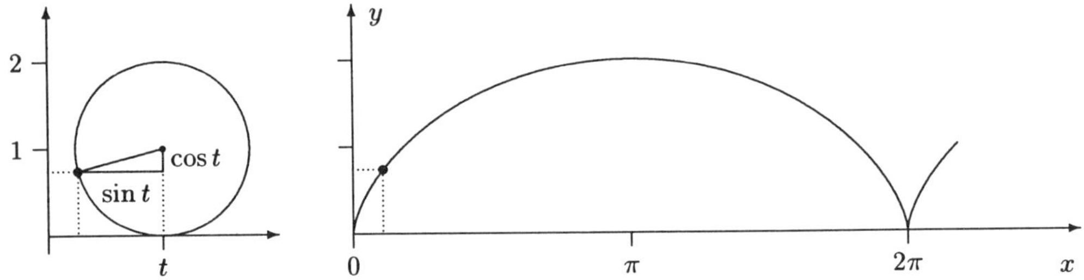


(8) Der durch $X : \mathbb{R} \to \mathbb{R}^2$ mit

$$X(t) = (a \cos t, b \sin t), \quad t \in [0, 2\pi]$$

definierte Weg beschreibt eine Ellipse mit Mittelpunkt (0,0) und den Halbachsen $a > 0$ und $b > 0$. Wählen wir $t \in [0, \pi]$, so erhalten wir nur den oberen Ast der Ellipse.

**Definition 34.2** *Durch* $X_i : \mathbb{R} \to \mathbb{R}^n$ *mit* $D(X_i) = [t_{i-1}, t_i], i = 1, \ldots, k$, *seien* $k$ *Wege* $W_1, \ldots, W_k$ *gegeben. Gelte* $X_i(t_i) = X_{i+1}(t_i)$ *für* $i = 1, \ldots, k-1$. *Dann heißt der durch* $X : \mathbb{R} \to \mathbb{R}^n$ *mit* $D(X) = [t_0, t_k]$ *und*

$$X(t) = X_i(t) \quad \textit{für } t \in [t_{i-1}, t_i], \; i = 1, \ldots, k$$

*definierte Weg* $W$ *die* **Summe der Wege** $W_1, \ldots, W_k$. *Man schreibt*

$$W = W_1 \oplus W_2 \oplus \ldots \oplus W_k.$$

**Beispiele:**

(9) Ein Polygonzug ist eine Summe von Wegen, die jeweils Geradenstücke sind.

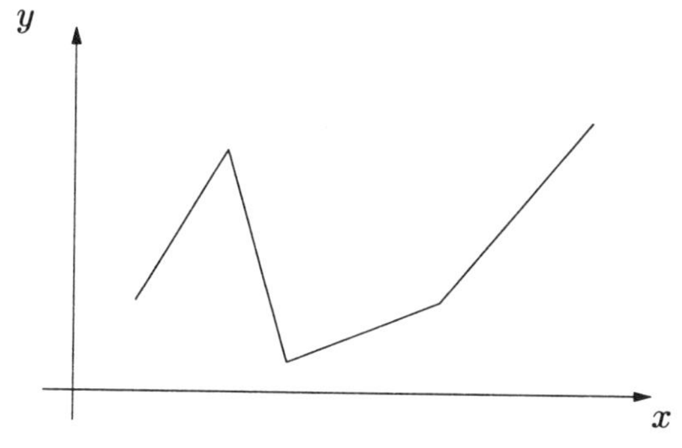


(10) Der Weg $W$ im $\mathbb{R}^2$ werde beschrieben durch Geradenstücke von (0,0) nach (1,0) und von (1,0) nach (1,1). Es ist $W = W_1 \oplus W_2$, eine Darstellung von $W_1$ ist

$$X_1(t) = (t, 0), \; t \in [0, 1],$$

eine Darstellung von $W_2$ ist

$$X_2(t) = (1, t-1), \; t \in [1, 2].$$

In Definition 34.2 ist $k = 2$, sowie $t_0 = 0, \; t_1 = 1, \; t_2 = 2$ und es gilt $X_1(t_1) = X_2(t_1) = (1, 0)$.

Zur Definition der Länge eines Weges $X : \mathbb{R} \to \mathbb{R}^n$ mit $D(X) = [a, b]$ wählen wir eine Zerlegung $Z = \{t_0, t_1, \ldots, t_m\}$ des Intervalls $[a, b]$ und betrachten den Polygonzug durch die Punkte $X(t_0), X(t_1), \ldots, X(t_m)$. Er hat die Länge

$$L(X, Z) = \sum_{i=1}^{m} \|X(t_i) - X(t_{i-1})\|.$$

Für eine Verfeinerung $Z'$ von $Z$ gilt

$$L(X, Z) \leq L(X, Z').$$

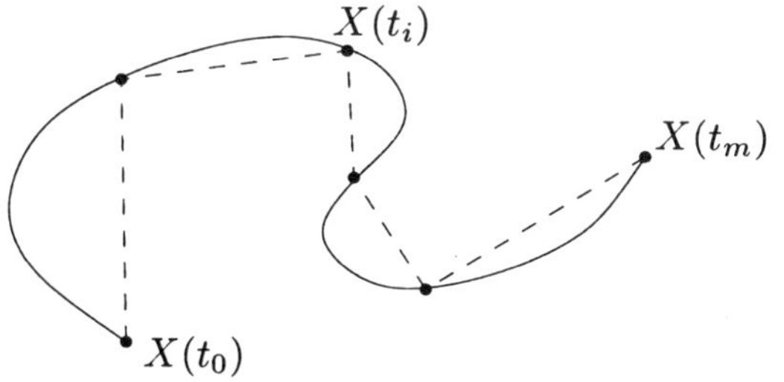


Dies führt zur

**Definition 34.3** *Sei* $X: \mathbb{R} \to \mathbb{R}^n$ *mit* $D(X) = [a,b]$ *ein Weg* $W$ *im* $\mathbb{R}^n$. *Sei* $\mathfrak{Z}$ *die Menge aller Zerlegungen von* $[a,b]$. *Gilt* $L(X,Z) \leq M$ *für jede Zerlegung* $Z \in \mathfrak{Z}$ *mit einer Konstanten* $M$, *so heißt* $W$ **rektifizierbar** *und*

$$L(W) = \sup_{Z \in \mathfrak{Z}} L(X,Z)$$

*heißt die* **Länge** *von* $W$.

**Satz 34.1** *Der durch* $X: \mathbb{R} \to \mathbb{R}^n$ *mit* $D(X) = [a,b]$ *gegebene Weg* $W$ *sei stetig differenzierbar auf* $[a,b]$. *Dann ist* $W$ *rektifizierbar und die Länge des Weges ist*

$$L(W) = \int_a^b \|\dot{X}(t)\|\, dt = \int_a^b \sqrt{\dot{x}_1^2(t) + \dot{x}_2^2(t) + \ldots + \dot{x}_n^2(t)}\, dt.$$

**Satz 34.2** *Der Weg* $W = W_1 \oplus W_2 \oplus \ldots \oplus W_k$ *sei die Summe der Wege* $W_1, W_2, \ldots, W_k$. *Die Wege* $W_i$, $i = 1, \ldots, k$, *seien stetig differenzierbar. Dann ist der Weg* $W$ *rektifizierbar und mit den Längen* $L(W_i)$ *der Wege* $W_i$, $i = 1, \ldots, k$, *gilt für die Länge von* $W$

$$L(W) = L(W_1) + L(W_2) + \ldots + L(W_k).$$

**Bemerkungen und Ergänzungen:**

(11) Ist durch $y = f(x)$, $x \in [a,b]$, mit stetig differenzierbarem $f$ ein Weg $W$ in der $x$-$y$-Ebene gegeben, vgl. (4), so ist die Länge des Weges

$$L(W) = \int_a^b \sqrt{1 + [f'(t)]^2}\, dt.$$

(12) Ein Weg $W$, der die Summe stetig differenzierbarer Wege $W_i$, $i = 1, \ldots, k$, ist, heißt **stückweise stetig differenzierbar**. Ein stetig differenzierbarer Weg $X(t)$, $t \in [a,b]$, mit $\dot{X}(t) \neq 0$ für alle $t \in [a,b]$ heißt auch **glatt**. Ist der Weg **geschlossen**, also $X(a) = X(b)$, so wird auch $\dot{X}(a) = \dot{X}(b)$ verlangt. Ein Weg $W$ heißt **stückweise glatt**, wenn er die Summe $W = W_1 \oplus \ldots \oplus W_k$ glatter Wege $W_1, \ldots, W_k$ ist.

(13) Ist der Weg $X(t)$, $t \in [a,b]$, glatt, so heißt $\dot{X}(t_0)$ **Tangentialvektor** des Weges im Punkt $X(t_0)$. Dann definiert die Abbildung $Z: \mathbb{R} \to \mathbb{R}^n$ mit

$$Z(s) = X(t_0) + s\dot{X}(t_0), \qquad s \in \mathbb{R}$$

die **Tangente** an den Weg im Punkt $X(t_0)$.

(14) Nicht jeder Weg besitzt eine Länge, die Stetigkeit von $X$ reicht demnach nicht für Rektifizierbarkeit. Sei beispielsweise $X: \mathbb{R} \to \mathbb{R}^2$ mit $D(X) = [0,1]$ und

$$X(t) = \begin{cases} (t, t^2 \cos \frac{\pi}{t^2}) & \text{für } t \in (0,1] \\ (0,0) & \text{für } t = 0. \end{cases}$$

Es ist $X$ stetig und sogar differenzierbar auf $[0,1]$, jedoch nicht stetig differenzierbar. Die Ableitung ist unstetig im Nullpunkt.

Für die Zerlegung $Z = \{t_0, t_1, \ldots, t_m\}$ mit $t_0 = 0$ und $t_i = \frac{1}{\sqrt{m+1-i}}$, $i = 1, \ldots, m$, gilt

$$X(t_i) = \left( \frac{1}{\sqrt{m+1-i}}, \frac{(-1)^{m+1-i}}{m+1-i} \right), \quad i = 1, \ldots, m.$$

Daher ist

$$\|X(t_1) - X(t_0)\| = \sqrt{\frac{1}{m} + \frac{1}{m^2}} > \frac{1}{m},$$

und für $i = 2, \ldots, m$ ist

$$\begin{aligned} &\|X(t_i) - X(t_{i-1})\| = \\ &= \sqrt{\left( \frac{1}{\sqrt{m+1-i}} - \frac{1}{\sqrt{m+2-i}} \right)^2 + \left( \frac{(-1)^{m+1-i}}{(m+1-i)} - \frac{(-1)^{m+2-i}}{(m+2-i)} \right)^2} \\ &> \sqrt{\left[ (-1)^{m+1-i} \left( \frac{1}{m+1-i} + \frac{1}{m+2-i} \right) \right]^2} \\ &> \frac{1}{m+1-i}. \end{aligned}$$

Daher gilt für die Länge des Polygonzuges durch $X(t_0), \ldots, X(t_m)$

$$L(X,Z) > \sum_{i=1}^{m} \frac{1}{m+1-i} = \sum_{l=1}^{m} \frac{1}{l}.$$

Wegen der Divergenz der harmonischen Reihe $(m \to \infty)$ ist $\sup L(X,Z) = \infty$ und der Weg ist nicht rektifizierbar.

**Beispiele:**

(15) Sei $X(t) = (r \cos t, r \sin t)$, $t \in [0, 2\pi]$. Der Weg ist die Kreislinie vom Radius $r$ um (0,0). Dann ist die Länge des Weges

$$\begin{aligned} L(W) &= \int_0^{2\pi} \sqrt{(-r \sin t)^2 + (r \cos t)^2}\, dt \\ &= \int_0^{2\pi} r\, dt = 2\pi r. \end{aligned}$$

Dies ist das bekannte Ergebnis für den Kreisumfang.

(16) Sei $X(t) = (r\cos t, r\sin t, ct)$, $t \in [0, 2\pi k]$, vgl. (6). Die Länge des Weges

$$L(W) = \int_0^{2\pi k} \sqrt{r^2 \sin^2 t + r^2 \cos^2 t + c^2}\, dt$$
$$= \int_0^{2\pi k} \sqrt{r^2 + c^2}\, dt = 2\pi k \sqrt{r^2 + c^2}.$$

(17) Sei $X(t) = (t - \sin t, 1 - \cos t)$, $t \in [0, 2\pi]$ (Bogen einer Zykloide, vgl. (7)). Die Länge ist

$$L(W) = \int_0^{2\pi} \sqrt{(1 - \cos t)^2 + \sin^2 t}\, dt = \int_0^{2\pi} \sqrt{2(1 - \cos t)}\, dt.$$

Mit $\cos t = 1 - 2\sin^2 \frac{t}{2}$ ergibt sich

$$L(W) = 2\int_0^{2\pi} |\sin \frac{t}{2}|\, dt = 2\int_0^{2\pi} \sin \frac{t}{2}\, dt = 8.$$

(18) Sei $y = f(x) = x^{\frac{3}{2}}$, $x \in [0, b]$, $b > 0$, ein Weg in der $x$-$y$-Ebene (Neilsche Parabel). Nach (11) ist die Länge des Weges

$$L(W) = \int_0^b \sqrt{1 + [f'(t)]^2}\, dt$$
$$= \int_0^b \sqrt{1 + \tfrac{9}{4}t}\, dt = \tfrac{8}{27}\left[(1 + \tfrac{9}{4}t)^{3/2}\right]_0^b$$
$$= \tfrac{8}{27}\left[(1 + \tfrac{9}{4}b)^{3/2} - 1\right] = (\tfrac{4}{9} + b)^{3/2} - \tfrac{8}{27}.$$

(19) Für die Länge des Weges $W = W_1 \oplus W_2$ von Beispiel (10) gilt $L(W) = L(W_1) + L(W_2)$. Dabei ist

$$L(W_1) = \int_0^1 \sqrt{1 + 0}\, dt = 1$$
$$L(W_2) = \int_1^2 \sqrt{0 + 1}\, dt = 1.$$

Danach ist $L(W) = 2$.

(20) Durch $X(t) = (t, |t|)$ für $t \in [-1, 1]$ ist ein Weg $W$ gegeben. Es ist $X(t)$ nicht differenzierbar auf $[-1, 1]$, so dass Satz 34.1 nicht anwendbar ist. Doch ist $W = W_1 \oplus W_2$ mit rektifizierbaren Wegen $W_1$ und $W_2$, die durch

$$X_1(t) = (t, -t) \quad \text{für} \quad t \in [-1, 0]$$
$$X_2(t) = (t, t) \quad \text{für} \quad t \in [0, 1]$$

gegeben sind. Für die Länge folgt

$$L(W_1) = \int_{-1}^0 \sqrt{1 + 1}\, dt = \sqrt{2}$$
$$L(W_2) = \int_0^1 \sqrt{1 + 1}\, dt = \sqrt{2},$$

so dass $L(W) = L(W_1) + L(W_2) = 2\sqrt{2}$ . Der Weg $W$ ist stückweise glatt.

(21) Für $a, b > 0$ sei $X(t) = (a\cos t, b\sin t)$, $t \in [0, 2\pi]$. Der Weg stellt eine Ellipse mit den Hauptachsen $a$ und $b$ dar. Für $t_0 \in [0, 2\pi]$ ist

$$\dot{X}(t_0) = (-a\sin t_0, b\cos t_0)$$

der Tangentialvektor im Punkt $X(t_0)$. Die Abbildung $Z: \mathbb{R} \to \mathbb{R}^2$ mit

$$Z(s) = X(t_0) + s\dot{X}(t_0) = (a\cos t_0 - sa\sin t_0, b\sin t_0 + sb\cos t_0),\ s \in \mathbb{R},$$

definiert die Tangente an die Ellipse im Punkt $X(t_0)$. Speziell für $t_0 = \frac{\pi}{2}$ ist $X(t_0) = (0, b)$ und

$$Z(s) = (-sa, b),\ s \in \mathbb{R}$$

(Gleichung einer Geraden durch $(0, b)$ parallel zur $x$-Achse).

## TESTS

**T34.1:** Durch $X: \mathbb{R} \to \mathbb{R}^n$ mit $D(X) = [a, b]$ sei ein Weg $W$ gegeben. Dann gilt:

( ) Es ist $X$ stetig auf $[a, b]$.

( ) Es ist $X$ stetig auf $[a, b]$, daher besitzt $W$ eine Länge $L(W)$.

( ) Ist $X$ differenzierbar auf $[a, b]$, so existiert die Länge $L(W)$.

( ) Ist $X$ stetig differenzierbar auf $[a, b]$, so existiert die Länge $L(W)$.

**T34.2:** Die Abbildung $X: \mathbb{R} \to \mathbb{R}^n$ mit $D(X) = [a, b]$ sei stetig differenzierbar auf $[a, b]$. Der so definierte Weg hat die Länge

( ) $\int_a^b \|X(t)\|\, dt$

( ) $\int_a^b \|\dot{X}(t)\|\, dt$

( ) $\int_a^b \sqrt{\dot{x}_1^2(t) + \dot{x}_2^2(t) + \ldots + \dot{x}_n^2(t)}\, dt$

( ) $\int_a^b \sqrt{\dot{x}_1(t) + \dot{x}_2(t) + \ldots + \dot{x}_n(t)}\, dt$.

**T34.3:** Für den Weg $W$, der durch $X: \mathbb{R} \to \mathbb{R}^2$ mit $D(X) = [-1, 1]$ und $X(t) = (|t|, \operatorname{sgn}(t) \cdot t^2)$ gegeben ist, gilt:

( ) $W$ ist ein stetiger Weg.

( ) $W$ ist ein glatter Weg.

( ) $W$ ist ein stückweise glatter Weg.

**T34.4:** Der Weg $W$ sei gegeben durch $X: \mathbb{R} \to \mathbb{R}^2$ mit $D(X) = [-1,1]$ und $X(t) = (|t|, t^3)$. Dann gilt:

( ) $W$ ist ein glatter Weg.

( ) $W$ ist ein stückweise glatter Weg.

( ) $Z(s) = (1+s, 1+3s)$, $s \in \mathbb{R}$, ist eine Gleichung der Tangente an $W$ im Punkt (1,1).

## ÜBUNGEN

**Ü34.1:** Der Weg $W$ sei gegeben durch $X: \mathbb{R} \to \mathbb{R}^2$ mit $D(X) = [0, 2\pi]$ und $X(t) = (2t\cos t, 2t\sin t)$.

a) Skizzieren Sie den Weg $W$.

b) Besitzt $W$ eine Länge? Berechnen Sie diese gegebenenfalls.
*Hinweis*: $\int \sqrt{1+t^2}\,dt = \frac{1}{2}(t\sqrt{1+t^2} + \ln(t + \sqrt{1+t^2}\,))$.

**Ü34.2:** Berechnen Sie die Länge der folgenden Wege im $\mathbb{R}^2$.

a) $X_1: \mathbb{R} \to \mathbb{R}^2$ mit $D(X_1) = [0,1]$ und

$$X_1(t) = \begin{cases} (t^3\cos(\frac{2\pi}{t}), t^3\sin(\frac{2\pi}{t})) & \text{für } t > 0 \\ (0,0) & \text{für } t = 0 \end{cases}$$

b) $X_2: \mathbb{R} \to \mathbb{R}^2$ mit $D(X_2) = [1,4]$ und $X_2(t) = (t, \frac{t-3}{3}\sqrt{t})$.

**Ü34.3:** Gegeben seien folgende Wege $W_1$ und $W_2$: $W_1$ durch $X_1: \mathbb{R} \to \mathbb{R}^2$ mit $D(X_1) = [0, 2\pi]$ und $X_1(t) = ((1+\cos t)\cos t, (1+\cos t)\sin t)$ sowie $W_2$ durch $X_2: \mathbb{R} \to \mathbb{R}^2$ mit $D(X_2) = [0, 2\pi]$ und $X_2(t) = (\cos(2t)\cos t, \cos(2t)\sin t)$.

a) Skizzieren Sie den Weg $W_1$. Ist $W_1$ glatt? Berechnen Sie die Länge von $W_1$.

*Hinweis:* $\cos(t) = \cos\left(\frac{t}{2} + \frac{t}{2}\right)$.

b) Skizzieren Sie den Weg $W_2$. Ist $W_2$ glatt? Zeigen Sie, dass für die Länge $L(W_2)$ von $W_2$ gilt $L(W_2) = \int_0^{2\pi} \sqrt{3\sin^2 2t + 1}\,dt$ (elliptisches Integral).

**Ü34.4:** Für $i = 1, 2, 3$ seien Wege $W_i$ im $\mathbb{R}^2$ gegeben durch $X_i : \mathbb{R} \to \mathbb{R}^2$ mit $D(X_i) = [0, 2\pi]$ und $X_i(t) = (4\sin^i t, 4\cos^i t)$.

a) Skizzieren Sie $W_i$ für $i = 1, 2, 3$.

b) Bestimmen Sie die Gleichungen der Tangenten an $W_i$ in den Punkten $X_i(t_0)$ für $t_0 = \frac{\pi}{4}$, $i = 1, 2, 3$.

**Ü34.5:** Die Wege $W_1$ und $W_2$ seien gegeben durch $X_1 : \mathbb{R} \to \mathbb{R}^2$ bzw. $X_2 : \mathbb{R} \to \mathbb{R}^4$ mit $D(X_1) = D(X_2) = [0, 2]$ und
$X_1(t) = (t^2 \sin 2\pi t, t^2 \cos 2\pi t)$ bzw. $X_2(t) = (t^2 \sin 2\pi t, t^2 \cos 2\pi t, \dfrac{t}{\pi}, 2)$.

a) Skizzieren Sie $W_1$. Sind die Wege $W_1, W_2$ glatt?

b) Bestimmen Sie die Gleichungen der Tangenten an $W_1$ im Punkt (0,1) bzw. an $W_2$ im Punkt $(0, 1, \frac{1}{\pi}, 2)$.

c) Bestimmen Sie die Längen von $W_1$ und $W_2$.

**Ü34.6:** Der Weg $W$ im $\mathbb{R}^2$ sei gegeben als Summe der Wege $W_1$ und $W_2$, wobei $W_1$ die Gerade von (0,0) nach (2,2) und $W_2$ der im mathematisch positiven Sinn durchlaufene Halbkreis von (2,2) nach (0,0) sei.

a) Skizzieren Sie $W$ und geben Sie eine Parameterdarstellung von $W$ an.

b) Bestimmen Sie die Gleichung der Tangenten an $W$ im Punkt (0,2).

c) Bestimmen Sie die Länge von $W$. Lässt sich das Ergebnis leicht verifizieren?

# 35 Wegintegrale

In einem Kraftfeld $F$ (Vektorfeld $F: \mathbb{R}^3 \to \mathbb{R}^3$) bewege sich ein Massenpunkt längs eines Weges $X(t),\ t \in [a,b]$. Wir betrachten die Arbeit bei der Bewegung längs des Weges durch das Kraftfeld. Sei $Z = \{t_0, \ldots, t_m\}$ eine Zerlegung von $[a,b]$. Im Punkt $X(t_{i-1})$ des Weges greift der Kraftvektor $F(X(t_{i-1}))$ an, die zu verrichtende Arbeit ist jedoch nur von der Komponente von $F$ in Wegrichtung abhängig.

Daher ist durch das Skalarprodukt

$$F(X(t_{i-1})) \cdot [X(t_i) - X(t_{i-1})]$$

die Arbeit für die Bewegung von $X(t_{i-1})$ zu $X(t_i)$ näherungsweise gegeben. Die gesamte Arbeit ist näherungsweise

$$\sum_{i=1}^{m} F(X(t_{i-1})) \cdot [X(t_i) - X(t_{i-1})] \approx \sum_{i=1}^{m} F(X(t_{i-1})) \cdot \dot{X}(t_{i-1})(t_i - t_{i-1}).$$

Verfeinerung der Zerlegung und Grenzübergang führt zu

**Definition 35.1** *Sei $F: \mathbb{R}^n \to \mathbb{R}^n$ mit der Definitionsmenge $D(F)$ ein stetiges Vektorfeld, sei $X(t),\ t \in [a,b]$, ein stetig differenzierbarer Weg $W$ im $\mathbb{R}^n$, für die Bildmenge gelte $B(X) \subset D(F)$. Dann heißt*

$$\int_a^b F(X(t)) \cdot \dot{X}(t)\, dt$$

*das* **Wegintegral** *von $F$ längs des Weges $W$.*

**Bemerkungen und Ergänzungen:**

(1) Es ist $F(X(t)) \cdot \dot{X}(t)$ ein Skalarprodukt. Sind $F = (F_1, F_2, \ldots, F_n)$ mit $F_i = F_i(x_1, \ldots, x_n)$, $i = 1, \ldots, n$, und $X(t) = (x_1(t), \ldots, x_n(t))$, so lautet das Wegintegral

$$\int_a^b F(X(t)) \cdot \dot{X}(t)\, dt = \int_a^b \Big[ F_1(X(t))\dot{x}_1(t) + \ldots + F_n(X(t))\dot{x}_n(t) \Big]\, dt.$$

(2) Für das Wegintegral schreiben wir auch

$$\int_W F \cdot dX,$$

motiviert durch $F \cdot \dot{X}(t)\, dt = F \cdot \dfrac{dX(t)}{dt} dt$ und „Kürzen".

(3) Im Sonderfall $n = 2$ wird mit $F_1(x,y) = P(x,y)$, $F_2(x,y) = Q(x,y)$ das Wegintegral

$$\int_W F \cdot dX = \int_a^b \Big[P(x(t),y(t)) \cdot \dot{x}(t) + Q(x(t),y(t)) \cdot \dot{y}(t)\Big]\, dt.$$

**Beispiele:**

(4) Sei $F: \mathbb{R}^2 \to \mathbb{R}^2$ mit $D(F) = \mathbb{R}^2$ und

$$F(x,y) = (x^2 + y^2, xy).$$

a) Der Weg $W_1$ sei gegeben durch $X(t) = (t,t)$, $t \in [0,1]$. (Geradenstück von (0,0) nach (1,1)). Wegen $\dot{X}(t) = (1,1)$ wird

$$\int_{W_1} F \cdot dX = \int_0^1 \Big[(t^2 + t^2) \cdot 1 + t \cdot t \cdot 1\Big]\, dt$$
$$= \int_0^1 3t^2\, dt = 1.$$

b) Der Weg $W_2$ sei gegeben durch $X(t) = (t,t^2)$, $t \in [0,1]$ (Parabelstück von (0,0) nach (1,1)). Wegen $\dot{X}(t) = (1,2t)$ wird

$$\int_{W_2} F \cdot dX = \int_0^1 \Big[(t^2 + t^4) \cdot 1 + t \cdot t^2 \cdot 2t\Big]\, dt$$
$$= \int_0^1 (t^2 + 3t^4)\, dt = \frac{14}{15}\,.$$

(5) Sei $F: \mathbb{R}^2 \to \mathbb{R}^2$ mit $D(f) = \mathbb{R}^2$ und

$$F(x,y) = (y, x + y^2).$$

a) Für den Weg $W_1$ von (4) folgt

$$\int_{W_1} F \cdot dX = \int_0^1 \Big[t \cdot 1 + (t + t^2)1\Big]\, dt$$
$$= \int_0^1 (2t + t^2)\, dt = \frac{4}{3}.$$

b) Für den Weg $W_2$ von (4) folgt

$$\int_{W_2} F \cdot dX = \int_0^1 \Big[t^2 \cdot 1 + (t + t^4)2t\Big]\, dt$$
$$= \int_0^1 (3t^2 + 2t^5)\, dt = \frac{4}{3}.$$

Während die Wegintegrale in (4) verschieden sind, stimmen sie in (5) trotz verschiedener Wege überein.

(6) Fließt ein konstanter Strom $I$ durch einen unendlich langen Leiter, so wird das Magnetfeld $F: \mathbb{R}^3 \to \mathbb{R}^3$ mit $D(F) = \{(x,y,z) \in \mathbb{R}^3 : x^2+y^2 \neq 0\}$ und

$$F(x,y,z) = \frac{I}{2\pi}\left(\frac{-y}{x^2+y^2}, \frac{x}{x^2+y^2}, 0\right)$$

aufgebaut, falls wir die $z$-Achse in Stromrichtung legen. Der Weg $W$ sei eine Kreislinie in einer Ebene parallel zur $x$-$y$-Ebene vom Radius $r > 0$ mit dem Mittelpunkt auf der $z$-Achse, durchlaufen gegen den Uhrzeigersinn.

Es ist

$$X(t) = (r\cos t, r\sin t, z_0),\ \ t \in [0, 2\pi]$$

eine Parameterdarstellung des Weges $W$. Daher ist

$$\begin{aligned}\int_W F \cdot dX &= \frac{I}{2\pi}\int_0^{2\pi}\left[\frac{-r\sin t}{r^2}(-r\sin t) + \frac{r\cos t}{r^2}(r\cos t) + 0\right] dt \\ &= \frac{I}{2\pi}\int_0^{2\pi} 1\, dt = I.\end{aligned}$$

**Satz 35.1** *Für das Wegintegral gilt*

*(i)* $\displaystyle\int_{-W} F \cdot dX = -\int_W F \cdot dX$

*(ii)* $\displaystyle\left|\int_W F \cdot dX\right| \leq \max_{t\in[a,b]}\{\|F(X(t))\|\} \cdot L(W)$

*mit der Länge $L(W)$ des Weges.*

**Bemerkungen und Ergänzungen:**

(7) Satz 35.1(i) zeigt: Für den zu $W$ umgekehrt durchlaufenen Weg $-W$ (vgl. Kapitel 34, Bemerkung (2)) gilt: Das Wegintegral von $F$ längs $-W$ ist das negative des Wegintegrals von $F$ längs $W$.

(8) Die zu $W$ und $-W$ gehörigen Kurven stimmen überein, die Wegintegrale sind jedoch verschieden.

(9) Ist der Weg $W$ stückweise stetig differenzierbar, gilt also $W = W_1 \oplus W_2 \oplus \ldots \oplus W_k$ mit stetig differenzierbaren Wegen $W_i$, die durch $X_i : \mathbb{R} \to \mathbb{R}^n$ mit $D(X_i) = [t_{i-1}, t_i]$, $i = 1, \ldots, k$, gegeben sind, so wird gesetzt

$$\int_W F \cdot dX = \int_{W_1} F \cdot dX_1 + \int_{W_2} F \cdot dX_2 + \ldots + \int_{W_k} F \cdot dX_k.$$

Das Wegintegral von $F$ längs $W$ ist gleich der Summe der Wegintegrale von $F$ längs der Teilwege.

(10) Für die praktische Rechnung ist eine Verallgemeinerung von (9) oft hilfreich. Für die Summe $W = W_1 \oplus W_2$ ist gemäß Definition 34.2 eine Parametrisierung mit $D(X_1) = [t_0, t_1]$ und $D(X_2) = [t_1, t_2]$ gegeben, so dass $D(X) = [t_0, t_2]$. Dies ist oft mühsam. Für das Wegintegral längs $W$ kann man einfacher vorgehen. Man beschreibt $W$ durch „Aneinanderhängen" zweier stetig differenzierbarer Wege $\hat{W}_1$ und $\hat{W}_2$, die in der Reihenfolge $\hat{W}_1, \hat{W}_2$ durchlaufen werden und für die gilt $\hat{X}_1(b_1) = \hat{X}_2(a_2)$, falls $\hat{X}_1(t),\ t \in [a_1, b_1]$ und $\hat{X}_2(t),\ t \in [a_2, b_2]$ Darstellungen von $\hat{W}_1$ und $\hat{W}_2$ sind. Dann ist

$$\int_W F \cdot dX = \int_{\hat{W}_1} F \cdot dX_1 + \int_{\hat{W}_2} F \cdot dX_2.$$

**Beispiele:**

(11) Wie in Kapitel 34, Beispiel (10) werde der Weg $W$ im $\mathbb{R}^2$ beschrieben durch Geradenstücke von (0,0) nach (1,0) und von (1,0) nach (1,1). Es ist $W = W_1 \oplus W_2$ mit $X_1(t) = (t, 0)$ für $t \in [0, 1]$ und $X_2(t) = (1, t - 1)$ für $t \in [1, 2]$, vgl. Kapitel 34, Beispiel (10). Für $F:\ \mathbb{R}^2 \to \mathbb{R}^2$ mit $D(F) = \mathbb{R}^2$ und $F(x, y) = (x^2 + y^2, xy)$ ergibt sich

$$\begin{aligned}\int_W F \cdot dX &= \int_{W_1} F \cdot dX_1 + \int_{W_2} F \cdot dX_2 \\ &= \int_0^1 \Big[(t^2 + 0)1 + (t \cdot 0)0\Big]\, dt + \int_1^2 \Big\{\Big[1 + (t-1)^2\Big] \cdot 0 + 1(t-1)1\Big\}\, dt \\ &= \frac{1}{3} + \frac{1}{2} = \frac{5}{6}.\end{aligned}$$

(12) Der Weg $W$ sei wie in (11) (zwei Geradenstücke). Wir beschreiben $W$ durch Aneinanderhängen zweier Wege $\hat{W}_1$ und $\hat{W}_2$. Es sind $\hat{W}_1$ und $\hat{W}_2$ gegeben durch

$$\begin{aligned}\hat{X}_1(t) &= (t, 0), \quad t \in [0, 1] \\ \hat{X}_2(t) &= (1, t), \quad t \in [0, 1].\end{aligned}$$

Für $F$ wie in (11) folgt nach (10)

$$\begin{aligned}\int_W F \cdot dX &= \int_{\hat{W}_1} F \cdot d\hat{X}_1 + \int_{\hat{W}_2} F \cdot d\hat{X}_2 \\ &= \int_0^1 \Big[(t^2 + 0)1 + t \cdot 0 \cdot 0\Big]\, dt + \int_0^1 \Big[(1 + t^2) \cdot 0 + t \cdot 1\Big]\, dt \\ &= \frac{1}{3} + \frac{1}{2} = \frac{5}{6}.\end{aligned}$$

Das Ergebnis stimmt mit dem von (11) überein.

Beispiel (5) zeigt, dass die Wegintegrale für verschiedene Wege bei gleichen Anfangspunkten und Endpunkten identisch sein können. Wir gehen der Frage nach, wann das Wegintegral nur vom Anfangs- und Endpunkt des Weges, nicht jedoch von der Form des stückweise stetig differenzierbaren Weges abhängt. Solche Wegintegrale heißen dann **wegunabhängig**.

**Definition 35.2** *Sei $F: \mathbb{R}^n \to \mathbb{R}^n$ mit $D(F)$ offen ein Vektorfeld. Existiert eine (skalare) partiell differenzierbare Funktion $\varphi: \mathbb{R}^n \to \mathbb{R}$ mit $D(\varphi) = D(F)$ und*

$$F(X) = \operatorname{grad} \varphi(X), \quad X \in D(F)$$

*so heißt $\varphi$ ein* **Potential** *von $F$.*

**Beispiele:**

(13) Sei $F: \mathbb{R}^2 \to \mathbb{R}^2$ mit $D(F) = \mathbb{R}^2$ und

$$F(x,y) = (x + y^3, 3xy^2)$$

Offenbar ist $\varphi: \mathbb{R}^2 \to \mathbb{R}$ mit $D(\varphi) = \mathbb{R}^2$ und

$$\varphi(x,y) = \tfrac{1}{2}x^2 + xy^3$$

ein Potential von $F$, da $F = \operatorname{grad} \varphi$. Ein Weg, $\varphi$ zu bestimmen, wird in (29) gezeigt.

(14) Sei $F: \mathbb{R}^2 \to \mathbb{R}^2$ mit $D(F) = \{(x,y) : x > 0, y > 0\}$ und

$$F(x,y) = \left(-\frac{y}{x^2+y^2}, \frac{x}{x^2+y^2}\right)$$

Es ist $\varphi: \mathbb{R}^2 \to \mathbb{R}$ mit $D(\varphi) = D(F)$ und

$$\varphi(x,y) = \arctan \frac{y}{x}$$

ein Potential von $F$, da $F = \operatorname{grad} \varphi$. In (31) zeigen wir, wie $\varphi$ bestimmt werden kann.

**Definition 35.3**

*(i)* *Eine Menge $M \subset \mathbb{R}^n$ heißt* **zusammenhängend**, *wenn je zwei Punkte von $M$ sich durch eine ganz in $M$ gelegene Kurve verbinden lassen.*

*(ii)* *Eine Menge $M \subset \mathbb{R}^n$ heißt* **konvex**, *wenn je zwei Punkte von $M$ sich durch eine ganz in $M$ gelegene Strecke verbinden lassen.*

*(iii)* *Eine Menge $M \subset \mathbb{R}^n$ heißt* **sternförmig**, *wenn es einen Punkt $S \in M$ gibt, so dass für jedes $X \in M$ die Verbindungsstrecke zwischen $S$ und $X$ ganz in $M$ liegt.*

*(iv)* *Eine Menge $M \subset \mathbb{R}^n$ heißt* **Gebiet**, *falls $M$ offen und zusammenhängend ist.*

**Beispiele:**

(15) Die Menge $M$ des Bildes ist zusammenhängend

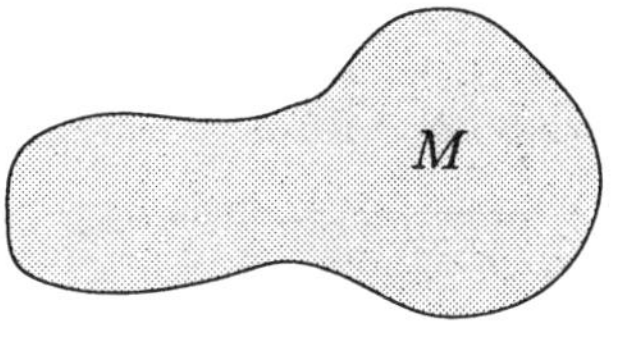


(16) Die Menge $M$ des Bildes ist nicht zusammenhängend

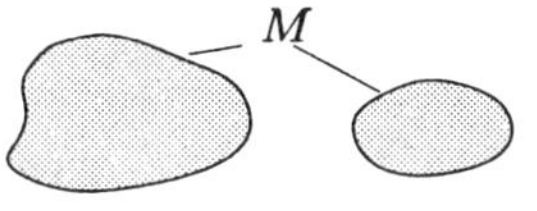


(17) Die Menge $M$ des Bildes ist ein Gebiet

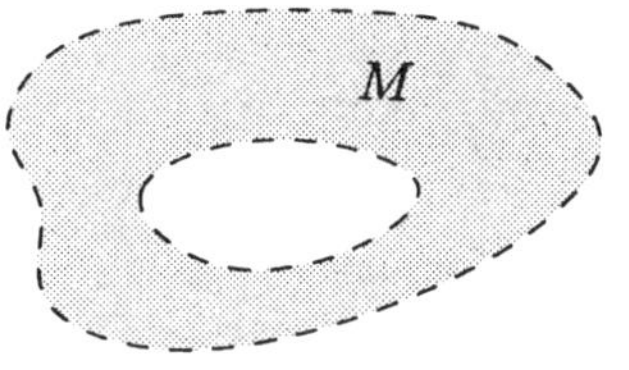


(18) Die Menge $M = \{(x,y) : \frac{x^2}{a^2} + \frac{y^2}{b^2} < 1\} \subset \mathbb{R}^2$ ist offen, zusammenhängend (also Gebiet), konvex und sternförmig (wähle $S = 0$).

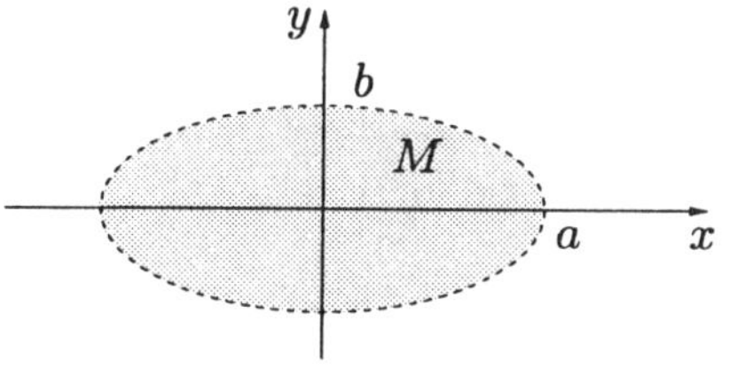


(19) Eine konvexe Menge ist sternförmig, eine sternförmige Menge ist zusammenhängend.

**Satz 35.2** *Sei $F : \mathbb{R}^n \to \mathbb{R}^n$ ein stetiges Vektorfeld, sei $D(F)$ ein Gebiet. Es besitze $F$ ein Potential $\varphi$. Seien $A$ und $E$ zwei beliebige Punkte in $D(F)$ und $W$ sei ein beliebiger stückweise stetig differenzierbarer Weg in $D(F)$ mit Anfangspunkt $A$ und Endpunkt $E$. Dann gilt für das Wegintegral*

$$\int_W F \cdot dX = \varphi(E) - \varphi(A).$$

**Bemerkungen und Ergänzungen:**

(20) Unter den Voraussetzungen von Satz 35.2 ist das Wegintegral **wegunabhängig**.

(21) Für einen geschlossenen Weg $W$ ist $E = A$, so dass das Wegintegral unter den Voraussetzungen von Satz 35.2 null ist.

(22) Ist das Potential $\varphi$ von $F$ bekannt, so lässt sich das Wegintegral durch $\varphi(E) - \varphi(A)$ bequem bestimmen.

(23) Ist $\varphi$ ein Potential von $F$, so sind durch $\varphi + c$, $c \in \mathbb{R}$, alle Potentiale von $F$ gegeben.

**Beispiele:**

(24) Nach (13) hat $F(x,y) = (x + y^3, 3xy^2)$, $(x,y) \in \mathbb{R}^2$, das Potential $\varphi(x,y) = \frac{1}{2}x^2 + xy^3$. Für jeden stückweise stetig differenzierbaren Weg $W$ mit Anfangspunkt $A = (0,0)$ und Endpunkt $E = (1,1)$ gilt demnach

$$\int_W F \cdot dX = \varphi(1,1) - \varphi(0,0) = \frac{3}{2}.$$

Wir verifizieren das Ergebnis für zwei Wege $W_1$ und $W_2$

a) $W_1$ sei gegeben durch $X_1(t) = (t,t)$, $t \in [0,1]$. Dann ist

$$\int_{W_1} F \cdot dX_1 = \int_0^1 \left[(t + t^3) + 3t^3\right] dt = \frac{3}{2}.$$

b) $W_2$ entsteht durch Aneinanderhängen der Wege $\hat{W}_1$ und $\hat{W}_2$, die durch

$$\hat{X}_1(t) = (t,0), \quad t \in [0,1]$$
$$\hat{X}_2(t) = (1,t), \quad t \in [0,1]$$

gegeben sind. Dann ist

$$\begin{aligned}\int_{W_2} F \cdot dX &= \int_{\hat{W}_1} F \cdot d\hat{X}_1 + \int_{\hat{W}_2} F \cdot d\hat{X}_2 \\ &= \int_0^1 t\, dt + \int_0^1 3t^2\, dt = \frac{3}{2}.\end{aligned}$$

(25) In Beispiel (6) war für einen geschlossenen Weg $W$ das Wegintegral von Null verschieden. Demnach hat

$$F(x,y,z) = \left(\frac{-y}{x^2+y^2}, \frac{x}{x^2+y^2}, 0\right)$$

auf $D(F) = \{(x,y,z) \in \mathbb{R}^3,\ x^2 + y^2 \neq 0\}$ kein Potential $\varphi$. Wäre hingegen $D(F) = \{(x,y,z) \in \mathbb{R}^3,\ x > 0, y > 0\}$, so hätte $F$ analog (14) ein Potential.

Ein Kriterium dafür, ob das Vektorfeld ein Potential besitzt, gibt der folgende

**Satz 35.3** *Das Vektorfeld* $F : \mathbb{R}^n \to \mathbb{R}^n$ *sei auf der offenen und sternförmigen Menge* $D(F)$ *stetig differenzierbar. Gilt für die Komponenten des Vektorfeldes* $F = (F_1, F_2, \dots, F_n)$

$$\frac{\partial F_i}{\partial x_k} = \frac{\partial F_k}{\partial x_i} \quad \text{für } 1 \leq i < k \leq n \tag{$*$}$$

*auf* $D(F)$*, so hat* $F$ *ein Potential* $\varphi$ *auf* $D(F)$*.*

**Bemerkungen und Ergänzungen:**

(26) Die Bedingungen von Satz 35.3 sichern die Existenz des Potentials und damit die Wegunabhängigkeit des Wegintegrals. Es gilt auch die Umkehrung: Hat das stetig differenzierbare $F$ ein Potential auf der offenen und sternförmigen Menge $D(F)$, so gelten die Bedingungen $(*)$.

(27) Im Sonderfall $n = 2$ mit $F = (F_1, F_2)$ und $F_1(x,y) = P(x,y)$ und $F_2(x,y) = Q(x,y)$ seien $P$ und $Q$ stetig partiell differenzierbar auf der offenen sternförmigen Menge $D(F)$. Gilt dann

$$\frac{\partial P}{\partial y} = \frac{\partial Q}{\partial x} \quad \text{auf } D(F)$$

(Bedingung $(*)$), so hat $F$ ein Potential $\varphi$.

(28) Im Sonderfall $n = 3$ lauten die Bedingungen $(*)$

$$\frac{\partial F_1}{\partial x_2} = \frac{\partial F_2}{\partial x_1}, \quad \frac{\partial F_1}{\partial x_3} = \frac{\partial F_3}{\partial x_1}, \quad \frac{\partial F_2}{\partial x_3} = \frac{\partial F_3}{\partial x_2}.$$

(29) Satz 35.3 gibt hinreichende Bedingungen für die Existenz eines Potentials. Sind diese erfüllt, so stellt sich die Frage nach der Bestimmung des Potentials. Wir beschreiben ein mögliches Vorgehen für die Fälle $n = 2$ und $n = 3$.

**Fall** $n = 2$**:** Es ist

$$F(x,y) = (P(x,y), Q(x,y)) = \operatorname{grad} \varphi(x,y) = (\varphi_x(x,y), \varphi_y(x,y)).$$

Demnach gilt

$$P(x,y) = \varphi_x(x,y) \tag{1}$$

$$Q(x,y) = \varphi_y(x,y). \tag{2}$$

Aus (1) folgt durch Integration bzgl. $x$

$$\varphi(x,y) = \int P(x,y)\,dx + g(y) \tag{3}$$

mit einer noch zu bestimmenden reellen Funktion $g$. Ist $g$ differenzierbar, so folgt aus (3) durch partielles Ableiten nach $y$ zusammen mit (2)

$$\varphi_y(x,y) = \frac{\partial}{\partial y} \int P(x,y)\,dx + g'(y) = Q(x,y),$$

also

$$g'(y) = Q(x,y) - \frac{\partial}{\partial y}\int P(x,y)\,dx. \tag{4}$$

Integration von (4) bzgl. $y$ und Einsetzen in (3) liefert $\varphi(x,y)$.

In (30) und (31) rechnen wir Beispiele.

**Fall $n = 3$:** Es ist

$$\begin{aligned} F(x,y,z) &= (F_1(x,y,z), F_2(x,y,z), F_3(x,y,z)) = \operatorname{grad}\,\varphi(x,y,z) \\ &= (\varphi_x(x,y,z), \varphi_y(x,y,z), \varphi_z(x,y,z)). \end{aligned}$$

Demnach gilt

$$F_1(x,y,z) = \varphi_x(x,y,z) \tag{5}$$

$$F_2(x,y,z) = \varphi_y(x,y,z) \tag{6}$$

$$F_3(x,y,z) = \varphi_z(x,y,z). \tag{7}$$

Aus (5) folgt durch Integration bzgl. $x$

$$\varphi(x,y,z) = \int F_1(x,y,z)\,dx + g(y,z) \tag{8}$$

mit einer noch zu bestimmenden Funktion $g : \mathbb{R}^2 \to \mathbb{R}$. Ist $g$ differenzierbar, so folgt aus (8) durch partielles Ableiten nach $y$ zusammen mit (6)

$$\varphi_y = \frac{\partial}{\partial y}\int F_1(x,y,z)\,dx + \frac{\partial}{\partial y}g(y,z) = F_2(x,y,z),$$

also

$$\frac{\partial}{\partial y}g(y,z) = F_2(x,y,z) - \frac{\partial}{\partial y}\int F_1(x,y,z)\,dx. \tag{9}$$

Schreiben wir $h(y,z)$ für die rechte Seite von (9) (wegen der Bedingung $(*)$, vgl. (28), hängt die rechte Seite nicht von $x$ ab) und integrieren (9) bzgl. $y$, so folgt

$$g(y,z) = \int h(y,z)\,dy + l(z) \tag{10}$$

mit einer noch zu bestimmenden rellen Funktion $l$. Einsetzen von (10) in (8) ergibt

$$\varphi(x,y,z) = \int F_1(x,y,z)\,dx + \int h(y,z)\,dy + l(z). \tag{11}$$

Ist $l$ differenzierbar, so folgt aus (11) durch partielles Ableiten nach $z$ zusammen mit (7)

$$\begin{aligned} \varphi_z(x,y,z) &= \frac{\partial}{\partial z}\int F_1(x,y,z)\,dx + \frac{\partial}{\partial z}\int h(y,z)\,dy + l'(z) \\ &= F_3(x,y,z) \end{aligned}$$

also

$$l'(z) = F_3(x,y,z) - \frac{\partial}{\partial z}\int F_1(x,y,z)\,dx - \frac{\partial}{\partial z}\int h(y,z)\,dy. \tag{12}$$

Integration von (12) und Einsetzen in (11) liefert $\varphi(x,y,z)$.

Ein Beispiel folgt in (32).

**Beispiele:**

(30) Sei $F(x,y) = (x+y^3, 3xy^2)$, $(x,y) \in \mathbb{R}^2$, ein Vektorfeld, wie in (13). Es ist $P(x,y) = x + y^3$ und $Q(x,y) = 3xy^2$ . Wegen (vgl. (27))

$$\frac{\partial P}{\partial y} = 3y^2 = \frac{\partial Q}{\partial x}$$

ist $(*)$ erfüllt. Weiter ist $D(F)$ sternförmig, so dass $F$ ein Potential $\varphi$ besitzt. Wir bestimmen $\varphi$ nach (29): Es ist

$$\varphi_x(x,y) = P(x,y) = x + y^3.$$

Integration bzgl. $x$ ergibt

$$\varphi(x,y) = \int (x + y^3)\,dx + g(y) = \frac{x^2}{2} + y^3 x + g(y). \tag{3'}$$

Ableiten nach $y$ ergibt zusammen mit $Q(x,y) = \varphi_y(x,y)$

$$\varphi_y(x,y) = 3y^2 x + g'(y) = Q(x,y) = 3xy^2,$$

also

$$g'(y) = 0. \tag{4'}$$

Daher ist $g(y) = c$ mit $c \in \mathbb{R}$, einsetzen in $(3')$ ergibt das Potential

$$\varphi(x,y) = \tfrac{1}{2}x^2 + xy^3 + c, \quad c \in \mathbb{R}.$$

(31) Wie in (14) sei das Vektorfeld $F(x,y) = \left(-\frac{y}{x^2+y^2}, \frac{x}{x^2+y^2}\right)$ für $(x,y) \in D(F) = \{(x,y) :\ x > 0,\ y > 0\}$ gegeben. Es ist $P(x,y) = -\frac{y}{x^2+y^2}$, $Q(x,y) = \frac{x}{x^2+y^2}$ und

$$\frac{\partial P}{\partial y} = \frac{y^2 - x^2}{(x^2+y^2)^2} = \frac{\partial Q}{\partial x}\ .$$

Es ist $(*)$ erfüllt und $D(F)$ ist sternförmig, so dass $F$ ein Potential $\varphi$ besitzt. Aus

$$\varphi_x(x,y) = P(x,y) = -\frac{y}{x^2+y^2}$$

folgt durch Integration

$$\varphi(x,y) = \arctan\frac{y}{x} + g(y). \tag{3''}$$

Ableiten nach $y$ ergibt zusammen mit $Q(x,y) = \varphi_y(x,y)$

$$\varphi_y(x,y) = \frac{x}{x^2+y^2} + g'(y) = Q(x,y) = \frac{x}{x^2+y^2},$$

also

$$g'(y) = 0.$$

Integration ergibt $g(y) = c$ mit $c \in \mathbb{R}$, einsetzen in (3″) liefert das Potential

$$\varphi(x,y) = \arctan\frac{y}{x} + c, \quad c \in \mathbb{R}.$$

**Bemerkung:** Wäre analog zu (6) die Definitionsmenge

$$D(F) = \{(x,y) \in \mathbb{R}^2,\ x^2+y^2 \neq 0\},$$

so wäre Satz 35.3 nicht anwendbar, da $D(F)$ nicht sternförmig ist. Das Wegintegral wäre nicht wegunabhängig, wie eine Rechnung analog (6) zeigt.

(32) Sei $F(x,y,z) = (x+z, -y-z, x-y)$ mit $(x,y,z) \in D(F) = \mathbb{R}^3$ ein Vektorfeld. Zur Prüfung auf Existenz eines Potentials stellen wir fest, dass $D(F)$ sternförmig ist und verifizieren die Bedingungen (∗) in (28)

$$\frac{\partial F_1}{\partial y} = 0 = \frac{\partial F_2}{\partial x}$$
$$\frac{\partial F_1}{\partial z} = 1 = \frac{\partial F_3}{\partial x}$$
$$\frac{\partial F_2}{\partial z} = -1 = \frac{\partial F_3}{\partial y}.$$

Demnach besitzt $F$ ein Potential $\varphi$.

Aus $\varphi_x = F_1$ folgt durch Integration bzgl. $x$

$$\varphi(x,y,z) = \int (x+z)\,dx + g(y,z) = \frac{x^2}{2} + xz + g(y,z). \tag{8'}$$

Partielles Ableiten von (8′) nach $y$ zusammen mit $\varphi_y = F_2$ ergibt

$$\varphi_y(x,y,z) = \frac{\partial}{\partial y} g(y,z) = F_2(x,y,z) = -y-z. \tag{9'}$$

Durch Integration von (9′) bzgl. $y$ erhalten wir

$$g(y,z) = -\frac{y^2}{2} - yz + l(z). \tag{10'}$$

Einsetzen von (10′) in (8′) liefert

$$\varphi(x,y,z) = \frac{x^2}{2} + xz - \frac{y^2}{2} - yz + l(z). \tag{11'}$$

Ableiten von (11′) nach $z$ ergibt zusammen mit $\varphi_z = F_3$

$$\varphi_z(x,y,z) = x - y + l'(z) = F_3(x,y,z) = x - y,$$

also

$$l'(z) = 0,$$

so dass $l(z) = c \in \mathbb{R}$ ist. Aus (11′) ergibt sich damit das Potential

$$\varphi(x, y, z) = \frac{x^2}{2} - \frac{y^2}{2} + xz - yz + c, \quad c \in \mathbb{R}.$$

## TESTS

**T35.1:** Sei $F : \mathbb{R}^2 \to \mathbb{R}^2$ mit $D(F) = \mathbb{R}^2$ und $F(x,y) = (P(x,y), Q(x,y))$ ein stetiges Vektorfeld und sei durch $X(t) = (x(t), y(t))$, $t \in [a,b]$, ein stetig differenzierbarer Weg $W$ im $\mathbb{R}^2$ gegeben. Das Wegintegral von $F$ längs $W$ ist gegeben durch

( ) $\int_a^b [P(t,t)x(t) + Q(t,t)y(t)]\, dt$

( ) $\int_a^b [P(x(t), y(t))x(t) + Q(x(t), y(t))y(t)]\, dt$

( ) $\int_a^b [P(x(t), y(t))\dot{x}(t) + Q(x(t), y(t))\dot{y}(t)]\, dt$

( ) $\int_a^b [P(x(t), y(t)) + Q(x(t), y(t))]\sqrt{\dot{x}^2(t) + \dot{y}^2(t)}\, dt$ .

**T35.2:** Für das Wegintegral $\int_W F \cdot dX$ gilt

( ) $\int_W F \cdot dX + \int_{-W} F \cdot dX = 2\int_W F \cdot dX$

( ) $\int_W F \cdot dX + \int_{-W} F \cdot dX = 0$

( ) $\int_W F \cdot dX = 0$, falls $W$ geschlossen

( ) $\int_W F \cdot dX = \int_{W_1} F \cdot dX + \int_{W_2} F \cdot dX$, falls $W = W_1 \oplus W_2$ für stetig differenzierbare $W_1$ und $W_2$.

**T35.3:** Seien durch $X_1(t)$, $t \in [a_1, b_1]$ und $X_2(t)$, $t \in [a_2, b_2]$, zwei stetig differenzierbare Wege $W_1$ und $W_2$ gegeben.

( ) Gilt $W = W_1 \oplus W_2$, so ist $X_1(b_1) = X_2(a_2)$.

( ) Gilt $W = W_1 \oplus W_2$, so ist $a_2 = b_1$.

( ) Entsteht $W$ durch Aneinanderhängen von $W_1$ und $W_2$, so gilt $X_1(b_1) = X_2(a_2)$.

( ) Entsteht $W$ durch Aneinanderhängen von $W_1$ und $W_2$, so muss nicht gelten $a_2 = b_1$.

**T35.4:** Gegeben sei das Vektorfeld $F : \mathbb{R}^2 \to \mathbb{R}^2$ mit $D(F) = \mathbb{R}^2 \setminus \{(0,0)\}$ und $F(X) = \left(\frac{x}{x^2+y^2}, \frac{y}{x^2+y^2}\right)$. Folgende Aussagen sind richtig:

( ) $F$ besitzt das Potential $\varphi: \mathbb{R}^2 \to \mathbb{R}^2$ mit $D(\varphi) = \mathbb{R}^2$ und $\varphi(x,y) = \left(\sqrt{x^2+y^2}\,,\sqrt{x^2+y^2}\,\right)$.

( ) $F$ besitzt das Potential $\varphi: \mathbb{R}^2 \to \mathbb{R}$ mit $D(\varphi) = \mathbb{R}^2 \backslash \{(0,0)\}$ und $\varphi(x,y) = \ln\left(\sqrt{x^2+y^2}\,\right)$.

( ) $F$ besitzt kein Potential auf $D(F)$.

( ) Für jeden Weg $W$ von $(-1,-1)$ nach $(1,1)$ gilt $\int_W F\,dX = \varphi(1,1) - \varphi(-1,-1)$.

**T35.5:** Das Vektorfeld $F: \mathbb{R}^2 \to \mathbb{R}^2$ mit $D(F) = \mathbb{R}^2$ und $F(x,y) = (P(x,y), Q(x,y))$ mit stetig differenzierbaren Funktionen $P$ und $Q$ besitze das Potential $\varphi$. Dann gilt

( ) $\frac{\partial P}{\partial x}(x,y) = \frac{\partial Q}{\partial y}(x,y)$

( ) $\frac{\partial P}{\partial y}(x,y) = \frac{\partial Q}{\partial x}(x,y)$

( ) $\int_W F \cdot dX = 0$ für jeden geschlossenen glatten Weg $W$

( ) $\int_W F \cdot dX = \pi$ falls $W$ der obere Halbkreis von $(1,0)$ nach $(-1,0)$ ist.

## ÜBUNGEN

**Ü35.1:** Gegeben seien das Vektorfeld $F: \mathbb{R}^2 \to \mathbb{R}^2$ mit $D(F) = \mathbb{R}^2$ und $F(x,y) = (3x+2y, 2x)$, sowie der Weg $W$ durch $X: \mathbb{R} \to \mathbb{R}^2$ mit $D(X) = [0, \frac{\pi}{2}]$ und $X(t) = (a\cos t, b\sin t)$, $a, b > 0$.

a) Bestimmen Sie das Wegintegral $\int_W F\cdot dX$ durch direktes Ausrechnen nach der Definition.

b) Besitzt $F$ ein Potential $\varphi$ ? Falls ja, bestimmen Sie $\varphi$.

c) Ist das Kurvenintegral wegabhängig oder -unabhängig? Überprüfen Sie dabei das Ergebnis von a) unter Verwendung von b).

d) Wie lautet das Wegintegral $\int_{W_1} F \cdot dX$ längs des Geradenstücks $W_1$, das $(a,0)$ mit $(0,b)$ verbindet?

**Ü35.2:** Integrieren Sie das Vektorfeld $F: \mathbb{R}^2 \to \mathbb{R}^2$ mit $D(F) = \mathbb{R}^2 \backslash \{(0,0)\}$ und $F(x,y) = \left(\frac{-y}{x^2+y^2}\,, \frac{x}{x^2+y^2}\right)$

a) längs des oberen Halbkreises $W_1$ um null von $(1,0)$ nach $(-1,0)$

b) längs des unteren Halbkreises $W_2$ um null von $(1,0)$ nach $(-1,0)$.

c) Besitzt $F$ ein Potential?

**Ü35.3:** Gegeben sei das Vektorfeld $F:\ \mathbb{R}^2 \to \mathbb{R}^2$ mit $D(F) = \mathbb{R}^2$ und $F(x,y) = (xy, ye^x)$. Ferner sei $W$ der geschlossene stückweise glatte Weg, der sich aus den Geradenstücken zwischen den Punkten $(0,0)$ und $(2,0), (2,0)$ und $(2,1), (2,1)$ und $(0,1), (0,1)$ und $(0,0)$ zusammensetzt und genau in dieser Reihenfolge durchlaufen wird.

a) Skizzieren Sie $W$.

b) Berechnen Sie das Wegintegral $\int_W F \cdot dX$.

c) Was können Sie über die Wegunabhängigkeit des Wegintegrals von $F$ längs eines glatten Wegs aussagen?

**Ü35.4:** Betrachten Sie das Vektorfeld $F:\ \mathbb{R}^2 \to \mathbb{R}^2$ mit $D(F) = \mathbb{R}^2$ und $F(x,y) = (\sin(xy) + xy\cos(xy) + y,\ x^2\cos(xy) + x + 2)$.

a) Untersuchen Sie, ob $F$ ein Potential besitzt?

b) Falls ja, bestimmen Sie das Potential $\varphi$ von $F$.

c) Berechnen Sie $\int_W F \cdot dX$ entlang des durch $X:\ \mathbb{R} \to \mathbb{R}^2$ mit $D(X) = [0, \frac{\pi}{2}]$ und $X(t) = (t,1)$ gegebenen Wegs $W$.

**Ü35.5:** Sei $F:\ \mathbb{R}^2 \to \mathbb{R}^2$ mit $D(F) = [\frac{1}{2}, 2] \times [-\frac{\pi}{4}, \frac{\pi}{4}]$ und $F(x,y) = \left(-\dfrac{\tan y}{x^2} + 2xy + x^2, \dfrac{1}{x\cos^2 y} + x^2 + y^2\right)$ ein Vektorfeld.

a) Zeigen Sie, dass das Wegintegral $\int_W F \cdot dX$ wegunabhängig ist.

b) Berechnen Sie den Wert des Wegintegrals längs eines glatten Wegs, der die Punkte $(1,0)$ und $(\sqrt{3}, \frac{\pi}{6})$ verbindet.

**Ü35.6:** Sei $F:\ \mathbb{R}^3 \to \mathbb{R}^3$ mit $D(F) = \mathbb{R}^3$ und

$$F(x,y,z) = (e^x yz, ze^x, ye^x + \sin z)$$

ein Vektorfeld.

a) Begründen Sie, dass $F$ ein Potential $\varphi$ besitzt und bestimmen Sie $\varphi$.

b) Bestimmen Sie das Wegintegral $\int_K F \cdot dX$ für den Weg, der durch $X:\ \mathbb{R} \to \mathbb{R}^3$ mit $D(X) = [0, 3\pi]$ und $X(t) = (2\cos t, 2\sin t, t)$ gegeben ist.

# 36 Integrale im $\mathbb{R}^n$

Der Zugang zu Integralen $\int_a^b f(x)\,dx$ im $\mathbb{R}$ erfolgte über Flächeninhalte. Entsprechend kann der Zugang zu Integralen $\int_G f(x,y)\,d(x,y)$ im $\mathbb{R}^2$ über Volumeninhalte erfolgen. Das Vorgehen ist analog. Wir geben die Definition für Integrale im $\mathbb{R}^n$ und betrachten zur Veranschaulichung den Fall $n = 2$.

**Definition 36.1** *Seien $A = (a_1, \ldots, a_n) \in \mathbb{R}^n$ und $B = (b_1, \ldots, b_n) \in \mathbb{R}^n$ zwei Punkte im $\mathbb{R}^n$ mit $a_i \leq b_i$, $i = 1, \ldots, n$.*

*(i)* *Für das abgeschlossene Intervall*

$$I = [A, B] = \{X \in \mathbb{R}^n : \ X = (x_1, \ldots, x_n), \ a_i \leq x_i \leq b_i \text{ für } i = 1, \ldots, n\}$$

*des $\mathbb{R}^n$ heißt*

$$\mu(I) = \prod_{i=1}^{n} (b_i - a_i)$$

*das* **Maß** *von $[A, B]$.*

*(ii)* *Eine Menge $Z = \{I_1, \ldots, I_m\}$ von nicht überlappenden abgeschlossenen Intervallen des $\mathbb{R}^n$ mit*

$$I = [A, B] = \bigcup_{k=1}^{m} I_k$$

*heißt eine* **Zerlegung** *von $[A, B]$. Dabei heißen zwei Teilintervalle des $\mathbb{R}^n$ nicht überlappend, wenn sie höchstens Randpunkte gemeinsam haben.*

*(iii)* *Die Funktion $f : \mathbb{R}^n \to \mathbb{R}$ sei beschränkt auf dem abgeschlossenen Intervall $I \subset D(f)$. Für eine Zerlegung $Z$ nach (ii) seien für $k = 1, \ldots, m$ definiert*

$$m_k = \inf\{f(X) : \ X = (x_1, \ldots, x_n) \in I_k\}$$
$$M_k = \sup\{f(X) : \ X = (x_1, \ldots, x_n) \in I_k\}.$$

Fortsetzung von Definition 36.1
*Dann heißen*

$$s(Z) = \sum_{k=1}^{m} m_k \mu(I_k) \qquad \textit{und} \qquad S(Z) = \sum_{k=1}^{m} M_k \mu(I_k)$$

*die zur Zerlegung Z (und zur Funktion f) gehörige* **Untersumme** *und* **Obersumme**.

**Beispiele:**

(1) Beispiele für Zerlegungen im $\mathbb{R}^2$

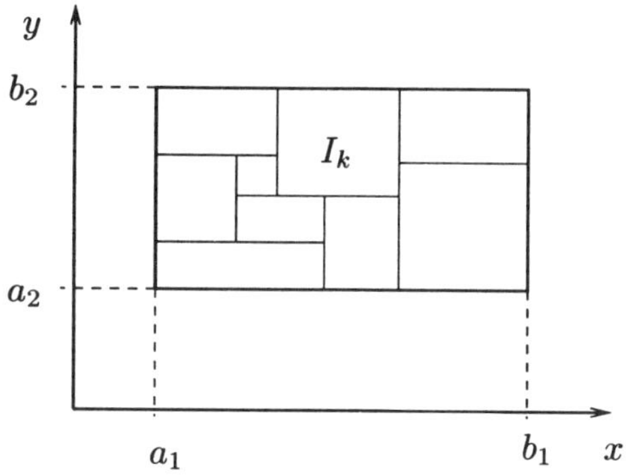


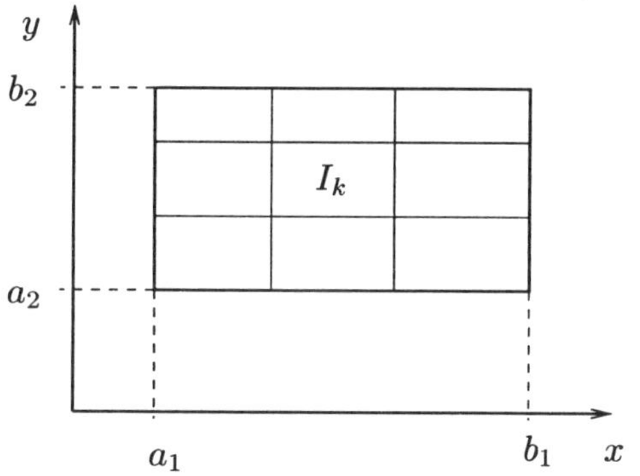


(2) Sei $f(x, y) > 0$. Für das Volumen der quaderförmigen „Säule", die unter der durch $z = f(x, y)$ gegebenen Fläche und über dem Intervall $I_k$ liegt, geben $m_k\mu(I_k)$ bzw. $M_k\mu(I_k)$ eine untere bzw. obere Schranke an.

**Definition 36.2** *Die Funktion $f : \mathbb{R}^n \to \mathbb{R}$ sei beschränkt auf dem abgeschlossenen Intervall $I = [A, B] \subset \mathbb{R}^n$. Seien*

$$\overline{s}(f, I) = \sup_Z s(Z)$$

*das Supremum der Untersummen und*

$$\underline{S}(f, I) = \inf_Z S(Z)$$

*das Infimum der Obersummen, gebildet jeweils über alle Zerlegungen Z von $I = [A, B]$. Gilt*

$$\overline{s}(f, I) = \underline{S}(f, I) = r,$$

Fortsetzung von Definition 36.2
*so heißt f* **Riemann-integrierbar** *auf dem Intervall I. Der gemeinsame Wert r heißt dann* **Riemann-Integral** *von f auf I und wird mit*

$$\int_I f(x_1, \ldots, x_n)\, d(x_1, \ldots, x_n)$$

*bezeichnet.*

**Bemerkungen und Ergänzungen:**

(3) Für Untersummen und Obersummen gelten analoge Aussagen wie im $\mathbb{R}$. Sie motivieren Definition 36.2.

(4) Statt Riemann-integrierbar schreiben wir oft einfach integrierbar.

(5) Im $\mathbb{R}^2$ bzw. $\mathbb{R}^3$ schreiben wir auch

$$\int_I f(x_1, x_2)\, d(x_1, x_2) = \int_I f(x, y)\, d(x, y)$$
$$\int_I f(x_1, x_2, x_3)\, d(x_1, x_2, x_3) = \int_I f(x, y, z)\, d(x, y, z).$$

(6) Ist $f : \mathbb{R}^n \to \mathbb{R}$ mit $D(f) = \mathbb{R}^n$ und $f(x_1, \ldots, x_n) = c \in \mathbb{R}$ die konstante Funktion, so ist offenbar

$$\int_I c\, d(x_1, \ldots, x_n) = c\mu(I).$$

Demnach ist das Maß $\mu(I)$ darstellbar als Integral $(c = 1)$

$$\mu(I) = \int_I 1\, d(x_1, \ldots, x_n).$$

**Satz 36.1** *Ist die Funktion $f : \mathbb{R}^n \to \mathbb{R}$ stetig auf dem abgeschlossenen Intervall $I = [A, B]$, so ist f integrierbar auf I.*

**Satz 36.2** *Die Funktion* $f: \mathbb{R}^2 \to \mathbb{R}$ *sei integrierbar auf dem abgeschlossenen Intervall* $I = \{(x,y): \ a \le x \le b, \ c \le y \le d\} \subset \mathbb{R}^2$.

*(i)* *Existiert für jedes feste* $x \in [a,b]$ *das (eindimensionale) Integral* $\int_c^d f(x,y)\,dy$, *so existiert das iterierte Integral*

$$\int_a^b \Big[\int_c^d f(x,y)\,dy\Big]\,dx$$

*und es ist*

$$\int_I f(x,y)\,d(x,y) = \int_a^b \Big[\int_c^d f(x,y)\,dy\Big]\,dx\ .$$

*(ii)* *Existiert für jedes feste* $y \in [c,d]$ *das (eindimensionale) Integral* $\int_a^b f(x,y)\,dx$, *so existiert das iterierte Integral*

$$\int_c^d \Big[\int_a^b f(x,y)\,dx\Big]\,dy$$

*und es ist*

$$\int_I f(x,y)\,d(x,y) = \int_c^d \Big[\int_a^b f(x,y)\,dx\Big]\,dy.$$

**Bemerkungen und Ergänzungen:**

(7) Die Berechnung des zweidimensionalen Integrals $\int_I f(x,y)\,d(x,y)$ wird unter den Voraussetzungen von Satz 36.2 zurückgeführt auf zwei nacheinander auszuführende eindimensionale Integrationen, man spricht von iterierten Integralen.

(8) In dem iterierten Integral $\int_a^b [\int_c^d f(x,y)\,dy]\,dx$ wird zunächst für festes $x \in [a,b]$ das (eindimensionale) Parameterintegral

$$\int_c^d f(x,y)\,dy = g(x)$$

bestimmt und anschließend bezüglich $x$ integriert, $\int_a^b g(x)\,dx$.

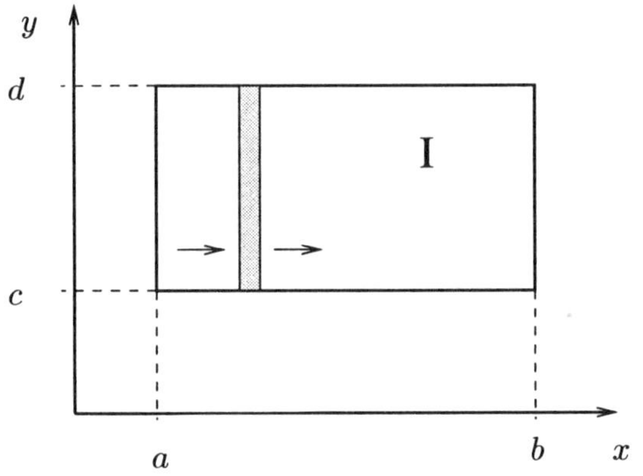


In dem iterierten Integral $\int_c^d [\int_a^b f(x,y)\,dx]\,dy$ wird zunächst für festes $y \in [c,d]$ das (eindimensionale) Parameterintegral

$$\int_a^b f(x,y)\,dx = h(y)$$

bestimmt und anschließend bezüglich $y$ integriert, $\int_c^d h(y)\,dy$.

(9) Ist $f$ stetig auf dem Intervall $I = [a,b] \times [c,d]$, so existieren die eindimensionalen Integrale $\int_c^d f(x,y)\,dy$ und $\int_a^b f(x,y)\,dx$ , so dass

$$\int_I f(x,y)\,d(x,y) = \int_a^b \left[\int_c^d f(x,y)\,dy\right] dx = \int_c^d \left[\int_a^b f(x,y)\,dx\right] dy.$$

(10) Hat $f$ die Produktform $f(x,y) = g(x) \cdot h(y)$ für $(x,y) \in [a,b] \times [c,d]$ und sind $g$ und $h$ stetig auf $[a,b]$ und $[c,d]$, so gilt

$$\int_I f(x,y)\,d(x,y) = \int_a^b g(x)\,dx \cdot \int_c^d h(y)\,dy.$$

(11) Aus der Existenz der iterierten Integrale

$$\int_a^b [\int_c^d f(x,y)\,dy]\,dx \quad \text{und} \quad \int_c^d [\int_a^b f(x,y)\,dx]\,dy$$

folgt nicht die Existenz des (zweidimensionalen) Integrals $\int_I f(x,y)\,d(x,y)$. Auch folgt aus der Existenz des zweidimensionalen Integrals nicht die Existenz der iterierten Integrale.

(12) Satz 36.2 haben wir für integrierbare Funktionen im $\mathbb{R}^2$ aufgeschrieben. Analoge Aussagen gelten für Integrale im $\mathbb{R}^n$, $n \geq 3$. Wir beschränken uns auf ein Beispiel in (15).

**Beispiele:**

(13) Sei $f(x,y) = \cos(2x + 3y)$ auf $I = [0, \frac{\pi}{4}] \times [0, \frac{\pi}{12}]$. Es ist $f$ stetig auf $I$, so dass nach (9) das Integral $\int_I f(x,y)\,d(x,y)$ mit Hilfe iterierter Integrale bestimmt werden kann.

a) Es ist

$$\int_0^{\frac{\pi}{4}}\left[\int_0^{\frac{\pi}{12}}\cos(2x+3y)\,dy\right]dx = \int_0^{\frac{\pi}{4}}\left[\frac{1}{3}\sin(2x+3y)\right]_0^{\frac{\pi}{12}}dx$$
$$= \frac{1}{3}\int_0^{\frac{\pi}{4}}\left[\sin(2x+\frac{\pi}{4})-\sin 2x\right]dx = \frac{1}{6}(\sqrt{2}-1).$$

Daher ist

$$\int_I \cos(2x+3y)\,d(x,y) = \frac{1}{6}(\sqrt{2}-1).$$

b) Es ist

$$\int_0^{\frac{\pi}{12}}\left[\int_0^{\frac{\pi}{4}}\cos(2x+3y)\,dx\right]dy = \int_0^{\frac{\pi}{12}}\left[\frac{1}{2}\sin(2x+3y)\right]_0^{\frac{\pi}{4}}dy$$
$$= \frac{1}{2}\int_0^{\frac{\pi}{12}}\left[\sin(\frac{\pi}{2}+3y)-\sin 3y\right]dy = \frac{1}{6}(\sqrt{2}-1).$$

Daher ist

$$\int_I \cos(2x+3y)\,d(x,y) = \frac{1}{6}(\sqrt{2}-1).$$

(14) Sei $f(x,y)=e^{x+2y}$ für $(x,y)\in I=[0,1]\times[2,4]$. Es ist

$$\int_I e^{x+2y}\,d(x,y) = \int_I e^x\cdot e^{2y}\,d(x,y)$$

Aus (10) folgt

$$\int_I e^{x+2y}\,d(x,y) = \int_0^1 e^x\,dx\cdot\int_2^4 e^{2y}\,dy = \frac{1}{2}(e-1)(e^8-e^4).$$

(15) Wir betrachten an einem Beispiel das analoge Vorgehen im $\mathbb{R}^3$. Sei

$$f(x,y,z)=x+y+z$$

für $(x,y,z)\in I=[0,1]\times[1,2]\times[2,3]$. Zur Berechnung des Integrals $\int_I(x+y+z)\,d(x,y,z)$ skizzieren wir zwei Wege. Sei $I_Z=[0,1]\times[1,2]$ für $z\in[2,3]$.

Weg 1:

$$\int_I(x+y+z)\,d(x,y,z) = \int_2^3\left[\int_{I_Z}(x+y+z)\,d(x,y)\right]dz$$

Für das innere Integral folgt

$$\int_{I_Z}(x+y+z)\,d(x,y) = \int_0^1\left[\int_1^2(x+y+z)\,dy\right]dx$$
$$= \int_0^1\left[xy+\frac{y^2}{2}+zy\right]_1^2dx$$
$$= \int_0^1(x+\frac{3}{2}+z)\,dx = 2+z.$$

Damit folgt

$$\int_I (x+y+z)\,d(x,y,z) = \int_2^3 (2+z)\,dz = \frac{9}{2}.$$

Weg 2:

$$\begin{aligned}\int_I (x+y+z)\,d(x,y,z) &= \int_{I_Z}\left[\int_2^3 (x+y+z)\,dz\right] d(x,y)\\ &= \int_{I_Z} (x+y+\frac{5}{2})\,d(x,y)\\ &= \int_0^1\left[\int_1^2 (x+y+\frac{5}{2})\,dy\right] dx\\ &= \int_0^1 (x+\frac{3}{2}+\frac{5}{2})\,dx = \frac{9}{2}\,.\end{aligned}$$

Wir haben bisher nur Integrale auf abgeschlossenen Intervallen betrachtet. In den Anwendungen werden jedoch auch Integrale auf allgemeineren Teilmengen des $\mathbb{R}^n$ gebraucht.

**Definition 36.3** *Sei $G \subset \mathbb{R}^n$ eine kompakte Menge und sei $f : \mathbb{R}^n \to \mathbb{R}$ mit $D(f) = G$ eine beschränkte Funktion. Die Funktion $f_G : \mathbb{R}^n \to \mathbb{R}$ mit $D(f_G) = \mathbb{R}^n$ und*

$$f_G(X) = \begin{cases} f(X) & \text{für } X \in G \\ 0 & \text{für } X \notin G \end{cases}$$

*heißt* **Erweiterung** *der Funktion $f$ von $G$ auf $\mathbb{R}^n$.*
*Sei $I_G = [A, B]$ der kleinste $n$-dimensionale Quader des $\mathbb{R}^n$, der $G$ enthält.*

**Bemerkungen und Ergänzungen:**

(16) Wir veranschaulichen das Intervall $I_G$ im $\mathbb{R}^2$:

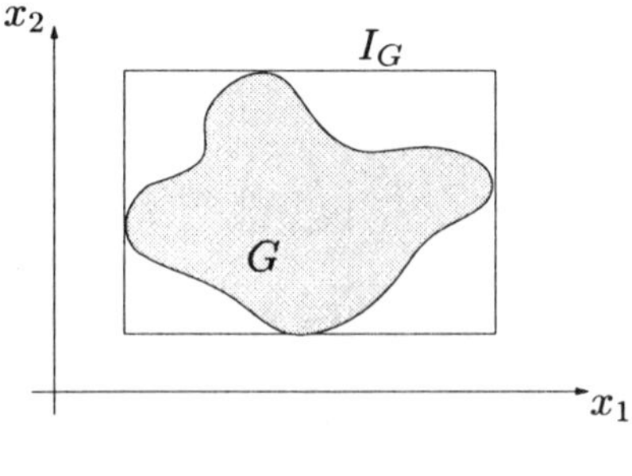

(17) Ist $f(X) = 1$ für $X \in G$, so bezeichnen wir die Erweiterung von $f$ mit $1_G$,

$$1_G(X) = \begin{cases} 1 & \text{für } X \in G \\ 0 & \text{für } X \notin G. \end{cases}$$

> **Definition 36.4** *Sei $G \subset \mathbb{R}^n$ eine kompakte Menge und sei $f : \mathbb{R}^n \to \mathbb{R}$ mit $D(f) = G$ eine beschränkte Funktion. Gilt für das Supremum $\overline{s}(f_G, I_G)$ der Untersummen und das Infimum $\underline{S}(f_G, I_G)$ der Obersummen (gemäß Definition 36.2) über alle Zerlegungen von $I_G$, dass*
>
> $$\overline{s}(f_G, I_G) = \underline{S}(f_G, I_G) = r,$$
>
> *so heißt $f$* **Riemann-integrierbar** *auf $G$. Der gemeinsame Wert $r$ heißt dann* **Riemann-Integral** *von $f$ auf $G$ und wird mit*
>
> $$\int_G f(x_1, \ldots, x_n)\, d(x_1, \ldots, x_n)$$
>
> *bezeichnet.*

**Bemerkungen und Ergänzungen:**

(18) Für $\int_G f(x_1, \ldots, x_n)\, d(x_1, \ldots, x_n)$ schreiben wir auch

$$\int_G f(X)\, dX.$$

(19) Ist $f : \mathbb{R}^2 \to \mathbb{R}$ positiv, so lässt sich $\int_G f(x, y)\, d(x, y)$ interpretieren als Volumen des Raumstückes zwischen der Menge $G$ der $x$-$y$-Ebene und der durch $z = f(x, y)$ gegebenen Fläche.

(20) Ist $f(x, y) = 1$ für $(x, y) \in G$, so lässt sich $\int_G 1\, d(x, y)$ interpretieren als Flächeninhalt von $G$. Für $\int_G 1\, d(x, y)$ schreibt man auch $\int_G d(x, y)$.

> **Satz 36.3** *Seien $f : \mathbb{R}^n \to \mathbb{R}$ und $g : \mathbb{R}^n \to \mathbb{R}$ integrierbar auf der kompakten Menge $G \subset \mathbb{R}^n$.*
>
> *(i) Ist $f \leq g$ auf $G$, so gilt*
>
> $$\int_G f(X)\, dX \leq \int_G g(X)\, dX.$$
>
> *(ii) Für $c \in \mathbb{R}$ ist $cf$ integrierbar auf $G$ mit*
>
> $$\int_G cf(X)\, dX = c \int_G f(X)\, dX.$$

Fortsetzung von Satz 36.3

*(iii)* *Es ist $f + g$ integrierbar auf $G$ mit*

$$\int_G \Big[f(X) + g(X)\Big]\, dX = \int_G f(X)\, dX + \int_G g(X)\, dX.$$

*(iv)* *Ist $f$ auch integrierbar auf der kompakten Menge $H \subset \mathbb{R}^n$ und gilt $G \cap H = \emptyset$, so ist $f$ integrierbar auf $G \cup H$ mit*

$$\int_{G \cup H} f(X)\, dX = \int_G f(X)\, dX + \int_H f(X)\, dX.$$

**Definition 36.5** *Ist $G \subset \mathbb{R}^n$ kompakt und existiert $\int_G 1\, d(x_1, \ldots, x_n)$, so heißt $G$* **messbar** *und*

$$\mu(G) = \int_G 1\, d(x_1, \ldots, x_n)$$

*heißt* **Maß** *von $G$.*

**Bemerkungen und Ergänzungen:**

(21) Ist $G$ ein abgeschlossenes Intervall $I$, so ist $\mu(I)$ nach Definition 36.1(i) wegen (6) verträglich mit Definition 36.5.

(22) Eine messbare Menge $G$ heißt **Nullmenge**, wenn $\mu(G) = 0$.

Eine kompakte Menge $G$ ist genau dann messbar, wenn der Rand $\partial G$ von $G$ eine Nullmenge ist, $\mu(\partial G) = 0$.

(23) Ist $f: \mathbb{R}^n \to \mathbb{R}$ stetig auf der kompakten Menge $G \subset \mathbb{R}^n$, so ist die Punktmenge

$$\{Y : Y = (x_1, \ldots, x_n, f(x_1, \ldots, x_n)),\ (x_1, \ldots, x_n) \in G\} \subset \mathbb{R}^{n+1}$$

eine Nullmenge des $\mathbb{R}^{n+1}$.

(24) Aus (23) folgt: Ist $f: \mathbb{R} \to \mathbb{R}$ stetig auf $[a, b]$, so ist die Punktmenge des Graphen von $f$, also

$$\{Y : Y = (x, f(x)),\ x \in [a, b]\} \subset \mathbb{R}^2$$

eine Nullmenge des $\mathbb{R}^2$.

(25) Ist $f: \mathbb{R}^n \to \mathbb{R}$ integrierbar auf den messbaren Mengen $G \subset \mathbb{R}^n$ und $H \subset \mathbb{R}^n$ und sind $G$ und $H$ nicht überlappend, haben $G$ und $H$ also höchstens Randpunkte gemeinsam, so ist $f$ integrierbar auf $G \cup H$ mit

$$\int_{G \cup H} f(X)\,dX = \int_G f(X)\,dX + \int_H f(X)\,dX.$$

Gegenüber Satz 36.3 (iv) wird nicht mehr $G \cap H = \emptyset$ gefordert.

**Satz 36.4** *Die kompakte Menge $G \subset \mathbb{R}^n$ sei messbar und $f: \mathbb{R}^n \to \mathbb{R}$ sei stetig auf $G$. Dann ist $f$ integrierbar auf $G$.*

Zur Berechnung von Integralen im $\mathbb{R}^n$ betrachten wir den Fall $n = 2$ und deuten das Vorgehen für allgemeines $n \in \mathbb{N}$ an. Der Vorbereitung dient

**Definition 36.6** *Sei $G \subset \mathbb{R}^2$ eine kompakte Menge.*

*(i)* *G heißt* $y$-**projizierbar**, *falls G darstellbar ist in der Form*

$$G = \{(x,y): \ x \in [a,b], \ g(x) \leq y \leq h(x)\}$$

*mit zwei auf $[a,b]$ stetigen Funktionen $g$ und $h$ mit $g \leq h$.*

*(ii)* *G heißt* $x$-**projizierbar**, *falls G darstellbar ist in der Form*

$$G = \{(x,y): \ y \in [c,d], \ r(y) \leq x \leq s(y)\}$$

*mit zwei auf $[c,d]$ stetigen Funktionen $r$ und $s$ mit $r \leq s$.*

*(iii)* *Ist G $x$-projizierbar oder $y$-projizierbar, so heißt G ein* **Normalbereich**.

**Beispiele:**

(26) Ist $G$ $y$-projizierbar, so liegt $G$ zwischen den Graphen von $g$ und $h$ auf $[a,b]$.

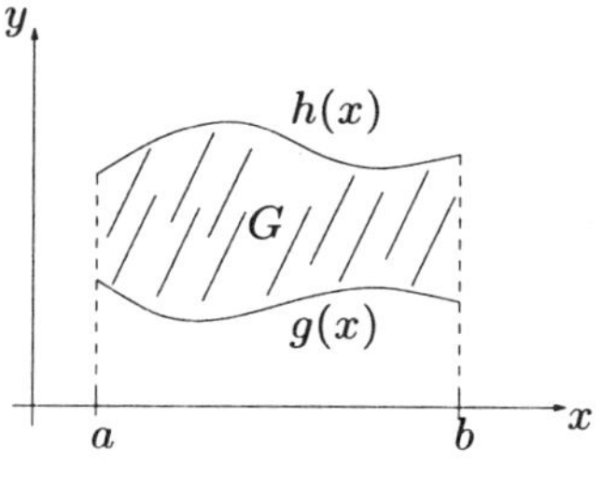

(27) a) $G$ ist $y$-projizierbar, aber nicht $x$-projizierbar.

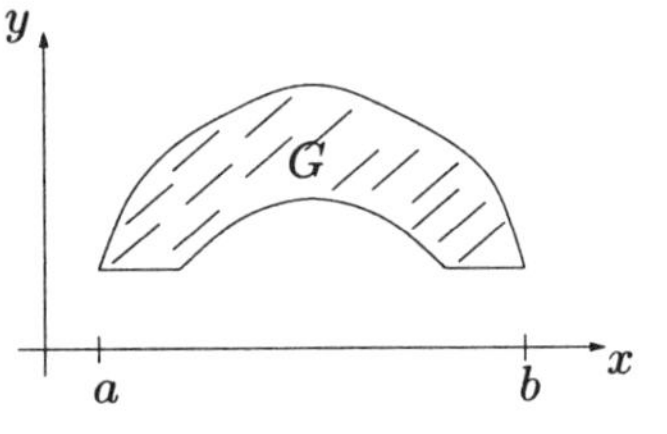


b) $G$ ist $x$-projizierbar, aber nicht $y$-projizierbar.

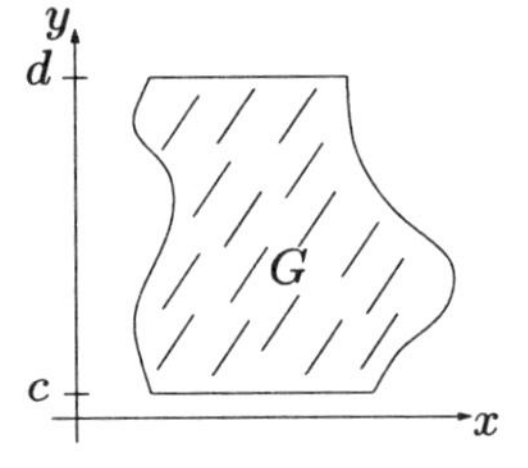


c) $G$ ist $x$-projizierbar und $y$-projizierbar.

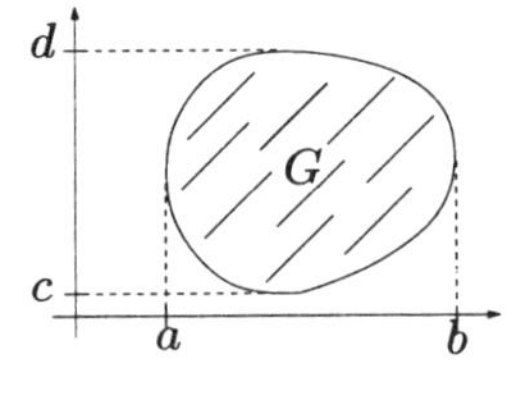


d) $G$ ist weder $x$-projizierbar noch $y$-projizierbar, also kein Normalbereich.

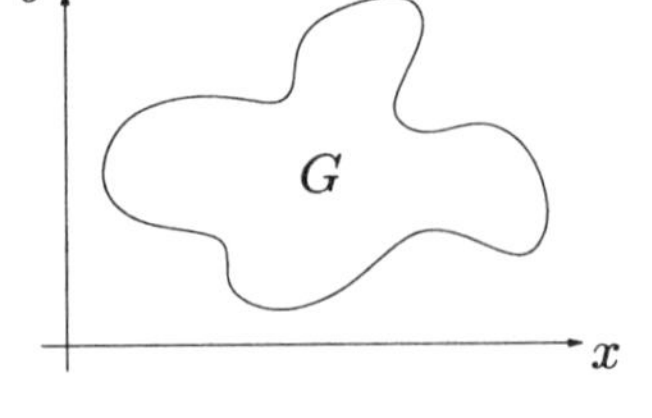

**Satz 36.5** *Sei $G \subset \mathbb{R}^2$ ein Normalbereich und sei $f: \mathbb{R}^2 \to \mathbb{R}$ stetig auf $G$. Dann ist $f$ integrierbar auf $G$ und mit den Bezeichnungen von Definition 36.6 gilt*

*(i)* $$\int_G f(x,y)\,d(x,y) = \int_a^b \Big[\int_{g(x)}^{h(x)} f(x,y)\,dy\Big]\,dx,$$

*falls $G$ $y$-projizierbar ist.*

*(ii)* $$\int_G f(x,y)\,d(x,y) = \int_c^d \Big[\int_{r(y)}^{s(y)} f(x,y)\,dx\Big]\,dy,$$

*falls $G$ $x$-projizierbar ist.*

**Bemerkungen und Ergänzungen:**

(28) Zur Berechnung zweidimensionaler Integrale stetiger Funktionen gibt Satz 36.5 ein wichtiges Ergebnis. Die Integration kann erfolgen, indem man nacheinander zwei eindimensionale Integrale bestimmt (iterierte Integrale). Das Vorgehen ist anschaulich:

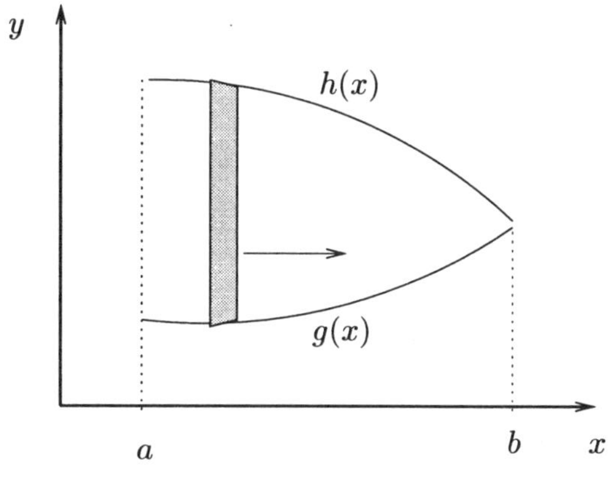


(29) Ein Normalbereich $G$ ist nach (22) messbar, denn sein Rand ist eine Nullmenge. Für stetiges $f$ folgt die Integrierbarkeit aus Satz 36.4.

(30) Ist $G$ ein Normalbereich, der $y$-projizierbar ist, so folgt für den Flächeninhalt $F_G$ von $G$ (wähle $f \equiv 1$)

$$F_G = \int_a^b \Big[\int_{g(x)}^{h(x)} dy\Big]\,dx = \int_a^b [h(x) - g(x)]\,dx.$$

**Beispiele:**

(31) Seien $G = \{(x,y): x^2+y^2 \leq \varrho^2,\ y \geq 0\}$, $\varrho > 0$, und $f: \mathbb{R}^2 \to \mathbb{R}$ mit $f(x,y) = x^2 y$ auf $G$. Es ist $G$ ein Normalbereich, $G$ ist $x$-projizierbar und $y$-projizierbar. Wir bestimmen $\int_G x^2 y\, d(x,y)$ auf 2 Wegen.

Weg 1: Nach (i) in Satz 36.5 ist

$$\begin{aligned}\int_G x^2 y\, d(x,y) &= \int_{-\varrho}^{\varrho}\left[\int_0^{\sqrt{\varrho^2-x^2}} x^2 y\, dy\right] dx \\ &= \int_{-\varrho}^{\varrho}\left[\frac{x^2y^2}{2}\right]_0^{\sqrt{\varrho^2-x^2}} dx \\ &= \frac{1}{2}\int_{-\varrho}^{\varrho} x^2(\varrho^2 - x^2) = \frac{2}{15}\varrho^5.\end{aligned}$$

Weg 2: Nach (ii) in Satz 36.5 ist

$$\begin{aligned}\int_G x^2 y\, d(x,y) &= \int_0^{\varrho}\left[\int_{-\sqrt{\varrho^2-y^2}}^{\sqrt{\varrho^2-y^2}} x^2 y\, dx\right] dy \\ &= \int_0^{\varrho}\left[\frac{x^3}{3}y\right]_{-\sqrt{\varrho^2-y^2}}^{\sqrt{\varrho^2-y^2}} dy \\ &= \frac{1}{3}\int_0^{\varrho} 2y(\varrho^2 - y^2)^{3/2} dy = \frac{2}{15}\varrho^5.\end{aligned}$$

(32) Wie in (31) sei $G = \{(x,y): x^2+y^2 \leq \varrho^2,\ y \geq 0\}$, $\varrho > 0$. Der Flächeninhalt $F_G$ von $G$ ist

$$F_G = \int_{-\varrho}^{\varrho}\left[\int_0^{\sqrt{\varrho^2-x^2}} dy\right] dx = \int_{-\varrho}^{\varrho} \sqrt{\varrho^2 - x^2}\, dx = \frac{\pi}{2}\varrho^2.$$

Die Koordinaten des Schwerpunktes von $G$ sind

$$(x_S, y_S) = \left(\frac{1}{F_G}\int_G x\, d(x,y), \frac{1}{F_G}\int_G y\, d(x,y)\right).$$

Es ist

$$\begin{aligned}\int_G x\, d(x,y) &= \int_{-\varrho}^{\varrho}\left[\int_0^{\sqrt{\varrho^2-x^2}} x\, dy\right] dx = \int_{-\varrho}^{\varrho} x\sqrt{\varrho^2 - x^2}\, dx = 0 \\ \int_G y\, d(x,y) &= \int_{-\varrho}^{\varrho}\left[\int_0^{\sqrt{\varrho^2-x^2}} y\, dy\right] dx = \int_{-\varrho}^{\varrho} \frac{1}{2}(\varrho^2 - x^2)\, dx = \frac{2}{3}\varrho^3.\end{aligned}$$

Daher ist $(x_S, y_S) = (0, \frac{4\varrho}{3\pi})$. Das Ergebnis $x_s = 0$ ist aufgrund der Symmetrie von $G$ zu erwarten.

(33) Das Volumen $V$ des Tetraeders mit den Ecken $(0,0,0), (a,0,0), (0,b,0), (0,0,c)$ lässt sich bestimmen als das Volumen der Punktmenge zwischen dem Dreieck der

$(x, y)$-Ebene mit den Eckpunkten $(0,0,0), (a,0,0), (0,b,0)$ und der durch $\frac{x}{a} + \frac{y}{b} + \frac{z}{c} = 1$, also $z = f(x,y) = c(1 - \frac{x}{a} - \frac{y}{b})$ gegebenen Fläche.

Daher ist

$$V = \int_G f(x,y)\, d(x,y) = \int_0^a \left[ \int_0^{b - \frac{b}{a}x} c(1 - \frac{x}{a} - \frac{y}{b})\, dy \right] dx$$
$$= \int_0^a \frac{bc}{2}(1 - \frac{x}{a})^2\, dx = \frac{abc}{6}.$$

**Bemerkungen und Ergänzungen:**

(34) Ist $G$ kein Normalbereich, so ist es oft möglich, $G$ in endlich viele Normalbereiche $G_k, k = 1, \ldots, m$, zu zerlegen, so dass

$$G = \bigcup_{k=1}^m G_k \quad \text{und} \quad \underline{G}_k \cap \underline{G}_l = \emptyset \;\; \text{für } k \neq l$$

mit dem Innern $\underline{G}_k$ von $G_k$. Dann ist

$$\int_G f(x,y)\, d(x,y) = \sum_{k=1}^m \int_{G_k} f(x,y)\, d(x,y).$$

(35) Ist $f : \mathbb{R}^2 \to \mathbb{R}$ eine nichtnegative Funktion, die auf den kompakten Teilmenge $G$ und $H$ von $D(f)$ mit $G \subset H$ integrierbar ist, so gilt

$$\int_G f(x,y)\, d(x,y) \leq \int_H f(x,y)\, d(x,y).$$

(36) Im Integral $\int_G f(x,y,z)\, d(x,y,z)$ für eine auf $G$ stetige Funktion $f : \mathbb{R}^3 \to \mathbb{R}$ habe $G \subset \mathbb{R}^3$ eine Darstellung

$$G = \{(x,y,z) : \; x \in [a,b], \; g(x) \leq y \leq h(x), \; u(x,y) \leq z \leq v(x,y)\}$$

mit auf dem Intervall $[a,b]$ stetigen Funktionen $g$ und $h$, sowie auf der Menge $\{(x,y) : \; a \leq x \leq b, \; g(x) \leq y \leq h(x)\}$ stetigen Funktionen $u$ und $v$. Es ist $G$ ein Normalbereich im $\mathbb{R}^3$. Daher existiert $\int_G f(x,y,z)\, d(x,y,z)$ und es ist

$$\int_G f(x,y,z)\, dz = \int_a^b \left\{ \int_{g(x)}^{h(x)} \left[ \int_{u(x,y)}^{v(x,y)} f(x,y,z)\, dz \right] dy \right\} dx\, .$$

**Beispiele:**

(37) Der Kreisring $G = \{(x,y) : \; \varrho_1^2 \leq x^2 + y^2 \leq \varrho_2^2\}$ für $0 < \varrho_1 < \varrho_2$ ist kein Normalbereich. Wir zerlegen $G$ in zwei Normalbereiche $G_1$ und $G_2$ mit

$$G_1 = \{(x,y) : \; \varrho_1^2 \leq x^2 + y^2 \leq \varrho_2^2, \; y \geq 0\}$$
$$G_2 = \{(x,y) : \; \varrho_1^2 \leq x^2 + y^2 \leq \varrho_2^2, \; y \leq 0\}$$

Für $f(x,y)=1,\ (x,y)\in G$, folgt

$$\int_G d(x,y) = \int_{G_1} d(x,y) + \int_{G_2} d(x,y) \quad \text{mit}$$

$$\int_{G_1} d(x,y) = \int_{-\varrho_2}^{-\varrho_1}\left[\int_0^{\sqrt{\varrho_2^2-x^2}} dy\right] dx + \int_{-\varrho_1}^{\varrho_1}\left[\int_{\sqrt{\varrho_1^2-x^2}}^{\sqrt{\varrho_2^2-x^2}} dy\right] dx + $$
$$+ \int_{\varrho_1}^{\varrho_2}\left[\int_0^{\sqrt{\varrho_2^2-x^2}} dy\right] dx$$

$$\int_{G_2} d(x,y) = \int_{-\varrho_2}^{-\varrho_1}\left[\int_{-\sqrt{\varrho_2^2-x^2}}^{0} dy\right] dx + \int_{-\varrho_1}^{\varrho_1}\left[\int_{-\sqrt{\varrho_2^2-x^2}}^{-\sqrt{\varrho_1^2-x^2}} dy\right] dx + $$
$$+ \int_{\varrho_1}^{\varrho_2}\left[\int_{-\sqrt{\varrho_2^2-x^2}}^{0} dy\right] dx$$

Integration ergibt

$$\int_G d(x,y) = \int_{G_1} d(x,y) + \int_{G_2} d(x,y) = \frac{\pi(\varrho_2^2-\varrho_1^2)}{2} + \frac{\pi(\varrho_2^2-\varrho_1^2)}{2}$$
$$= \pi(\varrho_2^2-\varrho_1^2).$$

(38) Wir berechnen das Volumen $V$ des Tetraeders von (33) über ein dreidimensionales Integral. Sei

$$G = \{(x,y,z):\ 0 \le x \le a,\ 0 \le y \le b - \frac{b}{a}x,\ 0 \le z \le c(1-\frac{x}{a}-\frac{y}{b})\}.$$

Dann ist

$$V = \int_G 1\, d(x,y,z).$$

Es folgt nach (36)

$$V = \int_G d(x,y,z) = \int_0^a \left\{\int_0^{b-\frac{b}{a}x}\left[\int_0^{c(1-\frac{x}{a}-\frac{y}{b})} dz\right] dy\right\} dx = \frac{abc}{6}.$$

Wie bei Integralen im $\mathbb{R}$ vereinfacht auch bei Integralen im $\mathbb{R}^n$ gelegentlich eine Substitution die Auswertung. Man spricht auch von der Einführung neuer Koordinaten. Ziel ist es, im Integral $\int f(x_1,\ldots,x_n)\, d(x_1,\ldots,x_n)$ mit Hilfe einer Abbildung $X=(x_1,\ldots,x_n)=h(U)=h(u_1,\ldots,u_n)$ eine Integration bezüglich der neuen Koordinaten $U=(u_1,\ldots,u_n)$ herbeizuführen.

Die Abbildung $h:\ \mathbb{R}^n \to \mathbb{R}^n$ sei definiert auf der offenen Menge $D(h)=H_U$, die Bildmenge von $h$ sei $B(h)=H$. Seien $h=(h_1,\ldots,h_n)$ und $X=(x_1,\ldots,x_n)$, so dass $X=h(U)$ in Koordinatenschreibweise lautet

$$\begin{cases} x_1 = h_1(u_1,\ldots,u_n) \\ x_2 = h_2(u_1,\ldots,u_n) \\ \quad\vdots \\ x_n = h_n(u_1,\ldots,u_n). \end{cases}$$

Weiter sei $h$ eineindeutig und stetig differenzierbar auf $H_U$. Die Funktionaldeterminante von $h$

$$\det\left(\frac{\partial h}{\partial U}\right) = \begin{vmatrix} \dfrac{\partial h_1}{\partial u_1} & \cdots & \dfrac{\partial h_1}{\partial u_n} \\ \vdots & & \vdots \\ \dfrac{\partial h_n}{\partial u_1} & \cdots & \dfrac{\partial h_n}{\partial u_n} \end{vmatrix}$$

sei für alle $U \in H_U$ entweder positiv oder negativ. Sind diese Voraussetzungen erfüllt, so sagen wir, durch $h$ seien **neue Koordinaten** festgelegt. Dann gilt

**Satz 36.6 (Substitutionsregel)**
*Sei $G \subset \mathbb{R}^n$ eine kompakte, messbare Menge. Durch die Funktion $h: \mathbb{R}^n \to \mathbb{R}^n$ (mit obigen Eigenschaften) seien neue Koordinaten festgelegt. Sei $f: \mathbb{R}^n \to \mathbb{R}$ eine auf der Bildmenge $H$ von $h$ stetige Funktion und gelte $G \subset H$. Sei $h^{-1}(G) = \{U : U \in \mathbb{R}^n,\ h(U) \in G\}$ die Urbildmenge von $G$ unter der Abbildung $h$. Dann gilt*

$$\int_G f(x_1, \ldots, x_n)\, d(x_1, \ldots, x_n) =$$
$$= \int_{h^{-1}(G)} f(h(u_1, \ldots, u_n)) \left|\det\left(\frac{\partial h}{\partial U}\right)\right| d(u_1, \ldots, u_n).$$

**Bemerkungen und Ergänzungen:**

(39) Wir veranschaulichen die Einführung neuer Koordinaten.

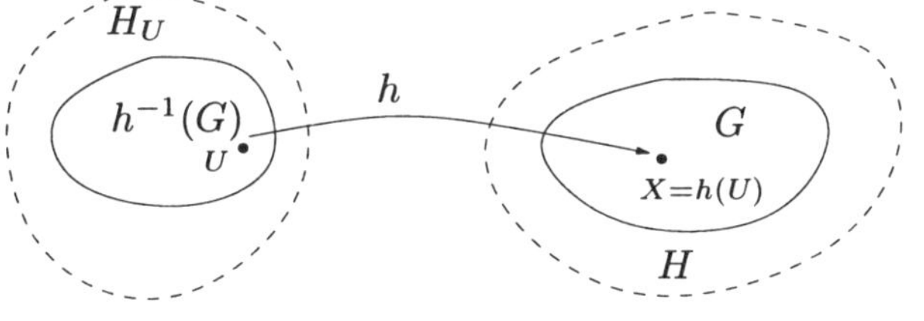


(40) Die Aussage von Satz 36.6 gilt auch dann noch, wenn $\det\left(\dfrac{\partial H}{\partial U}\right) = 0$ auf einer Nullmenge $N \subset h^{-1}(G)$ ist.

(41) Die Aussage von Satz 36.6 gilt auch dann noch, wenn die Eineindeutigkeit von $h$ nur auf $H_U \backslash N$ für eine Nullmenge $N$ erfüllt ist.

**Beispiele:**

(42) Wir betrachten **Polarkoordinaten**. Mit $U = (u_1, u_2) = (r, \varphi)$ ist die Abbildung $h: \mathbb{R}^2 \to \mathbb{R}^2$ gegeben durch

$$\begin{cases} x = h_1(r,\varphi) = r\cos\varphi \\ y = h_2(r,\varphi) = r\sin\varphi \end{cases}$$

für $X = (x, y)$. Es ist $H_U = \{(r,\varphi): \ 0 < r < \infty, \ 0 < \varphi < 2\pi\}$ offen und es ist $H = \mathbb{R}^2 \backslash \{(x,y): \ x \geq 0, y = 0\}$. Während $H_U$ das offene Rechteck $(0,\infty) \times (0, 2\pi)$ ist, stellt $H$ die längs der nichtnegativen $x$-Achse aufgeschlitzte $x$-$y$-Ebene dar. Es ist $h$ eineindeutig und stetig differenzierbar auf $H_U$.

Die Funktionaldeterminante ist

$$\det\left(\frac{\partial H}{\partial U}\right) = \begin{vmatrix} \cos\varphi & -r\sin\varphi \\ \sin\varphi & r\cos\varphi \end{vmatrix} = r > 0.$$

Ist $G \subset H$ kompakt und messbar und $f$ stetig auf $H$, so gilt

$$\int_G f(x,y)\, d(x,y) = \int_{h^{-1}(G)} f(r\cos\varphi, r\sin\varphi) r \, d(r,\varphi).$$

Speziell sei $h^{-1}(G)$ ein kompaktes Rechteck in $H_U$, so dass $G$ Stück eines Kreisringes in $H$ ist.

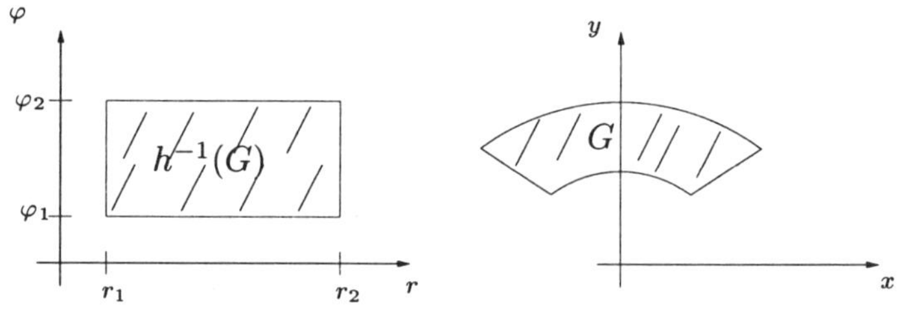


Dann gilt nach Satz 36.6

$$\int_G f(x,y)\, d(x,y) = \int_{\varphi_1}^{\varphi_2} \left[ \int_{r_1}^{r_2} f(r\cos\varphi, r\sin\varphi) r \, dr \right] d\varphi \qquad (*)$$

Für das kompakte Rechteck $h^{-1}(G) = \{(r,\varphi): \ r_1 \leq r \leq r_2, \ \varphi_1 \leq \varphi \leq \varphi_2\}$ muss zur Anwendung von Satz 36.6 gelten $0 < r_1, 0 < \varphi_1 \leq \varphi_2 < 2\pi$. Es lässt sich durch Grenzbetrachtungen zeigen, dass $(*)$ auch gilt für $0 \leq r_1 < r_2, \ 0 \leq \varphi_1 < \varphi_2 \leq 2\pi$, wenn also $G$ auch Punkte der nichtnegativen reellen Achse enthält.

Wir betrachten speziell $G: \{(x,y): \ x^2 + y^2 \leq \varrho^2\}, \ \varrho > 0$ und $f: \ \mathbb{R}^2 \to \mathbb{R}$ mit $f(x,y) = e^{-(x^2+y^2)}$. Dann gilt mit der geschilderten Erweiterung nach $(*)$

$$\int_G e^{-(x^2+y^2)} d(x,y) = \int_0^{2\pi} \left[ \int_0^{\varrho} e^{-r^2} r \, dr \right] d\varphi = \pi[1 - e^{-\varrho^2}].$$

(43) Wir legen wieder Polarkoordinaten zugrunde.
Sei $h^{-1}(G) = \{(r,\varphi):\ 0 \le r \le \varrho(\varphi),\ 0 \le \varphi_1 \le \varphi \le \varphi_2 \le 2\pi\}$ mit einer positiven, stetigen Funktion $\varrho(\varphi)$. Dann hat $G$ die Gestalt

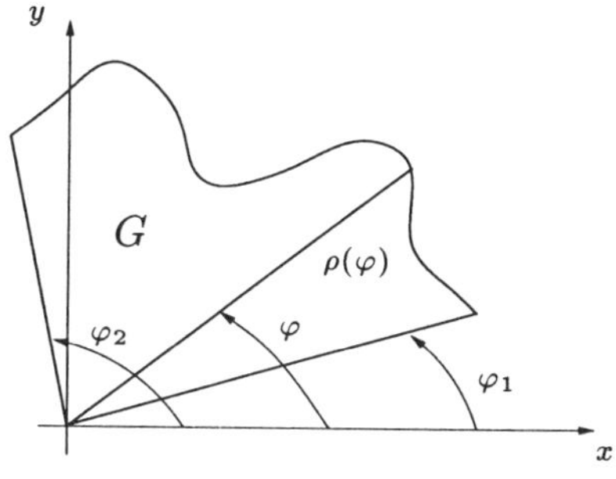


Der Flächeninhalt $F$ von $G$ lässt sich auch hier wie in (42) über eine Erweiterung von Satz 36.6 bestimmen. Es ist

$$F = \int_G 1\, d(x,y) = \int_{\varphi_1}^{\varphi_2} \left[ \int_0^{\varrho(\varphi)} r\, dr \right] d\varphi = \int_{\varphi_1}^{\varphi_2} \frac{[\varrho(\varphi)]^2}{2}\, d\varphi.$$

Im Falle eines Kreissektors mit Radius $R$ und Winkel $\psi$ folgt daraus mit $\varrho(\varphi) = R$

$$F = \frac{1}{2} R^2 \psi.$$

(44) Wir bestimmen den Flächeninhalt $F$ einer Ellipse mit den Halbachsen $a$ und $b$. Sei

$$G = \{(x,y):\ \frac{x^2}{a^2} + \frac{y^2}{b^2} \le 1\}.$$

Dann ist

$$F = \int_G d(x,y).$$

Wir führen durch

$$x = h_1(u,v) = au\cos v$$
$$y = h_2(u,v) = bu\sin v$$

neue Koordinaten $U = (u,v)$ ein. Es ist $H_U = \{(u,v):\ 0 < u < \infty,\ 0 < v < 2\pi\}$ offen und es ist $H = R^2 \backslash \{(x,y):\ x \ge 0, y = 0\}$. Es ist $h$ eineindeutig und stetig differenzierbar auf $H_U$. Die Funktionaldeterminante ist

$$\det\left(\frac{\partial h}{\partial U}\right) = \begin{vmatrix} a\cos v & -au\sin v \\ b\sin v & bu\cos v \end{vmatrix} = abu > 0.$$

Wie in (42) ist eine Erweiterung von Satz 36.6 anwendbar, wenn $G$ Punkte der nichtnegativen reellen Achse enthält. Daher ist

$$\begin{aligned} F = \int_G d(x,y) &= \int_0^{2\pi} \left[ \int_0^1 \left|\det \frac{\partial h}{\partial U}\right| du \right] dv \\ &= \int_0^{2\pi} \left[ \int_0^1 abu\, du \right] dv = \pi ab. \end{aligned}$$

(45) Als neue Koordinaten im $\mathbb{R}^3$ wählen wir **Kugelkoordinaten**.
Mit $U = (u_1, u_2, u_3) = (r, \varphi, \vartheta)$ ist die Abbildung $h$ gegeben durch

$$\begin{aligned} x &= h_1(r,\varphi,\vartheta) = r\cos\varphi\cos\vartheta \\ y &= h_2(r,\varphi,\vartheta) = r\sin\varphi\cos\vartheta \\ z &= h_3(r,\varphi,\vartheta) = r\sin\vartheta \end{aligned}$$

für $X = (x, y, z)$. Es ist $H_U = \{(r,\varphi,\vartheta) : \ 0 < r < \infty, \ 0 < \varphi < 2\pi, \ -\frac{\pi}{2} < \vartheta < \frac{\pi}{2}\}$ offen. Die Funktionaldeterminante ist

$$\det\left(\frac{\partial h}{\partial U}\right) = \begin{vmatrix} \cos\varphi\cos\vartheta & -r\sin\varphi\cos\vartheta & -r\cos\varphi\sin\vartheta \\ \sin\varphi\cos\vartheta & r\cos\varphi\cos\vartheta & -r\sin\varphi\sin\vartheta \\ \sin\vartheta & 0 & r\cos\vartheta \end{vmatrix} = r^2\cos\vartheta > 0.$$

Wir berechnen das Volumen $V$ einer Halbkugel vom Radius $R$ auf zwei Wegen.
Weg 1: $V = \int_G d(x,y,z)$ mit

$$G = \{(x,y,z) : \ x^2 + y^2 + z^2 \le R^2, \ z \ge 0\}.$$

Mit Hilfe von Kugelkoordinaten ergibt sich bei Erweiterung von Satz 36.6 wie in (42) auf das **kompakte** Rechteck $\{(r,\varphi,\vartheta) : \ 0 \le r \le R, \ 0 \le \varphi \le 2\pi, \ 0 \le \vartheta \le \frac{\pi}{2}\}$

$$\begin{aligned} V = \int_G d(x,y,z) &= \int_0^R \left\{ \int_0^{2\pi} \left[ \int_0^{\frac{\pi}{2}} \left| \det\left(\frac{\partial h}{\partial U}\right) \right| d\vartheta \right] d\varphi \right\} dr \\ &= \int_0^R \left\{ \int_0^{2\pi} \left[ \int_0^{\frac{\pi}{2}} r^2\cos\vartheta \right] d\vartheta \, d\varphi \right\} dr = \frac{2}{3}\pi R^3. \end{aligned}$$

Weg 2: $\quad V = \int_{G_2} f(x,y)\, d(x,y)$ mit $f(x,y) = \sqrt{R^2 - x^2 - y^2}$ und $G_2 = \{(x,y) : \ x^2 + y^2 \le R^2\}$ Mit Hilfe von Polarkoordinaten folgt (wiederum bei Erweiterung von Satz 36.6 wie in (42))

$$\begin{aligned} V &= \int_{G_2} \sqrt{R^2 - x^2 - y^2}\, d(x,y) \\ &= \int_0^{2\pi} \left[ \int_0^R \sqrt{R^2 - r^2}\, r\, dr \right] d\varphi \\ &= \int_0^{2\pi} \left[ -\frac{1}{3}(R^2 - r^2)^{\frac{3}{2}} \right]_0^R d\varphi = \frac{2}{3}\pi R^3. \end{aligned}$$

(46) Wir betrachten das Integral

$$\int_G \sqrt{x^2 + y^2 + z^2}\, d(x,y,z)$$

für $G = \{(x,y,z) : \ x \ge 0, y \ge 0, z \ge 0, \ x^2 + y^2 + z^2 \le 1\}$ (Kugeloktant). Mit Kugelkoordinaten als neue Koordinaten ergibt sich

$$\begin{aligned} \int_G \sqrt{x^2 + y^2 + z^2}\, d(x,y,z) &= \int_0^1 \left\{ \int_0^{\frac{\pi}{2}} \left[ \int_0^{\frac{\pi}{2}} r \left| \det\left(\frac{\partial h}{\partial U}\right) \right| d\vartheta \right] d\varphi \right\} dr \\ &= \int_0^1 \left\{ \int_0^{\frac{\pi}{2}} \left[ \int_0^{\frac{\pi}{2}} r^3\cos\vartheta\, d\vartheta \right] d\varphi \right\} dr = \frac{\pi}{8}. \end{aligned}$$

(47) Das Integral $J_b = \int_0^b e^{-x^2}\,dx$ lässt sich mit einfachen Mitteln nicht bestimmen, da zu $f(x) = e^{-x^2}$ keine elementar darstellbare Stammfunktion existiert. Daher lässt sich das uneigentliche Integral $J = \int_0^\infty e^{-x^2}\,dx = \lim_{b\to\infty} \int_0^b e^{-x^2}\,dx$ auf diesem Weg nicht bestimmen. Für das uneigentliche Integral wenden wir einen Trick an, $J$ über ein zweidimensionales Integral zu berechnen. Es ist

$$J_b^2 = \int_0^b e^{-x^2}\,dx \cdot \int_0^b e^{-y^2}\,dy = \int_{G_b} e^{-(x^2+y^2)}\,d(x,y)$$

mit $G_b = \{(x,y):\ 0 \le x \le b,\ 0 \le y \le b\}$.
Seien

$$\begin{aligned} G_1 &= \{(x,y):\ x^2+y^2 \le b^2,\ x \ge 0, y \ge 0\} \\ G_2 &= \{(x,y):\ x^2+y^2 \le (b\sqrt{2})^2\ , x \ge 0, y \ge 0\}. \end{aligned}$$

Dann gilt unter Anwendung von Bemerkung (35)

$$\int_{G_1} e^{-(x^2+y^2)}\,d(x,y) \le J_b^2 \le \int_{G_2} e^{-(x^2+y^2)}\,d(x,y).$$

Mit (42) ergibt sich

$$\frac{\pi}{4}[1-e^{-b^2}] \le J_b^2 \le \frac{\pi}{4}[1-e^{-2b^2}].$$

Demnach ist $\lim_{b\to\infty} J_b^2 = \frac{\pi}{4}$ und damit

$$\int_0^\infty e^{-x^2}\,dx = \lim_{b\to\infty} J_b = \frac{1}{2}\sqrt{\pi}.$$

## TESTS

**T36.1:** Der Wert des Integrals $\int_G (x+y)\,d(x,y)$ mit

$$G = \{(x,y) \in \mathbb{R}^2 :\ 0 \le x \le 2,\ 0 \le y \le 1\}$$

beträgt

( ) 1
( ) $\frac{5}{2}$
( ) 3.

**T36.2:** Das Integral $\int_G xy\,d(x,y)$ mit $G = \{(x,y) \in \mathbb{R}^2 :\ 0 \le x \le 2,\quad 0 \le y \le 1\}$ besitzt den Wert

( ) 0
( ) 1
( ) 2.

**T36.3:** Es seien $G = \{(x,y) : \ 0 \le x \le 2, \ 1-(x-1)^2 \le y \le 2x\}$ und $f : \ \mathbb{R}^2 \to \mathbb{R}$ mit $D(f) = \mathbb{R}^2$ eine auf $G$ stetige Funktion. Dann gilt

( ) $G$ ist $x$-projizierbar

( ) $G$ ist $y$-projizierbar

( ) $\displaystyle\int_G f(x,y)\,d(x,y) = \int_0^2 \Big(\int_{1-(x-1)^2}^{2x} f(x,y)\,dy\Big)\,dx$

( ) $\displaystyle\int_G f(x,y)\,d(x,y) = \int_0^4 \Big(\int_{\frac{y}{2}}^{1+\sqrt{(1-y)}} f(x,y)\,dx\Big)\,dy.$

**T36.4:** Für die Ellipsoidkoordinaten-Transformation $x = ar \cdot \cos\varphi\cos\theta, \ y = br \cdot \sin\varphi\cos\theta$ und $z = cr \cdot \sin\theta$ mit $a,b,c,r > 0, \ \varphi \in (0, 2\pi), \ \theta \in (-\frac{\pi}{2}, \frac{\pi}{2})$ ergibt sich die Funktionaldeterminante

( ) $\frac{r^2\cos\theta}{abc}$

( ) $abr$

( ) $abcr^2\cos\theta.$

**T36.5:** Mit der Menge $G = \{(x,y) : \ 0 \le x \le 2, \ 0 \le y \le \sqrt{4-x^2}\}$ ergibt sich für das Integral durch Polarkoordinaten-Transformation

( ) $\displaystyle\int_G \frac{x}{1+x^2+y^2}\,d(x,y) = \int_0^2 \int_0^{\frac{\pi}{2}} \frac{r^2\cos\varphi}{1+r^2}\,d\varphi dr$

( ) $\displaystyle\int_G \frac{x}{1+x^2+y^2}\,d(x,y) = \int_0^2 \int_0^{\frac{\pi}{2}} \frac{r\cos\varphi}{1+r^2}\,d\varphi dr$

( ) $\displaystyle\int_G \frac{x}{1+x^2+y^2}\,d(x,y) = \int_0^2 \int_0^{\frac{\pi}{2}} \frac{\cos\varphi}{1+r^2}\,d\varphi dr.$

## ÜBUNGEN

**Ü36.1:** a) Gegeben sei das Intervall $I = \{(x,y) \in \mathbb{R}^2 : 0 \le x \le 1, 1 \le y \le 2\}$. Berechnen Sie $\int_I x^y \, d(x,y)$.

b) Gegeben sei das Intervall $J = \{(x,y,z) \in \mathbb{R}^3 ; 0 \le x \le 1, 0 \le y \le 1, 0 \le z \le 1\}$. Berechnen Sie $\int_J z^3 e^{x+y} \, d(x,y,z)$.

**Ü36.2:** a) Berechnen Sie das Integral $\int_I x \sin(xy+z) \, d(x,y,z)$ für $I = \{(x,y,z) \in \mathbb{R}^3 : \frac{\pi}{2} \le x \le \pi,\ 0 \le y \le 1,\ 0 \le z \le \pi\}$.

b) Bestimmen Sie $\int_J \frac{1}{(1+x+y+z)^3} \, d(x,y,z)$ für $J = [0,1] \times [0,1] \times [0,1]$.

**Ü36.3:** Es sei $G$ das abgeschlossene Flächenstück im 1. Quadranten, das durch die Gerade $y = 2x$ und die Parabel $y = x^2$ begrenzt wird.

a) Skizzieren Sie $G$.

b) Ist $G$ sowohl $x$- als auch $y$-projizierbar?

c) Berechnen Sie $\displaystyle\int_G \frac{1}{8}(x^2 + y^2) \, d(x,y)$.

**Ü36.4:** Bestimmen Sie das Volumen der Säule, die von der durch die Gleichung $z = xy(1-x-y)$ gegebenen Fläche und dem Gebiet in der $x$-$y$-Ebene, das durch $x \ge 0, y \ge 0$ und $1 - x - y \ge 0$ begrenzt ist, definiert wird.

**Ü36.5:** Durch (i) $x^2 = 4(y-1)$, (ii) $y^2 = 4(x-1)$, (iii) $x + y = 0$ werden vier Graphen gegeben. Sie umschließen eine Menge $G$.

a) Begründen Sie, warum $G$ nicht projizierbar ist.

b) Zerlegen Sie $G$ in projizierbare Teilmengen und berechnen Sie damit $\int_G 32|xy| \, d(x,y)$.

**Ü36.6:** Berechnen Sie die Ladung $Q = \int_G \varrho(x,y,z) \, d(x,y,z)$ des durch $G = \{(x,y,z) : \ x,y,z \ge 0,\ x+y+z \le 1\}$ gegebenen Körpers, wenn die Ladungsdichte $\varrho : \mathbb{R}^3 \to \mathbb{R}$ mit $D(\varrho) = G$ gegeben ist durch

$$\varrho(x,y,z) = \frac{1}{(1+x+y+z)^3}.$$

**Ü36.7:** Für $a, b \in \mathbb{R},\ b > a > 0$, wird durch die Gleichungen
$x = (b + r\cos v)\cos u$,
$y = (b + r\cos v)\sin u$,
$z = r \sin v$,
$0 \le u \le 2\pi,\ 0 \le v \le 2\pi,\ 0 \le r \le a$, ein sogenannter Torus $T$ beschrieben. Berechnen Sie $\int_T d(x,y,z)$.

# 37 Vektoranalysis

Wir führen die Begriffe Divergenz und Rotation von Vektorfeldern ein, definieren Flächenintegrale und geben Integralsätze an.

**Definition 37.1** *Sei $F: \mathbb{R}^n \to \mathbb{R}^n$ mit $D(F)$ offen ein stetig differenzierbares Vektorfeld. Mit $F = (F_1, \ldots, F_n)$ heißt dann*

$$\operatorname{div} F(X) = \sum_{k=1}^{n} \frac{\partial F_k}{\partial x_k}\Big|_X \quad , \quad X \in D(F)$$

*die* **Divergenz** *des Vektorfeldes $F$.*

**Definition 37.2** *Sei $G = \mathbb{R}^3 \to \mathbb{R}^3$ mit $D(G)$ offen ein stetig differenzierbares Vektorfeld. Mit $G = (G_1, G_2, G_3)$ und $X = (x, y, z) \in D(G)$ heißt dann*

$$\operatorname{rot} G(X) = \left(\frac{\partial G_3}{\partial y} - \frac{\partial G_2}{\partial z}, \frac{\partial G_1}{\partial z} - \frac{\partial G_3}{\partial x}, \frac{\partial G_2}{\partial x} - \frac{\partial G_1}{\partial y}\right)\Big|_X$$

*die* **Rotation** *des Vektorfeldes $G$.*

**Bemerkungen und Ergänzungen:**

(1) Die Divergenz von $F$ ist für beliebige Dimension $n \in \mathbb{N}$ definiert. Es ist $\operatorname{div} F$ eine skalare Funktion, $\operatorname{div} F \in \mathbb{R}$.

(2) Die Rotation von $G$ ist nur für die Dimension $n = 3$ in $G: \mathbb{R}^3 \to \mathbb{R}^3$ definiert. Es ist $\operatorname{rot} G$ ein Vektorfeld, $\operatorname{rot} G \in \mathbb{R}^3$.

(3) Das Vektorfeld $\operatorname{rot} G$ lässt sich mit Hilfe des Vektorproduktes (siehe Satz 8.3) symbolisch als Determinante schreiben:

$$\operatorname{rot} G = \begin{vmatrix} e_1 & e_2 & e_3 \\ \frac{\partial}{\partial x} & \frac{\partial}{\partial y} & \frac{\partial}{\partial z} \\ G_1 & G_2 & G_3 \end{vmatrix} .$$

Dabei sind $e_1$, $e_2$ und $e_3$ die Koordinaten-Einheitsvektoren des $\mathbb{R}^3$.

(4) Mit dem **Nabla-Operator**

$$\nabla = \left(\frac{\partial}{\partial x}, \frac{\partial}{\partial y}, \frac{\partial}{\partial z}\right)$$

schreibt man symbolisch für $f: \mathbb{R}^3 \to \mathbb{R}$, $F: \mathbb{R}^3 \to \mathbb{R}^3, G: \mathbb{R}^3 \to \mathbb{R}^3$

$$\begin{aligned} \operatorname{grad} f &= \nabla f \\ \operatorname{div} F &= \nabla \cdot F \quad \text{(Skalarprodukt)} \\ \operatorname{rot} G &= \nabla \times G \quad \text{(Vektorprodukt).} \end{aligned}$$

Im Falle $\nabla f$ und $\nabla \cdot F$ ist eine analoge Schreibweise auch für andere Dimensionen möglich.

(5) Sei $u: \mathbb{R}^3 \to \mathbb{R}$ mit $D(u)$ offen zweimal stetig differenzierbar. Dann ist

$$\operatorname{div}(\operatorname{grad} u) = u_{xx} + u_{yy} + u_{zz}.$$

Mit dem **Laplace-Operator**

$$\Delta = \frac{\partial^2}{\partial x^2} + \frac{\partial^2}{\partial y^2} + \frac{\partial^2}{\partial z^2}$$

schreibt man symbolisch

$$\operatorname{div}(\operatorname{grad} u) = \nabla \cdot (\nabla u) = \Delta u.$$

Funktionen $u$, die der Gleichung $\Delta u = 0$ genügen, heißen **harmonische Funktionen**.

(6) Sei $G: \mathbb{R}^3 \to \mathbb{R}^3$ mit $D(G)$ offen ein zweimal stetig differenzierbares Vektorfeld. Dann gilt

$$\operatorname{div}(\operatorname{rot} G) = 0.$$

(7) Sei $f: \mathbb{R}^3 \to \mathbb{R}$ mit $D(f)$ offen eine zweimal stetig differenzierbare skalare Funktion. Dann gilt

$$\operatorname{rot}(\operatorname{grad} f) = 0.$$

(8) Das Vektorfeld $G: \mathbb{R}^3 \to \mathbb{R}^3$ mit $D(G)$ offen sei stetig differenzierbar und habe ein Potential $\varphi: \mathbb{R}^3 \to \mathbb{R}$ mit $D(\varphi) = D(G)$. Wegen $G = \operatorname{grad} \varphi$ folgt aus (7)

$$\operatorname{rot} G = 0.$$

**Beispiele:**

(9) Die Maxwellschen Gleichungen der Elektrodynamik lauten

$$\begin{aligned} \operatorname{rot} E &= -\frac{\mu}{c}\frac{\partial H}{\partial t} && \text{(3 Gleichungen)} \\ \operatorname{rot} H &= \frac{4\pi}{c}\lambda E + \frac{\varepsilon}{c}\frac{\partial E}{\partial t} && \text{(3 Gleichungen)} \\ \operatorname{div}(\varepsilon E) &= 4\pi\varrho && \text{(1 Gleichung)} \\ \operatorname{div}(\mu H) &= 0 && \text{(1 Gleichung).} \end{aligned}$$

Dabei sind $E$ elektrische Feldstärke, $H$ magnetische Felstärke, $\varepsilon$ Dielektrizitätskonstante, $\mu$ Permeabilität, $\varrho$ Ladungsdichte, $\lambda$ Leitfähigkeit. Diese Größen sind ortsabhängig, darüberhinaus sind $E$ und $H$ zeitabhängig, wobei bei rot $(\cdot)$ nur die Ortskoordinaten eingehen. Es ist $c$ die Lichtgeschwindigkeit im Vakuum.

(10) Sei $u:\ \mathbb{R}^3 \to \mathbb{R}$ mit $D(u) = \mathbb{R}^3 \backslash \{(0,0,0)\}$ und

$$u(x,y,z) = \frac{1}{\sqrt{x^2+y^2+z^2}}.$$

Dann gilt

$$\Delta u = u_{xx} + u_{yy} + u_{zz} = 0.$$

Die Differenzierbarkeit von Vektorfeldern haben wir nur auf offenen Mengen definiert. In der folgenden Definition 37.3 sprechen wir von der Differenzierbarkeit eines Vektorfeldes $F\ :\ \mathbb{R}^2 \to \mathbb{R}^3$ auf der abgeschlosenen Hülle $\overline{D}$ einer offenen Menge $D$. Wir setzen dazu voraus, dass eine Fortsetzung von $F$ auf eine offene Menge $\tilde{D} \supset \overline{D}$ möglich ist, sodass die Fortsetzung differenzierbar ist auf $\tilde{D}$.

**Definition 37.3** *Sei $D \subset \mathbb{R}^2$ offen und die abgeschlossene Hülle $\overline{D}$ von $D$ sei messbar und kompakt. Sei $F\ :\ \mathbb{R}^2 \to \mathbb{R}^3$ mit $D(F) = \overline{D}$ stetig differenzierbar auf $\overline{D}$. Mit $F = (F_1, F_2, F_3)$ und $U = (u,v)$ habe die Funktionalmatrix von $F$*

$$\left(\frac{\partial F}{\partial U}\right) = \begin{pmatrix} \dfrac{\partial F_1}{\partial u} & \dfrac{\partial F_1}{\partial v} \\ \dfrac{\partial F_2}{\partial u} & \dfrac{\partial F_2}{\partial v} \\ \dfrac{\partial F_3}{\partial u} & \dfrac{\partial F_3}{\partial v} \end{pmatrix}$$

*für alle $(u,v) \in D$ den Rang 2. Dann heißt $F$ eine* **Fläche** *und die Punktmenge*

$$\mathfrak{F} = \{(x,y,z):\ x = F_1(u,v),\ y = F_2(u,v),\ z = F_3(u,v),\ (u,v) \in \overline{D}\}$$

*heißt ein* **Flächenstück**.

**Bemerkungen und Ergänzungen:**

(11) Es werden die Punkte $(u,v) \in \overline{D}$ im $\mathbb{R}^2$ abgebildet in die Punkte $F(u,v) = (F_1(u,v), F_2(u,v), F_3(u,v))$ des $\mathbb{R}^3$.

(12) Man spricht von einer Parameterdarstellung der Fläche mit den Parametern $(u,v)$.

(13) Die Vektoren

$$F_u(u,v) = \left(\frac{\partial F_1}{\partial u}, \frac{\partial F_2}{\partial u}, \frac{\partial F_3}{\partial u}\right)^T_{(u,v)} \quad \text{und} \quad F_v(u,v) = \left(\frac{\partial F_1}{\partial v}, \frac{\partial F_2}{\partial v}, \frac{\partial F_3}{\partial v}\right)^T_{(u,v)}$$

sind wegen rg $\left(\frac{\partial F}{\partial X}\right) = 2$ linear unabhängig für alle $(u,v) \in D$. Es ist $F_u(u,v) \times F_v(u,v) \neq 0$ für alle $(u,v) \in D$. Wir beachten, dass rg $\left(\frac{\partial F}{\partial X}\right) = 2$ auf dem Rand $\partial D$ von $D$ nicht gefordert ist. Zu den Begriffen Rang und lineare Unabhängigkeit siehe die Definitionen 9.2 und 10.2 sowie Satz 10.3.

**Beispiele:**

(14) Ein wichtiger Sonderfall ist

$$F(u,v) = (u, v, z(u,v))$$

mit einer stetig differenzierbaren Funktion $z: \mathbb{R}^2 \to \mathbb{R}$ auf $\overline{D}$. Dann hat die Funktionalmatrix

$$\left(\frac{\partial F}{\partial X}\right) = \begin{pmatrix} 1 & 0 \\ 0 & 1 \\ \dfrac{\partial z}{\partial u} & \dfrac{\partial z}{\partial v} \end{pmatrix}$$

den Rang 2 auf $D$. Zur Veranschaulichung des Flächenstücks $\mathfrak{F}$ trage man über den Punkten $(u,v) \in \overline{D}$ die Werte $z(u,v)$ auf.

(15) Im Sonderfall von (14) sei $z(u,v) = u \cdot v$ für $(u,v) \in \overline{D} = [-2,2] \times [-2,2]$. Es stellt $\mathfrak{F}$ eine Sattelfläche dar.

(16) Sei $F(u,v) = (r\cos u \cos v, r \sin u \cos v, r \sin v)$ für $(u,v) \in \overline{D} = [0, 2\pi] \times [-\frac{\pi}{2}, \frac{\pi}{2}]$ und $r > 0$. Die Funktionalmatrix ist

$$\frac{\partial F}{\partial X} = \begin{pmatrix} -r\sin u \cos v & -r \cos u \sin v \\ r \cos u \cos v & -r \sin u \sin v \\ 0 & r\cos v \end{pmatrix}.$$

Für $(u,v) \in D = (0, 2\pi) \times \left(-\frac{\pi}{2}, \frac{\pi}{2}\right)$ ist Rang $\left(\frac{\partial F}{\partial X}\right) = 2$. Das Flächenstück $\mathfrak{F}$ stellt die Oberfläche einer Kugel um 0 mit Radius $r$ dar.

Sei durch $F: \mathbb{R}^2 \to \mathbb{R}^3$ mit $D(F) = \overline{D}$ eine Fläche gegeben und sei durch $X: \mathbb{R} \to \mathbb{R}^2$ mit $D(X) = [a,b]$ ein glatter Weg $W$ in $\overline{D}$ gegeben. Dann ist durch $Y: \mathbb{R} \to \mathbb{R}^3$ mit $D(Y) = [a,b]$ und

$$Y(t) = F(X(t)), \quad t \in [a,b]$$

ein Weg $W_F$ auf der Fläche $F$ gegeben. Für $t \in [a,b]$ sei $X(t) = (u(t), v(t))$ und sei $X(t_0) = (u_0, v_0)$ für ein $t_0 \in [a,b]$ ein Punkt von $W$. Der zugehörige Punkt auf dem Weg $W_F$ ist

$$Y_0 = F(X(t_0)) = F(u_0, v_0).$$

Die Richtung der Tangente im Punkt $Y_0$ an den Weg $W_F$ ist gegeben durch

$$\dot{Y}(t_0) = F_u(u_0,v_0)\dot{u}(t_0) + F_v(u_0,v_0)\dot{v}(t_0)$$

mit

$$F_u(u_0,v_0) = \left(\frac{\partial F_1}{\partial u}, \frac{\partial F_2}{\partial u}, \frac{\partial F_3}{\partial u}\right)_{(u_0,v_0)}$$

$$F_v(u_0, v_0) = \left( \frac{\partial F_1}{\partial v}, \frac{\partial F_2}{\partial v}, \frac{\partial F_3}{\partial v} \right)_{(u_0, v_0)} .$$

Es sind $F_u(u_0, v_0)$ und $F_v(u_0, v_0)$ linear unabhängig, sie spannen die **Tangentialebene** an die Fläche $F$ im Punkt $Y_0$ auf. Eine Darstellung der Gleichung der Tangentialebene an die Fläche im Punkt $Y_0 = F(u_0, v_0)$ ist

$$Z = Y_0 + \lambda F_u(u_0, v_0) + \mu F_v(u_0, v_0), \qquad \lambda, \mu \in \mathbb{R}.$$

**Definition 37.4** *Durch $F: \mathbb{R}^2 \to \mathbb{R}^3$ mit $D(F) = \overline{D}$ sei eine Fläche gegeben. Dann heißt*

$$N(u, v) = \frac{F_u(u, v) \times F_v(u, v)}{\|F_u(u, v) \times F_v(u, v)\|}, \qquad (u, v) \in D$$

**Normalenvektor** *der Fläche im Flächenpunkt $F(u, v)$.*

**Bemerkungen und Ergänzungen:**

(17) Der Normalenvektor steht senkrecht auf der Tangentialebene und hat die Länge 1.

**Beispiel:**

(18) Wie in (14) sei $F(u, v) = (u, v, z(u, v))$. Dann ist

$$\begin{aligned} F_u &= (1, 0, \frac{\partial z}{\partial u}), \\ F_v &= (0, 1, \frac{\partial z}{\partial v}) \\ F_u \times F_v &= (-z_u, -z_v, 1) \\ \|F_u \times F_v\| &= \sqrt{z_u^2 + z_v^2 + 1} \\ N(u, v) &= \frac{(-z_u, -z_v, 1)}{\sqrt{z_u^2 + z_v^2 + 1}} . \end{aligned}$$

(19) Für die Oberfläche einer Kugel nach (16) gilt

$$\begin{aligned} F_u &= (-r \sin u \cos v, r \cos u \cos v, 0) \\ F_v &= (-r \cos u \sin v, -r \sin u \sin v, r \cos v) \\ F_u \times F_v &= (r^2 \cos u \cos^2 v, r^2 \sin u \cos^2 v, r^2 \sin v \cos v) \\ \|F_u \times F_v\| &= r^2 \cos v \\ N(u, v) &= (\cos u \cos v, \sin u \cos v, \sin v). \end{aligned}$$

**Definition 37.5** *Durch* $F : \mathbb{R}^2 \to \mathbb{R}^3$ *mit* $D(F) = \overline{D}$ *sei eine Fläche gegeben. Dann heißt*

$$\int_{\overline{D}} \|F_u(u,v) \times F_v(u,v)\| \, d(u,v) = \int_{\mathfrak{F}} d\sigma$$

*der* **Flächeninhalt** $I(F)$ *der Fläche.*

**Beispiele:**

(20) Wie in (14) sei $F(u,v) = (u, v, z(u,v))$. Dann ist

$$\int_{\mathfrak{F}} d\sigma = \int_{\overline{D}} \sqrt{1 + z_u^2 + z_v^2} \, d(u,v).$$

(21) Für die Oberfläche einer Kugel nach (16) gilt mit (19)

$$\int_{\mathfrak{F}} d\sigma = \int_{\overline{D}} r^2 \cos v \, d(u,v) = r^2 \int_0^{2\pi} \left[ \int_{-\frac{\pi}{2}}^{\frac{\pi}{2}} \cos v \, dv \right] du = 4\pi r^2.$$

**Definition 37.6** *Durch* $F : \mathbb{R}^2 \to \mathbb{R}^3$ *mit* $D(F) = \overline{D}$ *sei eine Fläche gegeben. Sei* $H : \mathbb{R}^3 \to \mathbb{R}$ *mit* $D(H) = \mathfrak{F}$ *stetig auf* $\mathfrak{F}$. *Dann heißt*

$$\int_{\overline{D}} H(F(u,v)) \|F_u(u,v) \times F_v(u,v)\| \, d(u,v) = \int_{\mathfrak{F}} H \, d\sigma$$

*das* **Oberflächenintegral** *von* $H$ *über der Fläche.*

**Beispiel:**

(22) Seien $F$ wie in (16) und $H : \mathbb{R}^3 \to \mathbb{R}$ mit $D(H) = \mathfrak{F}$ und $H(x,y,z) = x^2$. Dann ist

$$\begin{aligned}\int_{\mathfrak{F}} H \, d\sigma &= \int_{\overline{D}} r^2 \cos^2(u) \cos^2(v) \cdot r^2 \cos v \, d(u,v) \\ &= r^4 \int_0^{2\pi} \left[ \int_{-\frac{\pi}{2}}^{\frac{\pi}{2}} \cos^3 v \, dv \right] \cos^2 u \, du \\ &= \frac{4}{3} \pi r^4.\end{aligned}$$

Die kompakte Menge $G \subset \mathbb{R}^2$ sei $y$-projizierbar gemäß Definition 36.6,

$$G = \{(x,y) : \; x \in [a,b], \; g(x) \le y \le h(x)\}$$

mit zwei auf $[a,b]$ stetigen Funktionen $g$ und $h$. Der Rand $\partial G$ von $G$ lässt sich beschreiben durch vier Wege $\Gamma_1, \Gamma_2, \Gamma_3, \Gamma_4$. Diese seien so orientiert, dass $G$ beim

Durchlaufen von $\partial G$ zur Linken liegt. Dann heißt $\partial G$ **positiv orientiert**. Weiter seien die Wege $\Gamma_1, \Gamma_2, \Gamma_3, \Gamma_4$ rektifizierbar. Erfüllt $G$ diese Voraussetzungen, so sprechen wir von einem **$y$-Normalbereich**. Analog wird über die $x$-Projizierbarkeit der **$x$-Normalbereich** definiert.

**Satz 37.1 (Gaußscher Integralsatz für die Ebene)**
*Sei $G$ ein $x$-Normalbereich und ein $y$-Normalbereich mit positiv orientiertem Rand $\partial G$. Sei $H : \mathbb{R}^2 \to \mathbb{R}^2$ mit $D(H)$ offen ein stetig differenzierbares Vektorfeld. Gelte $G \subset D(H)$ und $H = (P, Q)$. Ist durch $X : \mathbb{R} \to \mathbb{R}^2$ eine Parameterdarstellung von $\partial G$ gegeben, so gilt*

$$\int_G \left( \frac{\partial Q}{\partial x} - \frac{\partial P}{\partial y} \right) d(x,y) = \int_{\partial G} H \cdot dX.$$

**Bemerkungen und Ergänzungen:**

(23) Der Gaußsche Integralsatz für die Ebene gibt einen Zusammenhang zwischen einem (zweidimensionalen) Integral in der Ebene und einem Wegintegral.

(24) Hat der Rand $\partial G$ eine stetig differenzierbare Parameterdarstellung $X(t), t \in [\alpha, \beta]$, so gilt nach Satz 37.1

$$\begin{aligned} \int_G \left( \frac{\partial Q}{\partial x} - \frac{\partial P}{\partial y} \right) d(x,y) &= \int_\alpha^\beta H(X(t)) \cdot \dot{X}(t)\, dt \\ &= \int_\alpha^\beta \Big(P(X(t)), Q(X(t)\Big) \cdot \dot{X}(t)\, dt. \end{aligned}$$

**Beispiele:**

(25) Sei $H : \mathbb{R}^2 \to \mathbb{R}^2$ mit $D(H) = \mathbb{R}^2$ und $H(x,y) = (-y, x)$. Für $G$ wie in Satz 37.1 gilt

$$\int_G \left( \frac{\partial Q}{\partial x} - \frac{\partial P}{\partial y} \right) d(x,y) = 2 \int_G d(x,y) = 2F(G)$$

mit dem Flächeninhalt $F(G)$ von $G$. Demnach ist

$$F(G) = \frac{1}{2} \int_{\partial G} H \cdot dX.$$

Der Flächeninhalt lässt sich also über ein Wegintegral längs des Randes von $G$ gewinnen.

(26) In (25) sei speziell $G = \{(x,y) : \frac{x^2}{a^2} + \frac{y^2}{b^2} \leq 1\}$, $a > 0, b > 0$ eine Ellipsenfläche. Eine Parameterdarstellung des Randes $\partial G$ ist

$$X(t) = (a \cos t, b \sin t), \quad t \in [0, 2\pi].$$

Dann ist mit $H$ aus (25)

$$H(X(t)) \cdot \dot{X}(t) = (-b \sin t, a \cos t) \cdot (-a \sin t, b \cos t) = ab.$$

Mit (25) ergibt sich für den Flächeninhalt der Ellipse

$$F(G) = \tfrac{1}{2} \int_{\partial G} H \cdot dX = \tfrac{1}{2} \int_0^{2\pi} H(X(t))\dot{X}(t)\, dt = \tfrac{1}{2} \int_0^{2\pi} ab\, dt = \pi ab.$$

(27) Sei $G = \{(x, y) : \ x^2 + y^2 \leq \varrho^2\}$, $\varrho > 0$, eine Kreisfläche mit Radius $\varrho$. Sei $H : \mathbb{R}^2 \to \mathbb{R}^2$ mit $D(H) = \mathbb{R}^2$ und

$$H(x, y) = \big(P(x, y), Q(x, y)\big) = (x - y^3, x^3 - y^2).$$

Für das Wegintegral $\int_{\partial G} H \cdot dX$ folgt

$$\begin{aligned} \int_{\partial G} H \cdot dX &= \int_G \left(\frac{\partial Q}{\partial x} - \frac{\partial P}{\partial y}\right) d(x, y) = 3 \int_G (x^2 + y^2)\, d(x, y) \\ &= 3 \int_0^{2\pi} \left[\int_0^{\varrho} r^3\, dr\right] d\varphi = \tfrac{3}{2}\pi \varrho^4. \end{aligned}$$

Ist der Rand $\partial G$ positiv orientiert und ist $X(t) = (x(t), y(t))$, $t \in [\alpha, \beta]$, eine stetig differenzierbare Parameterdarstellung von $\partial G$, so wird durch $N(t) = (\dot{y}(t), -\dot{x}(t))$ die äußere Normale an $\partial G$ im Punkt $X(t)$ beschrieben. Der Gaußsche Satz besagt

$$\int_G \left(\frac{\partial Q}{\partial x} - \frac{\partial P}{\partial y}\right) d(x, y) = \int_\alpha^\beta \Big[P(x(t), y(t))\dot{x}(t) + Q(x(t), y(t))\dot{y}(t)\Big]\, dt$$

Setzt man $\hat{H} = (Q, -P)$, so lässt sich dies schreiben

$$\int_G \operatorname{div} \hat{H}(x, y)\, d(x, y) = \int_\alpha^\beta \hat{H}(t) \cdot N(t)\, dt$$

mit $\hat{H}(t) = \Big(Q(x(t), y(t)), -P(x(t), y(t))\Big)$.

O.B.d.A. kann $\hat{H}$ durch $H$ ersetzt werden, sodass der Gaußsche Satz für die Ebene geschrieben werden kann

$$\int_G \operatorname{div} H\, d(x, y) = \int_\alpha^\beta H \cdot N\, dt.$$

Diese Darstellung ist übertragbar auf den $\mathbb{R}^3$. Dabei ist $G \subset \mathbb{R}^3$ ein „Normalbereich“. Wir verzichten hier auf die Definition eines Normalbereichs, wir verweisen dazu auf Heuser [7]. Wir merken an, dass Kugeln und dreidimensionale Intervalle Normalbereiche darstellen.

**Satz 37.2 (Gaußscher Integralsatz für den $\mathbb{R}^3$)**
*Sei $G$ ein Normalbereich. Sei $H : \mathbb{R}^3 \to \mathbb{R}^3$ mit $D(H)$ offen ein stetig differenzierbares Vektorfeld. Gilt $G \subset D(H)$ und ist $N$ die äußere Normale des Randes $\partial G$ von $G$, so gilt*

$$\int_G \operatorname{div} H \, d(x,y,z) = \int_{\partial G} H \cdot N \, d\sigma.$$

**Bemerkungen und Ergänzungen:**

(28) Der Gaußsche Integralsatz für den $\mathbb{R}^3$ gibt einen Zusammenhang zwischen einem (dreidimensionalen) Integral im Raum und einem Oberflächenintegral.

(29) Zum Normalenvektor siehe Definition 37.4.

**Beispiel:**

(30) Sei $H : \mathbb{R}^3 \to \mathbb{R}^3$ mit $D(H) = \mathbb{R}^3$ und $H(x,y,z) = (x,y,z)$. Sei $G$ die Kugel um 0 vom Radius $r$. Auf der Kugelfläche nach (16) gilt wegen (19)

$$\begin{aligned} N(u,v) &= (\cos u \cos v, \sin u \cos v, \sin v) \\ H(F(u,v)) &= (r \cos u \cos v, r \sin u \cos v, r \sin v). \end{aligned}$$

Demnach ist mit (21)

$$\int_{\partial G} H \cdot N \, d\sigma = \int_{\partial G} r \, d\sigma = r \cdot 4\pi r^2 = 4\pi r^3.$$

Andererseits ist $\operatorname{div} H = 3$, sodass mit dem Volumen $V$ der Kugel

$$\int_G \operatorname{div} H \, d(x,y,z) = 3 \int_G d(x,y,z) = 3V.$$

Der Gaußsche Satz liefert nach Gleichsetzen

$$V = \frac{4}{3}\pi r^3.$$

**Satz 37.3 (Stokesscher Integralsatz)** *Durch $F : \mathbb{R}^2 \to \mathbb{R}^3$ mit $D(F) = \overline{D}$ sei eine Fläche gegeben. Sei $F$ zweimal stetig differenzierbar und sei $\overline{D}$ ein $x$-Normalbereich und ein $y$-Normalbereich mit positiv orientiertem Rand $\partial\overline{D}$. Durch $X(t)$, $t \in [\alpha, \beta]$, sei eine stetig differenzierbare Parameterdarstellung von $\partial\overline{D}$ gegeben. Durch $Y(t) = F(X(t))$, $t \in [\alpha,\beta]$ ist ein Weg $B_F$ auf der Fläche definiert. Sei $H : \mathbb{R}^3 \to \mathbb{R}^3$ mit $D(H)$ offen ein stetig differenzierbares Vektorfeld mit $\mathfrak{F} \subset D(H)$. Ist $N$ die äußere Normale auf der Fläche, so gilt*

$$\int_{\mathfrak{F}} \operatorname{rot} H \cdot N \, d\sigma = \int_{B_F} H \cdot dY.$$

**Bemerkungen und Ergänzungen:**

(31) Der Stokessche Integralsatz gibt einen Zusammenhang zwischen einem Oberflächenintegral und einem Wegintegral.

(32) Es ist

$$\int_{B_F} H \cdot dY = \int_{\alpha}^{\beta} H(Y(t)) \cdot \dot{Y}(t)\, dt.$$

(33) Es reicht, dass der Rand $\partial \overline{D}$ durch einen stückweise stetig differenzierbaren Weg dargestellt werden kann.

(34) Von GEORGE GABRIEL STOKES (1819-1903) stammen wichtige Beiträge zur Analysis.

**Beispiel:**

(35) Sei $F: \mathbb{R}^2 \to \mathbb{R}^3$ mit $D(F) = \overline{D} = \{(u,v) : \ 0 \le u \le 2\pi, \ 0 \le v \le \frac{\pi}{2}\}$ und

$$F(u,v) = (r\cos u \cos v, r \sin u \cos v, r \sin v), \ r > 0.$$

Die Fläche ist also die obere Halbkugelfläche um den Ursprung vom Radius $r$. Sei

$$H: \mathbb{R}^3 \to \mathbb{R}^3 \quad \text{mit} \quad D(H) = \mathbb{R}^3 \quad \text{und} \quad H(x,y,z) = (-y, x, 1).$$

Der Rand $\partial\overline{D} = \{(u,v) : \ 0 \le u \le 2\pi, \ v = 0\} \cup \{(u,v) : \ u = 2\pi, \ 0 \le v \le \frac{\pi}{2}\} \cup \{(u,v) : \ 0 \le u \le 2\pi, \ v = \frac{\pi}{2}\} \cup \{(u,v) : \ u = 0, \ 0 \le v \le \frac{\pi}{2}\}$ lässt sich beschreiben durch 4 Wege $W_1, W_2, W_3, W_4$, die etwa durch $X_1(t) = (t, 0), t \in [0, 2\pi], X_2(t) = (2\pi, t), t \in [0, \frac{\pi}{2}], X_3(t) = (-t, \frac{\pi}{2}), t \in [-2\pi, 0], X_4(t) = (0, -t), t \in [-\frac{\pi}{2}, 0]$ parametrisiert werden können. Die zugehörigen Parameterdarstellungen $Y_k(t) = F(X_k(t)), k = 1,2,3,4$, für den Weg $B_F$ sind $Y_1(t) = (r\cos t, r\sin t, 0), t \in [0, 2\pi], Y_2(t) = (r\cos t, 0, r\sin t), t \in [0, \frac{\pi}{2}], Y_3(t) = (0,0,r), t \in [-2\pi, 0], Y_4(t) = (r\cos t, 0, -r\sin t), t \in [-\frac{\pi}{2}, 0]$. Damit folgt

$$\begin{aligned}\int_{B_F} H \cdot dY = &\int_0^{2\pi} H(Y_1(t))\dot{Y}_1(t)\, dt + \int_0^{\frac{\pi}{2}} H(Y_2(t))\dot{Y}_2(t)\, dt + \\ &+ \int_{-2\pi}^{0} H(Y_3(t))\dot{Y}_3(t)\, dt + \int_{-\frac{\pi}{2}}^{0} H(Y_4(t))\dot{Y}_4(t)\, dt.\end{aligned}$$

Nach kurzer Rechnung erhalten wir

$$\int_{B_F} H \cdot dY = \int_0^{2\pi} r^2\, dt = 2\pi r^2.$$

Andererseits ist rot $H(x,y,z) = (0,0,2)$. Mit
$N = (\cos u \cos v, \sin u \cos v, \sin v)$ nach (19) und $\|F_u \times F_v\| = r^2 \cos v$ nach (19) folgt

$$\begin{aligned}\int_{\mathfrak{F}} \text{rot } H \cdot N\, d\sigma &= \int_{\overline{D}} \text{rot } H(F(u,v)) \cdot N(u,v) \|F_u \times F_v\|\, d(u,v) \\ &= \int_{\overline{D}} 2 \sin v \cdot r^2 \cos v\, d(u,v)\end{aligned}$$

$$= r^2 \int_0^{2\pi} \left[ \int_0^{\frac{\pi}{2}} (2 \sin v \cos v \, dv \right] du$$

$$= r^2 \int_0^{2\pi} \left[ \int_0^{\frac{\pi}{2}} (\sin 2v \, dv \right] du = 2\pi r^2 .$$

Beide Ergebnisse bestätigen den Stokesschen Integralsatz.

## TESTS

**T37.1:** Gegeben sei ein Vektorfeld $F : \mathbb{R}^3 \to \mathbb{R}^3$ mit $D(F) = \mathbb{R}^3$. Dann gilt für die Funktionen $g_1 = \operatorname{div} F$, $g_2 = \operatorname{rot} F$ und $g_3 = \operatorname{div}(\operatorname{rot} F)$

( ) $g_1$ ist eine skalare Funktion

( ) $g_2$ ist ein Vektorfeld

( ) $g_3$ ist eine skalare Funktion.

**T37.2:** Sei $u : \mathbb{R}^3 \to \mathbb{R}$ mit $D(u) = \mathbb{R}^3$ viermal stetig differenzierbar. Dann gilt

( ) $\Delta\Delta u = \dfrac{\partial^4 u}{\partial x^4} + \dfrac{\partial^4 u}{\partial y^4} + \dfrac{\partial^4 u}{\partial z^4}$

( ) rot grad $u = 0$

( ) grad rot $u = 0$.

**T37.3:** Es sei $G \subset \mathbb{R}^2$ eine kompakte, messbare Menge und sei $z : \mathbb{R}^2 \to \mathbb{R}$ mit $D(z) = G$ und $z(u, v) = uv$. Durch den Graphen von $z$ wird eine Fläche beschrieben. Der Flächeninhalt dieser Fläche berechnet sich durch

( ) $\displaystyle\int_G uv \, d(u, v)$

( ) $\displaystyle\int_G d(u, v)$

( ) $\displaystyle\int_G \sqrt{u^2 + v^2} \, d(u, v)$

( ) $\displaystyle\int_G \sqrt{1 + u^2 + v^2} \, d(u, v)$.

**T37.4:** Der Stokessche Integralsatz stellt einen Zusammenhang her zwischen

( ) einem Oberflächenintegral und einem Wegintegral

( ) einem Volumenintegral und einem Oberflächenintegral

( ) einem Volumenintegral und einem Wegintegral.

**T37.5:** Kann jedes Wegintegral mit Hilfe des Stokesschen Integralsatzes über ein Oberflächenintegral berechnet werden?

( ) ja
( ) nein
( ) Frage nicht beantwortbar.

**T37.6:** Es gelten die Bezeichnungen aus Satz 37.3 (Stokesscher Integralsatz).

( ) $B_F$ ist ein geschlossener Weg.

( ) $N(u,v) = \dfrac{F_u(u,v) \times F_v(u,v)}{\|F_u(u,v) \times F_v(u,v)\|}$, $(u,v) \in D$, ist die äußere Normale auf der Fläche.

( ) $N(u,v) = -\dfrac{F_u(u,v) \times F_v(u,v)}{\|F_u(u,v) \times F_v(u,v)\|}$, $(u,v) \in D$, ist die äußere Normale auf der Fläche.

## ÜBUNGEN

**Ü37.1:** a) Zeigen Sie, dass folgende Funktionen $f_i : \mathbb{R}^2 \to \mathbb{R}$ mit $D(f_i) = \mathbb{R}^2$, $i = 1,2,3$, harmonisch sind, d.h. der Gleichung $\Delta f_i = \frac{\partial^2 f_i}{\partial x^2} + \frac{\partial^2 f_i}{\partial y^2} = 0$ genügen:

(i) $f_1(x,y) = x^3 - 3xy^2$
(ii) $f_2(x,y) = e^x \sin y$
(iii) $f_1(x,y) = e^{x^2-y^2} \cos(2xy)$.

b) Bestimmen Sie $\alpha \in \mathbb{R}$ so, dass die Funktion $g_\alpha : \mathbb{R}^2 \to \mathbb{R}$ mit $D(g_\alpha) = \mathbb{R}^2$ und $g_\alpha(x,y) = x^4 - \alpha x^2 y^2 + y^4$ harmonisch ist.

**Ü37.2:** Sei $H : \mathbb{R}^3 \to \mathbb{R}^3$ mit $D(H) = \mathbb{R}^3$ ein zweimal stetig differenzierbares Vektorfeld.

Berechnen Sie rot rot $H$ und zeigen Sie, dass gilt: rot rot $H = \operatorname{grad} \operatorname{div} H - \vec{\Delta} H$ mit $\vec{\Delta} H = (\Delta H_1, \Delta H_2, \Delta H_3)$, wobei $\Delta$ der Laplace-Operator ist.

**Ü37.3:** Gegeben sei für ein festgewähltes $R > 0$ die Abbildung $F : \mathbb{R}^2 \to \mathbb{R}^3$ mit $D(F) = [0, 2\pi] \times [0, 2]$ und $F(u,v) = (R\cos u, R\sin u, v)$.

a) Zeigen Sie, dass durch $F$ eine Fläche im $\mathbb{R}^3$ definiert wird und beschreiben Sie diese Fläche geometrisch.

b) Bestimmen Sie den Normalenvektor in jedem Flächenpunkt.

c) Berechnen Sie den Flächeninhalt $I(F)$ der Fläche.

**Ü37.4:** Sei $G$ eine Menge mit $G = \{(x, y) \in \mathbb{R}^2 : x^2 + y^2 \leq 1\}$. Ferner sei $V : \mathbb{R}^2 \to \mathbb{R}^2$ ein Vektorfeld mit $D(V) = \mathbb{R}^2$ und $V(x, y) = (x^4 - y^3, x^3 - y^4)$.

Berechnen Sie mit Hilfe des Gaußschen Integralsatzes für die Ebene das Wegintegral $\int_{\partial G} V \cdot dX$.

**Ü37.5:** Durch $F : \mathbb{R}^2 \to \mathbb{R}^3$ mit $D(F) = \{(u, v) \in \mathbb{R}^2 : u^2 + \frac{1}{4}v^2 \leq 1\}$ und $F(u, v) = (u, v, 4 - 4u^2 - v^2)$ sei eine Fläche gegeben.

Sei weiter die skalare Funktion $g$ definiert durch $g : \mathbb{R}^3 \to \mathbb{R}$ mit $D(g) = \mathbb{R}^3$ und $g(x, y, z) = \frac{16x - 4y + 2}{\sqrt{64x^2 + 4y^2 + 1}}$.

Skizzieren Sie die Fäche.

Bestimmen Sie das Oberflächenintegral $\int_{\mathfrak{F}} g \, d\sigma$ von $g$ über die Fläche.

**Ü37.6:** Gegeben sei der Körper $Z$ mit

$$Z = \{(x, y, z) \in \mathbb{R}^3 : x^2 + y^2 \leq 9, \ 0 \leq z \leq 5\}.$$

Sei $S$ die Oberfläche von $Z$ und $N$ die äußere Normale von $S$. Ferner sei das Vektorfeld $V : \mathbb{R}^3 \to \mathbb{R}^3$ mit $D(V) = \mathbb{R}^3$ und

$$V(x, y, z) = (x + y, y + z, x + z)$$

gegeben.

Skizzieren Sie den Körper $Z$.

Berechnen Sie das Oberflächenintegral $\int_S (V \cdot N) \, d\sigma$

a) direkt
b) mit Hilfe des Gaußschen Integralsatzes.

*Hinweis zu* a): Zerlegen Sie die Oberfläche $S$ in Teilflächen und parametrisieren Sie diese durch geeignete Koordinaten.

**Ü37.7:** Durch $F : \mathbb{R}^2 \to \mathbb{R}^3$ mit $D(F) = \{(u, v) : u^2 + v^2 \leq a^2\}$, $a \in \mathbb{R}$ fest und $F(u, v) = (u, v, u^2 - v^2)$ sei eine Fläche gegeben. Sei $N$ die äußere Normale auf der Fläche. Ferner sei $H : \mathbb{R}^3 \to \mathbb{R}^3$ mit $D(H) = \mathbb{R}^3$ und $H(x, y, z) = (z, x, y)$ ein Vektorfeld.

Berechnen Sie das Wegintegral $\int_{B_F} H \cdot dY$ (Bezeichnungen nach Satz 37.3) mit Hilfe des Stokesschen Integralsatzes.

# Lösungen

Es bedeuten: (r) richtige Aussage, (f) falsche Aussage

Kapitel 1

| | | | | | | | | | | | |
|---|---|---|---|---|---|---|---|---|---|---|---|
| **T1.1** | (f) | **T1.2** | (f) | **T1.3** | (f) | **T1.4** | (r) | **T1.5** | (r) | **T1.6** | (f) |
| | (r) | | (f) | | (f) | | (r) | | (f) | | (r) |
| | (f) | | (f) | | (r) | | (f) | | (f) | | (r) |
| | | | (r) | | | | (r) | | (r) | | |
| | | | | | | | (r) | | | | |
| | | | | | | | (r) | | | | |

**Ü1.1:** a) $\frac{431}{900}$, $\frac{214567}{9990}$

b) $0.\overline{234}$, $1.\overline{54}$

**Ü1.2:** b) z.B. $a = c = -1$, $b = d = 0$

**Ü1.4:** a) 7500

b) $n$

c) $1, 3, 6, 6, 0, 0 \Rightarrow 16$

d) 0

**Ü1.5:** a) 156

b) $120 \cdot 10^5$

c) $\frac{341}{6}$

d) -984

**Ü1.6:** a) 1 1 1 1 0 1 1 0

b) 595

**Ü1.7:** a) $\sup M_1 = 1 \notin M_1$, $\sup M_2 = 1 \notin M_2$, $\inf M_1 = \frac{1}{4} \in M_1$, $\inf M_2 = -5 \in M_2$

**Ü1.8:** a) $\sup M = x \in M$, $\inf M = 0 \notin M$

b) $\sup M$ existiert nicht, $\inf M = x \in M$

Kapitel 2

| | | | | | | | |
|---|---|---|---|---|---|---|---|
| **T2.1** | (f) | **T2.2** | (f) | **T2.3** | (f) | **T2.4:** | (r) |
| | (r) | | (r) | | (r) | | (f) |
| | (r) | | (f) | | (r) | | (r) |
| | | | | | | | (r) |

Kapitel 3

| | | | | | | | | | | | |
|---|---|---|---|---|---|---|---|---|---|---|---|
| **T3.1** | (r) | **T3.2** | (r) | **T3.3** | (r) | **T3.4** | (r) | **T3.5** | (r) | **T3.6** | (f) |
| | (r) | | (r) | | (f) | | (f) | | (f) | | (r) |
| | (r) | | (r) | | (r) | | (f) | | (f) | | (f) |
| | (f) | | (f) | | (r) | | | | (r) | | (f) |

**Ü3.2** a) richtig
b) falsch. Beispiel: $\Omega = \{1, 2, \ldots, 10\}$, $A = \{1, 2, 3\}$
$B = \{3, 4, 7, 9, 10\}$, $C = \{2, 4, 6\}$
c) richtig
d) falsch. Beispiel: $A = B = C = \{1\}$

**Ü3.3** a) keine Abbildung
b) keine Abbildung
c) Abbildung

**Ü3.4** a) $x \in \{2, 3\}$, $y \in \{5, 6\}$
b) $x = 1$, $y \in \{4, 5\}$
c) $x = 1$, $y = 6$

**Ü3.5** a) $B(f) = \{y : \ y \in \mathbb{R}, -1 \le y < 0 \text{ oder } 1 \le y\}$
c) $$f^{-1}(y) = \begin{cases} y & \text{für } -1 \le y < 0 \\ y - 1 & \text{für } 1 \le y < 2 \\ 2y - 3 & \text{für } y \ge 2 \end{cases}$$
$D(f^{-1}) = B(f)$, $B(f^{-1}) = D(f)$

**Ü3.6** a) $B(f) = \{y : \ y \in \mathbb{R}, \ -8 \le y \le 8\}$, $B(g) = \mathbb{R}$
b) ja
c) ja
d) $f \circ g$ kann nicht gebildet werden,
$(g \circ f)(x) = 5x^3 - 2$ für $x \in D(f)$

Kapitel 4

| T4.1 | | T4.2 | | T4.3 | | T4.4 | | T4.5 | | T4.6 | |
|---|---|---|---|---|---|---|---|---|---|---|---|
| | (f) | | (f) | | (f) | | (r) | | (f) | | (r) |
| | (r) | | (r) | | (r) | | (r) | | (f) | | (r) |
| | (r) | | (f) | | (r) | | (f) | | (r) | | (r) |
| | (r) | | | | (r) | | (r) | | (f) | | (r) |
| | (f) | | | | | | | | | | |
| | (r) | | | | | | | | | | |

**Ü4.1**: $f_i$, $i = 1, \ldots, 6$, monoton wachsend;
$f_7$ nicht monoton

$$\sup_{x \in D(f)} f_i(x) = \begin{cases} 1 & \text{für } i = 1, 2, 6, 7 \\ \frac{1}{2} & \text{für } i = 3, 4, 5 \end{cases}$$

$$\max_{x \in D(f)} f_i(x) = \begin{cases} 1 & \text{für } i = 7 \\ \frac{1}{2} & \text{für } i = 4, 5 \\ \text{nicht existent für } i = 1, 2, 3, 6 \end{cases}$$

$$\inf_{x \in D(f)} f_i(x) = \begin{cases} 0 & \text{für } i = 1, 2, 3, 4, 5 \\ \text{nicht existent für } i = 6, 7 \end{cases}$$

$$\min_{x \in D(f)} f_i(x) = \begin{cases} 0 & \text{für } i = 2, 5 \\ \text{nicht existent für } i = 1, 3, 4, 6, 7 \end{cases}$$

**Ü4.2**: d) $f$ ist beschränkt
e) $f$ besitzt ein Minimum, jedoch kein Maximum

**Ü4.3**: b) $f(x) \leq g(x)$ für $x \in [-2.5, -1] \cup \{-4\}$
c) $f(x) = 1$ für $x = -1,\ x = -3,\ x = -5$

**Ü4.4**: a) $L = (-\infty, -4) \cup [-3, 1] \cup (4, \infty)$
b) $L = (-\infty, -2) \cup (0, 5)$
c) $L = (-5, -3) \cup [0, 1)$

**Ü4.5**: a) $p(-1) = 7,\ p(-2) = 0$
$q(x) = x^4 + 2x - 5,\ c_0 = 7$
b) $D(r) = \mathbb{R}\backslash\{0, -1, 3\}$
$$r(x) = x^2 + 3x + 9 + \frac{29x^2 + 24x + 2}{x(x+1)(x-3)}$$

**Ü4.6**: $p_3(x) = \frac{7}{6}x^3 - \frac{9}{2}x^2 + \frac{7}{3}x + 3$

**Ü4.7**: a) $g(t) = 2\sin(\frac{5}{3}t + \frac{\pi}{2})$,
b) $A = 2,\ \omega = \frac{5}{3},\ \varphi = \frac{\pi}{2}$
c) Periode $\frac{6}{5}\pi$

**Ü4.9**: b) $h^{-1}: \mathbb{R} \to \mathbb{R}$ mit $D(h^{-1}) = [0, 2]$ und
$h^{-1}(x) = \sqrt{\arcsin \frac{x}{2}}$

**Ü4.10**: b) $D(f^{-1}) = [1, \infty),\ f^{-1}(x) = \dfrac{x^2 + 1}{x}$

Kapitel 5

| | | | | | | | | | |
|---|---|---|---|---|---|---|---|---|---|
| **T5.1** | (f) | **T5.2** | (r) | **T5.3** | (r) | **T5.4** | (f) | **T5.5** | (r) |
| | (f) | | (r) | | (r) | | (r) | | (r) |
| | (r) | | (r) | | (r) | | (f) | | (f) |
| | | | | | | | (r) | | |

**Ü5.1**: a) $z_1 = 4 - 13i,\ z_2 = -\frac{11}{10} + \frac{27}{10}i$,
$|z_1 \cdot z_2| = |z_1| \cdot |z_2| = \sqrt{185} \cdot \frac{1}{10}\sqrt{850} = 36.65$
b) $1 + i$

**Ü5.2**: a) $z_1 = 8e^{i\frac{4\pi}{3}},\ z_2 = 2e^{i\frac{5\pi}{6}}$
b) $z_3 = 16e^{i\frac{\pi}{6}},\ z_4 = 4e^{i\frac{\pi}{2}},\ z_5 = 16e^{i\frac{4\pi}{3}}$
c) $z_3 = 8\sqrt{3} + 8i,\ z_4 = 4i,\ z_5 = -8 - 8\sqrt{3}i$

**Ü5.3**: a) $z_k = 2e^{i(\frac{\pi}{4} + \frac{\pi}{3}k)},\ k = 0, 1, \ldots, 5$

Kapitel 6

| | | | | | | | | | |
|---|---|---|---|---|---|---|---|---|---|
| **T6.1:** | (r) | **T6.2:** | (f) | **T6.3:** | (f) | **T6.4:** | (f) | **T6.5:** | (f) |
| | (r) | | (f) | | (r) | | (f) | | (r) |
| | (r) | | (r) | | (r) | | (r) | | (f) |
| | (r) | | (r) | | | | (f) | | |

**Ü6.1:** a) $9 \cdot 10 \cdot 10 \cdot 10 = 9000$

b) $20 \cdot 19 \cdot 18 = 6840$

c) $\frac{(r+s)!}{r!s!} = \binom{r+s}{r} = \binom{r+s}{s}$

d) $$\sum_{n_2=0}^{n-k} \sum_{n_3=0}^{n-k} \cdots \sum_{n_r=0}^{n-k} \frac{n!}{k!n_2! \ldots n_r!}$$
$\{n_2+n_3+\ldots+n_r=n-k\}$

**Ü6.2:** a) $\binom{15}{5}\binom{15}{5}\binom{15}{4}\binom{15}{5}\binom{15}{5} \approx 1.11 \cdot 10^{17}$

b) $(15 \cdot 14 \cdot 13 \cdot 12)^5 \cdot 11^4 \approx 5.52 \cdot 10^{26}$

c) $14 \cdot 13^3 \cdot 12^3 \cdot 11^3 \cdot 10^4 \cdot 9^2 \cdot 8^2 \cdot 7^2 \cdot 6^2 \cdot 5 \cdot 4 \approx 1.29 \cdot 10^{23}$

**Ü6.3:** a) $\frac{32!}{10!10!10!2!} \approx 2.75 \cdot 10^{15}$

b) (i) $\frac{\binom{28}{10}}{\binom{32}{10}} \approx 0.203$, (ii) $\frac{\binom{4}{2}\binom{28}{8}}{\binom{32}{10}} \approx 0.289$

(iii) $\frac{\binom{4}{3}\binom{28}{7} + \binom{4}{4}\binom{28}{6}}{\binom{32}{10}} \approx 0.079$

**Ü6.4:** a) $\frac{\binom{17}{2}}{\binom{22}{2}} \approx 0.589$

b) $\frac{\binom{5}{1}\binom{17}{1}}{\binom{22}{2}} \approx 0.368$

c) $\frac{\binom{5}{2}\binom{17}{0}}{\binom{22}{2}} \approx 0.043$

d) $\frac{\binom{5}{0}\binom{17}{2} + \binom{5}{1}\binom{17}{1}}{\binom{22}{2}} \approx 0.957$

e) $\frac{\binom{5}{1}\binom{17}{1} + \binom{5}{2}\binom{17}{0}}{\binom{22}{2}} \approx 0.411$

**Ü6.5:** $p_n$ = Wahrscheinlichkeit, dass alle Geburtstage verschieden

$$p_n = \frac{365 \cdot 364 \cdots (365 - n + 1)}{365^n}$$

$\overline{p}_n$ Wahrscheinlichkeit, dass mindestens 2 der $n$ Personen am gleichen Tag Geburtstag haben

$\overline{p}_{22} = 1 - p_{22} \approx 0.48$

$\overline{p}_{23} = 1 - p_{23} \approx 0.51$

**Ü6.6:** Wahrscheinlichkeit für $i$ Ausschussstücke

$$p_i = \binom{10}{i}\left(\frac{1}{10}\right)^i\left(\frac{9}{10}\right)^{10-i}, \; i = 0, 1, \ldots, 10$$

$$p_0 = \binom{10}{0}\left(\frac{1}{10}\right)^0\left(\frac{9}{10}\right)^{10} = 0.349,$$

$$p_1 = \binom{10}{1}\left(\frac{1}{10}\right)^1\left(\frac{9}{10}\right)^{9} = 0.387.$$

Wahrscheinlichkeit für Garantieleistung: $1 - (p_0 + p_1) = 0.264$

Kapitel 7

| | | | | | |
|---|---|---|---|---|---|
| **T7.1** | (f) | **T7.2** | (f) | **T7.3** | (f) |
| | (f) | | (r) | | (r) |
| | (r) | | (r) | | (r) |
| | | | (f) | | (r) |

**Ü7.1:** Die Gerade $\tilde{g}: \; Ax + By = 0$ verläuft parallel zu $g$. Die Gleichung für $\tilde{g}$ besagt, dass $\vec{v}$ und $\vec{r} = (x, y)^T$ orthogonal sind. Die Richtung von $\vec{r}$ bestimmt die Richtung von $\tilde{g}$ und daher auch die von $g$. Also ist $\vec{v}$ ein Lotvektor zu $g$.

**Ü7.2:** $|\vec{u}| = |(\vec{u} - \vec{v}) + \vec{v}| \leq |\vec{u} - \vec{v}| + |\vec{v}|$, also $|\vec{u}| - |\vec{v}| \leq |\vec{u} - \vec{v}|$.
Vertauschen von $\vec{u}$ und $\vec{v}$ liefert die zweite Dreiecksungleichung.

**Ü7.3:** a) $\vec{r} = \vec{r}_1 + \lambda \cdot \vec{t}$ mit $\vec{r}_1 = \begin{pmatrix} 1 \\ 0 \end{pmatrix}$ und $\vec{t} = \begin{pmatrix} -1 \\ 1 \end{pmatrix}$

b) $x - 2y = -1$.

**Ü7.4:** a) $2x - y = 1$

b) $\vec{r}_1 = \begin{pmatrix} 1 \\ 1 \end{pmatrix}$ , $\vec{t} = \begin{pmatrix} 4 \\ 8 \end{pmatrix}$.

c) $\vec{r}_0 = \begin{pmatrix} 1 \\ 1 \end{pmatrix}$ , $\vec{n} = \frac{1}{\sqrt{5}}\begin{pmatrix} 2 \\ -1 \end{pmatrix}$.

**Ü7.5:** a) $A = 2$.

b) $A = 9$.

c) $A = -16$.

Kapitel 8

| | | | | | | | |
|---|---|---|---|---|---|---|---|
| **T8.1** | (r) | **T8.2** | (f) | **T8.3** | (r) | **T8.4** | (r) |
| | (r) | | (r) | | (f) | | (f) |
| | (f) | | (f) | | (f) | | (r) |
| | | | | | (r) | | |

**Ü8.1:**

$$\vec{u} \cdot \vec{v} = (u_x\vec{e}_1 + u_y\vec{e}_2 + u_z\vec{e}_3) \cdot (v_x\vec{e}_1 + v_y\vec{e}_2 + v_z\vec{e}_3)$$
$$= u_xv_x + u_yv_y + u_zv_z \; , \text{ da } \vec{e}_i \cdot \vec{e}_k = \delta_{ik}$$

**Ü8.2:**

$$\vec{u} \times \vec{v} = (u_x\vec{e}_1 + u_y\vec{e}_2 + u_z\vec{e}_3) \times (v_x\vec{e}_1 + v_y\vec{e}_2 + v_z\vec{e}_3)$$
$$= (u_xv_y - u_yv_x)\vec{e}_3 + (-u_xv_z + u_zv_x)\vec{e}_2 + (u_yv_z - u_zv_y)\vec{e}_1 \; .$$

**Ü8.3:** Man vertausche zum Beispiel $\vec{u}$ mit $\vec{v}$; es folgt
$[\vec{u}, \vec{v}, \vec{w}] = [\vec{u} - \vec{v}, \vec{v}, \vec{w}] = [\vec{u} - \vec{v}, \vec{u}, \vec{w}] = [-\vec{v}, \vec{u}, \vec{w}] = -[\vec{v}, \vec{u}, \vec{w}]$ .

**Ü8.4:** a) Schnittpunkt ist $P(0,8,15)$ für $\lambda = -1$ und $\mu = -5$.

b) $\alpha = \frac{\pi}{4}$.

c) $\vec{r}_3 = \begin{pmatrix} 0 \\ 8 \\ 15 \end{pmatrix} + \nu \cdot \begin{pmatrix} 7 \\ 4 \\ 4 \end{pmatrix} \quad , \quad \nu \in \mathbb{R}$.

**Ü8.5:** a) $|\vec{v}_{QR}| = 3 \cdot \sqrt{5}$ , $\alpha = \frac{\pi}{4}$.

b) $F = 9$.

c) $V = 54$.

**Ü8.6:** a) $g \,:\, \vec{r} = \begin{pmatrix} 0 \\ 1/2 \\ -1/2 \end{pmatrix} + \lambda \cdot \begin{pmatrix} 4 \\ -7 \\ -1 \end{pmatrix} \quad , \quad \lambda \in \mathbb{R}$.

b) Die Abstände von $P$ zu den beiden Ebenen sind: $d_1 = \frac{2}{\sqrt{11}}$ und $d_2 = \frac{4}{\sqrt{6}}$. Also ist $P$ von $E_2$ weiter entfernt als von $E_1$.

Kapitel 9

| T9.1 | | T9.2 | | T9.3 | |
|---|---|---|---|---|---|
| | (r) | | (f) | | (f) |
| | (f) | | (r) | | (f) |
| | (r) | | (f) | | (r) |
| | | | (f) | | (f) |
| | | | (r) | | |

**Ü9.1:** a) linear unabhängig

b) linear abhängig

c) linear unabhängig

**Ü9.2:** a) $\alpha = -2$.

b) $u_4 = (2, 10, 11, 0)^T$.

c) $|u_1| = 1$ , $|u_2| = 15$ , $|u_3| = 3$ , $|u_4| = 15$.

**Ü9.3:** a) Die Gültigkeit der Gleichung $\varphi(\alpha a + \beta b) = \alpha\varphi(a) + \beta\varphi(b)$ für alle $\alpha, \beta \in \mathbb{R}$ und $a, b \in \mathbb{R}^2$ bestätigt man durch Ausrechnen.

b) $\text{Bild } \varphi = \left\{ \alpha_1 \begin{pmatrix} 0 \\ 1 \\ 0 \end{pmatrix} + \alpha_2 \begin{pmatrix} 0 \\ -1 \\ 2 \end{pmatrix} \;,\; \begin{pmatrix} \alpha_1 \\ \alpha_2 \end{pmatrix} \in \mathbb{R}^2 \right\} \subset \mathbb{R}^3$,

$\text{Kern } \varphi = \left\{ \begin{pmatrix} 0 \\ 0 \end{pmatrix} \right\} \subset \mathbb{R}^2$.

**Ü9.4:** a) Die Bedingung $\alpha u_1 + \beta u_2 + \gamma u_3 = 0$ führt auf drei Gleichungen, die nur für $\alpha = \beta = \gamma = 0$ lösbar sind.

b) $\varphi(u_4) = (6, 4, 20)^T$.

c) $u_5 = (-2, -16, -1)^T$.

Kapitel 10

| | | | |
|---|---|---|---|
| **T10.1** | (r) | **T10.2** | (r) |
| | (f) | | (r) |
| | (r) | | (f) |
| | (r) | | |
| | (f) | | |

**Ü10.1:** Mit den Additionstheoremen für $\cos\gamma$ und $\sin\gamma$ erhält man

$$B_1 \cdot B_2 = \begin{pmatrix} \cos(\gamma_1-\gamma_2) & -\sin(\gamma_1-\gamma_2) \\ \sin(\gamma_1-\gamma_2) & \cos(\gamma_1-\gamma_2) \end{pmatrix}$$

**Ü10.2:** Seien $A$ und $B$ die zu $\varphi$ bzw. $\psi$ gehörigen Matrizen.
Es ergibt sich

$$A = \begin{pmatrix} 1 & 0 \\ 0 & -1 \end{pmatrix}, \; B = \begin{pmatrix} 0 & 1 \\ 1 & 0 \end{pmatrix}, \; A\cdot B = \begin{pmatrix} 0 & 1 \\ -1 & 0 \end{pmatrix}, \; B \cdot A = \begin{pmatrix} 0 & -1 \\ 1 & 0 \end{pmatrix}.$$

**Ü10.3:**
$$M^n = \begin{cases} I & \text{für} \quad n = 3\cdot k \\ M & \text{für} \quad n = 3\cdot k+1 \\ M^2 & \text{für} \quad n = 3\cdot k+2 \end{cases} \quad , k = 0,1,2,\dots$$

$$M + M^2 + M^3 = \begin{pmatrix} 0 & 0 \\ 0 & 0 \end{pmatrix}.$$

**Ü10.4:** a) Sei $a_i$ die Zeile (Spalte) Nr. $i$ der Matrix $A$.
Der Übergang $a_i \longrightarrow \mu\cdot a_i = a_i + (\mu-1)\cdot a_i$
ist nach Definition 10.3 eine elementare Umformung, da wegen $\mu \neq 0$
der Faktor $\lambda := \mu - 1 \neq -1$ ist.

b) Wir führen den Beweis anhand von Spaltenumformungen (für Zeilen geht alles analog). Sei $A = (a_1, \dots, a_i, \dots, a_j, \dots, a_n)$.
Es soll $a_i$ mit $a_j$ vertauscht werden:

$$(\dots a_i \dots a_j \dots) \xrightarrow{1.} (\dots a_i \dots a_j + a_i \dots) \xrightarrow{2.}$$
$$(\dots -a_j \dots a_j + a_i \dots) \xrightarrow{3.} (\dots -a_j \dots a_i \dots) \xrightarrow{4.} (\dots a_j \dots a_i \dots).$$

**Ü10.5:** a) $\operatorname{rg} A = 3$.

b) $\dim(\text{Kern } A) = 1$, $\dim(\text{Bild } A) = 3$.

Kapitel 11

| | | | | | |
|---|---|---|---|---|---|
| **T11.1** | (f) | **T11.2** | (f) | **T11.3** | (r) |
| | (r) | | (f) | | (f) |
| | (r) | | (f) | | |
| | | | (r) | | |
| | | | (r) | | |
| | | | (r) | | |

**Ü11.1:** *a)* $\Longrightarrow$ *b)*: Elementare Umformungen von $A$ lassen rg $A$ unverändert.
Ebenso bleibt die Eigenschaft det $A \neq 0$ (bzw. det $A = 0$) unverändert.
Also erreicht man durch elementare Umformungen die Einheitsmatrix $I \in \mathbb{R}^{n,n}$.
Deren Rang ist $n$.
*b)* $\Longrightarrow$ *c)* folgt unmittelbar aus den Definitionen.
*c)* $\Longrightarrow$ *d)*: Die Spalten von $A$ sind die Bilder der Koordinateneinheitsvektoren.
Also ist dim(Bild $A$) $= n$.
*d)* $\Longrightarrow$ *e)*: Wegen Bild $A = \mathbb{R}^n$ ist die Abbildung surjektiv.
Wegen Kern $A = 0$ ist die Abbildung injektiv.
*e)* $\Longrightarrow$ *a)*: Da $A$ eine bijektive Abbildung definiert, existiert $A^{-1}$.
Wegen det $A\cdot$ det $A^{-1} = 1$ muss det $A \neq 0$ gelten.

**Ü11.2:** Es ist $I = C^2 - 2C = (C - 2I) \cdot C$. Also ist $C - 2I$ die inverse Matrix zu $C$.

**Ü11.3:** a) $A_{adj} = \begin{pmatrix} -5 & -8 \\ 3 & 4 \end{pmatrix}, \; A^{-1} = \frac{1}{4} \cdot A_{adj}$.

b) $B_{adj} = \begin{pmatrix} -6 & 12 & -4 \\ -2 & 4 & 6 \\ 7 & -3 & 1 \end{pmatrix}, \; B^{-1} = \frac{1}{22} \cdot B_{adj}$.

**Ü11.4:** Wegen det $A = 1$ ist $A$ invertierbar.
$$A^{-1} = A_{adj} = \begin{pmatrix} \cos\gamma & \sin\gamma \\ -\sin\gamma & \cos\gamma \end{pmatrix} = \begin{pmatrix} \cos(-\gamma) & -\sin(-\gamma) \\ \sin(-\gamma) & \cos(-\gamma) \end{pmatrix}$$
$A$ beschreibt die Drehung um $O$ um den Winkel $\gamma$,
$A^{-1}$ dagegen ist die Drehung „rückwärts“ also um den Winkel $-\gamma$.

**Ü11.5:** det $A = 64$, also rg $A = 4$. Wegen Ü11.1 folgt: Bild $A = \mathbb{R}^4$ und Kern $A = 0$.
$A$ ist also invertierbar.

## Kapitel 12

| | | | |
|---|---|---|---|
| **T12.1** | (f) | **T12.2** | (f) |
| | (f) | | (f) |
| | (f) | | (r) |
| | (r) | | (r) |

**Ü12.1:** a) Gauß-Jordan-Elimination liefert
$$(A,b) \longrightarrow (\tilde{A},\tilde{b}) = \left(\begin{array}{ccc:c} 1 & 1 & 1 & 4 \\ 0 & 2 & 1 & 2 \\ 0 & 0 & 0 & 1 \end{array}\right).$$
Das Gleichungssystem ist nicht lösbar.

b) det $A = 1$, also ist das System eindeutig lösbar. Man errechnet $x = (-8, 2, 1)^T$.

c) rg $A$ = rg$(A, b) = 3$. Also ist das System lösbar.
Die allgemeine Lösung ist $x = (-3 - \lambda, -1 + \lambda, -3 + 2\lambda, 2\lambda)^T$, $\lambda \in \mathbb{R}$.

**Ü12.2:** Sei $A = \begin{pmatrix} -1 & 0 & 7 \\ 0 & -4 & 1 \\ 3 & 5 & -1 \\ 2 & 1 & 2 \end{pmatrix}$, $b = \begin{pmatrix} 0 \\ 1 \\ 3 \\ 3 \end{pmatrix}$.
Man rechnet aus: rg $A =$ rg $(A, b) = 3$, also gilt $b \in$ Bild $A$.

**Ü12.3:** Allgemeine Lösung des Systems: $x = (3\lambda, \frac{3}{5} - 3\lambda, 2\lambda)^T$, $\lambda \in \mathbb{R}$.
Allgemeine Lösung des homogenen Systems: $x = (3\lambda, -3\lambda, 2\lambda)^T$, $\lambda \in \mathbb{R}$.

**Ü12.4:** Eindeutige Lösbarkeit genau für $\alpha \in \mathbb{R} \setminus \{10\}$.
Die eindeutige Lösung lautet
$x = \frac{1}{\alpha - 10} \cdot (47\alpha - 134, -28\alpha + 70, 21)^T$ für $\alpha \neq 10$.

## Kapitel 13

| | | | | | | | | | | | |
|---|---|---|---|---|---|---|---|---|---|---|---|
| **T13.1** | (r) | **T13.2** | (r) | **T13.3** | (f) | **T13.4** | (r) | **T13.5** | (r) | **T13.6** | (f) |
| | (f) | | (f) | | (r) | | (f) | | (r) | | (r) |
| | (f) | | (r) | | (r) | | | | | | (f) |

**Ü13.1:** a) In der Eigenwertgleichung beide Seiten konjugieren.

b) Sind $\lambda_1, \ldots, \lambda_n$ die Eigenwerte von $A$, dann ist det $A = \prod_{i=1}^{n} \lambda_i$.
Aber $A$ ist genau dann invertierbar, wenn det $A \neq 0$ gilt.

c) Aus $A \cdot x = \lambda \cdot x$, $x \neq 0$, folgt durch vollständige Induktion :
$A^k \cdot x = \lambda^k \cdot x$ für alle $k \in \mathbb{N}$.

d) Aus $A \cdot x = \lambda \cdot x$ folgt $\frac{1}{\lambda} \cdot x = A^{-1} \cdot x$.
Der Rest ergibt sich wieder durch vollständige Induktion.

**Ü13.2:** a) Mit $\lambda_1$ ist auch $\lambda_2 = \overline{\lambda_1}$ ein Eigenwert. Es gilt:
$0=$Spur $A = \lambda_1 + \lambda_2 + \lambda_3 = -1 + \lambda_3$, also $\lambda_3 = 1$.

b) $p_B(\lambda) = (\lambda + 1) \cdot (\lambda - 2)^2$, also $\lambda_1 = -1, \lambda_{2,3} = 2$.
Eigenvektoren sind: $v_1 = s \cdot \begin{pmatrix} 0 \\ 1 \\ 1 \end{pmatrix}$ und $v_{2,3} = s \cdot \begin{pmatrix} 1 \\ 7 \\ 5 \end{pmatrix}$, $s \in \mathbb{R}$.
$B$ ist nicht diagonalähnlich, da $B$ kein vollständiges Eigenvektorsystem besitzt.

**Ü13.3:** Sei $A \in \mathbb{C}^{n,n}$ eine Dreiecksmatrix. Durch Entwicklung erhält man
$p_A(\lambda) = det(\lambda \cdot I - A) = \prod_{i=1}^{n} (\lambda - a_{ii})$,
wobei $a_{11}, \ldots, a_{nn}$ die Diagonalelemente von $A$ sind.

**Ü13.4:** Seien $v_1, v_2, \ldots, v_n \in \mathbb{C}^n$ die Spalten von $T$. Wegen $D = T^{-1} \cdot A \cdot T$ gilt
$T \cdot D = A \cdot T$ oder $(\lambda_1 \cdot v_1, \ldots, \lambda_n \cdot v_n) = (A \cdot v_1, \ldots, A \cdot v_n)$.

**Ü13.5:** $T = \begin{pmatrix} 1 & 1 & 0 \\ 0 & 0 & -1 \\ -1 & 0 & 2 \end{pmatrix}$, $D = \begin{pmatrix} 0 & 0 & 0 \\ 0 & 3 & 0 \\ 0 & 0 & 3 \end{pmatrix}$.

**Ü13.6:** a) $A = \begin{pmatrix} 1 & -2 & 0 \\ -2 & 2 & -2 \\ 0 & -2 & 3 \end{pmatrix}$

b) Die Eigenwerte von $A$ sind $\lambda_1 = 2\,, \lambda_2 = 5\,, \lambda_3 = -1$.
Die zugehörigen normierten Eigenvektoren lauten:

$$v_1 = \tfrac{1}{3} \cdot \begin{pmatrix} -2 \\ 1 \\ 2 \end{pmatrix}, \; v_2 = \tfrac{1}{3} \cdot \begin{pmatrix} 1 \\ -2 \\ 2 \end{pmatrix}, \; v_3 = \tfrac{1}{3} \cdot \begin{pmatrix} 2 \\ 2 \\ 1 \end{pmatrix}.$$

Diese Vektoren sind paarweise orthogonal. Also ist

$$S = \tfrac{1}{3} \cdot \begin{pmatrix} -2 & 1 & 2 \\ 1 & -2 & 2 \\ 2 & 2 & 1 \end{pmatrix} \text{ und } D = \begin{pmatrix} 2 & 0 & 0 \\ 0 & 5 & 0 \\ 0 & 0 & -1 \end{pmatrix}.$$

c) $\tilde{Q}_D(\tilde{x}, \tilde{y}, \tilde{z}) = 2\tilde{x}^2 + 5\tilde{y}^2 - \tilde{z}^2$.

Kapitel 14

| **T14.1:** | | **T14.2:** | | **T14.3:** | | **T14.4:** | | **T14.5:** | | **T14.6:** | |
|---|---|---|---|---|---|---|---|---|---|---|---|
| | (f) | | (r) | | (r) | | (f) | | (r) | | (r) |
| | (r) | | (f) | | (r) | | (f) | | (f) | | (f) |
| | (f) | | (r) | | (f) | | (f) | | (f) | | (r) |
| | (f) | | (f) | | (r) | | (r) | | (r) | | (f) |
| | | | | | | | | | | | (r) |

**Ü14.1:** a) konvergent mit $\lim\limits_{n\to\infty} a_n = 1$

b) divergent

c) divergent

d) konvergent mit $\lim\limits_{n\to\infty} a_n = \frac{2}{3}$

e) konvergent mit $\lim\limits_{n\to\infty} a_n = 1$

f) konvergent mit $\lim\limits_{n\to\infty} a_n = \frac{1}{2}$.

**Ü14.2:** a) $\lim\limits_{n\to\infty} a_n = 0$

b) $\lim\limits_{n\to\infty} \frac{1}{a_n} = 0$

c) $\lim\limits_{n\to\infty} a_n = \frac{1}{2}$

**Ü14.3:** a) $a_2 = \frac{7}{4}, \quad a_3 = \frac{97}{56}$

d) $\lim\limits_{n\to\infty} a_n = \sqrt{3}$

**Ü14.5:** a) $1$

b) $\frac{1}{e}$

c) $\frac{1}{e^2}$

d) $\frac{5}{8}e^{-4}$

**Ü14.6:** a) $e^{9/2}$

b) $\lim\limits_{n\to\infty} a_n = \begin{cases} 1 & \text{für } |x| < 1 \\ \frac{2}{3} & \text{für } |x| = 1 \\ 0 & \text{für } |x| > 1 \end{cases}$

**Ü14.7:** a) $a_n = n^2,\ b_n = \frac{1}{n}$
b) $a_n = n^2,\ b_n = -\frac{1}{n}$
c) $a_n = n,\ b_n = \frac{2}{n}$
d) $a_n = n,\ b_n = \dfrac{(-1)^n}{n}$

Kapitel 15

| T15.1: | T15.2: | T15.3: | T15.4: | T15.5: |
|---|---|---|---|---|
| (f) | (f) | (f) | (r) | (r) |
| (f) | (f) | (r) | (f) | (r) |
| (r) | (r) | (f) | (f) | (f) |
| | | (r) | (r) | (r) |
| | | (r) | | (f) |
| | | | | (r) |

**Ü15.1:** a) $x_0 \in \mathbb{R}\backslash\{-2\}$
b) $\lim_{x\to x_0} f(x) = \frac{x_0(x_0+1)}{3(x_0+2)^2}$ für $x_0 \neq -2$
c) $\lim_{x\to\infty} f(x) = \frac{1}{3},\quad \lim_{x\to-\infty} f(x) = \frac{1}{3}$

**Ü15.2:** a) $\lim_{x\to 0} f_1(x) = 0$
b) $\lim_{x\to 0} f_2(x) = 0$
c) $f_3$ hat an $x_0 = 1$ keinen Grenzwert
d) $\lim_{x\to 0} f_4(x) = 4$

**Ü15.3:** a) $\lim_{x\nearrow 0} = \frac{1}{6},\quad \lim_{x\searrow 0} = 0$
b) $\lim_{x\to\infty} g(x) = 2,\quad \lim_{x\to-\infty} g(x) = -2$

**Ü15.4:** a) $\lim_{x\to-\infty} f_1(x) = \lim_{x\to\infty} f_1(x) = 2$
$\lim_{x\to-5} f_1(x)$ nicht existent
$\lim_{x\to 6} f_1(x) = \frac{9}{11}$
b) $\lim_{x\to\infty} f_2(x) = 0$
c) $\lim_{x\to 0} f_3(x) = \frac{1}{2}$
d) $\lim_{x\to 0} f_4(x) = 2$

**Ü15.5:** a) $f$ hat an $x_0 = 0$ keinen Grenzwert, $\lim\limits_{x\to 1} f(x) = 0$
b) $f$ ist nicht stetig an $x_1 = 1$
c) nein, da $0 \notin D(f)$

**Ü15.6:** $a = 3,\quad b = 0$

Kapitel 16

| T16.1: | T16.2: | T16.3: | T16.4: |
|---|---|---|---|
| (f) | (r) | (f) | (r) |
| (r) | (r) | (r) | (r) |
| (r) | (r) | (r) | (f) |
| (r) | | (r) | (r) |

**Ü16.1:** a) ja
b) ja
c) ja
d) $P(-1) = -4$, $P(1) = 2$
e) wegen $P(-1) \cdot P(1) < 0$
f) Zwischenwertsatz mit d)

**Ü16.2:** a) $f$ stetig auf $[0, \frac{1}{2}]$
b) Wegen $f(0) \cdot f(\frac{1}{2}) < 0$ da $f(0) = -1$, $f(\frac{1}{2}) = 0.229$
c) $n^* = 6$
$x_0^* \in [0.41406, 0.42188]$, etwa $x_0^* = 0.42$

Kapitel 17

| | | | | | | | |
|---|---|---|---|---|---|---|---|
| **T17.1** | (r) | **T17.2** | (f) | **T17.3** | (r) | **T17.4** | (r) |
| | (r) | | (r) | | (r) | | (f) |
| | (f) | | (f) | | (r) | | (r) |

**Ü17.1** a) $f_1'(x) = \frac{x^2(-x^4+8x+3)}{(x^4+1)^2}$
b) $f_2'(x) = \frac{4x^4\sqrt{x}-\frac{1}{2}}{x\sqrt{x^5+\sqrt{x}}}$
c) $f_3'(x) = \frac{1}{2}\sqrt{2}\,\pi[\cos 2\pi x - \sin 2\pi x]$
d) $f_4'(x) = \frac{7}{8}x^{-\frac{1}{8}}$

**Ü17.2** a) $f_1'(x) = \frac{2x+1}{\sqrt{x^2+x}} - 2$
b) $f_2'(x) = \sin((1+x)^4) + 4x(1+x)^3\cos((1+x)^4)$
c) $f_3'(x) = -\frac{\cos x}{\sin^2 x}$

**Ü17.3** a) $f_1'(x) = -\sqrt{2}x + 2x\sin(x^2)$
$f''(x) = -\sqrt{2} + 2\sin(x^2) + 4x^2\cos(x^2)$
b) $f'''(x) = 24x\sqrt{2x} + 3(12x^2+8)(2x)^{-\frac{1}{2}}$
$+3(4x^3+8x)(-1)(2x)^{-3/2} + (x^4+4x^2)3(2x)^{-5/2}$

**Ü17.4** a) $f(x)$ differenzierbar für $x \neq -2$. $D(f') = [-5,-2) \cup (-2,2]$
$$f'(x) = \begin{cases} -3x^2 - 4x + 1 & \text{für } x \in [-5,-2) \\ 3x^2 + 4x - 1 & \text{für } x \in (-2,2] \end{cases}$$
b) $y = 6x - 6$

Kapitel 18

| | | | | | | | |
|---|---|---|---|---|---|---|---|
| **T18.1** | (f) | **T18.2** | (f) | **T18.3** | (f) | **T18.4** | (r) |
| | (r) | | (r) | | (f) | | (r) |
| | (r) | | (r) | | (r) | | (f) |

**Ü18.1:** a) Lokale Maxima bei $x_0 = 0,\ x_0 = -\sqrt{\frac{3}{4}\pi}\ ,\ x_0 = \sqrt{\frac{3}{4}\pi}$
lokale Minima bei $x_1 = -\sqrt{\frac{\pi}{4}}\ ,\ x_1 = \sqrt{\frac{\pi}{4}}$
globales Minimum $f(-\sqrt{\frac{\pi}{4}}) = f(\sqrt{\frac{\pi}{4}})$
globales Maximum $f(-\sqrt{\frac{3}{4}\pi}) = f(\sqrt{\frac{3}{4}\pi})$

b) $f(\sqrt{\frac{\pi}{4}}) < 0,\ f(\sqrt{\frac{3}{4}\pi}) > 0$ ,so dass mindestens eine Nullstelle in $[\sqrt{\frac{\pi}{4}}, \sqrt{\frac{3}{4}\pi})$. Da $f'(x) > 0$ für $x \in (\sqrt{\frac{\pi}{4}}, \sqrt{\frac{3}{4}\pi})$, ist $f$ streng monoton steigend, so dass genau eine Nullstelle existiert.

**Ü18.2:** $x = \frac{D}{\sqrt{3}},\ y = \sqrt{\frac{2}{3}}D$

**Ü18.3:** a) $\lim_{x\to 1} \dfrac{\cos(\frac{\pi}{2}x)}{x-1} = -\frac{\pi}{2}$
$\lim_{x\to 0}(\dfrac{1}{\sin x \cos x} - \dfrac{1}{x \cos x}) = 0$
$\lim_{x\to\infty}(5x+1)\sin\frac{1}{x} = 5$

b) Letzte Anwendung der de l'Hospitalschen Regel nicht zulässig.
$\lim_{x\to 1} \dfrac{2x^5 - 5x^2 + 3}{2x^3 + x^2 - 8x + 5} = \frac{15}{7}$.

**Ü18.4:** a) $\frac{1}{\sqrt{2}}$
b) 0
c) 2

**Ü18.5:** d) $\dfrac{\sqrt{2}}{(1+\frac{\pi}{4})}$

e) $$(f^{-1})'(y) = \frac{1}{\sin(f^{-1}(y)) + f^{-1}(y)\cdot\cos(f^{-1}(y))} = \frac{1}{\sin x + x\cos x} \text{ für } y = f(x) \in (0, \frac{\sqrt{2}}{8}\pi]$$

Kapitel 19

| | | | | | | | | | | | |
|---|---|---|---|---|---|---|---|---|---|---|---|
| **T19.1** | (f) | **T19.2** | (r) | **T19.3** | (f) | **T19.4** | (f) | **T19.5** | (f) | **T19.6** | (r) |
| | (r) | | (r) | | (r) | | (r) | | (r) | | (r) |
| | (r) | | (r) | | (f) | | (r) | | (r) | | (r) |
| | (r) | | | | (r) | | | | | | |

**Ü19.1:** a) absolut konvergent
b) divergent
c) divergent
d) absolut konvergent

**Ü19.2:** a) konvergent mit Summe $\sin 1$
b) divergent

**Ü19.3:** a) mit Leibniz-Kriterium
b) $|s_4 - s| \le b_5 = \frac{1}{25} < \frac{1}{20}$ mit $b_k = \frac{1}{k^2}$, $s_4 \approx 0.7986$
c) $|s_5 - s| \le b_6 = \frac{1}{1296} < 10^{-3}$ mit $b_k = \frac{1}{k^4}$, $s_5 \approx -0.9475$

**Ü19.4**: a) Summe $s = \sum_{n=0}^{\infty} \frac{\pi r}{2^n} = 2\pi r$

b) Summe der Umfänge $U = 4a \sum_{n=0}^{\infty} \left(\frac{1}{\sqrt{2}}\right)^n = \frac{4a}{1-\frac{1}{\sqrt{2}}}$

Summe der Flächeninhalte $F = a^2 \sum_{n=0}^{\infty} \frac{1}{2^n} = 2a^2$

**Ü19.5**: a) (i) konvergent

a) (ii) konvergent

b) (i) konvergent mit Summe $s = \frac{33}{40}$

b) (ii) konvergent mit Summe $s = 1$

**Ü19.6**: a) $\sum_{n=1}^{\infty} \frac{x^n}{n^n}$ absolut konvergent für alle $x \in \mathbb{R}$

$\sum_{n=1}^{\infty} \frac{n}{2^n}(-1)^n x^n$ absolut konvergent für $x \in (-2, 2)$, divergent für $|x| \geq 2$

b) Produktreihe $\sum_{n=0}^{\infty} c_n$ mit $c_0 = -\frac{1}{2}x^2$, $c_1 = \frac{3}{8}x^3$, $c_2 = -\frac{29}{108}x^4$ $c_3 = 0.173x^5$, $c_4 = -0.106x^6$

c) $I = (-2, 2)$

Kapitel 20

| **T20.1** | | **T20.2** | | **T20.3** | |
|---|---|---|---|---|---|
| | (f) | | (r) | | (f) |
| | (f) | | (r) | | (r) |
| | (r) | | (f) | | (r) |
| | (f) | | (f) | | (r) |
| | | | (r) | | |
| | | | (r) | | |

**Ü20.1**: $\log_2 16 = 4$, $\log_{16} 2 = \frac{1}{4}$, $\log_{\frac{1}{2}} 16 = -4$, $\log_{16} \frac{1}{2} = -\frac{1}{4}$, $\log_2 3 = 1.58496$

**Ü20.2**: a) $-\frac{2}{3}$

b) $x_1 = 6 - \sqrt{36 - 11\frac{\ln 8}{\ln 7}}$, $x_2 = 6 + \sqrt{36 - 11\frac{\ln 8}{\ln 7}}$

**Ü20.3**: a) $2xe^{x^2-7}$

b) $\frac{\sin x \cdot \cos x}{1+\sin^2 x}$

c) $(\sin x)^{\cos x} \cdot \sin x(\cot^2 x - \ln(\sin x))$

**Ü20.4**: a) $0$

b) $\frac{1}{e}$

c) $1$

## Kapitel 21

| | | | | | |
|---|---|---|---|---|---|
| **T21.1** | (r) | **T21.2** | (r) | **T21.3** | (r) |
| | (f) | | (r) | | (r) |
| | (r) | | (f) | | (f) |

**Ü21.1:** a) stetig b) stetig, c) Summe stetig, d) 14(18)

**Ü21.2:** $s(Z) = \frac{1}{n} \cdot \frac{1-e}{1-e^{1/n}}, \quad S(Z) = \frac{e^{1/n}}{n} \cdot \frac{1-e}{1-e^{1/n}}$
Vermutung: $e - 1$.

**Ü21.3:** $s(Z) = 0, \quad S(Z) = 1.$

## Kapitel 22

| | | | | | |
|---|---|---|---|---|---|
| **T22.1** | (f) | **T22.2** | (f) | **T22.3** | (f) |
| | (f) | | (r) | | (r) |
| | (r) | | (f) | | (r) |
| | (f) | | (r) | | (r) |
| | (r) | | (r) | | |

**Ü22.1:** a) $4e^x - x^4 + x^2 + 5\sin x + c$
b) $\frac{45}{4}$
c) $\frac{2^{x+1}}{\ln 2} + c$
d) $-4\ln(\frac{1}{2}\sqrt{2}) + \sqrt{2}$

**Ü22.2:** a) $f(x) = F'(x) = G'(x) = -\frac{1}{1+x^2}$
b) $F(x) + c, \ c \in \mathbb{R}$
c) $c = \frac{\pi}{4}$

## Kapitel 23

| | | | | | | | |
|---|---|---|---|---|---|---|---|
| **T23.1** | (f) | **T23.2** | (f) | **T23.3** | (f) | **T23.4** | (f) |
| | (f) | | (f) | | (f) | | (f) |
| | (r) | | (r) | | (r) | | (r) |
| | (f) | | (f) | | | | |
| | (r) | | | | | | |

**Ü23.1:** a) $-\cos x + \frac{1}{2}e^{2x} + \frac{2}{3}x^{\frac{3}{2}} + \frac{2^x}{\ln 2} + c$
b) $\frac{1}{2}\sin^2 x + c$
c) $\frac{1}{4}(\arctan x)^4 + c$
d) $\frac{1}{2}\ln(1 + x^2) + c$
e) $-\ln|2 + \cos x| + c$

**Ü23.2:** a) $\pi$
b) $\frac{1}{2}\sinh(\frac{1}{2}) \cdot \cosh(\frac{1}{2}) + \frac{1}{4}$
c) $x \arctan x - \frac{1}{2}\ln(1 + x^2) + c$

**Ü23.3:** a) (i) $2e^2$, (ii) $\sqrt{10}-\sqrt{2}$
b) $\ln|\tan\frac{x}{2}|+c$

**Ü23.4:** a) $e^{\sin^2 x}+c$
b) $\frac{1}{2}(\ln\sqrt{3})^2-(\ln\sqrt{3})\ln 2$

**Ü23.5:** a) $x^2-3x+\frac{11}{5}\ln|x-2|+\frac{14}{5}\ln|x+3|+c$ für $x\neq 2,-3$
b) $\frac{1}{8}$

## Kapitel 24

| | | | | | |
|---|---|---|---|---|---|
| **T24.1** | (r) | **T24.2** | (f) | **T24.3** | (f) |
| | (f) | | (r) | | (r) |
| | (r) | | (f) | | (r) |

**Ü24.1:** a) existent, b) nicht existent

**Ü24.2:** a) nicht existent
b) $\frac{1}{\alpha^2}$
c) nicht existent
d) 8

**Ü24.3:** $-\frac{1}{\alpha^2}$ für $\alpha>0$, nicht existent für $\alpha=0$.

**Ü24.4:** a) $\frac{1}{2}$
b) nicht existent
c) nicht existent

**Ü24.5:** a) nicht existent
b) nicht existent
c) existent
d) existent

## Kapitel 25

| | | | | | |
|---|---|---|---|---|---|
| **T25.1** | (f) | **T25.2** | (f) | **T25.3** | (r) |
| | (r) | | (r) | | (f) |
| | | | (r) | | (r) |

**Ü25.1:** a) Grenzfunktion

$$f(x)=\begin{cases}0 & \text{für } x=0\\ 1+x^2 & \text{für } x\neq 0\end{cases}$$

**Ü25.2:** b) $\sum_{n=1}^{\infty}\frac{1}{n^4}[1-(-1)^n]$

**Ü25.3:** b) $\sum_{n=1}^{\infty}\frac{1}{n^3}(1-\frac{1}{e^n})$
c) konvergent für $x>0$, divergent für $x=0$

**Ü25.4:** a) $f(x)=0,\ x\in D$
b) ja
c) $\lim_{n\to\infty} f_n'(x)=0,\ f'x)=0$. Ja

**Ü25.5:** a) $x \in \mathbb{R},\ x \neq (4k+1)\frac{\pi}{2},\ k \in \mathbb{Z}$
b) ja
c) ja

Kapitel 26

| | | | | | | | |
|---|---|---|---|---|---|---|---|
| **T26.1** | (f) | **T26.2** | (f) | **T26.3** | (f) | **T26.4** | (f) |
| | (r) | | (f) | | (r) | | (f) |
| | (f) | | (f) | | (f) | | (f) |
| | (r) | | (r) | | (f) | | (r) |
| | (r) | | | | | | |

**Ü26.1:** a) $\infty$
b) $1$
c) $\frac{1}{2}$

**Ü26.2:** a) $\infty$
b) $\frac{1}{e}$
c) $e$

**Ü26.3:** a) $0$
b) $\infty$
c) $e$
d) $2$

**Ü26.4:** $\frac{-x^2-3x-2}{x^3}$

**Ü26.5:** $\frac{2x}{(1-x)^3} - \ln(1-x)$

Kapitel 27

| | | | | | | | |
|---|---|---|---|---|---|---|---|
| **T27.1** | (r) | **T27.2** | (f) | **T27.3** | (r) | **T27.4** | (r) |
| | (r) | | (f) | | (f) | | (f) |
| | (r) | | (r) | | (r) | | (r) |
| | | | (f) | | | | (r) |

**Ü27.1:** a) $a_k = \begin{cases} \frac{1}{k!} & \text{für k ungerade} \\ 0 & \text{für k gerade} \end{cases}$
b) $T_3(x,0) = x + \frac{1}{6}x^3$
$T_4(x,0) = T_3(x,0)$
$R_4(x,0) = \frac{1}{4!}\int_0^x (x-t)^4 \cosh t\, dt$
c) $|R_4(x,0)| \leq \frac{\cosh 1}{5!} \leq \frac{1}{60}$
d) $f(x) = \sum_{n=0}^{\infty} \frac{1}{(2n+1)!} x^{2n+1}$

**Ü27.2:** a) $\arcsin x = \sum_{n=0}^{\infty} (-1)^n \binom{-\frac{1}{2}}{n} \frac{1}{2n+1} x^{2n+1}$
b) $f^{(9)}(0) = (105)^2$

**Ü27.3:** a) $I = \{x :\ |x-2| < 5\} = (-3,7)$
b) $f(x) = \frac{1}{10}\sum_{n=0}^{\infty} (-1)^n (\frac{1}{5})^n (x-2)^n, \quad x \in I$

**Ü27.4:** $a_0 = 1, \quad a_1 = -\frac{1}{2}, \quad a_2 = 0$

**Ü27.5:** a) 1

b) 4

Kapitel 28

| **T28.1** | | **T28.2** | | **T28.3** | | **T28.4** | | **T28.5** | |
|---|---|---|---|---|---|---|---|---|---|
| | (r) | | (r) | | (f) | | (f) | | (r) |
| | (r) | | (f) | | (r) | | (f) | | (r) |
| | (r) | | (r) | | (f) | | (r) | | (f) |
| | (f) | | | | (f) | | (r) | | (r) |
| | | | | | | | | | (f) |

**Ü28.1:** b) $a_n = \frac{2}{\pi}\frac{(-1)^n}{n^2+1} \sin h\pi, \ n \in \mathbb{N}_0$

$b_n = \frac{2}{\pi}\frac{(-1)^{n+1}n}{n^2+1} \sin h\pi, \ n \in \mathbb{N}$

c) $\begin{cases} g(x) \text{ für } x \in \mathbb{R}, \ x \neq (2k+1)\pi, \ k \in \mathbb{Z} \\ \cosh\pi \text{ für } x = (2k+1)\pi, \ k \in \mathbb{Z} \end{cases}$

d) $a'_n = \frac{2}{\pi}\frac{(-1)^n e^\pi - 1}{n^2+1}, \ n \in \mathbb{N}$

$b'_n = 0, \ n \in \mathbb{N}$ .

**Ü28.2:** a) $a_0 = 0, \ a_1 = \frac{1}{2}\sqrt{2}, \ a_n = 0$ für $n \geq 2$

$b_1 = -\frac{1}{2}\sqrt{2}, \ b_n = 0$ für $n \geq 2$

b) $a_n = \begin{cases} -\frac{4}{\pi(4k^2-1)} & \text{für } n = 2k, \ k \in \mathbb{N}_0 \\ 0 & \text{für } n = 2k+1, \ k \in \mathbb{N}_0 \end{cases}$

$b_n = 0, \ n \in \mathbb{N}$

**Ü28.3:** b) $g(x) = \frac{\pi^2}{3} + 4\sum_{n=1}^\infty \frac{(-1)^n}{n^2} \cos nx$

$h(x) = \sum_{n=1}^\infty \{(-1)^{n+1}\frac{2\pi}{n} + \frac{4}{\pi n^3}[(-1)^n - 1]\} \sin nx$

c) $\frac{\pi^2}{12} = \sum_{n=1}^\infty \frac{(-1)^{n-1}}{n^2}$

**Ü28.4:** a) $a_n = \frac{\sinh 2\pi}{\pi} \cdot \frac{1}{n^2+1}, \ n \in \mathbb{N}_0$

$b_n = \frac{1-\cosh 2\pi}{\pi} \cdot \frac{n}{n^2+1}, \ n \in \mathbb{N}$

b) $FR = \begin{cases} f(x) & \text{für } x \notin \mathbb{Z} \\ \frac{\cosh 2\pi + 1}{2} & \text{für } x \in \mathbb{Z} \end{cases}$

**Ü28.5:** b) $a_0 = \frac{\pi^2}{3}$

$a_n = \begin{cases} 0 & \text{für } n \text{ ungerade} \\ -\frac{4}{n^2} & \text{für } n \text{ gerade} \end{cases}$

$b_n = 0$ für $n \in \mathbb{N}$

c) Fourier-Reihe konvergiert gegen $f$

d) $\sum_{n=1}^\infty \frac{1}{n^2} = \frac{\pi^2}{6}$

Kapitel 29

| | | | | | | | |
|---|---|---|---|---|---|---|---|
| **T29.1** | (f) | **T29.2** | (f) | **T29.3** | (r) | **T29.4** | (f) |
| | (r) | | (f) | | (f) | | (f) |
| | (r) | | (r) | | (f) | | (r) |
| | (f) | | (r) | | | | |

**Ü29.1**: a) offen, nicht abgeschlossen, nicht beschränkt nicht kompakt. $(0,1)$ ist innerer Punkt und Häufungspunkt

b) nicht offen, nicht abgeschlossen, beschränkt, nicht kompakt. $(0,1)$ ist kein innerer Punkt, aber Häufungspunkt

c) nicht offen, abgeschlossen, beschränkt, kompakt. $(0,1)$ ist kein innerer Punkt und kein Häufungspunkt.

**Ü29.2**: a) konvergent, $\lim_{k\to\infty} X_k = (2,-2,e^{-2})$

b) divergent

**Ü29.3**: b) $f$ stetig auf $D(f)$, nicht stetig fortsetzbar

**Ü29.4**: $f$ stetig auf $\mathbb{R}^2\backslash\{(0,0)\}$

$f$ nicht stetig an $(0,0)$

$g$ stetig auf $\mathbb{R}^2\backslash\{(x,0) : x \in \mathbb{R}\}$

$g$ stetig an $(0,0)$, $g$ unstetig an $(x,0)$ für $x \neq 0$

**Ü29.5**: b) Maximum und Minimum existent, da $f$ stetig und $D(f)$ kompakt. Maximum an $(0,1)$, Minimum an $(1,0)$.

Kapitel 30

| | | | | | | | |
|---|---|---|---|---|---|---|---|
| **T30.1** | (f) | **T30.2** | (f) | **T30.3** | (r) | **T30.4** | (r) |
| | (f) | | (r) | | (f) | | (f) |
| | (r) | | (f) | | (r) | | (r) |
| | | | (f) | | (r) | | (f) |

**Ü30.1:** a) grad $f(0,0) = (0,0)$

grad $f(0,\sqrt{2}) = (4\sqrt{2}, 4\sqrt{2})$

grad $f(\sqrt{2},\sqrt{2}) = (8\sqrt{2}, 8\sqrt{2})$

grad $f(\sqrt{2},-\sqrt{2}) = (0,0)$

b) $z = 0,\ z = 4\sqrt{2}x + 4\sqrt{2}y - 8,$

$z = 8\sqrt{2}x + 8\sqrt{2}y - 24,\ z = -8$

**Ü30.2:** $f$ ist differenzierbar auf $D(f)$

$g$ ist differenzierbar auf $D(g)$

**Ü30.3:** a) $dR = \frac{R_2^2}{(R_1+R_2)^2}dR_1 + \frac{R_1^2}{(R_1+R_2)^2}dR_2$

b) $|\Delta R| \leq \frac{4}{3}\Omega$

c) $|\frac{\Delta R}{R}| \leq \frac{2}{100} = 2\%$

**Ü30.4:** a) $J_G = \begin{pmatrix} \frac{1}{x_1} & 0 & 0 & 0 \\ \sqrt{x_2} & \frac{x_1}{2\sqrt{x_2}} & \frac{1}{2\sqrt{x_3}} & 0 \end{pmatrix}$

Funktionaldeterminante existiert nicht

b) die Funktionalmatrix $J_H$ ist

$$\begin{pmatrix} 2x_1 \sinh(x_1^2 + x_2^2 + x_3) & 2x_2 \sinh(x_1^2 + x_2^2 + x_3) & \sinh(x_1^2 + x_2^2 + x_3) \\ \frac{x_2}{2}\sqrt{e^{x_1 x_2}} & \frac{x_1}{2}\sqrt{e^{x_1 x_2}} & 0 \\ 0 & 1 & 0 \end{pmatrix}$$

Funktionaldeterminante existiert

**Ü30.5:** $\frac{dF}{dt} = 2t + 6t^5(1 - \cos t) + t^6 \sin t - e^{t \sin t}(\sin t + t \cos t)$

**Ü30.6:** a) $J_H = \begin{pmatrix} 0 & 0 & -2 & 0 \\ 0 & 1 & 0 & 0 \end{pmatrix}$

b) $H(X) = (x_1 x_4 \cos x_3, \cos x_2 \cdot e^{x_2 e^{x_2}})$

## Kapitel 31

| | | | | | | | | | | | |
|---|---|---|---|---|---|---|---|---|---|---|---|
| **T31.1** | (f) | **T31.2** | (f) | **T31.3** | (f) | **T31.4** | (r) | **T31.5** | (f) | **T31.6** | (r) |
| | (f) | | (f) | | (r) | | (f) | | (f) | | (r) |
| | (r) | | (f) | | (r) | | (f) | | (r) | | (f) |
| | | | (r) | | | | (r) | | (f) | | |

**Ü31.1:** a) $-\frac{7}{\sqrt{10}}$

b) $A = \pm(\frac{2}{\sqrt{5}}, -\frac{1}{\sqrt{5}})$

c) $A = \pm(\frac{1}{\sqrt{5}}, \frac{2}{5})$

**Ü31.2:** a) Änderung in $x$-Richtung und $y$-Richtung $\frac{1}{e}(\sin 1 + \cos 1)$, in $z$-Richtung keine Änderung, in Richtung $(1,1,1)$: $\frac{2}{\sqrt{3}e}(\sin 1 + \cos 1)$

b) $\frac{1}{e}(\sin 1 + \cos 1), \frac{1}{e}(\sin 1 + \cos 1), 0)$

c) $\frac{1}{\sqrt{2+c^2}}(1, -1, c)$ für $c \in \mathbb{R}$ (unendlich viele Richtungen)

**Ü31.3:** a) $\frac{\pi^2}{4} - 1 + (\frac{\pi}{2} + 1)h + \frac{\pi}{2}k + hk + + \frac{1}{2}k^2$

**Ü31.4:** a) relatives Maximum $(\frac{1}{2}, -1)$

relatives Minimum in $(-\frac{1}{2}, 1)$

b) $f$ hat kein absolutes Extremum

## Kapitel 32

| | | | | | | | |
|---|---|---|---|---|---|---|---|
| **T32.1** | (f) | **T32.2** | (r) | **T32.3** | (f) | **T32.4** | (f) |
| | (f) | | (r) | | (f) | | (f) |
| | (r) | | (r) | | (r) | | (r) |
| | | | (r) | | | | |

**Ü32.1:** a) Auflösbar für $(x_0, y_0) \in M$ mit $g(x_0, y_0) = 0$ und $M = \{(x_0, y_0) \in \mathbb{R}^2 : \; y_0 \neq k\frac{\pi}{2} \text{ für } k \in \mathbb{Z}\}$

b) $f'(x_0) = -\dfrac{3x_0^2}{2\sin y_0 \cdot \cos y_0}$

**Ü32.2:** a) maximaler Abstand $\sqrt{3} + 1$
minimaler Abstand $\sqrt{3} - 1$

b) $P_1 = (\frac{1}{3}\sqrt{3}, \frac{1}{3}\sqrt{3}, \frac{1}{3}\sqrt{3})$ Kugelpunkt zum minimalen Abstand, $P_2 = (-\frac{1}{3}\sqrt{3}, -\frac{1}{3}\sqrt{3}, -\frac{1}{3}\sqrt{3})$ Kugelpunkt zum maximalen Abstand

**Ü32.3:** a) $P_1 = (\sqrt{2}, \sqrt{2})$ ist relative Minimalstelle
$P_2 = (-\sqrt{2}, -\sqrt{2})$ ist relative Maximalstelle

**Ü32.4:** $6\pi\left(\frac{50}{\pi}\right)^{\frac{2}{3}}$

Kapitel 33

| | | | |
|---|---|---|---|
| **T33.1** | (f) | **T33.2** | (r) |
| | (r) | | (r) |
| | (r) | | (f) |

**Ü33.1:** $\frac{dg}{dy} = \frac{1}{y}\left[\ln(25y^2 + 1) - 3\ln(y^6 + 1)\right]$

**Ü33.2:** $\frac{dg}{dt} = 2t^2(6 + \sqrt{t^2 + 2} - \sqrt{t^2 - 2})$

Kapitel 34

| | | | | | | | |
|---|---|---|---|---|---|---|---|
| **T34.1** | (r) | **T34.2** | (f) | **T34.3** | (r) | **T34.4** | (f) |
| | (f) | | (r) | | (f) | | (r) |
| | (f) | | (r) | | (r) | | (r) |
| | (r) | | (f) | | | | |

**Ü34.1:** b) $W = 2\pi\sqrt{1 + 4\pi^2} + \ln(2\pi + \sqrt{1 + 4\pi^2})$

**Ü34.2:** a) $L(W_1) = \frac{1}{27}(9 + 4\pi^2)^{3/2} - \frac{8}{27}\pi^3$

b) $L(W_2) = \frac{10}{3}$

**Ü34.3:** a) $W_1$ nicht glatt, $L(W_1) = 8$

b) $W_2$ glatt

**Ü34.4:** b) $Z_1(s) = (2\sqrt{2}(1 + s), 2\sqrt{2}(1 - s)), \; s \in \mathbb{R}$
$Z_2(s) = (2(1 + 2s), 2(1 - 2s)), \; s \in \mathbb{R}$
$Z_3 = (\sqrt{2}(1 + 3s), \sqrt{2}(1 - 3s)), \; s \in \mathbb{R}$

**Ü34.5:** a) $W_1$ nicht glatt, $W_2$ glatt

b) $Z_1(s) = (2\pi s, 1 + 2s), \; s \in \mathbb{R}$
$Z_2(s) = (2\pi s, 1 + 2s, \frac{1}{\pi}(1 + s), 2), \; s \in \mathbb{R}$

c) $L(W_1) = \frac{2}{3\pi^2}[(1 + 4\pi^2)^{3/2} - 1]$
$L(W_2) = \frac{16\pi}{3} + \frac{2}{\pi}$

**Ü34.6:** a) $X(t) = \begin{cases} (t,t) \text{ für } t \in [0,2] \\ (1+\sqrt{2}\cos[\pi(t-2)+\frac{\pi}{4}], 1+\sqrt{2}\sin[\pi(t-2)+\frac{\pi}{4}]\ ) \\ \text{ für } t \in [2,3] \end{cases}$

b) $Z(s) = (-s\pi, 2-s\pi),\ s \in \mathbb{R}$

c) $L(W) = \sqrt{2}(2+\pi)$

Kapitel 35

| | | | | | | | | | |
|---|---|---|---|---|---|---|---|---|---|
| **T35.1** | (f) | **T35.2** | (f) | **T35.3** | (r) | **T35.4** | (f) | **T35.5** | (f) |
| | (f) | | (r) | | (r) | | (r) | | (r) |
| | (r) | | (f) | | (r) | | (f) | | (r) |
| | (f) | | (r) | | (r) | | (f) | | (f) |

**Ü35.1:** a) $-\frac{3}{2}a^2$

b) $\varphi(x,y) = \frac{3}{2}x^2 + 2xy + c$

c) wegunabhängig, $\int_W F \cdot dX = \varphi(0,b) - \varphi(a,0) = -\frac{3}{2}a^2$

d) $-\frac{3}{2}a^2$

**Ü35.2:** a) $\pi$

b) $-\pi$

c) kein Potential

**Ü35.3:** b) $\frac{1}{2}e^2 - \frac{5}{2}$

c) nicht wegunabhängig

**Ü35.4:** a) ja

b) $\varphi(x,y) = xy + x \cdot \sin(xy) + 2y + c$

c) $\pi$

**Ü35.5:** a) $\varphi(x,y) = \frac{\tan y}{x} + x^2y + \frac{1}{3}x^3 + \frac{1}{3}y^3 + c$ ist Potential

b) $\frac{\pi}{2}\left(1 + \frac{\pi^2}{324}\right) + \sqrt{3}$

**Ü35.6:** a) $\varphi(x,y,z) = yze^x - \cos z + c$

b) 2

Kapitel 36

| | | | | | | | | | |
|---|---|---|---|---|---|---|---|---|---|
| **T36.1** | (f) | **T36.2** | (f) | **T36.3** | (f) | **T36.4** | (f) | **T36.5** | (r) |
| | (f) | | (r) | | (r) | | (f) | | (f) |
| | (r) | | (f) | | (r) | | (r) | | (f) |
| | | | | | (f) | | | | |

**Ü36.1:** a) $\ln\frac{3}{2}$

b) $\frac{1}{4}(e-1)^2$

**Ü36.2:** a) 2

b) $\frac{5}{2}\ln 2 - \frac{3}{2}\ln 3$

**Ü36.3:** b) ja

c) $\frac{81}{105}$

**Ü36.4:** $\frac{1}{120}$

**Ü36.5:** b) $\frac{128}{3}$

**Ü36.6:** $\frac{1}{2}\ln 2 - \frac{5}{16}$

**Ü36.7:** $2\pi^2 a^2 b$

Kapitel 37

| | | | | | | | | | | | |
|---|---|---|---|---|---|---|---|---|---|---|---|
| **T37.1** | (r) | **T37.2** | (f) | **T37.3** | (f) | **T37.4** | (r) | **T37.5** | (f) | **T37.6** | (r) |
| | (r) | | (r) | | (f) | | (f) | | (r) | | (f) |
| | (r) | | (f) | | (f) | | (f) | | (f) | | (f) |
| | | | | | (r) | | | | | | |

**Ü37.1:** b) $\alpha = 6$

**Ü37.3:** a) Zylinder
b) $N(u, v) = (\cos u, \sin u, 0)$
c) $4\pi R$

**Ü37.4:** $\frac{3}{2}\pi$

**Ü37.5:** $4\pi$

**Ü37.6:** $135\pi$

**Ü37.7:** $\pi a^2$

# Literaturverzeichnis


[1] Burg, K., Haf, H., Wille, F.: Höhere Mathematik für Ingenieure, Band 1: Analysis. 5. Auflage, Stuttgart 2001

[2] Burg, K., Haf, H., Wille, F.: Höhere Mathematik für Ingenieure, Band 2: Lineare Algebra. 4. Auflage, Stuttgart 2002

[3] Burg, K., Haf, H., Wille, F.: Höhere Mathematik für Ingenieure, Band 4: Vektoranalysis und Funktionentheorie. 2. Auflage, Stuttgart 1994

[4] Endl, K., Luh, W.: Analysis I. 9. Auflage, Wiesbaden 1989

[5] Endl, K., Luh, W.: Analysis II. 8. Auflage, Wiesbaden 1994

[6] Heuser, H.: Lehrbuch der Analysis, Teil 1, 14. Auflage, Stuttgart 2001

[7] Heuser, H.: Lehrbuch der Analysis, Teil 2, 11. Auflage, Stuttgart 2000

[8] Meyberg, K., Vachenauer, P.: Höhere Mathematik 1. 6. Auflage, Berlin 2001

[9] Meyberg, K., Vachenauer, P.: Höhere Mathematik 2. 4. Auflage, Berlin 2001

# Index